U0274301

世界防空兵器靶标

杨存富 李 辉 主编

中国宇航出版社

·北京·

图书在版编目（ＣＩＰ）数据

世界防空兵器靶标 / 杨存富，李辉主编 . －－ 北京：
中国宇航出版社，2021.9

ISBN 978 - 7 - 5159 - 1962 - 1

Ⅰ. ①世… Ⅱ. ①杨… ②李… Ⅲ. ①靶机－世界
Ⅳ. ①V279

中国版本图书馆 CIP 数据核字（2021）第 171466 号

责任编辑　马　喆　　封面设计　宇星文化

出　版
发　行　**中国宇航出版社**

社　址　北京市阜成路 8 号　邮　编　100830
　　　　　（010）60286808　　（010）68768548
网　址　www.caphbook.com
经　销　新华书店
发行部　（010）60286888　　（010）68371900
　　　　　（010）60286887　　（010）60286804（传真）
零售店　读者服务部　　　　　（010）68371105
承　印　天津画中画印刷有限公司

版　次　2021 年 9 月第 1 版
　　　　　2021 年 9 月第 1 次印刷
规　格　787×1092
开　本　1/16
印　张　47.25
字　数　1100 千字
书　号　ISBN 978 - 7 - 5159 - 1962 - 1
定　价　288.00 元

本书如有印装质量问题，可与发行部联系调换

《世界防空兵器靶标》

编审委员会

前　言

20 世纪初，人类社会产生了影响后世的重大事件：1903 年美国莱特兄弟首次实现有人驾驶飞行器试飞，1921 年英国研制成功第一架空中飞行靶标。短短不到二十年时间，从第一架十分原始的动力飞行器，发展到自主飞行的遥控飞行器；从研制有人驾驶的飞机，到由无人驾驶飞行器派生出最具特色的一个重要分支——防空兵器靶标。随着防空兵器的发展，防空兵器靶标也得到了长足的进步。

从第一架防空兵器靶标问世以来，世界各国为满足研发防空兵器的需求，竞相开展防空兵器靶标的研发，至今已有 30 多个国家先后研制成功 200 多种各具特色的防空兵器靶标，在防空兵器的研发过程中起到了共存共荣、不可替代的作用。目前已发展成靶机、靶弹、拖靶及伞靶等系列产品，统称为防空兵器靶标。

随着空天兵器的发展，空天兵器对抗加剧，攻防对抗已发展到空天全域，可以预计，靶标家族将出现一个全新的成员，这个新成员可以定义为空天靶标，它们可以是外层空间飞行的卫星，也可以是空间飞行的空袭兵器，这种新一代空天靶标将越来越引起人们的关注。

防空兵器靶标作为空袭兵器的替代物，也是空袭兵器的实体模拟器，它被用于研制防空兵器的始末，贯穿于防空兵器研制试验、鉴定试验、实弹演练的全过程，它已处于与防空兵器同步研制的地位，它的许多关键技术与设备，凝聚着当代高科技的成果。

本书第 1 章全面总结了防空兵器靶标从开创、发展、壮大到完善创新的过程，勾画出其发展脉络及在防空兵器研制过程中的重要地位。同时，还对靶标的技术要求、发展途径及关键技术等作了概述。第 2 章到第 9 章以较大篇幅汇集了世界 30 多个国家的 200 余种靶标的发展概况、总体布局与部位安排、主要技术指标与飞行航迹、动力装置、飞行控制系统、任务有效载荷、发射与回收系统、制造商等。第 10 章和第 11 章分别介绍了靶标部分机载设备和地面关键设备，它们是构成靶标系统不可或缺的部分。第 12 章和第 13 章专题介绍靶标模拟空袭兵器的雷达目标散射增强技术、减缩技术、模拟技术、红外辐射特性以及测量方法等。

20 多年前，我们以《防空兵器靶标》编委会名义编写出版《防空兵器靶标》时，由于资源的缺乏与对靶标认知的局限，书名不具备冠以"世界"两字的条件，经过 20 年来的汇集与探索，我们认为本书已具备命名为《世界防空兵器靶标》的条件。尽管如此，在编写此书的过程中，仍感到积累的资源与认知不足，但在编撰委员会全体同仁的通力合作、竭诚投入下，在编审委员会及编辑部的策划与协调下，终于在近期完成了本书的编撰工作。特此，在卷首对参与本书编撰的全体人员致以诚挚的谢意，特别对本书关键章节做出突出贡献的陈军文、向家武、姚连兴、徐正荣、夏杨、马洪忠等专家，表示衷心的感谢。本书在《防空兵器靶标》的基础上，还参考了《世界无人系统大全》、简氏年鉴以及互联网上靶标制造商公布的相关材料，在此一并表示感谢。最后，我们愿以本书奉献给从事防空兵器及其靶标研制工作的专家们，如果本书能给读者所从事的工作带来帮助，那将是我们莫大的荣幸！

2021 年 8 月

目　录

第 1 章 概 述

无人飞行器（Unmanned Aerial Vehicle，UAV）或遥控飞行器（Remotely Piloted Vehicle，RPV），简称无人机，早在百年前已经问世。无人机最初作为飞行靶标（Target），即地面防空兵器所要攻击目标的一种替代物或动态实物模拟装置，是用来检验防空兵器探测、截获、跟踪、识别和拦击效率等的有效方法，也是防空武器系统研制工作的配套工程。

作为靶标的无人机转变为一种可供实战使用的装备，始于 20 世纪 60 年代的越南战争。当时，北越地面防空网火力严密，据估计：1965 年 13 枚地空导弹击落一架美军用飞机，到 1966 年上升为 33 枚、1967 年上升为 55 枚。尽管如此，一架军用飞机的价格远超所消耗防空导弹的价格，更何况会造成训练有素驾驶员的伤亡。为此，美军首次将靶标用作无人侦察机，即在 BQM-34 火蜂靶机上加装航空照相机。其间共出动 3 435 架次改装后的 BQM-34 靶机实施战略侦察任务，而其损失率为 16%，这就意味着挽救了将近 1 500 名美军飞行员的生命。在越南战场上，无人机取得了很好的效果，但由于当时无人机只能作为获取战略情报的辅助手段，并且美国空军认为无人机将影响有人驾驶飞机的发展及飞行员的职业生涯，所以在越战结束后，并没有加快发展无人机。

直到 20 世纪 80 年代，以色列在战场上用无人机直接对作战行动提供支援，并取得显著效果后，才引起了各国军事部门对无人机的普遍重视。军事需求的牵引、技术进展的推动与经济上的优势，也对无人机的发展和应用起到了极大的推动作用。如今无人机发展方兴未艾，无人机不单是战场上的侦察手段，而且还直接用于作战，已部分取代有人驾驶作战飞机，成为对地攻击的重要手段。与此同时，靶标在实用中也得到了快速的发展，其技术手段日趋成熟，成为防空兵器研究、鉴定与训练使用必不可少的重要手段。

据不完全统计：至今世界已有 30 多个国家投入研发力量，先后开发出 200 多种实用型靶标。随着防空兵器技术日趋完备，对防空兵器靶标性能的要求更趋提高，可以预计新一代高性能的防空兵器靶标将会得到长足的发展。

防空兵器靶标是靶机、靶弹、拖靶、伞靶、浮靶等的总称，但本书仅涉及靶机、靶弹、拖靶三大类。

1.1 防空兵器靶标的发展历程

1.1.1 开创阶段

继 1903 年美国莱特兄弟首次实施有人驾驶飞行器成功后，1915 年 10 月，德国西门子工厂研制了采用伺服控制装置和指令制导系统的滑翔炸弹，它由载机发出的航向信号实施控制，在当时被世界公认为是有控无人飞行器的先驱。

1917 年英国皇家航空研究院（Royal Aircraft Establishment，简称 RAE）研制成功第一架无人驾驶的飞机，初步将空气动力学、轻型发动机和无线电三者结合起来。1918 年法国的第一架无线电遥控飞机试飞成功。

直到 1921 年英国总结了过去的研究与试验结果，终于研制成可供实用的世界第一架靶机，它可在 1 830 m 上空以 160 km/h 的速度飞行。

此后，英国一直孜孜不倦地发展靶机的有关技术。1931 年 9 月，英国费利王后（Fairey Queen IIIF）靶机作了 9 min 的有控飞行。1932 年，英国 Home 舰队将费利王后靶机携往地中海作试验，检验靶机的飞行性能，并以此检验 Home 舰队防空火力的效能。当时费利王后靶机冲着 Home 舰队的密集防空火力飞行了 2 h 而未被击中，这不仅说明当时海军防空兵器的低效，同时也充分说明靶机具有无可争辩的实用性，如一旦靶机改成无人攻击机，将对舰队带来莫大威胁。1933 年英国又研制出著名的蜂后（Queen Bee）靶机，随即投入批生产。这种靶机在 1934~1943 年共生产了 420 架，每架都有 20 架次的飞行记录，它们一直沿用到第二次世界大战以后。

1940~1941 年间美国才开始研制生产靶机，被称为 A 系列机和 PQ 系列机。第二次世界大战后又研制 OQ 系列机，其中 OQ-19 型靶机也极负盛名，机上有自动飞行控制装置和雷达信标装置，可以在视界外飞行。后来，美国把靶机技术与飞航式导弹技术结合起来，成为 BQ 系列产品，它们的先驱应首推德国的 V-1 型导弹。

1.1.2　发展阶段

从第二次世界大战末到 20 世纪 70 年代，是靶机的发展阶段。举世闻名的美国火蜂（Firebee）靶机可以说是这个时期靶机发展的标志。

1944 年，美国瑞安航空公司（Ryan Aeronautical Company）与美国海军和空军签订合同，拟定一个发展火蜂靶机的联合计划，并与美国空军研究与发展司令部（USAF Air Research and Development Command，简称 ARDC）协作，研制一种海军编号为 KDA-1 的火蜂靶机。但其真正的发展工作是在战后，直到 1951 年 3 月，无动力装置的火蜂靶机才进行滑飞试验。同年夏天，在美国霍洛曼航空发展中心（USAF Holloman Air Development Center）正式试飞成功。1953 年后开始成批生产，在不长的时期内，便有 1 280 架早期的火蜂 Q-2A 与 KDA 型靶机在美国三军和加拿大皇家空军服役。至于后来的改进型 BQM-34A 火蜂靶机，直到 1958 年 12 月 19 日才首飞成功，1960 年 1 月 25 日第一架生产型靶机试飞成功，随即投入大批量生产。1969 年 12 月瑞安航空公司改名为特里达因·瑞安航空公司（Teledyne Ryan Aeronautical 简称 TRA），到 1984 年 1 月 1 日为止，在武器系统与目标特性研究、发展、试验、鉴定、质量保证、训练以及美国三军与其他国家的年度演习中，该公司提供了近 6 500 架火蜂靶机。

同时，美国无线电飞机（Radioplane）公司生产了 OQ-19 亚声速中低空靶机；比奇飞机公司（Beech aircraft Corporation）为海军生产了 MQM-39A 靶机（陆军编号 MQM-61A）以及 AQM-37A 靶弹，后者于 1961 年 5 月 31 日在加州默古角海军导弹中心试飞成功，到 1984 年 1 月共生产了 3 700 多枚。在此期间，以美国斯佩里公司（Sperry Co.）为代表的厂商把一些退役的军用飞机改装成遥控全尺寸靶机。

第二次世界大战后，防空导弹的发展促进了靶机的研究与发展。1947 年，英国政府将准备发展一种高性能靶机的意图通知澳大利亚政府，委托其研制。不久便提出一种喷气靶机的设计方案，即后来颇负盛名的金迪维克（Jindivik）靶机（原型 Mk1）。该靶机于 1952 年首飞，其改型 Mk2 于 1953 年试飞成功。

这个时期，法国在德国 V-1 型飞航式导弹基础上研制出一种 CT.10 型喷气式靶机，它们在外形上很相似。到 1954 年又设计出一种改进的 CT.20 型靶机，体型较小，但速度要大得多。1957 年，法国又研制了 CT.41 型超声速靶机。

20 世纪 50 年代中后期，意大利的米梯尔（Meteor）公司也发展了一种 P.1 型活塞发动机靶机，其后又经改进为 P.2 和 P.X 型靶机，它们与美国 OQ-19 靶机很相似。其他如日本、荷兰也开始研制自己的靶机。

从 20 世纪 60 年代初到其后的二十年间，靶机研制处于改进、批量生产和大规模试验工作阶段，重点是对靶机的光电特征进行测试与模拟。某些靶机经过简单改装而成为无人侦察机，火蜂靶机便是它们的典范。

1.1.3 完善阶段

从 20 世纪 70 年代至今，是包括靶机在内的无人机发展完善阶段，全世界约有 30 多个国家，数百家公司研制出 200 多种型号，已装备的产品总量达数十万架。其中无论在型号品种、产品质量和数量方面，美国均处领先地位。

美国从 20 世纪 70 年代开始研制 QF-4 系列靶机，主要用 F-4 鬼怪式退役飞机改装，为空、海军提供全尺寸靶机，后被用 F-16 战斗机改装的 QF-16 靶机取代。

除用战斗机改装的靶机外，美国还大力研发 BQM 系列靶机、AQM 系列靶弹与 GQM 系列靶机 / 靶弹。

美国特里达因·瑞安航空公司研发的以高亚声速涡轮喷气发动机为动力的 BQM-34 火蜂 -1 靶机，成了世界上最成功、功能最多、用途最广的靶机。自 1951 年以来，火蜂 -1 靶机已先后提供 7 400 架，截至 2018 年，该靶机仍在生产和服役中。而 BQM-167 巨蚊靶机自 2001 年首次试飞，计划最终取代 BQM-34A 火蜂和 MQM-107D/E 飞跑者靶机，2012 年奎托斯国防与安全公司（简称 Kratos 公司）中标，命名为 BQM-167A，目前该靶机仍在服役。

GQM-173（Multi-Stage Supersonic Target，简称 MSST）系列靶弹是一种喷气式多级超声速靶弹，主要用于模拟超声速反舰导弹，准备取代 GQM-163 草原狼靶弹，2011 年第二季度进行首飞，2016 年投入初始生产与部署。

在这个阶段，梅吉特防务系统公司（Meggitt Defense Systems Ltd.）还研发了多种拖靶，如梅吉特通用空中拖靶，其为 29 个国家生产过 130 个型别的拖靶，包括海上和空中发射的雷达、红外、烟火等拖靶，可供任何无人机与可带外挂的商用和军用飞机使用。除此之外，还发展了 IRTT 红外拖靶、雷达拖靶、TDK-39 拖靶等。

在这个时期，英国布里斯托尔喷气发动机公司（Bristol Aerojet Limited）研制了海燕（Petrel）超声速靶弹，可用来模拟导弹威胁，用作防空兵器的鉴定和训练。

英国研发了一种先进亚声速靶机（Advance Subsonic Aerial Target，简称 ASAT），取名小猎鹰（Falconet）。这种靶机在英国陆军服役，作为长剑（Rapier）面对空导弹的标准训练靶，也适于作岸舰和舰载火炮或导弹的射击用靶机，它经过简单改装就可成为无人侦察机。ASAT 靶机充分弥补了过去向澳大利亚定向采购的金迪维克靶机的不足。

同时，梅吉特防务系统公司还研发了伏都教徒（Voodoo）靶机，它是借助一种成熟技术研发的低成本靶机，2001 年完成首飞。英国于 2006 年 12 月签订第一份合同，当时伏都教徒和另一靶机 BTT-3 女妖，都是梅吉特防务系统公司在英国综合空中靶机服务（CATS）项目下，从总承包商奎奈蒂克公司（QinetiQ）手中获得的合同，该项目主要为英国提供武器训练服务。

法国于 1977 年由宇航公司设计了一种用于鉴定防空兵器、训练战斗机驾驶员和地面防空系统人员的变速靶机。这是一种高性能的亚声速靶机 C.22，1980 年 6 月首次试飞成功。这种靶机在外形尺寸、雷达特征和飞行性能上均可模拟各种高度上飞行的战斗机，也可模拟掠海飞行反舰导弹。1987 年开始批量生产。C.22 有两种改型，一种是只有遥控功能的 C.22T，用于法国靶场；另一种是加遥测和跟踪系统的 C.22L，广泛使用合成材料，并满足用作隐身靶的要求。另外，它自身还可拖带两个拖靶，可多次使用，提高了效费比。

其后，法国还先后研制了多种靶机，如龙骨靶机和多用途靶机等。龙骨靶机是一种自主式高性能、喷气推进的高速红外靶机，该靶机是由航空设计公司（Aviation Design）与法国陆军于 1997 年开始研制。1998 年 5 月第一次飞行，1999 年 6 月在巴黎航展上展出。由法国微型涡轮发动机有限公司为主研制的 MISTOUBAC 多用途靶机，其多用途功能包括一次性或重复使用的靶机，以及诱饵、侦察、干扰等。该靶机用作法国海军中低空高机动靶机，满足法国军方使用，并具有潜在出口需求。

意大利的米梯尔飞机与电子设备工业公司（Meteor Spa Aircraft and Electronics Industry）也应意大利政府要求，研制、生产了米拉奇（Mirach）系列无人飞行器。它们主要用作靶机，其中米拉奇 -10、米拉奇 -20 和米拉奇 -70 属于活塞式螺桨发动机低速靶。到了 20 世纪 80 年代，该公司开始研制并生产喷气发动机的多用途靶机。第一个型号是米拉奇 -100，它采用法国微型涡轮发动机，一方面在用作靶机时，可模拟多种飞行目标（如飞机、巡航导弹、反舰导弹等）；另一方面在机上换装一些装置，便可用于战场监视、侦察、目标定位与截获、电子战、抑制敌防空系统的探测与跟踪等，另外也可用作无人攻击机。该机既为本国军方服务，又可外销他国，截至 1987 年年初，产量已达 150 架以上。其后又研发了米拉奇 -100/2，米拉奇 -100/4，米拉奇 -100/5 等主要靶机产品。

米拉奇 -100/5 是第五代高性能可回收式靶机，该靶机是 Selex ES 公司根据国防部合同，于 1995 年开始研制，1996 年 12 月首次试飞，它与米拉奇 -100 相比，作了很大改进，其飞行速度和升限有了提高，能模拟多种敌方空中威胁目标。据报道，米拉奇 -100/5 靶机后续发展型号米拉奇 -100X 于 2010 年开始研制，更新了发动机，改进了靶机空气动力特性，更换了更先进的机上电子设备。

综上所述，米拉奇靶机系列装备在靶机研制史上占有重要地位。

澳大利亚是世界上研制喷气式靶机最早的国家之一，从 1948 年开始设计，1952 年 8 月第一架喷气式靶机金迪维克 Mk1 问世，以后连续研制了各种改型 Mk2、Mk2A、Mk2B、Mk3、Mk3A、Mk3B，1981 年 3 月又开始研制 Mk4A 改进型，使金迪维克形成了全空域完整的靶机系列。但是金迪维克系列靶机在外形上几乎无什么改变，尤其是发射方式落后，体形过大，目前尚无法在性能上与先进工业国的靶机进行竞争。其他还开发了赛博鸟（CyBird）靶机及凤凰喷气靶机等。

根据公开的资料报道，苏联的靶机，大多是采用退役飞机改装的。其中超声速靶机有 Su-9 鱼笼（Fishpot）和 Su-11，前者服役到 1959 年，后者服役到 1981 年。改装主要是加装无线电遥控装置，用作防空导弹的鉴定。另外，苏联还研发了拉 -17 靶机。

俄罗斯又于 1993 年 1 月进行贡品（ДАн）靶机的首次试飞，该靶机用于模拟战斧巡航导弹、亚声速飞机等，于 1993 年进行生产。贡品靶机改进型贡品 -M 于 2004 年推出，2005 年投入生产。俄罗斯还有航程（Рейс）靶机、E-95 靶机等。

此外，俄罗斯还为了研制防空反导武器需求，利用原防空导弹、反舰导弹、反坦克导弹等，开发出一系列防空兵器靶弹，如：火枪靶弹、萨曼靶弹、雨燕靶弹、歌唱靶弹、MA-31 靶弹、方阵靶弹、山雀靶弹等。综上可见，俄罗斯在靶机 / 靶弹领域，利用原有型号改进的多，全新研制的少。

拖靶因其高效费比（即实用、价廉）的特点，许多国家都在积极研制。拖靶技术最早应数美国的火蜂拖靶"拖蜂"（Towbee），它按需要分雷达和红外两种。英国对拖靶技术颇为投入，英国空中加油公司（Flight Refueling Ltd.）早在 20 世纪 70 年代就研发了一种拉什顿（Rushton）拖靶系统，它可以根据高度、飞行速度和牵引长度（最长可达 12 km）提供各种拖靶系统以满足各类面对空、空对空导弹的打靶需要，得到了广泛的应用。英国的另一种拖靶系统称为海上闪光（Seaflash），它是一种无线控制的海面靶标，用来模拟海上高速航行的舰艇。

除英美之外，瑞士也曾研制出一种 TTP-801 型飞行拖靶。

这个阶段，世界其他国家如以色列、加拿大、南非、印度、日本、巴西、巴基斯坦等国也在发展自己的靶机技术，有些国家在采用活塞螺桨式发动机的低速靶上继续投入，其最主要原因是价廉而利于销售，且因其体形小、低速、便于起飞和回收，非常适用于部队训练。

中国无人机从 20 世纪 60 年代开始起步，以南京航空航天大学、西北工业大学和南京模拟技术研究所为支柱，发展了一些系列靶标。1961 年西北工业大学开始研制 B1 型靶机，1963 年投产；1966 年开始研制 B2 靶机，1970 年开始小批量生产；1978 年改进发动机使靶机飞行速度达到 260 km/h、升限 3 000 m，成为防空武器常用的小型靶机，累计生产数千架。其后又先后研制生产了性能更好的 B7、B9、B12 等小型靶机。靶机另一研制、生产的重要基地为南京模拟技术研究所。该所最初研制成 II-70 小型活塞式靶机，并经数次改型，至今已累计生产 13 000 余架靶机。该所于 2002 年开始研制采用微型涡轮喷气发动机作为动力的 II-150 靶机，2008 年开始研制高亚声速 II-250 靶机。大机动靶机 II-200J、B9H、WG-20 活塞式靶机，以及 Z-5T 型无人直升机空中靶机，均先后投入使用，构成小型靶机的完整族系。

南京航空航天大学是我国大型靶机的研发基地，从 1968 年开始研制长空一号喷气式靶机，1976 年 12 月设计定型交付使用。其后为满足使用方需要，1980 年开始研制低空型靶机（CK-1B）；1983 年开始研制大机动靶机（CK-1C），1984 年 9 月设计定型交付使用；1986 年 9 月开始研制超低空靶机（CK-1E），1988 年设计定型交付使用；2006 年 10 月开始研制自主导航型靶机（CK-1H）；2007 年开始研制电子目标型靶机（CK-3），2010 年 6 月完成飞行鉴定试验，基本构成了长空一号大型系列靶机。除此之外，还研制完成仿多种巡航导弹拖靶等。

中国航天科工飞航技术研究院于 2012 年完成超低空高速靶机 WJ-500 研制，2013 年完成设计鉴定；2009 年完成了中高空高速靶机 WJ-600 研制，2012 年完成设计鉴定。

1.2 靶标在防空兵器研制中的重要地位

靶标是防空兵器攻击目标的人工替代物，或者说，它是一种动态实物模拟器。为此靶标的使用贯穿于研制防空兵器之始终，如研制性试验、武器鉴定以及部队的训练与演习等。因此，靶标在研制防空兵器中的重要地位毋庸置疑，甚至两者处于同步研制的地位。

1.2.1 靶标在防空兵器与作战飞机发展史上占有重要地位

自从美国莱特兄弟发明能使人升空的、比空气重的有动力飞机以后，飞行器即令世人瞩目。第一次世界大战中，用于实战的飞机所体现的威力使各国竞相发展。与此同时，对付飞行器的防空兵器也随之出现，于是有人驾驶飞行器与防空兵器便成为战争中的矛与盾。世界军事大国在发展有人驾驶飞行器的同时，也加紧发展无人驾驶的飞行器。而这些飞行器在作战过程中会受到各种各样武器的袭击，由此导致无人飞行器另一种派生物——靶标的开发研制。而且随着各种有人、无人飞行器及防空兵器的发展，作为其试验验证重要组成部分的靶标也在不间断地研制和改进。这样，有人机、无人机、防空兵器构成三位一体互相促进的发展模式。

1.2.2 靶标是检验防空兵器性能的必要手段

近年来，世界军事强国的第一线军用飞机都已进入第四代，第五代战斗机也已研制成功，新一代战机也在研发中。这些飞机自身的飞行性能、机载武器、航空电子设备、电子干扰机吊舱和红外干扰短舱等日趋先进，并且还采用各种隐身技术，它们为防空兵器带来一个又一个的难题，"矛"与"盾"又上了新的台阶。

如果防空兵器要对付的威胁目标是有人机，或者进攻性导弹，那么在研制过程中必须对这种目标进行攻击以检验防空兵器的效能，而实际上无法用带近炸引信和战斗部的防空兵器，对有人机直接进行射击试验的验证。为此军方曾委托一些公司，将陈旧的退役战斗机改装成无人驾驶的靶机，如美国国防部委托美国飞行系统公司，将 F-86、F-106、F-102、F-4 等战斗机改装成无人驾驶靶机，虽也取得了很好的效果，但由于无人驾驶，飞机达不到有人驾驶的性能，而且这些退役飞机，本身性能就不太理想，价格又比较昂贵。再则，用真实飞机改装成靶机，在用途上针对性很强，很难用一种有人机模拟不同型号真实目标。为此，在研制防空兵器时，势必将靶标作为不可缺少的一个方面。

1.2.3 靶标的通用性适用于防空兵器对不同目标的拦击试验

现代靶标大都设计成体型较小的飞行器，其尺寸和质量均小于真实目标，只有某些大型靶机与之接近。为了模拟真实目标，机上装载有各种光电增强系统。这样，可使防空兵器的探测器和跟踪器所探测的目标与真实飞行器相近。

由于靶标体形小而且简单，使用的合成材料较多，因此本身的隐身性能好，利于减少或减弱微波散射中心个数和强度。而上述优点若用有人机或有人机改装成的无人驾驶的飞行靶标都是无法实现的。

1.2.4 靶标是检验防空兵器射击效率的最重要工具

防空兵器的重要性能指标之一是对目标的探测能力和射击效率。而这用计算机仿真手段是很难全部满足的，因为计算机仿真往往排除许多复杂问题而使用相当程度的理想化条件，譬如仿真中常把真实目标当作点目标来处理，而不把它当作一个在作战环境（有复杂的电磁环境）中的复杂目标来看待；即使用复杂的角闪烁也只是规定一个简单的量值，不考虑目标 - 导弹距离与角闪烁的关系，当然也无法考虑导弹在飞行过程中相对于目标各种飞行姿态的相对视角与雷达散射截面（RCS）和角闪烁的关系。而这种关系是动态的，它们的变化有时很大，乃至于超出防空兵器设计指标中规定的量值。因此，使用飞行动力靶作为目标的实弹打靶是检验防空兵器是否合格的最后手段，当然也要求这种靶标尽可能逼真于真实目标。

通常防空导弹采用近炸引信，而近炸引信的启动时间和防空导弹相对于目标的运动姿态与动力学特性确定了对目标的杀伤效率，这也就是引信与战斗部配合效率。我们不能用真实飞行器来做这种试验和检验，而一种能机动飞行的靶标却可以取得较高的模拟精度。

1.2.5 靶标可用于检验防空兵器对付群目标等的实战性能

在复杂的空袭环境中，四面八方来袭的群目标更符合实战战场。计算机仿真常把群目标当作动态点群来考虑，而且无法检验探测器对多目标的探测、识别、截获和跟踪的能力，当然也无法测量对群目标的真实射击精度。使用有人机作此检验，当然更不现实，唯有现代的自控式和遥控式相结合的飞行靶机方可实现这种状态的打靶要求。

综上所述，说明靶标在防空兵器的研制和部队训练中占有不可替代的重要地位，也是不可缺失的研究课题。

1.3　防空兵器对靶标的技术要求

防空兵器主要对付来自空中的威胁目标，这种目标既可以是有人驾驶的作战飞机，也可以是无人飞行器或进攻性导弹（包括弹道导弹、巡航导弹、反舰导弹等）。对付不同类别的目标必须使用与之对应的靶标，如对付各类导弹，一般应使用高速靶弹；若检验防空兵器性能，应使用高性能喷气式动力靶；如果用于部队演习或防空兵器训练，则可以使用活塞螺桨式发动机低速靶。

1.3.1　以当前战斗机为主要目标，靶标主要飞行性能要求

最大平飞速度	$0.9{\sim}4.0\ Ma$
巡航速度	高亚声速、超声速
飞行高度范围	$6{\sim}25\ 000\ m$
机动过载	$-3{\sim}+9\ g$
最大续航时间	$>2\ h$
最大航程	$\geqslant 500\ km$

1.3.2　对靶标雷达微波散射特性和红外辐射特性要求

靶标雷达散射截面（RCS）应该可控，目前大多只能在地面按靶机所模拟的真实目标和波段预先设计好，但要求可采用有源无源混合增强系统，在一定范围内进行调整，这样可以实现一靶多用。

防空兵器要求雷达成像，通过它识别目标，因此靶标不仅提供 RCS 的量值大小，还要求在一定视角范围内有预定的微波（极化）散射特性。目前这种微波散射仿真技术已臻成熟，但要有大量的测试工作为基础。

由于靶机大都采用微小型发动机，因而它的红外辐射量比真实飞机小得多，它们的增强技术一般采用曳光管和燃料添加剂，而这些只能算作简单的热增强。至于热成像仿真技术，试验尚处于研究阶段。

未来的靶标不但要增强，也要求能减缩，就是在靶标上采用隐身技术。为此要求不仅限于对靶标的 RCS 作简单的减缩，而是与增强技术一样要求减缩后达到与真实隐身目标在雷达微波散射特性上的一致或逼近。

1.3.3 对靶标的脱靶矢量值测量要求

靶标应设有脱靶量指示记录装置,可以测量出靶标与防空兵器弹头之间脱靶距离与相对矢量值。

1.3.4 对发射与回收要求

根据实际情况确定发射方式,但要求安全可靠。对大型机可采用滑跑起飞方式,一般要求有坚实平坦的跑道,有的采用附加拖车滑跑起飞;中小型机可使用车载倾斜起飞,当前越来越多的是采用液压或气压的零长弹射起飞;也可用火箭助推器空射或直接从地面、舰艇上发射,某些微小型训练靶可以采用橡筋弹射,甚至手持抛投。

出于经济效益上的考虑以及可能要从机上取回记录数据,靶标(靶弹等除外)必须能重复使用,这就要求靶标系统有良好的回收装置。由于靶标的体形都比较小,这造就了允许回收的可能条件。现代中小型靶标大多采用降落伞回收。

对于小型靶标,可用回收网方式回收,这要求靶标在回飞着陆时有精确的导引装置。

对于大型靶标,可以采用滑跑方式在平坦的地面上回收,低速靶可以采用滑撬方式回收,这时靶标腹部应备有减震气囊。

1.3.5 对新一代靶标的特殊要求

从发展趋势来看,新一代靶标需以多用途为基点来提高靶标的通用性。一种靶标不能只限于一种型号或一类型号的防空兵器打靶,而要用作多种兵器的靶标,甚至要考虑能跨出靶标范畴的其他用途,这样才能发挥靶标的多用途特点及符合通用性与标准化要求,以提高经济效益。就靶标用途而言,新一代靶标不仅要考虑靶标雷达信号的增强,还要考虑它的减缩效果,因此在设计靶标时,必须从隐身角度出发,而后再视打靶要求附加增强装置,红外也是一样。

由于新一代防空兵器很可能在宽广的电磁频谱环境中打击入侵目标,某些目标可能施放多种干扰,因此必须考虑靶机上携带电子干扰机短舱和红外干扰短舱的要求。

防空兵器可能要对付群目标,乃至不同种类(包括战术弹道导弹、空地导弹等)的目标,因此要求靶标系统能指挥、控制多个靶标的模拟飞行,既可以编队进入,也可以多方向进入。

由于靶标通常外形较小,且机体大多采用合成材料,给靶机能否真实模拟飞行器的毁伤效果测评带来很大的难度。为此需要建立一套评判标准,得出较接近真实条件下对真实目标的拦击精度与杀伤效果。

1.4 靶标的分类及特点

靶标可以按用途、性能、机型大小分类,也可以按靶标本身的装备如动力装置和控制

方式来分类，本章从用途、机型大小、动力装置、控制方式和飞行性能等五个方面分类
如下。

1.4.1　按用途分类

1.4.1.1　作战部队的训练用靶

这种训练靶有初级的活塞螺桨式航模靶机，如英国航空电子设备遥控飞行器有限公司
（AEL RPV Ltd.）的螨（Smidge）和鹬（Snipe Marks），ASVEC 有限公司的雨燕（Swift），
法国宇航公司的 D.15 靶机，美国诺思罗普训练靶公司的 MQM-33 和 MQM-36。

另一种是仿形靶，如美国大陆遥控飞行公司生产的苏制米格 -27 有人机的仿形靶，有
四种缩尺型号：1/9 的 $C_{19}M$、1/7 的 $C_{17}M$ 和 $C_{17}MG$ 以及 1/5 的 $C_{15}M$。还有 RS 系统公司的
RS 缩尺仿形靶，仿真器有限公司（Simulators Limited Inc，简称 SLI）的 1/7 缩尺仿形靶以
及 1/9 F-16 缩尺仿形靶。

防空部队还使用拖靶、旗靶等供实弹射击训练。例如：英国空中加油公司研制的拉什
顿靶标系统，可达到超声速牵引速度；美国的海斯国际公司（Hayes International Corp.）
研制的 TA-7 型和 TA-7CIR 型超声速拖靶，前者装有雷达增强器，后者还加装红外增强器；
另一种是海斯通用拖靶系统（Hayes Universal Tow Target System，简称 HUTTS），它装有
通用拖靶发射器、雷达和红外增强器、发烟或视觉增强器等，它可以空射，也可用有人机
或母体靶机作牵引机。这种拖靶用在火蜂靶机上即是著名的 Towbee。

1.4.1.2　防空兵器的试验、鉴定用靶标

这是一类高性能动力靶，如美国火蜂、石鸡系列靶机，英国的小猎鹰靶机等。其中也
包括具有代表性的退役有人机改装成的靶机。

1.4.2　按机型大小分类

靶标按尺寸和质量可分为小、中、大三种：

小型

质量不超过 200 kg，最小可有几十千克乃至十几克，机长和翼展一般均不超过 4 m。最
小型的可手持发射，如初级活塞螺桨航模式靶机和仿形靶。

中型

质量不超过 500 kg，这种靶标如美国 AQM-37 靶弹、黄鲈鱼（Streader）MQM-107A
靶机、石鸡，意大利的米拉奇系列靶机等，翼展约 3.5 m，机长约 5 m。

大型

质量超过 500 kg，如美国的火蜂靶机、澳大利亚的金迪维克靶机、中国的长空一号系
列靶机等。这种靶机的翼展可以达到 4~6 m，机长可以超过 7 m。

上述靶标分类不包括有人机改装的实体靶机。

1.4.3　按动力装置分类

靶标按其所用动力装置可分为活塞螺桨推进靶,即微小型训练靶,低速、工作高度低、航程低;涡轮喷气发动机推进的中大型靶,这些几乎都属于先进的现代靶机,具有高、超低空工作高度范围,高速、可变速、续航时间在 2 h 左右等飞行性能;冲压式喷气发动机或火箭发动机动力靶,其中部分是靶弹,具有高速、续航时间短等特点,火箭/冲压式一体化发动机动力靶,如 AQM-127A、火弩 AQM-81A 等。

1.4.4　按控制方式分类

靶标按其控制方式可分为无线指令遥控靶、自主控制靶和组合式控制靶等。无线指令遥控靶大都属于小型训练靶,几乎都是可回收、可重复使用的低速靶;自主控制靶是指那些全程由按程序编制的指令控制飞行的靶机,有的属于消耗型、不可回收的靶弹,如早期研制的美国 AQM-37A;组合式控制靶是现代靶机的代表,是一种无线电控制与自主控制相组合的控制靶,近距离实施无线电遥控,进入打靶程序飞行路线后改用机上计算机指令控制,靶机即按预定飞行路线飞行,或者根据全球定位系统(GPS)提供的指令进行控制飞行。

1.4.5　按飞行性能分类

除了小型低速训练靶之外,现代靶机按飞行性能可分为高空高速靶机、低空高速靶机、先进的多用途靶机等。

1.4.5.1　高空高速靶机

高空高速靶机(High Altitude High Speed Target,简称 HAHST)在国外也称为高空超声速靶机(High Altitude Supersonic Target,简称 HAST)。这种靶机用来模拟高空高速入侵目标,如高空高速侦察机、中远程战略轰炸机、高性能战斗轰炸机或空对地导弹。这类高速靶机,有的属于一次性使用不可回收的消耗型靶,实际上应称为靶弹,机上大多装有一体化火箭/冲压式喷气发动机;也有的是使用涡轮喷气发动机或涡扇喷气发动机的可回收、能重复使用的高速靶机。前者如 AQM-37、AQM-81A,飞行高度都在 27 000 m 以上,速度为 3~4 Ma;后者如火蜂-2,速度为 1.5 Ma,高度达到 18 000 m,其续航时间要长得多,大约 74 min。

1.4.5.2　低空高速靶机

低空高速靶机用于模拟巡航导弹、空地导弹或反舰导弹,当然也可模拟水面高速快艇,国外称之为低空超声速靶机(Supersonic Low Altitude Target,简称 SLAT 或 Low altitude Supersonic Target,简称 LAST)。如破坏者(Vandal)靶弹 AQM-127A,飞行速度超过 2 Ma,最低工作高度约 9 m。

1.4.5.3　先进的多用途靶机

先进的多用途靶机也称为先进亚声速靶机（Advanced Subsonic Aerial Target，简称ASAT）。这种靶机大多数为亚声速，采用涡轮喷气发动机或涡扇发动机的中、大型靶机。靶机具有多用途、多功能特点，可模拟从有人机到反舰导弹等多种性能的威胁目标，具有大速度范围、大高度范围（从掠海飞行高度到 1 500 m 高空）、机动性强、续航时间长的飞行性能，它们代表先进靶机的主流，也是未来靶机的发展趋势。如火蜂系列、石鸡系列、MQM-107 变速机、英国的小猎鹰、法国的 C.22、意大利的米拉奇系列等都属此类靶机。

1.5　靶标的发展途径及关键技术

1.5.1　靶标的发展途径

美国的靶标是伴随着防空兵器及无人飞行器技术的发展而发展的，靶标在进入完善初期，都是由美国三军直接向研制单位提出要求，签约后直接提供研制经费。这也是美国发展军品的惯用方式，即一种兵器由两家主要厂商同时论证，提供双份研制经费，样品出来后进行考核比较，决定取舍。通过厂商间竞争来提高军品性能，但这也会导致付出更多的研制经费，而且造成计划上的混乱。这促使美国国防部不得不作出新的决断。1988 年，美国海军少将威廉·鲍斯（William Bowes）受命创建和改组"无人飞行器联合计划办公室"（Joint UAV Projects Office，简称 UAV JPO），他还领导了巡航导弹计划办公室，该办公室有权对 UAV 的研究、开发、试验、研制以及采购项目进行协调，向国会申请拨款。这种协调在各军兵种、国防高级研究计划局（DARPA）和国防部长办公室（OSD）之间进行，JPO 还在北大西洋公约组织（NATO）国和非 NATO 国中进行了协调和决策。2000 年以后，美国对无人机系统的投入急剧增长，2003 年美军对无人机系统研制投入达 8 亿美元，到 2007 年激增到 28 亿美元，到 2010 年则为 38 亿美元，2010~2015 年美国已耗费 190 亿美元用于无人机研制与采购，这势必促进靶标的进一步发展。

美国军方在发展包括靶标在内的无人飞行器方面作出如此重大的改革，其目的主要在于扭转各军兵种与公司间在制订研制计划、提供经费、自行试验验收等方面各自为政致使计划管理混乱的局面。

从效能上看，UAV（包括靶机）在"两高一低"（高性能、高可靠性、低成本）的原则指导下，应向高性能、多用途、多功能、通用性及系列化、模块化、简化维修（如现场维修）、降低价格的方向发展，并强化试验靶场测控系统的互换性。

1.5.2　靶标的主要关键技术

1.5.2.1　飞行控制与导航技术

不同类型的靶标，出于使用目的和成本上的考虑，飞行控制系统的先进程度和复杂程度具有较大的差异。一般来说，训练用靶和一次性使用的消耗靶采用较简单的控制系统；而作为兵器鉴定靶和多用途靶，其飞行控制系统则要先进复杂得多。

由于靶标是无人驾驶的，飞行控制一般由三部分组成：机载飞行控制系统，地面遥控站，跟踪、遥测、实时数据处理及显示装置。美国火蜂靶机的遥控方式包括雷达、超高频无线电装置、主动寻的器和自动导航器。BQM-34S 采用摩托罗拉公司（Motorola Inc.）的一体化靶控系统（ITCS），而 BQM-34A 则使用 Vega 无人机跟踪系统以便进行格斗仿真，另外附有雷达高度表的低空控制系统，使靶机可在水面以上 6 m、地面以上 30 m 超低空飞行。而诺思罗普公司的 BQM-74C 在视线外使用自稳定和指令信号的超高频无线电控制，视线内则采用配有光电装置的雷达跟踪控制；另外也可使用预编程序进行自主控制飞行。它们构成 AN/DKW-3 靶控一体化系统。

目前先进靶标采用的新技术是用机载全球定位系统接收机进行远程导航修正，另加装宽带通信线路和敌我识别应答机机载计算机等，以便实现多靶的打靶功能。它们已被某些无人侦察机采用。通常采用先进的靶机飞行控制与导航设备有如下几种：

1）预编程和可重复编程的飞行控制系统（Pre-program & Re-program Flight Control System）；

2）具有高机动能力且可外推的数字自动驾驶仪（High-g Digital Autopilot）；

3）各种导航系统，如罗兰（Loran）、惯导、区域相关（Area Correlation）、信标跟踪（Beacon Tracking）以及机载全球定位系统进行远程航迹修正；

4）飞行控制数字计算机（Digital Flight Control Computer，简称 FCC）及高性能综合软件；

5）雷达高度表（Radar Altimeter）；

6）地形跟踪装置（Terrain Following Unit）。

1.5.2.2　动力装置

先进靶标由于体形小，一般采用微小型推进系统。对于低速训练靶有四种类型发动机可供选择：电推进系统，燃气涡轮 / 喷气发动机，四冲程内燃发动机，双冲程内燃发动机。

防空兵器的鉴定靶属于先进的靶标，它的动力装置有以下几种：

1）微涡轮喷气发动机（Microturbojet Engine），这种发动机的特点是：成本低廉，它最多可使用 20~30 次；易于维护或根本无需维护；可靠性非常高。

2）微涡扇喷气发动机（Microturbofan Engine），这种发动机性能较好、噪声低、耗油率低、推进效率高，多见于巡航导弹，现大多用于高空长航时靶机。

3）火箭发动机，如 AQM-37A/C 采用的 Rocketdyne/AMF LR64 P-4 发动机即双燃烧室可变推力液体推进剂火箭发动机，可预置四级推力。这种发动机多用于靶弹，其速度可达 3.5 Ma 以上。

4）冲压式发动机，速度可达 4 Ma，续航时间达 20 多分钟，如牛车计划的 D-21/GTD-21B 隐身靶即采用一台马夸特（Marquardt）RJ43-MA-11 冲压式喷气发动机。

5）一体化火箭 / 冲压式喷气发动机（Integrated Rocket Ramjet，简称 IRR），该发动机是火箭发动机首先工作，达到一定速度后，冲压喷气发动机用耗尽推进剂的火箭燃烧室作为液体燃料的燃烧室继续工作，维持弹体作长距离飞行，因此该发动机多用于远程高 / 低空靶弹。

6）采用高效蓄电池为能源的全电发动机、太阳能电动发动机或微波供能发动机等精动力系统，可用作很长续航时间的动力装置。

1.5.2.3　靶机的光电增强器和光电散（辐）射特性的仿真技术

现代靶机由于体形小，使用合成材料多，因而它的 RCS 需要增强。这可分为无源增强器和有源增强器两类。前者如角反射器、龙伯球等；后者如分布式收发天线、集成收发机。红外增强技术采用曳光管、燃料添加剂等。现今对靶机的增强要求进一步提高到对真实目标的散射特性仿真，要求采用"隐身技术"以适应现代防空兵器对付隐身目标的战术性能的靶标。

1.5.2.4　脱靶量指示器

现代靶机要求配备能测出并记录机 / 弹、靶之间相对实时矢量的脱靶量指示器（Miss-Distance Indicator，简称 MDI），以评估防空兵器的射击精度，这是评定防空兵器的关键指标之一。

1.5.2.5　发射与回收装置

这是解决能多次重复使用靶机的关键技术。现代靶机大多采用车载或船载斜轨发射架作零长发射，使用火箭助推器或喷气助推起飞装置（JATO）作动力源，也可使用空中发射方式，这样可免去发射场地和设施。

回收技术比发射技术复杂得多，可以用降落伞回收，有的在空中再用直升机抓收，或者硬着陆回收，有的使用气垫缓冲或水浮回收，总之要使靶标着陆后的损坏程度减到最小，以便可重复使用。

1.5.2.6　系列化、模块化技术

美国、英国、法国、意大利等国把靶标系列化、模块化作为靶标下一步的发展战略，要求能满足不同军兵种的需求。

1.5.2.7　系统优化设计

靶标设计要综合考虑任务使命所确定的性能指标要求以及可靠性、可维修性、经济性等，并要为进一步改进设计准备条件，不能成为单打一的短命装备。

上述关键技术，大多已获得突破，今后将根据防空兵器的发展对靶标的特殊需求，作适应性改进与不断应用新技术。

第 2 章　中国防空兵器靶标

长空一号（CK-1）系列靶机

1. 发展概况

长空一号（CK-1）系列靶机是由无线电遥控加程序控制、用涡轮喷气发动机作动力的大型高亚声速靶机系列。其原型机（中高空型 CK-1）由南京航空学院于 20 世纪 60 年代末开始研制，1976 年 12 月设计定型交付使用。此后，随着防空武器系统的不断发展，进行了系列改型。

1980 年年初开始研制低空型靶机（CK-1B）。为使这种靶机适应低空飞行，在原型机的基础上，调整了发动机推力状态，增设了副油箱和协调供油系统，改进了自动驾驶仪。该机于 1982 年 5 月试飞成功，当年批准设计定型后交付使用。

1983 年年初开始研制大机动靶机（CK-1C）。该机是在低空型靶机基础上发展而成。为适应大机动飞行，其机体结构、机载设备、供油系统和飞行控制系统等都采取了抗大过载措施和新的技术方案。大机动靶机于 1984 年 9 月完成试飞鉴定，随即设计定型。

1986 年 9 月开始研制超低空型靶机（CK-1E），1988 年年初完成试飞并获得设计定型。该机加装了雷达高度表，采用了数模混合式自动驾驶仪，修改了气动布局，改进了雷达跟踪系统，从而成功地解决了超低空精确定高、可靠导航和阵风响应缓和等关键技术难题。

2006 年 10 月开始研制自主导航型靶机（CK-1H），2007 年 5 月研制成功随即提供使用。该机是在火箭助推发射型原型机基础上改进而成。相对原型机而言，用具有自主导航和安全控制功能的数字式飞控系统代替原数模混合式飞控系统，研制新的测控机载设备代替原测控机载设备。该系统基本不受使用场地限制，可在没有可依赖的地面测控网和机场等设施的野外独立使用，扩大了靶机的使用范围。

2007 年 4 月开始研制电子目标型靶机（CK-3），2010 年 6 月完成飞行鉴定。该机是在 CK-1H 靶机的基础上改进而成。其飞行器外形改变，加装了翼尖天线吊舱；机体结构改变，加装了目标模拟器；换装了新研制的测控系统；重新研制了火箭助推器，以满足靶机起飞质量增加后的发射起飞需要；飞控、电气和动力进行了适应性改进，以满足加装目标模拟器的需要。

至此，长空一号靶机在性能上形成完整系列，即中高空型（CK-1）、低空型（CK-

1B）、大机动型（CK-1C）、超低空型（CK-1E）、自主导航型（CK-1H）、电子目标型（CK-3），并实现了全数字式控制、自主导航和火箭助推发射。此外，长空一号靶机稍加改装还可挂载两枚拖靶。

长空一号系列靶机系列迄今已生产数百架。

2．总体布局与部位安排

（1）总体布局

长空一号系列靶机的气动外形属典型正常式布局：矩形中单翼，细长旋成体机身，头部与尾部为抛物线状流线体。靶机的头部舱内装载无线电遥控、遥测系统，机身中段为圆筒形整体油箱，机翼翼尖处带有两个短舱。CK-1 型、CK-1B 型、CK-1H 型靶机的短舱为玻璃钢结构，内部可装增强雷达回波的角反射器；大机动型与超低空型靶机的翼尖短舱为不锈钢结构的红外增强器，雷达回波角反射器可装在副油箱的前、后整流罩内。CK-3 型靶机机翼翼尖装有宽度较宽的雷达天线罩。CK-1B、CK-1C、CK-1E 三个型号靶机的机翼下均安装副油箱，根据需要还可在翼下或尾部安装曳光管或拉烟管，机身下部吊舱内装载WP-6 发动机。

CK-1 靶机外形见图 2-1，CK-1H 靶机架车见图 2-2，CK-3 靶机外形见图 2-3。

图 2-1　CK-1 靶机外形图　　　　　图 2-2　CK-1H 靶机架车图

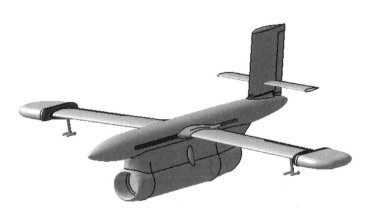

图 2-3　CK-3 靶机外形图

主要参数

机长	8.439 m（不包括遥测天线）
机高	2.955 m
机身直径	0.55 m
翼展	7.5 m（CK-1E 为 6.88 m，CK-3 为 7.78 m）
机翼弦长	1.14 m
机翼面积	8.55 m²
机翼相对厚度	12%
机翼安装角	+0°45'
机翼下反角	−2°
垂尾高	1.71 m
垂尾弦长	1.39 m
垂尾面积	2.058 m²
平尾翼展	2.15 m
平尾弦长	0.61 m
平尾面积	1.297 m²
发动机舱长	4.52 m
发动机舱直径	0.76 m

长空一号系列靶机的主要质量数据如表 2-1 所示。

表 2-1　长空一号系列靶机的主要质量数据

型号	起飞质量（kg）	装油（kg）
CK-1	2 060	640
CK-1B	2 360	880（含副油箱油 240）
CK-1C	2 482	880（含副油箱油 240）
CK-1E	2 450	880（含副油箱油 240）
CK-1H	2 060	640
CK-3	2 300	640

CK-3 靶机三视图与架车图见图 2-4。

（2）部位安排与结构特点

CK-1 系列靶机前舱主要装载电子与电气设备，后舱主要装载飞控分系统，机身中段为圆筒形整体油箱，机翼翼尖处带有两个短舱，内部装载增强雷达回波的角反射器，根据需要可在机翼下或尾部安装曳光管、拉烟管或其他任务载荷，机身下部吊舱内装载 WP-6 发动机。

1）靶机机身，机身前段装载有无线电遥控接收机、无线电遥测发射机及其信号匹配器、应答机和电气系统（包括变流机和备用银锌电池）等。

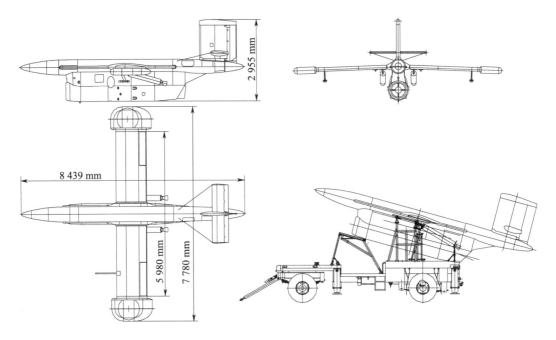

图 2-4　CK-3 靶机三视图与架车图

机身前段由头锥与设备舱组成。头锥为玻璃钢旋转壳体，前端开孔安置鞭状遥测天线，天线支撑座用固化环氧树脂制作。CK-3 靶机机身前段装有目标模拟器和电气设备等。

机身中段为整体主油箱，由合金钢薄板焊接而成。为抗过载，前部设有增压密封舱；为充分供油，后部设有带单向活门的贮油舱；为阻止燃油晃动，中间设有隔板。

机身后段装载自动驾驶仪系统，包括飞行控制盒、高度、姿态等传感器以及各种改善飞行品质和实现特种功能的器件。后机身主要是铝合金硬壳式结构。尾罩为玻璃钢旋转壳体，内可装角反射器。

2）机翼，机翼为矩形单梁式全金属铆接结构，副翼为单梁式铝合金薄壁结构，通过3 个支臂与机翼相连。右机翼装有副翼舵机，左机翼前段装有空速管。机翼翼尖带有短舱，CK-1、CK-1B 与 CK-1H 型的短舱为厚玻璃钢壳体，内装有两个角反射器。CK-1C 型与 CK-1E 型的短舱为不锈钢圆柱筒体，内装红外增强器。CK-3 型机翼翼尖带有宽度较宽的扁平天线罩，内部装有雷达天线。

CK-3 型靶机机翼翼尖吊舱由天线罩和连接段两部分组成。天线罩内部布置横向复合材料加强筋，以承受靶机飞行过程中的气动载荷。

CK-1H 型和 CK-3 型靶机机翼根部作了局部加强，便于安装火箭助推器推力支座。助推器推力支座呈"T"字型，选用 30CrMnSiA 钢件焊接而成。通过 12 个 M6 的螺栓与机翼大梁相连。

3）尾翼，包括水平安定面、升降舵、垂直安定面和方向舵 4 个部件，均为铝合金梁式结构。垂尾前顶端安装攻角侧滑角传感器，后顶端可安装脱靶量指示器及其天线。

4）副油箱，它由合金钢板焊接而成，前、后部为玻璃钢整流罩，内可各装 1 个角反射器。

5）发动机吊舱，其前罩由铝型材构成骨架与双层铝蒙皮铆接而成，进气道唇口部为增强玻璃钢结构，吊舱中、后段整流罩由左右两块铝板壁构成。

大机动 CK-1C 型靶机部位安排如图 2-5 所示。

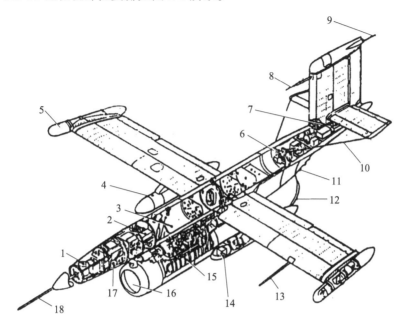

图 2-5　大机动 CK-1C 型靶机部位安排图

1. 遥测设备　2. 电气设备　3. 主油箱　4. 副油箱　5. 红外吊舱　6. 自动驾驶仪　7. 舵机
8. 姿态传感器　9. 脱靶量指示器天线　10. 遥控天线　11. 曳光管　12. 尾喷管　13. 风速管
14. 角反射器　15. 发动机　16. 进气道　17. 遥控设备　18. 遥测天线

3.　主要技术指标与飞行航迹

（1）主要技术指标

长空一号系列靶机的主要飞行性能列于表 2-2。

表 2-2　长空一号系列靶机的主要飞行性能

性能 \ 型号	CK-1	CK-1B	CK-1C	CK-1E	CK-1H	CK-3
飞行高度（m）	6 000~18 000	500~16 700	500~16 500	50~15 000	8 000~13 000	5 000~15 000
最大飞行速度（km/h）	920	900	910	870	900	900
最大航程（km）	950	800	650	600	800	800
续航时间（min）	71	50	45	40	50	50
法向机动能力（g）	3	3	5	3	3	3
转弯机动能力（坡度）	±20°	±35°	±77°	±35°	±20°	±20°

（2）典型飞行航迹

飞行航迹是根据任务要求和飞行性能条件设计的省油、省时、安全的优化飞行轨迹。

典型航迹一般分为以下5段：

1）爬升段：起飞后85 s内为程序自主飞行，姿态控制角从9.5°自动转换到13°~17°~13°~9.5°，发动机处于额定工作状态，爬到一定高度后由无线电指令改平；

2）引导段：此段主要是高空平飞，由无线电遥控指令引导靶机飞往靶试区，发动机油门自动改为巡航状态；

3）任务段：要求靶机准确通过靶试走廊，此时根据任务要求或进行高机动飞行或进入超低空平飞，发动机状态可根据需要预先装订；

4）返航段：执行任务完毕，由无线电指令＋自主程序控制飞行姿态和油门状态，引导靶机到着陆场；

5）回收段：靶机在回收场盘旋下滑，降至某高度时，自动改为大姿态角（$\theta=13°$）平缓滑翔降落，在近地高度发动机自动关机。

CK-1E靶机典型飞行航迹如图2-6所示。

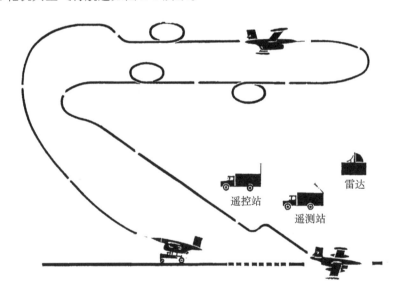

图2-6　CK-1E靶机典型飞行航迹图

4. 动力装置

靶机发动机装置由退役涡喷-6发动机改装而成。根据靶机对动力的要求和为调节使用方便，对发动机作了如下改装：拆除了加力系统，改液压调节喷口为固定喷口；为减小推力引起的抬头力矩，将尾喷口与发动机轴线下偏8°，用改变转速来调节发动机推力；在发动机前机匣上安装油门电机，用来操纵发动机的油门开度。发动机可根据需要设置"最大""修正额定""额定""巡航""大巡航""小巡航""巡航1""巡航2""巡航3""慢车""停车"等多种状态。大车推力为 24 500 N。不同的型号可选择其中合适的几种推力状态。

对于 CK-1、CK-1B 靶机，发动机设置的状态为："额定""巡航""慢车""停车"；对于 CK-1C 靶机，发动机设置的状态为："最大""额定""巡航""慢车""停车"；对于 CK-1E 靶机，发动机设置的状态为："额定""大巡航""小巡航""慢车""停车"。

对于 CK-1H 和 CK-3 靶机的共性问题就是火箭助推发射，为了满足发射起飞推力匹配的要求，发动机推力状态增加了一个"修正额定"状态，"修正额定"的推力值可在"额定"推力值的 0.9~1.1 范围内选取。除了以上共性问题，CK-1H 和 CK-3 靶机发动机设置的状态也有一些差别：对于 CK-1H 靶机，发动机设置的状态为："最大""修正额定""额定""大巡航""小巡航""慢车""停车"；对于 CK-3 靶机，发动机设置的状态为："最大""修正额定""额定""巡航 1""巡航 2""巡航 3""慢车""停车"。

长空一号系列靶机供油系统由增压 / 输油管路和油箱组成。

增压管是封闭式的，引用发动机压气机的压缩空气给油箱增压，通过三通接头与单向活门，排除压缩空气使油箱保持恒定 152 kPa 的压力。增压的目的是使燃油系统在整个飞行过程中具有一定的燃油出口压力，保持正常供油。

CK-1B 型、CK-1C 型和 CK-1E 型有副油箱供油系统。为保证左、右副油箱同步供油，通过燃电阀和气电阀控制副油箱只在平直飞行时供油，靶机倾斜时自动切断，靠主油箱供油。CK-1C 高机动靶机的供油系统为保证大机动飞行正常供油，主油箱前部设置了抗过载装置，整体油箱前段隔出密闭的压力供油舱，后段设置了带单向活门和倒飞油箱的储油舱，保证在各种大机动飞行时正常供油。

5. 飞行控制系统

（1）无线电遥控接收机

无线电遥控接收机的主要功能是用来接收地面遥控站发来的无线电指令并输出信号至机上相应的执行机构，控制靶机的飞行状态或启动机载特种设备等。接收机共分接收组合、译码组合、电源组合 3 部分。

接收机的天线及馈线用来接收地面遥控站发射来的射频信号，并馈送到指令接收机。天线用多股钢索制成，接线盒安装在后机身内部双侧，天线呈 V 形拉至平尾两端翼尖上。馈线为 SYV-50-2-2 型同轴电缆。阻抗匹配器采用单短截线的方法实现天线与主馈线之间的阻抗匹配。

（2）无线电遥测系统

该系统为脉冲调幅 - 调频 - 调频制的时分制，主要是测量靶机飞行性能、靶机姿态及姿态变化速率、舵偏角、发动机状态、过载、高度及高度差等参数，并实时传送至地面站。可同时传输 52 路信号，载频可任意选择，由于双重调频，故具有较好的抗振性和抗干扰性。

遥测系统由传感器、信号变换器、发射机（25YF-1）和天线 4 部分组成。

遥测系统的原理图如图 2-7 所示。

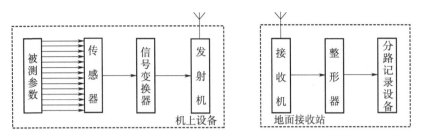

图 2-7　遥测系统原理方框图

（3）应答机

它的功能是用来接收地面雷达站发来的询问脉冲信号，并发出回答脉冲信号，以供雷达搜索和跟踪靶机。

应答机由天线、馈线、高频组合、接收组合组成。

天线为杆状天线，天线接收询问信号后，经高频滤波器和检波器检出视频脉冲，送入发射组合。在此处视频脉冲经调制器放大，加到高频振荡器作调制信号，产生的高频射频脉冲进入高频组合经天线发射，从而形成回答信号。

（4）靶机测控分系统

CK-1H 靶机测控分系统机载设备中的靶载遥控遥测终端（YGY-131）通过上行遥控接收地面测控站发送的遥控指令，并完成遥控指令的接收、解调及指令输出给飞控分系统；通过下行遥测将来自飞控分系统的遥测信息发送给地面测控站，从而实现地面测控站对靶机的飞行遥控及状态监测。

CK-3 靶机测控分系统用于靶机飞行姿态和机载设备工作状态的实时遥控，靶机飞行参数和任务载荷遥测数据的发射、接收及数据处理，完成靶机的定位、飞行航迹和参数的综合显示、记录，以及遥测数据的分发。

其机载测控设备组成：机载遥测设备、KS501 遥控接收机、机载遥测设备天线及馈线、遥控接收机天线及馈线。

地面测控站设备主要由遥控发射单元、遥测接收单元、天馈单元组成。遥控发射单元包括遥控指令编码终端（含指令操作台）、遥控发射机和遥控发射天线。遥测接收单元包括遥测终端、遥测接收机和遥测接收天线。

测控分系统原理框图参见图 2-8 和图 2-9。

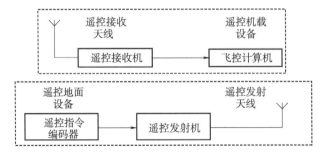

图 2-8　CK-3 靶机遥控系统方框图

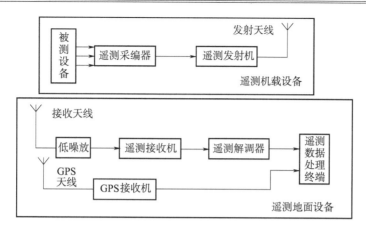

图 2-9　CK-3 靶机遥测系统方框图

6. 电气系统

靶机的电气分系统主要功能是依据各机载设备的用电需求，对电源系统产生的电能进行合理分配和控制，为机上用电设备（飞行控制分系统、无线电测控分系统和其他机载设备）提供电源和进行配电控制。

7. 地面遥控遥测系统

（1）遥控地面站

遥控地面站与机载遥控接收机形成遥控指令的无线电上行传输系统，其主要功用是对长空靶机实施遥控。全部系统装载于一辆越野车内。遥控指令编码体制是音频组合码，发射功率大于或等于 200 W，遥控距离达 350 km 以上。输入电源为 50 Hz 三相 380 V 交流电。发射天线为半波交叉振子绕杆天线。车内设备有主工作台、副工作台、微波指令发送装置、电源、调线盒、频率合成器、激励器、高频放大器、主控台、等效负载以及空调通风系统。

遥控地面站原理图如图 2-10 所示。

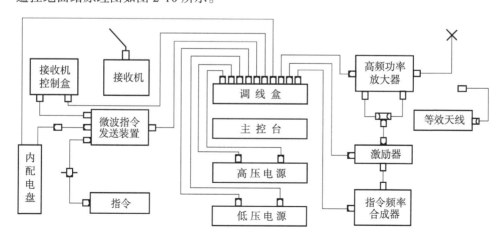

图 2-10　遥控地面站原理图

（2）遥测地面站

它的主要功能是将机上遥测系统天线发来的下行遥测信号输入接收机，对信号进行混频、放大、二次解调恢复脉冲序列，再经整形选出同步脉冲进行分路。然后送分路记录设备进行分路记录，实时显示或事后经判读与数据处理，即得各被测参数在飞行过程中的全部数据。地面站由高频组合以及计算机组成。地面遥测系统原理图如图 2-11 所示。

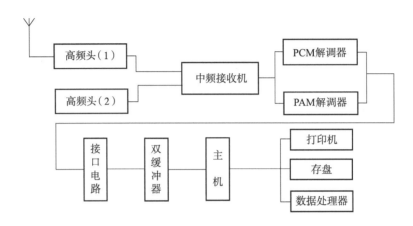

图 2-11　地面遥测系统原理图

8. 任务有效载荷

1）曳光管，其功能是供光测或目视搜索靶机时显靶之用，安装在左、右机翼下各 2 枚或装在尾锥下 3 枚。单枚亮度为 204 000 cd，由无线电指令逐个点燃，单个燃烧时间 60 s。也可换装为拉烟管，单个发烟时间大于 60 s，识别距离大于 11 km。

2）雷达增强器，用角反射器作为增强器，其功用是增强雷达回波，供雷达搜索跟踪时显靶用。角反射器由 3 块互相垂直的铝板构成。原型与 B 型靶机的角反射器装在翼尖玻璃钢吊舱内（前向与后向各 1 个），机尾玻璃钢整流罩内也装 1 个（后向）。C 型与 E 型靶机的角反射器分别安装于副油箱前、后玻璃钢整流罩（前向与后向各 1 个）及尾罩内。

3）红外增强器，主要功用是增强靶机在空中的红外特征，真实模拟目标特性以准确鉴定导弹性能。红外增强器呈筒体形状，用不锈钢板焊接而成，两端套装半球形整流罩。

此外，靶机上还可安装激光合作目标等装置，以供显靶跟踪之用。

4）脱靶量测量系统，它的功用是在靶试过程中，不失真地提取导弹与靶机遭遇过程中产生的多普勒信息，测量脱靶距离，并将该信息输送给遥测发射机，再发到地面站。敏感头采用连续波正弦调频多普勒体制，探测距离大于 50 m，导弹脱靶测量距离 1~17 m。该系统包括发射天线、接收天线、调制及倍频组合、高频固态源、电源组合、高频放大器、高频混合器、中频放大组合、多普勒放大器等。敏感头及天线等安装在垂尾上部。该系统工作原理图如图 2-12 所示。

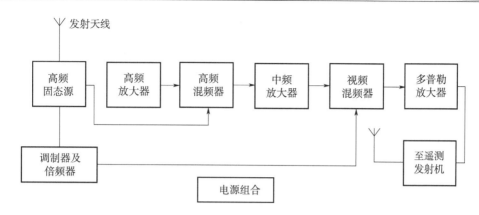

图 2-12　脱靶测量系统原理图

5）电子目标模拟器，包括四种型号：A 型雷达模拟器、B 型雷达模拟器、B 型干扰模拟器、C 型干扰模拟器。目标模拟器由发射机、信号源、机载计算机和相应软件、惯测组合、电源模块、伺服机构和天馈线组成。它可逼真地模拟目标的各种电子特性。要求目标模拟器具有良好的电磁兼容性，不影响靶机上其他电子设备的正常工作。

在靶机飞行过程中，模拟器能够实时计算确定出天线的指向，使得在靶机有效航程中模拟器辐射信号波束方位中心始终对准指定地面固定位置。

9．发射系统

长空一号系列靶机的起飞方式有两种，一种为利用起飞车滑跑起飞，另一种为火箭助推发射起飞。其中 CK-1、CK-1B、CK-1C 和 CK-1E 靶机的起飞方式为起飞车滑跑起飞，而 CK-1H 和 CK-3 靶机的起飞方式为火箭助推发射起飞。

起飞车是靶机起飞装置，同时也供发动机地面试车和靶机地面牵引运输之用。

CK-1H 靶机采用双发火箭助推发射起飞方式，火箭助推器对称安装在左右机翼下。助推器轴线与机身垂直对称面平行且相对机身轴线下偏 15° 角，两助推器轴线间中心距为 1 155 mm，与靶机对接方式采用圆锥面定位、自由连接、自由脱落方式。单枚火箭平均推力不小于 25 000 N（−40 ℃时），总冲大于 100 kN · s。点火电源由点火控制盒、插头和电缆等组成。首次试飞试验，助推器支座采用三排孔，发现抬头力矩较大。为便于调节力矩大小，后两次结合供靶任务的鉴定试验，助推器支座由采用三排孔改进为采用四排孔，力矩调节范围得到改善。

10．回收系统

当靶机完成靶试任务后，由地面站引导至预定的着陆场，以"慢车"下滑。当下滑到某装定高度（一般为 200~500 m）时，高度信号器给出信号，自动控制靶机以大俯仰角（13º）减速平缓滑翔着陆，下降速度约为 −2~−6 m/s。靶机着陆后，发动机舱的结构略有压变，机体与设备都保持完好，结构经修复，更换发动机即可再用。

11．制造商

南京航空航天大学。

仿巡航弹拖靶

1．发展概况

仿巡航弹拖靶系统是用来模拟来袭反舰导弹的空中靶标系统，其主要任务是为舰炮武器系统和近程反导舰炮武器系统研制提供运动特性和目标特性，均能较逼真模拟来袭反舰导弹的靶标。该型拖靶于1999年研制成功并提供使用。

2．总体布局与部位安排

（1）总体布局

仿巡航弹拖靶的总体布局为典型的反舰导弹布局，细长旋成体靶身，X型布局稳定翼，一对平直操纵翼位于拖靶重心附近；曳光管支架安装在靶身后段的下部。该拖靶本身不带动力，靠位于载机机翼下的航空绞车中拖索拖带；通过操纵一对平直操纵翼以实现拖靶掠海恒高飞行。除了靶身中段和曳光管支架是铝合金外，其余均为复合材料结构。该型拖靶系统装有矢量型脱靶量指示器分系统、电气分系统、无线电分系统和高度控制分系统。各分系统能够兼容工作。靶载电子设备能接收到拖机上发来的指令，控制拖靶作"左曳""右曳""恒高""MDI（脱靶量指示器）""备用"等动作，实现拖靶飞行任务剖面要求的各项功能。

（2）部位安排与结构特点

拖靶靶体由靶头、靶身前段、靶身中段、靶身后段、操纵翼、稳定翼和曳光管支架组成。除靶身中段和曳光管支架是铝合金结构外，其余均为复合材料结构。

拖靶头部装有矢量型声学脱靶量指示器阵架、龙伯透镜球。靶身前段装有矢量型声学脱靶量指示器系统 ϕ 角变送器、电子盒和酸锌电池，另外还装有镍镉蓄电池。靶身中段从前至后依次装有无线电高度表、操纵翼舵机、高度控制盒、电气控制盒和无线电遥控指令接收机。无线电高度表的一对天线安装靶身中段下表面，两者之间的间距为1 m，相对于吊挂接头对称安装。脱靶量指示器的天线也安装在靶身中段下表面。在靶身后段的上表面相距中后段对接端面730 mm处装有无线电遥控指令接收机的天线。

仿巡航弹拖靶三视图参见图2-13。安装在载机上的拖靶系统见图2-14、图2-15。

（3）主要参数

操纵翼翼展	0.88 m
稳定翼翼展	1.18 m

靶身长度	4.5 m
靶身直径	0.34 m
靶体总高	0.939 m
靶体质量	62 kg

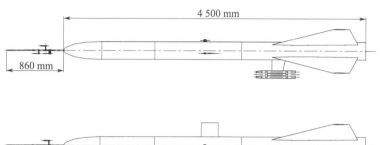
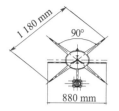
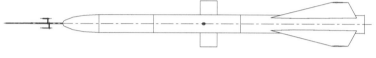

图 2-13　仿巡航弹拖靶三视图

图 2-14　仿巡航弹拖靶悬挂于载机上（前视图）　图 2-15　仿巡航弹拖靶悬挂于载机上（后视图）

3. 主要技术指标与典型任务剖面

（1）主要技术指标

拖曳飞行速度	550 km/h
放靶飞行速度	480 km/h
收靶飞行速度	460 km/h
拖靶使用高度	15~200 m（考核验收时飞行高度为 15 m）
拖靶恒高精度	±1~2 m（考核验收时恒高精度测量结果为 ±0.63 m）
使用拖缆长度	1 500~6 000 m（考核验收时使用拖缆长度为 4 500 m）
雷达目标特性	Ku 波段迎头方向 RCS ≤ 0.1 m²
红外目标特性	红外能量 20~30 W/sr
可见光强度及工作时间要求	前向发光强度 5~10 kcd
	单枚曳光管工作时间 ≥ 80 s

（2）典型任务剖面

仿巡航弹拖靶典型任务剖面参见图 2-16。

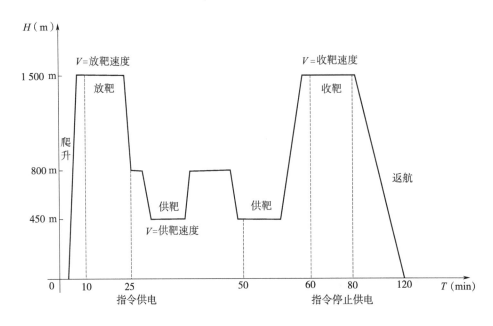

图 2-16　仿巡航弹拖靶典型任务剖面图

（3）使用方式

仿巡航弹拖靶系统由载机拖带，爬升至 1 500 m 以上高度后，以 480 km/h 速度平直飞行。载机上的操靶员操控拖靶，放靶至规定拖长，然后载机加速至供靶所需速度（550 km/h）。自拖靶离开载机绞车的瞬间开始，电气控制系统、无线电遥控指令接收机和恒高控制系统就接通电源。当拖靶上的无线电遥控指令接收机接收到载机上发出的"恒高"指令后，电气控制系统就接通无线电高度表的电源。同时将这一信号送给高度控制计算机和脱靶量指示器。这时，如果靶体在装订高度以上，恒高控制系统将根据无线电高度表给出高度信息，控制拖靶翼面，使靶体下沉，反之则控制拖靶上浮，最终将拖靶控制在装订高度上飞行。脱靶量指示器也根据电气控制系统给出的这一信号接通自身电源，开始工作。当供靶段飞行结束后，拖机上的操靶员再次发出"恒高"指令，拖靶上的无线电遥控指令接收机收到该指令后，电气控制系统将切断无线电高度表的电源，同时将这一信号送到高度控制计算机和拖靶量指示器。这时，高度控制计算机将在 1.5 s 内将拖靶靶体的舵面转动到一个固定角度上，不再对靶体进行恒高控制，脱靶量指示器也将切断自身的电源，停止工作。在拖靶的挂飞过程中，上述过程可重复进行。为了模拟目标的红外及可见光特性，无线电遥控指令接收机每接收到一个"曳光"指令后，电气控制系统将点燃一枚曳光管，每个飞行架次最多可点燃 4 枚曳光管。供靶完毕后，载机上的操靶员将拖靶收至翼下复位，载机挂载拖靶着陆。

4. 测控系统

测控系统由两部分组成，一部分是机载无线电发射设备，另一部分是靶载无线电接收设备。靶载无线电接收设备包括无线电遥控指令接收机及天线。无线电遥控指令接收机接收拖机上无线电发射设备发来的指令，实现拖靶飞行任务剖面要求的各项功能。拖靶系统装有无线电高度表，其主要功能是测量拖靶至水面的真实高度，送出一个相应的电压信号至高度控制系统，以便高度控制系统控制拖靶作恒高飞行。

5. 高度控制系统

高度控制系统由高度控制盒、舵机组成。高度控制盒的功能是根据无线电高度表测量的高度信号及垂直加速度信号，进行滤波及控制律计算，产生舵位置指令信号，通过舵机操纵舵面控制拖靶进入或退出恒高。高度控制盒通电后 2 s 内进行参数设定，否则系统不响应设定指令，高度控制系统以最后一次参数值进行恒高控制。参数设定包括高度、加速度、操纵翼偏角 δ_z 的调零和定高高度值。

6. 电气系统

电气系统由靶载电源和设备供电控制电路组成。靶上电源共分两组，其中一组为酸锌电池，直接向脱靶量指示器系统供电，另一组为 28 V 镍镉蓄电池，向靶上其余设备供电。设备供电控制电路除按无线电指令向有关设备供电外，还设置了主控电源开关、磁控开关及安全开关等各路开关电路，以保证安全、可靠供电。蓄电池的容量为 3.5 A 时，性能稳定，可工作 80 min 以上，满足了仿巡航弹拖靶用电要求。

7. 任务有效载荷

仿巡航弹拖靶系统装有声学脱靶量指示器、龙伯透镜球和 4 枚曳光管。

拖靶系统装有矢量型声学脱靶量指示器。矢量型声学脱靶量指示器由五只传感器、传感器支架、ϕ 角变送器、电子盒、天线和酸锌电池组成，其主要功能是测量拖靶供靶时的脱靶量距离。

作为拖靶的特种设备还有龙伯透镜球和红外曳光管。龙伯透镜球安装在拖靶的头部。为了使靶头的 RCS 值满足设计要求，将靶头罩和龙伯透镜球进行了一体化设计。经一体化设计的靶头在 ±55° 锥形角范围内 RCS 值可控制在 –10 dBsm ± 3.0 dB 内，满足了设计要求。四枚 T-IR-4 型红外曳光管安装在位于靶身后段下方的曳光管支架处。单枚曳光管在 8~14 μm 波段、迎头方向红外辐射强度为 26~27 W/sr，可见光发光强度为 6.64~7.55 kcd。曳光管可依次单枚点燃，点燃曳光管后，便于空勤和地面人员目视拖靶以及各测量点光测设备搜索并跟踪拖靶。

8. 制造商

南京航空航天大学。

II-70 靶机

1. 发展概况

II-70 靶机是一种低速可回收式靶机。采用前置双缸活塞发动机作动力,火箭助推发射起飞,伞降回收,可重复使用。该型靶机可人工遥控飞行和自主程控飞行,具有姿态异常、高度异常、遥控中断和超出预定区域等异常情况下的自主归航或保护回收功能。

II-70 靶机于 20 世纪 70 年代由南京模拟技术研究所设计制造,共计生产一万三千余架,是目前中国使用量最大的一款靶机。曾出口中东、东南亚。

该型靶机有高原型号,可在高海拔地区使用。

2. 总体布局与部位安排

II-70 靶机采用圆柱形机身、平直型中单翼、低平尾、单垂尾、发动机前置式结构形式。其三视图见图 2-17。

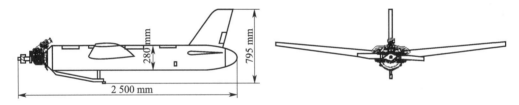

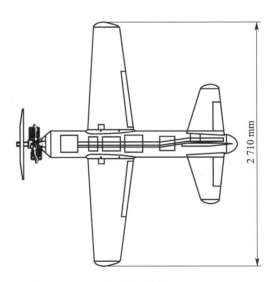

图 2-17 II-70 靶机三视图

主要参数

机长	2.5 m
翼展	2.71 m
机高	0.795 m
最大直径	0.28 m
最大起飞质量	65 kg

靶机机身、机翼、尾翼壳体均采用玻璃钢材质制造。垂尾固定在机身尾部上方，不可拆卸，左右机翼和左右平尾可从机身上拆下，运输、储存和维护方便。靶机部位安排见图2-18。

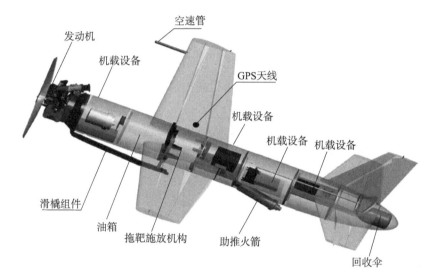

图 2-18　II-70 靶机部位安排图

3. 主要技术指标与飞行航迹

（1）主要技术指标

最大平飞速度	70 m/s
最大飞行高度	3 000 m
	6 500 m（高原型）
最大起飞高度	1 500 m
	4 500 m（高原型）
最大续航时间	60 min
控制半径	50 km
抗风能力	5 级

（2）典型飞行航迹

II-70 靶机可根据任务要求和飞行条件预先规划飞行航迹，在飞行前通过无线方式装订至飞行控制器，其典型飞行航迹一般分为以下 5 个阶段，见图 2-19。

图 2-19　II-70 靶机典型飞行航迹

　　1）爬升段：靶机起飞后按照给定爬升角爬高，到达预定安全高度后转入程控阶段，爬升到指定高度后自动改平；

　　2）进入段：此段为进入任务段前调整阶段，主要是保证靶机对准任务航段，并调整发动机油门控制靶机至目标速度，当执行低空任务时，靶机首先下滑至目标高度，再调整航向及速度；

　　3）任务段：靶机按照规划航迹准确通过任务走廊，此时根据任务要求打开任务设备或执行预先装订的任务属性；

　　4）退出段：任务执行完毕后，靶机按照规划航迹逐步降高或升高并飞往回收场，到达回收高度后自动改平；

　　5）回收段：靶机到达指定回收点后，自动关闭发动机、打开降落伞，稳步降落回收。

4．动力装置

　　靶机动力装置为二冲程双缸对置式活塞发动机。该型发动机排量为 342 mL，最大功率为 18.5 kW，携带同轴发电机为机载电源持续供电。发动机配套使用二叶木质螺旋桨，由外部启动电机地面辅助启动，如图 2-20 所示。

图 2-20　II-70 靶机的动力装置

5. 飞行控制系统

靶机飞行控制系统主要由飞行控制器、传感器（姿态、高度、位置）、执行舵机、测控信道及电源组件等构成，如图 2-21 所示。

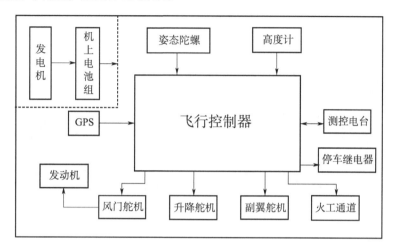

图 2-21　II-70 靶机飞行控制系统结构框图

6. 地面测控站

靶机地面测控站采用轻便设计，主要由测控箱、便携电脑、操纵器、全向天线和架设器材等构成，如图 2-22 所示。地面站具备靶机飞行控制、状态监视、轨迹显示和数据转发等功能。具备飞行仿真、一站多机通信和编队控制能力，满足部队多机同空供靶飞行指挥控制需求。

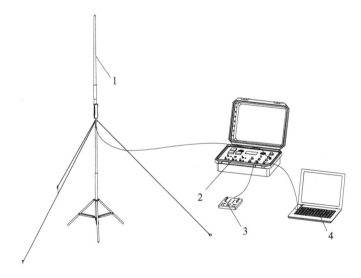

图 2-22　II-70 靶机地面测控站

1. 天线　2. 测控箱　3. 操纵器　4. 便携电脑

7. 任务有效载荷

靶机机身设置了专用拖靶任务舱段，装有拖靶释放机构，可实现 2 支拖靶的投放。靶机拖靶投放机构拆除后可以换装诱饵弹投放机构、曳光管等任务载荷。

靶机机翼前缘可安装龙伯球用于增加目标 RCS 特性，见图 2-23。

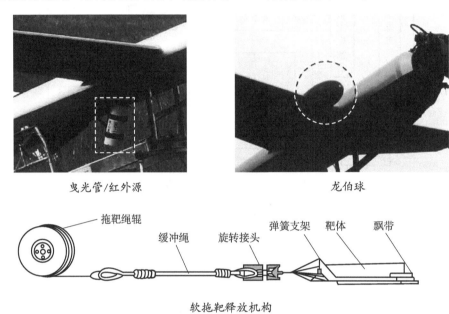

曳光管/红外源　　　　　　　　　　　龙伯球

软拖靶释放机构

图 2-23　II-70 靶机可搭载的任务设备

8. 发射系统

II-70 靶机采用火箭助推、零长发射起飞，发射系统由火箭助推器、发射架组件等构成。图 2-24 为处于待发状态的 II-70 靶机。

图 2-24　II-70 靶机处于待发状态

9. 回收系统

II-70 靶机采用伞降方式回收。回收系统由开伞机构、主伞、脱落接头和减震滑撬构成。降落伞为圆形伞，安装在机身尾部。滑撬安装在机身腹部，着陆时能减少冲击。滑撬底部装有触地开关，靶机落地后触发开关，可使降落伞自动与机身脱离。

10．制造商

南京模拟技术研究所。

II-150 靶机

1．发展概况

II-150 靶机是一款高速空中靶标，采用微型涡喷发动机作动力，火箭助推、零长发射起飞，伞降回收，可重复使用。靶机可人工遥控飞行和自主程控飞行，具备姿态异常、高度异常、遥控中断和超出预定区域等异常情况下的自主归航或保护回收功能。

II-150 靶机由南京模拟技术研究所于 2002 年开始自主研制，研制工作分为基本型、海用型和高原型三个阶段。2010 年，II-150 系列靶机通过鉴定，开始批量生产，截至 2018 年已经累计生产四千余架套。曾出口中东、东南亚和非洲。

2．总体布局与部位安排

II-150 靶机采用圆柱形机身、平直型中单翼、V 型尾翼气动布局形式（见图 2-25），海用型靶机采用下单翼布局。机身、机翼和尾翼的外壳均为玻璃钢结构。

海用型靶机机体主要舱段密封防水，检修舱盖与机身之间装有密封胶条，机翼为一体化结构，安装在机身腹部翼台。安装面通过橡胶圈密封防水。

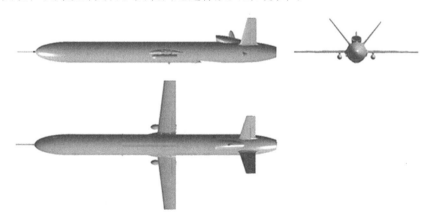

图 2-25　II-150 靶机三视图

靶机头部加装龙伯球，以增强目标 RCS 特性，机翼下部可加装 2 枚曳光管 / 红外源，增加靶机电视 / 红外特性。油箱布置在机身中段，机载设备分别布置在机身前部和后部。

靶机部位安排如图 2-26 所示。

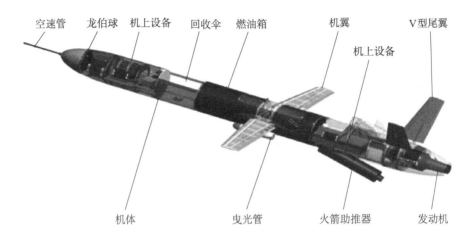

空速管　龙伯球　机上设备　回收伞　燃油箱　　　　机翼　　　　V 型尾翼

机上设备

机体　　　　　　曳光管　　　火箭助推器　　发动机

图 2-26　II-150 靶机部位安排图

主要参数

最大起飞质量	90 kg
机身长	3.1 m（不含空速管）
机身直径	0.26 m
翼展	1.6 m

3. 主要技术指标与飞行航迹

（1）主要技术指标

最大平飞速度	200 m/s（无外挂载荷）
最大起飞高度	海拔 1 400 m（基本型）
	海拔 4 500 m（高原型）
最大飞行高度	海拔 8 000 m（无外挂载荷）
掠海飞行高度	30 m（海用型）
最大任务载荷	8 kg
最大续航时间	50 min
控制半径	50 km

（2）典型飞行航迹

II-150 靶机可根据任务要求和飞行条件等预先规划飞行航迹，在飞行前通过无线方式装订至飞行控制器，其典型飞行航迹一般分为以下 5 个阶段，如图 2-27 所示。

1）爬升段：靶机起飞后按照给定爬升角爬高，到达预定安全高度后转入程控阶段，靶机处于定速 - 油门（发动机）闭环控制飞行状态，爬升到指定高度后自动改平；

2）进入段：此段为进入任务段前调整阶段，主要是保证靶机对准任务航段，并调整发动机油门控制靶机至目标速度，当执行低空任务时，靶机首先下滑至目标高度，再调整航向及速度；

　　3）任务段：靶机按照规划航迹准确通过任务走廊，此时根据任务要求打开任务设备或执行预先装订的任务属性；

　　4）退出段：任务执行完毕后，靶机按照规划航迹逐步降高或升高并飞往回收场，靶机处于定速 - 油门（发动机）闭环控制飞行状态，到达回收高度后自动改平；

　　5）回收段：靶机到达指定回收点后，自动关闭发动机、打开降落伞和减震气囊，稳步降落回收。

图 2-27　II-150 靶机典型航迹

4．动力装置

　　靶机动力装置为单轴离心式涡轮喷气发动机，该型发动机由机体、传感器、油泵、发动机控制器（ECU）、油箱及附属管路组成。发动机通过 ECU 调节燃油系统，将发动机控制在软件限制的范围内安全工作。动力装置实物如图 2-28 所示。

图 2-28　II-150 靶机动力装置

5．飞行控制系统

　　II-150 靶机的飞行控制系统由飞行控制器、传感器（姿态、高度、位置、航向等）、测控信道、舵机执行机构和机载电源等组成，见图 2-29。

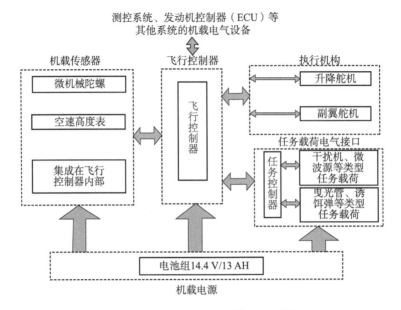

图 2-29　II-150 靶机飞行控制系统连接框图

6. 地面测控站

II-150 靶机地面测控站采用轻便设计，主要由测控箱、操纵器、便携电脑、全向天线和架设器材等组成，见图 2-30。地面站具备靶机飞行控制、状态监视、轨迹显示和数据转发等功能。具备飞行仿真、一站多机通信和编队控制能力，满足部队多机同空供靶飞行指挥控制需求。

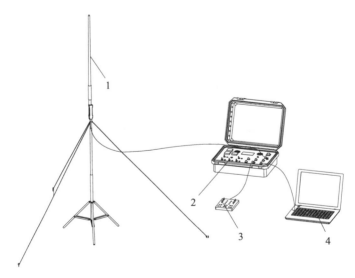

图 2-30　II-150 靶机便携箱式地面测控站

1. 天线　2. 测控箱　3. 操纵器　4. 便携电脑

7. 任务有效载荷

II-150 靶机可装载直径 90~190 mm 的龙伯球和 2 枚曳光管 / 红外源，龙伯球可换装主动式微波辐射源或干扰机等任务载荷，见图 2-31。经改装还可装载和控制 2~4 枚诱饵弹。

龙伯球安装（头部）　　　　　　　　　　曳光管（机翼）

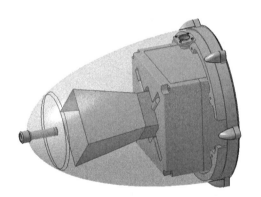

干扰机＋微波辐射源安装

图 2-31　II-150 靶机能够搭载的任务载荷

8. 发射系统

II-150 靶机采用火箭助推、零长发射起飞，发射系统由火箭助推器、发射架组件等构成。

火箭助推器使用固体双铅 -2 药柱。发射架体积小，便于移动运输，陆上发射时，发射架使用钢制地钉固定，舰上发射时，需用固定绳索在四个方向固定发射架。发射架前部支撑可随动倒伏，防止发射时与靶机碰撞。图 2-32 为处于待发状态的 II-150 靶机。

图 2-32　II-150 靶机处于待发状态

9. 回收系统

II-150 靶机采用伞降方式进行回收，双气囊减震。回收系统由开伞机构、回收伞、火工品（切割器、拉发式延时切割器）、人字吊带、脱落接头、减震气囊等组成。

10. 制造商

南京模拟技术研究所。

II-250 系列靶机

1. 发展概况

II-250 系列靶机是一款高亚声速空中靶机，采用火箭助推发射、伞降回收方式，可重复使用。具备人工遥控飞行、自主程控飞行和多机编队飞行功能，同时具备良好的安控功能。该型号靶机包括 II-250、II-250V 和 II-250H。

南京模拟技术研究所于 2008 年年初开始研制 II-250 靶机，2009 年 10 月完成靶机首飞，2012 年年初完成设计定型，同时在 II-250 靶机基础上研制 II-250V 靶机，2013 年完成设计定型及鉴定。为了满足靶机海上环境使用需求，2013 年年底开始 II-250H 靶机研制工作，2015 年完成设计定型及鉴定。截至 2019 年，II-250 系列靶机累积生产 500 余架，已得到广泛应用。

2. 总体布局与部位安排

（1）总体布局

II-250 靶机采用"上单翼 + 全动平尾"的总体气动布局形式，机身整体采用流线型设计，整机阻力小，具备一定的电磁隐身能力。该型靶机具备较大的油箱容积和任务载荷搭载能力。全机采用模块式组装结构，方便拆卸、包装和运输。翼尖和翼下均可挂载任务设备以满足任务需求。II-250 靶机外形图如图 2-33 所示。

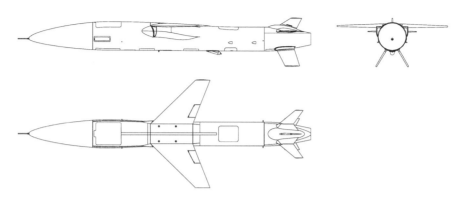

图 2-33　II-250 靶机外形图

主要参数

翼展 1.8 m

机长 4.6 m

机身直径 0.38 m

最大起飞质量 300 kg

燃油质量 110 kg（II-250、II-250V），100 kg（II-250H）

（2）部位安排及结构特点

II-250 靶机整机分为五个舱段，第一舱用于装载机载电气设备或任务设备，第二舱用于装载降落伞及减震气囊，第三舱用于安装燃油箱，第四舱用于装载发动机燃油系统及减震气囊，第五舱用于装载发动机。靶机部位安排如图 2-34 所示。

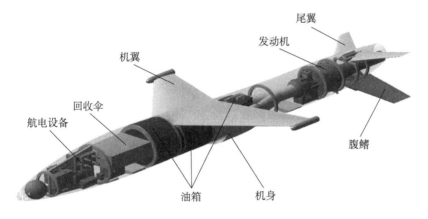

图 2-34　II-250 靶机部位安排图

3．主要技术指标与飞行航迹

（1）主要技术指标

II-250 系列靶机主要技术指标如表 2-3 所示。

表 2-3 II-250 系列靶机主要技术指标

技术指标 \ 型号	II-250	II-250V	II-250H
飞行高度（m）	100~6 000	50~11 000	20~7 000
最大飞行速度（m/s）	220	260	220
最大航程（km）	500	650	500
续航时间（min）	60	80	50
最大任务载荷（kg）	50	30	30
最大测控半径（km）	100	100	100
最大起飞高度（m）	1 200	4 500	2 000

（2）典型飞行航迹

1）单机典型飞行航迹

II-250 靶机可根据任务要求和飞行条件等预先规划飞行航迹，在飞行前通过无线方式装订至飞行控制器，其典型飞行航迹一般分为以下 5 个阶段，见图 2-35。

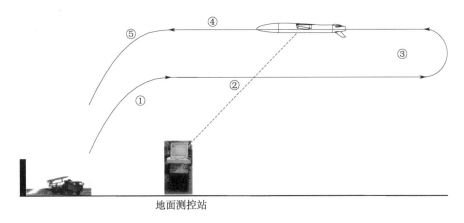

地面测控站

图 2-35 II-250 靶机单机典型飞行航迹

①爬升段：靶机起飞后按照给定爬升角爬高，到达预定安全高度后转入程控阶段，靶机处于定速 - 油门闭环控制飞行状态，爬升到指定高度后自动改平；

②进入段：此段为进入任务段前调整阶段，主要是保证靶机对准任务航段，并调整发动机油门控制靶机至目标速度，当执行低空任务时，靶机首先下滑至目标高度，再调整航向及速度；

③任务段：靶机按照规划航迹准确通过任务走廊，此时根据任务要求打开任务设备或执行预先装订的任务属性；

④退出段：任务执行完毕后，靶机按照规划航迹逐步降高或升高并飞往回收场，靶机处于定速 - 油门闭环控制飞行状态，到达回收高度后自动改平；

⑤回收段：靶机到达指定回收点后，自动关闭发动机、打开降落伞和气囊，稳步降落

回收。

2）多机典型飞行航迹

II-250 靶机执行多机飞行任务时，同空靶机保持单机典型飞行航迹的特性，通过使用多目标地面测控站进行集中控制实现多机同空协同飞行，见图 2-36。

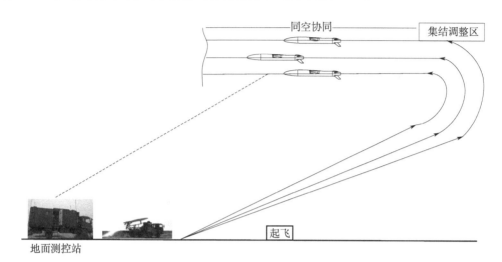

图 2-36　II-250 靶机多机典型任务轨迹

4. 动力装置

II-250 靶机使用 CYS-150WP 发动机作为动力装置，见图 2-37。

图 2-37　II-250 靶机动力装置图

发动机基本性能参数

直径	310 mm
长度	650 mm
质量	42 kg
最大推力	145 daN（1 daN＝10 N）
耗油率	≤ 1.3 kg/（daN·h）

5. 飞行控制系统

II-250 靶机的飞行控制系统是以数字计算机为核心的数模混合系统，其飞行管理、导航与控制逻辑、安控处理等功能全部由软件实现，可扩展性强、维护方便。靶机控制原理是通过飞行控制器实时采集靶机飞行姿态、航向、高度、经纬度以及发动机的工作状态等信息，同时接收地面控制站发出的操纵指令，然后经过一系列的运算，得到出舵量，并经过执行机构控制靶机的飞行姿态及轨迹，从而形成一个有效的闭环控制。

II-250 靶机的飞行控制系统由电源分系统、传感器分系统、飞行控制器、执行机构分系统组成，见图 2-38。

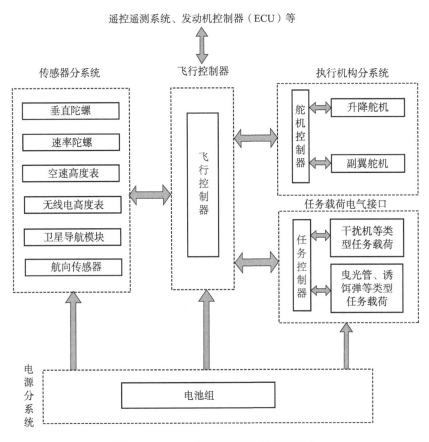

图 2-38　II-250 靶机飞行控制系统组成

6. 地面测控站

II-250 靶机的控制指令由地面测控站发出，经测控链路上传给飞控器分配执行，靶机的状态数据通过测控链路下传至地面测控站显示监控。地面测控站有便携箱式（见图 2-39）和车载式（见图 2-40）两种形式，可满足不同使用需求。

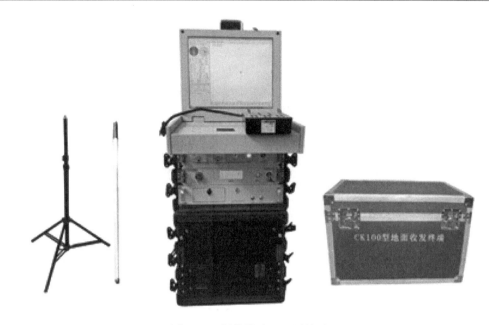

图 2-39　便携箱式地面测控站

测控车外观

测控车内部

图 2-40　车载式地面测控站

7. 任务有效载荷

II-250 靶机可搭载龙伯球、曳光管、诱饵弹及电子干扰机等多种任务设备。

（1）龙伯球

II-250 靶机可根据需求选装不同规格的龙伯球，龙伯球加装在靶机头部和机翼两侧，如图 2-41 所示。

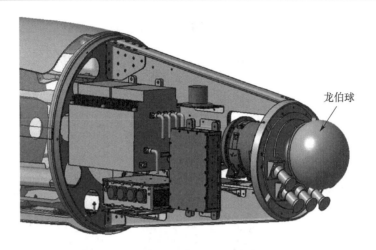

图 2-41　靶机携带龙伯球示意图

（2）曳光管

II-250 靶机在靶机翼尖处挂载曳光管（见图 2-42），可通过地面测控站遥控指令触发作动，也可程控触发作动。

图 2-42　靶机携带曳光管实装图

（3）诱饵弹

II-250 靶机可携带多达 12 枚诱饵弹，通常安装在机身两侧，可通过地面测控站遥控指令触发作动，也可通过程序自动触发作动。

（4）电子干扰机

II-250 靶机提供了两种干扰机安装方式：一种安装在机头设备舱内，这种安装方式适合于对干扰机主机和天线之间的距离有要求的情况；另外一种方式安装在机身中间油箱舱内，如图 2-43 所示。干扰机可通过地面站遥控指令触发作动，也可程控触发作动。

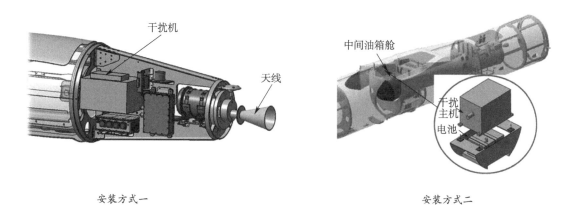

图 2-43　靶机携带电子干扰机示意图

8．发射系统

II-250 靶机采用火箭助推、零长发射起飞，发射系统由火箭助推器、发射车（或固定式发射架）等构成。图 2-44 为发射状态的机 - 车组合。

图 2-44　II-250 靶机机 - 车组合图（发射状态）

9．回收系统

II-250 靶机采用伞降回收方式。回收装置由回收伞及减震气囊等组成。

10．制造商

南京模拟技术研究所。

II-200J 系列靶机

1. 发展概况

II-200J 系列靶机是一款大机动亚声速靶机，采用涡喷发动机作为动力，火箭助推、零长发射，伞降回收，可重复使用。该机可完成盘旋机动、S 形机动、俯冲拉起、半滚倒转、筒滚等机动动作，具备人工遥控飞行、自主程控飞行和多机编队飞行功能。

南京模拟技术研究所于 2011 年开始研制，2016 年完成设计定型并在 II-200J 靶机基础上开发了 II-200JG 型和 II-200JY 型，2017 年完成鉴定并转入批量生产应用。截至 2019 年，II-200J 系列靶机累积生产近百架，已得到广泛应用。

2. 总体布局与部位安排

（1）总体布局

II-200J 系列靶机采用"近距鸭翼 + 大后掠中单翼 + 翼身融合体设计"的总体气动布局。单台涡喷发动机置于尾部，机身腹部布置埋入式进气道。其外形布局图如图 2-45 所示。

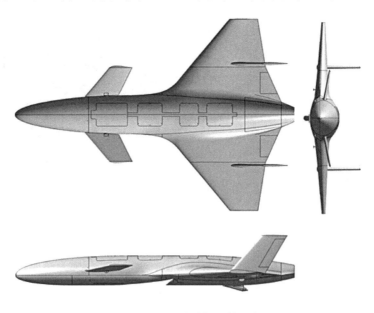

图 2-45　II-200J 系列靶机外形布局图

主要参数

翼展	2 m
机长	3 m

机身高度	0.6 m
最大起飞质量	180 kg
燃油重量	60 kg

（2）部位安排

II-200J 系列靶机整机分为四个舱段，第一舱用于装载机载电气设备或任务设备，第二舱上部用于装载降落伞，底部用于装载减震气囊，第三舱用于安装燃油箱和燃油管路，第四舱用于装载发动机，底部用于装载减震气囊。

部位安排图如图 2-46 所示。

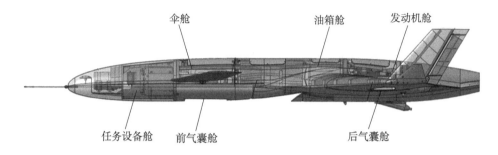

图 2-46　II-200J 系列靶机部位安排图

3. 主要技术指标与飞行航迹

（1）主要技术指标

II-200J 系列靶机主要技术指标如表 2-4 所示。

表 2-4　II-200J 系列靶机主要技术指标

技术指标 ＼ 型号	II-200J	II-200JG	II-200JY
飞行高度（m）	100~10 000	100~10 000	100~10 000
最大飞行速度（m/s）	240	240	240
最大机动过载（g）	8	8	8
可用机动过载（g）	6	6	6
雷达散射截面（m²）	0.5~5	0.5~5	0.02
最大航程（km）	500	500	500
续航时间（min）	60	60	50
最大任务载荷（kg）	30	30	30
最大测控半径（km）	100	100	100
最大起飞高度（m）	2 000	4 000	2 000

（2）典型飞行航迹

II-200J 靶机可根据任务要求预先规划飞行航迹并装订，其典型飞行航迹一般分为以下 5 个阶段。

1）发射段：靶机起飞后按照预设航线爬高，到达安全高度后转入程控阶段，爬升到指定高度后自动改平；

2）进入段：根据预定航线或无线电遥控飞行至任务段；

3）任务段：此段根据任务要求完成预定机动动作、打开任务设备或执行预先装订的任务属性；

4）退出段：任务执行完毕后，靶机按照规划航迹返回回收场，到达回收高度后自动改平；

5）回收段：靶机逐渐减速、降高，到达预定回收场地后，自动关闭发动机，打开回收伞和气囊，稳步降落回收。

典型飞行轨迹如图 2-47 所示。

图 2-47　II-200J 靶机典型飞行航迹图

4．动力装置

II-200J 靶机发动机采用 CYS-80WP 涡轮喷气发动机，如图 2-48 所示。

图 2-48　II-200J 靶机发动机实物图

发动机基本性能参数

直径	230 mm
长度	670 mm
发动机质量	13 kg
最大推力	80 daN
耗油率	$\leqslant$ 1.4 kg/（daN·h）

5. 飞行控制系统

II-200J 系列靶机的飞行控制系统由电源分系统、传感器分系统、飞行控制器、执行机构分系统组成，见图 2-49。

飞行控制器采集并处理无人机正常飞行所必需的各项传感信息，形成控制决策，同时接收数据链传送过来的地面操纵指令，通过舵机以及其他执行机构实现所要求的自动控制功能，控制无人机完成相关任务。主要实现飞行姿态的控制、机动飞行控制、定高飞行控制、定向飞行控制、程控飞行、定速控制、飞行应急控制等飞行控制功能。

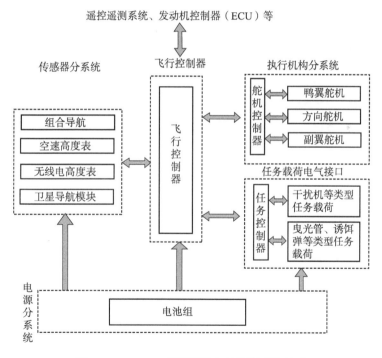

图 2-49 II-200J 系列靶机飞行控制系统构成

6. 地面测控站

II-200J 系列靶机的控制指令由地面测控站发出，经测控链路上传给飞行控制器分配执行，靶机的状态数据通过测控链路下传至地面测控站。地面测控站有便携箱式（见图 2-50）和车载式（见图 2-51）两种形式，可满足不同使用需求。

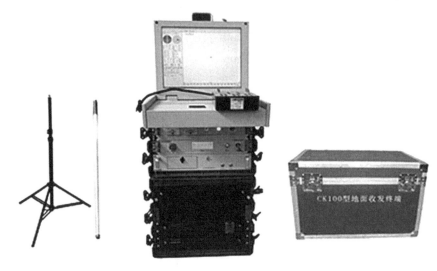

图 2-50 便携箱式地面测控站

测控车外观

测控车内部

图 2-51 车载式地面测控站

7. 任务有效载荷

II-200J 系列靶机可搭载龙伯球、曳光管、诱饵弹及电子干扰机等多种任务设备。

（1）龙伯球

II- 200J 系列靶机可根据需求选装不同规格的龙伯球，靶机可在头部和机翼两侧加装龙伯球，见图 2-52。

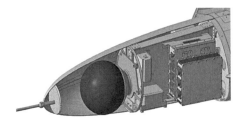

安装方式一

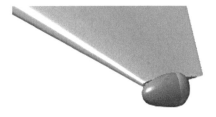

安装方式二

图 2-52 靶机携带龙伯球

（2）曳光管

II-200J 系列靶机通常在靶机翼尖处安装曳光管（见图 2-53），单边可装载 1~2 枚，可通过地面测控站遥控指令触发作动，也可程控触发作动。

图 2-53　靶机携带曳光管

（3）诱饵弹

II-200J 系列靶机可携带多型 / 多枚诱饵弹。诱饵弹安装在油箱舱（见图 2-54），可通过地面测控站遥控指令触发作动，也可通过程序自动触发作动。

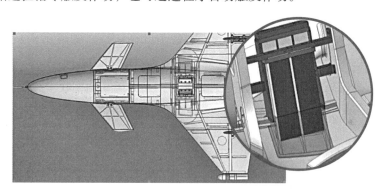

图 2-54　靶机携带诱饵弹

（4）电子干扰机

II-200J 系列靶机可在机头设备舱内装载电子干扰机（见图 2-55）。电子干扰机可通过地面测控站遥控指令触发作动，也可程控触发作动。

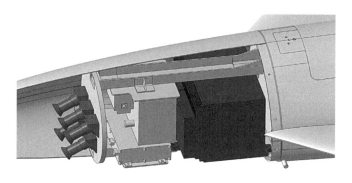

图 2-55　靶机携带电子干扰机

8. 发射系统

II-200J 系列靶机采用火箭助推、零长发射起飞，其发射系统主要由火箭助推器和发射架（或发射车）等组成。图 2-56 为处于待飞状态的 II-200J 靶机。

图 2-56　II-200J 靶机处于待飞状态

9. 回收系统

II-200J 系列靶机采用伞降回收方式（见图 2-57），回收系统由回收伞及减震气囊等组成。

图 2-57　II-200J 系列靶机开伞回收图

10. 制造商

南京模拟技术研究所。

B-9H 型靶机

1．发展概况

B-9H 型靶机是一款小型低速海用型靶机，采用前置双缸活塞发动机作为动力，能在陆上和舰船上发射起飞，海上伞降回收，可重复使用。靶机可人工遥控飞行和自主程控飞行，具备伴舰飞行能力，具备自主安控、电子围栏等功能。

该型靶机由南京模拟技术研究所于 20 世纪 90 年代研制定型并批量应用，且出口中东、南亚和非洲。

2．总体布局与部位安排

B-9H 型靶机采用矩形机身、上单翼、单垂尾、发动机前置式气动布局，见图 2-58。垂尾固定在机身上，机翼可以分解成中翼和左右外翼三段，平尾是一个整体。机身、机翼、尾翼均采用玻璃钢材质制造。

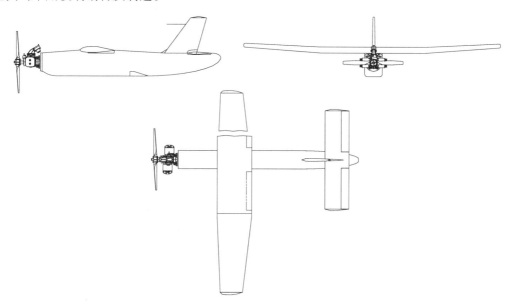

图 2-58　B-9H 型靶机三视图

主要参数

机长	2.58 m
翼展	3.2 m
起飞质量	60 kg

靶机垂尾固定在机身尾部上方，不可拆卸。机翼由中翼和左右外翼组成，平尾为一体式结构，均可从机身上拆下，运输、储存和维护方便。靶机设备布局见图2-59。

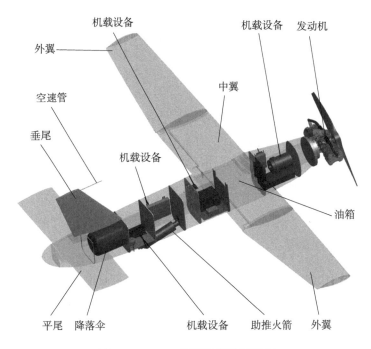

图 2-59　B-9H 型靶机部位安排图

3. 主要技术指标与飞行航迹

（1）主要技术指标

最大平飞速度	70 m/s
最大飞行高度	3 000 m（海拔）
最大续航时间	60 min
控制半径	50 km
抗风能力	5 级

（2）典型飞行航迹

B-9H 型靶机可根据任务要求和飞行条件等预先规划飞行航迹，在飞行前通过无线方式装订至飞行控制器，其典型飞行航迹一般分为以下 5 个阶段。

1）爬升段：靶机起飞后按照给定爬升角爬高，到达预定安全高度后转入程控阶段，爬升到指定高度后自动改平；

2）进入段：此段为进入任务段前调整阶段，主要是保证靶机对准任务航段，并调整发动机油门控制靶机至目标速度，当执行低空任务时，靶机首先下滑至目标高度，再调整航向及速度；

3）任务段：靶机按照规划航迹准确通过任务走廊，此时根据任务要求打开任务设备或执行预先装订的任务属性；

4）退出段：任务执行完毕后，靶机按照规划航迹逐步降高或升高并飞往回收场，到达回收高度后自动改平；

5）回收段：靶机到达指定回收点后，自动关闭发动机、打开降落伞，稳步降落回收。

4. 动力装置

B-9H 型靶机动力装置采用二冲程双缸对置式活塞发动机，见图 2-60。该型发动机排量为 342 mL，最大功率为 18.5 kW，携带同轴发电机为机载电源供电。发动机进行了防水处理，具备海上回收使用能力。使用外部启动电机辅助地面启动。

图 2-60　B-9H 型靶机的动力装置

5. 飞行控制系统

B-9H 型靶机的飞行控制系统由飞行控制器、传感器（姿态、高度、空速等）、测控信道、电源系统、执行舵机等组成，见图 2-61。

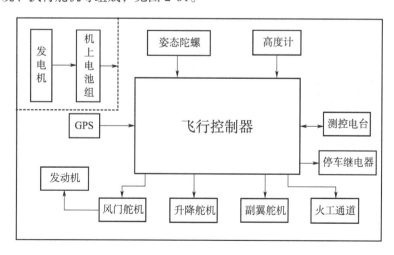

图 2-61　B-9H 型靶机飞行控制系统结构框图

6. 地面测控站

靶机地面测控站采用轻便设计，主要由测控箱、便携电脑、操纵器、全向天线和架设器材等构成，见图 2-62。地面测控站能够采集自身位置坐标并上传靶机，实现靶机程控飞行航线随舰移动。

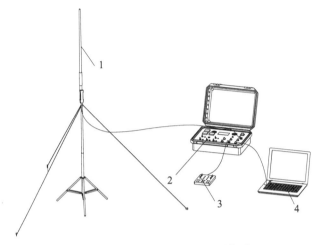

图 2-62　B-9H 型靶机地面测控站

1. 天线　2. 测控箱　3. 操纵器　4. 便携电脑

7. 任务有效载荷

B-9H 型靶机配置拖靶投放机构，可携带软质拖靶。携带拖靶时，拖靶及拖靶罩装在机身外部。

靶机可在机身腹部或翼尖加装曳光管 / 红外源，机翼前缘加装龙伯球，增强电视 / 红外及 RCS 目标特性，如图 2-63 所示。

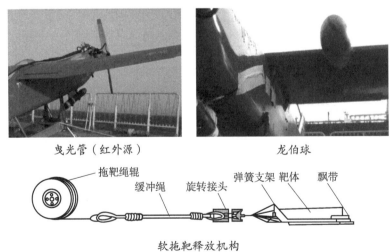

曳光管（红外源）　　　　　　　龙伯球

软拖靶释放机构

图 2-63　B-9H 型靶机可携带的任务载荷

8. 发射系统

B-9H 型靶机采用火箭助推、零长发射起飞，发射系统由火箭助推器、发射架组件等构成。图 2-64 为 B-9H 型靶机发射瞬间。

图 2-64　B-9H 型靶机发射瞬间

9. 回收系统

B-9H 型靶机采用伞降方式进行回收。降落伞装在靶机的尾部下方。机体兼作浮体，主要舱段进行了密封防水处理，舱盖较小，靶机起飞前用密封胶封严舱口，可保证舱内水密。靶机回收后，漂浮在海面上，由小艇拖回打捞舰旁，使用舰上的吊杆装置打捞上舰，用淡水冲洗晾干后可重复使用。

10. 制造商

南京模拟技术研究所。

WG-20 靶机

1. 发展概况

WG-20 靶机是一款低速平台型空中靶标，采用螺旋桨动力，火箭助推、零长发射起飞，伞降回收，双滑撬式油气减震器减震，可重复使用。靶机可人工遥控飞行和自主程控飞行，具备姿态异常、高度异常、遥控中断和超出预定区域等异常情况下的自主归航或保护回收功能。靶机可搭载多种任务载荷，改装能力较强。

该型靶机由南京模拟技术研究所于 2006 年研制完成，2009 年通过鉴定并批产。截至 2019 年，该靶机型号已累计生产 150 余架套，在部队训练、武器研制试验、场区监控等领域应用广泛。

2. 总体布局与部位安排

WG-20 靶机采用上单翼、双尾撑、发动机后置式气动布局。机身、机翼、尾翼均采用玻璃钢材质制造。其三视图如图 2-65 所示。

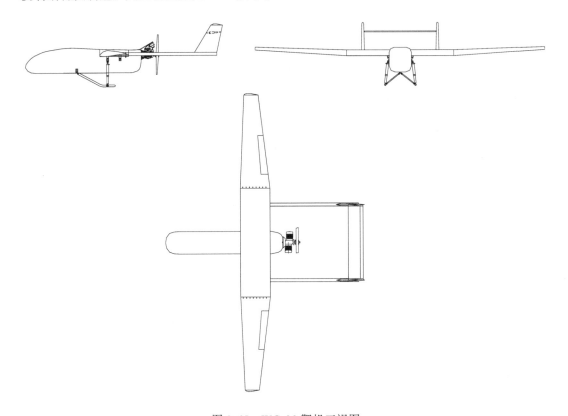

图 2-65 WG-20 靶机三视图

主要参数

全长	3.4 m
机身长	1.985 m
翼展	4.9 m
最大起飞质量	125 kg

WG-20 靶机机体为复合材料制造。机身为短舱硬壳结构，前部留有任务舱段用于任务载荷安装。机翼为分体设计，分为中翼和左右外翼，通过四个接头与机身连接。

靶机部位安排如图 2-66 所示。

机翼　　降落伞　　油舱　　尾撑杆　　发动机　　平尾

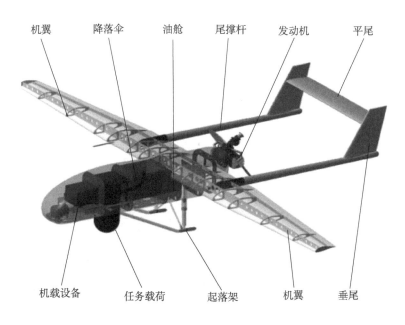

机载设备　　任务载荷　　起落架　　机翼　　垂尾

图 2-66　WG-20 靶机部位安排图

3．主要技术指标与飞行航迹

（1）主要技术指标

最大平飞速度	50 m/s
最大飞行高度	3 000 m（海拔）
最大续航时间	180 min
控制半径	50 km
最大任务载荷	20 kg
抗风能力	5 级

（2）典型飞行航迹

WG-20 靶机可根据任务要求和飞行条件等预先规划飞行航迹，在飞行前通过无线方式装订至飞行控制器，其典型飞行航迹一般分为以下 5 个阶段，见图 2-67。

1）爬升段：靶机起飞后按照给定爬升角爬高，到达预定安全高度后转入程控阶段，爬升到指定高度后自动改平；

2）进入段：此段为进入任务段前调整阶段，主要是保证靶机对准任务航段，并调整发动机油门控制靶机至目标速度，当执行低空任务时，靶机首先下滑至目标高度，再调整航向及速度；

3）任务段：靶机按照规划航迹准确通过任务走廊，此时根据任务要求打开任务设备或执行预先装订的任务属性；

4）退出段：任务执行完毕后，靶机按照规划航迹逐步降高或升高并飞往回收场，到达回收高度后自动改平；

5）回收段：靶机到达指定回收点后，自动关闭发动机、打开降落伞，稳步降落回收。

图 2-67　WG-20 靶机典型飞行航迹

4．动力装置

WG-20 靶机采用二冲程双缸对置式活塞发动机作为动力装置，见图 2-68。该型发动机排量为 342 mL，最大功率为 18.5 kW，自带发电机为机载电源供电。由外部启动电机辅助地面启动。

图 2-68　WG-20 靶机的动力装置

5．飞行控制系统

WG-20 靶机飞行控制系统由飞行控制器、传感器、任务控制器、测控信道、电源系统和执行机构组成，见图 2-69。

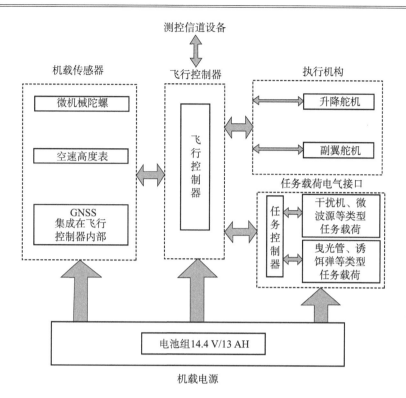

图 2-69 WG-20 靶机飞行控制系统连接框图

6. 地面控制站

WG-20 靶机地面测控站根据执行任务复杂度选择采用便携式（见图 2-70）或车载式（见图 2-71）。具备靶机飞行控制、状态监视、轨迹显示和数据转发等功能。具备飞行仿真、一站多机通信和编队控制能力，满足部队多机同空供靶飞行指挥控制需求。

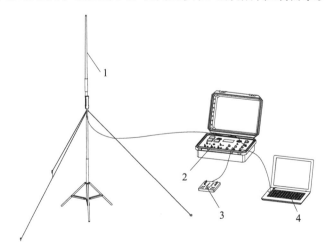

图 2-70 WG-20 靶机便携式地面测控站

1. 天线 2. 测控箱 3. 操纵器 4. 便携电脑

车载式地面测控站外部　　　　　　　　　　　车载式地面测控站内部

图 2-71　WG-20 靶机车载式地面测控站

7. 任务有效载荷

WG-20 靶机可携带曳光管、诱饵弹、龙伯球、微波辐射源、电子干扰机等靶机常用任务载荷，也可携带光电侦察吊舱、激光发射器等设备作为无人机平台使用，如图 2-72 所示。

诱饵弹（机身中部）　　　　　　　　　　电子干扰机（天线安装）

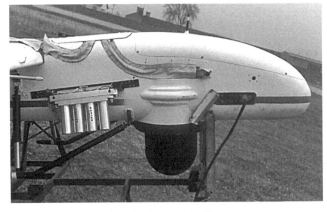 

低温红外源＋诱饵弹　　　　　　　　　　光电吊舱

图 2-72　WG-20 靶机可携带的任务载荷

8. 发射系统

WG-20 靶机采用火箭助推、零长发射起飞，发射系统由火箭助推器、发射架组件等构成。图 2-73 为处于发射状态的 WG-20 靶机。

图 2-73　WG-20 靶机处于发射状态

9. 回收系统

WG-20 靶机采用伞降方式进行回收（见图 2-74），配有双滑橇式油气减震器减震。回收伞采用十字定向伞，可以有效地减少靶机降落时在空中的摆动，降低落地损坏的风险。回收系统由开伞机构、回收伞、切割器、人字吊带、脱落接头构成。

图 2-74　WG-20 靶机伞降回收图

10. 制造商

南京模拟技术研究所。

II-300J 机动隐身靶机

1. 发展概况

II-300J 机动隐身靶机是一款高性能机动隐身靶机。该机采用涡喷发动机作为动力，火箭助推、零长发射，伞降回收，可重复使用，可完成盘旋机动、蛇形机动、俯冲拉起、半滚倒转等机动动作，具备人工遥控飞行、自主程控飞行和多机编队飞行功能。

该机可用于模拟四代/三代战斗机、无人攻击机、巡航导弹、反舰导弹的机动、RCS 特性、低空突防、电子对抗等目标特性。该机由南京模拟技术研究所于 2016 年开始研制，2018 年完成设计定型，并转入批产应用。

2. 总体布局与部位安排

（1）总体布局

靶机基本外形为常规布局，大后掠角上单翼，卵形机头、蜂腰式机身，各翼面前缘平行，布置机腹进气道。整机气动外形飞行阻力小、隐身性能佳。全机采用模块式组装结构，方便拆卸、包装和运输。翼尖可挂载任务设备以满足任务需求。其外形布局图如图 2-75 所示。

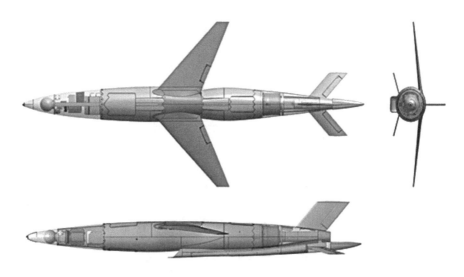

图 2-75 II-300J 机动隐身靶机外形布局图

主要参数

翼展	2.3 m
机长	4.8 m
机高	0.8 m
最大起飞质量	320 kg
燃油质量	100 kg

（2）部位安排

II-300J 机动隐身靶机机身分为五个舱段，见图 2-76。第一舱用于装载机载电气设备和任务载荷，第二舱用于装载回收伞和减震气囊，第三舱用于装载燃油，第四舱用于装载发动机及其附件，第五舱用于装载平尾、垂尾传动及执行机构。

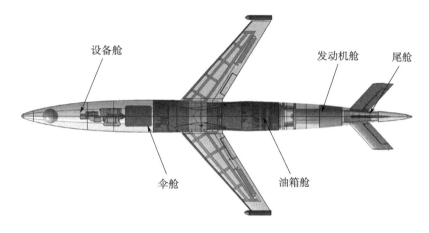

图 2-76　II-300J 机动隐身靶机部位安排图

3. 主要技术指标与飞行航迹

（1）主要技术指标

II-300J 机动隐身靶机主要技术指标如表 2-5 所示。

表 2-5　II-300J 机动隐身靶机主要技术指标

技术指标 型号	II-300J
飞行高度（m）	20~12 000（陆上）；5~12 000（海上）
最大飞行速度（m/s）	300
最大机动过载（g）	9
雷达散射截面（m²）	0.01~15
最大航程（km）	900

续表

技术指标	型号 II-300J
续航时间（min）	80
最大任务载荷（kg）	40
最大测控半径（km）	150
最大起飞高度（m）	4 500

（2）典型飞行航迹

II-300J 机动隐身靶机可根据任务要求预先规划飞行航迹并装订，其典型飞行航迹一般分为以下 5 个阶段。

1）发射段：靶机起飞后按照预设航线爬高，到达安全高度后转入程控阶段，爬升到指定高度后自动改平；

2）进入段：根据预定航线或无线电遥控飞行至任务段；

3）任务段：此段根据任务要求完成预定机动动作、打开任务设备或执行预先装订的任务属性；

4）退出段：任务执行完毕后，靶机按照规划航迹返回回收场，到达回收高度后自动改平；

5）回收段：靶机逐渐减速、降高，到达预定回收场地后，自动关闭发动机，打开回收伞和气囊，稳步降落回收。

4. 动力装置

II-300J 机动隐身靶机使用 CYS-180WP 发动机作为动力装置，见图 2-77。

图 2-77　II-300J 机动隐身靶机动力装置示意图

发动机基本性能参数

直径	317 mm
长度	800 mm
质量	38 kg
最大推力	185 daN
耗油率	$\leqslant$ 1.1 kg/（daN · h）

5. 飞行控制系统

II-300J 机动隐身靶机的飞行控制系统由电源分系统、传感器分系统、飞行控制器、执行机构分系统组成，见图 2-78。

飞行控制器采集并处理无人机正常飞行所必需的各项传感信息，形成控制决策，同时接收数据链传送过来的地面操纵指令，通过舵机以及其他执行机构实现所要求的自动控制功能，控制无人机完成相关任务。主要实现飞行姿态的控制、机动飞行控制、定高飞行控制、定向飞行控制、程控飞行、定速控制、飞行应急控制等飞行控制功能。

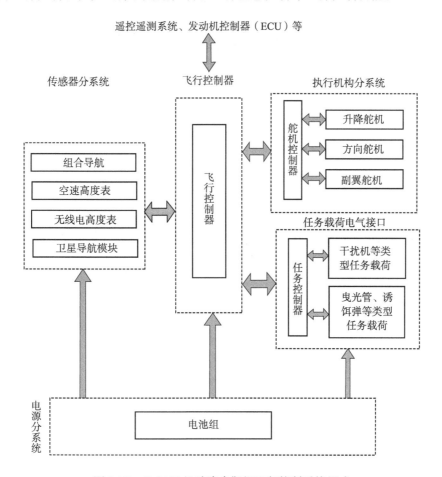

图 2-78　II-300J 机动隐身靶机飞行控制系统组成

6. 地面测控站

II-300J 机动隐身靶机的控制指令由地面测控站发出，经测控链路上传给飞行控制器分配执行，靶机的状态数据通过测控链路下传至地面测控站。地面测控站有便携箱式（见图 2-79）和车载式（见图 2-80）两种形式，可满足不同使用需求。

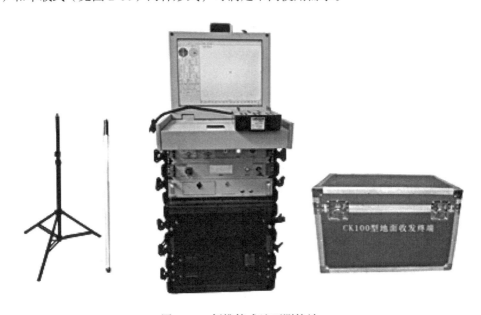

图 2-79　便携箱式地面测控站

测控车外观　　　　　　　　　　　　　　测控车内部

图 2-80　车载式地面测控站

7. 任务有效载荷

II-300J 机动隐身靶机可搭载龙伯球、曳光管、诱饵弹及电子干扰机等多种任务设备。

（1）龙伯球

II-300J 机动隐身靶机可根据需求在靶机头部安装不同规格的龙伯球，见图 2-81。

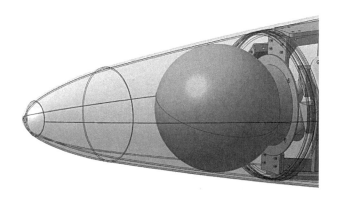

图 2-81　龙伯球装载示意图

（2）曳光管

II-300J 机动隐身靶机可在靶机机翼翼尖处安装曳光管，挂载方式为单侧单枚和单侧两枚（见图 2-82），可通过地面站遥控指令触发作动，也可程控触发作动。

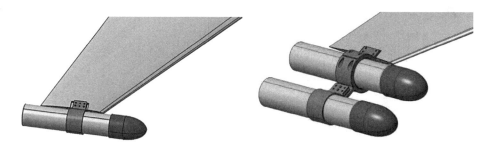

图 2-82　曳光管装载示意图

（3）诱饵弹

II-300J 机动隐身靶机可在发动机舱两侧装载 12 枚诱饵弹（见图 2-83）。可通过地面测控站遥控指令触发作动，也可通过程序自动触发作动。

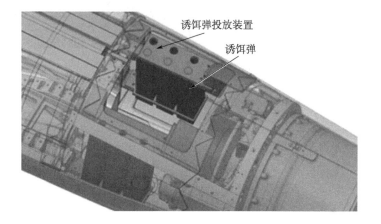

图 2-83　发动机舱两侧诱饵弹装载示意图

（4）电子干扰机

II-300J 机动隐身靶机可在机头设备舱装载电子干扰机及其附件（见图 2-84）。电子干扰机可通过地面测控站遥控指令触发作动，也可程控触发作动。

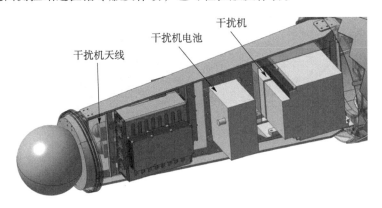

图 2-84　电子干扰机装载示意图

8．发射系统

II-300J 机动隐身靶机采用火箭助推、零长发射起飞，其发射分系统主要由发射架、火箭助推器等组成，其组合实物图如图 2-85 所示。

图 2-85　靶机 - 发射架 - 火箭助推器组合实物图

9．回收系统

II-300J 机动隐身靶机采用回收伞 + 减震气囊回收方式，回收系统由回收伞及减震气囊等组成。

10．制造商

南京模拟技术研究所。

II-150Y 系列靶机

1. 发展概况

II-150Y 系列靶机是一款小型机动隐身靶机,可模拟四代战斗机、无人攻击机、隐身巡航导弹以及三代战斗机、常规巡航导弹、反舰导弹的机动、RCS 特性、低空突防、电子对抗等目标特性。该靶机采用火箭助推发射、伞降回收方式,可重复使用;具备人工遥控飞行、自主程控飞行和多机编队飞行功能,同时具备良好的安控功能。

南京模拟技术研究所于 2017 年 3 月开始研制 II-150Y 靶机,2018 年 12 月完成设计定型,并开始批产。截至 2019 年,II-150Y 靶机累计生产 60 余架,已逐步推广应用。为了使靶机能够在海上环境使用,2019 年 4 月开始研制 II-150YH 靶机。

2. 总体布局与部位安排

（1）总体布局

II-150Y 系列靶机采用"下单翼 +V 形尾翼 + 腹部进气"的翼身融合式布局。整机升阻特性较好,具有良好的速度特性和机动能力。翼尖和翼下均可挂载任务设备以满足任务载荷需求。全机采用模块式组装结构,方便拆卸、包装和运输。II-150Y 系列靶机三视图如图 2-86 所示。

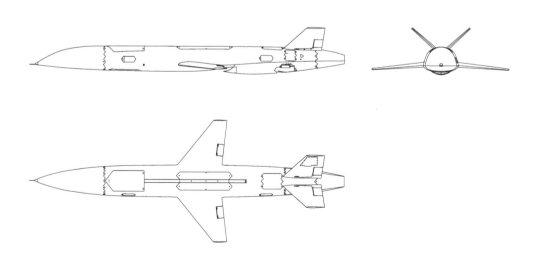

图 2-86　II-150Y 系列靶机三视图

主要参数

机身长度	3.2 m
机翼展长	1.4 m
整机高度	0.53 m
最大起飞质量	120 kg

（2）部位安排及结构特点

II-150Y 系列靶机机身分为六个舱段，第一舱用于装载机载电气设备和任务设备，第二舱用于装载降落伞及减震气囊，第三舱用于安装油箱，第四舱兼具任务设备装载及安装副翼舵机和传动机构系统，第五舱用于装载发动机燃油控制系统及减震气囊，第六舱用于装载发动机。II-150Y 系列靶机部位安排如图 2-87 所示。

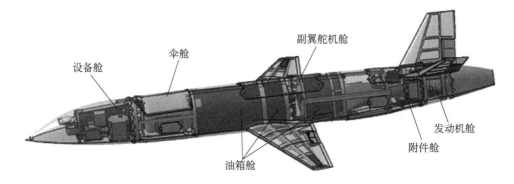

图 2-87　II-150Y 系列靶机部位安排图

3. 主要技术指标与飞行航迹

（1）主要技术指标

II-150Y 系列靶机主要技术指标如表 2-6 所示。

表 2-6　II-150Y 系列靶机主要技术指标

技术指标　　　型号	II-150Y	II-150YH
飞行高度（m）	50~11 000	5~8 000
最大飞行速度（m/s）	230	210
最大机动过载（g）	≥ 5	≥ 5
RCS 特性（m^2）	0.01~3	0.01~3
最大测控半径（km）	100	100
最大航程（km）	≥ 500	≥ 500
续航时间（min）	≥ 60	≥ 60
最大任务载荷（kg）	15	15

（2）典型飞行航迹

1）单机典型飞行航迹

II-150Y 系列靶机可根据任务要求和飞行条件等预先规划飞行航线，在飞行前通过无线方式装订至飞行控制器。其典型飞行航迹一般分为以下 5 个阶段，见图 2-88。

①爬升段：靶机从发射阵地起飞，按照预定速度和航线，程控爬升到指定高度；

②进入段：调整航向和速度，进入任务航线；如果执行低空任务，靶机先下滑至目标高度；

③任务段：按照预设航线飞行，也可以通过地面控制操作飞行，按照指挥命令，开启、关闭相关任务载荷或进行机动飞行等任务；

④退出段：任务执行完毕后，靶机按照规划航线逐步降高或升高并飞往回收场；

⑤回收段：靶机可以自动定点停车开伞回收，也可以手动控制停车开伞回收，以应对临时的风向、风速等气象变化。

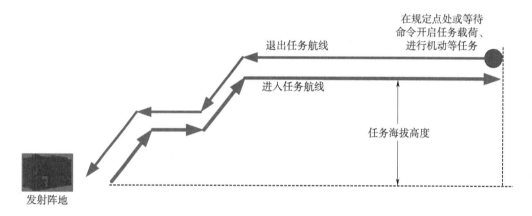

图 2-88　II-150Y 系列靶机单机典型飞行航迹

2）多机典型飞行航迹

II-150Y 系列靶机执行多机飞行任务时，同空靶机保持单机典型飞行航迹的特性，通过使用多目标地面测控站进行集中控制实现多机同空协同飞行。

4．动力装置

II-150Y 系列靶机使用 CYS-60WP 发动机作为动力装置，见图 2-89。该型发动机是涡轮喷气发动机。其基本性能参数如下。

直径	172 mm
长度	880 mm
质量	7 kg
最大推力	60 daN
耗油率	$\leq$ 1.35 kg/（daN·h）

图 2-89　II-150Y 系列靶机动力装置图

5．飞行控制系统

飞行控制系统主要用来实现 II-150Y 系列靶机的手动操纵飞行和程控飞行，实现从传感器数据采集、控制解算到执行机构作动的整个飞机回路闭环控制。为了保证飞机安全，采取飞机应急保护、设备状态监测等措施。应急保护功能主要是当飞机遥控链路、姿态、高度、GPS 和飞行距离等异常时，为了飞机安全采取的保护机制。设备状态监测主要监测机载设备工作是否正常，故障时回传故障类型，并可切换数据，完成对机载设备的控制管理。

6．地面测控站

靶机的控制指令由地面测控站发出，经测控上行链路上传给飞控器分配执行，靶机的飞行状态数据通过测控下行链路下传至地面测控站显示监控。II-150Y 系列靶机的地面测控站有便携箱式（见图 2-90）和车载式（见图 2-91）两种，可满足不同用户的需求。

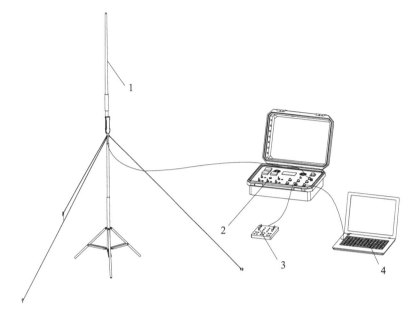

图 2-90　靶机便携箱式地面测控站示意图

1. 天线　2. 测控箱　3. 操纵器　4. 便携电脑

测控车外观

测控车内部

图 2-91　靶机车载式地面测控站

7. 任务有效载荷

II-150Y 系列靶机可装载龙伯球、曳光管、诱饵弹及电子干扰机等多种任务设备。

（1）龙伯球

II-150Y 系列靶机可根据需求选择不同规格的龙伯球，安装在靶机头部和机翼两侧，其中机翼两侧龙伯球可前向或后向安装，见图 2-92。

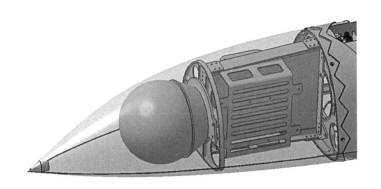

图 2-92 靶机装载龙伯球示意图

（2）曳光管

II-150Y 系列靶机通常在靶机翼尖和翼下处安装曳光管（见图 2-93），可通过地面站遥控指令触发作动，也可程控触发作动。

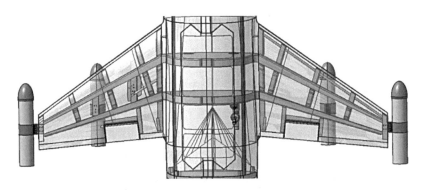

图 2-93 靶机装载曳光管示意图

（3）诱饵弹

II-150Y 靶机在第四舱位置可装载常见的四种规格诱饵弹（见图 2-94），可通过地面测控站遥控指令触发作动，也可通过程序自动触发作动。

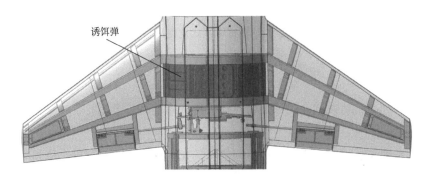

诱饵弹

图 2-94 靶机装载诱饵弹示意图

（4）电子干扰机

II-150Y 系列靶机可装载小型电子干扰机，其主机安装在第四舱位置，天线安装在机头位置，见图 2-95。干扰机可通过地面站遥控指令触发作动，也可程控触发作动。

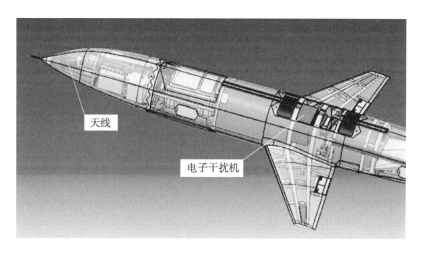

图 2-95　靶机装载电子干扰机示意图

8. 发射系统

II-150Y 系列靶机采用火箭助推、零长发射起飞，发射系统由火箭助推器、发射车（或固定式发射架）等构成。图 2-96 为处于待发状态的 II-150Y 靶机。

图 2-96　II-150Y 靶机处于待发状态

9．回收系统

II-150Y 靶机回收装置由回收伞、减震气囊等组成，II-150YH 靶机不需要减震气囊。

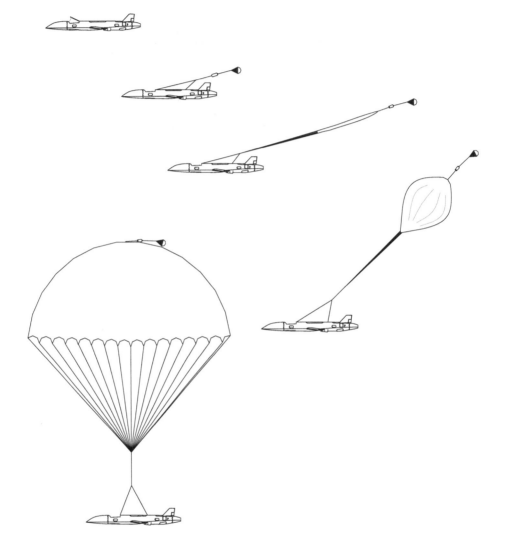

图 2-97　II-150Y 靶机伞降过程示意图

10．制造商

南京模拟技术研究所。

Z-5T 型无人直升机靶机

1. 发展概况

Z-5T 型无人直升机靶机是一种用于模拟武装直升机的空中靶标，可垂直起降、定点悬停、使用灵活机动，具有模块化、易操作、维护简便、适用性广等特点，续航时间、飞行升限、巡航速度、任务搭载能力等战技性能优良，可以通过加装龙伯球、角反射器、曳光管、干扰弹、有源目标特性模拟设备等任务载荷，模拟武装直升机的光学、雷达、红外及战术对抗特性，为多层次防空武器系统的性能鉴定检验和作战演练提供更为有效的试验和训练手段。

2007 年南京模拟技术研究所开始研制 Z-5 型无人直升机，2011 年年底定型。2015 年年初，在该机型基础上开展了 Z-5T 型无人直升机靶机的研制，2017 年完成定型。

2. 总体布局与部位安排

Z-5T 型无人直升机靶机采用常规单旋翼带尾桨布局形式。尾桨布局采用推力桨，平尾布局采用高平尾，垂尾采用后掠布局。整机三视图如图 2-98 所示。

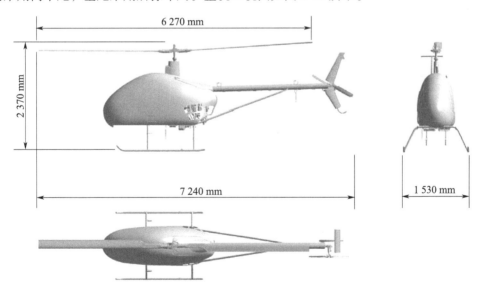

图 2-98　Z-5T 型无人直升机靶机三视图

该型靶机的主旋翼和尾旋翼均采用两片桨结构，机身前部为任务设备舱，发动机安装在机身后部，起落架采用滑撬式起落架。任务设备可挂载在机舱下方。部位安排如图 2-99 所示。

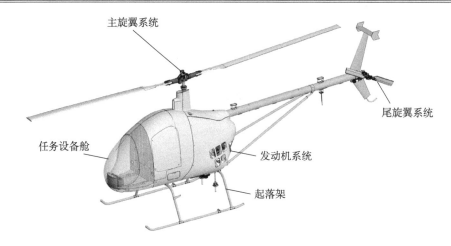

主旋翼系统

尾旋翼系统

任务设备舱

发动机系统

起落架

图 2-99　Z-5T 型无人直升机靶机部位安排图

主要参数

旋翼直径	6.27 m
全机长度	7.24 m
全机高度	2.37 m
全机宽度	1.53 m
最大起飞质量	420 kg
任务载荷质量	50 kg

3. 主要技术指标与飞行航迹

（1）主要技术指标

最大飞行速度	160 km/h
最大巡航速度	120 km/h
悬停升限	2 000 m
飞行升限	3 500 m
续航时间	3 h
控制半径	≥ 50 km

（2）典型飞行航迹

1）单机典型飞行航迹

①起飞爬升段：靶机从起飞点垂直起飞，并爬升到预定高度；

②远航段：靶机以预定速度远航至目标航段；

③任务段：靶机按照规划航迹准确通过任务走廊，此时根据任务要求打开任务设备或执行预先装订的任务属性；

④返航段：执行完任务后，靶机返航至预定降落点；

⑤降落段：靶机降落。

图 2-100 为 Z-5T 型无人直升机靶机单机典型飞行航迹。

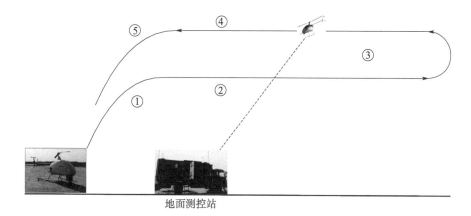

图 2-100　Z-5T 型无人直升机靶机单机典型飞行航迹

2）多机典型飞行航迹

Z-5T 型无人直升机靶机执行多机飞行任务时，同空靶机保持单机典型飞行航迹的特性，通过使用多目标地面测控站进行集中控制实现多机同空协同飞行，见图 2-101。

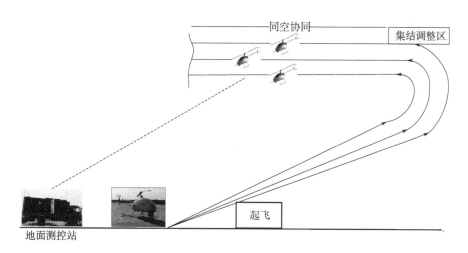

图 2-101　Z-5T 型无人直升机靶机多机同空典型飞行航迹

4．飞行控制系统

飞行控制系统（见图 2-102）主要用于发送控制靶机飞行的遥控指令，完成对靶机的飞行操纵和任务设备触发控制。同时接收并监测无人机、任务设备的工作状态，同步显示无人机的飞行航迹。能够与基地导控中心集成，实现直升机及所搭载的任务载荷与基地导控中心之间的信息交互，包括无人直升机系统信息"落地"后的处理和上传，空管信息的接入以及导演部导调指令的下达与执行。此外，飞行控制系统采用相对成熟的时分加码分的通信方式，具备与固定翼靶机相互兼容及多机混合编队能力。

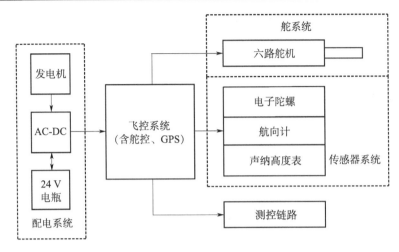

图 2-102　Z-5T 型无人直升机靶机飞行控制系统结构图

5．任务有效载荷

Z-5T 型无人直升机靶机可加装干扰弹、拉烟管、曳光管、有源雷达增强器等任务载荷。

（1）干扰弹

干扰弹通过吊杆安装到平台上，吊杆连接点设置在组件侧向重心平面内，通过连接板连接两侧组件形成整体。干扰弹触发装置通过安装板集成，整体安装到干扰弹组件上。可根据任务需求进行扩展增加装载数量，见图 2-103。

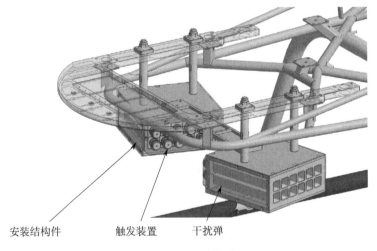

安装结构件　　　触发装置　　　干扰弹

图 2-103　干扰弹

（2）拉烟管

平台配备了两个拉烟管，安装在起落架前侧两边，一边各一个。拉烟管通过卡箍形式的结构件与起落架连接固定，可以根据任务需求上下调整位置和增加拉烟管数量，见图 2-104。

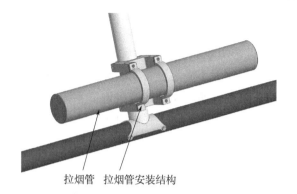

图 2-104 拉烟管

（3）曳光管

平台配备了两个红外增强器——曳光管，安装在起落架后侧两边，一边各一个。曳光管通过卡箍形式的结构件与起落架连接固定，可以根据任务需求上下调整位置和增加曳光管数量，见图 2-105。

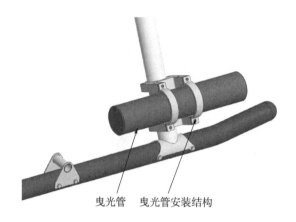

图 2-105 曳光管

（4）有源雷达增强器

有源雷达增强器安装在任务舱下吊挂点，为了减小阻力，采用透波罩进行整流，见图 2-106。

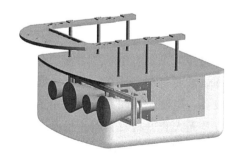

图 2-106 有源雷达增强器

6. 地面遥控遥测系统

Z-5T 型无人直升机靶机采用地面测控车对靶机和其搭载的任务设备进行控制。测控车载车使用越野底盘，测控方舱大小满足设备安装和人员操作活动需要，舱内设有无人直升机和任务设备操纵席位、电源及照明系统、空气调节系统、组用工具及附件、通信及控制线缆等，主要用于无人直升机飞行控制、任务设备指令发送，无人直升机状态信息、任务设备状态信息接收和显示，以及车内供电、照明及温度控制，并提供相关的操作维护工具。方舱外壁设置有视频、电源、光纤等防水航插接口等，可将测控信息传输到外部设备。地面测控车型号有一站单机测控车和一站三机测控车，可满足不同用户的需求，其实物图如图 2-107 所示。

一站单机测控车　　　　　　　　　　一站三机测控车

图 2-107　Z-5T 型无人直升机靶机地面测控车

7. 地面储运保障系统

Z-5T 型无人直升机靶机采用地面储运车进行装载存储和转场运输。储运车载车使用军用越野底盘，方舱选用直角方舱作为直升机吊装和运输储存空间。无人直升机装载时，采用液压尾板将其托起；存储和运输时，利用地扣将直升机起落架固定在方舱地板上。舱内设备由无人直升机装卸固定设备、电源及照明系统、组用工具及附件等组成，用于无人直升机的装卸、固定、运输，以及无人直升机日常维护检测时的供电、照明等。地面储运车型号有单机储运车和双机储运车，可满足不同用户的需求，双机储运车实物图如图 2-108所示。

图 2-108　双机储运车实物图

8. 发射和回收系统

Z-5T 型无人直升机靶机具有垂直起飞和垂直降落功能，起飞和降落指令通过外操纵器或测控车内指令按钮发出，无需额外的发射和回收设备。

9. 制造商

南京模拟技术研究所。

B1 靶机

1. 发展概况

B1 靶机是由航模发展的一种上单翼小型遥控靶机。1961 年西北工业大学开始研制 B1 靶机，1962 年定型，1963 年投产。1968 年，西北工业大学在 B1 靶机的基础上研制改进型，称为改 1 靶机。其发动机改为双缸对置式，遥控设备改为晶体管化的超外差式，伺服气阀改为恒磁极化式，机体部分改进了结构强度，飞行及工作稳定性均有所提高。原型机与改型机共生产数千架，主要用于防空火炮部队对空射击训练。

2. 总体布局与部位安排

B1 靶机外形采用常规布局，矩形上单翼，方形机身。其外形见图 2-109。改 1 靶机与原型机气动外形相同。

B1 靶机机体为木结构，蒙以薄绢或绵纸，并用硝基涂布清漆张紧和罩光。

图 2-109　B1 靶机外形图

主要参数

翼展	2.2 m
机长	1.66 m
起飞质量	4.4 kg

B1 靶机部位安排见图 2-110。

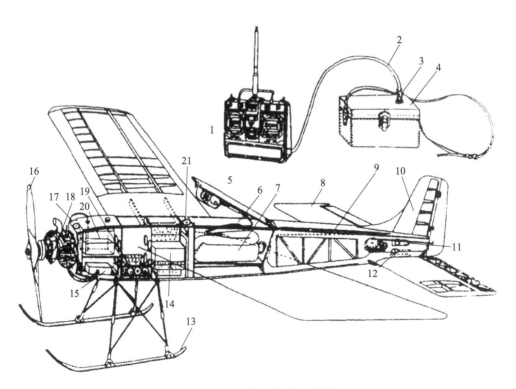

图 2-110　B1 靶机部位安排图

1. 发动机　2. 电缆　3. 插头　4. 发射机电池　5. 引导伞　6. 引导伞绳　7. 主伞　8. 水平尾翼
9. 接收机天线　10. 垂直尾翼　11. 方向舵机　12. 升降舵机　13. 滑撬　14. 接收机
15. 点火控制盒　16. 螺旋桨　17. 停车舵机　18. 发动机　19. 电池　20. 油箱　21. 开伞舵机

3．主要技术指标

最大平飞速度　　　　　　　90 km/h（25 m/s）
控制半径（目视）　　　　　1~1.5 km
最大使用高度（目视）　　　600 m
续航时间　　　　　　　　　20~30 min

4．动力装置

B1 靶机发动机为 10 mL 单缸热火栓式，以甲醇和蓖麻油为燃料，同时驱动 1 台旋板式真空泵为执行机构提供能源。功率为 0.8 kW。发动机见图 2-111。改 1 靶机采用 40 mL 双缸对置式热火栓发动机，后改为开关式无触点点火汽油机。其额定转速 700 r/min，耗油率小于 30 mL/min。功率 1.4 kW，平飞速度达 35 m/s，抗风能力 5 级。

图 2-111　B1 靶机发动机

5．飞行控制系统

B1 靶机采用电子管式遥控设备，接收机为超再生式，控制伺服气动阀将真空泵、储气罐提供的负压分送到相应的作动筒内腔，以控制舵面和执行机构的动作。

改 1 靶机采用晶体管式遥控系统，接收机为超外差式，控制伺服采用了恒磁极化式伺服气阀，故控制系统的性能有所提高。为使靶机的操纵面能更好地反映操纵量并提高可靠性，改 1 型靶机采用了 BY-SAP 型遥控设备。该设备用单片机实现 PCM（脉冲编码调制）编解码，采用调频方式，提高了工作频率和发射功率，性能稳定可靠，操纵灵敏方便，无须现场调整，大大提高了改 1 型靶机的可靠性和使用维护性能。

6．发射系统

起飞方式为手掷。

7．回收系统

靶机回收方式为滑翔着陆或伞降。改 1 靶机回收伞面积 8 m^2。

8．制造商

西北工业大学（NPU）。

B2 靶机

1．发展概况

B2 靶机是一种小型遥控靶机。1966 年，西北工业大学开始研制 B2 靶机，1968 年首次试飞，1970 年定型并小批生产。此后进行了改进，1978 年，采用 HS-350 发动机替换原 HS-280 发动机，使发动机功率达到 16 kW，飞行速度达 260 km/h，使用升限达到 3 000 m。1998 年，又对机载电子设备和遥控地面站进行全面升级改进。B2 及其改进型累计生产服役数千架。

2．总体布局与部位安排

B2 靶机采用中上单翼常规布局，圆形机身，其三视图见图 2-112。

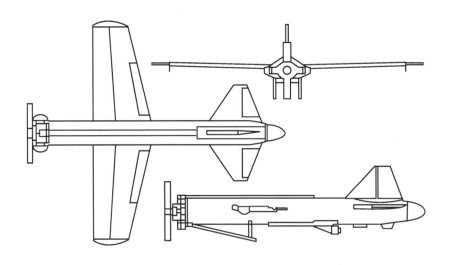

图 2-112　B2 靶机三视图

　B2 靶机机体结构采用玻璃钢蜂窝夹层结构，其中有少量金属或木质受力件。这种结构重量轻，成型容易，维护方便。舱门使用弹簧插销，开闭方便。机翼和水平尾翼可以拆卸，便于装箱运输。B2 靶机的机身有机舱可装两个拖靶。需要时，用无线电指令依次放出拖靶，供实弹射击。如果需要，机舱里可安装曳光弹。翼尖可装夜航灯，供夜间飞行时操纵人员观察。B2 靶机部位安排图见图 2-113。

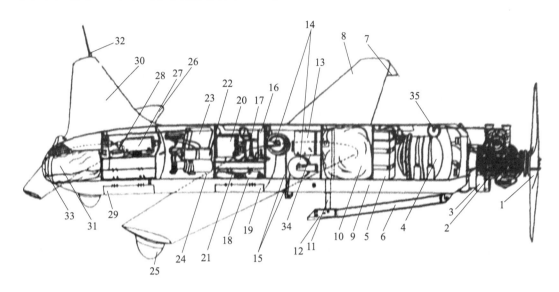

图 2-113　B2 靶机部位安排图

1. 螺旋桨　2. 发动机　3. 发电机　4. 陀螺　5. 电池组　6. 滑橇　7. 静压管　8. 机翼　9. 机身
10. 油箱　11. 减震器　12. 触地开关　13. 遥控接收机　14. 拖靶绳辊　15. 靶绳　16. 副翼舵机
17. 测高传感器　18. 定高传感器　19. 拖靶舱　20. 低频电子盒　21. 拖靶　22. 遥测调制器
23. 升降舵机　24. 遥向器　25. 减震垫　26. 水平尾翼　27. 遥测发射机　28. 航向传感器
29. 伞舱　30. 垂直尾翼　31. 回收伞包　32. 遥测发射天线　33. 尾锥
34. 遥测接收天线插孔　35. 风门舵机

主要参数

机长	2.544 m
机高	0.765 m
翼展	2.695 m
起飞质量	53 kg

3. 主要技术指标

最大平飞速度	250 km/h
控制半径	25 km
实用升限	2 000 m
续航时间	45 min
使用环境温度	−15 ℃~+50 ℃

4．动力装置

B2 靶机采用 1 台 HS-280 双缸二行程气冷活塞式发动机，工作容积 278 mL，额定功率 10.3 kW。飞行中可通过无线电操纵改变其功率。机身内装有软油箱。靶机采用木质双叶定距型螺旋桨，直径 0.67 m，螺距 0.65 m。

5．飞行控制系统

B2 靶机装有无线电遥控装置和自动驾驶仪。无线电设备系统由遥控设备、遥测设备和定位设备组成。自动驾驶仪由垂直陀螺、高度传感器、磁感应罗盘、运算放大器、伺服机构和时间程序装置等组成。遥控有 20 个控制指令，自动驾驶仪可使靶机在无人操纵的情况下稳定在某一姿态飞行。最基本的是等高定向直线飞行，通过遥控可切换自动驾驶仪的状态为等坡度左右盘旋及等角度爬升或俯冲，从而组成所需要的任意飞行航线。当打开时间程序控制装置后，靶机按预排程序飞行。还可以控制发动机功率、拖靶的施放与切断、程序飞行机构的控制以及打开回收系统。遥测设备可向地面提供靶机的高度和航向等飞行参数，还能发回故障告警等信号。定位设备用以确定靶机的极坐标，有方位和距离两个参数，指示靶机的位置。在视线外的长距离飞行中，遥测和定位设备所显示的高度、航向、距离和方位等信号是操纵手控制靶机的重要数据。

6．任务有效载荷

B2 靶机可装载 2 具三叶软拖靶，1 枚 50 万烛曳光弹，或换装 1 台航甲 6 相机。

7．发射系统

B2 靶机采用火箭助推，从一轻便发射架上零长发射起飞。B2 靶机在零长发射机上见图 2-114。

图 2-114　B2 靶机在零长发射机上

8. 回收系统

B2 靶机着陆采用降落伞，整个开伞过程按预先设计的程序进行。飞机腹部装有滑橇减震系统。滑橇上装有触地抛伞开关。飞机一旦触地，主伞脱开，防止有风时，张开的伞拖坏飞机。

9. 制造商

西北工业大学（NPU）。

B7 靶机

1. 发展概况

B7 靶机是一种小型遥控多功能靶机。1990 年开始研制，1991 年 11 月首飞，1993 年定型。累计生产 250 架。主要用于防空武器系统试验与作战训练。

2. 总体布局与部位安排

B7 靶机采用上单翼常规布局，V 形尾翼。流线形圆截面机身。机体主要采用玻璃钢蜂窝结构材料，局部采用新型复合材料。其机体三视图见图 2-115。

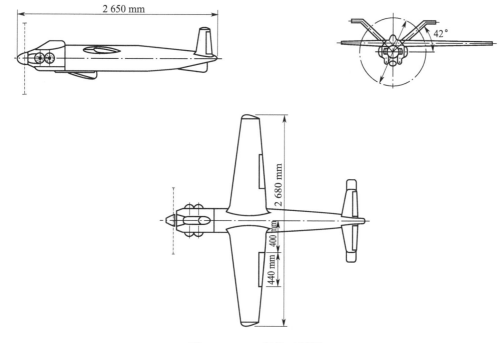

图 2-115　B7 靶机三视图

主要参数

机长	2.65 m
机高	0.65 m
翼展	2.68 m
起飞质量	92 kg
任务载荷质量	10 kg

B7 靶机部位安排图见图 2-116。

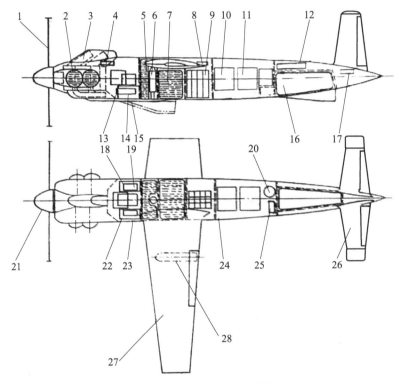

图 2-116　B7 靶机部位安排图

1. 螺旋桨　2. 发动机　3. 发动机罩　4. 风门舵机　5. 前油箱　6. 减震器　7. 主油箱　8. 副翼舵机
9. 载荷舱诱饵弹　10. 低频电子盒　11. 航向高度电子盒　12. 遥测发射机　13. 陀螺　14. 稳压器
15. 滑橇　16. 回收伞　17. 尾翼舵机　18. 电池　19. 风门电路盒　20. 航向传感器　21. 桨帽
22. 电池　23. 转速电路盒　24. 机身　25. 空速高度电子盒　26. 尾翼　27. 机翼　28. 曳光弹

3. 主要技术指标

最大平飞速度	360 km/h
使用高度	5 000 m
续航时间	60 min
遥控半径	40 km
使用环境温度	−25 ℃~+50 ℃

4. 动力装置

B7 靶机采用四缸对置二冲程活塞式发动机，发动机功率 37.3 kW，燃料为汽油。配双叶定距木质螺旋桨，发动机装于机身头部。

5. 飞行控制系统

B7 靶机装有自动驾驶仪，稳定靶机姿态角和高度。装有 GPS 导航计算机、测量设备，供控制与监视使用。机上飞行管理系统采用单片计算机和数模混合式控制器实现飞行状态和全机控制与设备管理。

B7 靶机的地面测控车由无线电系统、差分 GPS 定位系统、监测系统、控制台、电源系统、越野车底盘等组成。如图 2-117 所示。

图 2-117　B7 靶机地面测控车

6. 任务有效载荷

软拖靶（筒形）	外径 150~180 mm	2 具
硬靶	外径 150 mm，长 2 000 mm	1 具
红外诱饵弹	12 枚装	1 箱
曳光弹	50 万烛	2 枚

7. 发射系统

B7 靶机采用火箭助推从零长发射架上起飞。B7 靶机在发射拖车上待飞状态见图 2-118，B7 靶机火箭助推起飞见图 2-119。

图 2-118　B7 靶机在发射拖车上

图 2-119　B7 靶机火箭助推起飞

8．回收系统

B7 靶机采用伞降或滑降回收。降落伞装在机尾下部。

9．制造商

西北工业大学（NPU）、西安爱生技术集团公司（ASN）。

B7Y 隐形靶机

1. 发展概况

B7Y 隐形靶机是一种小型遥控靶机，1999 年研制，2001 年首飞，2002 年定型。主要用于防空武器系统试验。

B7Y 隐形靶机是在 B7 靶机原型的基础上，采用隐身技术措施，有效减少雷达散射截面。其采取的主要隐身技术措施有：1）使用透波涂层，用以减少机体外表面对雷达波的反射；2）机身、机翼、发动机外罩等采用纳米吸波材料构成结构组件，用以吸收入射波，减少爬行波、行波后向散射；3）采用导电材料形成机体金属化的内层结构，增强吸波层对透波和反射波的多次吸收；4）在滑橇等外露金属件上涂覆吸波涂层。

通过实施上述隐身技术措施，靶机的雷达散射截面由 1 m^2 减少到 0.08 m^2。

2. 总体布局与部位安排

B7Y 隐形靶机为上单翼常规布局，V 形尾翼。流线形圆截面机身。机体主要采用玻璃钢蜂窝结构材料和纳米吸波材料、碳纤维导电材料，局部采用新型复合材料。外表面采用隐身涂层材料。靶机外形三视图见图 2-120。

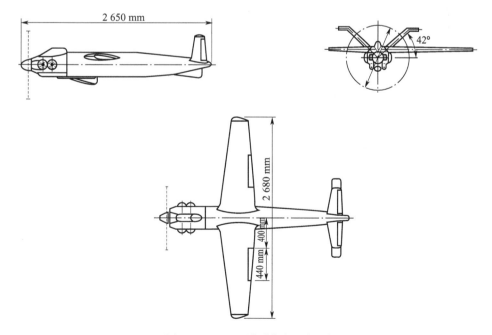

图 2-120　B7Y 隐形靶机三视图

主要参数

机长	2.65 m
机高	0.65 m
翼展	2.68 m
任务载荷质量	10 kg
起飞质量	95 kg

B7Y 隐形靶机部位安排图见图 2-121。

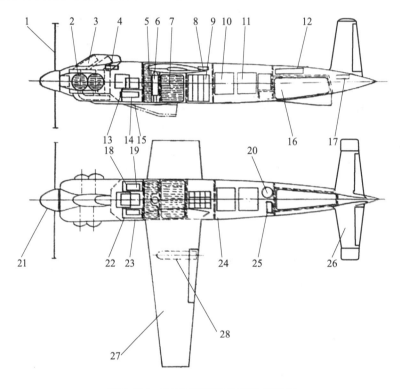

图 2-121　B7Y 隐形靶机部位安排图

1. 螺旋桨　2. 发动机　3. 发动机罩　4. 风门舵机　5. 前油箱　6. 减震器
7. 主油箱　8. 副翼舵机　9. 载荷舱诱饵弹　10. 低频电子盒　11. 航向高度电子盒
12. 遥测发射机　13. 陀螺　14. 稳压器　15. 滑橇　16. 回收伞　17. 尾翼舵机
18. 电池　19. 风门电路盒　20. 航向传感器　21. 桨帽　22. 电池　23. 转速电路盒
24. 机身　25. 空速高度电子盒　26. 尾翼　27. 机翼　28. 曳光弹

3. 主要技术指标

RCS	0.08 m^2
最大平飞速度	360 km/h
使用高度	50~5 000 m
续航时间	60 min

遥控半径	40 km
使用环境温度	−25 ℃~+50 ℃

4. 动力装置

B7Y 隐形靶机采用四缸对置二冲程活塞式发动机，发动机功率 37.3 kW，燃料为汽油。配双叶定距木质螺旋桨，发动机装于机身头部。

5. 飞行控制系统

B7Y 隐形靶机装有自动驾驶仪，稳定靶机姿态角和高度；装有 GPS 导航计算机、测量设备，供控制与监视使用。机上飞行管理系统采用数模混合式控制器实现飞行状态和全机控制与设备管理。靶机采用差动式高度传感器在定高飞行时进行实时微调飞行高度基准等方法，提高超低空飞行时高度测量和控制精度。

B7Y 隐形靶机的地面测控站由无线电测控系统、差分 GPS 定位系统、监测系统、控制台、电源系统、越野车底盘等组成。地面测控站见图 2-122。站内采用模块式结构，增加了车载电台、便于指挥通信联系。起飞助推火箭点火控制台在站内，操作简便安全。

图 2-122　B7Y 隐形靶机地面测控站

6. 任务有效载荷

雷达干扰机	1 台
红外诱饵弹	1 箱（12 枚）

7. 发射系统

B7Y 隐形靶机采用火箭助推零长发射起飞。靶机在托架上见图 2-123，靶机在发射拖车上见图 2-124。

图 2-123　B7Y 隐形靶机在托架上

图 2-124　B7Y 隐形靶机在发射拖车上

8. 回收系统

B7Y 隐形靶机采用伞降回收。

9. 制造商

西北工业大学（NPU），西安爱生技术集团公司（ASN）。

B9 靶机

1. 发展概况

B9 靶机是一种小型舰载遥控靶机, 舰艇起飞, 海面降落, 打捞回收。主要用于海军海上防空武器训练。1985 年 2 月开始研制, 1986 年首飞, 1988 年定型, 制造 300 余架后, 由工厂延续生产。

2. 总体布局与部位安排

B9 靶机气动外形采用常规布局, 梯形上单翼, 矩形圆角机身。机体主要采用航空层板与复合材料。各舱口盖、机翼与机身、平尾等连接面采用橡胶圈与螺钉紧固连接与密封。其外形三视图见图 2-125。

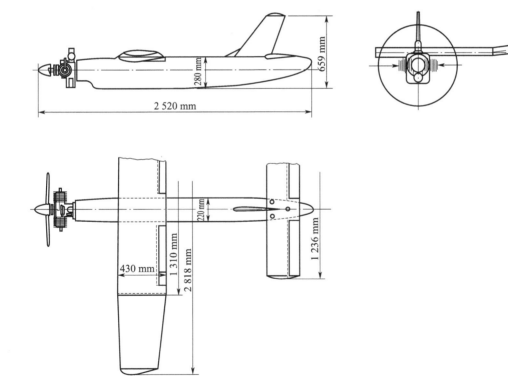

图 2-125　B9 靶机三视图

主要参数

机长	2.520 m
机高	0.659 m
翼展	2.818 m
任务载荷质量	8 kg
起飞质量	55 kg

B9 靶机部位安排见图 2-126。

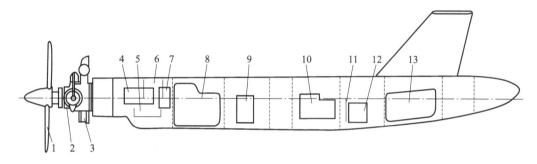

图 2-126　B9 靶机部位安排图

1. 螺旋桨　2. 发动机　3. 发电机　4. 垂直陀螺　5. 电池组　6. 风油门舵机　7. 稳压电源
8. 油箱　9. 遥控接收机　10. 低频盒　11. 定高盒　12. 定高传感器　13. 伞

3．主要技术指标

最大平飞速度	260 km/h
使用高度	4 000 m
续航时间	60 min
遥控半径	15 km
使用环境温度	−25 ℃~+50 ℃

4．动力装置

B9 靶机采用双缸对置二冲程活塞式发动机，发动机功率 18 kW，燃料为汽油。配双叶定距木质螺旋桨，发动机装于机身头部。发动机采用喷镀防锈蚀材料，防止落海后锈蚀。

5．飞行控制系统

B9 靶机装有集成电子模拟运算控制式自动驾驶仪，稳定靶机姿态角和高度。采用调频式 U 波段遥控设备，机载遥控接收机接收遥控信号并将指令码转换成指令电平，控制自动驾驶仪，进行飞机姿态的控制，实现要求的飞行航迹。地面采用肩负式简易飞行控制键盘和遥控发射设备，由电池组供电。

6. 任务有效载荷

三叶拖靶　　　　　　　　　　　　2 具

7. 发射系统

B9 靶机采用火箭助推起飞。B9 靶机在调试运输托架的状态见图 2-127。B9 靶机在舰艇上火箭助推发射起飞见图 2-128。

图 2-127　B9 靶机在托架上

图 2-128　B9 靶机在舰艇上起飞

8．回收系统

B9 靶机采用海面伞降后，打捞回收。打捞设备为舰船通用的打捞杆，小型电动卷扬机，配合打捞作业。其海面降落见图 2-129。

图 2-129　B9 靶机海面降落图

9．制造商

西北工业大学（NPU）、西安爱生技术集团公司（ASN）。

B12 靶机

1．发展概况

B12 靶机，又称 B2K，是一种小型遥控靶机。1986 年研制，1987 年首飞，1990 年定型，1992 年首批交付使用。

2. 总体布局与部位安排

　　B12 靶机气动外形为上单翼常规布局，平直尾翼，流线形圆截面机身。机体主要采用玻璃钢蜂窝结构材料，局部采用新型复合材料。机舱分段集中整合机载设备舱、任务设备舱。大舱门和锁扣结构，便于操作维护。B12 靶机见图 2-130，三视图见图 2-131。

图 2-130　B12 靶机

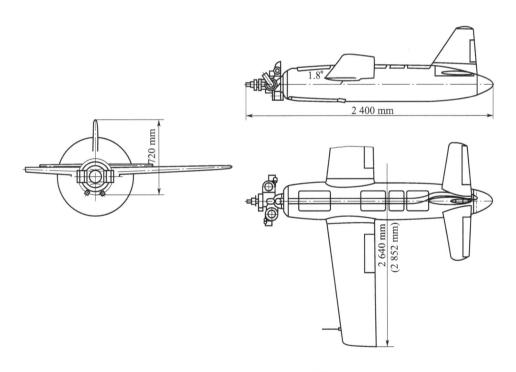

图 2-131　B12 靶机三视图

主要参数

机长	2.4 m
机高	0.72 m
翼展	2.64 m
任务载荷质量	8 kg
起飞质量	80 kg

3. 主要技术指标

最大平飞速度	300 km/h
使用高度	3 000 m
续航时间	60 min
遥控半径	40 km
使用环境温度	−20 ℃~+50 ℃

4. 动力装置

采用四缸对置二冲程活塞式发动机，发动机功率 28 kW，燃料为汽油。配双叶定距木质螺旋桨，发动机装于机身头部。

5. 飞行控制系统

靶机装有自动驾驶仪，稳定靶机姿态角和高度。装有 GPS 导航计算机、测量设备。将飞控计算机、航向传感器、高度传感器等集成在机载电子设备舱。机上飞行管理系统采用单片计算机和数模混合式控制器实现飞行状态和全机控制与设备管理。无线电测控系统由综合无线电传输系统、无线电定位与 GPS 定位系统组成，用以实现遥控、遥测、靶机定位。地面测控站由无线电系统、GPS 定位系统、监测系统、控制台、电源系统、轻型越野车底盘等组成。

6. 任务有效载荷

可换装如下载荷

三叶软拖靶	2 具
硬拖靶	1 具
曳光弹（或诱饵弹）	2 组
航空相机 70×70	1 台
电视摄像机	1 台
雷达应答机	1 个
激光反射器	3 个

7. 发射系统

B12 靶机采用火箭助推起飞。图 2-132 为待发状态的 B12 靶机。

图 2-132　发射架上待发的 B12 靶机

8. 回收系统

B12 靶机采用伞降回收。

9. 制造商

西北工业大学（NPU）、西安爱生技术集团公司（ASN）。

WJ-500 靶机

1. 发展概况

WJ-500 靶机为一种超低空高速靶机。该靶机以小型涡喷发动机为动力，超低空掠海飞行能力强、航迹控制精度高。具备模拟中低空、高亚声速飞行的飞航式反舰导弹和飞机类目标的能力，能够真实地模拟目标的中低空飞行特性、RCS 特性和红外特性，是提高防空导弹武器系统训练打靶水平、检验作战能力、验证武器性能的重要装备。该靶机包括基本型和低成本型。

2012 年超低空高速靶机完成研制，2013 年完成基本型的设计鉴定。之后根据使用要求，进行了改进研制，简化了机体结构，并进行低成本设计，降低成本并提高了最大飞行速度。

2. 总体布局与部位安排

（1）总体布局

靶机采用背负式进气道、上单机翼、⊥形尾翼的外形布局。机体为非圆截面，以提高靶机的隐身性能，实现高隐身目标的模拟能力。机身为铝合金材料框架蒙皮结构。机翼和尾翼为复合材料蒙皮、泡沫芯全复合材料结构。靶机基本型见图2-133。

图 2-133　基本型 WJ-500 靶机

低成本型靶机为中单机翼、人字型尾翼、背负式进气道外形布局，见图2-134。

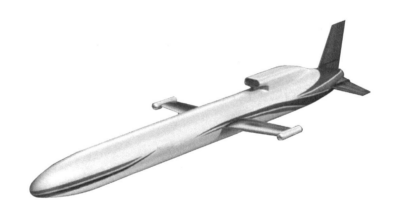

图 2-134　低成本型 WJ-500 靶机

主要参数

机长

　基本型　　　　　　　　　4 m

　低成本型　　　　　　　　4.15 m

机高

　基本型　　　　　　　　　0.376 m

机身直径

　低成本型　　　　　　　　　0.33 m

翼展

　基本型　　　　　　　　　　1.4 m

　低成本型　　　　　　　　　1.3 m

起飞质量

　基本型　　　　　　　　　　260 kg

　低成本型　　　　　　　　　230 kg

任务载荷质量　　　　　　　　30 kg

（2）部位安排

机体空间分为五个舱段，第一舱用于安装任务设备、飞控设备，第二舱装载回收伞和缓冲气囊，第三舱为油箱，第四舱装电气设备、燃油附件和缓冲气囊，第五舱装载发动机。头罩有复合材料透波型、金属化型多种状态，透波型与微波辐射源、龙伯球等配套使用，金属化型用于小 RCS 模拟任务，见图 2-135。

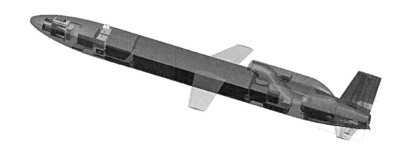

图 2-135　WJ-500 靶机部位安排图

3. 主要技术指标与飞行航迹

（1）主要技术指标

最大高度　　　　　　　　　　6 000 m

最小高度　　　　　　　　　　3~5 m（海上）

　　　　　　　　　　　　　　30~50 m（陆上，相对高度）

续航时间

　基本型　　　　　　　　　　1 h

　低成本型　　　　　　　　　0.85 h

巡航速度　　　　　　　　　　500~700 km/h

最大速度

    基本型   750 km/h

    低成本型   900 km/h

RCS

    基本型 $0.01 \ m^2$

    低成本型 $0.05 \ m^2$（前向 ±45° 均值，采取隐身措施）

（2）典型飞行航迹

根据飞行任务和约束条件进行航迹规划，生成飞行导航点和任务导航点。靶机起飞前，将航迹数据装订至飞行控制与管理系统，飞行控制与管理系统根据装订的航迹进行自主飞行航迹控制和任务设备控制，完成预定任务后靶机按照预定航迹进入回收区域，按照预定程序进行自动回收。

其典型飞行任务执行包括靶机起飞、巡航飞行及任务执行、返航回收四个阶段。如靶机用于供靶任务，则在任务执行阶段被攻击武器命中后不再返航回收。

靶机起飞：助推器点火后，靶机开始起飞爬升，助推器工作结束后与机体分离，靶机爬升至巡航高度转入巡航飞行。

巡航飞行及任务执行：靶机按照装订的航迹和任务参数完成相应的任务。巡航飞行过程中，机载测控设备实时获取机上飞行数据和 GPS 导航数据，并将信息进行编码、调制后通过无线链路发送到测控地面站，测控地面站上实时显示靶机位置、速度、姿态等参数。

返航回收：靶机完成任务后返航，在进入回收前调整飞行高度，到达预定回收位置后发动机停车，减速伞、主伞依次工作，降低飞行速度，到达预定高度后气囊充气，靶机经气囊缓冲平稳着陆，全机断电。

在进行中空供靶时，靶机起飞后爬升至巡航高度（500~5 000 m），根据供靶任务需要调整至供靶高度和速度，完成供靶任务后返航，进入回收区域前，靶机飞行高度降低至回收高度，靶机进入回收流程。

低空供靶时，靶机起飞后爬升至巡航高度（500 m），进入供靶段之前将飞行高度逐渐下降至供靶高度，完成供靶任务后拉起再次进行巡航，第二次供靶重复第一次供靶的过程。进入回收区域前，靶机飞行高度降低至回收高度，靶机进入回收流程。

4. 动力装置

靶机采用的动力装置为小型涡喷发动机。发动机系统采用一体化集成设计，外接附件仅有电点火装置。发动机的控制系统、起发电机、整流调压滤波器、各型传感器、滑油系统等均集成在发动机本体上。

最大推力   110 daN

耗油率   1.18 kg/（daN·h）

启动高度　　　　　　　　　　　　0~2 000 m

最大高度　　　　　　　　　　　　8 000 m

启动方式　　　　　　　　　　　　电点火

5. 飞行控制系统

靶机飞控系统由一体化控制单元、无线电高度表、大气数据系统、卫星接收机天线及舵机组成。靶机具备自主飞行和地面遥控飞行两种控制模式。采用卫星＋捷联惯导组合导航方案，利用 GPS 的速度信息和位置信息，通过卡尔曼滤波技术，修正微惯导系统的姿态、位置和速度信息。

6. 地面遥控遥测系统

测控系统由机载测控设备和测控地面站组成，包括 3 条无线链路，分别传输靶机飞行状态数据（下行）、任务设备数据（GPS 原码）和遥控指令（上行）。

测控地面站有车载方舱式和便携式两种（见图 2-136），便携地面站的最大作用距离 80 km。

　　　　车载方舱式地面站　　　　　　　　　　　　便携式地面站主机箱

图 2-136　靶机测控地面站

7. 任务有效载荷

根据用户需求，可选配的任务设备包括微波辐射源、龙伯球、红外目标模拟装置（曳光管）等。

（1）微波辐射源

微波辐射源的工作使命是为防御武器系统提供主动雷达辐射信号，作为防空导弹被动雷达截获和跟踪的模拟目标。微波辐射源波段、极化方式、信号带宽、重复频率、功率增益等主要战术技术指标根据模拟导弹情况进行具体设计，以最大限度模拟导弹导引头特性。并有相参和非相参两种体制的辐射源可供用户直接选配，见图 2-137。

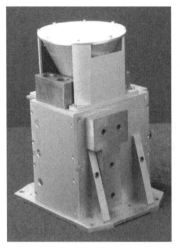

相参辐射源　　　　　　　非相参辐射源

图 2-137　微波辐射源

（2）龙伯球

根据靶机供靶目标特性模拟要求，可选用相应性能的龙伯球装于靶机，达到全机雷达反射特性增强的效果。靶机可适装 0.5 m²、1 m²、2 m²、5 m² 的龙伯球。

8. 发射系统

靶机起飞发射采用助推火箭地面助推的方式，助推器与靶机采用腹部并联的方式。靶机发射系统主要由发控设备、电源装置、发射装置、助推器等组成。发射装置采用具有固定仰角的短轨式发射架。图 2-138 为 WJ-500 靶机发射图。

图 2-138　WJ-500 靶机发射图

9. 回收系统

靶机采用伞降回收（见图 2-139）、气囊缓冲着陆的回收方案。利用回收伞降低靶机飞行速度，保持机体水平姿态下降；利用缓冲气囊，吸收地面撞击的能量，保护靶机机体。回收系统由降落伞、着陆缓冲装置、火工装置等组成。

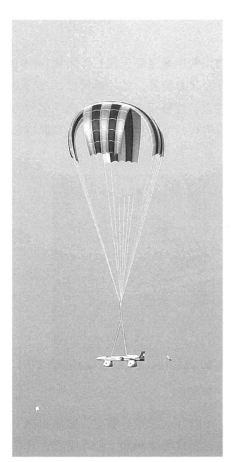

图 2-139　伞降回收图

10. 制造商

中国航天科工飞航技术研究院。

WJ-600 靶机

1. 发展概况

　　WJ-600 靶机（见图 2-140）为一种可重复使用的中高空高速靶机。可用作空中靶标，也可用作试验平台。该靶机以涡扇／涡喷发动机为动力装置，其外形尺寸、飞行高度、飞行速度、RCS 特性、红外特性都与巡航导弹等相近，能够模拟导弹、飞机的多种特性，能够作为通用飞行平台应用于多种任务。该靶机系列包括高空型、低空型、高原型和轮式起降型。

图 2-140　WJ-600 靶机

　　2009 年 WJ-600 靶机基本型完成工程研制，2012 年完成设计鉴定，之后根据不同使用需求进行了系列改进。低空型加装无线电高度表，实现海上和陆上低飞功能，具备真实模拟巡航导弹低飞特性的能力。高原型重点改进提高发动机的高海拔地面可靠启动能力，扩展了靶机使用地域。2015 年，WJ-600 靶机的轮式起降型完成研制，大大降低靶机重复使用成本，提高重复使用性能。

2. 总体布局与部位安排

（1）总体布局

　　靶机采用圆截面机身、大展弦比一字型中单翼、⊥字形尾翼及 S 形背部进气道的正常式气动布局。机身采用铝合金结构。机翼和尾翼均采用金属和碳纤维混合结构，在主承力或接头等重要部位采用金属，其余为碳纤维结构。靶机具有较强的任务载荷装载能力，机体内装任务载荷空间有头部或中部两种模式，供不同特性载荷使用；机翼上可挂载吊舱，供外装任务设备使用。机体前端的头罩有玻璃钢透波罩和铝合金金属罩等多种状态，根据内装任务设备的需求配套使用。机翼和尾翼接头的结构形式便于拆装，靶机装入包装箱时拆下机翼和尾翼，减小包装尺寸。

主要参数

机长	6.5 m
机身直径	0.54 m
翼展	5.8 m
任务载荷质量	130 kg（内装＋外挂）
起飞质量	1 000 kg

（2）部位安排

WJ-600 靶机机体空间分为六个舱段，第一舱用于安装飞控、测控设备（或任务设备），第二舱安装任务设备（或飞控、测控设备），第三舱安装回收伞和缓冲气囊，第四舱为油箱，第五舱装电气设备、燃油附件和缓冲气囊，第六舱装载发动机。

3. 主要技术指标与飞行航迹

（1）主要技术指标

靶机（装涡扇发动机）主要技术指标

巡航速度	550~750 km/h
最大高度	8 000 m
巡航时间	5 h
隐身性能	前向 RCS0.1~0.5 m²（头部前视后向 ±60° 范围内，2~18 GHz）

靶机（装涡喷发动机）主要技术指标

巡航速度	550~750 km/h
最大速度	850 km/h
最大高度	10 000 m
航程	不小于 1 600 km
巡航时间	2.5~3 h
隐身性能	RCS 不大于 0.1 m²（前向 ±45° 均值，采取隐身措施）

（2）典型飞行航迹

WJ-600 靶机典型飞行任务执行包括靶机起飞、巡航飞行、任务执行和返航回收四个阶段。

靶机起飞：助推器点火后，靶机开始起飞爬升，助推器工作结束后与机体自动分离，靶机转入巡航飞行。

巡航飞行：靶机按照经济速度飞抵任务区域，进入任务段之前，将飞行高度、速度自动调整至任务要求的状态。

任务执行：在进入点控制任务设备开机工作，靶机保持高度、速度进行直飞或盘旋。退出时控制任务设备关机，并将飞行高度和速度调整至巡航状态。

返航回收：靶机调整飞行方向返回回收区域，逐渐减速、降高，到达预定回收位置后发动机停车，在开伞点控制减速伞、主伞依次工作，降低飞行速度，到达预定高度后气囊充气，靶机经气囊缓冲平稳着陆，全机断电。

4. 动力装置

WJ-600 靶机采用 1 台小型涡扇发动机，地面最大推力 350 daN，或 1 台小型涡喷发动机（见图 2-141），发动机地面最大推力 352 daN，具备海拔 4 000 m 高原使用能力，为靶机提供巡航飞行所需的推力和用电。发动机由发动机本体、整流调压滤波器、电子燃油控制器、燃油控制软件和电点火装置组成。

图 2-141　涡喷发动机

发动机基本性能参数

最大推力	350 daN/352 daN
耗油率	1.3 kg/（daN·h）
启动高度	0~4 000 m
最大高度	12 000 m
启动方式	电点火

5. 飞行控制系统

WJ-600 靶机的飞行控制系统由飞行控制与管理计算机、捷联惯导＋卫星组合导航系统、气压高度系统和舵系统组成，见图 2-142。可按自主飞行和地面遥控两种模式控制靶机飞行，具有遥控控制、自主控制和应急返航控制能力；采用激光捷联惯导与卫星组合的导航方式，定位精度高、工作可靠。卫星可采用 GPS、GLONASS 和北斗；卫星不能定位时，采用纯惯导导航模式。飞行控制系统还对任务设备的工作时序进行控制。

（a）飞行控制与管理计算机

（b）电动舵机

（c）捷联惯导

（d）大气数据计算机

图 2-142　飞行控制系统设备

6. 地面遥控遥测系统

WJ-600 靶机测控系统由测控地面站（见图 2-143）和机载测控设备组成，包括 3 条无线链路，分别传输靶机飞行状态数据（下行）、任务设备数据（下行）和地面遥控数据（上行遥控）。测控地面站包含载车和方舱，方舱为 6 m 方舱。测控系统的最大作用距离为350 km。

测控地面站外观

测控地面站内部

图 2-143　靶机测控地面站

7. 任务有效载荷

靶机可加装载龙伯球、雷达模拟器、曳光管、红外诱饵、微波辐射源、脱靶量测量装备、拖靶等多种任务设备。

（1）雷达模拟器

靶机可安装雷达模拟器模拟目标飞机在一定波段的雷达辐射特性。

雷达模拟器设备主要由雷达信号源、发射机、天馈伺、电源、信号机腹天线等组成，设备供电电压为直流 28.5 V，用电功率不大于 1 500 W，设备总重量不大于 70 kg。

（2）曳光管

靶机可在机翼下方每侧各挂 2 只曳光管，两侧曳光管分别由靶机自动控制或遥控指令控制点火。

红外辐射强度	1 200 W/Sr
尺寸	直径 60 mm、长 420.8~422 mm
质量	3 kg
工作时间	180 s

8. 发射系统

靶机采用车载火箭助推起飞发射方式（见图 2-144），发射车采用军用越野底盘，具备靶机发射和短途运输能力，机动能力强。按照用户使用要求，可将发射装置安装在固定场地使用，不装车。

9. 回收系统

靶机采用伞降减速（见图 2-145）、气囊缓冲回收方式。回收系统由降落伞装置（含减速伞和主伞）、着陆缓冲装置和火工装置组成。回收系统工作过程由靶机自动控制，便于使用。在大风条件下，可通过遥控链路上传遥控指令，对开伞点进行修正，减小回收落地散布。

图 2-144　靶机发射图

图 2-145 靶机伞降回收图

10. 制造商

中国航天科工飞航技术研究院。

第 3 章 法国防空兵器靶标

C.30 靶弹

1. 发展概况

C.30 靶弹（见图 3-1）于 1967 年由 AS.30 空对地导弹（见图 3-2）发展而来，用于帮助测试地对空武器系统，并训练人员操作地对空武器。C.30 靶弹通常由可发射 AS.30 导弹的飞机上发射，最大飞行速度 1.7 Ma，飞行时间 2 min。

2. 总体布局与部位安排

总体布局采用正常式气动外形。

图 3-1 C.30 靶弹

图 3-2 C.30 靶弹的原型——
AS.30 空对地导弹

主要参数

机长	3.7 m
机身直径	0.34 m
翼展	1 m
空载质量	20 kg

3．主要技术指标

射程
    最小   3 km
    最大   11 km
升限（最大飞行高度）   10 000 m
最大飞行速度   1.7 Ma
续航时间   2 min

4．发射系统

C.30 靶弹采用机载发射，可发射平台有：幻影（Mirage）2000D，幻影 2000-5，F-16，美洲虎（Jaguar），幻影 F1，超军旗，飓风战斗机。

5．制造商

法国原北方航空公司（Nord-Aviation），现宇航公司（Aerospatiale）。

CT.20 靶机

1．发展概况

20 世纪 50 年代，法国原北方航空公司以缴获的德国 V-1 飞航式导弹为基础，设计了一种 CT.10 喷气式靶机。该靶机使用脉冲发动机推进，并借助两个助推器于倾斜发射导轨上发射。1958 年，开始着手研制一种性能较高的靶机，即 CT.20。它可以用作拖靶的牵引载机，到 1982 年共生产了 1 500 架。其中约有 300 多架出口到北大西洋公约组织成员国和其他国家。在法国，CT.20 和改型 CT.20 TBA（超低空）已用作空对空和面对空导弹的标准训练靶，另一改型 R.20 已用作法国陆军的无人侦察机。瑞典研制的 RB08 反舰导弹 Saab-Scania 就是获准由法国引进该技术成果研制而成的。靶机分标准型 A 和带拖靶的加长型 B。CT.20 靶机及其在拖车上分别如图 3-3 和图 3-4 所示。

2．总体布局与部位安排

机身分为三部分。前段由铝合金制成，内装指令制导系统、自动驾驶仪、蓄电池和主回收伞；中段是由结构钢制成的油箱；后段也用铝合金制成，包括发动机、支架以及铝合金 V 形尾翼。在发动机喷口上方的尾锥内有减速伞，用铝合金制成的中后掠翼有用于侧控的翼尖扰流板，还有与作动器协同工作的升降舵、尾锥下的垂鳍。

主要参数

机长	5.45 m	
最大机身直径	0.66 m	
翼展	3.16 m	
翼面积	3.20 m^2	
	CT.20 A 型	CT.20 B 型
空载质量	490 kg	610 kg
载油量	164 kg	192 kg
最大发射质量	660 kg	800 kg

图 3-3　CT.20 靶机　　　　　　图 3-4　拖车上的 CT.20 靶机

3. 主要技术指标

在 1 000 m 高空的平飞速度	
采用 Marbore II 发动机时	900 km/h
采用 Marbore VI 发动机时	950 km/h
最大飞行速度	0.85 Ma
实用升限	
采用 Marbore II 发动机时	12 000 m
采用 Marbore VI 发动机时	15 000 m
最大飞行高度	
A 型	14 000 m
B 型	13 000 m
爬升到 10 000 m 时的爬升时间	6 min
达到最大飞行高度的时间	15 min
最小飞行高度	30 m
使用指令制导和跟踪系统的实用距离	250 km
最大飞行高度上的续航时间	
A 型	50 min
B 型	1 h 10 min

最小飞行高度上的续航时间

    A 型   15 min

    B 型   21 min

在 10 000 m 高空的平均续航时间   45 min

4．动力装置

CT.20 靶机使用 1 台 IV 型 3.92 kN Turbomeca Marbore II 涡轮喷气发动机，或者 VII 型的 4.7 kN Marbore VI 发动机。

5．飞行控制系统

CT.20 靶机采用汤姆逊（原 Thomson-CSF 公司）无线电指令制导系统，可由地面或载机的控制器操纵。控制器发射 9 个主要信号：右转弯、左转弯、抬头、俯仰、加力、减力、发烟、启动摄影机和着陆。

6．任务有效载荷

CT.20 靶机右翼下有吊舱，可发射 Dornier 拖靶或为兰德试验中心（Centre d'Essais des Landes）研制的拖靶系统，后者用于无线电寻的系统或红外寻的系统的空对空导弹训练。

7．发射系统

使用两台 35.3 kN 推力的固体火箭作斜坡准零长发射。

8．回收系统

通过降落伞回收，还有防撞地冲击气囊。当发动机按着陆指令关闭，按指令进入伞收程序。可在地面或水面着陆。CT.20 靶机的待发状态见图 3-5。

图 3-5　带有 Dornier 拖靶的 CT.20 喷气动力靶在斜轨上待发射

9．制造商

法国原北方航空公司（Nord-Aviation），现宇航公司（Aerospatiale）。

C.22 靶机

1. 发展概况

C.22 靶机为可回收式亚声速可变速靶机。1977 年为取代早期的 CT.20 而设计，主要用于空空与地空 / 舰空导弹和战斗机训练。可以模拟在任何高度上飞行的战斗机，也可以模拟掠海飞行导弹。1980 年 6 月 6 日首次飞行，1992 年进入法国军方服役。用作紫苑（Aster）、新一代响尾蛇（Crotale NG）、魔术（Magic）、米卡（MICA）、西北风（Mistral）、罗兰（Roland）和超 530（Super 530）等导弹的靶机。

C.22 系列靶机有：

C.22T：初始型，仅用于遥控操作。

C.22L：改进型，增加遥测和跟踪系统，见图 3-6。1987 年 1 月研制。

EC-22：采用 C.22L 机体的发展型，用于现代武器的发展和训练。外形尺寸、任务载荷及起飞质量均不变，但性能有所改善，能在 15 m 高度以下进行过载值为 5 g 的转弯机动，最低飞行高度达 3 m，4 架靶机可以 15 m 的位置精度同时飞行。今后打算在低空进行过载值为 9 g 和在 9 000 m 上空进行过载值为 4 g 的机动飞行，装红外行扫仪或合成孔径雷达及附加链路以便进行空中侦察。

C.22：DROP 基于 EC-22 发展的用于纵深侦察和目标截获以及战场评估的快速无人机。用全球定位系统（GPS）和 IMU 导航，任务载荷能力为 130 kg，由地面作零长发射或在 C-160 或类似运输机的机翼下吊挂上天后投放；巡航速度 0.80 Ma，巡航高度 10 975~11 880 m；任务半径低空时为 600 km，高空时为 1 600 km。机上数据存储或可选实时数据链，可预先编程规划飞行路线，也可执行激光目标定位和电子战任务。

CT.22：2001 年中期试验，改型主要采用雷达吸波材料和其他新材料机身，以降低电磁和红外信号特征值。

2. 总体布局与部位安排

C.22 靶机采用带后掠（30°）的注塑机翼，轻铝合金主翼梁，玻璃纤维增强塑料的蒙皮和泡沫塑料芯，对称翼型，无控制面。机身采用金属构架，外绕玻璃纤维，再浸渍环氧树脂。在连接点通过金属插销增强。头锥和尾锥用注塑制作。铝合金制的 X 形尾翼后掠角为 45° 并带有电控的控制面。C.22 靶机三视图如图 3-7 所示，C.22L 靶机部位安排图如图 3-8 所示。

图 3-6 带拖靶的 C.22L 在发射中

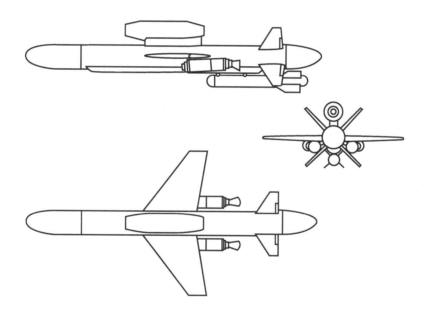

图 3-7 C.22 靶机三视图

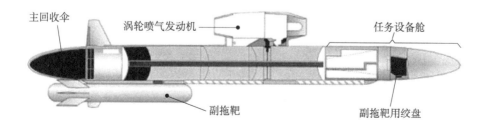

图 3-8 C.22L 亚声速可变速靶机部位安排图

主要参数

机长	5.50 m
机高	1.15 m
机身直径	0.40 m
翼展	2.50 m
翼弦长	
根部	0.92 m
翼尖	0.28 m
机翼面积	1.60 m^2
垂尾翼展	1.40 m
垂尾总面积	0.6 m^2
发动机吊舱直径	0.34 m
空机质量	300 kg
最大燃油质量	200 kg
总任务载荷（含拖靶）质量	130 kg
最大发射质量（含助推器）	650 kg

3. 主要技术指标

最大速度	0.92 Ma
最大平飞速度	0.8 Ma
最大爬升率（海平面）	70 m/s
实用升限	13 000 m
最小使用高度	3 m
航程	1 100 km
爬升时间（至 12 000 m 高度）	<6 min
最大续航时间（12 000 m 高度）	2 h 30 min
过载限制	+7 g

4. 动力装置

C.22 靶机采用 1 台推力为 3.73 kN 的 TRI 60-30 涡轮喷气发动机，发动机装在机身顶部，3 个中央机身油箱总燃油容量 240 L。

5. 飞行控制系统

基于微处理机的无线电指令数字制导系统。机上装有 28 V 电池和遥测遥控与跟踪设备，由 28 V 电池或发动机驱动的发电机供电。尾翼上 4 个活动控制面可相对于垂直轴偏转 45°。

6．任务有效载荷

任务载荷取决于对其射击的武器系统，机头部可装 60 kg 载荷，如报靶器、绞盘，尾锥则可装 25 kg 发烟剂。有源、无源抗干扰装置均可携带，比如可用 800 m 缆绳牵引拖靶以 900 km/h 的速度飞行。有 3 种 C.22L 方案，一种带副拖靶，装有 8 个跟踪器，可为数枚导弹提供 8~9 个射击航路；一种可在翼尖上带 6 枚红外源，可提供 6 个射击航路。还有一种可投放干扰箔和红外源。

7．发射系统

C.22 靶机采用 2 台固体推进剂助推火箭（每台推力 28.3 kN）从地面或舰船发射。

8．回收系统

C.22 靶机使用降落伞在陆地或海面回收，气囊减震，见图 3-9。

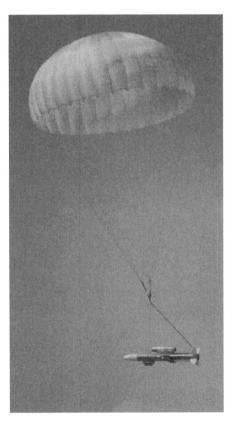

图 3-9　C.22 伞降回收

9．制造商

欧洲导弹集团公司（MBDA）。

CT.41 超声速靶机

1. 发展概况

CT.41 靶机是法国原北方航空公司于 1957 年开始研制的，它采用两台冲压发动机作为主发动机，是一种可回收超声速遥控靶机。

2. 总体布局与部位安排

CT.41 靶机尾翼与一般飞机的尾翼相类似，机翼偏后，发动机装在翼端上。悬臂中单机翼，轻合金结构。用冲压发动机外侧扰流板控制滚动。机身为圆柱形硬壳结构，用轻合金制造。机身分为 3 段：前段、中段和尾段。前段装有蓄电池和无线电指令控制装置，纵向控制的鸭式前翼装在靶机头部，尾段装有固定的尾翼。

主要参数

机长	9.80 m
最大机身直径	0.508 m
翼展	3.59 m
机翼面积	3.09 m^2
空载质量	1 000 kg
带助推器的发射质量	3 000 kg

3. 主要技术指标

飞行速度	1.7~2.7 *Ma*
助推器燃完时速度	1.7 *Ma*
爬升到如下高度所需时间	
12 000 m	35 s
16 000 m	55 s
20 000 m	80 s
最大续航时间	
12 000 m，速度为 2 *Ma* 时	6 min
16 000 m，速度为 2 *Ma* 时	10 min
20 000 m，速度为 2 *Ma* 时	14 min

4．动力装置

CT.41 靶机机翼翼尖上装有两台原北方航空公司直径为 0.625 m 的冲压发动机。机身内有 5 个大的燃料箱。另有两个固体火箭发动机作为助推器，燃烧时间为 7 s。

5．飞行控制系统

地面操作员根据跟踪位置对靶机进行控制。操作员能发出下列控制指令：左、右转弯，爬升，俯冲，改变飞行速度，控制辅助设备和回收等。

CT.41 靶机的跟踪，有多种方式可选用，包括雷达在内。跟踪数据，如距离、高度和方位，从地面 IV 询问器和机上 DSH 应答器提供给译码器，再由此发出控制信号，通过执行机构和自动驾驶仪对靶机进行滚动和俯仰稳定控制（用垂直陀螺和速率陀螺），并提供方位（方位陀螺）和高度（膜盒式高度表）控制。另用装在冲压发动机上的一个装置控制飞行马赫数。

6．任务有效载荷

CT.41 靶机上装有有源雷达增强装置，即 X 波段和 S 波段转发器。另备有龙伯透镜用作无源增强器。脱靶量指示器是摄影式或雷达多普勒式。

7．发射系统

CT.41 靶机采用两台固体火箭助推器将倾斜发射架上的靶机发射出去，加速到 1.7 Ma，而后冲压式主发动机开始工作，助推器脱落，靶机进入遥控驾驶状态。

8．回收系统

当地面发出指令或发动机出现故障时，冲压发动机便关闭。装有尾翼的尾段通过 4 个与机身中段连接的爆炸螺栓爆炸，安全地与中段分离。头段由装在头部的回收降落伞自行开伞回收。头段分离后，中段失去稳定，在制动降落伞的作用下转动 180°，然后主降落伞展开回收中段。如果指令线路出了故障，也能自动回收。

9．制造商

法国原北方航空公司（Nord-Aviation），现宇航公司（Aerospatiale）。

MITSOUBAC 多用途靶机

1. 发展概况

MITSOUBAC 靶机是由法国微型涡轮发动机有限公司为主研制的多用途靶机，它是原参加设计的三家公司的字头缩写的合名，即：微型涡轮发动机有限公司（Microturbo）、舒勒公司（Soule）、巴丹·克鲁泽公司（Badin-Crouzet）。最初 MITSOUBAC 靶机是按照廉价组装式多用途设想而设计的。其多用途包括一次性或重复使用的靶机，诱饵，无人侦察机，骚扰使敌防空饱和的遥控飞行器。1975 年使用 Bell 47 直升机作空射，后用 Alouette III 型直升机再次挂载发射。后来的发展重点放在法国海军用作中空和超低空的高机动靶机，于是靶机可以在舰艇上发射，而且提出水密要求，以期重复使用。

2. 总体布局与部位安排

MITSOUBAC 靶机机体呈流线形，截头形下单三角形机翼。后掠垂尾由层压聚酯注塑而成。组装式模块结构便于更换设备，从而改变靶机的用途。

MITSOUBAC 靶机没有方向舵，也没有水平尾翼。在两个机翼上有构成升降副翼的活动面。它用有垂直基准陀螺的轻型飞机自动驾驶仪进行电驱动。

主要参数

机长	2.86 m
机高	0.72 m
翼展	1.35 m
空载质量	83 kg
有效载荷质量	20 kg
最大发射质量	150 kg
有效载荷容积	0.02 m^3

3. 主要技术指标

100 m 高度上的最大平飞速度	810 km/h
1 500 m 高度上的最大巡航速度	600 km/h
最大平飞速度下的作用距离	131 km
最大巡航速度下的作用距离	173 km
834 km/h 速度下的续航时间	15 min

4．动力装置

MITSOUBAC 靶机使用 1 台 0.98kN Microturbo TRS 18-056 涡轮发动机，进气口在背部，储油量为 31 L。

5．飞行控制系统

MITSOUBAC 靶机无线电控制经由 5 通道 VHF 或 UHF 通信线路与组成滚动 / 俯仰陀螺（由滚动轴稳定）的机上自动驾驶仪系统相连通，而后产生电信号输出经模拟计算机和同步系统加到位置升降副翼，从而实现它的机动飞行。为实现预编程飞行任务，使用闭环控制系统。用于直线飞行、左右转弯、爬升、下降、高度保持、发烟、打开测试台、保持信号和回收。

6．发射系统

MITSOUBAC 靶机由直升机或固定翼飞机发射，若采用后一种发射方式，则靶机装在外吊舱上。另一种发射方式是使用弹射发射架。

7．回收系统

MITSOUBAC 靶机采用伞收降落并用直升机抓收。

8．制造商

微型涡轮发动机公司（Microturbo）。

龙骨（Carine）靶机

1．发展概况

龙骨（Carine）靶机是一种自主式高性能、喷气推进的高速红外靶机，是可回收式靶机，适用于夜间进行地对空导弹发射训练。龙骨靶机见图 3-10、3-11、3-12。

龙骨靶机由航空设计公司与法国陆军于 1997 年开始研制，1998 年 5 月第一次飞行，1999 年 6 月在巴黎航展上展出。

2．总体布局与部位安排

龙骨靶机利用计算机辅助设计技术设计。龙骨靶机具有雪茄形机身，低置小后掠角机翼和 V 形尾翼（120°夹角）布局。机翼后缘中部位置装有一对副翼，每侧翼尖各设 1 个吊舱。尾翼的翼梢部各装有箭状的翼梢小鳍。发动机挂装在机腹部位。靶机全机采用碳纤维、玻璃纤维和环氧树脂结构。

图 3-10　在运输推车上的龙骨靶机

图 3-11　龙骨高性能喷气动力靶机

图 3-12　法国陆军小羚羊直升机旁的龙骨靶机

主要参数

机长	2.60 m
翼展	2.70 m
空载质量	30 kg

3. 主要技术指标

起飞滑跑距离	80 m
最大平飞速度	400 km/h
使用半径	35 km
巡航时间	45 min
过载限制	$+8\,g$

4．动力装置

龙骨靶机采用 1 台推力为 0.29 kN 的 JPX 小型喷气式发动机。

5．飞行控制系统

龙骨靶机上装有 1 台自动驾驶仪（由计算机和陀螺仪组成）。地面控制站通过全球定位系统（GPS）实现对飞机飞行航迹的跟踪。该机的速度、高度和其他飞行参数通过遥测下行链路传输至地面站。

6．任务有效载荷

龙骨靶机通过机上安装的利用发动机热排气加热靶机的系统，能够使靶机在整个飞行过程具有红外信号特征，为此不需要携带红外箔条来模拟红外特性。

7．发射系统

龙骨靶机采用弹射起飞，或从准备好的跑道上滑跑起飞。

8．回收系统

龙骨靶机利用自动驾驶仪系统或者地面控制系统通过降落伞进行回收，也可以通过跑道滑跑着陆。

9．制造商

航空设计公司（Aviation Design）。

海盗（Boucanière）靶机

1．发展概况

海盗靶机是系列靶机中的一种基本型。它是可回收式靶机。1994 年，法国空中客车集团开始研制这种靶机系列的基本型。海盗靶机最初被设计成一种短距起降的靶机。1996 年 6 月在欧洲防务展上公开展出，见图 3-13。

2．总体布局与部位安排

采用简单的三角翼布局，薄片状机身和大型垂尾，整个飞机结构均由聚苯乙烯材质的厚片材料制成。采用固定式前三点起落架。

图 3-13　巴黎欧洲防务展上展出的海盗靶机

主要参数

机长	1.60 m
翼展	1.90 m
最大发射质量	8 kg
标准任务载荷质量	3 kg

3．主要技术指标

最大平飞速度	90 km/h
最大飞行速度	30 km/h
使用半径	2.5 km

4．动力装置

海盗靶机采用 1 台 18 mL 单缸活塞发动机来驱动一副双叶螺旋桨。

5．飞行控制系统

海盗靶机采用手控无线电控制或以预编程方式飞行。

6．任务有效载荷

海盗靶机上装有雷达散射截面（RCS）增强器。

7．发射系统

海盗靶机采用手掷式发射。

8．回收系统

海盗靶机采用常规轮式着陆。

9．制造商

空中客车集团（Airbus Group）。

狐狸（FOX）TS1 靶机

1．发展概况

狐狸 TS1 靶机为可回收式靶机。它是 1986 年由 EADS 系统和防务电子公司（现空中客车集团系统和防务电子公司）与其他 10 家法国宇航领域的公司合作开始研制，用于满足法国陆军和潜在出口用户的要求。狐狸靶机用作 40~127 mm 高炮训练和西北风（Mistral）、萨德尔（Sadral）、阿特克普（AATCP）、辛伯达（Simbad）、响尾蛇（Crotale）、毒刺（Stinger）和罗兰特（Roland）等地对空导弹的靶标。

狐狸靶机的系列型号有：

狐狸 TS1：靶机原型。

狐狸 TS3：高速靶机型（速度超过 463 km/h）。

迷你狐狸：防空兵用的小型廉价靶机，也作为小型民用侦察无人机销售。

一套标准系统由 8 架靶机 + 机动弹射装置、运输平台（可选拖车）、全向数据链路、驾驶控制站和小型设置站组成。可供选用的有气动弹射装置、绘图和定位系统、遥测数据存储和显示系统、小型雷达站和脱靶量指示器（MDI）接收站。

2．总体布局与部位安排

采用平直上单翼，机身为短舱加尾撑式结构，T 形尾翼，其动力为活塞式发动机。用硬铝、玻璃纤维和碳纤维增强塑料及泡沫塑料制成。狐狸 TS1 靶机及其三视图分别如图 3-14、3-15 所示。

图 3-14　狐狸 TS1 靶机

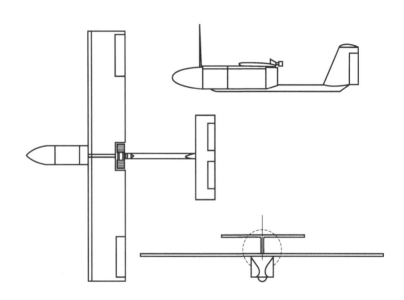

图 3-15　狐狸 TS1 靶机三视图

主要参数

机长	2.75 m
机高	0.80 m
翼展	3.60 m
靶机空载质量	65 kg
最大发射质量	85 kg
最大任务载荷质量	15 kg

3．主要技术指标

使用高度	5~3 000 m
最大平飞速度	324 km/h
最小飞行速度	90 km/h
巡航速度	234 km/h
数据链路的最大距离	50 km（可扩展）
续航时间	1 h（可延长）

4．动力装置

狐狸 TS1 靶机采用 1 台功率为 16.4 kW 的林巴赫（Limbach）L-275 E 型双缸对置活塞式发动机。

5．飞行控制系统

狐狸 TS1 靶机采用固定或移动式地面控制站。数字式飞行计算机控制俯仰、横滚、高度、安全和回收。可选用 8~10 信道全球定位系统（GPS）接收机和 / 或甚高频（VHF）遥测系统。机载电源为镍 / 镉电池。能同时控制 2 架或 3 架飞行中的狐狸靶机。

6．任务有效载荷

各种组合（高达 14 种）的红外或烟雾曳光管，头部传感器，龙伯透镜，箔条投放器，声学和多普勒脱靶量指示器，雷达或敌我识别器，角反射器，拖靶。机翼或机身下还可外挂任务载荷。

7．发射系统

狐狸 TS1 靶机采用机动橡筋弹射器，可自动弹射，也可选用液压弹射装置。

8．回收系统

狐狸 TS1 靶机通过指令控制或自动展开降落伞系统，或在任何平坦地面作机腹着陆。回收后 30 min 内可再次起飞。

9．制造商

空中客车集团（Airbus Group）。

狐狸（FOX）TS3 靶机

1. 发展概况

狐狸 TS3 靶机为可回收式靶机，用于西北风（Mistral）、罗兰特（Roland）、响尾蛇（Crotale）、毒刺（Stinger）或其他地对空导弹，以及 20~127 mm 高射炮射击训练和鉴定靶机。用户包括法国陆军、荷兰等。目前，狐狸 TS3 靶机仍在使用中。

1 套系统含有 4 架飞行器，其他同狐狸 TS1 靶机。

2. 总体布局与部位安排

狐狸 TS3 靶机采用平直外形上单翼，T 形尾翼。活塞式发动机，结构同狐狸 TS1 靶机。狐狸 TS3 靶机及其三视图分别如图 3-16、3-17 所示。

图 3-16　法国陆军订购的狐狸 TS3 靶机

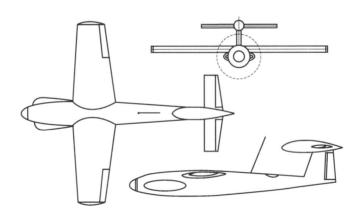

图 3-17　狐狸 TS3 靶机三视图

主要参数

机长	3.15 m
翼展	2.60 m
靶机空载质量	74 kg
最大发射质量	120 kg
最大任务载荷质量	> 15 kg

3. 主要技术指标

使用高度	5~4 000 m
最大平飞速度	468 km/h
最小飞行速度	126 km/h
巡航速度	360 km/h
续航时间	50 min（可以延长）

4. 动力装置

狐狸 TS3 靶机采用 1 台 37.3 kW（50hp）林巴赫（Limbach）L 550E 四缸对置活塞式发动机，驱动双叶螺旋桨。

5. 飞行控制系统

狐狸 TS3 靶机同狐狸 TS1 靶机，但增加了飞行预编程管理系统。

6. 任务有效载荷

狐狸 TS3 靶机同狐狸 TS1 靶机。

7. 发射系统

狐狸 TS3 靶机采用液压或气动发射架发射，见图 3-18。

8. 回收系统

狐狸 TS3 靶机使用降落伞回收。

9. 制造商

空中客车集团（Airbus Group）。

图 3-18　狐狸 TS3 靶机离开其机动气动弹射架

日蚀（Eclipse）靶弹

1. 发展概况

日蚀（Eclipse）靶弹是由原 CAC 系统公司设计的一种不可回收靶弹，它用来模拟超声速弹道空中威胁目标，具有高或低攻击弹道。主要作为一种反导导弹（如紫苑和爱国者导弹）的训练工具，也可用于武器系统的性能评定和雷达校准，还适用于民用的气象或科学探测领域。目前这种靶机仍在生产之中，并由法国用户使用。

靶机具有以下几种：

日蚀 T1 靶弹：基本型。

日蚀 T2 靶弹：高性能型。

2. 总体布局与部位安排

日蚀靶弹采用圆柱形机体，带有尖拱形头锥和 X 字形尾翼。正在发射中的日蚀靶弹如图 3-19 所示。

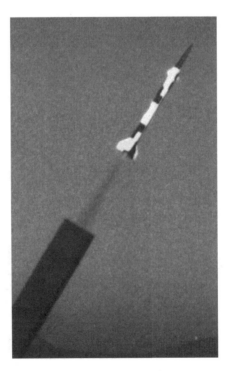

图 3-19　正在发射中的日蚀靶弹

主要参数

机长

　日蚀 T1　　　　　　　　　3.55 m

　日蚀 T2　　　　　　　　　3.80 m

最大机身直径　　　　　　　　0.24 m

尾翼展长

　日蚀 T1　　　　　　　　　0.74 m

　日蚀 T2　　　　　　　　　0.84 m

最大发射质量

　日蚀 T1　　　　　　　　　153 kg

　日蚀 T2　　　　　　　　　227 kg

最大任务载荷质量

　日蚀 T1　　　　　　　　　20 kg

　日蚀 T2　　　　　　　　　25 kg

3. 主要技术指标

最大速度

　爬升时

　　日蚀 T1　　　　　　　　2.25 Ma

　　日蚀 T2　　　　　　　　4.30 Ma

　下降时

　　日蚀 T1　　　　　　　　1.20 Ma

　　日蚀 T2　　　　　　　　2.86 Ma

最大高度（87° 发射角）

　日蚀 T1　　　　　　　　　15 000 m

　日蚀 T2　　　　　　　　　72 000 m

最大距离

　日蚀 T1（50° 发射角）　　20 km

　日蚀 T2（65° 发射角）　　> 100 km

最大弹着点精度

　日蚀 T1　　　　　　　　　400 m

　日蚀 T2　　　　　　　　　4 000 m

4. 动力装置

日蚀靶弹采用 1 台法国国营火炸药公司（SNPE）的固体推进剂助推火箭发动机。

5. 飞行控制系统

每个日蚀靶弹系统包括 ASTEC 专用弹道软件，具有精确计算弹道的能力，并能精确计算出在 100 km 以外弹着点的精度。RCDS 无线电控制其安全距离自毁系统。该系统控制由两人操作使用。

6. 任务有效载荷

日蚀靶弹任务载荷包括各种远红外和烟雾箔条、1 个 17.8 cm 的龙伯透镜、主动雷达应答机、多普勒声学脱靶量指示器（MDI）、遥测系统和无线电控制的自毁系统（RCDS）。

7. 发射系统

日蚀靶弹从位于陆上和海上的机动式液压发射器上发射，见图 3-20。在海上发射时，一个垂直参考装置能够控制发射的程序，以保持飞行轨道的精度。

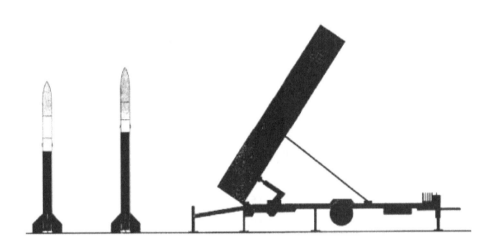

图 3-20　日蚀 T1（左）和日蚀 T2（右）型靶机与机动式发射架

8. 回收系统

日蚀靶弹通常情况下不回收，也可选择回收和遥控自毁的方式。

9. 制造商

空中客车集团（Airbus Group）。

Taxan 拖曳靶机

1. 发展概况

Taxan 靶机是一种拖曳式靶机。它是 1980 年根据法国空军采购计划研制的一种高速、机动和可重复使用的拖曳式靶机，主要用于空对空和地对空炮兵射击打靶训练。

目前，Taxan 靶机仍在生产和使用，主要用户为法国空军、陆军和海军，并出口到印度尼西亚和南非等 20 多个国家。

2. 总体布局与部位安排

Taxan 靶机包括一个空气动力机体或一个装有 1 台 Secapem MAE 15 发射机的模块，机体配有一个可折叠的十字形机翼，以增强飞行中靶机的视觉效果，见图 3-21、3-22。靶机设计能够装入 Secapem 520 型容器（见图 3-23、3-24），该容器能够安装在标准的 NATO 飞机的翼下挂架或滑轨上。

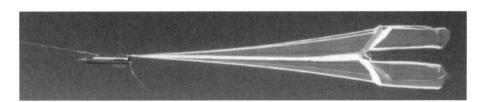

图 3-21　Taxan 拖曳靶机

图 3-22　法国空军幻影 2000 与 Taxan 拖曳靶机

图 3-23　Secapem 520 型容器

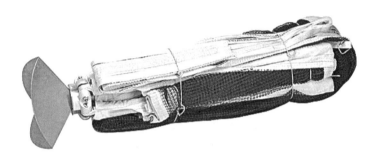

图 3-24　Taxan 拖曳靶机（装填状态）

主要参数

靶机长度

　　头部　　　　　　　　　1.11 m

　　套筒　　　　　　　　　5.87 m

　　总长　　　　　　　　　6.98 m

头部直径　　　　　　　　　0.13 m

靶标最大宽度　　　　　　　1.50 m

Secapem 520 型容器

　　长度　　　　　　　　　2.43 m

　　直径（包括挂钩）　　　0.60 m

质量

　　靶机 +500 m 缆绳　　　88 kg

　　Secapem 520 型容器 + 靶机　230 kg

　　靶机　　　　　　　　　45 kg

3. 主要技术指标

最大拖曳速度　　　　　　　0.95 *Ma*

载机最大拖曳速度

　　阿尔法喷气机　　　　　556 km/h

鹰系列	741 km/h
F-5	833 km/h
幻影、F-4、F-16	926 km/h

拖曳高度　　　　　　　　　　　10 670 m

机动过载

阿尔法喷气	+1.6 g
鹰系列	+3 g
F-5	+3 g
幻影、F-4、F-16	+5 g

4. 飞行控制系统

吊挂在载机下，能够以各种炮兵打靶训练的模式飞行，包括圆形飞行、仿蝴蝶飞行、盘旋飞行，或战斗俯冲（飞行速度可达到 926 km/h，过载值为 5 g）。Secapem MAE 15 能够向地面接收站提供实时打靶记录。在每次打靶射击后，地面接收站能够迅速向拖曳该靶机的载机驾驶员公布结果。

5. 任务有效载荷

机载脱靶量指示器包括：传感器、发射机和天线、一套地面接收装备或者载机记录设备。

6. 发射系统

Taxan 拖曳靶机与拖曳缆绳装入 520 型轻合金制成的吊舱容器中，该容器能够挂装在大多数战斗机上，并能够被大多数具有外部挂架或武器释放能力的战斗机拖曳飞行。可装载 Taxan 拖曳靶机的飞机包括：F-4、F-5、F-16、阿尔法喷气机（Alpha Jet）、猎鹰 20、美洲虎（Jaguar）、幻影（Mirage）III/5/F1/2000、A-4 空中之鹰（Skyhawk）、超军旗（Super Etendard）和鹰（Hawk）60/100/200。在装载拖曳靶机的容器内，装有一个放置拖曳缆绳的滑动平板、一个帆布材料制的缆绳卷、一个释放靶机的钩，还有弹射系统和电路。作为空空射击训练用拖靶时，拖曳缆绳长 500 m；作为地面空防炮兵部队射击训练用拖靶时，拖曳缆绳长 1 200 m。进行空空训练时，Taxan 靶机的使用高度范围为 305~10 670 m，用于防空炮兵实际射击训练时，飞行高度为 365 m。在拖曳飞行过程中，钩子钩紧靶机的缆绳。

7. 回收系统

Taxan 拖曳靶机任务结束后，打开挂钩，将缆绳和靶机整体释放，然后回收；经翻新后可以重新使用。

8. 制造商

赛卡彭公司（Secapem S.A.）。

200 型拖靶

1. 发展概况

200 型拖靶是一种空中拖曳式靶机，为满足防空炮兵射击训练及试验而研制。据报道，200 型拖靶仍在生产和使用中，靶机的主要用户为法国军方。

2. 总体布局与部位安排

200 型拖靶由 1 个装有脱靶量指示器（MDI）的标枪型组件、1 个袖套状靶体和 1 根 2 000 m 长的拖曳缆绳组成。袖套状拖靶由聚酰胺织物制成，伸长后呈细长圆锥形状，通过线缆连接到标枪型组件的后部。图 3-25 为 200 型拖靶。

图 3-25　200 型拖靶

主要参数

长度	
总长	4.40 m
标枪型组件	0.40 m
袖套	3.50 m
直径	
标枪型组件	0.08 m
袖套	3.50 m
质量	
标枪型组件（包括 MDI）质量	3 kg
袖套质量	2 kg

3．主要技术指标

拖曳速度	463 km/h
探测球形半径（取决于炮弹口径）	2~25 m
工作温度	−10~+60 ℃

4．动力装置

靶机采用 1 台功率为 283 kW 的 AR741 转子发动机。

5．飞行控制系统

200 型拖靶能够将探测到的发射数据实时反馈到 1 个 138~150.5 MHz 的 15M 型接收站。接收站与一台打印机相连。

6．发射系统

200 型拖靶由拖曳载机放出。

7．回收系统

200 型拖靶完成任务后用绞盘回收到飞机中；或从飞机上投放，靠地面人员回收。

8．制造商

赛卡彭公司（Secapem S.A.）。

A3GT 靶机

1．发展概况

A3GT 靶机为可回收式靶机。从 2008 年开始研发，其设计目标是为防空火炮提供靶机。2010 年推向市场。

一套 A3GT 靶机系统包括靶机、发射装置、地面控制站、脱靶量指示器（MDI）和试验结果评定站。

2．总体布局与部位安排

A3GT 靶机机翼下置，机翼前缘平直后缘前掠有微小的上反角；圆柱形机身，尖拱形头锥；V 形配置的矩形尾翼。无起落架。机身采用复合材料结构。图 3-26 为准备发射的 A3GT 靶机。

图 3-26　准备发射的 A3GT 靶机

主要参数

机长　　　　　　　　　2.57 m

翼展　　　　　　　　　3.13 m

最大发射质量　　　　　43 kg

3. 主要技术指标

使用高度　　　　　　　3.5~4 875 m

最大平飞速度　　　　　200 km/h

最大续航时间　　　　　1 h

4. 动力装置

A3GT 靶机采用一台双缸二冲程活塞式发动机，双叶推进螺旋桨。

5. 飞行控制系统

A3GT 靶机采用全球定位系统（GPS）导航，由副翼和方向舵进行飞行控制。由操作手手动视距（LOS）无线电控制。

两种不同类别的结果评定记录站可供选用：一种是全尺寸的，另一种是小型手持式的，两种均配有触摸屏。面板训练人员可以使用后者，显示记录和靶机数据；或者由飞行控制器来显示飞行器的飞行轨迹和参数。记录站可以实时显示靶机周围每个点的位置。最大探测距离取决于弹丸的口径。GPS 数据包括由微分计算得到的精确靶机区间指标，也可以被显示出来。

6. 任务有效载荷

A3GT 靶机集成了 Secapem 声定位指示器和脱靶量指示器（MDI），可以自动检测并测量超声速弹丸的轨迹，经由无线电下行链路将数据实时发送到地面结果评定站。

7. 发射系统

A3GT 靶机由气动弹射器发射。

8. 回收系统

A3GT 靶机采用机腹着陆收回。

9. 制造商

赛卡彭公司（Secapem S.A.）。

MDI 154 拖曳靶机

1. 发展概况

MDI 154 靶机是一种空中拖曳式靶机，可在空中作为脱靶量指示器。该靶机设计用于地对空和空对空火炮射击训练，并用以取代该公司早期的 200 型拖曳靶机。该拖靶为法国军方使用。

2. 总体布局与部位安排

MDI 154 靶机由一个 MDI 和牵引绳组成，MDI 包含一个可选袖套或红外照明弹，用于辅助目视目标获取。图 3-27 为 F406 飞机携带下袖套牵引的 MDI 154 靶机。袖套呈细长锥形状，由彩色聚酰胺布制成，并连接在 MDI 后面，见图 3-28。

图 3-27　F406 飞机携带下袖套牵引的 MDI 154 靶机

图 3-28　MDI 154 靶机可选择的袖套

主要参数

长度	0.50 m
机身直径	0.08 m
袖套长度	3.5~5 m
直径	0.5 m
MDI 154 质量	3.0 kg
袖套质量	2.2 kg

3．主要技术指标

发射机功率（根据任务要求）	100 mW~1 W
续航时间	2 h
工作温度	–30~+60 ℃

4．飞行控制系统

MDI 整合了 1 套全球定位系统（GPS），能够跟踪接收站目标的位置和速度，将实时反馈的射击精度传输到地面的多接收机系统（MRS），或者传输到载体飞机驾驶舱的 Secapem 显示器上。MRS 可以同时接收 4 个不同工作频率的发射机数据。

MRS 的主要功能是收集 Secapem 发射机的数据。信息会被立即处理到 MDI 设置上（"全域"或"区域"显示，弹药属性，目标 / 无人机特性等），记录到硬盘里，并显示在屏幕上，如果需要，还可以上传到网络。不同的设置，如任务日期和时间、MDI、口径和目标配置，投放之前能够准备就绪并自动运行。接收的所有数据都被直接传输到已启动的计算机上。

5．任务有效载荷

MDI 通过在以目标为中心的球形区域内测量超声速弹丸与目标之间的相对距离来评定射击精度。为便于缆车拖曳，它被连接在 1 个牵引杆上，该杆前后各有 1 个转环，见图 3-29。也可以通过安装在载体飞行器下方的 Secapem 1220 集装箱弹出或拖曳。当配备可选的红外照明弹发生器时，MDI 可以远程操控四个红外照明弹中的每一个。

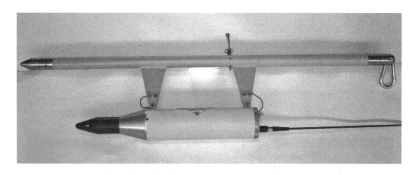

图 3-29　带牵引杆的 MDI 154 靶机

6. 发射系统

由拖曳载机释放。

7. 回收系统

袖套抛弃后，在地面回收。

8. 制造商

赛卡彭公司（Secapem S.A.）。

PR53 和 PR55 拖曳靶机

1. 发展概况

PR53 和 PR55 靶机为旗靶型空中拖曳式靶机，用于空空或地空火炮射击训练。截至 2013 年 10 月，旗靶仍在生产和服役。其客户有法国及其他国家的武装部队。

PR53 为法国标准型旗靶，采用红色网格表面，见图 3-30。PR55 为英国标准型，白色网格，黑色边条，以及黑色的方块。

2. 总体布局与部位安排

这些旗靶由一个长方形尼龙网和一个玻璃纤维撑杆组成。撑杆上压载一个配平衡的配重和一个雷达反射器。一个三角带附着于撑杆上，该三角带可通过转环与牵引缆绳连接。其尺寸参数见图 3-31。

主要参数

整机长度	12.40 m
长方形部分长度	10.00 m

三角形部分长度	2.30 m
撑杆长度	2.13 m
旗靶质量	
旗靶型靶机	26 kg
完整的 520 型容器和 PR53 全套	210 kg

图 3-30　法国空军猎鹰 20 上的 PR53 旗靶型靶机

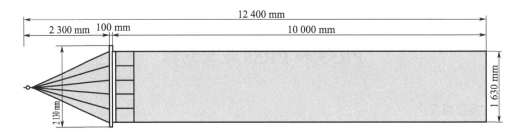

图 3-31　PR53 和 PR55 尺寸

3．主要技术指标

最大使用速度	407 km/h
使用高度	<9 145 m

4．飞行控制系统

基本与其他型 Secapem 靶标一样。

5．任务有效载荷

雷达反射器。

6．发射系统

为便于运输到发射区域，PR53 被折叠并装填到 Secapem 520 型容器的下层舱里，牵引缆绳则放在上层舱内。该靶标可以装载在幻影（Mirage）、阿尔法喷气机（Alpha Jet）、猎鹰（Falcon）20、F-5、F-16 和鹰（Hawk）60/100/200 等载机上，见图 3-32。

PR55 靶标直接随飞机从跑道起飞。

图 3-32　PR53 靶机从幻影 F1 下方的 520 型容器内释放

7．回收系统

任务结束后，由牵引缆绳释放，然后回收。

8．制造商

赛卡彭公司（Secapem S.A.）。

第 4 章　俄罗斯防空兵器靶标

野猪（Kăбăн）靶弹

1. 发展概况

野猪（Kăбăн）靶弹（代号 96M6）是一种用来模拟弹道式目标的靶弹。20 世纪 70 年代后期由契凉宾斯克市车床机械制造厂在气象火箭 M-100B 的基础上研制而成。96M6 靶弹是基本型，96M6M 靶弹是其改进型。野猪系列靶弹见图 4-1。

图 4-1　野猪系列靶弹

96M6M 靶弹于 2013 年开始在部队服役。靶弹可复现弹道导弹的高速飞行轨迹，用卡玛地面雷达测量靶弹的飞行航迹，来评价防空导弹的射击命中精度。96M6M 靶弹配有靶弹发射前检测设备和弹上设备启动的地面检测设备。

据报道，2015 年 S-400 防空导弹系统在阿苏鲁克靶场试验中，用两发防空导弹在干扰条件下击落了 1 枚 96M6M 靶弹。

野猪靶弹有以下改型：

96M6-01——装有光热辐射装置；

96M6-02——装有光学观测系统；

96M6-03——装有干扰装置；

96M6M——装有卫星导航系统。

2．总体布局与部位安排

96M6M 靶弹外形如图 4-2 所示。

图 4-2　96M6M 靶弹外形

96M6M 靶弹为一种无控火箭弹，采用无翼式气动布局，配有新的比冲更高的固体火箭发动机，提高了靶弹速度和射程。

靶弹由以下几部分组成：头部整流罩；仪器舱，在仪器舱内安装有接收/发射应答机，以保证卡玛地面雷达对其跟踪，评价防空导弹的射击精度；固体火箭发动机。

主要参数

	96M6	96M6M
弹身直径	0.250 m	0.250 m
起飞质量	447 kg	330 kg
全长	7.343 m	5.72 m

3．主要技术指标

野猪靶弹技术性能参数见表 4-1。

表 4-1　野猪靶弹技术性能参数

	96M6	96M6M
射程	80~184 km	90~107 km
弹道高度	30~100 km	31~50 km
飞行速度（在弹道顶部）	748 m/s	748 m/s
飞行速度（在弹道下降段 $H=100$ m 处）	947 m/s	847 m/s

续表

	96M6	96M6M
发射角		61°
发动机工作时间		4.5~9 s
飞行时间	165~202 s	180~220 s
靶弹自转速度		2 800 转 /min
落区偏离计算点距离偏差		± 9 km
落区偏离计算点侧向偏差		± 6.5 km
全弹道飞行时间		180~220 s
使用环境温度范围		± 40 ℃
RCS（波段 3~10 cm）		0.015~1 m^2

4. 动力系统

采用固体火箭发动机，发动机工作时间 4.5~9 s。96M6M 靶弹发动机比 96M6 靶弹装药比冲高 30%，提高了飞行速度。

5. 飞行控制系统

野猪靶弹发射后无控飞行，飞行轨迹由卡玛地面雷达（见图 4-3）按其应答装置信号进行跟踪，测量其轨迹。

图 4-3　跟踪野猪靶弹飞行的卡玛地面雷达

由地面雷达按靶弹的反射信号来实现靶弹的搜索发现和跟踪。

改变靶弹的发射角和飞行速度可以改变其飞行弹道，以模拟各类弹道式目标的飞行弹道。野猪靶弹飞行航迹如图 4-4 所示。

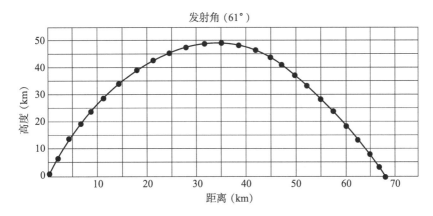

图 4-4　96M6M 靶弹飞行航迹

6. 任务有效载荷

96M6M 靶弹可在远离发射点 40~70 km 距离上通过卫星通信系统向用户发送信息，靶弹系统还能产生窄通带和宽通带的阻塞式无线电干扰。

弹上装有测量设备，在弹体旋转情况下仍能在防空导弹非触发引信引爆战斗部时向地面发送稳定的脱靶参数等信息。

7. 发射系统

野猪靶弹由地面双管发射装置 89Ц6-02 倾斜发射，发射间隔不小于 2 s。当发射倾角为 61° 时，可将靶弹射到 46 km 高度，距离 100 km 处，飞行时间为 185 s。

8. 回收系统

靶弹一次使用，不可回收。

9. 制造商

契凉宾斯克市的车床机械制造厂（Cтăнкомăш）。

火枪（Пищáль）靶弹

1. 发展概况

火枪（Пищáль）靶弹为模拟敌空袭武器，如战斧巡航导弹、HARM 反辐射导弹等目标的飞行和特性的一次性使用靶弹。可作为中程和近程防空导弹，如潘采尔或 C-300 系统防空导弹发射试验的靶标。火枪靶弹是由俄罗斯航空技术公司（ABИTÉK）用退役的 C-125M 防空导弹武器系统的 5B27 导弹改装而成，靶弹代号为 PM-5B27A。1980 年靶弹装备部队使用。

2. 总体布局与部位安排

火枪靶弹布局为两级鸭式气动布局，带两级固体火箭动力装置。该靶弹外形如图 4-5 所示。

图 4-5　火枪靶弹外形图

火枪靶弹设备布局与 5B27 导弹（见图 4-6）类似。图中 5B27 导弹的引信和战斗部在靶弹中由其他设备，如弹载程控指令装置、自毁装置等替换。

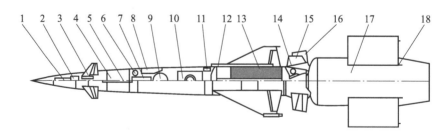

图 4-6　5B27 导弹部位安排

1. 引信发射天线　2. 无线电引信　3. 舵机　4. 战斗部　5. 引信接收天线　6. 变流器
7. 中心分配器 8. 电池　9. 自动驾驶仪　10. 无线电控制仪　11. 副翼舵机
12. 副翼传动拉杆　13. 巡航发动机　14. 尾部气瓶　15. 巡航发动机启动组合
16. 起飞段反稳定翼　17. 起飞助推器　18. 稳定尾翼转动部件

主要参数

靶弹长度	5.948 m
起飞质量	944 kg
助推器质量	412 kg

3. 主要技术指标与飞行航迹

主要技术指标

距离	12~30 km（≤ 90 km）
高度	0.2~9 km（≤ 35 km）
飞行时间	≤ 90 s（≤ 180 s）
使用区速度	900~150 m/s
发动机工作时间	20 s
方位精度	± 5°
有效散射截面	0.07~0.3 m^2

飞行航迹

火枪靶弹飞行弹道可以是无机动式和机动式。火枪靶弹程控弹道式飞行轨迹如图 4-7 所示。

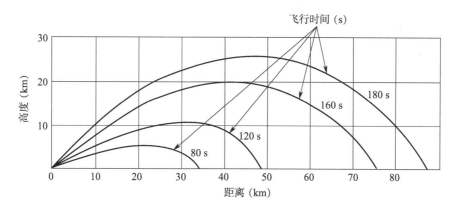

图 4-7　火枪靶弹特性和程控飞行轨迹

机动式弹道可以是爬升式机动，机动过载为 2~8 g；或俯冲式机动，俯冲角 5°~70°。

靶弹飞行过程中保证其能在雷达工作频段被发现和跟踪，以及按发动机火焰和在其工作结束后按曳光管火焰进行目视观察。

在程控状态下可提供射击区的飞行距离范围为 12~30 km，可观测的最长飞行时间为 110 s，受曳光管工作时间的限制。

在此 30 km 距离范围内，由弹载程控指令装置保证靶弹的飞行控制。

模拟带速度机动的精确制导导弹的发射时，靶弹靠助推器和巡航发动机从弹道的 7 km 高度工作进行俯冲，也可以在抛掉助推器后延迟巡航发动机的启动。

当靶弹按弹道导弹航迹发射时，可保证最大飞行时间达 180 s。供射击区域的射程为 30 km 到 90 km，飞行高度范围为 5 km 到 35 km。

4. 动力系统

火枪靶弹动力系统采用两级固体发动机，固体火箭助推器和巡航发动机，如图 4-8 所示。

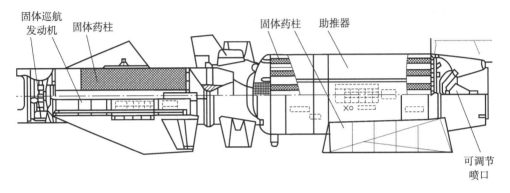

图 4-8　火枪靶弹动力装置

5. 飞行控制系统

火枪靶弹不配专用制导站，由 C-125 防空导弹系统制导站 CHP-125M1 按无线电指令控制，然后转入弹上自主式程序控制：一种按 7 种自主装订的程控弹道飞行，另一种按弹道式弹道飞行。弹道类型的选择是在发射前确定。靶弹装有自毁系统，保证在允许的扇区内进行自毁。

火枪靶弹改造原防空导弹时，卸下无线电引信和战斗部，装上自毁装置系统。靶弹的自毁是在超出给定飞行时间时、发出强制自毁指令时或无线电控制站指令丢失时靠保险执行机构起爆执行。

6. 任务有效载荷

火枪靶弹装有保证要求飞行弹道选择的弹上程序指令装置，为保证全飞行过程的目视观察的曳光管，曳光管的工作时间为 110 s。

7. 发射系统

为发射火枪靶弹配制了相应的地面设备，包括：简化的双联发射装置 5Π71 或四联发射装置 5Π73，柴油发电机站 5E65，操作控制台 ΠС2.1241。火枪靶弹系统可以在 5 s 间隔时间内发射两枚靶弹，简化的移动式双联发射装置如图 4-9 所示。

图 4-9　移动式火枪靶弹双联发射装置

双联发射装置亦可安装在地面，如图 4-10 所示。

火枪靶弹的四联发射装置如图 4-11 所示。

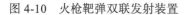

图 4-10　火枪靶弹双联发射装置　　　　　图 4-11　火枪靶弹的四联发射装置

8. 回收系统

火枪靶弹发射后在给定距离上自毁，不进行回收。

9. 制造商

航空技术公司，该公司现属于金刚石 - 安泰康采恩。

萨曼（Саман）靶弹

1. 发展概况

　　萨曼（Саман）靶弹为模拟超低空、低空和中低空飞行的飞机、巡航导弹、无人机和精确制导武器等一次性使用的靶弹。该靶弹是由基洛夫市航空技术（Авитек）机械制造企业制造。萨曼靶弹是在黄蜂-AK（Оса-AK）和黄蜂-AKM（Оса-AKM）系统9M33导弹的基础上改进而成。1980年萨曼靶弹开始装备。

　　萨曼系列靶弹分为萨曼靶弹（9Ф841 Саман）和萨曼-M靶弹（9Ф841M Саман-M），目前主要使用的是萨曼-M靶弹，其外形如图4-12所示。

图4-12　萨曼-M靶弹外形图

　　萨曼靶弹系统的组成包括：萨曼靶弹；黄蜂-AK防空导弹系统战车；配套地面设备。

2. 总体布局与部位安排

　　萨曼靶弹为小尺寸、装在运输发射筒内的单级固体发动机靶弹，是在黄蜂（Оса）防空导弹的基础上改进而成。该靶弹去掉战斗部，弹上装有角反射器、自毁装置、RCS增强装置和程控装置等。弹上电路和发动机进行了改进。其部位安排同黄蜂系统防空导弹。萨曼靶弹采用单级鸭式气动布局，其滚动稳定不进行控制，因此弹上需对从地面接收的控制指令进行两个通道的分解。为了减少滚动力矩的影响，尾翼可绕导弹纵轴旋转。靶弹上设备与导弹相比除不装无线电引信和战斗部外，同样装有包括应答机的无线电控制仪、固体火箭发动机。尾部装有曳光管。

萨曼靶弹和萨曼 -M 靶弹外形如图 4-13 所示。

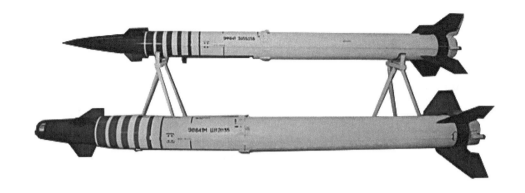

图 4-13　萨曼靶弹（上）和萨曼 -M 靶弹（下）外形图

黄蜂防空系统 9M33 导弹的部位安排如图 4-14 所示。

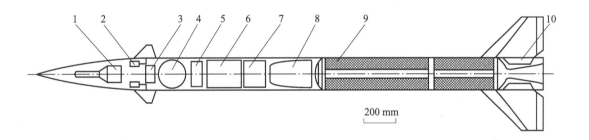

图 4-14　黄蜂防空系统 9M33 导弹的部位安排

1. 无线电引信发射机　2. 舵机　3. 电源组合　4. 气瓶
5. 无线电引信接收机　6. 无线电控制仪　7. 自动驾驶仪　8. 战斗部
9. 固体火箭发动机　10. 稳定尾翼折叠铰链

　　萨曼靶弹外形与 9M33 导弹基本一致，而萨曼 -M 靶弹外形与导弹 9M33 比较，头锥作了钝化，内部装有 RCS 增强装置。

主要参数

	萨曼	萨曼 -M
质量	124.7 kg	124.5 kg
弹长	3.158 m	2.899 m
弹径	0.21 m	0.21 m
翼展	0.65 m	

3. 主要技术指标与飞行航迹

表 4-2　萨曼靶弹两种改型主要技术性能指标

	萨曼	萨曼 -M
模拟气动目标距离（km）	≤ 22	≤ 20
模拟弹道目标距离（km）	≤ 14	≤ 14
高度（km）	0.05~5	0.05~5
飞行时间（s）	≤ 110	≤ 100
使用区速度（m/s）	550~200	500~150
RCS（m²）	0.36~0.51 （频率 15 GHz 时为 0.6）	0.56~1.03
控制系统	无线电指令和自主程序控制	
下落扇区	± 3°	
战车上装载靶弹数量	6	

萨曼 -M 靶弹典型的飞行弹道如图 4-15 所示。

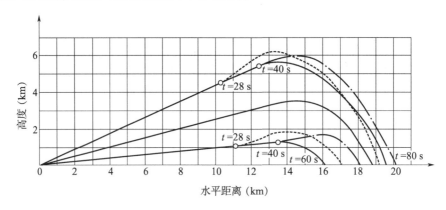

图 4-15　萨曼 -M 靶弹典型弹道

萨曼靶弹的使用环境条件类似于作战使用的防空导弹，即温度环境为 –20~+40 ℃，温度 +20 ℃下的湿度为 ≤ 98 %。

4. 飞行控制系统

萨曼和萨曼 -M 靶弹采用无线电指令方式控制飞行，飞行弹道是由黄蜂防空导弹系统的战车在发射前选择。靶弹可用无线电指令方式控制飞行到 28 s 时，在指定点距离约 13.5 km，高度在 50~5 000 m 处时，再进行机动或不机动飞行，爬升或俯冲的机动飞行过载可达 3~8 g。靶弹飞行中的安全靠手动操作发送自毁指令来保证，也可以在战车丢失无线电控制指令或丢失应答信号后 28 s 自动进行自毁。

5．任务有效载荷

萨曼 -M 靶弹带有模拟目标 RCS 的角反射器雷达散射截面装置。

6．发射系统

靶弹发射车为 BAZ-5937 底盘的三轴轮式战车，靶弹采用筒式倾斜发射，发射车上可装载 6 发靶弹；萨曼 -M 靶弹发射如图 4-16 所示。为了模拟一对目标的飞行，可经 5 s 时间间隔发射两发靶弹。

图 4-16　萨曼 -M 靶弹发射

7．制造商

基洛夫市航空技术（Авитек）机械制造企业。

$$\textit{雨燕（Стриж）靶弹}$$

1．发展概况

雨燕（Стриж）靶弹是在 С-25М 防空导弹系统的 5Я25 和 5Я24 导弹基础上改装而成，由莫斯科闪电（Молния）科研生产联合体研制。雨燕靶弹于 1993 年开始研制。

为模拟低空飞机、巡航导弹、弹道导弹、超高速飞行器等空中目标，雨燕靶弹有一系列改型。

雨燕靶弹系列改型包括：雨燕-2，雨燕-3，雨燕-5，雨燕-4B，雨燕-M，雨燕-M-1A，雨燕-M-1B，雨燕-M-1C，雨燕-M-2，雨燕-M-3，雨燕-4MB等。

雨燕靶弹基本型为雨燕-3，其外形如图4-17所示。

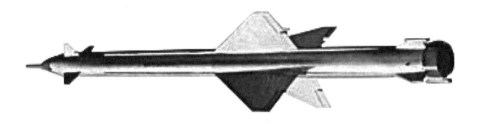

图 4-17　雨燕-3 靶弹外形图

2. 总体布局与部位安排

雨燕-3 靶弹采用鸭式气动布局，弹上设备部位安排如图4-18。

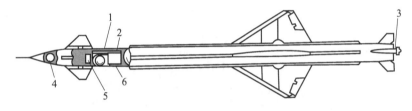

图 4-18　雨燕-3 靶弹弹上设备部位安排

1. 气压高度表 KB-13M　2. 自动控制系统设备　3. 曳光管　4. 龙伯透镜
5. 无线电应答机 21 Г6　6. 无线电高度表 - 应答机 24 Г6-K26（低空靶弹用）

主要参数

发动机	液体火箭发动机
控制系统	自主程序控制和地面无线电指令控制
RCS	
靶弹本身	0.1~0.3 m^2
带龙伯透镜	1.5~2.0 m^2
使用可靠性（无故障工作系数）	≥ 0.8
弹长	12 m
弹径	0.65 m
翼展	2.6 m

3. 主要技术指标与飞行航迹

雨燕靶弹几种改型的技术特性见表4-3。

表 4-3　雨燕靶弹几种改型的主要技术指标

靶弹改型	距离（km）	高度（km）	速度（m/s）
雨燕 -3 雨燕 -4MB	50	0.05~1.0	650~150
雨燕 -2 雨燕 -4B 雨燕 -5	50~200	1.0~30	1 200~150
雨燕 -M-1A 雨燕 -M-1B	300~350	40~80	1 300~1 800

雨燕 -3 靶弹飞行特点是可作长时平飞，高度小于 1 km 飞行时最大飞行距离小于 50 km。

4．动力系统

雨燕靶弹采用液体火箭发动机 C3.42A，推力为 17 000 kgf（1 kgf = 9.81 N），带涡轮泵供油系统。

5．飞行控制系统

雨燕 -3 靶弹采用程序装置和地面无线电指令进行飞行控制，其地面控制系统包括：指令发送站，靶弹飞行控制台和无线电通信台等设备。

靶弹上装有自毁装置，由弹上自毁系统保证飞行中在下列条件下进行自毁：

在完成飞行程序后在给定时间自毁；

在飞行程序失效时由地面控制站发出单次自毁指令；

当飞行航向角偏离 ±33° 时自动进行自毁；

当靶弹稳定的倾斜角 > 60° 时自毁。

6．任务有效载荷

雨燕 -3 靶弹弹上任务有效载荷设备包括：红外辐射的曳光管、增强 RCS 的龙伯透镜、模拟有源干扰设备。

雨燕 -4 靶弹加装评价射击结果的自动化记录系统（ACOPC），以评价 C-400 防空导弹等的射击试验结果，其靶弹上任务有效载荷有：

弹上无线电脱靶量测量设备先驱者（Перспектива）；

爆炸时刻记录装置；

命中部位记录传感器；

射击结果记录自动化信息测量系统（ACOPC）。

射击结果记录自动化信息测量系统由闪电科研生产联合体负责研制，该系统用于及时获得射击结果的可靠信息，包括：

靶弹与射击防空导弹相互位置参数；

射击防空导弹战斗部破片覆盖和击穿靶标参数；

按专门准则制定的有关杀伤靶标过程效率和射击结果。

射击结果记录自动化信息测量系统由地面和靶弹弹载设备组成。

靶弹弹载设备包括：

自主式距离无线电技术测量器；

光学（红外）波段传感器和装置，以测量电磁脉冲信号；

防空导弹杀伤破片命中传感器；

专用数字化装置，以记录和按遥测通道发送测量的信息；

无线电遥测装置（PTC）。

射击结果记录自动化信息测量系统靶弹弹载设备安装分布见图 4-19。

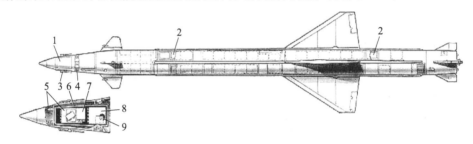

图 4-19　射击结果记录自动化信息测量系统靶弹弹载设备安装分布

1. ACOPC 设备舱　2. 杀伤破片命中传感器　3. 遥测天线　4. 爆炸时刻记录装置
5. 透视设备　6. 装甲箱　7. 电源　8. 记录组合　9. 弹载无线电遥测站

射击结果记录自动化信息测量系统地面设备包括地面遥测站和专用自动化操作台。

射击结果记录自动化信息测量系统的特点是有专门的程序软件，包括：测量数据初次自动化实时处理用的程序软件，按特定准则来评估射击结果和杀伤概率的软件。作为空中靶标的组成部分采用该 ACOPC 系统可以模拟空中目标重要部件在射击中的易损性，能及时获得每次射击结果的可靠信息，且在必要时通过数传系统将其发送给数据采集中心，以便进一步处理、保存和评估射击的效果。

射击结果记录自动化信息测量系统主要技术特性

相对距离测量范围	10~90 m
距离测量误差	2 m+5% 测量距离
电磁脉冲测量装置传感器数量	8
爆炸角度测量误差	±30°
破片击中点传感器数量	≤ 120
破片击中传感器时刻记录误差	±1 μs
靶弹上设备防护	采用装甲的容器
弹上设备容积	9 dm^3

7. 发射系统

雨燕靶弹与原 C-25M 导弹的不同在于，其采用倾斜发射，发射装置有装甲式和拖引式两种，装甲式发射装置如图 4-20 所示。拖引式发射装置如图 4-21 所示。

图 4-20　雨燕 -4 靶弹装甲式发射装置　　　图 4-21　雨燕 -3 靶弹拖引式发射装置

8. 制造商

莫斯科闪电（Молния）科研生产联合体。闪电科研生产联合体现属于俄罗斯国有航空装备技术康采恩。

歌唱（Пение）靶弹

---

1. 发展概况

歌唱（Пение）靶弹是俄罗斯国家三角旗机械制造设计局在陆军 3M9M3 地对空导弹基础上改装而成的一种超声速靶弹。靶弹于 1997 年 6 月首次推出，代号为 3M20M3，用来模拟低空飞行的有人驾驶飞机、精确制导空袭武器等目标，可模拟目标的雷达和红外波段的特性。

歌唱靶弹系统用来保证防空导弹部队的发射试验，其用途包括：

进行近程和中程防空导弹系统、便携式防空导弹系统和其他带有红外导引头的防空导弹系统、防空弹炮结合系统的射击试验；

按预定程序投放红外和无源雷达干扰器；

在弹道大范围内发射靶弹，包括直线飞行，俯冲和上升飞行，弹道式飞行等；

保证靶弹在地面和飞行中的安全。

飞行中的靶弹如图 4-22 所示。

图 4-22　飞行中的 3M20M3 靶弹

歌唱靶弹系统包括：自行式发射装置，采用 3M9M3 导弹的发射装置 2P25；一套立方体防空导弹系统的地面制导设备。

2. 总体布局与部位安排

歌唱靶弹采用旋转弹翼气动布局，外形同 3M9M3 防空导弹，如图 4-23 所示，3M9M3 弹上设备布局如图 4-24 所示。靶弹采用圆柱形机身、尖形头锥，在机身中部有 4 个呈 X 形布置的短翼，4 片带活动操纵面的尾翼也按 X 形布置。该靶弹是在退役的 3M9M3 防空导弹的基础上改装而成的。在改装时进行的工作主要包括：在稳定尾翼上安装曳光管支架；战斗部舱更换为靶弹专用的指挥控制舱，保证靶弹按某一种飞行程序弹道飞行，抛射红外和无源干扰器，进行靶弹的自毁。

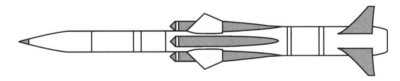

图 4-23　3M9M3 防空导弹（靶弹 3M20M3）外形

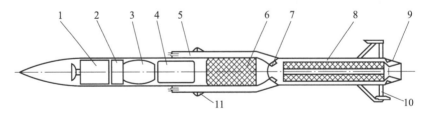

图 4-24　3M9M3 防空导弹设备布局

1. 导引头　2. 无线电引信　3. 战斗部　4. 自动驾驶仪　5. 进气道　6. 燃气发生器
7. 堵头　8. 起飞发动机装药　9. 喷管　10. 稳定尾翼　11. 弹翼

注：1，2，3 在靶弹中去除，改为靶弹专用设备舱

靶弹主要参数

全长	5.80 m
水平尾翼翼展	约 0.61 m
最大机身直径	0.34 m
最大发射质量	<600 kg
有效载荷质量	<60 kg

3. 主要技术指标与飞行航迹

歌唱靶弹主要技术指标

飞行距离	≤ 24 km
飞行高度范围	0.25~5 km
最大平飞速度	2.6 m/s
飞行时间	≤ 70 s
机动过载	≤ 8 g
RCS（根据配套设备）	
带金属整流罩	0.1~0.3 m^2
带无线电透明整流罩	1 m^2
带龙伯透镜	3~5 m^2
红外辐射模拟设备	曳光管 T-60
红外辐射强度	
红外 3~5μm 波段	
迎攻航向	3~100 W/sr
尾追航向	100~300 W/sr
红外干扰器数量	10
发射干扰器方式	同类干扰器连发或两个干扰器齐发
飞行程序数量	7
飞行控制方式	程序控制
自毁系统	强迫自毁

歌唱靶弹的飞行弹道有：

水平直线飞行，参数见表 4-4；

表 4-4 歌唱靶弹飞行数据

高度（km）	平均速度（m/s）	飞行距离（km）
0.5	310	12
1	340	16

续表

高度（km）	平均速度（m/s）	飞行距离（km）
5	550	24

水平转弯增大航向参数飞行，过载小于 8 g，高度为 1 km；

水平蛇形机动飞行，过载小于 5 g，高度为 1 km；

从高度 5 km 俯冲到 1 km 高度飞行，过载为 5~8 g；

从高度 1 km 上升到 5 km 高度抬头飞行，过载为 5~8 g。

还可以把飞行程序数增加到 30 种，并模拟地对地导弹的弹道式弹道。

4．动力系统

歌唱靶弹装有复合式动力装置，发动机后端为起飞固体助推器（一级），其装药为固体推进剂，质量为 172 kg，工作时间为 3~6 s。燃烧后形成冲压发动机的加力燃烧室，并抛出挡住助推器装药的玻璃钢网。

复合发动机前端为巡航级的 9Д16К 固体冲压发动机燃烧室，亦作为二级冲压发动机的燃气发生器，燃气发生器装药为 LK-6TM 固体推进剂，质量为 67 kg，长度 769 mm，燃烧时间约 22 s。采用固体冲压发动机可保证导弹（靶弹）高速飞行，可将靶弹加速到 2.8 Ma。

5．飞行控制系统

歌唱靶弹采用预编程控制。一旦控制系统出现故障或靶弹飞出靶场安全范围，弹上自毁系统即启动。

6．任务有效载荷

靶弹的任务有效载荷包括：

龙伯透镜；

红外辐射模拟设备，红外 3~5 μm 波段：

迎攻航向　　　　　　　　　　3~100 W/sr

尾追航向　　　　　　　　　　100~300 W/sr

箔条或红外干扰器投放器。

7．发射系统

歌唱靶弹采用 3М9М3 导弹的发射装置 СРИ 2Р25，如图 4-25。

图 4-25　歌唱靶弹的发射装置 CPИ 2P25

靶弹系统发射装置 CPИ 2P25 特性

发射装置代号　　　　　　　　CPИ 2P25

所用靶弹　　　　　　　　　　ИВЦ 3M20M3

发射扇区

　高低角　　　　　　　　　　10°~45°

　方位角　　　　　　　　　　360°

8. 制造商

国家三角旗机械制造设计局。

MA-31 空中靶弹

1. 发展概况

俄罗斯 MA-31 空中靶弹是由反舰导弹 X-31A 改装而成，由星-箭（Звезда – Стрела）企业研制，主要用于出口美国。从 20 世纪 90 年代初开始改装生产。1997~1998 年美国从俄罗斯购买了 3 批 MA-31 靶弹，装备了美国海军航空部队。

在美国一次海军低空靶标竞标中，星-箭企业与美国麦道公司联合在竞标中得胜，星-箭企业通过波音公司卖给美国首批 MA-31 靶弹。第一批试验批 4 发 MA-31 靶弹去掉原弹上 X-31A 导引头和战斗部，换上美国无线电高度计。MA-31 空中靶弹外形如图 4-26 所示。

打靶试验在美国西部试验靶场进行，靶弹从 F-4J 载机上使用俄罗斯发射装置 AKY-58
发射，第一次是在 300 m 高度上飞行，以后飞行高度降低到 20 m，并进行了 15 km 上的机
动飞行，之后雷达跟踪丢失。第一批靶弹没有一枚被击落。以后美国还买了 2 批 MA-31 靶
弹，1994 年为 7 发，1999 年为 100 发。美国麦道公司在 MA-31 靶弹基础上研制出类似的
模拟反舰导弹的 GQM-163 山狗（Coyote）靶弹，见图 4-27。

图 4-26　MA-31 空中靶弹外形　　　　　　图 4-27　GQM-163 山狗靶弹

2．总体布局与部位安排

MA-31 靶弹气动布局与反舰导弹 X-31A 相似，由机载发射，采用固体冲压火箭发动
机 31ДПК，MA-31 靶弹与导弹 X-31 的差别有：去除原导弹导引头制导设备和战斗部，改
变头部整流罩，装有自毁系统，增加遥测信号采集系统。反舰导弹 X-31A 外形如图 4-28。

图 4-28　反舰导弹 X-31A 外形图

MA-31 靶弹主要参数

弹长	4.7 m
弹径	0.36 m
翼展	0.778 m
舵展	0.914 m
起飞质量	600 kg

3．主要技术指标

航程	130 km
飞行高度范围	100~15 000 m
发射方式	在 AKY-58 机载发射架上空中发射

飞行控制方式	弹上计算机程序控制
起飞发动机	固体火箭发动机
巡航发动机	空气冲压发动机
巡航段飞行速度	750 m/s
潜在能力	能在 3~5 m 超低空以 2.4 Ma 飞行

4. 动力装置

靶弹采用 1 台索尼兹·图拉伊沃机械设计局设计的液体燃料火箭冲压组合发动机推进，它的整体式固体火箭助推器带壳体一起装入冲压发动机的燃烧室内。

5. 发射系统

靶弹在机载发射架 AKУ-58 上空中发射，在载机上吊挂的靶弹类似于反舰导弹 X-31A，如图 4-29，吊挂装置如图 4-30，在载机上的吊挂飞行和发射如图 4-31。

图 4-29　载机上吊挂的反舰导弹 X-31A（MA-31 靶弹）

图 4-30　反舰导弹 X-31A（MA-31 靶弹）在载机上的吊挂装置 AKУ-58

图 4-31　MA-31 靶弹在载机上的吊挂飞行和发射

6. 制造商

俄罗斯国有星 - 箭企业（ГНЦП «Звезда-Стрела»）。

方阵 -M（Фаланга-M）靶弹

1. 发展概况

　　方阵 -M（Фаланга-M）靶弹用来模拟机动式空中目标，采用方阵（Фаланга-M）反坦克导弹系统改装而成。1997 年开始研制，2001 年通过靶场试验，2002 年装备部队。靶弹模拟了红外和长波无线电特性的空袭目标。

　　方阵 -M 靶弹多次用于俄罗斯陆军箭 -10M 防空导弹系统、针便携式防空导弹、通古斯卡弹炮结合系统等的射击训练，从 2000 年开始到 2002 年前共发射了 200 多枚靶弹用于训练。

2. 总体布局与部位安排

　　方阵 -M 靶弹结构与方阵反坦克导弹的结构（见图 4-32）及部位安排类似。方阵 -M 靶弹的头部去掉了反坦克战斗部，改为配重或装其他靶标设备，尾部加装程序控制机构，弹翼加装曳光管 9Х419 等装置。

　　方阵 -M 靶弹气动布局与反坦克导弹方阵 -M 一样，为无尾式气动布局，弹体为圆柱形，弹体两端为半球形，配有两对弹翼，弹翼为梯形，弹翼端部装有控制舵面。靶弹装在导轨上发射，在导轨上靶弹呈"×"形，即弹翼平面与水平面倾角为 45°，这种布局有利于发射导轨的结构。当靶弹飞出导轨后弹体反时针方向滚动旋转 135°，以后靶弹按"＋"形气动布局飞行，2 号和 4 号弹翼处于水平状态。

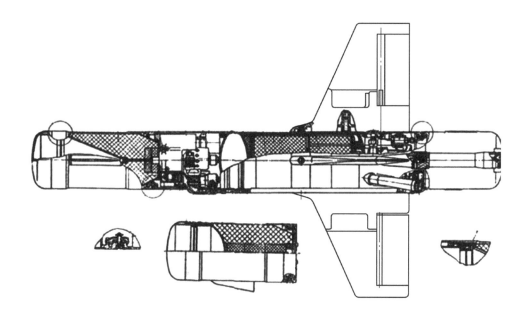

图 4-32　方阵反坦克导弹结构图

弹上设备供电电源为固态盐电池 T-158Б，它靠靶弹起飞时激活，直流电压靠变流器转换成交流电供弹上设备用电。

靶弹的各组成部分如图 4-33 所示。

图 4-33　方阵 -M 靶弹组成部分

1. 头部配重舱　2. 火箭发动机 9Д117M　3. 曳光管 9Х419

4. 弹翼上装的红外干扰弹射器　5. 带时间程序机构的尾舱

方阵 -M 靶弹系统包括：空中目标模拟器，即方阵 -M 靶弹；地面发射控制系统。

主要参数

弹长	1 165 mm
口径	142 mm
质量	31 kg

3. 主要技术指标

最大飞行速度	230 m/s
飞行距离	≤ 6 km
飞行高度	≤ 2 km
最大飞行距离的飞行时间	≤ 28 s
发射装置质量	55 kg
发射控制台质量（带电缆）	7 kg
无线电发射装置质量	2 kg

4. 动力系统

靶弹采用单室双推力固体推进剂火箭发动机推动发射和加速飞行，发动机装有两种固体装药，起飞装药和巡航装药，靠起飞装药燃烧使靶弹加速起飞，然后靠巡航装药使靶弹以最大达 230 m/s 的速度飞行。发动机工作结束后靶弹靠惯性飞行，并点燃曳光管。

5. 飞行控制系统

靶弹在离开导轨后按滚动稳定飞行。滚动稳定是靠自由陀螺来控制。靶弹的俯仰和偏航控制是按地面发射的无线电指令或按程序进行，弹上装有偏航控制舵机和俯仰控制舵机，偏航控制舵机同时控制滚动稳定。舵面控制机构为高压气瓶供气的气压舵机。气瓶压力为 260 个大气压，通过减压阀降至 4~6 个大气压的工作压力。

地面对靶弹的观测白天是靠装在弹翼上的曳光管发出的可见光，而在夜间是按曳光管后部装的发光灯的发光，发光灯是靠弹上直流供电。"白天"和"夜间"两种工作状态的转换是在发射装置上由操作手控制。

方阵靶弹的特点是：高机动性，快速转换发射阵地，系统简单实用可靠，价格便宜。在箭 -10 防空导弹部队射击试验中，在干扰条件下，在水平飞行和在发动机停止工作无火焰情况下，箭 -10 防空导弹操作手可用夜视瞄准具在夜间尾追跟踪靶弹。

靶弹射角在采用弹道式轨迹时，随云层高度不同在 10°~20° 范围内变化，射程在 4.5 km 以内，高度在 350~1 000 m。当采用爬升式弹道时，爬升高度为 1.5 km。发射装置可安装在泥土地上发射靶弹。

采用箭 -10M 防空导弹射击靶弹时，约在靶弹发射后 6.8 s 时防空导弹导引头可截获靶弹上安装的曳光管 9X419。靶弹的操作手可在 18 s 时间内进行靶弹的飞行控制操作。对靶弹的射击可以按尾追或按一定的航路捷径进行射击。

6. 任务有效载荷

为了操作手观察和外弹道测量，靶标装有可见光波段辐射器（曳光管），也可根据用户需要配 Гроздь 和 Диез 型抛射式红外波段假目标。

7. 发射系统

方阵 -M 靶弹的发射装置结构如图 4-34。

图 4-34　装有方阵 -M 靶弹的发射装置

1. 发射转台 1Б21　2. 高低转动框架　3. 导轨 9П55 БМ 9П137　4. 靶弹　5. 平板　6. 电缆

发射时配 2 个战勤人员。发射装置和发射控制台如图 4-35 所示。

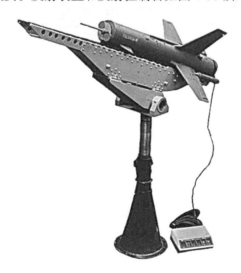

图 4-35　发射装置及发射控制台

8. 制造商

精密机械制造设计局（КБ точного машиностроения）设计，卡夫洛夫斯基机械制造厂（Ковровского механического завода）制造。

95Я6-2M 靶弹

1. 发展概况

95Я6-2M 靶弹是在潘采尔 -C1 弹炮结合系统导弹 95Я6 的基础上改装而成。

2. 总体布局与部位安排

95Я6-2M 靶弹在 2013 年莫斯科航展上展出的外形如图 4-36 所示。

图 4-36　2013 年在莫斯科航展上展出的 95Я6-2M 靶弹

虽然它是由导弹 95Я6 改装，但有很多变化。为了对比，图 4-37 列出原导弹 95Я6 的外形。95Я6-2M 靶弹与原导弹 95Я6 相比，其差别是一级与二级不作分离，取消了原主弹翼和控制舵，变为单级靶弹。

图 4-37　潘采尔 -C 系统导弹 95Я6 的外形

3. 主要技术指标与飞行航迹

95Я6-2M 靶弹主要技术特性

射程	19 km
射高	0.01~15 km
最大速度	1 000 m/s
最大射程飞行时间	90 s

95Я6-2M 靶弹作不同射角的无控飞行，其飞行弹道如图 4-38 所示。

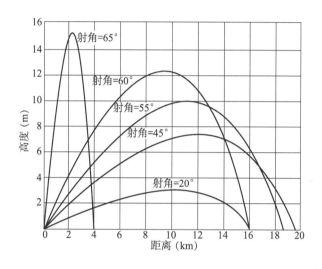

图 4-38　95Я6-2M 靶弹几种典型飞行弹道

4. 动力装置

靶弹采用导弹 95Я6 固体火箭发动机，发动机壳体采用碳纤维结构，如图 4-39 所示。

图 4-39　导弹 95Я6 固体火箭发动机壳体

主要参数

弹径（二级 / 一级）	105 / 170 mm
无发射筒弹长	3 157 mm

带发射筒长度	3 831 mm
带发射筒质量	≤ 107 kg
导弹起飞质量	≤ 87 kg

5. 制造商

图拉市仪表设计局（Конструкторское бюро приборостроения（ГУП "КБП" г.Тула））。

山雀（Синица）靶弹

1. 发展概况

山雀（Синица）靶弹是在防空导弹系统 C-75 的防空导弹 20ДСУ 和 5Я23 基础上改装而成。以防空导弹 20ДСУ 改装的有山雀 -1（Синица-1）和山雀 -6（Синица-6），而以防空导弹 5Я23 改装的有山雀 -23（Синица-23）和 老鹰（Коршун，又称沙鸡 Бěкас）靶弹。老鹰靶弹是在使用期内或大修后的 5Я23 防空导弹基础上改装而成的。5Я23 防空导弹是 C-75M 防空导弹系统使用的最后一种最大射程可达 76km 的防空导弹。

2. 总体布局与部位安排

山雀靶弹为两级靶弹，正常式气动布局，起飞靠固体助推器倾斜发射，二级装有液体火箭发动机。山雀 -23 靶弹外形见图 4-40。原导弹上战斗部替代为自毁系统，保证在给定时间按地面指令或在控制指令丢失后进行自毁。

图 4-40　山雀 -23（Синица-23）靶弹外形

山雀靶弹布局可参照防空导弹 1Д，见图 4-41。

在改造 5Я23 防空导弹时，将战斗部用带自毁装置的配重器替代，自毁装置装 TNT 炸药 0.5 kg，保证靶弹的应用自毁，同时减小液体火箭发动机的推力到 2.2 t，以减小其飞行速度，发动机工作时间为 60 s。

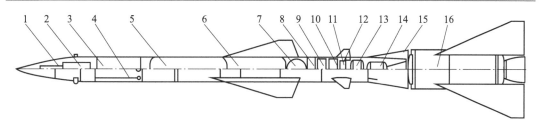

图 4-41　防空导弹 1Д 布局

1. 引信发射天线　2. 无线电引信（靶弹中拆去）　3. 战斗部（靶弹中改为自毁装置）　4. 引信接收天线　5. 氧化剂箱　6. 燃料箱　7. 高压气瓶　8. 自动驾驶仪　9. 无线电控制仪　10. 电池　11. 变流机　12. 舵机　13. "И" 燃料箱　14. 巡航发动机　15. 过渡舱　16. 固体火箭助推器

主要参数

弹径

　山雀 -1　　　　　　　　　500 mm

　山雀 -6　　　　　　　　　500 mm

　山雀 -23　　　　　　　　500 mm

　老鹰（沙鸡）　　　　　　500 mm

二级长度

　山雀 -1　　　　　　　　　8 m

　山雀 -6　　　　　　　　　8 m

　山雀 -23　　　　　　　　8 m

　老鹰（沙鸡）　　　　　　8 m

空载靶弹质量

　山雀 -1　　　　　　　　　700 kg

　山雀 -6　　　　　　　　　700 kg

　山雀 -23　　　　　　　　700 kg

　老鹰（沙鸡）　　　　　　700 kg

3. 主要技术指标与飞行航迹

山雀系列靶弹主要技术指标如表 4-5 所示。

表 4-5　山雀系列靶弹主要特性

靶弹名	山雀 -6	山雀 -23	老鹰（沙鸡）
飞行高度（km）	1~20	3~10	≤ 30
飞行距离（km）	110	50~70	100~120
飞行速度（m/s）	500~1 200	900	≤ 1 200
飞行时间（s）	180	100~135	140~180
RCS（m²）	0.08~0.9	0.1~0.4	0.1~0.4

靶弹在飞行中可按指令进行各种机动，如爬升、俯冲和左右机动等。山雀-23 靶弹的飞行轨迹如图 4-42。

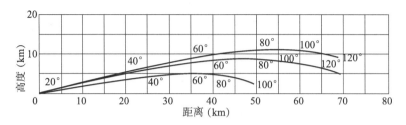

图 4-42　山雀 -23（Синица-23）靶弹飞行弹道

4. 发射系统

靶弹系统采用防空导弹系统 C-75M 的地面设备，其发射装置如图 4-43。

图 4-43　山雀靶弹的发射装置

5. 制造商

莫斯科先锋（Авангард）机械制造厂。

海狸（Бобр）靶弹

1. 发展概况

海狸（Бобр）靶弹为小型无控空中靶弹，用于进行近程防空装备的射击训练。它是在 122 mm 口径的冰雹（Град）多管齐射火箭弹系统基础上研制的。海狸空中靶弹即空中目标模拟器可以在雷达、红外波段模拟飞机、巡航导弹、精确制导武器、无人驾驶机等高速运动弹道参数，用于针便携式防空导弹、箭 -10 等防空导弹系统射击训练。海狸靶弹于 1995 年研制，1997 年投入使用。

海狸靶弹系统包括：空中目标模拟器，带有葡萄串（Гроздь 9Ф839）型红外辐射器；空中目标模拟器，带有奇也士（Диез 9Ф839-1）型红外辐射器；空中目标模拟器，带有 9Ф839-2 型雷达反射器；外置式发射控制台 9У14；冰雹（Град）战车 БМ-21。

2. 总体布局与部位安排

海狸（Бобр）靶弹外形如图 4-44 所示。

图 4-44　海狸（Бобр）靶弹外形图

主要参数

靶标口径	122 mm
目标模拟器长度	
9Ф839，9Ф839-1 型模拟器	3 369 mm
9Ф839-2 型模拟器	3 378 mm
目标模拟器质量	
9Ф839，9Ф839-1 型模拟器	74.5 kg
9Ф839-2 型模拟器	77.8 kg

3. 主要技术指标

发射装置装弹数量	
9П334 单轨发射装置	1 发
冰雹（Град）战车 БМ-21 发射	多发（最多达 40 发）
发射角范围	
垂直平面内	10°~45°
水平面内	±10°（相对粗略对准方向）
目标模拟器飞行速度	200~320 m/s
目标模拟器飞行时间	≤ 36 s
曳光管燃烧时间	≤ 40 s

目标模拟器飞行距离	≤ 10 km
目标模拟器飞行高度	≤ 2.5 km
目标模拟器 9Ф839-2 RCS	≤ 1 m²
目标模拟器发射间隔时间	0.5 s；1.5 s；2.5 s；3.5 s
使用工作温度	−40~+50 ℃

4．任务有效载荷

葡萄串（Гроздь 9Ф839）型红外辐射器；

奇也士（Диез 9Ф839-1）型红外辐射器；

9Ф839-2 型雷达反射器。

5．发射系统

单轨发射装置 9П334，如图 4-45 所示。

图 4-45　海狸靶弹系统发射装置 9П334

发射装置 9П334 参数

导轨数量（发射装置 9П334）	1
导轨长度	2 996 mm
发射角范围	
垂直平面内	10°~45°
水平面内	±10°（相对粗略对准方向）
发射装置质量	245 kg

冰雹（Град）战车 БМ-21 是野战火箭弹系统的战车，如图 4-46 所示。采用 БМ-21 战车发射时可替代发射装置 9П334 和外置式发射控制台 9У14。

图 4-46 海狸靶弹系统冰雹（Град）战车

6. 制造商

图拉市国营科研生产企业合金（Сплав）。

贡品（Dan）靶机

1. 发展概况

贡品（Dan）靶机为一种小尺寸可回收式靶机，由俄罗斯喀山雄鹰（Сокол）设计局研制。

贡品靶机系统包括靶机、发射装置、运输装填车、地面自动监测设备、发动机启动机、监视雷达无线电控制台、跟踪雷达、燃料加注车、滑油加注车以及机场电源车等。

贡品靶机于 1993 年首次问世，并于同年 1 月完成了首飞。贡品靶机用于模拟战斧式巡航导弹、亚声速飞机等目标，飞行使用次数可多达 10 次。靶机依靠发射装置上固体火箭助推器和靶机本身涡轮喷气发动机点火后的推力作用起飞，采用降落伞回收，降落伞挂在气压橡胶弹簧减震器上。靶机飞行采用程序控制或无线电指令控制，可以进行爬升或俯冲的垂直机动，也可以在水平面内进行蛇形机动。

自 1993 年年末，贡品靶机一直由 Strela 工厂生产。其用户是俄罗斯地面防空部队。

贡品 -M 为改进机型，于 2004 年中推出，当时预计在 2005 年投入生产。由于其发射质量降低，同时采用燃料效率更高的 MD-130 发动机，飞行距离和续航时间增加，其他部分基本与 Dan 靶机相同。

Danem 于 2005 年问世，设计采用汽缸旋转式活塞发动机或涡轮喷气发动机。Danem 保留了原靶机的总体外形，但要更大一些。

2. 总体布局与部位安排

贡品靶机是一种模拟空中目标的小尺寸飞行器,采用圆柱形机身、卵形头锥和机身背部涡轮喷气发动机进气道。小展弦比非后掠翼,布置在机身中部,侧翼尖上装一个窄吊舱;小面积传统尾翼;无起落架。贡品靶机外形如图 4-47 所示,贡品靶机的三视图如图 4-48 所示,贡品靶机机上设备布局如图 4-49 所示。贡品 -M 靶机如图 4-50 所示。

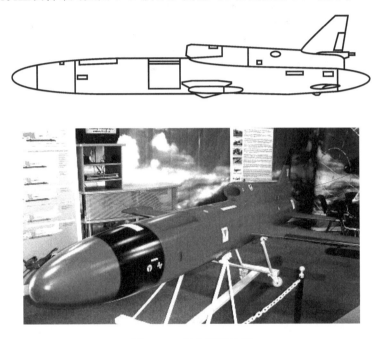

图 4-47 贡品靶机外形

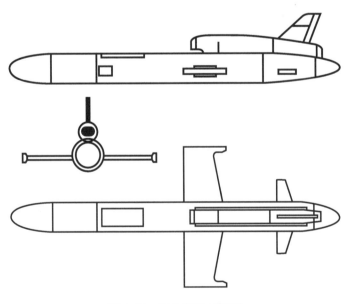

图 4-48 贡品靶机三视图

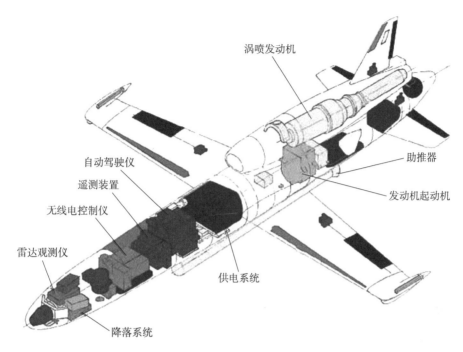

图 4-49　贡品靶机机上设备布局

图 4-50　贡品 -M 靶机

主要参数

全长

　Dan 和 Dan-M　　　　　　　　4.60 m

　Danem　　　　　　　　　　　3.91 m

最大机身直径

　Dan 和 Dan-M　　　　　　　　0.45 m

总高

    Dan 和 Dan-M   0.815 m

    Danem   0.91 m

翼展

    Dan 和 Dan-M   2.70 m

    Danem   3.76 m

有效载荷质量

    Danem   60~90 kg

最大发射质量

    Dan   395 kg

    Dan-M   375 kg

    Danem

        采用旋转式发动机   180 kg

        采用涡轮喷气发动机   280 kg

3. 主要技术指标

最大平飞速度

    Dan 和 Dan-M   750 km/h

    Danem

        采用旋转式发动机   450 km/h

        采用涡轮喷气发动机   650 km/h

巡航速度

    Dan 和 Dan-M   300 km/h

    Danem

        采用旋转式发动机   200 km/h

        采用涡轮喷气发动机   300 km/h

最大爬升率（海平面高度）

    Dan 和 Dan-M   1 380 m

飞行高度范围

    最小飞行高度

        Dan 和 Dan-M   50 m

        Danem   500 m

    最大飞行高度

        Dan 和 Dan-M   9 000 m

        Danem

             采用旋转式发动机   4 000 m

| | 采用涡轮喷气发动机 | 6 000 m |

最大飞行距离

    Dan 和 Dan-M　　　　　　300~400 km

    Danem　　　　　　　　　　680 km

最大续航时间

    Dan　　　　　　　　　　　40 min

    Dan-M　　　　　　　　　　1 h 30 min

    Danem

      采用旋转式发动机　　　　3 h

      采用涡轮喷气发动机　　　1 h 30 min

过载极限

    Dan 和 Dan-M　　　　　　+9/-3 g

    Danem　　　　　　　　　　+5/-2 g

Dan 靶机主要飞行轨迹如图 4-51 所示。

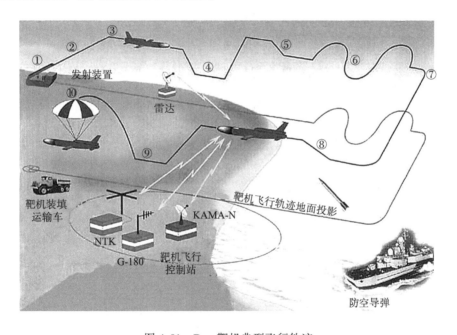

图 4-51　Dan 靶机典型飞行轨迹

1. 起飞　2. 开始上升　3. 水平飞行　4. 俯冲转为抬头上升　5. 俯冲　6. "蛇形机动"

7. 水平转弯　8. 抬头爬升　9. 低高度飞行　10. 降落伞降落

4. 动力系统

Dan 和 Dan-M 靶机采用一台 MD-120 涡轮喷气发动机，推力为 1.18 kN。载油量为 77.5 L。Danem 靶机采用一台 UEL 气缸旋转式活塞发动机，带三叶片螺旋桨。

5．飞行控制系统

飞行控制系统设备包括：圆周扫描地面雷达站；无线电控制站 Кама-N；外弹道测量雷达站。

可按指定的飞行程序或采用雷达跟踪无线电遥控方式进行飞行控制。

6．任务有效载荷

任务有效载荷包括：遥测装置；脱靶量指示器；翼尖吊舱，内装发烟增强装置或红外增强装置；雷达模拟器；雷达干扰机；龙伯透镜，0.8~3.2 cm 波段等效雷达散射截面为 1.4~3.6 m^2；靶机还可以在加装后携带拖靶；Danem 靶机机头装有光电传感器。

7．发射系统

在地面采用固体火箭起飞助推器，从零长发射架发射靶机。发射系统由固定阵地发射装置和车载发射装置组成，固定阵地的发射装置及发射如图 4-52 所示。

图 4-52　靶机固定阵地发射装置及靶机发射

靶机车载发射装置如图 4-53 所示。

图 4-53　靶机车载发射装置照片

8．回收系统

靶机采用降落伞回收（见图 4-54），在气压式减震器上着陆。降落伞是一种专门吹气式结构，由莫斯科降落伞制造所研制，使用次数最多为 10 次。

图 4-54　靶机降落伞回收

9．制造商

俄罗斯喀山雄鹰（Сокол）设计局。

航程（Рейс）靶机

1．发展概况

航程（Рейс）靶机代号为 M-143，ВР-3ВМ，用于模拟气动目标的飞行，包括巡航导弹等空中目标。航程靶机是在无线电控制的无人侦察机图 -143（Ту-143）基础上研制的。后来在图 -243 基础上研制出航程 -ДМ（M-243，ВР-3ВДМ）靶机；其模拟空中目标的 RCS 为 $0.2 \sim 30 \ m^2$，飞行高度为 $50 \sim 5\,000 \ m$，飞行速度达 $600 \sim 940 \ km/h$，这相当于能模拟当时所有攻击飞机和亚声速巡航导弹的特性。

2．总体布局与部位安排

航程靶机机身是全金属结构，前部分是圆形，逐渐向后部安装巡航发动机处变为椭圆形。气动布局为单翼无尾式，翼面形状为低位置安装小翼展三角形，前缘后掠角为 58°，机身前部装有固定的三角形反稳定前翼，机身后端上有涡喷发动机进气道，尾部装有减速和着陆用的降落伞。俯仰和滚动控制用副翼舵，而偏航控制用方向舵。为了减低雷达散射截面，进气道采用特殊材料。

航程靶机（Рейс）ВР-3ВМ外形如图4-55所示。航程-ДМ（Рейс-ДМ）靶机见图4-56。

图4-55　航程靶机外形图　　　　图4-56　运输车上的航程-ДМ靶机

主要参数

机长	8.06 m
机高	1.545 m
翼展	2.24 m
机翼面积	2.90 m^2
起飞质量	1 400 kg

3. 主要技术指标

发动机类型	涡喷发动机 ТР3-117
推力	640 kgf
助推器类型	固体火箭发动机 СПРД-251
巡航速度	500~900 km/h
最大飞行航程	180~360 km
续航时间	13 min
飞行高度	10~5 000 m
最低飞行高度	10 m

拉-17（Самолет-мишень Ла-17）靶机

1. 发展概述

俄罗斯拉-17（Самолет-мишень Ла-17）靶机是一种单翼可回收式靶机，由俄罗斯拉沃奇金设计局从1950年开始研制，用于空军航空兵的打靶试验。1953年5月研制出第一架试验样机，装有冲压发动机一台。1954 年 10 月 10 日进行国家定型试验，由图 -4 载机投放，试验证明可用于对歼击机的打靶试验。拉 -17 靶机有多种类型，包括拉 -17、拉 -17M、拉 -17MM 和拉 -17K 等。

拉 -17M 于 1958 年 8 月开始研制，采用 РД-9БК 涡轮喷气发动机代替冲压发动机，并采用地面两台固体火箭助推器 ПРД-23M-203 发射的方式，可在地面发射装置 ПУ-17M 上起飞发射。这就扩大了其使用高度范围，增长飞行时间。1959 年 1 月，研制出第一架该型靶机，1960 年，通过定型试验，1961 年，进行批量生产。

1964 年，拉 -17 靶机的一种改型拉 -17MM 开始批生产。改进型拉 -17MM 靶机采用 РД-9БК 型发动机，代替原 РД-9БКР 发动机，具有更大的使用高度范围，高度从 3 000~16 000 m 扩展到 580~17 500 m，续航时间从 60 min 增大到 100 min，П-30 雷达对其跟踪距离从 150~180 km 增大到 400~450 km。按其雷达散射截面可模拟 ФКР-1、伊尔 -28 和图 -16 飞机。

20 世纪 70 年代，在拉 -17MM 靶机的基础上研制拉 -17K 靶机，机上装 P-11K-300 发动机，以替代 РД-9БКР 发动机，由喀山雄鹰飞机设计局改进研制，到 1978 年投入批生产，一直到 1993 年。机上各种系统和地面设备作了很多改进。

2. 总体布局与部位安排

拉 -17 靶机采用全金属结构的中单翼；机翼、水平和垂直尾翼均采用等弦翼型，圆截面的机身由三部分焊接组件构成，其中中间部分与燃油箱集成为一体。没有起落架；悬式发动机舱的引擎罩经过了加固处理，能承受机腹着陆时 4 000 kN 的冲击。

拉 -17 靶机的三视图见图 4-57，外形图见图 4-58。

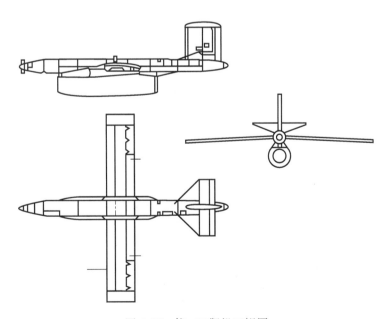

图 4-57 拉 -17 靶机三视图

图 4-58　拉 -17 靶机外形图

拉 -17M 型靶机

拉 -17M 型靶机是一种小尺寸的模拟空中目标飞行器，它按正常式气动布局，机翼为非后掠型，布置在机身中部，采用涡轮喷气火箭发动机，燃料装载容量为 77.5L。拉 -17M 靶机外形图及前视图如图 4-59、图 4-60 所示。

图 4-59　拉 -17M 靶机外形图

图 4-60　拉 -17M 靶机前视图

拉 -17MM 靶机

拉 -17MM 靶机三视图及外形图如图 4-61、图 4-62 所示。

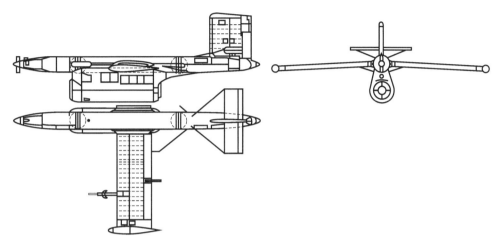

图 4-61 拉 -17MM 靶机三视图

图 4-62 拉 -17MM 靶机外形图

主要参数

机长

  拉 -17   8.175 m

  拉 -17MM   8.36 m

机高

  拉 -17   2.98 m

  拉 -17MM   2.98 m

翼展

   拉 -17   7.50m

   拉 -17MM   7.50m

机翼面积

   拉 -17 $8.55m^2$

   拉 -17MM $8.55m^2$

靶机空载质量

   拉 -17   1 044kg

靶机起飞质量

   拉 -17   1 459kg

   拉 -17M   2 760kg

   拉 -17MM   2 300kg

3. 主要技术指标

表 4-6 　拉 -17 系列靶机主要技术指标

	拉 -17	拉 -17M	拉 -17MM	拉 -17K
发动机类型	1 台冲压发动机 РД-900	1 台涡喷发动机 РД-9БКР	1 台涡喷发动机 ТРД Р-9ВК（R-11К-300）	R-11K-300
最大飞行速度（km/h）	905（909）	900	960	
最大航程（km）	120		450	
续航时间（min）	8.5（40）	60	60	

4. 动力装置

拉 -17 靶机开始采用 РД-900 冲压发动机，装在机身下。机体中部为油箱，油箱底部装有两个用于供燃油的压缩气瓶。

巡航发动机有多种：拉 -17 靶机采用代号为 РД-900 冲压发动机，由邦达留卡（М.М.Бондарюка）设计局研制。靶机靠挂图 -4 轰炸机在高度为 8 000~8 500 m 上投放，提供冲压发动机初始速度 0.42 Ma。冲压发动机燃料采用 Б -70 号煤油，不需油泵，靠高压气瓶挤压供油。靠载机提供初始速度使冲压发动机启动，用两个电点火器给冲压发动机点火。РД-900 发动机使用寿命 40 min，发动机最大飞行工作时间 720~1 245 s。

拉 -17M 靶机改装用米格 -19 飞机用过的 РД-9Б 型涡轮喷气发动机，发动机质量为 650 kg，长度为 2 858 m。燃料采用煤油，而汽油只用于启动。靶机用 РД-9Б 型涡轮喷气发动机上发电机补充用电。后来又将发动机 РД-9Б 改进为 РД-9БКР，提高其低空性能，如图 4-63 所示。

图 4-63 РД-9БКР 型涡轮喷气发动机

5. 飞行控制系统

靶机采用无线电指令控制,无线电控制设备代号为 MPB-2。此外机上还装有代号为 АП-53(后改为 АП-60)的自动驾驶仪。机上电源采用装载机头上带有叶片的风力发电机,为了进行夜间射击,机上装有曳光管。

靶机从载机上分离后转入俯冲飞行,以增大其飞行速度到 800~850 km/h,在高度为 7 000 m 时转入地面指令控制向靶场飞行。

拉 -17M 靶机上装有改进的无线电控制系统 MPB-2M,自动驾驶仪 АП-73。

6. 任务有效载荷

在拉 -17 和拉 -17M 靶机上为了模拟各类飞机的雷达散射面积,采用了 RCS 增强装置,包括龙伯透镜或角反射器,两个装在机翼上,一个装在机身尾部。这可以模拟如伊尔 -28(约 8 m²)和图 -16(约 19~23 m²)飞机的散射截面。而靶机本身的 RCS 值为 0.6~1.7 m²,接近 KPM-1 巡航导弹的 RCS 值。

7. 发射系统

拉 -17 靶机采用机载发射,图 -4 轰炸机上挂两架拉 -17 靶机,如图 4-64 所示。

图 4-64 挂在图 -4 飞机机翼下的拉 -17 靶机

拉 -17 靶机于 1953 年 5 月 13 日在空军第 6 研究所靶场开始飞行试验。图 -4 飞机的挂架下挂了两架靶机,在高度为 8 000~8 500 m 处投放,载机飞行速度相应为 0.42 Ma,投放

后启动 РД-900 冲压发动机。冲压发动机 РД-900 工作与飞行速度和高度相关，当其净质量为 320 kg 时，在 240 m/s 速度，高度为 8 000 m 和 5 000 m 时的计算推力分别为 425 kgf 和 625 kgf，发动机的总工作时间仅为 40 min。考虑到一次飞行的工作时间约为 20 min，则此靶机可以两次使用。

拉 -17M 靶机采用地面助推发射，两台起飞助推器装在靶机下方，采用四轮地面发射装置，如图 4-65 所示。拉 -17M 靶机地面助推起飞如图 4-66 所示。

图 4-65　拉 -17M 靶机发射场　　　　图 4-66　拉 -17M 靶机地面助推起飞

8. 回收系统

在拉 -17MM 靶机上加装了自动着陆系统，在靶机未被击落时，将它引入着陆航道，在其末段最小高度和速度时，抛弃由尾部销钉固定的重物，启动专用的自动驾驶仪程序，将靶弹置于最大攻角，开始降落地面。在靶机下部的发动机舱体下，装有为降落用的带有软减震垫的减速滑橇，这样靶机着陆后除发动机可能要更换外，其余部分还可以再次使用。图 4-67 为回收落地后的拉 -17MM 靶机。

图 4-67　回收落地后的拉 -17MM 靶机

9. 制造商

拉 -17 系列靶机最早在拉沃奇金设计局（ОКБ С.А.Лавочкина）从 1950 年开始研制，1967 年转入奥伦堡生产联合体研制箭（Стрела）公司飞机制造厂进行批生产。

E-95 靶机

1. 发展概述

E-95 靶机为喷气动力可回收式靶机。它与其靶机系统一起用来模拟亚声速无人机、巡航导弹、滑翔炸弹、直升机和攻击机等空中目标。该靶机是由喀山市埃尼克斯公司（ЗАО«Эникс»）研制，可多次使用，最多可达 10 次。其外形如图 4-68。早期靶机系统代号为 E-2T。2011 年埃尼克斯公司对其进行改型，采用改进的 M-135 脉冲喷气发动机，使靶机飞行速度提高约 1.5 倍。改进型靶机代号为 E-95M，成为该类靶机的主要型号。

图 4-68　E-95 靶机

E-95 靶机系统组成包括：空中靶机 E-95M；发射装置 E-95П；地面控制站 E-95У；移动式航空发动机维护工作车 E-95Т1；靶机搜索和回收车 E-95Э。

E-95 靶机系统组成如图 4-69 所示。

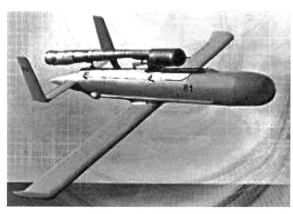

维护工作车

发射装置

空中靶标　　　　　　　地面控制站　　　　　　回收装置

图 4-69　E-95 靶机系统组成

E-95 靶机系统可装载在两辆 ГА3-3308 车上。

靶机地面站装备包括：无线电控制地面设备；地面设备供电系统；压缩空气供应系统；操作人员生活保障系统；通信设备；备附件。

2. 总体布局与部位安排

E-95 靶机采用正常式气动布局，圆柱形机身，带圆形头锥和圆锥形尾段。矩形下单翼，带上弯翼尖。背负式脉动式喷气发动机（ПуВРД），分为 V 形尾翼和双垂尾两种类型。无起落装置，采用降落伞回收。2007 年莫斯科航展上展出的 E-95M 靶机如图 4-70 所示。

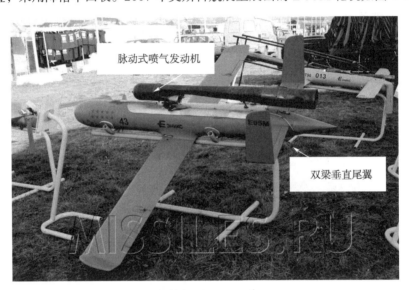

图 4-70　2007 年莫斯科航展上展出的 E-95M 靶机

主要参数

脉动喷气发动机	ПуВРД M135
机身长	2.1 m
翼展	2.4 m
起飞质量	70 kg

3. 主要技术指标

E-95（E2T）靶机主要技术指标

最大航程	180 km
速度	400 km/h
最大飞行高度	3 000 m
续航时间	0.5 h

改进型靶标 E-95M 系统特点：从地面移动发射装置上发射；靶机飞行机动过载可达 5 g，可在垂直平面内和水平面内机动，滚动角可达 45°，俯冲时滚动角可达 30°；可改变雷达散

射截面和光学能见度；靶机用降落伞进行降落，使用次数可达 10 次；靶机的运输、装配和使用准备可在野外条件下进行；靶机技术维护工作简单。

E-95M 靶机主要特性

水平飞行最大速度	380~410 km/h
飞行高度	200~3 000 m
最大续航时间	
巡航速度状态	40 min
最大速度状态	22 min
最大航程	200 km
无线电控制系统作用距离	25 km
靶标本身 RCS	0.15 m^2
带龙伯透镜	7.5 m^2
带角反射器	1~1.5 m^2
最大红外辐射强度（后半球范围）	0.6 kW/sr
巡航发动机	脉动式空气喷气发动机
静态推力	15 kg
机长	2.1 m
机身直径	0.25 m
翼展	2.4 m
起飞质量	70 kg
机动过载	≤ 5 g
有效载荷	龙伯透镜，角反射器，曳光管，外弹道测量系统应答机
使用次数	≤ 10
再次使用准备时间	1 h
维护使用人员	5

4. 动力系统

E-95M 靶机发动机采用脉动式喷气发动机（ПуВРД），发动机代号为 M135，其特点是结构简单，采用此类发动机可保证低成本和操作简单。

E-95M 靶机发动机采用燃料为煤油，推力 15 kgf，发动机红外辐射强度 0.6 kW/sr。

5. 飞行控制系统

E-95M 靶机地面控制站 E95У（E2У）外形见图 4-71。在执行靶机飞行控制时，可以对一架或两架靶机进行无线电指令控制，此时在操作手显控台上显示出靶机的位置及其遥测信息数据。

图 4-71　地面控制站 E95У（E2У）外形

靶机的控制可以用手控方式进行，即直接从操作手显控台上发送指令，也可按显控台上的程序进行控制，该程序保证按制定的飞行路线自动控制飞行。飞行过程中可以从程序控制转为手控方式或相反。当出现非正常情况时，如无线电控制线路出现故障时，可以靠机上自动化设备实现终止飞行，并用降落伞着陆回收。当完成飞行程序后，靶机引导到着陆场区用降落伞着陆。改进型靶机 E-95M 的飞行控制为无线电指令或用 GPS/GLONASS 卫星导航系统来实施。

地面控制站功能：靶机飞行控制程序制定；靶机使用地面设备的准备；靶机飞行前的准备；靶机射前检测；靶机起飞的实施；靶机飞行控制；靶机回收指令的发射。

执行飞行任务过程中，由地面控制站进行无线电指令控制，此时在操作手自动化靶机飞行控制工作台的屏幕上显示出靶机的当时位置和遥测信息。靶机的控制既可以用人工手动进行，亦可以按操作控制台的程序自动进行。

靶机起飞上升到给定高度后进行水平飞行，在规定区域垂直面和水平面内进行给定的机动，对给定点进行绕飞，完成任务后按无线电指令或按程序进行降落。

在飞行过程中如出现意外情况，如无线电控制通道出现故障时，靶机可按机载自动驾驶仪进行飞行控制。在结束飞行程序时，靶机飞回到降落场，用降落伞进行回收。

6. 任务有效载荷

任务有效载荷包括：遥测装置；导弹脱靶量指示器；目标光电模拟器，采用曳光管模拟目标红外光辐射，燃烧时间为 30~60 s；龙伯透镜，等效雷达散射截面 1.4~3.6 m^2，有报道为 7.5 m^2；角反射器，有效散射截面 1~1.5 m^2；靶机无增强装置的有效散射截面为 0.15 m^2。

7. 发射系统

E-95M 靶机由地面牵引式发射装置 E-95П 发射起飞，发射装置 E-95П 的用途：靶机的射前检测；启动巡航发动机；弹射靶机。

E-95M 靶机发射装置 E-95П 如图 4-72 所示。E-95M 靶机从发射装置 E-95П 上起飞见图 4-73。

发射装置 E-95П 组成包括：气压弹射装置；靶机发射控制装置；巡航发动机启动装置。

图 4-72　E-95M 靶机发射装置 E-95П　　　　图 4-73　E-95M 靶机从发射装置 E-95П 上起飞

8. 回收系统

靶机回收降落靠无线电指令或按程序打开降落伞回收。

落地回收的 E-95M 靶机如图 4-74 所示。靠 1 台靶机搜索和回收车 E95Э 回收。

图 4-74　落地回收的 E-95M 靶机

9. 制造商

埃尼克斯公司（ЗАО «Эникс»）。

第 5 章　英国防空兵器靶标

蟆（Smidge）和斑纹（Streek）靶机

1. 发展概况

蟆（Smidge, AEL 4560）靶机是一种小型、低成本、在预定距离内低速飞行的一次性靶机，使用后机上的无线电设备可以回收再利用。1978 年该型靶机停产。蟆靶机可模拟全尺寸、真实的攻击机，能直接在模拟的攻击飞行路线上飞行。

斑纹（Streek, AEL 4600）靶机是一种低成本、低速飞行的遥控防空武器训练靶机，曾在世界 15 个国家的武装部队服役使用，1986 年停产。斑纹靶机既可用于高射机枪等轻武器打靶使用，也可作为较大型的防空系统作战人员的培训靶机。

2. 总体布局与部位安排

蟆靶机的机身为硬木层压板，机翼用聚苯乙烯泡沫塑料外覆胶合板制作而成，尾翼使用了外覆聚苯乙烯的轻木。

主要参数

机长	1.35 m
翼展	1.68 m
最大发射质量	2.3 kg

斑纹靶机机身为玻璃钢，机翼为聚苯乙烯外覆胶合板。

主要参数

机长	1.385 m
翼展	1.70 m
最大发射质量	2.7 kg

3. 主要技术指标

最大平飞速度	
蟆	129 km/h
斑纹	140 km/h

平均续航时间

　　蟥　　　　　　　　　　　　10 min

　　斑纹　　　　　　　　　　　　20 min

4．动力装置

蟥靶机采用 1 台 10 mL 活塞发动机，热线火花活塞点火方式。斑纹靶机采用 1 台 10 mL 活塞发动机及双桨推进器，载油量 2.5 L。

5．飞行控制系统

蟥靶机采用无线电指令制导控制模式。斑纹靶机可按用户要求配装甚高频（VHF）或超高频（UHF）发射机。

6．发射系统

采用手持发射方式。

7．回收系统

蟥靶机不回收。斑纹靶机可回收，需在适当平坦的地面采用机腹着陆方式。

8．制造商

航空电子设备遥控飞行器公司。

AGT-30/40 靶机

1．发展概况

AGT-30/40 靶机（原名 Gyr）是由目标与监视无人机航宇合成工程（英国）公司研制的一种可回收式靶机，为空中加油公司、肖特兄弟公司及其他英国及海外代理公司使用。该型靶机 1979 年研制，并应用至今。AGT-30/40 是各种高炮及地对空导弹的训练靶标，有两种发动机可供选择，见图 5-1。

图 5-1　AGT-30/40 靶机

2. 总体布局与部位安排

AGT-30/40 靶机采用矩形上单翼，无起落架。机翼翼型采用 Eppler374，尾翼翼型采用 NACA0012。机身采用芳纶增强环氧树脂复合材料，机翼和尾翼采用泡沫内芯外覆环氧真空粘接蒙皮，并用碳纤维交织增强。

主要参数

机长	2.20 m
翼展	2.75 m
空载质量	18 kg
最大发射质量	27 kg

3. 主要技术指标

最大平飞速度	
75 mL 发动机	180 km/h
150 mL 发动机	240 km/h
失速速度	70 km/h
最大续航时间	50 min
目视控制距离	10 km

4. 动力装置

AGT-30/40 靶机采用 1 台 75 mL 或 150 mL 单缸二冲程发动机。定距木质螺旋桨。

5. 飞行控制系统

AGT-30/40 靶机采用无线电指令制导模式，发射机为 10 W 脉冲编码调制（PCM）发射机，具有失控安全功能；采用步进器点燃烟雾弹，地面操作人员可通过选用的光学瞄准具增大控制半径。

6. 任务有效载荷

AGT-30/40 靶机机身下装 8 个 45 s 彩色发烟弹或翼尖装红外辐射器。可选用脱靶量指示器。

7. 发射系统

AGT-30/40 靶机采用车载导轨橡筋弹射方式，见图 5-2。

图 5-2　发射装置上的 AGT-30/40 靶机

8．回收系统

可利用伞降回收，或采用机腹滑橇着陆回收。

9．制造商

目标与监视无人机航宇合成工程（英国）公司（TASUMA（UK）Ltd.）。

GT-10 靶机

1．发展概况

GT-10 靶机是目标与监视无人机航宇合成工程（英国）公司系列靶机中最小的一种靶机，负载较小，于 2011 年停产。GT-10 靶机可手掷发射，用于高炮训练，见图 5-3。其产品箱见图 5-4。

图 5-3　手掷发射的 GT-10 高炮靶机

图 5-4　GT-10 靶机的产品箱

2. 总体布局与部位安排

GT-10 靶机为中单翼机，V 形尾翼，无起落架。采用环氧树脂复合材料制成。

主要参数

机长	1.20 m
翼展	1.75 m
空载质量	3 kg
最大起飞质量	7 kg

3. 主要技术指标

最大平飞速度	160 km/h
失速速度	45 km/h
使用半径	3 km
续航时间	30 min

4. 飞行控制系统

GT-10 靶机采用甚高频（VHF）手持发射机和 5 通道接收机。

5. 发射系统

GT-10 靶机可手掷放飞，或使用目标与监视无人机航宇合成工程（英国）公司的 TML-2 微型发射器发射，见图 5-5。

图 5-5　GT-10 在发射架上

6. 回收系统

GT-10 靶机标准回收方式为机腹滑橇着陆，也可采用伞降回收。

7. 制造商

目标与监视无人机航宇合成工程（英国）公司（TASUMA（UK）Ltd.）。

高速空对空靶机系统（HISAT）靶机

1. 发展概况

高速空对空靶机系统（HISAT）靶机是由空中加油公司（Flighting Refueling Ltd.）研制的一种拖曳式靶机。其主要用户包括阿尔及利亚和前南斯拉夫军方，目前仍在使用。这种高速靶机用于战术战斗机中队进行的空对空机炮实弹打靶训练，是为避免训练中与旗靶发生碰撞而设计的。当 HISAT 以大于 741 km/h 的速度和以高达 +6/–3 g 的机动过载被拖曳飞行时，该型靶机可为参训人员提供真实的目标感受。

2. 总体布局与部位安排

HISAT 靶机采用刚性金属框架上覆盖三面织物结构。HISAT 及其存放 / 发射容器见图 5-6，图 5-7 展示了操作人员正在向发射容器中装 HISAT。

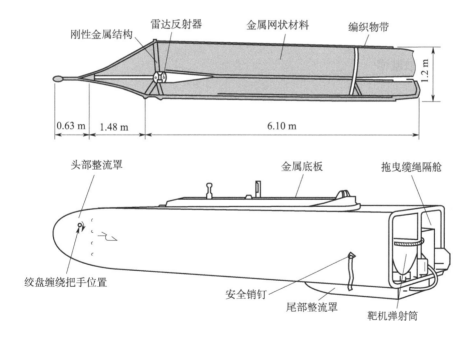

图 5-6　HISAT 及其存放 / 发射容器

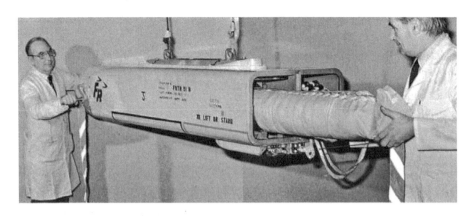

图 5-7　操作人员正在向发射容器中装 HISAT

主要参数

机长	8.21 m
靶机最大高度	1.20 m
发射容器长	2.70 m
发射容器最大宽度	0.60 m
发射容器最大高度	0.47 m
发射容器空重	127 kg
装靶机后发射容器重（含缆绳和靶机）	174 kg

3. 任务有效载荷

机上可装载雷达角反射器、声学脱靶量指示器（MDI），或者弹着彩色标示装置及着弹孔计数装置，后者用于评价打靶结果。

4. 发射系统

HISAT 的发射容器仅需对战斗机挂架进行很小的改动，即可挂装在标准的战斗机机翼下武器挂架或机身中心线下武器挂架上。发射容器分成两个隔舱，一个用来放置 600 m 长的尼龙拖曳缆绳绳盘，另一个用来放置折叠的靶机。

接到操作员的发射指令后，靶机由发射容器内弹出并展开成在各种姿态下均具有良好的目视效果的形状。

5. 回收系统

该靶机可重复使用。回收时需由拖曳飞机着陆前拖行至回收空域并被释放回收。

6. 制造商

空中加油公司（Flighting Refueling Ltd.）。

MGT-15 靶机

1. 发展概况

MGT-15 靶机为目标与监视无人机航宇合成工程（英国）公司研制的可回收式靶机，用于各种高炮和地对空导弹的打靶训练，见图 5-8。

2. 总体布局与部位安排

MGT-15 靶机采用上单翼布局，小后掠角的 Eppler 374 梯形机翼，尾翼由带后掠角的平板形水平尾翼和 2 个间距很小的垂尾组成，无起落架。机身采用增强型环氧树脂结构，机翼和尾翼采用泡沫内芯外覆环氧树脂和碳纤维交错增强蒙皮。

主要参数

机长	1.60 m
翼展	2.00 m
空载质量	4.5 kg
最大发射质量	7.0 kg

图 5-8　双尾的火炮 /SAM 训练用 MGT-15 靶机

3. 主要技术指标

最大平飞速度	160~200 km/h
失速速度	60 km/h
使用半径	5 km
续航时间	30~40 min

4．动力装置

MGT-15 靶机采用 1 台 15 mL 单缸二冲程发动机，双叶定距玻璃纤维增强塑料螺旋桨及甲醇燃料。

5．飞行控制系统

MGT-15 靶机采用无线电指令链路（1 W 脉冲编码调制（PCM）发射机）以及曳光弹点火用步进系统。地面操作人员可选用光学瞄准设备增加跟踪距离。

6．任务有效载荷

MGT-15 靶机在翼尖或机翼下的舱内可装载 4 个 25 s 红外辐射器、脱靶量指示器（MDI）及其他选用设备。

7．发射系统

MGT-15 靶机利用橡筋微型弹射器（公司研制的 TML-L）或在平坦地形下用小车发射。

8．回收系统

MGT-15 靶机采用机腹滑橇着陆回收方式。

9．制造商

目标与监视无人机航宇合成工程（英国）公司（TASUMA（UK）Ltd.）。

MGT-20 靶机

1．发展概况

目标与监视无人机航宇合成工程（英国）公司研制的 MGT-20 靶机是一种低成本、可回收式靶机，适用于火炮和肩射导弹的发射训练。

2．总体布局与部位安排

MGT-20 靶机采用小后掠的上单翼机型及双垂尾布局，无起落架。机体大部分由复合材料制成，机身采用碳纤维和凯芙拉环氧树脂，机翼采用泡沫芯外覆环氧树脂蒙皮，见图 5-9。

主要参数

机长	1.70 m
翼展	2.20 m

空载质量	8 kg
最大发射质量	13 kg

图 5-9　带回收伞的 MGT-20 靶机

3. 主要技术指标

最大平飞速度

　38 mL 发动机　　　　　　180 km/h

　50 mL 发动机　　　　　　225 km/h

使用半径　　　　　　　　　5 km

最大续航时间

　38 mL 发动机　　　　　　1 h

　50 mL 发动机　　　　　　45 min

4. 动力装置

采用 1 台 38 mL 或 50 mL 单缸活塞式发动机，双叶螺旋桨，燃料为燃油混合物。

5. 飞行控制系统

采用手持发射机及 8 通道脉冲编码调制（PCM）数字比例接收机，提供 6 个甚高频（VHF）频率，并具失效安全功能。

6. 任务有效载荷

翼下吊舱内可装配 4 个烟雾曳光弹或 2 个红外曳光弹，尾锥内可装 2 个烟雾曳光弹。可选装脱靶量指示器（MDI）。

7. 发射系统

采用 TML-1 橡筋发射器进行导轨弹射。

8. 回收系统

可回收使用。标准回收方式为机腹滑橇着陆，也可采用伞降回收。

9. 制造商

目标与监视无人机航宇合成工程（英国）公司（TASUMA（UK）Ltd.）。

袖珍（Mini）靶机

1. 发展概况

袖珍（Mini）靶机是空中加油公司（Flighting Refueling Ltd.）研制的一款低成本、模块化拖曳式靶机，用于法国罗兰特（Roland）地对空导弹和英国长剑（Rapier）地对空导弹打靶训练，目前仍为英国和法国部队使用。

袖珍靶机采用低阻设计，适用于有人机或无人机拖曳飞行。有人机拖曳使用时，靶机能与大多数标准拖曳系统兼容，拖曳缆绳长度可达 300~800（8 000）m。无人机拖曳使用时，靶机自带挂架连接装置。

2. 总体布局与部位安排

采用纤细圆柱形机身，机体由 3 个基本舱段组成。机身后部装有 4 个尾翼，每个尾翼的翼尖上都装有一个目视烟雾弹或红外曳光弹。

主要参数

机长	1.43 m
最大机体直径	0.075 m
质量	7 kg

3. 主要技术指标

最大拖曳速度	0.85 Ma
机动过载	
横向持续	+6/−6 g
法向持续	+7/−7 g
纵向持续	+10/−10 g

4. 飞行控制系统

当靶机存放或在地面期间，机上所有的控制系统和烟雾发生系统均由机械和电气锁定装置锁定。靶机在地面停放状态时，烟雾发生系统的安全由高电流保险装置来保证，机上的安全销和中断开关只有在靶机被释放时才能被打开，以确保安全。

5. 任务有效载荷

机身前段可装配前向雷达信号增强设备，或 1 个声学脱靶量指示器。机身中央段可装 3 个烟雾弹或脱靶量指示器。机身后段可装配飞行控制航空电子设备。

6. 发射系统

靶机由指令装置进行发射控制。

7. 回收系统

靶机由烟火设备回收。

8. 制造商

空中加油公司（Flighting Refueling Ltd.）。

MMT-100 靶机

1. 发展概况

MMT-100 靶机是目标与监视无人机航宇合成工程（英国）公司按多任务设计和研制的一型可回收式靶机。

2. 总体布局与部位安排

MMT-100 靶机采用带副翼的削尖三角翼、带升降舵的鸭式前翼及双垂尾布局形式，无起落架，如图 5-10 所示。机身由碳纤维增强型环氧树脂和复合材料等制成。机翼由蜂窝结构加碳纤维交错增强环氧真空粘接蒙皮制成。

图 5-10　MMT-100 靶机

主要参数

机长	3.20 m
翼展	2.55 m
空载质量	38 kg
最大发射质量	50~68 kg

3. 主要技术指标

最大平飞速度	350 km/h
失速速度	75~85 km/h
使用半径	10 km
最大续航时间	1 h

4. 动力装置

采用 1 台功率为 28.3 kW 的 UEL AR731 二冲程转子发动机,双叶定距木质推进螺旋桨。

5. 飞行控制系统

采用无线电指令制导(10 W 脉冲编码调制(PCM)发射机),具有失效安全保护措施。使用步进曳光弹点火系统。地面操作员可使用光学瞄准增强装置。

6. 任务有效载荷

机身下可装配 16 个 45 s 彩色发烟筒。机翼翼尖下可分别装配 2 个红外曳光弹或脱靶量指示器(MDI)。

7. 发射系统

以橡筋作为动力,沿拖车上的导轨弹射。

8. 回收系统

可根据地形选择伞降回收或机腹滑橇着陆方式回收。

9. 制造商

目标与监视无人机航宇合成工程(英国)公司(TASUMA(UK)Ltd.)。

沙锥鸟（Snipe）系列靶机

1. 发展概况

沙锥鸟（Snipe）系列靶机是英国梅吉特目标系统公司研制的一个低成本靶机系列，包括 Mk 1（已退役）、Mk 2（已退役）、Mk 3（已退役）、Mk 4、Mk 5 和 Mk 15，客户包括北约、中东和亚洲的一些国家和地区，并于 2011 年获得了 15 个国家的订单。其中，Mk 5 适用于标枪（Javelin）、毒刺（Stinger）、RBS-70、SA-7、杯盘（Grail）、响尾蛇（Crotale）、罗兰特（Roland）导弹和弹径在 20~76.2 mm 之间的防空火炮武器系统打靶训练；Mk 15 于 1989 年 4 月开始服役，主要作为小型武器射击和吹管导弹训练的靶机使用，以及成本较高靶机操作人员的操作训练。

2. 总体布局与部位安排

沙锥鸟靶机（见图 5-11）采用典型的中单翼，所有型号均采用易于维修的模块式结构。Mk 4 采用高升力翼型，Mk 5 采用高速翼型。机身结构采用玻璃纤维增强材料（GFRP），Mk 4 和 Mk 5 采用复合材料机翼。沙锥鸟 Mk 15 机翼采用具有泡沫内芯的船用层板材料。沙锥鸟 Mk 15 的三视图见图 5-12。沙锥鸟靶机内部布局见图 5-13。

主要参数

机长

Mk 4 和 Mk 5	2.67 m
Mk 15	1.76 m

翼展

Mk 4	3.21 m
Mk 5	3.06 m
Mk 15	2.20 m

空载质量

Mk 4 和 Mk 5	60 kg
Mk 15	5 kg

最大发射质量

Mk 4	72.6 kg
Mk 5	65.8 kg
Mk 15	15.2 kg

图 5-11　飞行中的沙锥鸟靶机

图 5-12　沙锥鸟 Mk 15 的三视图

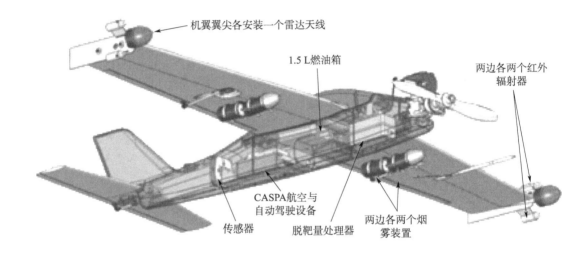

机翼翼尖各安装一个雷达天线

1.5 L燃油箱

两边各两个红外辐射器

CASPA航空与自动驾驶设备

两边各两个烟雾装置

传感器

脱靶量处理器

图 5-13　沙锥鸟靶机内部布局图

3. 主要技术指标

最大平飞速度

Mk 4	249 km/h
Mk 5	290 km/h
Mk 15	200 km/h

失速速度

Mk 5	85 km/h
Mk 15	60 km/h

距离

　　Mk 4/5（取决于机载跟踪系统）　　　50 km

　　Mk 15（目视跟踪）　　　　　　　　8 km

续航时间

　　Mk 4　　　　　　　　　　　　　　1 h 20 min

　　Mk 5　　　　　　　　　　　　　　1 h 40 min

　　Mk 15　　　　　　　　　　　　　30 min

4. 动力装置

　　沙锥鸟系列靶机由一副双叶螺旋桨驱动。其中 Mk 4 和 Mk 5 装有 1 台梅吉特 MDS324 双缸对置发动机，功率为 18.6 kW；Mk 15 装有 1 台 62 mL 单缸二冲程发动机，燃油容量为 1 L。

5. 飞行控制系统

　　数字式无线电智能控制系统能实施全部机载设备的独立控制，其标准的输出功率为 15 W，使用频率为超高频（UHF）和甚高频（VHF）。靶机的俯仰和滚转控制由 1 个三余度速度稳定装置实现。选用梅吉特防务系统公司研制的数字式自动驾驶仪，具有航向和高度锁定功能。

6. 任务有效载荷

　　沙锥鸟系列靶机可装载 45 s 烟雾曳光弹或 60 s 红外曳光弹。装载烟雾曳光弹时，Mk 4 和 Mk 5 可装载 16 枚，Mk 15 可装载 4 枚；装载红外曳光弹时，Mk 4 和 Mk 5 可装载 8 枚，Mk 15 可装载 4 枚。靶机还可装载声学或多普勒雷达脱靶量指示器。另外，Mk 4 和 Mk 5 上可装载各种拖靶和筒靶，以及先进的跟踪和遥测系统。图 5-14 为翼尖安装龙伯透镜舱的 Mk 15 靶机。

图 5-14　翼尖安装龙伯透镜舱的 Mk 15 靶机

7. 发射系统

Mk 4 和 Mk 5 可利用带有电绞车的弹簧或者橡筋发射器发射，由发射架拖车运载，拖车上能够装载 3 架靶机、全套控制设备、备件和外场用工具。拖车（包括牵引杆）长 5.9 m、宽 1.8 m、高 1.9 m，重 1 750 kg，见图 5-15。发射器半固定在拖车上，需要时也能很方便地从拖车上拆卸下来单独安装。发射滑轨长 4.78 m。

Mk 15 采用弹射发射器或手掷发射。

图 5-15　沙锥鸟靶机拖车

8. 回收系统

具有伞降回收或机腹滑橇着陆回收两种方式。

9. 制造商

梅吉特目标系统公司（Meggitt Target Systems），该公司由梅吉特防务系统公司与梅吉特训练系统公司合并而成。

伏都教徒（Voodoo）靶机

1. 发展概况

伏都教徒（Voodoo）靶机是由梅吉特目标系统公司利用成熟技术研发的一种低成本高性能靶机。2001 年，该靶机完成首飞及在沙漠环境中的飞行试验。其用户包括西班牙（2005 年 4 套、2009 年 2 套）、英国（2006 年 8 套），以及丹麦、挪威、葡萄牙、德国、美国等。该机尚在生产和服役中。

2．总体布局与部位安排

靶机采用上单翼梯形机翼、锥形圆截面机身和 V 形尾翼布局（见图 5-16），无起落架，能进行 55° 俯冲机动。机体结构大量采用复合材料。

图 5-16　采用 V 形尾翼布局的高性能伏都教徒靶机

主要参数

机长	3.65 m
机高	1.03 m
翼展	3.90 m
机翼面积	3.48 m^2
空载质量	155 kg
最大发射质量	210 kg

3．主要技术指标

最大平飞速度	611 km/h
失速速度	180 km/h
最大爬升率（S/L 高度）	25.4 m/s
使用高度	5~6 100 m
最大爬升角	55°
使用半径	120 km
续航时间（典型）	1 h 30 min
过载限制（轴向）	+5 g

4．动力装置

采用 1 台功率为 108 kW 的 955 mL 三缸水冷四冲程直列式发动机，驱动一副双叶螺旋桨。标准油箱容量 45 L，包括一个机身中部油箱和两个机翼油箱，还可安装机内副油箱，装 10 L 燃油或产烟的液体。

5. 飞行控制系统

采用具有跟踪和高度锁定能力的梅吉特目标系统公司的数字式自动驾驶仪；采用具有自主飞行和数据遥测能力的一体化差分全球定位系统（DGPS），以及与女妖靶机相同的地面控制站。

6. 任务有效载荷

可搭载雷达散射截面（RCS）、热、激光、激光反射率和可视（烟火）增强装置，箔条／曳光弹投放设备，雷达高度表，掠海组件，电子威胁模拟器，以及电子、声学和多普勒评分系统等任务载荷。载荷可以混装。另外，机翼下悬挂点还能拖曳 1 个子靶标，靶机翼下吊舱可以安装前视龙伯透镜、子靶标投放器、红外或其他增强装置。

7. 发射系统

采用气动弹射器自动发射，速度 55 m/s。英国的伏都教徒靶机采用芬兰罗伯尼克有限公司生产的发射器发射（见图 5-17），西班牙的靶机则采用 OKT 挪威公司生产的发射器发射。靶机还可采用梅吉特公司的大力神气动发射装置发射。

图 5-17　罗伯尼克有限公司发射器上的伏都教徒靶机

8. 回收系统

靶机一般采用自动伞降回收或滑橇着陆回收，也可选配安全气囊回收。

9. 制造商

梅吉特目标系统公司（Meggitt Target Systems）。

雨燕（Swift）靶机

1．发展概况

ASVEC 公司研制的雨燕多用途低速动力靶是由灰背隼（Merlin）改进而成的一种低廉靶机，适用于地对空导弹和防空武器系统打靶，以及电子干扰、火炮测距、充当诱饵（金属箔撒布）和战场监视等。

2．总体布局与部位安排

机身呈圆截面，采用拉进式螺旋桨推进器，组合式结构。机身使用合成材料。

主要参数

机长	2.29 m
翼展	2.74 m
推进器直径	0.46 m
最大发射质量	33.6 kg

3．主要技术指标

最大平飞速度	259 km/h
失速速度	73 km/h
在海平面上的爬升率	588 m/min
最大飞行高度	2 790 m
续航时间	90 min

4．动力装置

采用 1 台 Horner 型 7.5 kW 的 100 mL 双缸双冲程发动机，驱动双桨叶牵引式螺桨式推进器。油箱载油量 5.34 L，位于机身中段。

5．飞行控制系统

使用手控无线电系统控制机上自动驾驶仪，通过副翼和方向舵偏转控制靶机飞行。

6．地面遥控遥测系统

地面控制站备有六通道大功率无线电发射机及光学瞄准器，作用距离 10 km。另外备有 35 mm 摄像机、气压断开开关。

7. 任务有效载荷

可在机身的后舱内装载 16 个按程序工作的发烟筒，在可更换的短舱内可装设红外曳光管，还可任选 Racal 的脱靶量指示系统，以及与地面配套的遥测下行线路。机上安全电路可防止发烟器或红外燃烧器突然点火。

8. 发射系统

可采用 ASVEC 公司的气压弹射器发射，也可用适配的现有发射系统发射。

9. 回收系统

可通过无线电控制指令使用机身下高强度滑橇着陆回收，或使用装在前机身内的机载应急降落伞降落回收。

10. 制造商

ASVEC 公司。

大黄蜂（Hornet）和海蝇（Seafly）靶机

1. 发展概况

大黄蜂（Hornet）和海蝇（Seafly）靶机是由英国空中加油公司研制的低速动力靶机。大黄蜂于 1986 年 10 月首飞，是一种三角翼形通用靶机；海蝇是大黄蜂用于掠海飞行的改型，于 1987 年 1 月首飞，用于模拟近程反舰导弹。

2. 总体布局与部位安排

大黄蜂机体采用玻璃钢和胶合板结构材料。

主要参数

机长	2.75 m
翼展	2.16 m
翼面积	1.854 m^2
总高	0.90 m
最大载油量	10 kg
最大有效载荷质量	10 kg
最大发射质量	
大黄蜂	68 kg
海蝇	75 kg

3．主要技术指标

最大平飞速度	278 km/h
工作高度范围	*海平面 ~2 440 m*
最大航程	30 km
最大续航时间	60 min

4．动力装置

采用 1 台 19.4 kW WAEL 342 型发动机，驱动后置推进式螺旋桨推进器。

5.任务有效载荷

机上载有目视增强装置、雷达增强装置以及脱靶量指示器。

6．发射系统

可采用气压弹射或橡筋弹射。

7．回收系统

用滑橇着陆或降落伞回收。

8．制造商

空中加油公司（Flighting Refueling Ltd.）。

伯劳鸟（Shrike）靶机

1．发展概况

伯劳鸟靶机是一种由英国 Intergrad 电子公司研制的目视距离内的炮靶，用于轻型武器和防空火炮打靶，其公司代号为 Intergrated ITCS 7501 Shrike，1980 年开始服役，用户包括中东的两个国家和马来西亚。这种靶机以低空攻击方式飞行，可用作炮手的模拟飞行目标，也可用作地对空导弹的拖靶牵引机或靶机训练系统。

2．总体布局与部位安排

靶机系统包括飞行器、整体运输车（含任选发射架）、地面控制和支援设备、操纵手的备份件箱、袋靶组件及其备份件。靶机采用上单翼，机身下为双橇式金属起落架。靶机由轻木、胶合板、膨胀泡沫塑料和玻璃纤维制作。

主要参数

机长   2.31 m

翼展   3.05 m

发射质量   14 kg

3. 主要技术指标

最大速度（与所装发动机有关）   148~222 km/h

巡航速度   110 km/h

工作高度与距离   由操纵手目视距离控制

续航时间   50 min

4. 动力装置

采用 1 台 32~56 mL 双冲程活塞发动机，驱动小直径双桨叶推进器，使用汽油 / 润滑油或甲醇 / 润滑油混合燃料。

5. 飞行控制系统

采用无线电指令控制系统，该系统在 27 MHz 频带内有 12 个点频，可在其中一个频率上工作，系统带宽约为 25 kHz。当两架以上这种靶机同时在无线电控制范围（约 4 km）内飞行时，每架靶机要采用不同的工作频率。靶机由方向舵和升降舵控制飞行。当靶机飞出目视距离或发生无线电线路故障时，故障保护装置将自动关闭油门。

6. 发射系统

靶机可从四轮小车或从弹簧弹射器上发射，也可用滑橇起落架起飞。

7. 回收系统

普通滑橇着陆。

8. 制造商

Intergrad 电子公司。

Flyrt-B 靶机

1. 发展概况

Flyrt-B 靶机是由英国 Miltrain Limited 公司研制生产的一种可回收微型靶机，1984 年设计并首飞成功，1985 年投产。

2．总体布局与部位安排

Flyrt-B 靶机采用下单翼，机翼呈双三角形，三角形垂直尾翼。机体由合成材料、胶合板、聚氨酯高密度泡沫塑料和环氧树脂等制作。

主要参数

机长	1.22 m
机身最大宽度	10.8 cm
翼展	0.81 m
翼面积	0.32 m^2

3．主要技术指标

最大平飞速度	278 km/h
海平面上最大平飞速度	204 km/h
最小飞行速度	47 km/h
工作高度	
最高	2 000 m
最低	3 m
续航时间	30 min
机动过载	10 g

4．动力装置

Flyrt-B 靶机采用 1 台 0.63 kW 单缸活塞发动机，驱动双桨叶推进器，桨叶用尼龙和玻璃纤维制作，前机身有整体式燃料箱。

5．飞行控制系统

Flyrt-B 靶机采用无线电指令制导系统，通过 3 个伺服机构控制升降舵和油门，以改变俯仰、滚动、自动偏航补偿和发动机功率。

6．发射系统

Flyrt-B 靶机采用斜坡发射或手持发射。

7．回收系统

Flyrt-B 靶机根据操纵员指令通过降落伞回收，也可不使用降落伞直接降落到适当的地点。

8. 制造商

Miltrain Limited 公司。

苍鹭（Heron）与高速苍鹭（Heron HS）靶机

1. 发展概况

苍鹭（Heron）与高速苍鹭（Heron HS）靶机是由英国无线电控制专业制导武器系统公司研制生产的低速动力靶。两种靶机都可供激光炮打靶使用，并记录射击击中的次数，用小型曳光管发光作标记。

苍鹭可通过改变机种、翼下吊舱携载小型炸弹或曳光弹等方式实现多用途使用，如作为无人攻击机等。高速苍鹭是一种高速改型（飞行速度有所提高）。

2. 总体布局与部位安排

苍鹭靶机是上单翼机，翼下吊舱可装曳光弹等。

高速苍鹭减小了机翼翼剖面厚度和翼面积，以提高靶机速度。

主要参数

机长	2.13 m
机身最大宽度	25 cm
翼展	
苍鹭	3 m
高速苍鹭	2.44 m
有效载荷质量（弹射）	
苍鹭	6.8 kg
高速苍鹭	4.5 kg
由地面起飞的有效载荷质量	13.6 kg
有效载荷容积	0.03 m^3
最大质量	
弹射	15.4 kg
地面起飞	24 kg

3. 主要技术指标

最大平飞速度	
苍鹭	193 km/h
高速苍鹭	225 km/h

最大控制距离（光学）	5 km
续航时间	30 min

4. 动力装置

使用 1 台 7.5 kW 发动机，载油量为 4.5 L。

5. 飞行控制系统

通过无线电指令对副翼、升降舵、方向舵和油门进行独立控制。

6. 任务有效载荷

机上载有雷达增强器，可提供良好的 X 波段雷达特征。另外，装有激光炮击中仿真系统，对地面的射击作出反应，并记录射击结果。

7. 发射系统

高速苍鹭可以用弹射器弹射方式取代起飞小车。

8. 回收系统

与灰背隼相似，高速苍鹭用弹簧金属滑橇替代轮式起落架。

9. 制造商

无线电控制专业制导武器系统公司。

灰背隼（Merlin）靶机

1. 发展概况

灰背隼（Merlin）靶机为可回收式靶机，如图 5-18 所示，用于模拟低空攻击型飞机的仿真靶标，在防空高射类武器射手培训中使用，目前正在博茨瓦纳军方服役。

灰背隼靶机包括 DA/1 和 DA/2 两种型号。DA/1 采用较短的翼展，可选择两种发动机；DA/2 采用增长型翼展，机身和发动机与 DA/1 相同。

图 5-18 灰背隼靶机

2. 总体布局与部位安排

灰背隼靶机采用仿效 MB-339 型喷气教练机的下单翼设计，两侧翼尖各装一个流线型设备舱，水平尾翼及常规的垂直尾翼。采用固定或可抛投的起落架。为便于更换，组件具有互换性。机翼材料采用聚苯乙烯泡沫芯外覆木质薄皮，机身采用玻璃纤维增强塑料，尾翼采用轻木制成。DA/1 灰背隼靶机三视图如图 5-19 所示。

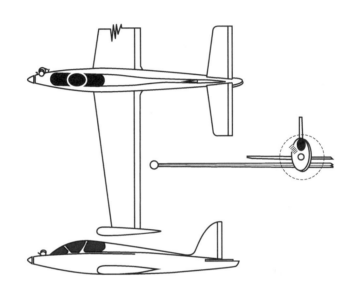

图 5-19　DA/1 灰背隼靶机三视图

主要参数

机长	1.37 m
翼展	
DA/1	1.65 m
DA/2	1.88 m
翼面积	
DA/1	0.42 m^2
DA/2	0.46 m^2
螺旋桨直径	
两叶桨	0.28 m
三叶桨	0.25 m
空载质量	
DA/1	3.2 kg
DA/2	3.4 kg
燃油质量	0.45 kg
最大任务有效载荷质量	1.0 kg

最大发射质量

DA/1	4.6 kg
DA/2	4.8 kg

3. 主要技术指标

最大平飞速度

DA/1	209 km/h
DA/2	> 209 km/h

失速速度

DA/1	24 km/h
DA/2	19.5 km/h

最大使用高度	460 m
使用半径	> 1.6 km
最大续航时间	30 min
机动过载	+8/−5 g

4. 动力装置

使用 1 台 7.5 mL 或 10 mL 单缸活塞式发动机，驱动双叶或三叶螺旋桨。燃油容量为 0.45 L。

5. 飞行控制系统

操作人员使用手持 6 通道数字式发射机，通过无线电指令对副翼、升降舵、方向舵（必要时）和油门进行独立控制；另外 2 个辅助通道用于控制降落伞、发烟装置或其他装置。发射机还可按需要增加通道。

6. 任务有效载荷

可根据用户需求配置发烟筒、脱靶量指示器（MDI）或气象仪器。

7. 发射系统

手掷放飞，或橡筋动力弹射（见图5-20）。

图 5-20　灰背隼从简易的橡筋弹射架上弹射

8. 回收系统

机腹着陆或用固定起落架着陆，可选用降落伞由操作员控制或失效安全功能控制开伞。

9. 制造商

龙航空工业公司（Dragon Aviation）。

DA/3 主靶标（Targetmaster）和 DA/5 萤火虫（Firefly）靶机

1. 发展概况

DA/3 主靶标（Targetmaster）和 DA/5 萤火虫（Firefly）靶机均为可回收式靶机。DA/3 可执行靶标或非靶标任务；DA/5 主要用作高机动目标靶机。

DA/3 主靶标机型较大；DA/5 萤火虫尺寸为 DA/3 的 2/3，但基本结构与之相同。

2. 总体布局与部位安排

靶机采用航模的常规上单翼布局，可选用轮式主起落架，带尾橇。为便于替换，部件均可互换。矩形机翼由泡沫塑料芯外加木质蒙皮构成；机身为木质构架并用高密度塑料膜覆盖，尾翼采用轻木制成。DA/3 和 DA/5 靶机的外形见图 5-21。

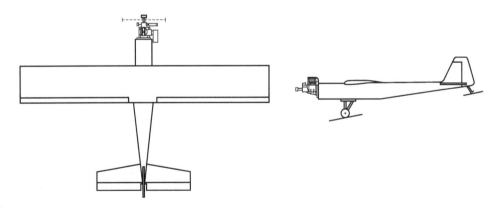

图 5-21　DA/3 和 DA/5 靶机的外形图

主要参数

机长

DA/3	1.75 m
DA/5	1.17 m

翼展

　DA/3　　　　　　　　　　　　2.29 m

　DA/5　　　　　　　　　　　　1.52 m

翼面积

　DA/3　　　　　　　　　　　　0.87 m^2

　DA/5　　　　　　　　　　　　0.39 m^2

螺旋桨直径

　DA/3（40 mL）　　　　　　　0.46 m

　DA/3（60 mL）　　　　　　　0.56 m

　DA/5（60 mL）　　　　　　　0.25 m

空载质量

　DA/3　　　　　　　　　　　　6.4 kg

　DA/5　　　　　　　　　　　　2.49 kg

燃油质量

　DA/3　　　　　　　　　　　　0.85 kg

　DA/5　　　　　　　　　　　　0.28 kg

最大任务有效载荷（DA/3）质量　　约 5 kg

最大起飞 / 发射质量

　DA/3　　　　　　　　　　　　10.0 kg

　DA/5　　　　　　　　　　　　4.0 kg

3. 主要技术指标

平飞速度

　DA/3　　　　　　　　　　　　＞ 80 km/h

　DA/5　　　　　　　　　　　　＞ 145 km/h

失速速度

　DA/3　　　　　　　　　　　　16 km/h

　DA/5　　　　　　　　　　　　19.5 km/h

最大使用高度　　　　　　　　　460 m

使用半径　　　　　　　　　　　＞ 1.6 km

续航时间

　DA/3　　　　　　　　　　　　＞ 1 h

　DA/5　　　　　　　　　　　　25 min

机动过载

　DA/3　　　　　　　　　　　　+5/−2 g

　DA/5　　　　　　　　　　　　+8/−5 g

4. 动力装置

DA/3 为 1 台 40~60 mL 单缸活塞式发动机；DA/5 为 1 台 7.5~8.2 mL 二冲程发动机。均采用双叶螺旋桨。

5. 飞行控制系统

通过手持 6 通道数字发射机发送无线电指令，其中 4 个通道对副翼、升降舵、方向舵（必要时）、油门进行独立控制，另外还有 2 个辅助信道。DA/3 可选择更多辅助通道。

6. 任务有效载荷

DA/3 携带照相机和电视摄像机。若用作靶标，两种型号均可配置发烟罐、脱靶量指示器（MDI）或其他设备，取决于用户要求。

7. 发射系统

DA/3 采用轮式起飞或橡筋弹射装置弹射，到达目的地后的设置准备时间为 20 min；DA/5 为手掷放飞或轮式起飞，到达目的地后的设置准备时间为 10 min。

8. 回收系统

轮式着陆或伞降回收。

9. 制造商

龙航空工业公司（Dragon Aviation）。

DA/4 蜻蜓（Dragonfly）靶机

1. 发展概况

DA/4 蜻蜓（Dragonfly）靶机是一种可回收式靶机，用于无人机地面操纵人员的初步训练，现在博茨瓦纳、瑞典和英国服役。

2. 总体布局与部位安排

靶机采用上单翼布局。发动机可以根据用户的要求采用垂直、倒置或侧置等多种安装方式，起落架可选用轮式主起落架带尾橇或轮式起落架。组件具互换性，以便于更换。机翼由泡沫塑料夹芯加木质蒙皮制成，机身用玻璃纤维增强塑料制成。DA/4 蜻蜓靶机的外形图如图 5-22 所示。

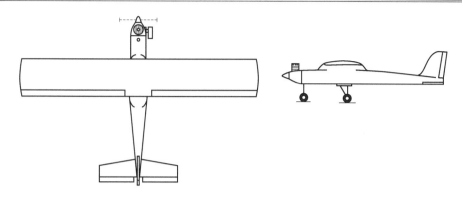

图 5-22　DA/4 蜻蜓靶机的外形图

主要参数

机长	1.17 m
翼展	1.83 m
翼面积	0.46 m²
发动机直径	0.28~0.31 m
空载质量	3.2 kg
燃油质量	0.4 kg
最大发射质量	4.5 kg

3．主要技术指标

最大平飞速度	> 113 km/h
失速速度	16 km/h
最大使用高度	460 m
使用半径	> 1.6 km
最大续航时间	25 min
机动过载	+7/−4 g

4．动力装置

采用 1 台 10 mL 二冲程发动机，双叶螺旋桨。

5．飞行控制系统

用手持 6 通道数字式发射机发送无线电指令，对副翼、升降舵、方向舵（必要时）、油门和进行独立控制。另外备有 2 个辅助信道。

6．任务有效载荷

根据用户要求可配置烟雾器、脱靶量指示器（MDI）和其他设备。

7. 发射系统

手掷放飞或轮式起飞，到达目的地后设置准备时间 10 min。

8. 回收系统

用机腹或固定式起落架着陆回收。

9. 制造商

龙航空工业公司（Dragon Aviation）。

MATS 系列靶机

1. 发展概况

MATS（Military Aircraft Target System）系列靶机是由英国肖特兄弟公司防御系统分部研制的一种紧凑、高机动可回收系列靶机。该系列靶机包括 MATS-A 靶机和 MATS-B 靶机，1975 年首飞。主要用于目标跟踪训练及近程防空导弹、火炮实弹拦截试验。该靶机在英国陆军服役。

2. 总体布局与部位安排

MATS-A 靶机采用上单翼布局。机身用玻璃纤维增强树脂材料制作，提高了机身强度。机翼用外覆胶合板＋聚合乙烯泡沫塑料内芯制作，水平尾翼用轻木制造。

MATS-B 靶机采用金属和玻璃钢制造，机翼尾翼用聚氨酯内充填玻璃纤维加强。

主要参数

机长	1.22 m（A 型） 2.44 m（B 型）
翼展	1.73 m（A 型） 3.35 m（B 型）
最大发射质量	3.85 kg（A 型）48.5 kg（B 型）

3. 主要技术指标

最大平飞速度	145 km/h（A 型）203 km/h（B 型）
工作距离	3.2 km（A 型） 5 km（B 型）
续航时间	15~20 min（A 型） 45 min（B 型）

4. 动力装置

A 型采用 1 台 10 mL 单缸活塞发动机驱动双桨叶推进器。采用甲醇／蓖麻油作燃料。

B 型采用 1 台 13.43 kW NGL WAM274-6 型双缸双冲程发动机，双桨叶螺旋桨。

5. 飞行控制系统

A 型用手持发射机的视线无线电指令系统遥控靶机，使用 27 MHz 频段内的 4 通道超外差接收机，在该频带内有 12 个工作频率点。发射机功率为 1 W，可提供 2 km 的工作距离。

靶机上配有可重复充电的镍镉电池组，及 3~4 个比例反馈伺服机构控制气动控制面。

B 型用手持式 5 通道（俯仰、滚动、油门、高度保持、目标增强等），无线电指令控制，双筒望远镜可用于靶机控制。

6. 发射系统

A 型手持发射，B 型用两轮拖车发射架气压弹射。

7. 回收系统

机腹着陆，也可选伞降回收系统。

8. 制造商

肖特兄弟公司防御系统分部（Short Brothers Plc. Defence Systems Division）。

飞跑（Skeet）系列靶机

1. 发展概况

飞跑（Skeet）系列靶机是一种实用性强、快速反应、效费比高、可回收式系列靶机，是早期 MATS-B 靶机的改进型，于 20 世纪 70 年代中 / 末期开始设计，在速度、任务有效载荷和作用半径上均有实质进步。该靶机主要用于防空火炮和吹管（Blowpipe）等近程防空导弹武器系统的目标跟踪和实弹射击。

飞跑系列靶机包括：

Mk 1 初始型，目前仍在服役，但 1986 年后不再生产，由 Mk 2 取代；

Mk 2 改进型，速度和续航时间有所增大。1987 年开始生产。

飞跑靶机于 1979 年 9 月完成验收试验，1982 年 Mk 1 进入服役，1987 年 Mk 2 获得初始生产合同。Mk 1 和 Mk 2 在英国陆军及其他国家和地区服役。

2. 总体布局与部位安排

采用模块结构，上单翼布局。与 Mk 1 相比，Mk 2 垂尾顶部增加了一个小的水平翼面，并加大了发动机功率。机身用金属与玻璃纤维增强塑料制成，机翼和尾翼用聚氨酯泡沫塑料填充。图 5-23 为飞跑 Mk 2 在其拖车发射导轨上。图 5-24 为飞跑 Mk 1 内部构造。

图 5-23　飞跑 Mk 2 在其拖车发射导轨上

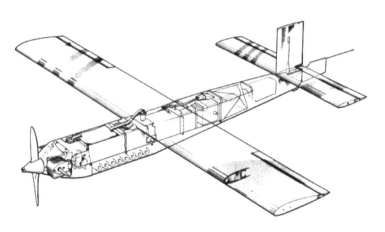

图 5-24 飞跑 Mk 1 内部构造

主要参数

机长（不包括 MDI 天线）	2.49 m
机高	0.45 m
翼展	3.35 m
翼面积	1.53 m^2
空载质量	
Mk 1	42 kg
Mk 2	46.6 kg

降落伞包质量	4.1 kg
燃油质量	9.1 kg
任务有效载荷质量（正常情况）	
Mk 1	8 kg
Mk 2	9.1 kg
最大发射质量	
Mk 1	68 kg
Mk 2	72.6 kg

3. 主要技术指标

最大平飞速度	
Mk 1	241 km/h
Mk 2	278~302 km/h
失速速度	93 km
使用半径	
最大视距	5 km
最大控制距离	10 km
续航时间	
Mk 1	1 h 15 min
Mk 2（半油门）	1 h 30 min

4. 动力装置

Mk 1 采用 1 台 13.4 kW 的 WAE 274-6 双缸二冲程发动机，油箱在机箱中段；Mk 2 原采用 1 台 18.6 kW 的 WAE 374 双缸发动机，后改为功率为 28.3 kW 的 UEL AR731 型转子发动机。双叶螺旋桨。

5. 飞行控制系统

采用手持式无线电上行指令系统发射机和 15 W 放大器，发射机在 68 MHz 频段内使用 8 个通道（包括俯仰、横滚、发动机油门、烟雾发生器点火、高度保持 5 个通道和 3 个备份通道），操作员可用双筒望远镜式的辅助操纵装置在 5 km 范围实现视距内控制飞行并飞出重复航线。靶机用一种简单的气压定高装置保持在要求的高度，并可选用自动驾驶仪。

6. 任务有效载荷

着陆滑橇内可放置 16 个 40 s 烟雾发生器，机身内能容纳脱靶量指示器（MDI）和雷达增强用的 I 波段角反射器。

7. 发射系统

可在最大 46 km/h 的侧风下进行陆上或舰船甲板起飞弹射，弹射装置为两轮拖车上的气压弹射装置或导轨，气压弹射装置可弹射 8 个架次。

8. 回收系统

利用十字形降落伞回收或通过机腹滑橇着陆。发动机、机上电源和指令一旦失效，降落伞可人工或自动打开。

9. 制造商

肖特兄弟公司防御系统分部（Short Brothers Plc. Defence Systems Division）。

BTT-1 小鬼（Imp）靶机

1. 发展概况

BTT-1 小鬼（Imp）是一种防空武器用可回收式靶机，自 1983 年以来共生产了 500 多架，已停产，2010 年退役，用户包括丹麦、埃及、印度尼西亚、挪威、土耳其、英国等 20 多个国家的军方。该靶机适用于陆地与海上，主要作为各种轻型防空武器训练用靶机，包括 12.7 mm 口径的常规多用途机炮和各种 25 mm 口径炮，也可被用来训练 BTT-3 女妖（Banshee）靶机操作人员。

2. 总体布局与部位安排

BTT-1 小鬼靶机采用削尖三角中单翼布局，带后掠角垂尾，无水平尾翼。主要部件可互换。机身结构采用玻璃纤维增强树脂制成并加强；机翼采用内置聚苯乙烯泡沫夹芯的层板制作。所有飞行操纵面都覆有一层乙烯基材料。其三视图见图 5-25。

主要参数

机长	1.09 m
机高	0.43 m
翼展	1.83 m
螺旋桨直径	0.33 m
空载质量	4.5 kg
最大发射质量	5.9 kg
最大燃油质量	0.45 kg

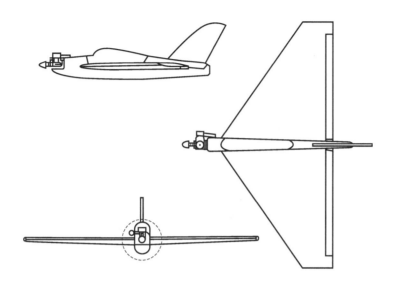

图 5-25　BTT-1 小鬼靶机三视图

3．主要技术指标

最大平飞速度　　　　　　　153 km/h

距离

  目视　　　　　　　　　　2 km

  光学跟踪　　　　　　　　5 km

续航时间　　　　　　　　　30 min

4．动力装置

采用 1 台功率为 1.75 kW 的 15 mL 活塞式发动机，双叶定距螺旋桨。

5．飞行控制系统

采用手持式无线电指令系统、自动故障安全系统，它由 Skyleader 公司四通道数字系统发展而来，可对升降副翼和发动机油门等实施控制，可用甚高频（VHF）和超高频（UHF）等多种频率。如用增大功率的发射机能拓展其飞行距离。

6．发射系统

手掷放飞（见图 5-26）或轻型橡筋弹射器弹射起飞（见图 5-27）。其飞行准备时间约10 min。

图 5-26　BTT-1 小鬼靶机手掷放飞

图 5-27　BTT-1 小鬼靶机在轻型弹射器上

7. 回收系统

利用常规机腹滑橇着陆。出现靶机损伤或者指令链路故障时，能自主或根据操作人员指令进行伞降回收。

8. 制造商

梅吉特防务系统公司（Meggitt Defense Systems Ltd.）。

BTT-3 女妖（Banshee）系列靶机

1. 发展概况

BTT-3 女妖（Banshee）系列靶机是一种低成本训练型靶机，可用于防空导弹和火炮的打靶训练。它曾是世界上应用最广泛的靶机之一。自服役以来，阿联酋、博茨瓦纳、文莱、丹麦、埃及、芬兰、法国、印度尼西亚、意大利、约旦、科威特、马来西亚、挪威、泰国、土耳其、英国和美国等在内的 42 个国家采购了共计 5000 多架女妖靶机。

女妖靶机被 BAE 系统公司、波音公司、MBDA、瑞士奥利康·康特拉韦斯公司（Oerlikon Contraves，2009 年与莱茵金属公司合并后更名为莱茵金属防务电子公司）和泰勒斯集团等宇航制造商用于防空武器系统的验证试验。采用该靶机的防空武器系统包括：吹管（Blowpipe）、小檞树（Chaparral）、响尾蛇（Crotale）、标枪（Javelin）、密集阵（Phalanx）、长剑（Rapier）和海麻雀（SeaSparrow），以及 12.7~76 mm 口径的火炮系统。

女妖靶机是梅吉特防务系统公司于 2006 年 12 月开始研发的。女妖系列靶机包括女妖基本型、女妖 300、女妖 400、女妖 500、女妖 600 和女妖喷气动力型。另外，还有女妖侦察无人机和女妖空中监视无人机。

女妖基本型：1984 年 6 月首飞，1986 年 7 月开始装备英国陆军。该靶机主要为英国生产，也有一些北约国家和中东国家的用户。

女妖 300：女妖基本型的气动布局改进型，1988 年底推出。主要改进包括：将原机身下部的独立发烟舱与机身外廓进行了一体化气动设计，并稍增机身舱深度，可供用户选择在机身内部安装龙伯透镜；垂直尾翼可以拆卸，改善运输性及提高机身后部任务有效载荷舱的通达性；改进了制导控制系统，包括增加了雷达高度表高度锁定模式，使靶机可以执行最低 5 m 高度的掠海导弹模拟飞行任务；还可以选装更大功率的发动机以提高靶机的性能。

女妖 400：女妖 300 的增强发展型，1996 年推出，2000 年 12 月 7 日交付英国国防部。主要改进包括安装了一个头锥红外热信号增强装置。该装置采用液态丙烷作为燃料，替代了燃烧时间短的烟火弹。

女妖 500：具有更高性能，采用梅吉特公司 2001 年推出的 38.8 kW 暴风发动机。

女妖 600：2010 年推出。采用梅吉特公司的 31 kW 龙卷风水冷单转子发动机，配有整体式散热器和水泵。其性能超过女妖 400 和女妖 500。

女妖喷气动力型：分为女妖喷气动力、女妖喷气动力 -80、女妖双发喷气动力 3 种。

女妖喷气动力采用 1 台推力为 40 kgf 的涡轮喷气发动机。

女妖喷气动力 -80 采用 2 台推力为 40 kgf 的涡轮喷气发动机。

女妖双发喷气动力采用 2 台推力为 55 kgf 的涡轮喷气发动机。

女妖靶机系统的地面保障设备（GSE）为一部能装载 4 架女妖靶机、燃油、降落伞、备份件包、启动设备、工具箱以及地面设备的集装箱拖车。

女妖靶机系统另有一部地面保障小车，可装载和运输单架靶机。它可完成维修、发动机运转检验、加油、更换曳光管和有效载荷等各种地面保障操作。

2. 总体布局与部位安排

女妖靶机采用削尖三角翼下单翼布局，带后掠垂尾无平尾（见图 5-28）。机翼后掠角 50° 并具有约 3° 的上反角。头锥和垂尾可拆卸，以便于运输和方便通达机身后部安装的任务有效载荷舱。机体结构全部采用玻璃纤维增强材料制造。全部电子系统均采用防水设计，以便满足海上回收的需求。女妖靶机部位安排见图 5-29。

图 5-28　女妖 400 靶机

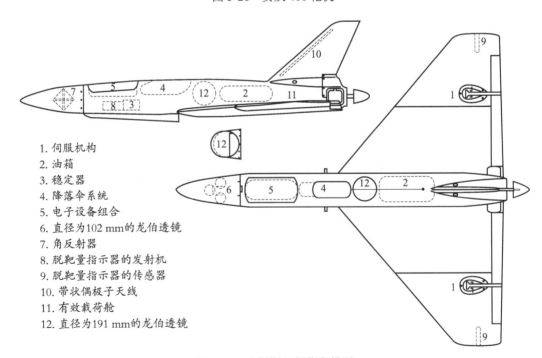

1. 伺服机构
2. 油箱
3. 稳定器
4. 降落伞系统
5. 电子设备组合
6. 直径为 102 mm 的龙伯透镜
7. 角反射器
8. 脱靶量指示器的发射机
9. 脱靶量指示器的传感器
10. 带状偶极子天线
11. 有效载荷舱
12. 直径为 191 mm 的龙伯透镜

图 5-29　女妖靶机部位安排图

主要参数

机长

女妖 300~600	2.85~2.95 m
女妖喷气动力	2.86~2.95 m
女妖喷气动力 -80	2.8~2.98 m
女妖双发喷气动力	2.95~3.13 m

机高　　　　　　　　　　　　0.78 m

翼展　　　　　　　　　　　　2.49 m

3.　主要技术指标

最高速度

女妖 300~600	370 km/h
女妖喷气动力	486 km/h
女妖喷气动力 -80	648 km/h
女妖双发喷气动力	722 km/h

最低速度

女妖 300~600	165 km/h
女妖喷气动力	180 km/h
女妖喷气动力 -80	180 km/h
女妖双发喷气动力	180 km/h

航程　　　　　　　　　　　　不小于 100 km

最大续航时间

女妖 300~600	不低于 90 min
女妖喷气动力	
连续最大油门工作	不低于 32 min
典型任务	不低于 55 min
女妖喷气动力 -80	不低于 45 min
女妖双发喷气动力	不低于 45 min

实用升限

女妖 300~600	7 000 m
女妖喷气动力型	8 000 m

最低飞行高度　　　　　　　　5 m

4.　动力装置

女妖 300~600：女妖 300 和女妖 400 采用 1 台功率 18.6 kW 的梅吉特 MDS 342 飓风双缸二冲程发动机，驱动一个木质双叶固定桨距的推进式螺旋桨。基本型上装 1 台功率为

28.3 kW 的 UEL AR731 转子发动机。基本型和女妖 300 的机身油箱燃油容量为 15 L，女妖 400 的机身油箱容量为 17.5 L。

女妖喷气动力型：女妖喷气动力装有 1 台涡轮喷气发动机，地面静态推力 40 kgf。女妖喷气动力 -80 装有 2 台涡轮喷气发动机，每台地面静态推力 40 kgf。女妖双发喷气动力装有 2 台涡轮喷气发动机，每台地面静态推力 55 kgf，见图 5-30。

图 5-30　女妖喷气动力 -80 和女妖双发喷气动力

5. 飞行控制系统

靶机上安装一个梅吉特防务系统公司研制的 MDS CASPA 数字式自动驾驶仪和 3 轴惯性测量组合。可选择使用甚高频（VHF）和超高频（UHF）频率。用于短程（10 km 之内）时，该靶机可以由光学设备跟踪（光学设备装载在舰船甲板上时，需采用陀螺稳定装置）；用于远程时，可以选用雷达或者全球定位系统（GPS）跟踪。

梅吉特防务系统公司研制的雷达跟踪系统使得女妖靶机在昼间和夜间均能在超过 30 km 的范围内使用。所采用的 1 台编码雷达应答机能使多架靶机同时被跟踪，还能与其他雷达配置使用，如舰船监视雷达。靶机飞行高度、航向和机载电池电压数据等实时遥测信息能在女妖的遥测地面站上显示。专门为掠海飞行任务和其他一些任务设计的女妖靶机上还装有雷达高度表，使飞行高度可低至 5 m。

在执行 40 km 以上任务时，采用梅吉特防务系统公司研制的差分全球定位系统（DGPS）跟踪系统。

6. 任务有效载荷

任务有效载荷舱分别位于可拆卸的头锥内、机身中部和后部。可选任务有效载荷包括：1 个曳光弹发射舱，其内可装 16 个发烟管、8 个红外曳光弹，或者 1 个箔条布撒器；可提供球面心形极坐标图的角反射器装置，回波峰值可调整；至少 3 个龙伯透镜，以保证在更大的宽带和高度范围具有雷达信号增强能力；声学和多普勒雷达脱靶量指示器（MDI）；拖曳袖套靶和旗靶，或者拖曳装有 MDI 系统和烟火设备的物体。女妖 300 的不同任务载荷见图 5-31。

1996 年开始推出的女妖 400，装有可重复使用的红外热源装置，能在不影响靶机性能、其他任务有效载荷装载或者能力增强的基础上增强靶机的红外特征。此外，红外特征还能通过安装一个热机翼前缘的方式被增强，该方案被 3 个欧洲国家用户接受，并成功在英国和其他国家的实弹演习中使用。

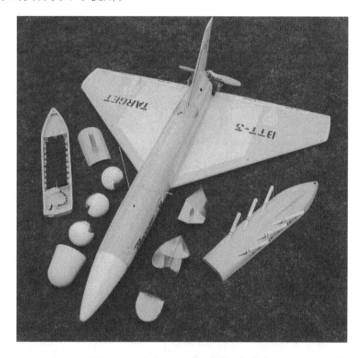

图 5-31　女妖 300 的不同任务载荷

7. 发射系统

可通过橡筋弹射器或用助推火箭从零长发射器上发射，橡筋弹射器可装在地面支援拖车上，或从车上卸下来单独使用。女妖靶机发射见图 5-32。

图 5-32　女妖靶机进行发射

8. 回收系统

利用机腹滑橇在陆地或者水上降落，或者利用机上的欧文 -GQ（Irvin-GQ）十字形降落伞回收。伞降回收模式可由人工操控或利用一个故障安全系统自动完成（见图 5-33），自动伞降回收可在靶机空中损伤或无线电控制链路故障的情况下使用。靶机在返回地面或海上发射站点后的再次发射准备时间最长 30 min。

图 5-33　女妖 400 靶机正在伞降回收

9. 制造商

梅吉特防务系统公司（Meggitt Defense Systems Ltd.）。

微型动力靶机

1. 发展概况

微型动力靶机是目标与监视无人机航宇合成工程（英国）公司应英国海军部海面武器研究所要求于 20 世纪 80 年代初期设计、研制和生产的可回收式靶机。

2. 总体布局与部位安排

采用三角型中单翼气动布局，无水平尾翼。靶机采用玻璃钢和凯芙拉合成材料制作。

主要参数

机长	1.40 m
翼展	1.05 m
最大有效载荷质量	3 kg
最大发射质量	10 kg

3. 主要技术指标

海平面上的最大平飞速度	250 km/h
续航时间	30 min

4. 动力装置

使用单一发动机驱动双桨推进器。

5. 飞行控制系统

用 35 MHz 或 68 MHz 的数字比例无线电装置，目视手动控制。

6. 发射系统

使用目标与监视无人机航宇合成工程（英国）公司的橡筋弹射系统发射。

7. 回收系统

使用机腹滑橇在平坦地面着陆回收，也可用舰载回收网回收。

8. 制造商

目标与监视无人机航宇合成工程（英国）公司（TASUMA（UK）Ltd.）。

旋环（Gyr）系列靶机

1. 发展概况

旋环（Gyr）系列靶机是由目标与监视无人机航宇合成工程（英国）公司于 1986 年开始设计的可回收式靶机。公司最初研制了 3 架样机，命名为 T10 旋环 I。1987 年又继续研制了 T11 旋环 II，其气动方案与前者相同，但体形稍大。

旋环靶机的地面支援设备包括一辆拖车和发射架。拖车能运载 6 架靶机和必要的操作设备。

2. 总体布局与部位安排

采用上单翼气动布局，等弦机翼采用 Eppler 374 翼型，厚/弦比为 11%，安装角为 2°，无上反角或下反角。机身使用乙烯树脂（用凯芙拉和玻璃纤维加固）制作，机翼、尾翼、升降舵、垂尾和方向舵使用泡沫塑料填充＋环氧树脂真空粘接蒙皮制成。

主要参数

机长
T10 旋环 I   2.20 m
T10 旋环 II   2.80 m

机高
T10 旋环 I   0.43 m
T10 旋环 II   0.50 m

翼展
T10 旋环 I   2.75 m
T10 旋环 II   3.40 m

空载质量
T10 旋环 I   16 kg
T10 旋环 II   26 kg

最大发射质量
T10 旋环 I   25 kg
T10 旋环 II   42 kg

3．主要技术指标

最大平飞速度

T10 旋环 I	250 km/h

T10 旋环 II　　　　　　　295 km/h

失速速度

T10 旋环 I　　　　　　　70 km/h

T10 旋环 II　　　　　　　75 km/h

光学观察距离

T10 旋环 I　　　　　　　6 km

T10 旋环 II　　　　　　　7 km

最大速度下的续航时间

T10 旋环 I　　　　　　　60 min

T10 旋环 II　　　　　　　60 min

4．动力装置

T10 旋环 I 靶机采用 1 台 7.5 kW 的 Quadra 100 双冲程活塞式发动机；T10 旋环 II 靶机采用 1 台 25.4 kW 的 Norton-Wankel 旋转式活塞发动机。

5．飞行控制系统

配备有无线电指令系统（10 W 脉码调制发射机），与曳光管顺序系统协调工作。副翼、升降舵和方向舵采用普通的气动控制方式。地面操作手配备光学目视增强组件。

6．任务有效载荷

配备多个彩烟发烟罐或红外辐射器（工作 45 s），数量如表 5-1 所示。

表 5-1　旋环系列靶机任务有效载荷数量

	T10 旋环 I	T10 旋环 II
彩烟发烟罐	8 个	16 个
红外辐射器	2 个	4 个

另配备获有专利的脱靶量指示器和雷达增强装置。

7．发射系统

使用橡筋弹射器从装在拖车上的导轨上作零长发射。

8. 回收系统

利用机身下滑橇着陆回收。

9. 制造商

目标与监视无人机航宇合成工程（英国）公司（TASUMA（UK）Ltd.）。

RF-500 靶机

1. 发展概况

RF-500 是英国空中加油公司研制生产的一种变速多用途喷气动力靶机，是 20 世纪 70 年代应英国皇家海军要求研制的一种速度达 926 km/h 的靶机，机体为组合式结构，便于快速组装、回收、维护、整修和储存。虽然后来没有投产，但为后继型号先进亚声速靶机（ASAT）小猎鹰靶机奠定了发展基础。

2. 总体布局与部位安排

采用下单翼气动布局，圆截面机身。机身的前段、中段和后段（内装降落伞）由 3 个模块化组件组合而成，此外还有机头、尾部整流罩及全金属尾部装置。机翼采用铝合金蒙皮，尾部装置采用玻璃纤维增强塑料。

主要参数

机长	4.27 m
机高	1.07 m
翼展	2.13 m
有效载荷容积	0.02 m³
空载质量	120 kg
最大载油量	86 kg
最大发射质量	222 kg

3. 主要技术指标

海平面上的最大平飞速度	926 km/h
最大爬升率（海平面上）	2 682 m/min
爬升至 7 620 m 的时间	5 min
工作高度	12 200 m
最大航程	1 112 km

海平面上飞行续航时间

  以 556 km/h 速度　　　　　　60 min

  以 926 km/h 速度　　　　　　30 min

机动过载　　　　　　　　　　　6 g

4. 动力装置

采用 1 台 1.33 kN NPT 401 涡轮喷气发动机，装在机身下吊舱内。两个整体式油箱装在中段机身内的两个隔舱里。3 个标准的喷气助推起飞火箭（JATO）装在后机身下部，每个推力 11.76 kN，工作时间为 0.7 s，发射后抛弃。

5. 飞行控制系统

采用无线电指令、制导和跟踪系统，与为皇家海军所用的诺思罗普 MQM-74 靶机上的系统相同。机上配有自动驾驶仪和甚高频（VHF）接收机 / 解码器，准备代替较小较轻的 Vega 656 系统。靶机通过副翼和升降舵实施气动控制。机上还备有 28V 直流电源系统（由发动机驱动的变流机 - 整流器以及镍镉蓄电池组成）和回收信标。

6. 任务有效载荷

可在翼下短舱装设 6 个红外 / 跟踪曳光管；装设在机头和机尾的龙伯透镜作为雷达增强装置，另外还有脱靶量指示器、无线电高度表、翼下拖靶。

7. 发射系统

使用 JATO 助推火箭，从装在地面或甲板上的零长发射架上发射。

8. 回收系统

从海上按指令或自动打开两级降落伞系统降落回收。其密封油箱使靶机在水面上漂浮。

9. 制造商

空中加油公司（Flighting Refueling Ltd.）。

———— 小猎鹰（Falconet）靶机 ————

1. 发展概况

小猎鹰（Falconet）靶机是英国空中加油公司在 RF-500 基础上研制的一种可回收式亚声速靶机。该靶机是根据英国国防部的需求而研制的，主要通过模拟现代对地攻击机的速度、机动性和信号特征，提高地面炮兵和导弹的打靶训练效率。小猎鹰靶机主要用户为英国陆军和皇家空军。小猎鹰 I 靶机于 1982 年 2 月 14 日开始进行飞行试验，1983 年底开始交付英国陆军，1986 年 6 月达到全面服役阶段，产量达 450 架。其改进型小猎鹰 II 靶机于2001 年被披露。英国陆军皇家炮兵在赫布里底群岛将小猎鹰靶机用于其长剑防空导弹武器系统的打靶训练。

2. 总体布局与部位安排

小猎鹰 II 靶机采用中 / 下单翼布局，两侧机翼分别通过 4 个螺栓连接到机身，具有简单的副翼，且左右两侧副翼可互换。可变形的头锥是一次性使用部件，每次飞行后需更换。机身中段包括油箱和发烟用油箱，机身后部的圆柱形容器内装有回收降落伞。发动机舱用 2 个螺栓安装在机身下。该机的模块化程度很高，从组件开始组装，组装时间为 2 h。机翼的承力蒙皮结构主要由铝合金材料制造，部分采用复合材料部件。头锥采用聚苯乙烯材料。其部位安排见图 5-34。

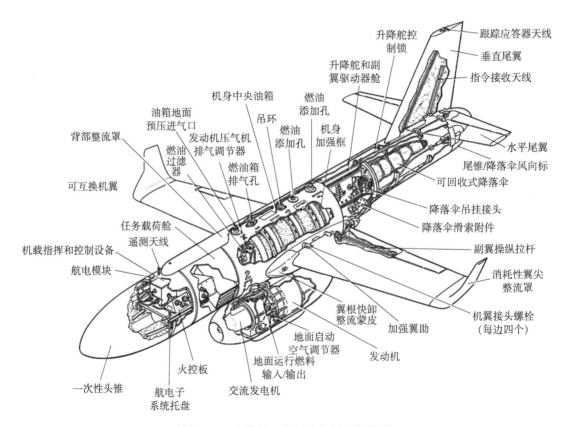

图 5-34　小猎鹰 II 靶机内部部位安排图

主要参数

机长	3.50 m（I），3.75 m（II）
机身直径	0.39 m

机高	1.32 m（Ⅰ），1.52 m（Ⅱ）
机翼展长	3.05 m
尾翼展长	1.32 m（Ⅰ），1.39 m（Ⅱ）
翼面积	1.40 m^2
空载质量	123 kg（Ⅰ），171 kg（Ⅱ）
最大载油质量	60 kg
最大任务有效载荷质量	15~50 kg（Ⅰ），23 kg（Ⅱ）
最大起飞／发射质量	230 kg（Ⅰ），235 kg（Ⅱ）

3. 主要技术指标

最大平飞速度	833 km/h
最小平飞速度	278 km/h
实用升限	3 000 m（Ⅰ），9 000 m（Ⅱ）
使用半径	25 km（Ⅰ），125 km（Ⅱ）
最大续航时间	1.5 h（Ⅰ），1 h（Ⅱ）

4. 动力装置

小猎鹰Ⅰ靶机采用微型涡轮发动机公司的 1 台推力为 1.08 kN 的 TRS 18-075 涡轮喷气发动机，小猎鹰Ⅱ靶机采用微型涡轮发动机公司的 1 台推力为 1.47 kN 的 TRS-1B-1 涡轮喷气发动机，燃油容量均为 77 L。

5. 飞行控制系统

小猎鹰靶机使用无线电指令码调控制导系统，靶机没有方向舵，通过操控副翼、升降舵和发动机推力有效地控制该机进行机动飞行。控制指令由 1 个机载天线和接收机系统接收后，经机载飞控计算机处理后执行。1 个遥测发射机将飞行器状态数据传回至地面控制站。1 台机载应答机起到辅助雷达跟踪的作用。小猎鹰Ⅱ靶机上安装了全球定位系统（GPS）。

小猎鹰靶机部署在赫布里底群岛的 1 个固定基地的地面控制站，由奎奈蒂克公司研发的靶机部队使用。2002 年 3 月，1 架改进的小猎鹰Ⅱ靶机利用基于 GPS 的便携式地面控制站操控进行了成功飞行，该地面控制站由美国的 1 家微系统公司研制。此系统已被美国陆军和海军用作主要的靶机控制系统。

6. 任务有效载荷

小猎鹰靶机的任务有效载荷能够装在翼下和机身内的设备舱里，机身内的任务有效载荷包括烟雾弹、雷达应答机、脱靶量指示器（MDI）和无源雷达特征增强设备。机翼下的任务有效载荷包括红外或可见光波长的曳光弹、子靶、箔条和诱饵布撒器，以及专用任务有效载荷舱。子靶可以根据需要来选择，以适应各种武器系统的应用，如鹰、罗兰特、响尾蛇、猎鹰、毒刺等近程武器系统和防空火炮。

7. 发射系统

在固定基地使用时，小猎鹰靶机由 1 辆发射用小车运送至一个圆形跑道中央，在任何风向条件下，仅用地面启动车提供的压缩空气及 3 L 燃油实现动力发射，确保靶机起飞后处于满油状态。在移动平台或者舰船甲板上时，小猎鹰需配备一对零长发射火箭助推器。小猎鹰 II 则应用罗伯尼克有限公司生产的 MC-2045-H 气动轨道发射系统。小猎鹰靶机发射见图 5-35 至图 5-38。

图 5-35　小猎鹰靶机在跑道上起飞　　　　　图 5-36　小猎鹰靶机零长发射

图 5-37　小猎鹰靶机准备发射　　　　　　　图 5-38　火箭助推零长发射

8. 回收系统

可从陆地或海上伞降回收，通过挂在主伞下的靶机头朝下垂直下降，吸收触地冲击力实现回收。

9. 制造商

空中加油公司（Flighting Refueling Ltd.）。

GSAT-200NG 靶机

1. 发展概况

GSAT-200NG 是一种低成本、轻型、可回收的重炮亚声速靶机（GSAT，Gunnery Subsonic Aerial Target）。该靶机主要针对近程、具有发射后不管能力的热寻地面对空导弹或近程火炮在白天地面、海面上空视距内（LOS）或昼夜超视距（BVR）打靶训练用，也可作为无人机操作辅助训练使用，还能根据需要改装为电子战型或低成本空中监视型无人机。该靶机目前尚在生产与使用，欧洲、中东及亚洲一些国家是其主要用户。

2. 总体布局与部位安排

GSAT-200NG 靶机机体采用上单翼布局，见图 5-39。机身结构采用玻璃纤维增强塑料（GFRP）以及凯芙拉增强材料和环氧树脂材料制造，机翼采用玻璃纤维材料制造。为提高所有部件的通达性，机上采用了大开口的结构壁板。

图 5-39　GSAT-200NG 靶机

主要参数

机长	1.90 m
机高	0.44 m
翼展	2.20 m
翼面积	0.99 m²
空载质量	10 kg
最大发射质量	14 kg

3. 主要技术指标

最大平飞速度	187 km/h
失速速度	25 km/h
实用升限	2 000 m
光学跟踪距离	5 km
超视距跟踪距离	81 km
续航时间	> 35 min

4. 动力装置

GSAT-200NG 靶机采用 1 台 5.2 kW 62 mL 的单缸双冲程汽油发动机，驱动叶螺旋桨。

5. 飞行控制系统

GSAT-200NG 靶机采用通用靶机系统公司研制的跟踪指挥和遥测系统（TCTS）自动控制飞行，TCTS 通常安装于一个固定装置上，由靶机操作人员控制。

6. 任务有效载荷

GSAT-200NG 靶机可以搭载标准任务有效载荷。任务有效载荷中，有雷达反射网，还有 4 个烟雾曳光弹、4 个红外曳光弹、声学或雷达脱靶量指示器；激光发射增强装置。

7. 发射系统

GSAT-200NG 靶机采用简单、低成本、维护量小的液压发射装置，在陆地上和船上任何位置发射。GSAT-200NG 发射器及其准备发射状态分别见图 5-40 及图 5-41。

图 5-40　GSAT-200NG 发射器　　　　图 5-41　准备发射的 GSAT-200NG 靶机

8. 回收系统

可回收式伞降回收。

9．制造商

靶机有限公司（Aerial Targets Ltd.）。

MSAT-500NG 靶机

1．发展概况

导弹用亚声速靶机（MSAT-500NG）是一种低成本、高性能、远程可回收式亚声速靶机，主要用于导弹打靶训练。用户主要是欧洲、中东和亚洲国家。2010 年 MSAT-500NG 研制成功。

2．总体布局与部位安排

MSAT-500NG 靶机（见图 5-42）采用上单翼布局，机翼为削尖三角形机翼，垂直尾翼装在机翼翼端。机身结构采用玻璃纤维增强塑料（GFRP）和凯芙拉增强型材料，机翼采用环氧树脂和玻璃纤维布制造。为提高所有部件的通达性，机上采用了大开口的结构壁板。

图 5-42　MSAT-500NG 靶机

主要参数

机长	2.64 m
机高	0.50 m
翼展	2.75 m
空载质量	65 kg
最大发射质量	105 kg
最大任务有效载荷质量（包括燃油）	40 kg

3. 主要技术指标

最大平飞速度   370 km/h

失速速度   86 km/h

使用高度   5~5 000 m

航程

  光学跟踪   10 km

  电子跟踪   88 km

续航时间   1 h 45 min

4. 动力装置

MSAT-500NG 靶机采用 1 台功率为 27.9 kW 的发动机，或者 1 台功率为 36 kW 的旋缸发动机驱动一副双叶推进型螺旋桨。燃油容量 23 L。

5. 飞行控制系统

根据任务的需要，制导控制可采用靶机操作员使用肉眼或 UTSL 研制的目视跟踪装置，通过手持操纵装置实现，或者采用 UTSL 研制的指令、跟踪、遥测和控制站实现自主控制飞行。靶机系统利用 UHF 指令链路可扩展光学跟踪范围。靶机配有雷达高度表，用于进行低空飞行。靶机设置到自动飞行模式时，可利用 UTSL 的自动驾驶仪和全球定位系统（GPS）或雷达跟踪和遥测系统进行超视距飞行，在此模式下，靶机能自动发射和回收。MSAT-500NG 具有昼夜飞行能力。飞行中的 MSAT-500NG 见图 5-43。

图 5-43　飞行中的 MSAT-500NG

6. 任务有效载荷

能携带 16 颗烟火或红外曳光弹、声学或雷达脱靶量指示器、激光反射增强装置、箔条布撒器、127 mm 或 191 mm 龙伯透镜、角反射器、雷达应答机、袖套型拖靶或其他拖曳的靶机、UTSL-TE 热体特征增强装置。还能提供各种满足电子战或者空中监视任务需要的改型。

7. 发射系统

采用橡筋弹射器发射起飞，操纵简单，成本低，维修量小，能在地面或者舰船甲板的发射站点发射，见图 5-44 及 5-45。

图 5-44　MSAT-500NG 准备起飞

图 5-45　MSAT-500NG 舰上起飞

8. 回收系统

伞降回收或用滑橇着陆。执行海上飞行任务时，靶机上配置的漂浮装置使之易于从海上回收。

9. 制造商

靶机有限公司（Aerial Targets Ltd.）。

海燕（Petrel）靶弹

1. 发展概况

海燕（Petrel）靶弹（见图 5-46）是布里斯托尔喷气发动机公司（Bristol Aerojet Limited）研制的一种不可回收式固体弹道式靶弹，用于英国皇家海军试验防空武器和海狼、海标枪导弹系统训练。2013 年 9 月仍在生产，目前仍在服役中。主要用户为英国皇家海军和法国军方。

该系统只需很少的操作人员，仅需不到一天便可投入使用。靶弹所需的所有设备可装在一个 6.1 m 长的国际标准（ISO）集装箱内，作为弹舱或准备室。

图 5-46　海燕靶弹

2. 主要参数

靶弹长度	3.00 m
靶弹直径	0.18 m

3. 主要技术指标（典型任务剖面）

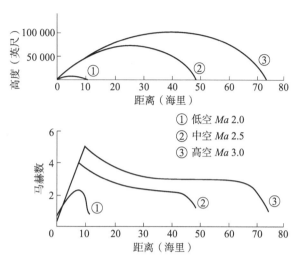

① 低空 *Ma* 2.0
② 中空 *Ma* 2.5
③ 高空 *Ma* 3.0

图 5-47　海燕靶弹的典型任务剖面图

4. 动力装置

海燕靶弹采用两级固体燃料火箭发动机。助推器工作 0.25 s，最大轴向过载达 6 g；主发动机工作 30 s，推力 4.5 kN。

5. 飞行控制系统

海燕靶弹飞行轨迹的控制通过发射前设定的质量和阻力来实现，飞行轨迹与已知的反舰和战术弹道导弹的轨迹十分相近。在 600 多次发射中，靶弹从未出现过飞出预测安全轨迹的情况。

该靶弹从无支撑的发射管中借助于 3 个小型大推力助推发动机实现发射，助推器工作约 0.25 s 之后分离。靶机在主推力发动机加速 30 s 后继续沿弹道轨迹飞行。

发射管在舰船甲板上使用时，靶机在发射瞬间靠陀螺稳定参考装置进行控制。

6. 任务有效载荷

海燕靶弹任务载荷舱中可以装配各种雷达信号增强系统，以适应各种不同武器系统的打靶试验。

7. 发射系统

海燕靶弹依靠无支撑的发射管发射，可在地面或者舰船甲板上使用，见图 5-48 及 5-49。

图 5-48　发射中的海燕靶弹　　　　　　图 5-49　多管齐射的海燕靶弹

8. 回收系统

海燕靶弹为一次性使用，不能回收。

9. 制造商

梅吉特防务系统公司（Meggitt Defense Systems Ltd.）。

SAGT-50/60 靶机

1. 发展概况

SAGT-50/60 靶机为可回收式靶机，作为地对空导弹训练靶机使用，见图 5-50。

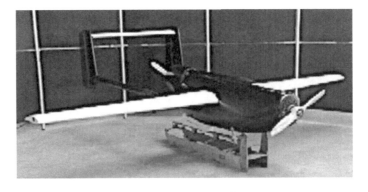

图 5-50　SAGT-50/60 靶机

2. 总体布局与部位安排

采用梯形上单翼，短舱机身后有 2 根尾撑，其上各装一个垂直尾翼。机翼采用 Eppler

374 翼型，垂直尾翼采用 NACA0012 翼型。无起落架。机身由芳纶增强的环氧树脂复合材料制成，机翼和尾翼是泡沫芯外加环氧真空粘接蒙皮，并用碳纤维加强。

主要参数

机长	2.60 m
翼展	2.95 m
空载质量	3.6 kg
最大发射质量	
SAGT-50	48 kg
SAGT-60	52 kg

3．主要技术指标

最大平飞速度	
SAGT-50	250 km/h
SAGT-60	300 km/h
失速速度	
SAGT-50	65 km/h
SAGT-60	70 km/h
最大续航时间	1 h

4．动力装置

采用 1 台双缸二冲程活塞式发动机（SAGT-50 为 200 mL，SAGT-60 为 280 mL），双叶定距木质螺旋桨。

5．飞行控制系统

无线电指令链路（10W PCM 发射机），具有失控安全功能；点燃烟雾弹后地面操作人员可用光学瞄准具增大控制半径。

6．任务有效载荷

机身下装有 16 或 24 个 45 s 彩色烟雾罐，每侧翼尖处有 2 个红外增强器。可选装脱靶量指示器（MDI）。

7．发射系统

从拖车车载导轨上橡筋弹射。

8．回收系统

伞降回收或机腹滑橇着陆，取决于地形。

9. 制造商

目标与监视无人机航宇合成工程（英国）公司（TASUMA（UK）Ltd.）。

SAT-21 靶机

1. 发展概况

通用靶机系统公司（Universal Target Systems Ltd.（UTSEL））的 SAT-21 靶机用于使用便携式武器的战士对运动目标的射击训练，也用于训练小口径高炮操作手或更大型的 SAT-22、SAT-38 靶机操作手。该靶机目前已停产。

2. 总体布局与部位安排

采用方形截面机身，高升阻比削尖三角翼，后掠垂尾。机身采用玻璃纤维增强塑料，三角翼用低密度蜂窝状层压结构制造。

主要参数

机长	1.76 m
翼展	1.79 m
空载质量	6 kg
最大发射质量	12 kg

3. 主要技术指标

最大平飞速度	222 km/h
失速速度	32 km/h
升限	＞1 000 m
距离	
可视	3 km
光学	6 km
续航时间	40 min

4. 动力装置

采用 1 台 20 mL 单缸双冲程热火发动机（标准），双叶螺旋桨。燃油容量 1 L；20 mL 汽油发动机任选。

5. 飞行控制系统

无线电指令人工制导系统。

6. 任务有效载荷

可搭载 8 个烟雾弹，或红外曳光弹、激光增强器；102 mm 龙伯透镜，小型声学脱靶量指示器（MDI）。

7. 发射系统

手掷放飞。现场准备时间 10 min。

8. 回收系统

机腹着陆（标准）；伞降回收（任选）。

9. 制造商

通用靶机系统公司（Universal Target Systems Ltd.（UTSEL））。

SAT-22 靶机和 SAT-38 靶机

1. 发展概况

SAT-22 靶机是通用靶机系统公司（Universal Target Systems Ltd. (UTSEL)）研制的一种可回收式靶机，主要用于陆基或舰基防空系统训练。1997 年该公司又研制出功率更大的 SAT-38。SAT-22 靶机和 SAT-38 靶机服役于阿联酋空军。SAT-22 靶机机翼后边的降落伞存放隔离舱见图 5-51。

图 5-51　SAT-22 靶机机翼后边的降落伞存放隔离舱

2. 总体布局与部位安排

SAT-22 靶机和 SAT-38 靶机气动布局基本上和 SAT-21 相同，但尺寸更大。

主要参数

机长	3.30 m
机高	0.88 m
翼展	
SAT-22	2.7 m
SAT-38（标准）	2.91 m
SAT-38（任选）	3.05 m
空载质量	50 kg
最大任务载荷（SAT-38）质量	35 kg
最大发射质量	82 kg

3. 主要技术指标

最大平飞速度	
SAT-22	386 km/h
SAT-38（标准翼展）	386 km/h
SAT-38（任选翼展）	367 km/h
失速速度	
SAT-22	79 km/h
巡航速度（SAT-38）	324 km/h
海平面典型爬升率（SAT-38）	1 500 m/min
使用高度范围	
SAT-22	5~5 000 m
SAT-38	5~3 500 m
作用范围	
光学跟踪（SAT-22）	10 km
电子跟踪	
SAT-22	50 km
SAT-38	100 km
续航时间	
SAT-22	2 h 15 min
SAT-38	1 h 30 min

4．动力装置

1 台 16.4 kW 转子发动机用于 SAT-22，1 台 28.3 kW AR741 型转子发动机用于 SAT-38，双叶螺旋桨。燃油容量 18.5 L。

5．飞行控制系统

可采用人工控制进行视觉跟踪操作，也可配置成更先进的自动起飞和回收模式，用 GTS 数字自动驾驶仪、全球定位系统（GPS）和雷达跟踪系统进行超视距飞行。

6．任务有效载荷

可搭载的有效载荷包括 24 个烟雾弹、16 个红外曳光弹、声学或雷达脱靶量指示器（MDI）、激光增强器、反射箔条布撒器、1 个 12.7 cm 或 3 个 19 cm 的龙伯透镜、角反射器阵列、雷达应答机和软、硬拖靶，也适用于搭载电子战、电子对抗或监视设备。

7．发射系统

利用气动弹射器作陆上弹射（见图 5-52），也可用橡筋弹射器由舰上或地面弹射。准备 60 min 内就可起飞。

图 5-52　SAT-22 从拖车上的气动弹射器上发射

8．回收系统

伞降回收或滑橇着陆。

9．制造商

通用靶机系统公司（Universal Target Systems Ltd.（UTSEL））。

BTT-9 蛙足（Frogfoot）系列靶机

1. 发展概况

BTT-9 蛙足（Frogfoot）为可回收式系列靶机。该靶机目前正在生产和服役。

2. 总体布局与部位安排

BTT-9 靶机分 A、B、C 三个机型，均采用梯形上单翼布局。A、B 两型是较小型靶机，C 型为较大型靶机。BTT-9 靶机的机身为玻璃纤维增强塑料结构。A 和 B 机型的机翼为泡沫塑料芯上加一层硬木皮，舵面和尾翼为轻型硬木结构，上覆乙烯基材料。C 型靶机的飞行翼面、全部舵面和尾翼为复合材料结构。

主要参数

机长

　　A 型　　　　　　　　1.68 m

　　B 型　　　　　　　　1.92 m

　　C 型　　　　　　　　2.16 m

机高

　　A 型　　　　　　　　0.50 m

　　B 型　　　　　　　　0.57 m

　　C 型　　　　　　　　0.64 m

翼展

　　A 型　　　　　　　　2.16 m

　　B 型　　　　　　　　2.47 m

　　C 型　　　　　　　　2.7 m

螺旋桨直径

　　A 型　　　　　　　　0.33 m

　　B 型　　　　　　　　0.46 m

　　C 型　　　　　　　　0.56 m

空载质量

　　A 型　　　　　　　　5 kg

　　B 型　　　　　　　　7 kg

　　C 型　　　　　　　　20 kg

燃油质量

A 型	0.5 kg
B 型	1.0 kg
C 型	3.0 kg

最大起飞质量

A 型	5.5 kg
B 型	9.5 kg
C 型	34 kg

3. 主要技术指标

最大平飞速度

A 型	157 km/h
B 型	170 km/h
C 型	224 km/h

控制距离（光学跟踪）A 型、B 型、C 型　6 km

续航时间

A 型	27 min
B 型	45 min
C 型	65 min

4. 动力装置

根据机型不同分别采用三种不同的发动机：

A 型：1.79 kW（2.4hp）15cc 二冲程热火式发动机，两叶螺旋桨。

B 型：32cc 二冲程汽油发动机，两叶定距螺旋桨。

C 型：6.71 kW（9hp）TTLP-100 型二冲程汽油发动机，两叶定距螺旋桨。

5. 飞行控制系统

数字式 5 功能指令系统对发动机转速、副翼、升降舵、降落伞（任选）和载荷进行独立的比例控制。可编程 PCM 系统可在几种任选频率段上工作。

6. 任务有效载荷

A 型和 B 型装 102 mm 龙伯透镜、烟雾发生器、特定频率的角反射器阵列和声学脱靶量指示器。

C 型装 102 mm 或 178 mm 龙伯透镜、10 个烟雾发生器和 4 个红外曳光管，以及特定频率的角反射器阵列和声学脱靶量指示器。

7. 发射系统

A 型和 B 型为手掷放飞，也可用便携式弹射器弹射；C 型为弹射器弹射。

8. 回收系统

三型靶机均由常规的滑橇着陆或降落伞（任选）进行回收。

9. 制造商

梅吉特防务系统公司（Meggitt Defense Systems Ltd.）。

BTT-8 教士（Dervish）靶机

1. 发展概况

BTT-8 教士（Dervish）靶机是由梅吉特防务系统公司（Meggitt Defense Systems Ltd.）制造的一种缩比直升机式靶机。1988 年在英国范保罗航展上首次公开展示，1989 年中期开始生产和服役，可作为防空训练靶机、武器系统开发用靶机。

2. 总体布局与部位安排

采用半壳或全硬壳式常规直升机布局，铝合金制造。席勒式助力增稳旋翼系统，主旋翼和尾桨顺时针旋转；由内部齿形皮带传动。更换非受力外壳后可仿效不同的现有直升机型别。

主要参数

机长	3.15 m
滑橇高度	0.80 m
机高	
旋翼处	1.01 m
尾桨处	1.25 m
旋翼直径	3.26 m
主桨盘面积	8.36 m^2
尾桨直径	0.72 m
尾桨盘面积	0.41 m^2
空载质量	56 kg
最大任务载荷质量	20 kg

3．主要技术指标

最大平飞速度	80 km/h
海平面最大爬升率	200 m/min
续航时间	2 h 30 min

4．动力装置

采用 1 台 12.7 kW 242 mL 双缸二冲程水冷发动机。

5．飞行控制系统

无线电指令制导系统。

6．发射系统

常规直升机起飞。

7．回收系统

常规直升机着陆。

8．制造商

梅吉特防务系统公司（Meggitt Defense Systems Ltd.）。

模块式拉什顿拖靶（MRTT）

1．发展概况

拉什顿拖靶是一种可回收的拖靶，牵引长度可达 12 km，适用于面对空火炮及导弹的打靶。在英国、印度等国服役。

2．技术性能及使用

拉什顿拖靶通过载机翼下或机身外的卷扬机发射和回收。靶内设有目视、红外增强装置和脱靶量指示器等设备。其性能数据如下。

靶长	2.5 m
靶直径	0.19 m
靶高	0.70 m
最大质量	44 kg

| 最大牵引速度（在最大牵引长度下） | 741 km/h |
| 卷扬机绞盘上牵引索张力 | 30 kg |

卷扬机形式为三桨叶冲压空气涡轮机，以其自身动力便可使发射系统伸缩于牵引载机，只需用一个简单开关便可加以控制。

掠海飞行拖靶（Sea skimming Target）

1. 发展概况

掠海飞行拖靶（Sea skimming Target，简称 SST）的前身称为"低空高度保持"靶标（Low-Level Height-Keeping Target，简称 LLHK target），可模拟掠海飞行反舰导弹，为海军舰艇防空武器提供训练和打靶使用。这种拖靶价格低廉、安全性高。在"马岛战争"之后更是倍受青睐。这种拖靶的主要特点有：

（1）成本低、效能高，适用于训练；

（2）速度高，可达 741 km/h；

（3）低空高度可变，高度可预调在 4.5~150 m 之间；

（4）靶标上可选装各种适于武器操纵员训练的特种设备，以逼真模拟入侵的掠海飞行导弹；

（5）可选用雷达、目视和红外特征的增强装置，供各类武器的打靶；

（6）工作安全程度高。牵引索可长达 8 750 m，确保牵引载机与拖靶之间有足够的分隔距离；

（7）如果拖靶未被击毁，还可由牵引载机收回，重复多次使用；

（8）采用坚实的模件结构，维修价格低廉、方便；

（9）拖靶上备有脱靶量指示器，可以评估射击精度。

2. 技术性能及使用

掠海飞行拖靶的性能数据

拖靶质量（最大）	54.4 kg
靶长（包括头部和曳光管）	3 083 mm
靶高	702.5 mm
靶体直径	190 mm
机翼展长	724 mm
尾机翼展长	610 mm
可允许的重心偏移范围（从牵引凸环算起）	±96 mm
牵引长度	3 500~8 750 m

（与卷扬机、牵引载机、牵引速度和工作要求有关）

保持的高度	4.5~150 m
（飞行前可装定的高度）	
预定高度上高度保持的精度	±1 m
牵引载机的高度精度要求	±30 m
牵引载机的速度要求	±1.5%
	指令系统由牵引载机发出超高频双调频指令、设备指令和 MDI 指令

第6章　美国防空兵器靶标

GQM-173 靶弹

1. 发展概况

GQM-173 靶弹是一种喷气式多级超声速靶弹（Multi-Stage Supersonic Target，简称 MSST），主要用于模拟超声速反舰巡航导弹（如俄罗斯的诺瓦托（Novator）34M-54E 俱乐部（Klub）导弹，SS-N-27，北约命名为炙热（Sizzler））的威胁。其研制目的是取代 GQM-163 草原狼，作为从圣尼古拉斯岛发射的主要靶弹。

2007 年 11 月，阿里安特公司（ATK，现为 Orbital ATK，轨道阿里安特技术系统公司）中标美国海军多级超声速靶弹项目，成为多级超声速靶弹项目的主承包商。在研制过程中，轨道阿里安特公司与复合材料工程有限公司（CEI）合作，采用轨道科学公司的 GQM-163 草原狼靶弹前段作为新型多级超声速靶弹的加速级，ATK 公司负责研制靶弹的亚声速巡航级、任务规划和指挥控制系统，制造了 2 枚论证用样弹和 7 枚研发用 ZGQM-173A 样弹，并于 2011 年第二季度进行了首次试飞。

GQM-173 靶弹系统由飞行器、发射装置和辅助保障设备组成。靶弹于 2016 年投入初始生产和部署。

2. 总体布局与部位安排

GQM-173 靶弹包括亚声速级和超声速级。其前部采用针形头锥和固体火箭拦截加速级，通过加强整流罩与后部亚声速级连接，整流罩上装有小展弦比的小弹翼，后部有腹侧式喷气发动机进气道和常规尾翼。GQM-173 靶弹外形见图 6-1。

图 6-1　GQM-173A 靶弹外形图

3. 主要技术指标

飞行距离
全程	194 km
亚声速级	> 166 km
超声速级	20 km

飞行速度
巡航速度（亚声速级）	0.6~0.8 Ma
最大速度（超声速级）	2.2~3.5 Ma

4. 动力装置

靶机的亚声速级选用涡轮喷气发动机；超声速级采用一种新型火箭发动机，该发动机是阿里安特公司的 Mk114 垂直发射反潜火箭（ASROC）发动机的改进型。

5. 飞行控制系统

靶机的飞行控制系统具有可编程导航和末段迂回飞行能力。

6. 发射系统

靶机采用地面/海面发射。发射时两级火箭发动机的总推力大约为 115.6 kN，发射后 2.5 s 左右火箭助推器分离。

7. 回收系统

不可回收。

8. 制造商

轨道阿里安特技术系统公司（Orbital ATK）。

QF-4 靶机

1. 发展概况

QF-4 靶机是一种可回收、高速全尺寸系列靶机（FSAT），是 QF-106 靶机的替代机型。该系列靶机包括 QF-4B、QRF-4C、QF-4E、QF-4G、QF-4N 和 QF-4S。主要用户为美国空军（QRF-4C、QF-4E 和 QF-4G）和美国海军（QF-4B、QF-4N 和 QF-4S）。

QF-4 系列靶机于 20 世纪 70 年代初期开始研制，主要是通过对退役的 F-4 鬼怪式战斗机进行改装，为美国空军和海军提供的高速全尺寸靶机，共有 314 架 F-4 飞机被改装成 QF-4 靶机。QF-4 系列靶机主要用于为武器系统测试与评估提供全尺寸典型威胁演示，还可用于有人驾驶飞行，包括缩比靶机发射、拖靶演示、电子战和武器系统发控跟踪演习（训练）等。

QF-4 靶机现已被更先进的 QF-16 靶机（F-16 战斗机改型机）所取代。

QF-4B 靶机是由美国海军航空兵开发中心于 1972~1978 年改型的首批靶机，共 44 架，供太平洋导弹试验中心使用。原计划于 1983 年开始服役，但后被 QF-4N 取代。

QF-4N 靶机是美国海军使用的机型，具有全姿态机动飞行能力。原计划在 F-4N 飞机基础上改装 120 架 QF-4N，但是由于改进费用过高，仅改装了大约 30 架，最后一架于 1996 年初交付，到 2001 年末仅剩下少数几架。其中，专门改装了两架作为测试先进机载导弹电子对抗系统的通用电子战平台（GEWP），1994 年 8 月进行了首次飞行。后被 QF-4S 所取代。

QRF-4C 和 QF-4E/G 靶机是 1991 年启动的美国空军改型项目。该项目对美国空军剩余的 RF-4C、F-4E 和 F-4G 飞机进行改型，供美国空军使用。1992 年 2 月 Tracor 飞行系统公司（现属英国宇航系统公司（BAE 系统公司））获得了一份为期三年的 10 架试生产型飞机（AF101~110，包括 3 架 QRF-4C、5 架 QF-4E 和 2 架 QF-4G）研制合同。1993 年 9 月进行了首次飞行。1995 年 10 月交付了首架 QF-4E 靶机（AF106）。QRF-4C 和 QF-4E/G 靶机分别在廷德尔空军基地的第 82 战术靶机中队和新墨西哥州霍洛曼（Holoman）空军基地服役。据报道，美国空军采购了大约 250 架靶机。其年损耗率为 25% 左右。

QF-4S 靶机是 QF-4N 靶机的改进机型。美国海军用其取代了 QF-4N。首批 10 架中的第一架样机于 1996 年底在北加利福尼亚州切里角（Cherry Point）的海军航空维修与供应基地（NADEP）完成。

2. 总体布局与部位安排

QF-4 靶机是双喷气发动机下单翼机，采用全金属半硬壳式结构。与 F-4 鬼怪式战斗机相比，取消了机内 20 mm 机关炮和火控雷达，其中机关炮用配重取代，雷达仍在机上，但不工作，仅作配重用。另外，翼尖和尾翼喷橙色漆，作为靶机标识。QF-4E 靶机及 QF-4N 靶机见图 6-2 至图 6-4。

图 6-2　两架美国空军第 82 战术靶机中队的 QF-4E 靶机

图 6-3　在加利福尼亚州海军航空维修与供应基地的 QF-4N 靶机

图 6-4　QF-4N 靶机（机身下带雷锡恩公司的 AQM-37 靶机）

主要参数

QF-4N 靶机的主要尺寸和质量参数为（其他型号与 QF-4N 基本相同）

机长	19.2 m
翼展	11.77 m
总高	5.02 m
机翼面积	49.24 m^2
空重	13 756 kg
正常起飞质量	20 230 kg
最大起飞质量	28 030 kg

3. 主要技术指标

最大平飞速度（14 630 m 高度）	2 390 km/h
海平面最大爬升率	8 534 m/min
最大飞行高度	16 575 m
使用半径	642 km

4. 动力装置

QF-4 靶机采用两台通用电气公司（General Electric）48.5 kN J79-GE-8 复燃加力涡轮喷气发动机（推力 75.6 kN）。

5．飞行控制系统

QF-4 靶机大多采用程控飞行控制系统。

QF-4 靶机由海湾靶场靶机控制系统或靶机编队控制系统（DFCS）遥控。靶机控制装置的监视器上有一个飞行仪器显示屏，但不能直接观察到飞机。采用数字控制系统，对飞机操纵杆、节流装置、襟翼、起落架、制动装置、减速伞和尾挂钩进行遥控。大多数测试与评估飞行都是由计算机控制，可以同时对 6 架 QF-4 靶机进行控制，利用全球定位系统（GPS）保证各靶机沿设定航线飞行。

6．任务有效载荷

靶机内装和外挂有效载荷，包括目标增强装置与辅助系统，以及梅吉特公司的脱靶量指示器等。

7．发射系统

靶机采用常规跑道起飞方式发射。

8．回收系统

靶机采用常规跑道着陆方式回收。

9．制造商

BAE 系统公司（BAE Systems）。

BQM-167 巨蚊（Skeeter）靶机

1．发展概况

BQM-167 巨蚊（Skeeter）是一种可回收喷气式缩比靶机，包括 BQM-167A 和 BQM-167i，用于防空武器和空对空导弹的测试与评估。此外，还可以用于空对空导弹训练。

BQM-167 靶机于 2001 年首次试飞。同年末，美国空军启动了缩比靶机（AFSAT）项目的竞标，计划最终取代当时在役的 BQM-34A 火蜂和 MQM-107D/E 飞跑者靶机。美国复合材料工程公司中标，靶机命名为 BQM-167A。

截至 2016 年，BQM-167 靶机已在雷锡恩公司 2 300 多次导弹发射中作为靶标。目前，该靶机仍在生产和服役。

BQM-167A 和 BQM-167i 靶机的主要用户为美国空军和德国空军；另外，还出口瑞典、韩国等多个国家。

BQM-167A 是标准型，是美国空军使用的唯一缩比靶机平台，主要用于防空武器系统的测试与评估，另外还可用于空对空导弹训练，为美国空军提供世界上最真实、最全面的端对端武器投放训练。

BQM-167i 是 BQM-167A 靶机的出口机型，在 BQM-167A 的基础上进行了适应性修改。

2. 总体布局与部位安排

靶机布局与 MQM-107 靶机很相似，机身中段为圆柱形，头锥与尾部为锥形，涡轮喷气发动机位于机腹下；采用后掠机翼和尾翼；机体主要采用碳纤维复合材料，因此，BQM-167 靶机的机身比尺寸接近的 BQM-34 和 MQM-107 靶机轻很多，从而大大增加了在特定有效载荷质量情况下的飞行距离。BQM-167 靶机风洞模型见图 6-5。飞行中的 BQM-167A 靶机见图 6-6。BQM-167i 靶机见图 6-7。BQM-167A 靶机三视图见图 6-8。

图 6-5　BQM-167 靶机风洞模型

图 6-6　飞行中的 BQM-167A 靶机

图 6-7　BQM-167i 靶机

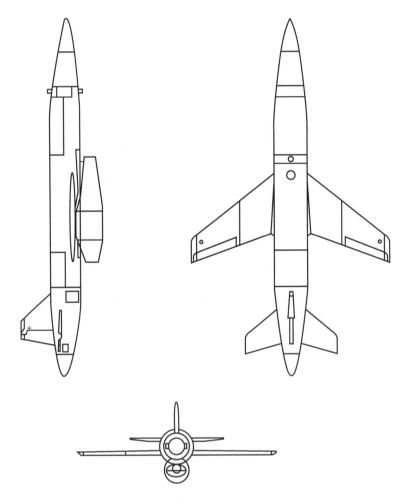

图 6-8　BQM-167A 靶机三视图

主要参数

全长	6.15 m
高度	1.32 m
机身宽度	0.61 m

翼展	3.18 m
空载质量	295 kg
最大发射质量	
BQM-167A	930 kg
BQM-167i	649 kg
内置有效载荷质量	
BQM-167A	292 kg
BQM-167i	123 kg
有效载荷舱体积	0.198 4 m³
燃料容量	
BQM-167A	435 L
BQM-167i	284 L

3. 主要技术指标

最大平飞速度	1 139 km/h
最大飞行高度	
BQM-167A	5 545 m
BQM-167i	5 240 m
最低飞行高度	15 m
飞行距离	~740 km
续航时间	~3 h
机动过载	2~9 g

4. 动力装置

靶机采用微型涡轮发动机公司的 4.45 kN TR60-5+ 涡轮喷气发动机作为动力装置，装于机腹下方；BQM-167A 的标准燃料容量为 435 L，BQM-167i 的标准燃料容量为 284 L。

5. 飞行控制系统

靶机采用雅典娜技术公司（Athens Technologies）的数字式飞行控制系统。该系统基于公司开发的"制导星"（GuideStar）111 m 自动驾驶仪，采用集成飞行控制系统（空速、高度、爬升率、攻角、侧滑角和三维自动导航（INS/GPS）与自动起飞和着陆），可与各种指控系统（包括三点定位系统和全球定位系统（GPS））配套使用。

由于采用可配置的指挥控制系统，靶机最多可同时控制 8 架靶机。

6. 任务有效载荷

可以内装或在翼下吊舱内装载目前靶机上各种通用有效载荷，主要包括无源和有源雷达增强装置、热源（红外）、脱靶量指示器（矢量和标量）、发烟油、敌我识别装置（IFF）、电子对抗设备、箔片和曳光弹投放器、红外增强装置（尾焰吊舱），以及拖靶等。携带拖靶的 BQM-167i 靶机见图 6-9。

图 6-9　飞行中的 BQM-167i 靶机（携带拖靶）

7. 发射系统

靶机发射采用零长发射导轨、火箭助推起飞方式，或者采用充气弹射技术空中或地面发射。

8. 回收系统

靶机采用降落伞回收方式，可陆地和海上回收。降落伞系统包括一个可重复使用的减速伞和一个主降落伞。如果高度允许，可以在飞行范围内的任何一点启动靶机回收。

9. 制造商

美国复合材料工程公司（CEi, Composite Engineering Inc.），2012 年被奎托斯国防与安全公司（Kratos Defense & Security Solutions，简称 Kratos 公司）收购。

MQM-178 喷火（Firejet）靶机

1. 发展概况

MQM-178 喷火（Firejet）靶机是一种多用途靶机。美国复合材料工程公司（CEi, Composite Engineering Inc.）于 2007 年中首次推出，可以满足各种高射炮和空对空导弹试验任务。2009 年该公司研制出了二型靶机。喷火靶机是公司生产的最小一种靶机，具有多种速度和机动性方案，这样使用一套靶机就可以供多种武器系统测试使用。

2017 年，靶机仍在生产中，并且在美国陆军服役。制造商正在对靶机进行改造，以满足对爱国者和霍克 MIM-23 等防空系统进行验证的训练需求。

2．总体布局与部位安排

靶机采用带前缘拐翼的中单翼布局，圆柱形机身、尖削头锥，呈 V 字形配置的尾翼。无起落架；碳纤维复合材料结构。靶机三视图见图 6-10。

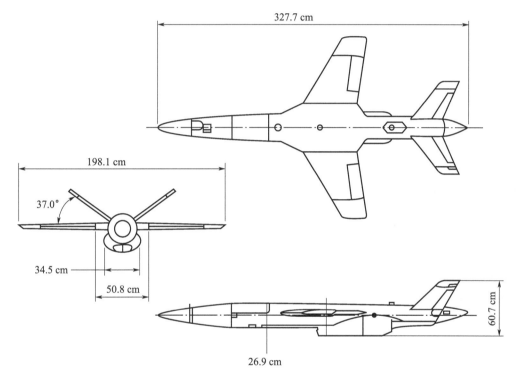

图 6-10　MQM-178 喷火靶机三视图

主要参数

机长	3.28 m
总高	0.61 m
翼展	1.98 m
空载质量	58.97 kg
最大发射质量	145.15 kg
有效载荷	
机内	18 kg
单侧翼尖	4.54 kg
有效载荷舱体积	0.035 m^3

3．主要技术指标

最大平飞速度	0.69 *Ma*
飞行高度	6~10 670 m
续航时间	1 h
机动过载	−2~9 g

4．动力装置

靶机采用两台 0.2 kN 涡轮喷气式发动机，燃料容量为 64.35 L。

5．飞行控制系统

靶机采用自主与手动方式；靶机地面控制站可以同时控制 8 架靶机。飞行中航路点（最多可达 100 点）导航，且可再编程飞行。

6．任务有效载荷

靶机可以携带内装和外挂有效载荷，包括龙伯透镜（在标准鼻锥内）、发烟油、脱靶量记录器、有源雷达增强装置、红外翼尖曳光弹增强装置、带红外曳光弹增强装置的拖靶、头部传感器和投放式箔条 / 曳光弹。

7．发射系统

靶机采用气动弹射装置，可陆上或舰上发射。由于靶机质量轻、体积小，可以与许多在用的气动发射装置配套使用，见图 6-11。

图 6-11　装在发射装置上的 MQM-178 喷火靶机

8. 回收系统

靶机采用降落伞回收方式（在 305 m 高度打开），可以从陆上或海上回收。降落伞系统包括一个可重复使用的减速伞和一个主降落伞。如果高度允许，可以在飞行范围内的任何一点启动靶机回收。

9. 制造商

美国复合材料工程公司（CEi, Composite Engineering Inc.），2012 年被奎托斯国防与安全公司（Kratos Defense & Security Solutions，简称 Kratos 公司）收购。

MQM-107 飞跑者（Streaker）靶机

1. 发展概况

MQM-107 飞跑者（Streaker）靶机是一种可回收变速系列靶机。该系列靶机由美国复合材料工程公司（CEi, Composite Engineering Inc.）研制生产，机型包括 MQM-107A、MQM-107B、MQM-107C、MQM-107D、Super MQM、Dreem、MQM-107E、Kalkara（雷鸟）等。

1972 年美国陆军进行变速训练靶标（VSTT）设计招标，1975 年 4 月比奇飞机公司（Beechcraft，后成为雷锡恩系统公司（Raytheon）的子公司）中标，获得 MQM-107 靶机的第一个生产合同。自那时起，公司生产了大量该系列靶机，装备美国军方，并出口到一些国家，总订货数量超过 1 500 架。除了设计、研制生产和交付飞行器、地面支援装备以及备件和辅助设备外，公司还为美国军方使用 MQM-107 靶机提供系统操作和维护。2003 年 10 月，CEi 公司从雷锡恩系统公司收购了 MQM-107 项目。

MQM-107 靶机是美国陆军主要的导弹训练用亚声速靶机，为 MIM-104 爱国者、MIM-23 改进型霍克、FIM-92 毒刺和爱国者 -3 拦截导弹系统的研制、试验和训练模拟各种威胁。同时，该靶机还被美国空军广泛用于 AIM-9 响尾蛇、AIM-7 麻雀和 AIM-120 先进中程空对空导弹的空对空作战训练。

1995 年 10 月，第二制造商马可尼北美公司（现 BAE 系统公司（BAE Systems）飞行系统分公司）与澳大利亚航空航天技术公司（ASTA）联合，以 MQM-107E 靶机为澳大利亚国防部队靶机系统（AATS）项目投标，拟用其取代澳大利亚皇家空军和海军的金迪维克（Jindivik）靶机。1996 年底，MQM-107E 靶机被选定为首选靶机系统。

MQM-107 系列靶机的主要用户包括美国、澳大利亚、埃及、约旦、韩国、阿联酋、瑞典、土耳其、叙利亚、朝鲜等。

MQM-107 系列靶机于 2003 年停止生产，共生产 2 236 架。现正逐步被 BQM-167 巨蚊（Skeeter）靶机所取代。

靶机改型与应用情况如下。

MQM-107A 是 MQM-107 系列靶机的首个应用型号，主要用于雷达和红外制导导弹。该靶机采用短机身。主要为美国陆军生产（从 1976 年 4 月至 1979 年初共交付 385 架）。此外，还向阿联酋（采用 3.73kN Microturbo TRI 60-2 涡轮喷气发动机）、约旦、韩国、瑞典（代号为 Rb06 Girun）等出口，出口代号为 999，其后标有 A、D、E 和 F，表示出口不同国家和地区。

MQM-107B 于 1982 年推出，选择 TRI 60-2 074 发动机作为其标配动力装置，以提高其速度和机动能力；采用加长机身以提高有效载荷能力（其后的型号均采用这种加长机身）。1984 年至 1986 年期间公司向美国陆军交付了 139 架、向美国空军交付了 70 架。此外，还向埃及、瑞典（Rb06B）等国家出口，出口代号仍为 999，其后标有 B、H 和 L，表示出口不同国家和地区。出口型沿用 TRI 60-2 发动机，但与后续交付美国军方的靶机做了相同的改进。

MQM-107C 为非标型号，采用 MQM-107A 靶机剩余的 J402-CA-700 发动机和加长的 MQM-107B 靶机机身。1985 年向美国陆军交付了 69 架。

MQM-107D 是 MQM-107B 靶机的改进型号。1985 年 10 月公司获得首个美国陆军 90 架 MQM-107D 靶机采购合同，从 1987 年 1 月开始交付；装备总量为 691 架，其中美国陆军 453 架、美国空军 221 架、美国海军 17 架。1989 年以后的 MQM-107D 靶机均装备 4.23kN 的 TRI 60-5 涡轮喷气发动机。

Super MQM 是 MQM-107D 靶机的改进型。该型号是为满足美国亚声速缩比空中靶机（SSAT）项目的需求而设计的，主要改进包括为满足美国空军和海军空对空作战训练需求提高大过载机动性。

Dreem（射频电子增强型靶机）是 MQM-107D 靶机的改进型。该型机由波音公司的鬼怪飞机制造厂根据与美国空军签订的一份为期两年的合同研制，旨在研制出一种可以替代 QF-4 等全尺寸、成本更低的机型。该靶机首次飞行试验分别于 1998 年 11 月和 12 月进行。靶机总重 642 kg，巡航速度 556 km/h，续航时间大约 30 min。一侧翼下吊舱内装有波音公司的雷达增强装置，另一侧吊舱内装有美国海军的电子对抗设备。

MQM-107E 是美国陆军和空军的高性能靶机。靶机采用新设计的机翼前缘、方向舵和升降舵，小水平尾翼安装角，并采用了新型数字自动驾驶仪。1992 年在新墨西哥州白沙导弹靶场进行了鉴定飞行试验。1994 年 7 月美国陆军与 Tracor 公司签订了首个合同，包括 7 架样机和 80 架定型靶机。1996 年 7 月完成了首架样机，1996 年 12 月进行了首次飞行，1998 年正式开始在美国空军服役。

Kalkara 是澳大利亚皇家空军和海军使用的型号，用于取代其金迪维克靶机。该型号是在 MQM-107E 靶机（装备 TRI 60-5 发动机）基础上研制的，采用了不同的基于全球定位系统（GPS）的指控系统。1997 年 2 月首份为期 9 年、价值 3500 万美元的 Kalkara 靶机合同生效，包括 20 架靶机 + 拖靶、两套基于 GPS 的地面站和保障服务。全套靶机系统已交付，并投入使用。

2. 总体布局与部位安排

靶机采用全铝下单翼正常式气动外形，后掠翼和尾翼布局；副翼在机翼后端，尾部为稳定尾翼和升降舵，无方向舵。MQM-107B 靶机及此后型号采用了加长机身，增大了有效载荷舱；采用了防水性能更好的结构，为海上回收提供保证。

靶机采用圆柱形机身，机身中部为仪器舱和燃料箱；头锥和尾部整流锥呈曲面锥形，头锥内装有有效载荷，包括特种设备；尾部装有降落伞等回收装置。靶机整体为模块化设计，采用平面翼和黏结蜂窝结构（固定翼面）或充填泡沫铝（活动翼面）尾翼面。发动机悬置在机身中部下面，便于重心配置。

MQM-107A、MQM-107D、MQM-107E 和 Kalkara 靶机外形见图 6-12 至图 6-15。

图 6-12　MQM-107A 靶机

图 6-13　MQM-107D 靶机

图 6-14　MQM-107E 靶机

图 6-15　澳大利亚海军 Kalkara 靶机

MQM-107 变速训练靶机三视图见图 6-16。

MQM-107D 靶机内部设备布局见图 6-17，带外挂有效载荷的 MQM-107D 靶机见图 6-18。

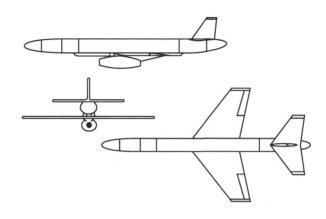

图 6-16　MQM-107 变速训练靶机三视图

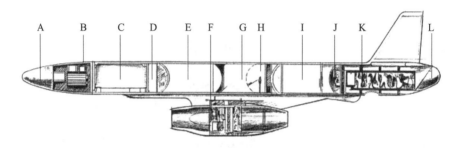

图 6-17　MQM-107D 靶机内部设备布局图

A- 头锥　B- 制导控制设备　C- 备用有效载荷　D- 发烟装置 / 油箱　E- 前燃料箱　F- 动力装置
G- 中燃料箱　H- 燃料量传感器　I- 后燃料箱　J- 燃料控制装置　K- 回收降落伞　L- 尾锥

图 6-18　带外挂有效载荷的 MQM-107D 靶机

1. 烟火光学尾焰模拟器　2. 曳光弹投放吊舱　3. 脱靶量指示器吊舱　4. 泡沫塑料锥形雷达反射器
5. 红外增强装置支架　6. 曳光弹 / 箔条投放器　7. 弹丸中靶计数器 / 拖（旗）靶
8. 双基雷达反射器吊舱　9. 雷达拖靶　10. 红外拖靶　11. 红外翼尖吊舱

MQM-107 飞跑者靶机主要参数见表 6-1。

表 6-1　MQM-107 飞跑者靶机

主要尺寸和质量参数	MQM-107A	MQM-107B	MQM-107D	MQM-107E
全长（m）	5.51	5.51	5.51	5.13
总高（m）	1.47	1.47	1.47	1.54
机身直径（m）	0.38	0.38	0.38	0.38
翼展（m）	3.01	3.01	3.01	3.02
尾翼翼展（m）	1.58	1.58	1.58	1.58
有效载荷舱体积（m³）	0.092 4	0.135 7	0.135 7	0.135 7
空载质量（kg）	218	261	261	
最大发射质量（不包括助推器）(kg)		664	662	662
内装有效载荷（kg）	43	45	45	45
外挂有效载荷（kg）	113	160	91	91

3．主要技术指标

MQM-107 飞跑者靶机主要技术指标见表 6-2。

表 6-2　MQM-107 飞跑者靶机主要技术指标

	MQM-107A	MQM-107B	MQM-107D	MQM-107E
飞行速度（km/h）	926	956	1 015	1 015
飞行高度（m）	15~12 190	15~12 190	15~12 190	15~12 190
续航时间（h）	3	2.3	2.25	2.25
最大机动过载（g）	6	6	6	6

4．动力装置

靶机采用一台涡轮喷气发动机，装于机身下部吊舱内。标准燃料量为 246 L，加长机身型燃料量为 284 L，采用附加机翼嵌入式燃料箱可以再增加 113 L。

MQM-107 各型靶机的发动机型号如下：

MQM-107A 采用特里达因·瑞安公司的 2.85kN CAE J402-CA-700 涡轮喷气发动机；

MQM-107B 采用微涡轮发动机公司的 3.73kN TRI 60-2-074 涡轮喷气发动机；

MQM-107C 采用特里达因·瑞安公司的 2.85kN CAE J402-CA-700 涡轮喷气发动机；

MQM-107D 最初采用特里达因·瑞安公司的 4.27kN CAE 373-8 涡轮喷气发动机，从 1989 年起采用微型涡轮发动机公司的 4.23kN TRI 60-5 涡轮喷气发动机；

MQM-107E 采用微涡轮发动机公司的 4.23kN TRI 60-5 涡轮喷气发动机，或特里达因·瑞安公司的 4.27kN CAE 373-8B 涡轮喷气发动机。

5. 飞行控制系统

靶机采用模拟或数字飞行控制系统。在靶机起飞助推器（RATO）点火后的前 20 s 内采用地面程序控制。然后飞行控制器接管控制，通过无线电链路从机载传感器上接收全部飞行信息，发出飞行器机动飞行和回收指令。飞行中，制导控制系统自动实施滚动、偏航和俯仰姿态稳定以及提供高度保持。MQM-107E 靶机采用基于 GPS 的制导控制。

飞行控制设计包含地形跟踪制导技术，可以显示超低空飞行剖面图，保证靶机超低空飞行。MQM-107 系列靶机装备有大机动过载自动驾驶仪，扩大了靶机的安全机动范围和大机动过载范围。飞行控制器可以选择等空速或等高大机动过载机动飞行，在与空对空或面对空武器系统配合使用时可以保持 6 g 机动飞行。

6. 任务有效载荷

靶机主要用于拖挂供导弹训练和评估使用的各种子靶标。机上装有保证拖挂各类拖靶和增强装置及脱靶量指示器的设备。拖靶包括两个雷达、红外或目视信号增强型拖靶，或一个带锥形反射器的 2.23 m² 旗靶（炮射拖筒），可以挂在 MQM-107 靶机后，拖曳距离达 2 440 m。机载装置包括目视发烟增强装置、烟火光学尾焰模拟器、曳光弹投放吊舱、泡沫塑料锥形反射器、雷达／红外增强装置、曳光弹／箔条投放器、弹丸中靶计数器、双基雷达反射器吊舱、红外翼尖吊舱和脱靶量指示器吊舱等（其中烟火光学尾焰模拟器、雷达／红外增强装置、曳光弹／箔条投放器、双基雷达反射器吊舱、旗靶和脱靶量指示器吊舱是典型的外挂设备）。另外还有一个 26.5 L 发烟油箱（MQM-107A 靶机内为 15 L），以增强目视信号特征。

7. 发射系统

在地面采用火箭起飞助推器从轻型零长发射架发射靶机。点火后 2 s 左右，靶机可加速到大约 407 km/h，之后助推器被弹射出去。

8. 回收系统

靶机采用两级降落伞回收系统—主伞和牵引（引导）伞。拖在机身后部的主伞直径为 15.24 m，牵引伞直径为 1.65 m。在地面回收指令发出后或指令链路中断 6 s 后，或供电中断后启动回收系统。回收可在陆地或水面上进行。为了确保水面正常回收，机身采用密封仪器舱。

9. 制造商

美国复合材料工程公司（CEi, Composite Engineering Inc.），2012 年被奎托斯国防与安全公司（Kratos Defense & Security Solutions）收购。

BAE 系统公司（BAE Systems）飞行系统分公司（MQM-107E）。

RPV 系列靶机

1. 发展概况

RPV（Remotely Piloted Vehicle，遥控飞行器）靶机是一种可回收缩比系列靶机。1983
年，美国大陆遥控飞行公司作为主承包商，开始为美国陆军国家训练中心（NTC）提供俄
罗斯米格 -27 战斗机的缩比靶机，作为近距空中支援系统（CASS）的一部分。自那时起，
该公司研制生产了一系列模拟不同类型俄罗斯和西方国家飞机的缩比靶机，为美国陆军国
家训练中心提供无线电控制的固定翼和旋翼靶机。这些靶机用于美国本土、欧洲和韩国的
所有美国陆军防空部队的毒刺导弹和火炮系统实弹打靶训练。

靶机包括 4 种缩比尺寸：1/9、1/7、1/5 和 1/2，也可根据用户订货需求生产其他比
例和尺寸的靶机。靶机主要用于模拟 A-7、A-10、AV-8、塞斯纳（Cessna）150、F-16、
F-111、米 -24、米格 -27、苏 -17、苏 -24、苏 -25 飞机和鹰 2000 高速缩比靶机（速度可
达 265~298 km/h），部分见图 6-19 至图 6-22；也可根据需要生产其他机型的缩比靶机。目
前订货最多的是苏 -25 1/5 缩比靶机和米 -24 1/5 旋翼型缩比靶机（美国陆军使用这两种靶
机），这两种靶机均可飞行至 3 000 m 以上的高度。该靶机目前仍在生产和服役中。

2. 总体布局与部位安排

靶机均采用玻璃纤维机身、层压板机翼和尾翼。

 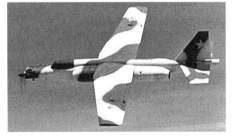

图 6-19　米格 -27 1/5 缩比靶机　　　　　　　图 6-20　苏 -25 1/5 缩比靶机

主要参数

翼展

A-7（被模拟飞机型号，下同）

1/5 缩比靶机	2.51 m
1/7 缩比靶机	1.70 m
1/9 缩比靶机	1.32 m

图 6-21　米 -24 1/5 缩比靶机（旋翼型）　　　图 6-22　鹰 2000 高速缩比靶机

A-10

　　1/5 缩比靶机　　　　　　　　　　3.43 m

　　1/7 缩比靶机　　　　　　　　　　2.54 m

　　1/9 缩比靶机　　　　　　　　　　1.91 m

AV-8

　　1/5 缩比靶机　　　　　　　　　　1.83 m

　　1/7 缩比靶机　　　　　　　　　　1.30 m

　　1/9 缩比靶机　　　　　　　　　　1.02 m

塞斯纳 150

　　1/2 缩比靶机　　　　　　　　　　5.08 m

F-16

　　1/5 缩比靶机　　　　　　　　　　2.08 m

　　1/7 缩比靶机　　　　　　　　　　1.52 m

　　1/9 缩比靶机　　　　　　　　　　1.22 m

F-111

　　1/5 缩比靶机　　　　　　　　　　3.84 m

　　1/7 缩比靶机　　　　　　　　　　2.74 m

　　1/9 缩比靶机　　　　　　　　　　2.13 m

米 -24

　　1/5 缩比靶机　　　　　　　　　　1.78 m

米格 -27

　　1/5 缩比靶机　　　　　　　　　　3.00 m

　　1/7 缩比靶机　　　　　　　　　　2.54 m

　　1/9 缩比靶机　　　　　　　　　　1.52 m

苏 -17

　　1/5 缩比靶机　　　　　　　　　　2.95 m

　　1/7 缩比靶机　　　　　　　　　　1.98 m

| 1/9 缩比靶机 | 1.68 m |

苏 -24

1/5 缩比靶机	3.58 m
1/7 缩比靶机	2.44 m
1/9 缩比靶机	1.91 m

苏 -25

1/5 缩比靶机	3.20 m
1/7 缩比靶机	2.54 m
1/9 缩比靶机	1.91 m

空载质量

A-7

1/5 缩比靶机	19.1 kg
1/7 缩比靶机	12.2 kg
1/9 缩比靶机	4.5 kg

A-10

1/5 缩比靶机	27.2 kg
1/7 缩比靶机	11.8 kg
1/9 缩比靶机	5.9 kg

AV-8

1/5 缩比靶机	22.7 kg
1/7 缩比靶机	13.2 kg
1/9 缩比靶机	4.1 kg

塞斯纳 150

| 1/2 缩比靶机 | 61.2 kg |

F-16

1/5 缩比靶机	20.4 kg
1/7 缩比靶机	16.8 kg
1/9 缩比靶机	5.0 kg

F-111

1/5 缩比靶机	29.5 kg
1/7 缩比靶机	20.0 kg
1/9 缩比靶机	13.6 kg

米 -24

| 1/5 缩比靶机 | 18.1 kg |

米格 -27

| 1/5 缩比靶机 | 19.1 kg |

1/7 缩比靶机	13.2 kg
1/9 缩比靶机	5.0 kg

苏 -17

1/5 缩比靶机	19.5 kg
1/7 缩比靶机	13.6 kg
1/9 缩比靶机	5.4 kg

苏 -24

1/5 缩比靶机	21.3 kg
1/7 缩比靶机	17.2 kg
1/9 缩比靶机	5.0 kg

苏 -25

1/5 缩比靶机	18.6 kg
1/7 缩比靶机	14.5 kg
1/9 缩比靶机	5.4 kg

有效载荷质量

A-7

1/5 缩比靶机	9.1 kg
1/7 缩比靶机	6.8 kg
1/9 缩比靶机	2.3 kg

A-10

1/5 缩比靶机	9.1 kg
1/7 缩比靶机	6.8 kg
1/9 缩比靶机	2.7 kg

AV-8

1/5 缩比靶机	9.1 kg
1/7 缩比靶机	6.8 kg
1/9 缩比靶机	2.3 kg

塞斯纳 150

1/2 缩比靶机	18.1 kg

F-16

1/5 缩比靶机	9.1 kg
1/7 缩比靶机	6.8 kg
1/9 缩比靶机	2.3 kg

F-111

1/5 缩比靶机	9.1 kg
1/7 缩比靶机	6.8 kg

1/9 缩比靶机	2.3 kg
米 -24	
1/5 缩比靶机	9.1 kg
米格 -27	
1/5 缩比靶机	9.1 kg
1/7 缩比靶机	6.8 kg
1/9 缩比靶机	2.3 kg
苏 -17	
1/5 缩比靶机	11.3 kg
1/7 缩比靶机	7.3 kg
1/9 缩比靶机	2.3 kg
苏 -24	
1/5 缩比靶机	9.1 kg
1/7 缩比靶机	6.8 kg
1/9 缩比靶机	2.3 kg
苏 -25	
1/5 缩比靶机	9.1 kg
1/7 缩比靶机	6.8 kg
1/9 缩比靶机	2.3 kg

3. 主要技术指标

最大飞行速度

A-7	
1/5 缩比靶机	177 km/h
1/7 缩比靶机	153 km/h
1/9 缩比靶机	121 km/h
A-10	
1/5 缩比靶机	188 km/h
1/7 缩比靶机	177 km/h
1/9 缩比靶机	145 km/h
AV-8	
1/5 缩比靶机	177 km/h
1/7 缩比靶机	153 km/h
1/9 缩比靶机	121 km/h
塞斯纳 150	
1/2 缩比靶机	121 km/h

F-16

　　1/5 缩比靶机　　　　　　　175 km/h

　　1/7 缩比靶机　　　　　　　161 km/h

　　1/9 缩比靶机　　　　　　　137 km/h

F-111

　　1/5 缩比靶机　　　　　　　177 km/h

　　1/7 缩比靶机　　　　　　　153 km/h

　　1/9 缩比靶机　　　　　　　121 km/h

米 -24

　　1/5 缩比靶机　　　　　　　129 km/h

米格 -27

　　1/5 缩比靶机　　　　　　　209 km/h

　　1/7 缩比靶机　　　　　　　161 km/h

　　1/9 缩比靶机　　　　　　　151 km/h

苏 -17

　　1/5 缩比靶机　　　　　　　177 km/h

　　1/7 缩比靶机　　　　　　　185 km/h

　　1/9 缩比靶机　　　　　　　145 km/h

苏 -24

　　1/5 缩比靶机　　　　　　　177 km/h

　　1/7 缩比靶机　　　　　　　153 km/h

　　1/9 缩比靶机　　　　　　　121 km/h

苏 -25

　　1/5 缩比靶机　　　　　　　162 km/h

　　1/7 缩比靶机　　　　　　　161 km/h

　　1/9 缩比靶机　　　　　　　145 km/h

最小飞行速度

A-7

　　1/5 缩比靶机　　　　　　　57 km/h

　　1/7 缩比靶机　　　　　　　65 km/h

　　1/9 缩比靶机　　　　　　　25 km/h

A-10

　　1/5 缩比靶机　　　　　　　41 km/h

　　1/7 缩比靶机　　　　　　　49 km/h

　　1/9 缩比靶机　　　　　　　25 km/h

AV-8

    1/5 缩比靶机　　　　　　　　57 km/h

    1/7 缩比靶机　　　　　　　　65 km/h

    1/9 缩比靶机　　　　　　　　25 km/h

塞斯纳 150

    1/2 缩比靶机　　　　　　　　41 km/h

F-16

    1/5 缩比靶机　　　　　　　　71 km/h

    1/7 缩比靶机　　　　　　　　72 km/h

    1/9 缩比靶机　　　　　　　　41 km/h

F-111

    1/5 缩比靶机　　　　　　　　57 km/h

    1/7 缩比靶机　　　　　　　　65 km/h

    1/9 缩比靶机　　　　　　　　25 km/h

米 -24

    1/5 缩比靶机　　　　　　　　57 km/h

米格 -27

    1/5 缩比靶机　　　　　　　　33 km/h

    1/7 缩比靶机　　　　　　　　49 km/h

    1/9 缩比靶机　　　　　　　　29 km/h

苏 -17

    1/5 缩比靶机　　　　　　　　36 km/h

    1/7 缩比靶机　　　　　　　　41 km/h

    1/9 缩比靶机　　　　　　　　25 km/h

苏 -24

    1/5 缩比靶机　　　　　　　　57 km/h

    1/7 缩比靶机　　　　　　　　65 km/h

    1/9 缩比靶机　　　　　　　　25 km/h

苏 -25

    1/5 缩比靶机　　　　　　　　65 km/h

    1/7 缩比靶机　　　　　　　　57 km/h

    1/9 缩比靶机　　　　　　　　25 km/h

最大速度时的续航时间

A-7

    1/5 缩比靶机　　　　　　　　30 min

    1/7 缩比靶机　　　　　　　　30 min

1/9 缩比靶机	16 min
A-10	
1/5 缩比靶机	30 min
1/7 缩比靶机	30 min
1/9 缩比靶机	16 min
AV-8	
1/5 缩比靶机	30 min
1/7 缩比靶机	30 min
1/9 缩比靶机	16 min
塞斯纳 150	
1/2 缩比靶机	90 min
F-16	
1/5 缩比靶机	30 min
1/7 缩比靶机	30 min
1/9 缩比靶机	16 min
F-111	
1/5 缩比靶机	30 min
1/7 缩比靶机	30 min
1/9 缩比靶机	12 min
米 -24	
1/5 缩比靶机	30 min
米格 -27	
1/5 缩比靶机	30 min
1/7 缩比靶机	30 min
1/9 缩比靶机	16 min
苏 -17	
1/5 缩比靶机	30 min
1/7 缩比靶机	30 min
1/9 缩比靶机	12 min
苏 -24	
1/5 缩比靶机	30 min
1/7 缩比靶机	30 min
1/9 缩比靶机	14 min
苏 -25	
1/5 缩比靶机	30 min
1/7 缩比靶机	30 min

| 1/9 缩比靶机 | 16 min |

4. 动力装置

除鹰 2000 靶机以外，所有缩比靶机采用的标配动力装置是一台 100 mL、转速为 8 000 r/min 的活塞发动机，通常装有拉进式双叶螺旋桨。所有 1/5 和 1/7 缩比靶机的标准载油量为 0.91 kg 汽油／润滑油混合燃料；所有 1/9 缩比靶机的标准载油量为 0.45 kg 硝基甲烷；塞斯纳 150 1/2 缩比靶机的燃料量为 18.9 L。

鹰 2000 靶机采用 342 mL、转速为 6 750 r/min 的活塞发动机，采用标准汽油／润滑油混合燃料和拉进式双叶螺旋桨。

5. 飞行控制系统

通过手持无线电遥控装置或便携式地面控制站（GCS）对靶机进行控制，采用基于全球定位系统（GPS）的航路点导航系统进行自主飞行控制。标准控制范围为 3 km，在自主飞行控制（可同时控制 4 个目标）中使用光学控制器可以扩大控制范围。

6. 任务有效载荷

靶机机载有效载荷包括发烟装置、红外增强装置、摄像机、光学传感器、脱靶量指示器（MDI）、全向信标、雷达反射器。近距空中支援系统中使用的 1/5 缩比靶机可以携带多任务综合激光拦截系统（MILES）传感器和一个用于 MILES 命中指示的机载发烟装置。

靶机上还配备了具有"反击"能力的空对地拦截系统（AGES），目前已集成到实弹射击和激光对抗模拟训练系统和方案中。还可以配备供非实弹射击训练演习使用的精确射击系统（PGS）。

7. 发射系统

靶机采用大陆遥控飞行公司的 C-GSLS 3000 机动安全压缩空气零长发射装置，通过火箭助推装置和爆炸气体发射。可以地面发射，也可从舰上发射。发射装置可以在 5 min 内就绪，并可以重复使用，两次发射间隔为 2 min。

8. 回收系统

靶机通常采用滑橇或机腹着陆的方式回收，也可经改装后伞降回收。

9. 制造商

大陆遥控飞行公司。

MQM-170A 奥特洛（Outlaw）靶机

1. 发展概况

MQM-170A 奥特洛（Outlaw）靶机是一种可回收低成本、多功能靶机。靶机可以与现有基于全球定位系统（GPS）的自动驾驶仪系统配合，用于多种任务。

美国格里芬宇航公司（Griffon Aerospace）研制生产的 MQM-170A 奥特洛靶机于 2003 年完成首次飞行，2005 年中开始批生产，2012 年已生产了 3 000 架，作为美国陆军防空训练的标准靶机，主要与联合直接攻击弹药（JDAM）和毒刺导弹配合使用。靶机的其他用户包括美国空军、海军、海军陆战队以及一些美国以外的军事用户。目前，MQM-170A 靶机仍在生产和服役中。

改型与应用概况：MQM-170A 奥特洛靶机是标准的视距内飞行靶机，可以执行飞越山坡任务。

2. 总体布局与部位安排

靶机外形采用梯形下单翼、管状机身、尖拱形头锥、V 形尾翼；复合材料结构，以及固定前三点式起落架（可选），见图 6-23。

图 6-23　MQM-170A 靶机

主要参数

机长	2.70 m
翼展	4.15 m
高度（不包括起落架）	0.70 m
有效载荷舱体积	0.425 m³
空载质量	约 34.5 kg
最大有效载荷（包括燃料）	约 18.1 kg
最大发射质量	约 54.4 kg
最大燃料质量	8.6 kg

3．主要性能指标

最大平飞速度	193 km/h
巡航速度	130 km/h
失速速度	84 km/h
飞行高度	5~3 660 m
飞行半径（超视距）	111 km
续航时间	
标准	1 h
最大	2.5 h
机动过载	±8 g

4．动力装置

靶机的动力装置包括一台 12.7 kW 3W-Modellmotoren 150i 双缸二冲程活塞式发动机，双叶推进式螺旋桨。

5．飞行控制系统

靶机可以手动控制也可遥控。手动模式下，可以在视距或超视距范围内通过控制台同时对多架飞行中的靶机进行控制；遥控模式下，可以采用自动驾驶仪和 GPS 航路点导航，按照预置飞行航迹进行超视距飞行。如果控制链路中断，操作员可以利用自动飞行终止系统着陆。标准的地面控制系统（GCS）包括一台或多台便携式计算机，用于显示飞行器的性能和状态以及任务执行情况。遥控组合包括飞机和传感收发器以及便携式计算机接口。通过遥测组合，可以使用数字链路对传感显示器进行驱动。

6．任务有效载荷

靶机的最大有效载荷量大约为 18 kg。机上的多任务舱可携带各种光电 / 红外传感器以及其他专用有效载荷，机身中部的有效载荷舱和燃料舱室根据任务需求互换。

　　美国陆军靶机的标准有效载荷包括多任务综合激光拦截系统、红外增强装置、精确射击系统反射器、发烟装置、夜间照明装置和多普勒脱靶量指示器。

7. 发射系统

　　靶机采用轮式或非轮式发射装置。靶机的标准发射方式为气动弹射，轮式起飞作为备选方式。

8. 回收系统

　　靶机采用机腹滑橇着陆或采用三轮式起落架的传统轮式着陆方式回收。

9. 制造商

　　格里芬宇航公司（Griffon Aerospace）。

BQM-34 火蜂 -1（Firebee I）靶机

1. 发展概况

　　BQM-34 火蜂 -1（Firebee I）靶机是一种可以空中发射、地面发射和舰上发射、可回收式喷气动力系列靶机，是世界上最成功、功能最多、用途最广的靶机。它广泛用于鉴定各种空对空导弹和地对空武器系统，并用于训练战斗机驾驶员和防空部队等。其改型还用于执行侦察、电子战、飞行试验、携带炸弹或导弹进行对敌攻击等任务。

　　BQM-34 火蜂 -1 靶机是美国特里达因·瑞安公司（Teledyne Ryan，现为诺斯罗普·格鲁曼公司（Northrop Grumman）的一部分）根据美国陆、海、空三军联合研制项目研制生产的，包括 124 系列、147 系列、232 系列、234 系列、259 系列等。其中，124 系列大部分用作靶机，包括空军的 BQM-34A、海军的 BQM-34A/S 和陆军的 MQM-34D 等，这个系列的靶机成为 20 世纪 80 年代前美军三军训练的标准设备；147 系列是在 BQM-34A 基础上研制的遥控靶机，大部分为空中发射，故用 AQM-34 来标识，主要用于侦察、监视、电子战等；232 系列为公司 1985 年推出的产品，为出口型号，有 232A、232B、232C 等，包括 BQM-34S，是 124 型的特殊改型，代表了当代大型高性能靶机的水平；255 系列（AQM-34V）是 AQM-34H/J 的改进型，用于执行电子战任务；234 系列是在 147S 的基础上研制的遥控靶机，用 BGM-34A/B 标识；259 系列为多功能型号，用 BGM-34C 标识。234 系列和259 系列主要用于试验无人机执行某些战术攻击和防御压制任务以及验证无人机执行部分有人驾驶飞机执行任务的可能性，属于研究机，没有批量生产。

　　火蜂 -1 靶机除提供给美国陆军、海军和空军外，还出口加拿大（早期型号）、以色列、意大利和日本等国家，并出口北约成员国，用于导弹测试与评估。在越南战争中，经改装为美国空军提供了近 1 000 架 147 系列遥控侦察机。

自 1951 年以来，火蜂 -1 靶机的总订单量已超过 7 400 架。其中，公司分别为美国空军生产了 645 架、海军 570 架、陆军 35 架、加拿大皇家空军 30 架早期型号（Q-2/KDA）；自 1958 年开发 BQM-34/MQM-34 系列以来，分别为美国陆军提供 601 架 MQM-34D/BQM-34S、美国海军 3 500 多架 BQM-34A/S、美国空军 1 895 架 BQM-34A、以色列 27 架 232 系列、意大利 13 架 232 系列以及日本航空自卫队 20 架、日本海上自卫队 60 多架 BQM-34J 和 44 架 BQM-34AJ（Kai）型号靶机。

截至 2018 年，靶机仍在生产和服役中，公司正在继续推销其通用 BMQ-34 靶机。

火蜂 -1 靶机的主要尺寸、质量与发动机推力如表 6-3 所示。

表 6-3　火蜂 -1 系列靶机的主要尺寸及质量参数

系列	代号	全长 (m)	翼展 (m)	机身直径 (m)	发射质量 (kg)	发动机推力 (kN)
124	BQM-34A	6.98	3.93	0.94	1 134	7.65
	BQM-34S	6.98	3.93	0.94	1 134	7.65
	MQM-34D	6.98	3.93	0.94	1 542	7.65
147	AQM-34N	9.14	9.75	0.94	1 735	8.5
232	出口型	6.99	3.93	0.94	1 134	12.66
259	BGM-34C	8.69	4.42	0.94	2 270	8.5

BQM-34 系列靶机是一种装有涡轮喷气发动机、可回收并可重复使用的亚声速中低空无人驾驶靶机，是世界上生产数量最多的无人机之一。其主要任务是在防御战备训练、空对空作战训练和武器系统测试与评估中模拟敌方飞机和导弹的战术威胁。BQM-34 系列靶机分别见图 6-24 至图 6-27。

图 6-24　飞行中的美国空军 BQM-34A 靶机

图 6-25　美国海军 BQM-34S 靶机

图 6-26　翼尖装有加长曳光弹架的美国海军 BQM-34A 靶机

图 6-27　安装在 DC-130A 飞机上的 BQM-34-53 靶机

BQM-34A 是标准美国空军型号，最初还提供给美国海军。1958 年 2 月特里达因·瑞安公司根据用户需求开展火蜂靶机改进工作，研制了 BQM-34A 靶机（当时代号为 Q-2C），同年 12 月进行了首次试飞，并于 1960 年 1 月进行了首架生产型靶机的飞行试验。靶机采用空中发射。

BQM-34J 和 BQM-34AJ（Kai）是日本富士重工公司生产的 BQM-34A 靶机代号。最初生产的 BQM-34J 靶机交付到 1996 年；从 1993 年开始提供改进型 BQM-34AJ（Kai）靶机，到 2005 年 7 月共交付 44 架；为模拟反舰导弹末端飞行段，富士重工公司进行了再设计，增加了可编程飞行轨迹控制功能。

BQM-34S 是标准美国海军型号，1976 年首次订货；舰面发射或地面发射。从 2009 年起公司开始提供采用 BQM-74 靶机先进电子航空设备的改进型 BQM-34S 靶机。到 2012 年 10 月，共有 187 架 BQM-34S 靶机在海军服役。公司还向美国陆军提供部分 BQM-34S 靶机。

BQM-34-53 是 BQM-34S 的改进型。2002 年 12 月诺斯罗普·格鲁曼公司对经大量改进、全自主的 BQM-34S 靶机进行了 36 min 的首飞试验，以验证在多个预定位置提供各种有效载荷方案。靶机机翼装有挂弹架，采用复合材料有效载荷吊舱。改进项目还包括改进软件，采用了便携式靶场安全飞行中断系统。2003 年完成并交付了 5 架 BQM-34-53 靶机，之后这 5 架靶机在伊拉克战争中投入使用。

MQM-34D 是美国陆军的主要型号，地面发射。靶机采用加大翼展的机翼和长燃时助推器，以满足最大发射质量的需求。

232 型是出口型号，出口到以色列和意大利。

2．总体布局与部位安排

靶机采用双梁等弦中单翼，机翼带 45° 大后掠角、具有同样大后掠尾翼组合（垂直安定面 48°，水平安定面 45°），尾锥下腹鳍、椭圆截面锥形机身，机身中部下方装有龙骨用以缓冲着陆冲击。靶机通过方向舵、升降舵及副翼进行飞行控制；副翼通过电机伺服机构驱动。机身主要采用半硬壳式铝合金结构；装有制导控制天线的垂直尾翼尖、头锥、尾锥和水平安定翼尖采用玻璃纤维结构。翼尖可拆卸，以便于使用备用的外伸翼板。

BQM-34A 靶机三视图见图 6-28，机体结构见图 6-29，内部设备布局见图 6-30。

主要参数

全长	6.98 m
总高	2.04 m
机身直径	0.94 m
翼展	3.93 m
机翼后掠角	45°
机翼面积	3.34 m^2

空载质量　　　　　　　　680 kg

最大燃料质量　　　　　　295 kg

最大发射质量

　BQM-34A/S　　　　　　1 134 kg

　MQM-34D　　　　　　　1 542 kg

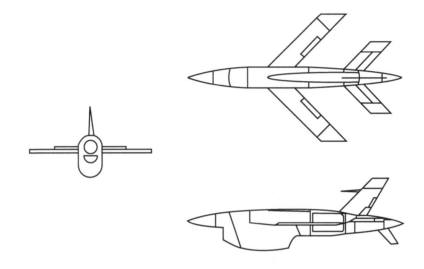

图 6-28　BQM-34A 靶机三视图

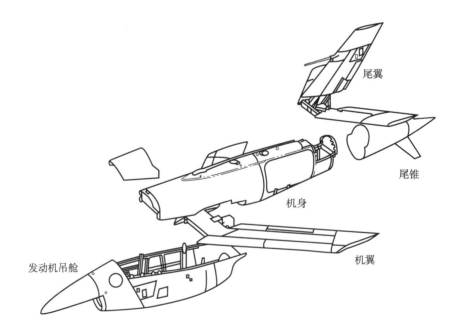

图 6-29　BQM-34A 靶机机体结构图

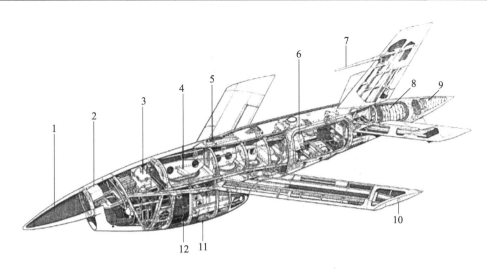

图 6-30　BQM-34A 靶机内部设备布局图

1. 头罩（机头雷达天线罩）　2. 前设备舱　3. 电池 / 电源舱　4. 燃料舱　5. 吊伞装置　6. 后设备舱
7. 空速管　8. 主伞　9. 减速伞　10. 翼尖外挂增强设备　11. 防撞龙骨　12. 动力装置

3. 主要技术指标与飞行航迹

（1）主要技术指标

飞行高度	5~18 290 m
最大飞行速度	1 176 km/h
最大平飞速度（高度 1 981 m）	1 111 km/h
最大巡航速度（高度 15 240 m、总重 816 kg）	1 013 km/h
失速速度（发动机工作，总重 816 kg)	188 km/h
最大爬升率（海平面，总重 1 000 kg)	
采用 J69-T-41A 发动机	5 486 m/min
采用 J85-GE-7 发动机	6 706 m/min
续航时间	大约 1 h 55 min
飞行距离	1 281 km（标准燃料）
最大机动过载	+7 g

（2）典型飞行航迹

1）火蜂 -1 靶机飞行包络图见图 6-31。

2）带雷达拖靶在中低空地对空导弹打靶时的飞行路线

图 6-32 示出了火蜂 -1 靶机带长拖绳雷达拖靶在地对空导弹打靶时的典型飞行路线。这是一种环形飞行路线。靶机带两个雷达拖靶，地对空导弹可以采用半主动寻的、主动寻的或指令制导系统。

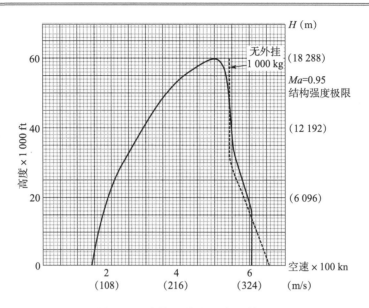

图 6-31　火蜂-1 靶机飞行包络图

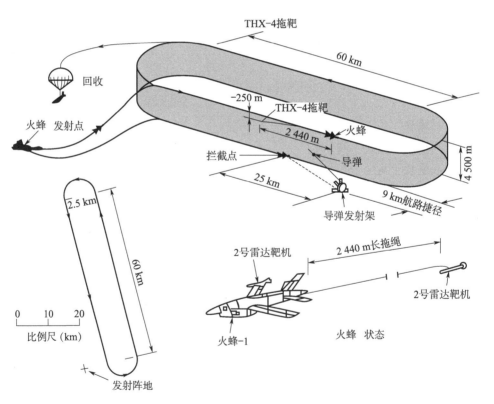

图 6-32　火蜂-1 在中低空地对空导弹打靶时的典型飞行路线

典型飞行条件

靶机速度	205 m/s
离地飞行高度	4 500 m

进近段距离	60 km
航路捷径	9 km
进近次数	3
拖绳长度	2 440 m

3）带红外拖靶在低空地对空导弹打靶时的飞行路线

图 6-33 示出了带短拖绳红外拖靶的火蜂 -1 靶机在红外地对空导弹打靶时的典型飞行路线。这是一种 Z 字形的飞行路线，靶机带 2 个红外拖靶。

典型飞行条件

靶机速度	180~205 m/s
离地飞行高度	500~3 000 m
截获段距离	4 km
可拦截段距离	6 km
航路角	10°
进近次数	12
拖绳长度	31~152 m

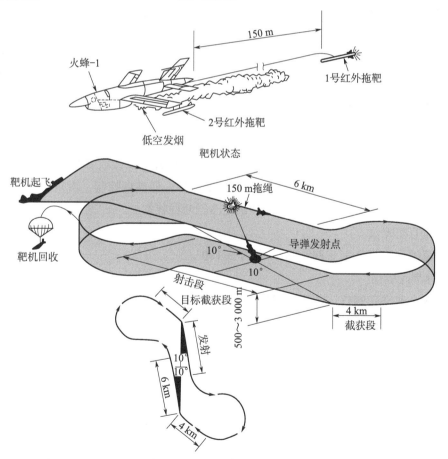

图 6-33　火蜂 -1 在低空红外地对空导弹打靶时的典型飞行路线

4．动力装置

靶机采用单涡轮喷气发动机。目前美国库存的火蜂靶机使用特里达因·瑞安公司的 7.55 kN J69-T-29 发动机和 8.54 kN J69-T-41B 发动机（从 1986 年起）、通用电气公司的 10.9 kN J85-GE-7 发动机或 12.7 kN J85-GE-100 发动机。标准燃油容量为 378 L，由装在前机身内的整体油箱提供，采用辅助油箱可增加 68 L 燃油量。

5．飞行控制系统

BQM-34 靶机采用三轴控制微处理器飞行控制系统，装在机身后部设备舱内，包括微处理器飞行控制组合、垂直陀螺仪、速率陀螺仪、加速度表、膜盒式高度表、无线电高度表、空速表、升降舵机、方向舵机与副翼舵机、机载跟踪和控制组合等，用于战术空战模拟，控制目标进行 4 g、5 g 或 6 g 的机动飞行。火蜂 -1 靶机控制系统上加装雷达高度表低空控制系统（RALACS）后，靶机可以在水面上方 3 m、地面上方 30 m 的高度进行精确低空飞行；电源由 28V 200A 直流电机驱动发电机提供，垂直陀螺仪的电源由 400 Hz 115 V 250 W 变流器提供；28V 铅酸性蓄电池组为回收系统的电子部件以及着陆前滑翔阶段控制提供电源。

微处理器飞行控制系统的主要部件描述如下。

（1）微处理器飞行控制组合

靶机的微处理器飞行控制组合是飞行控制中心，采用的 CPU 为 INTEL8086/808716 位微处理器，其输入包括 40 个 12 位 A/D 通道、4 个 16 位 A/D 通道、40 个直流 28 V 开关通道、22 个 TTL 电平开关通道；输出包括 8 个 12 位 D/A 通道、8 个直流 28V 和 TTL 电平开关通道。内存容量为：RAM2 × 2K × 16 位，EPROM 4 × 16K × 16 位，E²PROM2K × 8 位，而在实际使用中只用其容量的 50% 左右。飞行控制组合可以接收和执行如下几种飞行控制指令：水平直线飞行、爬升、俯冲、机动高度保持、低高度控制、滑行、关机爬升等状态。其中机动高度保持包括大过载机动和机动飞行两种状态。

（2）垂直陀螺仪

测量范围：俯仰角为 ±84°，滚动角为 ±170°。

（3）速率陀螺仪

包括 3 个速率陀螺仪（方位、俯仰、滚动），测量范围：方位和俯仰角速度为 20°/s，滚动角速度为 60°/s。

（4）加速度表

测量范围：纵向为 8 g，横向为 1 g。

（5）膜盒式高度表

测量范围：300~22 860 m。

（6）无线电高度表

用于低空飞行高度测量，采用脉冲式体制，其工作频率为 4.3 GHz，高度测量范围为

1 524 m。

（7）空速表

速度测量范围为 0~308 m/s，测量精度为 2.5 m/s。

（8）升降舵机、方向舵机与副翼舵机

舵机组件包括直流力矩马达、减速器、各伺服回路和放大器电路。

升降舵机：量程为 +35°、−14°；

方向舵机：量程为 +39°，输出力矩为 46.9 N·m；

副翼舵机：量程为 +19°，输出力矩为 85.9 N·m。

（9）机载跟踪和控制组合

VEGA 685-2 型，包括两个 C 波段天线、天线转换开关、雷达应答机、编码器及译码器。两个天线按靶机的相对姿态和接收情况进行自动转换，并发送遥测信号。其主要参数为：

频段	5.4~5.9 GHz
发射脉冲功率	600 W
单次控制信号	40 路
单次遥测信号	15 路
连续遥测信号	8 路
质量	7.25 kg

靶机的遥控方法包括雷达或超高频无线电遥控。BQM-34A 靶机通常采用 Herley-Vega 靶机跟踪和控制系统（DTCS）或（美国空军，从 1989 年开始）Ryan/ Northrop Grumman 微处理器飞行控制系统（MFCS）或用于 BQM-34S（美国海军）的摩托罗拉公司的综合目标控制系统（ITCS）。靶机可以通过有人驾驶飞机或地面站进行控制。遥控指令用于启动装在靶机上的专用脱靶量指示器和增强设备。基本指令主要为开 / 关功能，这些指令上传到机上接收装置，并转发到相应子系统。

其他类型遥控指令和跟踪系统可以包括微波指令和制导系统，该系统通过机载中继站对地面站视线外的靶机进行控制。美国海军的 BQM-34S 靶机采用新型综合航空电子组合对其指挥控制系统进行了升级。

6. 任务有效载荷

靶机的任务有效载荷（专用设备）可以由一套"积木式"组件组成，包括红外或雷达拖靶、曳光弹或其他形式的红外增强设备、脱靶量指示器、翼尖红外吊舱或 45.4 kg 电子对抗设备吊舱（AN/DLQ-3 或 AN/ULQ-21）、目视信号或雷达反射旗靶、机内或翼下箔条投放器、翼尖前起落架牵引弹射装置、摄像机吊舱、敌我识别装置、定位信标或雷达信号增强反射器吊舱等。BQM-34A/S 靶机可以装备可调行波管或固态放大器，用于在各种频率下增强雷达回波。

为了降低火蜂 -1 靶机自身的易损性与"被击毁"数量，大量应用了红外和雷达增强型子靶，这些子靶可以由拖绳拖曳或安装在翼尖上。

（1）红外拖靶

靶机可带 2 个 TIX-1 红外拖靶，拖靶长 2.324 m，直径 0.228 m，带有 6 个稳定尾翼，质量为 25 kg，红外源为丙烷喷灯，其辐射强度相当于 1 135 ℃的发动机尾喷管产生的热能。TIX-1 红外拖靶外形及内部设备见图 6-34。

每次释放一个拖靶，可供 2 次打靶使用。射击红外拖靶的导弹一般命中精度较高，因此不需要很长的拖绳，其长度约为 150 m。

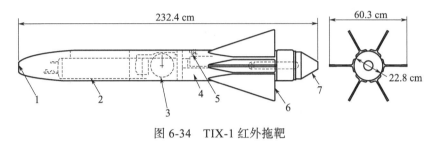

图 6-34　TIX-1 红外拖靶

1. 进气口　2. 油箱　3. 拖绳轴组件　4. 脱靶量指示器　5. 点火器接口
6. 脱靶量指示器天线　7. 红外源

（2）雷达拖靶

靶机亦可吊挂 2 个 TRX-4A 雷达拖靶，其外形尺寸与 TIX-1 红外拖靶相似，只是长度为 2.512 m，质量为 20 kg 左右。内装无源回波增强器——龙伯透镜，可提供相当于战斗机的雷达散射截面，比靶机本身的雷达散射截面要大得多。

由于雷达的分辨能力比红外系统低，因此雷达拖靶的拖绳要比红外拖靶的长，最长可达 2 440 m。机上发射装置和雷达拖靶吊挂装置如图 6-35 所示。

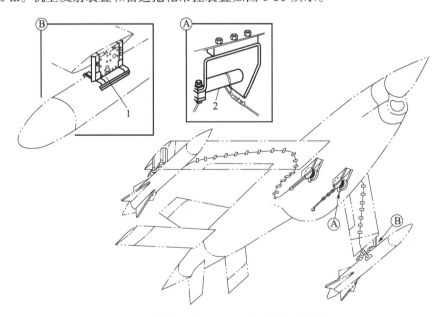

图 6-35　火蜂 -1 靶机机上雷达拖靶吊挂装置

1. 发射装置　2. 拖绳挂梁

（3）低空发烟装置

此装置用于在高度低于 6 000 m 时增强地面操作人员的目视识别效果。需要时，地面发出"发烟"指令，使发烟油门打开，发烟油喷入发动机尾翼喷管内，就产生断续的白色烟雾。使用此装置后，晴天目视识别距离可达 10~15 km。

（4）雷达回波增强器

增强器包括 S、C、X 等波段，各波段有源回波增强器天线在机上的位置如图 6-36 所示。

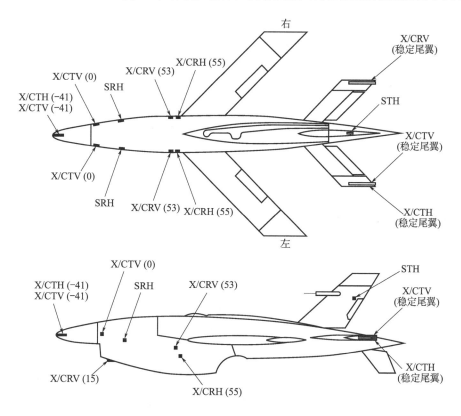

图 6-36　雷达回波增强器天线在机上的位置

S-S 波段　T-发射天线　X/C-X 波段和 C 波段　H-水平极化　R-接收天线　V-垂直天线

（5）脱靶量指示器

主要采用卡特怀特公司（Cartwright）的 DSQ-24A 脱靶量指示器，脉冲多普勒体制，有 30 个固定的多普勒距离波门，每个波门对应一个导弹与目标的瞬时距离。

拖靶上通常配置价格较低的 DSQ-41A 中靶记录器，只能指示导弹或炮弹是否落入规定半径的脱靶圆内。

（6）翼尖红外吊舱（或 45.4 kg 电子对抗设备吊舱）

可挂 2 个翼尖红外吊舱，供红外制导模式下导弹打靶用。翼尖红外吊舱长 2.324 m，直径 0.228 m，质量为 25 kg。内装丙烷红外喷灯，其辐射波长在 3.9~5.2 μm，红外辐射强度为 400 W/sr，燃烧时间约 35 min，翼尖红外吊舱外形及内部设备如图 6-37 所示。

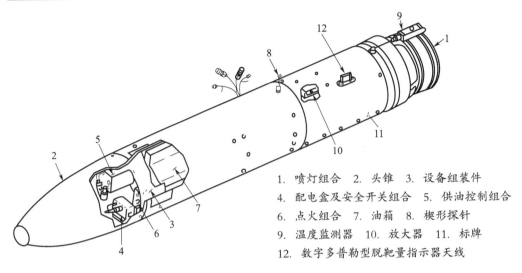

1. 喷灯组合　2. 头锥　3. 设备组装件
4. 配电盒及安全开关组合　5. 供油控制组合
6. 点火组合　7. 油箱　8. 楔形探针
9. 温度监测器　10. 放大器　11. 标牌
12. 数字多普勒型脱靶量指示器天线

图 6-37　翼尖红外吊舱

（7）可视信号或雷达反射旗靶

（8）炮射拖筒

供炮射打靶用的六角形拖筒，长 5.18 m，直径 0.6 m，质量 11.4 kg，内装雷达回波增强器和中靶记录器，拖绳长 274 m。

7. 发射系统

靶机可以在地面、舰面及空中发射。地面发射时（美国陆军），采用机动零长发射架发射，靶机放置在 15° 角度倾斜的发射导轨上，MK-23 火箭发动机作为起飞助推器装于机身下部，装药为双基药，推力 50.3 kN、长度 2.37 m、直径 0.327 m、质量 12 kg、工作时间 2.2 s。舰面发射方式（美国海军）与地面发射类似。空中发射时（美国空军和海军），靶机从专门改装的飞机（C-130 运输机）上发射。典型地面发射的火蜂 -1 靶机见图 6-38，空中发射见图 6-39。

图 6-38　典型的火蜂 -1 靶机地面发射
（或发射架上带助推器的火蜂 -1 靶机发射）

图 6-39　BQM-34A 靶机从 C-130
运输机上发射

8．地面控制系统

通常采用车载式 VEGA 6104 地面靶控站，对靶机进行飞行控制、跟踪、遥测及指令控制。采用两坐标跟踪，指令和遥测信号均用脉冲位制调制。其主要性能如下。

最大跟踪距离	230 km
连续指令通道	8
断续指令	64
遥控连续信号	64

9．回收系统

靶机装有两级降落伞回收系统，采用不同的开伞程序来保证各种情况下的安全回收。在出现发动机故障或无线电指令传输中断时，系统将自动工作或根据操作员的指令启动。由于火蜂 -1 靶机可在较大高度范围飞行，所以回收系统有高空回收和低空回收两种方式，回收高度范围为 15.24~18 200 m。高空回收是在海拔高度超过 4 570 m 时进行，飞机在下滑段先打开减速伞，降至一定高度时再打开主伞；低空回收则是在海拔高度低于 4 570 m 时进行，飞机先进行无动力爬升，经一定减速后，减速伞和主伞同时打开。为了降低主伞打开时的冲击载荷，利用收紧绳和延时切割器使主伞开伞后经两次充气才能完全打开。

靶机在主伞打开稳定降落过程中，也可以用直升机在半空回收。工作时，直升机钓杆钓住主伞，然后用直升机上的液压绞车吊住靶机将其送到基地。

10．制造商

诺斯罗普・格鲁曼公司（Northrop Grumman）。

BQM-74/MQM-74 石鸡（Chukar）靶机

1．发展概况

BQM-74/MQM-74 石鸡（Chukar）靶机是美国诺斯罗普・格鲁曼公司（Northrop Grumman）Ventura 分部研制生产的一种可回收、涡轮喷气动力亚声速系列靶机，包括 RP-76/78，石鸡 -1（MQM-74A）、石鸡 -2（MQM-74C）和石鸡 -3（BQM-74C 和 BQM-74E）等。其中石鸡 -3 为 1980 年推出的产品，代表了世界当时小型靶机的水平。

石鸡系列靶机是在 1965 年诺斯罗普・格鲁曼公司设计的 NV-105A 基础上发展起来的，是美国海军主要使用的靶机，在进入 21 世纪后仍在服役。几十年来，其有效载荷、动力结构和整体性能等不断改进，甚至曾在 1991 年海湾战争初期作为电子战诱饵；另外还有一些曾在美国海军和空军监视、假目标和攻击型无人机项目中作为试验飞行器。不过，其主要功能是作为防空高炮、面对空和空对空导弹训练（特别是用作巡航导弹模拟器）和武器系统测试与评估的航空靶标。迄今为止，这一系列靶机已生产了 8 000 多架，其中 1 150 多架为出口型。

美国海军是 BQM-74 靶机的主要用户，美国陆军和陆军国民警卫队使用了一些 MQM-74 靶机。

另外，截至 2007 年，石鸡 -2 和 石鸡 -3 靶机还在日本、新加坡、西班牙等地服役。早期的用户包括阿根廷、比利时、巴西、文莱、加拿大（海军）、智利、丹麦、芬兰、法国、德国、希腊、印度、伊朗、以色列、意大利、约旦、韩国、马来西亚、荷兰、尼日利亚、挪威、沙特阿拉伯、瑞典和英国。石鸡系列也在北约导弹发射场使用，用于训练雷达和非雷达引导的防空高炮、主动和半主动雷达制导可视和红外制导面对空与空对空导弹操作人员。

BQM-74C 和 MQM-74C 靶机已停止生产，但均仍在服役；BQM-74E 靶机仍在生产和服役；BQM-74F 在服役中。

石鸡系列靶机的主要参数如表 6-4 所示。

表 6-4　石鸡系列靶机主要信息和参数一览表

	代号	研制生产年份	起飞质量(kg)	全长(m)	最大飞行高度(m)	最大速度(Ma)	发动机推力(kg)
RP-76/78	AQM-38A/B	1957~1968	137	3.0	24 384	0.9/1.25	17/45
石鸡 -1	MQM-74A	1966~1972	143.5	3.45	24 384	0.67	55
石鸡 -2	MQM-74C	1971~1984	182	3.87	9 144	0.78	82
石鸡 -3	BQM-74C	1978~1992	205	3.95	12 200	0.82	109
	BQM-74E（取代BQM-74C）	1992	270	3.95	12 200		109
	BQM-74F	2002	267	4.57	12 200	0.93	136

改型与应用概况

MQM-74A（见图 6-40）是石鸡系列靶机的早期型号（石鸡 -1），地面或舰面遥控发射。1966~1972 年为美国海军和其他用户（包括以色列）共生产 1 800 架，后被 MQM-74C 靶机替代。

MQM-74B 仅作为实验机型。

图 6-40　MQM-74A 靶机

MQM-74C（见图 6-41）是 MQM-74A 靶机的改进型号（石鸡 -2）。从 1974 年开始生产，到 20 世纪 80 年代末共为美国海军和多个国家生产了 2 000 多架（包括授权日本富士重工生产部分）。现已停止生产。

BQM-74C（见图 6-42）是在对 MQM-74C 靶机进行重大改进后发展起来的机型（石鸡 -3），比 MQM-74C 靶机功能更强大，增加了空中发射功能，由 C-130 战斗机运载。1978 年获得首个订单，1978/1979 年进行首次试验，1980 年开始规模生产。到 1992 年共生产 1 600 多架，其中 1 526 架提供给美国海军。

图 6-41　MQM-74C 靶机　　　　　　　图 6-42　BQM-74C 靶机

BQM-74E（见图 6-43）是目前美国海军使用的机型（石鸡 -3），美国海军 80% 以上的机载靶机训练任务使用 BQM-74E 靶机。BQM-74E 靶机于 1992 年 11 月开始交付，是 BQM-74C 靶机的改进型，主要变化是采用大功率发动机和升级软件。从 1994 年开始，公司授权日本富士重工在日本生产。

图 6-43　BQM-74E 靶机

BQM-74F 是 BQM-74E 靶机的改进型，采用后掠翼、惯性测量组合 / 全球定位系统（IMU/GPS）航路点导航和新的任务规划软件。BQM-74F 靶机于 2002 年开始研制，2005 年 8 月面世。

下面主要以石鸡 -3 BQM-74C/E 靶机为例进行介绍。

石鸡 -3 靶机是高性能中低空小型靶机，低空性能好，可从地面、舰面和空中发射。如前所述，BQM-74E 靶机是 BQM-74C 靶机的改进型，现在作为反飞机导弹训练与评估的低成本、标准亚声速靶机使用，可以模拟反舰巡航导弹。其外形与 BQM-74C 靶机相同，但是采用了大功率 Williams J400- WR-404 发动机、新软件，续航时间与飞行距离更长。

2. 总体布局与部位安排

石鸡 -3 靶机及早期型号采用可拆卸等弦梯形上单翼（无上反角、采用展弦比为 8% 的 G-9224-080 翼型）；圆截面锥形机身，下悬挂进气管；倒 Y 形尾翼，水平安定面上反角为 30°；机头和机尾蒙皮可拆卸，便于检修设备和动力装置；副翼和升降舵电力驱动。没有方向舵，依靠副翼及升降舵通过倾斜转弯对靶机进行飞行控制。靶机采用铝合金和石墨纤维增强塑料结构。

BQM-74C 靶机三视图见图 6-44。

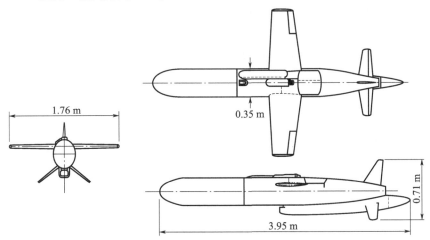

图 6-44　BQM-74C 靶机三视图

靶机机身主要由铝合金材料制成，半硬壳结构，局部采用玻璃钢（GFRP）构件。BQM-74C 靶机内部设备布局见图 6-45。

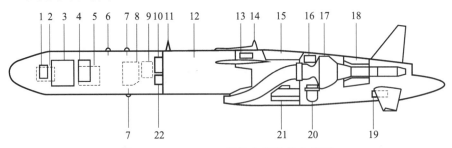

图 6-45　BQM-74C 靶机内部设备布局图

1. 电源控制装置　2. 垂直陀螺仪　3. 数字式航空电子处理器　4. 电池　5. 跟踪发射机　6. 跟踪天线　7. 指令天线　8. 遥测发射机　9. 接收机　10. 高度传感器　11. 空中发射前吊挂　12. 油箱　13. 副翼舵机　14. 空中发射后接头与吊挂　15. 回收降落伞　16. 燃料量控制器　17. 动力装置　18. 发烟油箱　19. 升降舵机　20. 润滑油雾化器　21. 变流稳压器　22. 空速传感器

BQM-74E 靶机的主要参数

机长	3.95 m
最大机身直径	0.36 m
翼展	1.76 m
尾翼组合翼展	0.80 m
机身总高	0.71 m
机翼面积	0.74 m^2
空载质量	133 kg
燃料质量	50.3 kg
最大发射质量（包括助推器）	270 kg
最大空中发射飞行质量（不包括助推器）	206 kg
载油量（JP-5）	61 L
内装有效载荷	28.6 kg
翼尖可吊挂载荷	36.6 kg

3. 主要技术指标

最大飞行高度	12 200 m
最小飞行高度	2~10 m
海平面最大飞行速度	＞ 953 km/h
最大飞行距离	
标准型	963 km
增程型	1 185 km
续航时间	
标准型	1 h 18 min（在 6 100 m 高度）
	42 min（在 15 m 高度）
增程型	1 h 36 min
机动过载	+6 g

4. 动力装置

BQM-74C 靶机采用 800N/1.07kN Williams J400-WR-402/J400-WR-403 涡轮喷气发动机作为动力装置；BQM-74E 靶机采用 1.07kN Williams J400-WR-404 涡轮喷气发动机。

主要参数

最大推力	109 kg
发动机质量	21.1 kg
最大直径	299 mm
长度	944 mm

发动机转速	42 000~52 000 r/min
燃料	JP-5 或 JP-4
工作寿命	50 h

5. 飞行控制系统

石鸡 -3 靶机机上飞行控制及稳定系统方框图见图 6-46。

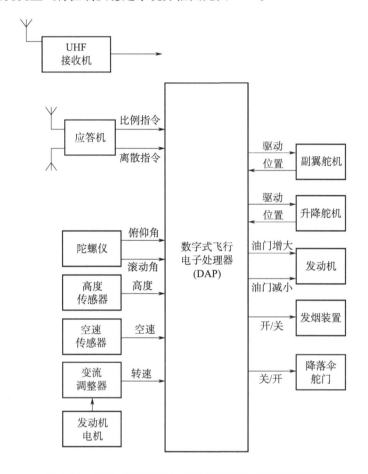

图 6-46　石鸡 -3 靶机机上飞行控制及稳定系统方框图

靶机的飞行控制系统可以通过 GPS 航路点导航同时对多个靶机进行控制。可以采取手动和自动制导与控制模式。在手动模式下，操作员通过机载收 - 发机从地面指挥控制站引导靶机，控制靶机俯仰和倾斜角、高度和发动机转速，并可以实现高度保持和降落伞回收。在自动模式下，靶机根据预先编程进行自主飞行。

靶机采用数字式双通道飞行控制系统，主要包括数字式航空电子处理器、垂直 / 偏航速率陀螺仪、膜盒式或雷达高度表、脱靶量指示器、敌我识别应答机、塔康接收机、AN/DKW-3 和 AN/DKW-4 靶机控制系统、空速表、定位信标、副翼舵机和升降舵机以及高度保持压力传感器等设备。

1998 年美国海军开始对其 BQM-74E 靶机进行升级，采用了新型综合航空电子装置，包括用基于 GPS 的先进航空电子设备取代了原来的垂直 / 偏航速率陀螺仪、高度表和空速表。在 BQM-74E 靶机上还安装了可编程自动航路点导航（Programmable Autonomous Waypoint Navigation-PAWN）软件，这样靶机可以完成复杂、可编程和三度空间机动飞行，并且可以在低至 2.1 m 高度飞行。靶机可以与综合靶机控制系统（ITCS）、基于 GPS 的多机综合指挥控制（MAGIC^2）Vega 系统和海上靶机控制系统（SNTC）等一起使用。

6. 任务有效载荷

靶机的主要任务有效载荷舱位于机身前部，在控制设备舱和燃料箱之间。

BQM-74C/E 靶机的有效载荷主要包括龙伯透镜、脱靶量指示器、有源 L 波段和 Ku 波段雷达增强器、无源雷达增强器和发烟装置，以及定位信标、雷达高度表、导引头模拟器（模拟巡航导弹发射的信号）、敌我识别雷达应答器、塔康接收机和翼尖曳光管吊舱等。此外，还可以采用带浮筒式起落架的整套有效载荷。电源由采用整流器 / 稳压器的发电机（电机驱动）提供，二次电源是一个 28 V 电池。

（1）龙伯透镜

用来增加雷达散射截面。包括前 / 后龙伯透镜，前龙伯透镜直径为 17.8 cm，后龙伯透镜直径为 14 cm。石鸡 -3 自身的雷达散射截面很小，约 0.1 m^2，加装龙伯透镜后 C 波段和 X 波段前向截面可达 3~4 m^2。

（2）脱靶量指示器

主要采用摩托罗拉公司的 DSQ-37 脉冲多普勒脱靶量指示器，对导弹散射截面约为 0.1 m^2 时的最大测量脱靶量值为 23 m，测量精度为 0.3 m。

（3）目视发烟装置

用于地面观测和测量。可以连续发白烟约 1 min，以此提高目视探测能力。

（4）有源雷达增强器

增强器包括 L 波段和 Ku 波段。经增强后，前向 70° 的锥内等效截面可达 20 m^2 以上。

（5）无源雷达增强器

（6）雷达拖靶

雷达拖靶可用于保护靶机不会因各种防空导弹和火炮的射击而被损坏，密封壳体可提供 11.3 kg 浮力，供水面回收漂浮用。内装不同频率的回波增强器、小型脱靶量指示器，供测量跟踪用的曳光管、指令接收机及电池等设备，可接收地面发出的点燃曳光管等指令。靶机翼尖上可装 1~2 个拖靶，主要参数为：总质量 13 kg，拖绳长 15~183 m（长度可调）。

（7）红外拖靶

每个翼尖上可挂一个低成本红外拖靶，其外形与雷达拖靶类似，主要参数为：质量 14 kg，直径 0.13 m，长度 1.54 m，拖绳长度大约 33.5 m，可调。

红外拖靶上除装有无源回波增强器和脱靶量指示器外，还装有红外喷灯，可以比曳光管更好地模拟喷气发动机尾焰的红外目标辐射，其主要参数为：在 4~5 μm 波段内辐射强度

150~200 W/sr，喷焰长度 2.4~3.7 m，工作时间 60 min。

（8）翼尖曳光管吊舱

用作红外辐射增强装置，有双联和三联等多种吊舱；包括 4 个 Mk 28 Mod 3 红外曳光管。

7. 地面控制系统

有多种地面靶机控制站可对石鸡 -3 靶机进行飞行控制，典型的有 VEGA 6157 系统，可对靶机进行跟踪、遥控及指令控制。

8. 发射系统

BQM-74C/74E 靶机可以从地面、舰船甲板以及空中发射。地面发射采用 ZL-5 或类似型号零长发射架，2 个 MK-91 火箭发动机作为助推器装于机身两侧，可将靶机加速到 90 m/s 后脱落。空射时，靶机可以从 TA-4J、F-16、Grumman Gulfstream I 或 DC-130 飞机上发射。发射时，靶机吊挂在载机下，将靶机载至一定高空后投放。

助推器工作时石鸡 -3 靶机起飞如图 6-47 所示。

准备从 C-130 飞机上发射的石鸡 -3 靶机如图 6-48 所示。

图 6-47　石鸡 -3 靶机从零长发射架上　　　图 6-48　准备从 C-130 飞机上发射的石鸡 -3 靶机
　　　　　助推起飞

9. 回收系统

靶机装有降落伞回收系统，包括主降落伞、引导伞、开伞装置及信标等，靶机能多次回收使用。正常回收是自动拉起，之后主降落伞打开；在紧急情况下，例如连续无线电信号中断或降落伞指令信道丢失则自动启动回收。也可以在失电时直接打开主降落伞，自动启动回收。主降落伞位于机身紧靠机翼后，在着陆时自动断开。靶机还可在陆上或水上回收，如果在水上回收，则机上增设浮囊，这样靶机在回收前可以漂浮在水面不致下沉。机上装有无线电信标，以便于寻找靶机落点。

海上回收 BQM-74E 靶机如图 6-49 所示。

图 6-49　海上回收 BQM-74E 靶机

10. 制造商

诺斯罗普·格鲁曼公司（Northrop Grumman）。

GQM-163A 草原狼（Coyote）靶弹

1. 发展概况

GQM-163A 草原狼（Coyote）靶弹是美国轨道科学公司（Orbital Sciences）研制生产的一种不可回收超声速掠海靶弹（SSST），用于模拟超声速掠海反舰巡航导弹（如俄罗斯的 3M80（北约称为日灸（Sunburn）），为舰艇防御系统的研究、开发、试验和工程（RDT&E）以及舰队训练演习提供支援保障。该靶弹用来模拟 SS-N-22 日灸、Kh-31（AS-17 氪式（Krypton））、PJ-10 布拉莫斯（Brahmos）等超声速巡航导弹。

美国海军分别于 1993 年、1998 年和 1999 年提出研发"超声速掠海靶弹"计划，并进行招标。2000 年 6 月 29 日轨道科学公司中标，作为主承包商与海军签订了价值 3 400 万美元的 GQM-163A 工程、制造和开发（EMD）合同。合同包括小批量生产（LRIP）和全速率生产（FRP）以及发射操作保障。2004 年 5 月靶弹进行了首次飞行试验。共生产了 52 枚 GQM-163A 靶弹，2011 年年底完成交付。

2006 年海军航空系统司令部靶弹和假目标系统项目办公室以及轨道科学公司启动了 GQM-163A 草原狼超声速大马赫数俯冲（HD）靶弹的研制工作。于 2009 年年初研制了 10 种 GQM-163A 飞行航迹，用以确定其是否能真实演示反舰导弹大马赫数俯冲威胁和战区弹道导弹末段威胁。

2007 年 3 月，据报道法国从美国海军航空系统司令部（NAVAIR）购买一枚 GQM-163A 草原狼靶弹供防空导弹系统（PAAMS）试验使用。

2010 年 12 月 8 日，轨道科学公司成功发射了一枚装有新型前端子系统的 GQM-163A 试验靶弹。

2011 年 1 月 15 日，轨道科学公司成功地从美国太平洋导弹靶场（PMRF）发射了一枚 GQM-163A 靶弹，用于确定该靶场是否可以作为 GQM-163A 的备用发射场。同年 3 月，美国海军订购了 89 枚装有新型前端子系统的 GQM-163A 靶弹。轨道科学公司分别从太平洋导弹靶场和圣尼古拉斯岛发射了 GQM-163A 靶弹，并取得了 100% 成功。

2012 年 4 月初，在地中海地区从福尔班号驱逐舰发射了一枚 GQM-163A 靶弹，并被一枚法国阿斯特 -30（Aster-30）导弹击落。在试射过程中，由与福尔班号配合的骑士保罗（Chevailer Paul）号驱逐舰跟踪靶弹和发射的导弹。同年 7 月，美国海军订购了 GQM-163A 靶弹的成套大马赫数俯冲靶弹现场设备。同年 8 月，美国海军航空系统司令部与轨道科学公司签订了一项 GQM-163A 靶弹第 6 阶段全速率生产固定价格合同。该项目到 2015 年完成。

2014 年 10 月，美国海军航空系统司令部与轨道科学公司签订了一项 GQM-163A 靶弹第 8 阶段全速率生产合同。根据合同，共生产 7 枚靶弹，其中 3 枚提供给美国海军，另外 4 枚根据对外军品合同提供给日本。同年 12 月，美国海军航空系统司令部与轨道科学公司签订了一项增订 7 枚 GQM-163A 靶弹第 9 阶段全速率生产合同，其中 6 枚提供给美国海军，1 枚提供给日本。根据合同进度要求，项目在 2018 年 7 月底完成。当月，美国海军航空作战中心装备部与轨道科学公司签订了一项不定量交付合同，包括 6 项战略研制工作和装配以及代表美国海军和日本发射 40 枚 GQM-163A 靶弹（其中美国海军 32 枚，日本 8 枚）。根据合同进度要求，项目将在 2018 年 6 月底完成。

2015 年 6 月，在穆古角海上靶场进行了 GQM-163A 靶弹的第 48 次发射。在 48 次发射中，7 次采用了大马赫数俯冲弹道。同年 8 月，轨道阿里安特技术系统公司（Orbital ATK，轨道科学公司与阿里安特技术系统公司合并后的新公司）航天与防御公司宣布向美国海军交付第 100 枚 GQM-163A 靶弹，届时，轨道阿里安特技术系统公司收到的靶弹订单量达 120 枚。10 月，公司宣布，在新墨西哥白沙导弹靶场成功地为美国海军进行了第 50 和 51 次 GQM-163A 靶弹发射。11 月，日本陆上自卫队（JGSDF）在白沙导弹靶场成功试射了 Chu-SAM Kai 地对空导弹。日本陆上自卫队共进行了 10 次飞行试验，拦截了不同的目标，其中包括一枚 GQM-163A 靶弹。

2016 年 9 月，美国海军航空系统司令部与轨道阿里安特技术系统公司签订了一项固定价格合同。合同标的包括采购第 10 批全速率生产的 7 枚 GQM-163A 靶弹（其中 5 枚提供给美国海军，2 枚提供给日本）；配套备件储备。根据合同进度要求，项目于 2019 年 6 月底完成。

2018 年 1 月，美国海军与轨道阿里安特技术系统公司签订了一项 BQM-163A 靶弹使用与维修保障合同。根据合同，公司将为未公开的国外用户开展靶弹试验与鉴定（包括研制试验），计划于 2023 年完成。

2018 年 3 月，美国海军航空系统司令部与轨道阿里安特技术系统公司签订了一项向美国海军和卡塔尔提供第 11 批 24 枚全速率生产的 GQM-163A 靶弹及其备件的合同。项目预计于 2021 年 6 月完成。用户为美国海军；另外，还提供给澳大利亚皇家海军、日本海上防卫厅和法国海军。

GQM-163A 靶弹及其飞行状态见图 6-50 及图 6-51。

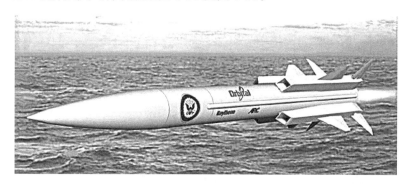

图 6-50　GQM-163A 靶弹

图 6-51　飞行中的 GQM-163A 靶弹

2. 总体布局与部位安排

靶弹弹体结构为两级：助推器和主发动机级，弹体为圆柱形和锥形头锥。为了将成本降至最低，使用目前剩余和在用的导弹以及靶弹部件。靶弹后段是一个 MK 70 Mod 1 标准导弹助推器和 NSROC 1 型尾翼组合。生产合同一期和二期采用复合材料工程公司（CEi）AQM-37D 靶弹的头锥和前端航空电子设备，合同三期及之后的靶弹将采用轨道科学公司的专有前端子系统结构、航空电子设备和软件，这些设备和软件可与涵道火箭发动机和尾翼执行机构控制系统（FACS）兼容。

靶弹组成见图 6-52。

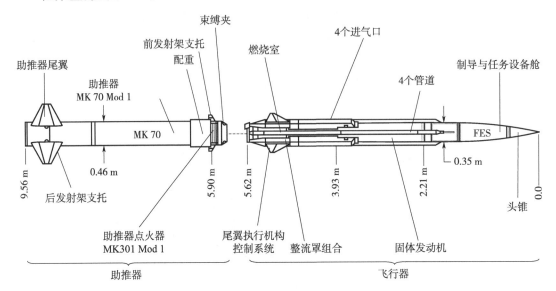

图 6-52　GQM-163A 靶弹组成图

主要参数

长度

全长	9.56 m
主级	5.62 m
助推器级	3.94 m

机身直径

主级	0.35 m
助推器级	0.46 m

质量

主级	771 kg
助推器级	1 814 kg

3. 主要技术指标与飞行航迹

主要技术指标

最大速度

发射后 6 s	2.8 *Ma*
发射后 7 s	2.65 *Ma*
发射后 20 s	2.5 *Ma*
发射后 122 s	2.2 *Ma*

飞行高度

发射后 6 s	213 m
发射后 7 s	244 m
发射后 11 s（俯冲）	335 m
发射后 20 s（水平巡航）	5 m
发射后 122 s	4 m

发射距离

发射后 6 s	2.6 km
发射后 7 s	3.0 km
发射后 122 s	101.9 km

飞行距离

巡航阶段，速度为 2.5 Ma	66.7 km
飞行末段，速度为 2.5 Ma	20.4 km

末段最大机动过载

方位：+12 g，俯仰：+7 g，合成平面：+11.2 g

飞行航迹见图 6-53。

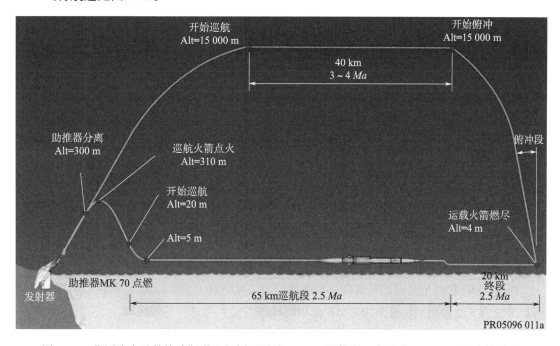

图 6-53　草原狼大马赫俯冲靶弹飞行剖面图（3~4 Ma 巡航段，之后为 2.5 Ma 近垂直俯冲）
标准剖面图：速度为 2.5 Ma 的低空巡航飞行和末段攻击

4. 动力装置

靶弹采用 MK 70 Mod 1 固体火箭助推器，与原来的 MK 12 助推器在外观上相同；主发动机推进系统是大西洋研究公司（Atlantic Research Corporation，现 Aerojet）为美国空军开发的 MARC-R-282 固体燃料涵道火箭发动机 / 冲压喷气发动机。助推器在 6 s 后分离，1 s 后空气喷气固体燃料涵道火箭发动机 / 冲压喷气主发动机点火。

5. 飞行控制系统

靶弹采用惯性组合 / 全球定位系统（IMU/GPS）复合导航。激光高度表或雷达高度表完成高度控制。若高度表出现故障，自动转为 GPS 导航。尾翼执行机构控制系统（FACS）对靶弹姿态实施控制，通过变推力火箭发动机（DR）进行靶弹速度控制。

6. 任务有效载荷

靶弹的有效载荷舱包括 Herley AN/DPN-90 X 波段雷达应答机、梅吉特公司的 AN/DSQ-50A 脱靶量指示器、NAWC AN/DPT-2B 雷达发射机和 NAWC C/D/E/F/G 波段 AN/ULQ-21 雷达干扰系统。

7. 发射系统

可在靶场或舰上用美国海军标准 MK 7 发射装置发射。

8. 回收系统

不可回收。

9. 制造商

轨道科学公司（Orbital Sciences）。

BQM-74F 靶机

1. 发展概况

BQM-74F 靶机是美国诺斯罗普·格鲁曼公司（Northrop Grumman）研制生产的一种可回收涡轮喷气动力靶机，是 BQM-74E 靶机的改进型号。用户为美国海军。

1997 年，诺斯罗普·格鲁曼公司首次公布了研制 BQM-74E 靶机改进型号（当时公司将其命名为靶标 2000）的建议书。2002 年 2 月公司中标，获得了美国海军一份为期三年、价值 2 490 万美元的 BQM-74F 靶机系统研制与验证（SDD）合同，2003 年 7 月靶机通过了关键性设计评审，2005 年 8 月 22 日第一架样机（共 6 架）面世。项目的目的是提供更逼真的威胁模拟，以更有效地模拟最先进反舰巡航导弹和战斗机。据报道，与 BQM-74E 靶机相比，BQM-74F 靶机的飞行距离、飞行速度、续航时间和机动性都提高了。

2005 年 8 月 29 日完成了 BQM-74F 靶机的首次飞行。这次飞行是在位于加利福尼亚州穆古角海上靶场进行的。靶机飞行近 1 h，满足了全部试验目标，并成功回收。

2. 总体布局与部位安排

靶机采用后掠翼、锥形上单翼，圆截面机身，下悬挂进气管，倒 Y 形尾翼，见图 6-54。

图 6-54　BQM-74F 靶机

主要参数

翼展	2.13 m
机翼面积	0.74 m²
全长	4.57 m
最大机身直径	0.355 m
有效载荷舱体积	1.42 dm³
燃料质量	84.4 kg
最大有效载荷	45.4 kg
最大空中发射飞行质量（不含助推器）	267 kg

3. 主要技术指标

海平面最大平飞速度	＞1 111 km/h
海平面最小飞行速度	575 km/h
最大飞行高度	12 200 m
最低飞行高度	2 m

最大飞行距离	417 km（0.9 Ma、15 m 高度时）
	926 km（300 kt、6 100 m 高度时）
续航时间	> 1 h 55 min
机动过载	持续：+5 g，瞬时：+8 g

4. 动力装置

靶机采用一台 1.33 kN Williams J400-WR-404 涡轮喷气发动机作为动力装置；燃料箱在机身中部，采用喷气发动机燃料（JP-5、JP-8 或 Jet A-1），发动机推力为 136 kg。

5. 飞行控制系统

靶机采用 AN/DKW-3B(V) 指挥控制系统。可以对 6 种飞行任务进行预编程或在发射前或发射后选择，每种可包括 70 个航路点。任务剖面可通过指挥控制数据链路改变和 / 或重新加载。航路点导航是标准的工作模式，采用综合惯性测量组合 / 全球定位系统（IMU/GPS）航空电子设备。在基于可编程控制器（PC）的支援设备中采用了任务规划软件，为飞行前提供经嵌入式六自由度模拟功能验证的详细任务计划。

靶机可进行预编程飞行、固定飞行、环形飞行、平飞机动飞行等。在飞行任务程序加载到飞行器航空电子设备之前，基于可编程控制器的野外试验设备可以为其提供实时模拟，发射后可以选择预先装入的任何机动飞行方案。

6. 任务有效载荷

靶机的有效载荷舱在机身前部，主要安装有源或无源雷达增强设备、AN/DPT-2B 导引头模拟器、红外增强设备（曳光管或尾焰模拟器）、AN/DPQ-90 雷达跟踪器、T-1438D 定位信标、RT-1378 雷达高度表、拖曳系统、AN/DSQ-50A 定标脱靶量指示器、AN/DPN-88 敌我识别器（IFF）、ULQ-21 电子对抗设备（ECM）和电池。

7. 发射系统

空中发射。

8. 回收系统

伞降回收，降落伞置于机身后部。

9. 制造商

诺斯罗普·格鲁曼公司（Northrop Grumman）。

AQM-37 系列靶弹

1. 发展概况

AQM-37 系列靶弹是美国比奇飞机公司（Beechcraft）研制的一种空中发射、液体火箭发动机超声速靶弹系列。作为美国第一款小型超声速靶弹，AQM-37 靶弹填补了美国海军超声速靶弹的空白，曾在美国舰艇防空系统研制和海军部队训练中起着举足轻重的作用。

1959 年，美国空军和海军联合进行空中发射的小型超声速不可回收靶标设计竞标。比奇飞机公司的 1019 型靶弹被选中，之后美国海军将其命名为 KD2B，美国空军将其命名为 Q-12。AQM-37 靶弹于 1961 年完成了首次飞行，1963 年开始在美国海军服役。主要用户是美国海军和空军、以及美国陆军，并出口到其他一些国家，截至 2013 年 10 月总计生产了 5 700 多枚，其中大部分交付给美国海军使用。

1999 年 10 月，航空靶标项目由雷锡恩飞机公司（Raytheon Aircraft）移交给雷锡恩导弹系统公司（Raytheon Missile Systems），2003 年复合材料工程公司（CEi）接管了该项目。

AQM-37 系列靶弹已停止生产。

AQM-37 系列靶弹的主要信息如表 6-5 所示。

表 6-5　AQM-37 系列靶弹主要信息一览表

美军代号	比奇飞机公司代号	用户	主要特征
AQM-37A	1019	美国海军	
AQM-37A	1019A	美国海军	低空型（10~300 m）
AQM-37A	1100	美国陆军	低空型（> 55 m）
AQM-37A	1101	美国陆军	高空型（< 21 335 m）
AQM-37A	1019	美国空军	
AQM-37C	1104	美国海军	高空高速（< 3 *Ma*）
AQM-37C	1105	美国海军	高速（< 3.5 *Ma*）
出口型	1072	英国	< 2 *Ma*，< 18 300 m
出口型	1088	意大利空军	中空
出口型	1094	法国空军	< 2 *Ma*
出口型	1095	英国	
出口型	1098	以色列空军	
出口型	1108	英国	1095 型的训练靶弹

靶弹改型与应用概况如下。

XKD2B-1 是 AQM-37 系列样弹，于 1961 年 5 月完成首次飞行。

KD2B-1 是采用统一命名方案前美国海军使用的代号，1963 年 6 月被重新命名为 AQM-37A。

AQM-37A（图 6-55）是美国海军最初基本型靶弹（即比奇 1019 型），于 1963 年 9 月开始在美国海军服役；美国空军则在 1967 年接收了首枚 AQM-37 靶弹。总计生产了大约 3 950枚，其中 1975~1976 年交付了 20 枚 1019A 掠海者用于武器系统评估，1981 年前后对 10枚靶弹进行了改进，研制出了挑战者机型。掠海者装备了雷达高度表和自动驾驶仪寻的装置，可以在 10~300 m 的高度范围内飞行；挑战者设计在 24 400 m 高度、以 3 Ma 的速度飞行，采用了加大尾翼面和改进型自动驾驶仪。

1968~1969 年，美国陆军对 AQM-37A 靶弹进行了评估，但并没有采用该型号。1976~1977 年，美国陆军订购了改进型 AQM-37A（比奇 1100 和 1101 型）。

AQM-37C（图 6-56、图 6-57）是美国海军使用的基本型靶弹（比奇 1104 型）。靶弹采用具有更高飞行控制性能的数字式自动驾驶仪，以及弹上控制俯冲角指令和地面巡航方向控制指令。从 1986 年到 1994 年末共交付近 800 枚 AQM-37C 靶弹，并且继续在生产。

在 20 世纪 70 年代中向法国出口 50 枚经改装的比奇 1094 型，命名为 Matra Vanneau，向以色列出口 20 枚比奇 1098 型、意大利 11 枚比奇 1088 型、英国 190 枚比奇 1072 型、40枚比奇 1095 型和 60 枚经改装的比奇 1108 型，命名为 Shorts SD.2 Stiletto。

AQM-37C EP 是高性能改进型号。1984 年通过对比奇 1105 型（共订购 8 枚）进行评估，研制了标准 AQM-37C 的成套改装设备，替换了弹翼、端板式垂直尾翼、天线罩和由表面涂覆绝热材料的弹头中段。通过这些改进，靶弹飞行速度达到 4.0 Ma、飞行高度达到30 500 m。在美国海军的飞行试验中，靶弹从 F-4 鬼怪飞机发射后，飞行速度达 4.5 Ma、高度达 34 150 m，试验取得了成功。

Stiletto（Shorts SD.2）是肖特兄弟公司（Short Brothers）从 1963 年开始在英国为皇家空军和皇家海军生产的型号。主要分别用于与响尾蛇空对空导弹和海标枪面对空导弹训练。靶弹以 AQM-37C 为基础，不过采用了符合北约距离安全标准的一些功能，如自毁功能等。靶弹可以在 35 050 m 高度、以 4.5 Ma 的速度飞行，飞行距离超过 370 km；1999 年末研制了脱靶量指示系统。

AQM-37D 是根据美国海军 1997 年一项合同设计和开发的靶弹。合同标的是在保持外部结构和任务性能的基础上对电气系统和航空电子系统进行升级。共交付了 35 枚靶弹，2001 年完成了最后批次的交付。

图 6-55　AQM-37A 靶弹

图 6-56　AQM-37C 靶弹

图 6-57　美国海军 F-4 幻影飞机机身下的 AQM-37C 靶弹

2. 总体布局与部位安排

AQM-37 靶弹采用中单翼鸭式气动外形和倾斜转弯控制，具有大后掠的三角翼，双楔形翼剖面，与弹翼前缘呈 76° 大后掠角。翼尖各装有一个垂直稳定尾翼，控制面为一对全动式鸭式舵和弹翼后的一对副翼。弹身头锥为尖卵形，头罩为透明罩，内装雷达回波增强器、脱靶量指示器等有效载荷。AQM-37C 采用加长头锥，可增加有效载荷。弹身和尾翼为蜂窝结构；舵面和副翼铝蒙皮充填泡沫塑料；弹身中段为不锈钢圆柱体，包括三个发动机燃料箱，发动机工作时箱内用氮气充压。发动机位于弹身下吊舱内，便于重心的配置。后舱为液体发动机燃烧室，其下腹部内装有发动机点火器、曳光管、28 V 直流电池、脱靶量指示器天线等。

AQM-37C 靶弹三视图见图 6-58，内部设备布局见图 6-59。

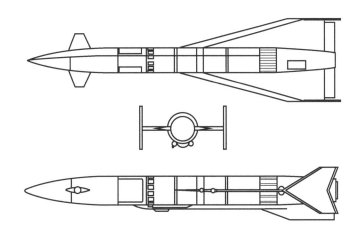

图 6-58　AQM-37C 靶弹三视图

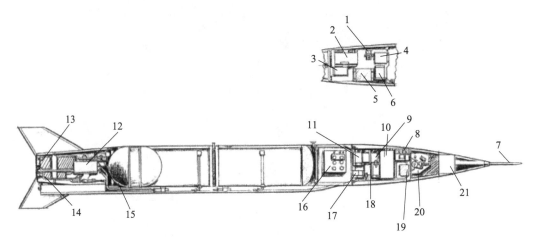

图 6-59　AQM-37C 靶弹内部设备布局图

1. 衰减器　2. G-J 波段放大器　3. C 波段放大器　4. 指令接收机／译码器　5. E-F 波段放大器　6. 双逆变器　7. 空速管　8. 遥测发射机　9. 偏航陀螺仪　10. 数字式自动驾驶仪　11. 高度传感器　12. 后继电器板　13. 火箭发动机助推器　14. 主火箭发动机　15. 副翼舵机　16. 飞行控制面板　17. 压差传感器　18. 俯仰／滚转陀螺仪　19. 伺服放大器　20. 鸭式舵机　21. 增强天线

主要参数

全长

AQM-37A	3.83 m
AQM-37C	4.27 m

最大弹身直径　　0.33 m

翼展　　1.00 m

总高

AQM-37A	0.59 m
AQM-37C	0.66 m

弹翼面积　　0.87 m^2

弹翼前缘后掠角　　76°

前翼展　　0.65 m

质量（AQM-37C）

空载质量

标准型	121.6 kg
改进型	136 kg

最大内装有效载荷　　15.9 kg

最大起飞质量

标准型	266.4 kg
改进型	281.2 kg

3．主要技术指标

最大飞行高度	30 480 m
在 305 m 高度巡航速度	1 062 km/h

高空巡航速度

标准型（24 400 m 高度）	3 186 km/h（3.0 Ma）
改进型（30 500 m 高度）	4 248 km/h（4.0 Ma）

飞行距离（包括滑翔和着陆）

标准型	393 km
改进型	424 km
动力续航时间	6 min

4．动力装置

靶弹采用 Harley Davidson/AMF LR64 P-4 可控推力火箭发动机，从助推器到主发动机的推力范围为 0.38~3.83 kN，设置了 16 级推力；三个不锈钢燃料箱分别用于氮气挤压剂、MAF-4 混胺燃料和阻燃红烟硝酸氧化剂。

5．飞行控制系统

靶弹可采用预编程制导和控制，也可增设指挥、控制、制导系统执行地面指令。其中 AQM-37A 靶弹采用模拟自动驾驶仪，发射后按程序飞行，地面不进行方向控制；在低空型 AQM-37A 靶弹上，增设了雷达高度表，使最低飞行高度降至 55 m。AQM-37C 靶弹则采用数字式自动驾驶仪，增设了地面靶弹航向控制功能，使靶弹可以按照最佳节能方案，以 4.0 Ma 或更高速度，在 30 500 m 高度上工作；同时采用双联发射模式和飞行中控制的指控技术，包括航向修正的横向机动飞行和俯冲、拉启动作，模拟空对地导弹的俯冲攻击。靶弹的俯冲与拉起可以根据地面指令进行；采用遥测系统进行飞行评估。

6．任务有效载荷

除脱靶量指示器和指挥控制设备外，AQM-37C 靶弹还采用有源增强系统，使探测、搜索、跟踪和制导雷达可以在 C、E/F 和 G/I/J 波段锁定目标，雷达散射截面为 1~5 m^2；另外还有一个空对空设备组合，包括大功率 I 波段放大器，可将雷达散射截面增大至 50 m^2。

7．发射系统

机载发射，载机包括 A-4、A-6、F/QF-4、F-16 等，其中 F-16 飞机可发射 2 枚靶弹，发射装置为 LAU-24 B /A。

8．回收系统

不可回收。靶弹上装有气动自毁装置。一旦主要部件出现故障，自毁装置将自动启动使靶弹自毁，终止飞行。不过 1100 和 1101 型除外，它们带有两级回收降落伞。为了靶场安全需要，也可以根据地面指令进行操作。

9. 制造商

奎托斯国防与安全公司（Kratos Defense & Security Solutions）。

MQM-8 汪达尔人（Vandal）和
海蛇（Sea Snake）靶弹

1. 发展概况

MQM-8 汪达尔人（Vandal）和海蛇（Sea Snake）靶弹是美国霍尼韦尔公司（Honeywell Inc.）研制生产的一种一次性超声速掠海靶弹，用于模拟反舰巡航导弹的弹道中段和弹道末段、为武器系统试验和评估以及舰队训练提供支持。MQM-8 汪达尔人靶弹是由美国海军退役的 RIM-8G 和 RIM-8J 舰艇发射黄铜骑士（Talos）导弹改装而成。该导弹根据美国海军大黄蜂项目研制，由海军军械试验中心研发、本迪克斯公司（Bendix）于 20 世纪 50 年代和 60 年代生产；于 1974 年开始逐步退役，1979 年最后一枚服役的导弹退役。剩余的黄铜骑士导弹被改装成 MQM-8G 汪达尔人基本型靶弹，该型靶弹到 1997 年停止生产。MQM-8G 靶弹的改型包括 MQM-8X 非标型、MQM-8G/ 增程型和 MQM-8G/ 增增程型（EER）靶弹。海蛇靶弹是 MQM-8G 汪达尔人增增程型的改进型号，最后的 20 枚增程型号于 1998 年完成交付。增程型和增增程型靶机一直服役到 2005 年。MQM-8 靶弹后被 GQM-163 草原狼超声速掠海靶弹取代。2008 年黄铜骑士导弹库存全部用尽。用户为美国海军。

2. 总体布局与部位安排

靶弹采用圆柱形弹体，并向头部带锥形中间段的进气管略微收敛；弹体中部装有呈十字布局的多边形全动弹翼，并配有矩形十字形尾翼。圆柱形助推器上也装有 4 个尾翼，其配置与靶弹弹体上的一致。MQM-8G 汪达尔人靶弹外形见图 6-60，海蛇靶弹侧视图见图 6-61。

图 6-60　MQM-8G 汪达尔人靶弹

图 6-61　海蛇靶弹侧视图

主要参数

全长

包括助推器

汪达尔人　　　　　　　11.58 m

海蛇　　　　　　　　　10.97 m

不包括助推器

汪达尔人　　　　　　　6.40 m

海蛇　　　　　　　　　7.62 m

最大弹身直径　　　　　　0.71 m

翼展

汪达尔人　　　　　　　2.90 m

海蛇　　　　　　　　　2.79 m

任务载荷舱体积　　　　　136 dm^3

最大发射质量

不包括助推器

汪达尔人　　　　　　　1 542 kg

海蛇　　　　　　　　　1 749 kg

包括助推器

海蛇　　　　　　　　　3 674 kg

最大任务载荷质量

海蛇　　　　　　　　　45 kg

3. 主要技术指标

海平面最大平飞速度　　　2.125 *Ma*

最大飞行高度　　　　　　21 330 m

最小飞行高度　　　　　　3.7 m

低空飞行距离　　　　　　> 74 km

作用半径

汪达尔人　　　　　　　112 km

海蛇　　　　　　　　　81 km

续航时间	178 s
机动过载（海蛇）	
末段 S 形急转弯	+6 g
最大	+10 g

4. 动力装置

靶机采用一台 28 828 kW 霍尼韦尔 710 mm 冲压喷气主发动机作为动力装置，增程型上加装了一个固体火箭助推器。

5. 飞行控制系统

靶机采用遥控方式；驾束制导、半主动雷达末段寻的，通过旋转翼进行气动控制。

为使靶弹具有远程低空飞行能力，本迪克斯公司在靶弹上装了辅助燃料箱以增加弹载燃油量；改进了高度保持系统以使靶弹保持低空高速飞行，并在靶弹上安装了惯性导航陀螺仪，以便在指令发射机视界下飞行。靶弹可以完成 2 次 8 g 闪避和 1 次 4 g 迂回飞行。海蛇靶弹在助推段采用惯性制导，在中段采用惯性 / 全球定位系统导航。

6. 任务有效载荷

靶弹的有效载荷包括 DKW-2A、DKW-3A 或 DKW-4A 应答机、R-2540 自毁信号接收机、DPN-88 敌我识别装置、DPN-90 跟踪信标、T-1438 定位信标、AN/APN-194 雷达高度表、DRN-13 战术空中导航系统（塔康）、USQ-104、DSQ-37 或 DRQ-4B 脱靶量指示系统、脱靶量指示器吊舱、先进雷达导弹脱靶量指示器、ULQ-21 电子对抗设备、ALQ-167 电子对抗设备吊舱、ALE-44A 箔条 / 曳光弹投放器，以及 UPT-2 或 DPT-2B 终端发射器。

7. 发射系统

靶机采用地面发射方式，用 Mk 11 Mod 2/5 弹射式固体火箭发动机从改装的黄铜骑士导弹发射架上发射，见图 6-62。

8. 回收系统

不可回收。

9. 制造商

霍尼韦尔公司（Honeywell Inc.）。

图 6-62　发射中的汪达尔人靶弹

火弩（Firebolt）靶弹

1. 发展概况

火弩（Firebolt）靶弹是美国特里达因·瑞安公司（Teledyne Ryan）研制生产的一种空中发射超声速靶弹，是在 AQM-37 靶弹基础上研制的。靶弹有两种部队代号：AQM-81A 和 AQM-81N，其中 AQM-81N 主要用于美国海军作战训练。

1968~1969 年期间，美国空军根据其"鹬"项目对比奇飞机公司的一些改进型 AQM-37 靶弹进行了飞行试验。这些靶弹的主要改进是用固体燃料＋液体氧化剂的混合燃料发动机替代 AQM-37 靶弹原来的液体发动机（使用自燃推进剂）。飞行试验成功后，美国空军正式启动了 XAQM-81A 高空超声速靶标（HAST）项目，旨在在 AQM-37 靶弹基础上开发一种生产型靶标。

由于在 20 世纪 70 年代末结构尚未定型，高空超声速靶标（后改为高空高速靶标（HAHST））开发项目显然遇到了一些困难。不过，美国空军认为比奇公司提出的全尺寸开发合同技术建议书价格太高，因此进行了高空高速靶标开发项目招标。1979 年 12 月，特里达因·瑞安公司的 305 型火弩靶弹中标，获得了 AQM-81 靶弹的开发合同。1983 年 6 月，XAQM-81A 靶弹完成了首次飞行试验。

1984 年末，成功完成了 AQM-81 靶弹的试验和评估项目。不过，可能由于其价格要比 AQM-37 靶弹高很多，因此没有后续的火弩靶弹生产合同。

2. 总体布局与部位安排

火弩靶弹采用鸭式气动布局和倾斜转弯控制，升力面为一对大后掠角机翼，翼尖为一对垂直稳定尾翼。控制面为一对全动式鸭式舵和机翼后的一对副翼。靶弹外形如图 6-63 和图 6-64 所示，内部设备布局如 6-65 所示。

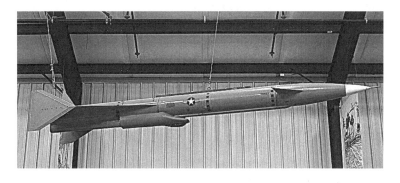

图 6-63　AQM-81 火弩靶弹

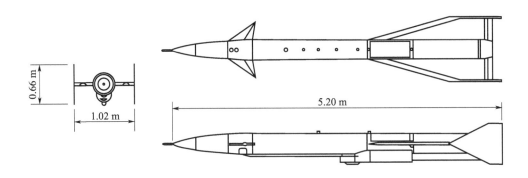

图 6-64　火弩靶弹气动外形图

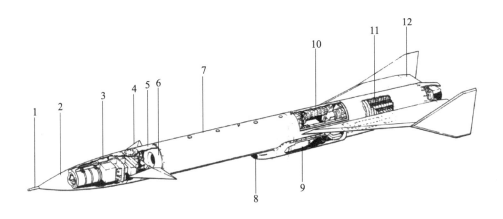

图 6-65　火弩靶弹内部设备布局图

1. 空速管　2. 头罩　3. 设备舱1　4. 鸭式舱　5. 设备舱2
6. 压缩氮气箱　7. 氧化剂箱　8. 冲压泵进气道及天线　9. 冲压泵
10. 回收装置　11. 燃烧室　11. 副翼

主要参数

全长	5.20 m
弹身直径	0.32 m
翼展	1.02 m
垂直尾翼高度	0.66 m
空载质量	264 kg
燃料质量	68 kg
氧化剂质量	226 kg
有效载荷质量	24 kg
起飞质量	558 kg

3. 主要技术指标与飞行航迹

主要技术指标

最大飞行高度	30 500 m
最小飞行高度	11 500 m
最大飞行速度	4 Ma（在 27 000 m 高度）
最大飞行距离	325 km（3.5 Ma、27 000 m 高度，主动段）
最长续航时间	6.5 min（3.5 Ma、27 000 m 高度，主动段）
最大机动过载	5 g（在 18 000 m 高度）

飞行航迹

火弩靶弹飞行包络如图 6-66 所示，典型飞行轨迹如图 6-67 所示。

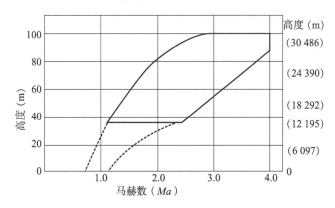

图 6-66　火弩靶弹飞行包络图

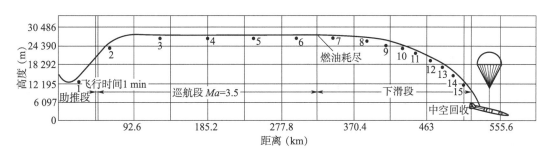

图 6-67　火弩靶弹飞行轨迹

图 6-67 中示出靶弹飞行的三个阶段，即助推段、巡航段和下滑段，总飞行时间约 15 min。

4. 动力装置

靶弹采用联合技术公司的固 - 液混合火箭发动机作为动力装置。该发动机由可控推力装置、压缩氮气箱、氧化剂箱、冲压空气涡轮机、点火器、氧化剂歧管和节流活门组成。其进气管位于机身中部下面的冲压空气涡轮在阻燃红烟硝酸（IRFNA）氧化剂送入燃烧室之前对其进行增压，同时为靶弹提供电源。在以大约 1.5 Ma 的速度从 F-4 飞机上发射后，混合燃料火箭发动机推进靶弹，使其飞行速度可以达到 4 Ma 以上。

发动机的主要参数

推力　　　　　　　　　　　　　0.53~5.33 kN

总冲　　　　　　　　　　　　　707 kN · s

5. 飞行控制系统

靶弹可以根据预编程进行飞行控制，也可以根据地面制导指令进行飞行。飞行控制系统采用二通道的倾斜转弯飞行控制和稳定系统。装有自动驾驶仪和微处理器飞行控制设备即任务逻辑控制器。任务逻辑控制器首次采用 INTEL8086/8087 微处理器飞行控制技术，可储存和自动执行各种飞行程序、增强装置的控制和自检等。采用综合靶弹控制系统、无线电指令制导，也可以采用计算机程序控制。

6. 地面控制系统

多种地面靶控站可以对靶弹进行飞行控制。美国海军采用摩托拉公司的综合靶标控制系统（ITCS）、空军采用靶标跟踪控制系统（DTCS）。这些地面靶控站可以对靶弹进行跟踪、遥控和飞行参数传输。

7. 任务有效载荷

靶弹的有效载荷包括 X 波段有源雷达回波增强装置和脱靶量指示器。其中，X 波段有源雷达回波增强装置即专用点源雷达回波增强系统（OPSRAS），可使雷达散射截面在 2~60 m^2 范围内变化。

这些设备的电力和液体燃料氧化剂泵的动力均由靶弹内的冲压空气涡轮机提供。

8. 发射系统

靶弹采用空中发射方式，从速度为 1.2~2.5 Ma 的载机上发射，以增加起飞初速。载机（如 F-4）装上发控台和发射架就可以发射靶弹。

9. 回收系统

靶弹装有两级降落伞回收系统，回收可以通过弹上任务逻辑控制器（MLCU）自动进行，也可根据无线电指令启动。主要采用空中回收方式，但也可以在水面或地面回收。空中回收时用直升机吊挂，设计回收率为 98%。

10. 制造商

特里达因 · 瑞安公司（Teledyne Ryan）。

火种（Blazer）靶机

1. 发展概况

火种（Blazer）靶机是梅吉特防务系统公司（Meggitt Defense Systems Ltd.）研制生产的一种可回收喷气式靶机，用于小橼树（Chaparral）、红眼睛（Redeye）、响尾蛇（Sidewinder）和毒刺（Stinger）等红外制导导弹以及 76 mm 火炮的训练和评估。可以根据任务要求和载机机型配置靶机。

靶机改型与应用概况如下。

火种 2：该系列靶机最初型号，与全尺寸靶机（带 RM-1 拖曳绞盘）或有人驾驶飞机（RM-30A 或 RM-30B 拖曳绞盘）配合使用。

火种 2A 与缩比靶机载机（带 MRL-25 拖曳绞盘）配合使用。

火种 3C 装在缩比靶机载机（装于翼尖）上，可以与诺斯罗普·格鲁曼公司的 BQM-34 和 BQM-74 靶机、雷锡恩公司的 MQM-107 靶机和米拉奇公司的流星 100 导弹配合使用。

火种 4：用于战术空中发射假目标（TALD）或类似飞行器上。

该系列靶机在生产和服役中（早期型号火种 2 和火种 2A 已停止使用）。

2. 总体布局与部位安排

火种系列靶机的主要组成部分见图 6-68。

主要参数

全长

　火种 2　　　　　　　　　　2.36 m

　火种 2A　　　　　　　　　2.18 m

　火种 3C　　　　　　　　　0.83 m

最大机身直径

　火种 2　　　　　　　　　　0.23 m

　火种 2A　　　　　　　　　0.15 m

　火种 3C　　　　　　　　　0.13 m

空载质量

　火种 2　　　　　　　　　　36.3 kg

　火种 2A　　　　　　　　　19.0 kg

　火种 3C　　　　　　　　　3.4 kg

　火种 4　　　　　　　　　　8.0 kg

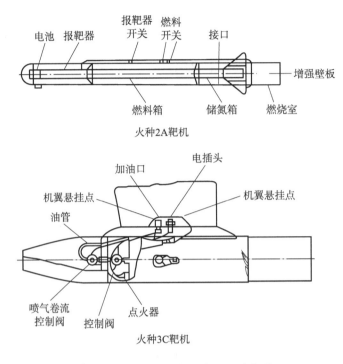

图 6-68　火种系列靶机主要组成部分

3. 动力装置

火种 2 靶机的燃料容量为 18.9 L，火种 2A 靶机的燃料容量为 7.6 L；火种 3C 靶机的燃料容量根据载机确定；火种 4 靶机的燃料容量为 7.6 L。

4. 飞行控制系统

火种 2 和火种 2A 靶机可以由地面站、拖曳或发射飞机控制。

火种 3C 和火种 4 靶机由载机控制。

5. 任务有效载荷

靶机采用最初为美国海军研制的 SMU-114/A 红外增强器。火种 3C 采用一个 Mk 17 Mod 0 点火器、使用 JP-4、JP-5 或 Jet-A 燃料。采用引导火焰作为点火源，排气尾焰根据对空靶射击航线进入边的需要，根据指令点燃和熄灭，这样可以在每次任务中尽可能多地完成模拟项目。

火种 2 和火种 2A 靶机可以装备无源雷达反射器、红外电子对抗设备和多普勒雷达或声频脱靶量指示系统。

火种 4 靶机采用点燃曳光弹，并且可以一直燃烧到燃料耗尽。

6. 发射系统

靶机由载机拖曳绞盘机投射。

7. 回收系统

各型号靶机均可回收，并且可作为载机的一部分重复使用。

8. 制造商

梅吉特防务系统公司（Meggitt Defense Systems Ltd.）。

BQM-177 靶机

1. 发展概况

BQM-177 靶机是美国复合材料工程公司（CEi，Composite Engineering Inc.，现为奎托斯国防与安全公司（Kratos Defense & Security Solutions））研制生产的新一代亚声速靶机（SSAT，Subsonic Aerial Target）。作为美国海军下一代亚声速靶机，BQM-177 靶机可模拟现代高速喷气式飞机和亚声速掠海反舰巡航导弹，用于新型武器系统的测试和评估，以及空对空作战训练。靶机具有卓越的飞行性能，飞行速度超过 0.95 Ma，掠海高度低至 3 m。主要用户是美国海军。

2009 年年初，美国海军就开发一种增强并最终取代即将退役的 AQM-37C/D、BQM-34S 以及 BQM-74E 靶机的新型靶机进行招标，最后选定了亚声速靶机（SSAT）方案。采购项目由海军空中系统司令部（NAVAIR）靶机与假目标系统项目办公室（PMA-208）负责。

2011 年 1 月 28 日，在与诺斯罗普·格鲁曼公司（BQM-74X）和 DRS 技术有限公司（DRS Technologies）/ 塞莱克斯·伽利略公司（米拉奇 100/X）的竞争中，复合材料工程公司胜出，作为项目的主承包商获得了 3 150 万美元的工程、制造和开发（EMD）合同。

BQM-177A 靶机（见图 6-69）是美国海军最新、最先进的亚声速靶机，计划最终取代现役的 BQM-74E 和 BQM-34S 靶机。与将取代的靶机相比，其飞行距离更长，巡航高度更低，速度更快，机动性更高。

2014 年 9 月在加利福尼亚州穆古角的海军空战中心武器装备部海上靶场成功进行了 BQM-177A 研制试验第一阶段（DTB1）的首次飞行试验，计划至 2015 年共进行 5 次 DTB1 飞行试验。

2016 年 11 月，BQM-177A 获准进入生产与部署阶段（Milestone C），为获得小批量生产（LRIP）合同奠定了基础。

2017年6月28日，公司与美国海军签订了之前BQM-177A靶机第一年小批量试生产合同的变更合同。同时，公司还获得了2017年承包商后勤保障（CLS）合同。

2018年2月，公司与海军空中系统司令部签订了之前一项小批量生产合同的变更合同。根据该合同，海军空中系统司令部将购买30架BQM-177A靶机与配套设备，预计到2020年3月完成交付。

公司还表示，希望能在不久的将来获得专用支援装备、初始系统备件、外挂载荷系统和飞行消耗件等独立合同。计划于2018年末~2019年末实现初始作战能力。

BQM-177i靶机（见图6-70）是BQM-177A靶机的出口机型。

图 6-69　飞行中的 BQM-177A 靶机　　　　图 6-70　BQM-177i 靶机

2. 总体布局与部位安排

除保留了BQM-167A靶机的传统设计外，BQM-177A靶机还采用了新型的面积律机身，高挂机翼和微型涡轮发动机公司TR-60-5+内置整体涡轮喷气发动机等空气动力优化设计，从而降低了跨声速阻力。BQM-177A靶机三视图见图6-71。

主要参数

全长	5.18 m
翼展	2.13 m
空载质量	235 kg
最大发射质量	635 kg
最大有效载荷质量	
内装	45 kg
翼尖（单侧）	38.6 kg
燃料容量	238.5 L
发烟油容量	8.3 L

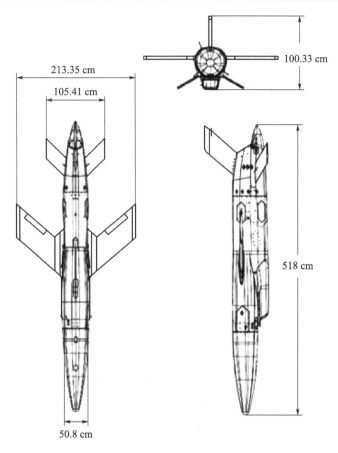

图 6-71　BQM-177A 靶机三视图

3．主要技术指标

最大飞行速度　　　　　　　　0.95 *Ma*

飞行高度　　　　　　　　　　5~12 190 m

机动过载　　　　　　　　　　−2~+9 *g*

任务半径　　　　　　　　　　277 km（最小估计值）

续航时间　　　　　　　　　　50~60 min

4．动力装置

靶机采用一台微型涡轮发动机公司的 4.5 kN TR-60-5+ 内置整体涡轮喷气发动机作为动力装置。

5．飞行控制系统

可根据微系统地面控制站的特高频指令进行控制，最多可同时对 8 个靶标进行指挥控制。

6. 任务有效载荷

BQM-177 靶机射频和红外拖靶、翼尖箔条和曳光弹、翼尖射频和红外吊舱、脱靶量指示器、敌我识别装置、无源和有源雷达增强装置和电子对抗设备等。专用设备包括 AN/DPT-2B 和 AN/DPT-2C 雷达发射机和 AN/ULQ-21 电子对抗设备。靶机的两个翼尖上可以携带 38.56 kg 有效载荷。

7. 发射系统

靶机发射采用运输 / 发射两用拖车，火箭助推起飞方式。BQM-177i 靶机在美国海军穆古角试验靶场的发射见图 6-72。

图 6-72　2008 年 BQM-177i 靶机在美国海军穆古角试验靶场发射

8. 回收系统

靶机采用降落伞回收。

9. 制造商

复合材料工程公司（Compostite Engineering Inc.）。

BTT/MQM-33、36 靶机

1. 发展概况

BTT（Basic Training Target，基础训练靶机）是美国诺斯罗普·格鲁曼公司（Northrop Grumman）Ventura 分部（原为研究与开发航空工程有限公司（Research & Development

Aeronautical Engineering Company Inc.（RDAE））研制生产的一种可回收系列靶机，是世界上服役时间最长的靶机。该系列靶机于 1945 年 7 月进行首次飞行，当时命名为 Radioplane RP-19（美国陆军 OQ-19、美国海军 KD2R）。自那时起，公司共为至少 25 个国家生产了 73 000 多架靶机，包括无线电控制靶机（RCAT）、MQM-33、MQM-36、SD-1 和磁麻鸭（Shelduck）等。靶机主要用于高炮对空射击和面对空导弹训练，用作 20 mm、23 mm、35 mm、40 mm 和 57 mm 高射炮的训练装备，以及小槲树、响尾蛇、长剑、RBS 70、红眼睛、海猫、海麻雀、毒刺和山猫面对空导弹的靶标。

从 20 世纪 80 年代起，该系列靶机统称为 BTT 靶机。

靶机在全世界许多国家服役，主要包括巴西、智利、芬兰、印度、日本、荷兰、英国和美国。

BTT 靶机见图 6-73。

图 6-73　在零长发射架上的 BTT 靶机（带助推火箭）

OQ-19A/OQ-19C（图 6-74）是 1946 年为美国空军生产的早期型号。最初靶机采用金属机身和木质机翼（后 OQ-19A 改用金属机翼），OQ-19C 靶机增加了改进的尾翼组件。

MQM-33A/MQM-33B（图 6-75）是美国空军的型号（最初代号为 OQ-19B/OQ-19D，1964 年改为目前的代号），分别为带垂直陀螺仪型和不带垂直陀螺仪型，实现了超视距飞行。

MQM-33C（图 6-76）为改进型 BTT 靶机，配备有诺斯罗普公司的 G 波段指挥控制系统；1985~1987 年期间为美国陆军国民警卫队生产。

MQM-57A 猎鹰者（Falconer）和 AN/USD-1 分别是诺斯罗普公司 RP-71 靶机美国陆军和北约的代号，用于战场侦察。在对 OQ-19 靶机进行改进后，1955 年完成了此型号样机的生产，改进包括采用 68.6 kW McCulloch O-100-2 发动机、双喷气助推起飞（JATO）发射助推器。诺斯罗普生产代号为 SD-1（侦察靶机 1），亦称为偷窥者（Peeping Tom）。1958~1964 年期间共为美国陆军和国外用户生产了 1 445 架。

NV-101 为自旋翼机，仅为样机；1963 年 12 月完成了首次飞行。

KD-2R-1/-2/-3/-4 是 OQ-19A~OQ-19D 靶机的美国海军机型。

MQM-36A（图 6-77）是美国海军靶机的改进机型（原为 KD-2R-5）。靶机的发动机和系统性能（包括自动驾驶仪和高度保持装置）都作了改进。

图 6-74　OQ-19A 靶机

图 6-75　MQM-33A/B（OQ-19B/D）靶机

图 6-76　美国陆军的 MQM-33C BTT 靶机

图 6-77　MQM-36A（KD-2R-5）靶机

BTT 靶机是定型机型，亦是主要出口机型。提高了靶机的发动机性能、增大了电池容量、增加了配套设备和 MQM-36A 靶机上的非标翼下外挂物。提供给其他一些用户的 BTT 靶机也称作 KD-2R-5 或磁麻鸭。公司还向巴西 Aeromot 公司、智利 RMS 公司和日本 NEC 公司颁发许可生产 BTT 靶机。

2. 总体布局与部位安排

靶机采用上单翼配置；机翼上反角为 0°，翼根部安装角为 1°，翼尖部安装角为 2°；副翼及升降舵装有 D-9 舵机；无方向舵；无起落架。

靶机采用铝合金和钢结构。

靶机系统由飞行器＋地面支援装备和靶机操作与维护所需的后勤保障组成。靶机和作战装备可装载到两台平板卡车上，转运到发射靶场。如飞行不频繁，8 人小组可以对 BTT 靶机系统进行操作和维修。储存检查（不包括组件）可以在 30 min 内完成；4 人可以在

20 min 内将靶机装到发射架上，完成飞行前检查；飞行前准备（预热）时间大约 10 min。
靶机内部设备布局见图 6-78；靶机三视图见图 6-79。

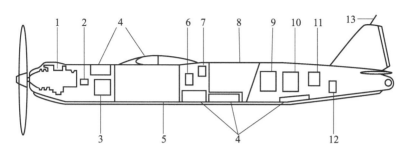

图 6-78　BTT 靶机内部设备布局图

1. 发动机　2. 燃油泵　3. 电池　4. 浮块　5. 油箱　6. 副翼舵机　7. 配电箱　8. 回收系统
9. 高度保持装置　10. 接收机／解码器　11. 垂直陀螺仪　12. 升降舵机　13. 指令天线

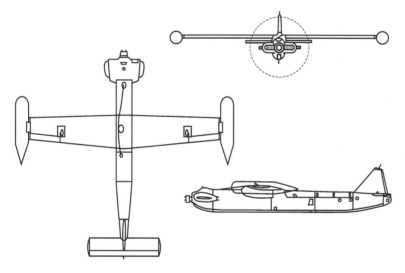

图 6-79　BTT 靶机三视图

主要参数

翼展

    不包括雷达吊舱　　　　　　　　　3.50 m

    包括雷达吊舱　　　　　　　　　　4.02 m

机翼面积　　　　　　　　　　　　　1.74 m^2

全长

    不包括助推器　　　　　　　　　　3.85 m

    包括助推器　　　　　　　　　　　4.44 m

最大机身宽度　　　　　　　　　　　0.37 m

总高　　　　　　　　　　　　　　　0.79 m

尾翼翼展	1.27 m
螺旋桨直径	1.12 m
空载质量	122.5 kg
燃料质量	33.4 kg
最大发射质量	181 kg
最大飞行质量	154 kg

3. 主要技术指标

最大平飞速度（海拔高度至915 m）	360 km/h
失速速度	108 km/h
最大飞行高度	3 050 m
最大燃油量时的飞行距离（海拔高度）	400 km
平均续航时间	52 min

4. 动力装置

靶机采用一台诺斯罗普·格鲁曼公司的 67.1 kW Q-100-3 四缸二冲程发动机，双叶定桨木制螺旋桨；钢制整体燃油箱装在机身中部，燃油容量为 42 L。

5. 飞行控制系统

靶机采用具有自动高度保持功能的 AN/ARW-79 无线电指令制导系统，以及一个可以探测高度变化、提供控制修正，以确保稳定飞行高度的精密气压传感器。采用固定底座或手持式可视或雷达跟踪系统（雷达或调频型或类似设备）；28 V 电池提供电源；采用计算机全球定位系统（GPS）、数字自动驾驶仪。

6. 任务有效载荷

靶机的主要有效载荷包括：可选的增强装置包括两个翼尖雷达反射器吊舱；可视信号和红外曳光弹组合；6 个红外拖靶，或带实时脱靶量指示装置的射击用袋形拖靶。声学脱靶量指示器和辅助译码器，这样除了主系统的单备用通道外还可以提供 3 个备用指挥控制链路；RDAE 自动驾驶仪；以及 5 个 6 V 电池作为机上电源。

7. 发射系统

靶机可以从地面和舰上发射；也可以由旋转弹射器或零长发射架的助推火箭发射。

8. 回收系统

靶机采用降落伞回收，根据无线电指令释放，机腹着陆。如果靶机被炮火严重毁伤，或者无线电指令控制中断或者失电，发动机会自动停止工作，同时降落伞会自动打开。

9．制造商

原诺斯罗普・格鲁曼公司 Ventura 分部，现研究与开发航空工程有限公司。

QF-16 靶机

1．发展概况

QF-16 靶机（见图 6-80）是美国波音公司（Boeing）研制生产的一种全尺寸高速靶机（FSAT），是 QF-4 靶机的替代机型。QF-16 靶机在退役的 F-16 战隼战斗机基础上改装，作为空中战术训练的靶机和空对空导弹、雷达、地对空导弹等新型武器和系统测试的假目标，用于评估美国现役战斗机和各种武器装备抗衡潜在对手的能力。

尽管当时美国空军多年使用的 QF-4 靶机仍在全速率生产，但预计在 2015 年左右将消耗殆尽。为此，美国空军很长时间以来一直在考虑在未来 10~20 年内利用 F-16 战斗机替代 QF-4 靶机。

2006 年 1 月，开始着手选择一种替代机型，以满足 10 年后对全尺寸靶机的需求。

2009 年 6 月 25 日，在经过风险评估后就开发第四代全尺寸靶机替代现有 QF-4 靶机进行投标。

2010 年 3 月 8 日，波音公司中标，获得了一份价值 6 970 万美元的 QF-16 全尺寸靶机初始设计、制造与开发（EMD）一期开发合同。根据合同要求，将完成两架 QF-16 样机，并且生产 126 架 QF-16 靶机。按照合同，在 2010 年和 2011 年通过例行的初步和关键设计评审后，2013 年第四季度开始小批量生产（LRIP）QF-16 靶机，并从 2014 年底开始陆续交付给美国空军；于 2015 年实现 QF-16 靶机的初步作战能力。

在 QF-16 项目中，BAE 公司的飞行系统公司成为波音公司的合作伙伴。

2012 年 5 月 4 日，波音公司和美国空军在塞西尔・菲尔德海军航空站首次完成了 QF-16 靶机的有人驾驶飞行；同年 10 月，波音公司完成了 QF-16 靶机的设计、制造与开发阶段工作，将 6 架不同批次的 F-16 战斗机（F-16A 和 F-16C）改装成 QF-16 靶机。

2013 年 9 月 19 日，QF-16 靶机在廷德尔空军基地进行了首次飞行，成功验证了新一代靶机的自主飞行性能，标志着 QF-16 靶机一期项目的结束和二期项目的开始。

2013 年 10 月 10 日，美国空军寿命周期管理中心与波音公司签订了一份小批量生产 13 架 QF-16 靶机、12 套专用支援装备以及综合工程保障服务合同。项目于 2015 年 3 月完成。

2014 年 5 月 20 日，美国空军寿命周期管理中心与波音公司签订了一份采购第 2 批 23 架 QF-16 靶机及其 23 套专用装备 4 年保修合同；项目于 2016 年完成。

2014 年 7 月，一架 QF-16 靶机在美国陆军白沙导弹靶场首次进行地对空导弹攻击试验；同年 9 月，该架靶机在墨西哥湾上空被从 F-15 战斗机上发射的空对空导弹击中并摧毁，这次实弹试验成功地验证了 QF-16 靶机在评估武器系统对第四代靶机杀伤性能方面的能力，标志着 QF-16 项目技术发展阶段圆满结束。

2015 年 3 月 27 日，美国空军寿命周期管理中心与波音公司签订了一份采购第 3 批 25 架 QF-16 靶机及其 25 套专用装备 4 年保修合同；项目于 2017 年 10 月完成。

2016 年 3 月，美国空军寿命周期管理中心与波音公司签订了一份采购第 4 批 30 架 QF-16 靶机及其 30 套专用装备 4 年保修合同；项目于 2018 年 4 月完成。

2016 年 9 月 29 日，美国空军宣布 QF-16 靶机已经实现了初始作战能力。

2017 年 3 月 14 日，美国空军寿命周期管理中心与波音公司签订了一份采购第 5 批 18 架 QF-16 靶机及其 18 套专用装备 4 年保修合同；项目于 2021 年 4 月 27 日完成。

图 6-80　QF-16 靶机

2. 总体布局与部位安排

QF-16 靶机为单喷气发动机的单翼机，半硬壳式机身。采用翼身融合体形式与机翼相连，提高了升阻比，增加了硬度；裂隙式减速板位于平尾内侧的尾撑后段。

主要参数

全长	15.09 m
总高	5.09 m
翼展	9.45 m
空载质量	7 070 kg
最大起飞质量	10 800 kg
最大过载	9 g

3. 主要技术指标

最大平飞速度（12 200 m 高度）	2.0 Ma
最大飞行高度	15 240 m
任务半径	926 km

4. 动力装置

靶机采用普拉特·惠特尼（Pratt Whitney）航天推进公司的 100-PW-200/220/229 涡轮风扇发动机或通用电气航空公司（GE Aviation）的 F110-GE-100/129 涡轮风扇发动机。

5. 飞行控制系统

QF-16 靶机既可以完成无人驾驶（NULLO）、也可以完成有人驾驶任务。其上加装了遥控飞行设备（专用硬件设备），实现无人驾驶飞行。靶机也可以由两个地面控制系统进行遥控，一个是位于佛罗里达州廷德尔空军基地的海湾靶场靶机控制系统（GRDCS），另一个是位于新墨西哥州白沙导弹靶场的靶机编队控制系统（DFCS）。

QF-16 靶机的飞行控制系统由一套专用航空电子设备（包括通用遥控自动驾驶仪、自动油门、自动飞行控制计算机、备用高度计和指令遥测设备、矢量脱靶量指示器（政府提供设备（GFE））、飞行终止设备（政府提供设备，符合 RCC-319 标准）和有效载荷控制系统）组成。

6. 任务有效载荷

靶机上配有 8 个有源外挂装置，机上装有专用硬件设备，包括机载记录系统、目视信号增强设备、箔条和红外曳光弹、雷达干扰器吊舱等。

7. 发射系统

采用常规发射方式，自主、轮式发射。

8. 回收系统

采用常规回收方式，自主、轮式着陆。

9. 制造商

波音公司（Boeing）。

SGT-20 拖靶

1. 发展概况

SGT-20 拖靶是梅吉特防务系统公司研制生产的一种空中发射、可重复使用的拖靶，是一种自主式套筒拖靶系统。拖靶可以挂装在雷锡恩公司 MQM-107 靶机的每侧机翼下方，由 MQM-107 靶机进行发射，见图 6-81。

2017 年 SGT-20 拖靶已经停止生产。主要用户为加拿大皇家空军，芬兰空军，美国陆军、空军和海军等。

图 6-81　与 MQM-107 靶机一起使用的 SGT-20 拖靶

2. 总体布局与部位安排

拖靶由轻型铝合金圆柱体机身、圆锥机头和 4 个呈十字形布局的后掠尾翼以及非金属弦线套筒式目视信号增强器组成。机头采用防撞结构设计，机身内装一个惯性制动拖靶绞盘，配 366m 长的拖绳。拖靶载机上无需再配备绞盘机。

主要参数

机身

　长度　　　　　　　　　　1.37 m

　高　　　　　　　　　　　0.18 m

套筒（标准）

　长度　　　　　　　　　　4.57 m

　高　　　　　　　　　　　0.61 m

空载质量　　　　　　　　　18 kg（不包括脱靶量指示器）

3. 主要技术指标

在海平面高度的标准拖曳速度　　741 km/h

4. 任务有效载荷

拖靶机身内可安装多种脱靶量指示器。由于其气动阻力很小，每次任务可以根据要求完成多次目标演示。

5. 发射系统

SGT-20 拖靶从发射装置发射出去后，可以自动放出拖绳、释放套筒。

6. 回收系统

拖靶地面回收后，需要对其进行翻新、整修，包括更换使用过的拖绳、套筒释放囊和发射装置接口滚珠锁销。

7. 制造商

梅吉特防务系统公司（Meggitt Defense Systems Ltd.）。

GT-400 拖靶

1. 发展概况

GT-400 拖靶是梅吉特防务系统公司研制生产的一种可投放滑翔式拖靶。

据称，GT-400 拖靶是世界上首个可投放滑翔式拖靶，可以作为空对空和面对空导弹的多功能滑翔靶机／平台，为武器试验的机动威胁模拟提供目标或运载有效载荷。在目标截获过程中，GT-400 可以作为标准拖靶。按预定程序飞行时，通过拖绳将其释放出去，可以与 Meggitt RM-30A 等标准绞盘机构配套使用。2005 年 12 月 10 日，在塔斯汀（Tustin）为美国空军成功地进行了第二阶段验证飞行。飞行试验中，GT-400 从 Phoenix Air Learjet 35 飞机上发射，由 F-15 和 F-16 战斗机携带 AIM-120 导弹进行拦截。GT-400 已通过欧洲航空安全局（EASA）认证，可以由猎鹰（Falcon）-20 飞机携带发射。

GT-400 拖靶具有操作简便、免维修，最大飞行距离可预测，无动力装置，无需回收或修复，成本低等特点。其改型情况如下。

GT-400 (-1)：速度为 389~741 km/h（仪表空速），无增强系统，900 MHz 跳频通信；

GT-400 (-2)：速度为 389~741 km/h（仪表空速），采用直径为 163 mm 的单稳态雷达反射镜增强系统，450MHz 跳频通信；

GT-400 (-3)：速度为 389~741 km/h（仪表空速），采用直径为 163 mm 的单稳态雷达反射镜增强系统，900 MHz 跳频通信。

除了美国以外，公司还为其他一些国家提供 GT-400 拖靶。其中澳大利亚皇家空军和海军购买了 GT-400 拖靶，第一批于 2006 年交付；拖靶还出口到法国等欧洲国家以及中东国家。到 2008 年，公司已交付了 50 多架 GT-400 拖靶。

2017 年，公司仍在继续推销其 GT-400 滑翔式拖靶。

GT-400 拖靶外形见图 6-82；挂装在 Learjet 飞机上的 GT-400 拖靶见图 6-83。

图 6-82　GT-400 拖靶　　　　　图 6-83　挂装在 Learjet 飞机上的 GT-400 拖靶

2. 总体布局与部位安排

GT-400 拖靶机身主要为圆柱体；上单翼，带副翼；十字形垂直尾翼，水平的一对尾翼带升降舵。

主要参数

全长	2.64 m
飞机操纵面（翼展）	0.72 m
最大机身直径	0.19 m
最大发射质量	81.6 kg

3. 主要技术指标

发射高度	10 668 m
飞行速度	
最大	740 km/h
巡航	463 km/h
飞行距离	20~92.6 km

4. 飞行控制系统

GT-400 拖靶采用 GPS 飞行控制系统。通过拖靶指挥控制站，操作员可以指挥拖靶，监控其性能，记录飞行数据供事后飞行数据分析使用。机载三轴自动驾驶仪利用位置、速率和压力传感器信息控制拖靶以所需的速度在预定飞行线路上飞行。副翼进行滚转控制，升降舵进行俯仰控制。采用 400~450 MHz 跳频通信。

实时脱靶量指示见图 6-84。

图 6-84　实时脱靶量指示

5. 任务有效载荷

拖靶的有效载荷包括直径为 163 mm 单稳态雷达反射镜增强器和带曳光管的目视信号增强器。

6. 发射系统

释放前，通过拖绳先将拖靶放出一小段距离。拖靶释放后，指挥控制站会向拖靶发出指令，然后拖靶按照预定飞行方案与拖绳脱开并滑翔。拖靶可以挂装在目前通用的 Learjet 35、Falcon 20 和 Gulfstream G100 等商用喷气式飞机上。释放 GT-400 拖靶见图 6-85 及图 6-86。

图 6-85　GT-400 拖靶以 407 km/h 的速度通过拖绳放出

图 6-86　释放 GT-400 拖靶，在自由飞行阶段按预定程序实施多航路点 GPS 导航

7. 回收系统

采用飞行终止系统和降落伞对 GT-400 拖靶进行回收。

8. 制造商

梅吉特防务系统公司（Meggitt Defense Systems Ltd.）。

TDK-39 拖靶

1．发展概况

TDK-39 拖靶（见图 6-87 及图 6-88）是梅吉特防务系统公司于 20 世纪 80 年代初研制生产的一种空中发射可回收拖靶，其美国空军代号是 A/A37U-36，用于取代 TDU-10B 标枪靶标和过渡的 Secapem 90B（A/A37U-33）靶标。TDK-39 拖靶（是 AGTS-36 航空靶标系统的靶标部分）。

目前 TDK-39 拖靶仍在生产和服役中，主要用户为美国空军和美国国民警卫队，另外还包括希腊、日本、韩国、阿曼等国外用户。公司已交付了 5 000 多套 TDK-39 拖靶。2017 年，公司仍在继续推销其 TDK-39 拖靶。

图 6-87　TDK-39 拖靶　　　　　　图 6-88　RMK-35 绞盘装置 / 发射装置上的 TDK-39 拖靶

2．总体布局与部位安排

拖靶由全铝机身、4 个呈 X 形布局的小展弦比尾翼和一个预包装非刚性套筒式目视信号增强器组成，见图 6-89。

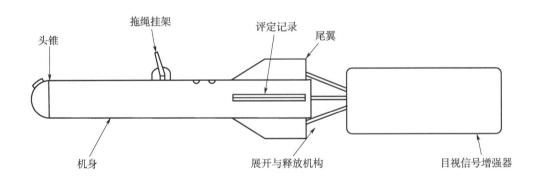

图 6-89　TDK-39 拖靶主要组成

主要参数

机身

长度（包括增强器套筒）	1.91 m
宽度	0.27 m

目视信号增强器

长度	9.14 m
宽度	0.79 m

全长

未展开状态	2.39 m
展开状态	7.01 m
总重（包括增强器）	71.2 kg

3. 主要技术指标

截获距离

目视（增强器打开）	> 3 km
雷达	> 5 km
飞行速度	0.9 Ma
最大机动过载	+6 g

4. 飞行控制系统

拖靶采用自动程序控制，根据简单的分立指令进行放出和回收。绞盘机内的机载接收装置包括遥控接收机和基于微处理器的信号处理器。信号经处理后在载机驾驶舱显示屏上显示。

5. 任务有效载荷

拖靶的有效载荷主要包括机身内的实时多普勒雷达脱靶量指示器（RADOPS），该装置通过将圆锥形天线方向图投射到拖靶套筒周围进行实时脱靶量指示；传感器工作频率为3.245 GHz，内置自主式遥测发射机，可以探测到通过脱靶量指示区的 20 mm 以及更大口径的炮弹；任务完成后目视信号增强器即耗尽。

6. 发射系统

拖靶采用自动方式发射，可以通过 Meggitt　RMK-35 绞盘机 / 发射装置进行操作，根据载机给出的简单指令进行释放 / 投放，放出 610 m 长的标准航空钢拖绳。机身包含装有目视信号增强器的自动展开 / 释放机构。拖靶在 305~7 620 m 的高度范围内、463 km/h 空速（修正空速）释放；为了挂飞运载需要，释放后高度可达 12 200 m，飞行速度可达 0.9 Ma。

7. 回收系统

通过在 305~7 620 m 高度、426~463 km/h 空速收回拖绳对 TDK-39 拖靶进行回收。如出现紧急情况，可以使用机载的带双烟火点火电路的 RMK-35 安全装置将拖靶和拖绳投放出去。目视信号增强器在机身收回到发射装置后释放。

8. 制造商

梅吉特防务系统公司（Meggitt Defense Systems Ltd.）。

TDU-34/A 拖靶

1. 发展概况

TDU-34/A 拖靶是梅吉特防务系统公司研制生产的一种空射可回收拖靶，是美国西南宇航公司（Southwest Aerospace）1981 年为美国海军研制的 TDU-34A/A 靶标的改进型号。TDU-34/A 拖靶具有 TDU-34A/A 的可靠性和兼容性，但气动性能提高了。TDU-34/A 拖靶见图 6-90 及图 6-91。

主要用户为加拿大和美国武装部队。

图 6-90　挂在 Learjet 机翼下的 TDU-34/A 拖靶和 RML-30A 双向绞盘／发射装置

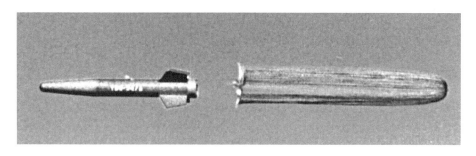

图 6-91　飞行中的 TDU-34/A 拖靶（目视信号增强器套筒脱开）

2. 总体布局与部位安排

拖靶采用铝制机身、玻璃纤维卵形头锥、锥形前段、圆柱形后段以及 4 个呈 X 形布局的小展弦比后掠翼，其翼端按马赫角切尖；其后配有目视信号增强器拖靶套筒。

主要参数

机身

长度	2.75 m
最大机身直径	0.305 m
总高	0.65 m
翼展	0.91 m
目视信号增强器直径	0.61 m
全长（机身 + 增强器套筒）	6.73 m
总重（机身 + 增强器）	34.25 kg

3. 主要技术指标

最大展开速度　　　　　　　　　　1 018 km/h

4. 飞行控制系统

从拖靶载机驾驶舱向绞盘机 / 发射装置发送简单指令，对 TDU-34/A 拖靶进行制导控制。

5. 任务有效载荷

拖靶头部和尾部内装有角反射器，提供 1~2 m² D、E、F、G、H、I 和 J 频段全方位雷达截面。为了满足多任务需求，还可以安装其他辅助设备。

6. 发射系统

通过挂在机身下的 Meggitt RML-30A 或 RML-30B 双向绞盘机或发射装置发射拖靶。

7. 回收系统

将拖绳收回到 RML-30A/B 内对 TDU-34/A 拖靶进行回收。

8. 制造商

梅吉特防务系统公司（Meggitt Defense Systems Ltd.）。

梅吉特通用空中拖靶

1. 发展概况

通用空中拖靶最初由美国贺氏靶机公司（Hayes Targets）研制生产（1998 年贺氏靶机公司被梅吉特防务系统公司收购）。

作为通用空中拖靶的制造商，梅吉特防务系统公司共为 29 个国家生产过 130 多个型别的拖靶，包括海上和空中发射的雷达、红外、烟火等拖靶，以及配套使用的发射装置和支援装备。这些拖靶可在任何无人飞行器以及可带外挂的商用和军用飞机上使用，适合于面对空、空对空和舰载武器。

主要用户为美国陆军、海军和空军，并且出口澳大利亚、加拿大和荷兰等 22 个国家。

公司先后推出 TGT、TGX、TGX-IR、TIX、TLX-1、TPT、TRX 和 TVX 拖靶。

TGT（见图 6-92）主要用于空对空和面对空打靶训练。拖靶发射后，通过放出其上面的绳索或展开固定旗靶增强目视信号特征。旗靶长 3~12 m（可调），用于目视搜索和识别，雷达反射器用于武器系统搜索。

TGX（见图 6-93）是一种雷达增强型拖靶，目前被全世界多个国家的部队使用，用于高炮、近距离武器系统或导弹的有源海上点防御，是一种可以最大限度提高海上或集群武器威力和效率的低成本、高可靠性的拖靶。在拖靶的透明头锥内装有一个 60 000 烛光气动冲压同轴照明器，使拖靶白天在 10 km 范围内可见。照明器前面同轴安装有一个专有 Ku 波段雷达反射器，用于实现光线照射，使前向雷达增强范围达到 5 m^2。28 V 交流发电机由尾锥内的气动冲压式涡轮机不间断驱动，为照明器和脱靶量指示系统、有源雷达增强器、导弹导引头模拟器或电子战设备等专用有效载荷提供电源。其 TGX-2 型拖靶装在配有 RM-30A 或 RM-30B 拖靶绞盘的有人驾驶飞机上，拖靶内无拖绳或绞盘，头部内装有网状角反射器用于无源信号增强。

TGX-IR 是一种全向红外增强型拖靶。装于拖靶下面的 APC-4 尾焰发生器提供后向和辐射红外信号特征；装于机头的电动 FIRE-40 红外源提供前向红外信号特征。拖靶后部的气动冲压式涡轮发电机为拖靶提供电源。

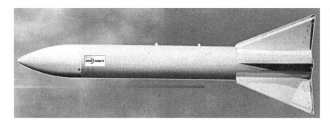
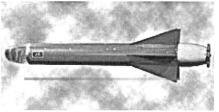

图 6-92　TGT 拖靶　　　　　　　　　　　图 6-93　TGX 拖靶

TIX（见图 6-94）是一种红外增强型拖靶，分为不可回收（一次性）和可回收两种。TIX 拖靶采用工作温度 1 135 ℃左右的丙烷燃烧室，可以提供 30~45 min 的红外源。燃烧室可以在 6 100 m 高度、飞行速度 0.9 Ma 条件下工作；红外源在 1.8~3 μm 波段为 400 W/sr，在 3~5 μm 波段为 250 W/sr。TIX 拖靶适用于采用热寻的制导技术的武器系统或跟踪器，特别适合于需要长时间连续提供红外源时使用。自 20 世纪 70 年代起，拖靶一直在美国和其他国家的部队服役，用于军用和商用飞机以及缩比和全尺寸靶机。

TLX-1（见图 6-95）是一种低空高度保持的标准掠海拖靶。拖靶上装有脱靶量指示器（MDI）和有源雷达增强器。无源雷达增强由同轴安装在机头的 Ku 波段屏幕反射器提供，使前向雷达截面增大至 10 m²。反射器与透明有机玻璃头锥内的 600 000 烛光照明器配合使用，用于增强可见光强度。自动驾驶仪、雷达高度仪和两个副翼用于控制拖靶的高度；遥测系统为拖靶载机提供高度、机翼偏转角和加速度信息。尾锥内的气动冲压式涡轮机驱动的 1 kW 28 V 直流发电机为照明器、有效载荷和飞行控制系统提供电源。TLX 拖靶还可以加装红外增强尾焰装置，用于模拟吸气式喷气发动机，可以与 76 mm 红外引信高炮炮弹配套使用。也可提供全向激光回射增强组合；脱靶量指示器 / 脱靶距离指示器可以与各种增强装置配合，供各种导弹和高炮使用。拖绳长度最长可达 8 500 m。

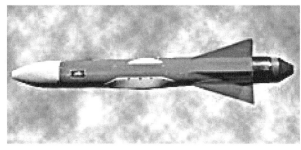

图 6-94　TIX 拖靶　　　　　　　　　　　图 6-95　TLX-1 拖靶

TPT 是一种红外尾焰（模拟喷气发动机排气）增强型拖靶，用于为红外控制和制导导弹武器系统和跟踪器评估和训练提供全向、逼真红外威胁模拟。TPT 红外尾焰还用于启动 MK75 高炮系统的 76 mm 炮弹等红外引信武器。拖靶采用最初为美国海军研发的 SMU-114/A 红外增强器，并使用目前通用的喷气发动机燃料（Jet A、JP-4、JP-5 和 JP-8），这种燃料燃烧时会产生与喷气飞机发动机排气非常相似的红外辐射；照明器由烟火点火装置点燃，根据经由与拖靶飞行计算机连接的遥测链路从便携计算机控制台接收的指令自动启动。一旦点燃后，尾焰只有在需要时才会根据指令完成全红外输出。燃料量可以保证持续提供 35 min 左右的红外辐射信号。拖靶有一个副点燃装置备用，或当照明器关闭时使用。其 TPT-4 型拖靶与采用 RM-30A 或 RM-30B 拖曳绞盘的有人驾驶飞机配套使用；TPT-（拖绳长度）与采用 LTC 发射装置的无人驾驶飞机配套使用。

TRX 是一种雷达增强型拖靶，可以与任何配备雷达完成搜索、跟踪、测距、制导和引爆任务的枪炮或导弹系统配合使用。通常采用无源增强装置，根据客户要求通过透镜或反射器配置来改变雷达信号特征。其 TRX-3 型拖靶分别装有前后角反射器进行雷达信号增强。拖靶与采用梅吉特 LTC-2 发射装置的有人驾驶飞机配合使用，配置了用于单向操作的 3 660 m 长的钢拖绳；TRX-4 拖靶可以与采用 LTC-3，LTC-4 或其他发射装置（如用于滚珠锁定销靶标）的靶机配合使用，配置了一个单向操作的绞盘和 2 440 m 长的拖绳。其 TRX-9 型拖靶（见图 6-96）是一种可双向操作、可回收的雷达增强型空中发射拖靶，可以与需要利用雷达特征进行搜索、跟踪、测距、制导和引爆的枪炮或导弹武器系统配套使用，也可以从携带外挂的商用和军用飞机上发射。对于采用 RM-30A 或 RM-30B 拖曳绞盘的有人驾驶飞机，TRX-9 拖靶上装有前后角反射器；无内置绞盘和拖绳；在拖靶前部和中部装有龙伯透镜，增大了雷达横截面；拖靶可以配置各种声响和多普勒雷达脱靶量指示器，使 J 波段雷达截面达到 7 m²，I/X 波段达到 10 m²。拖靶也可以通过内置绞盘运载，采用单向操作方式发射，任务完成或击毁目标后发射装置端的拖绳松开。澳大利亚皇家海军的 TRX 拖靶装在 Kalkara（MQM-107）靶机上。

图 6-96　TRX-9 拖靶

TVX 是一种烟火增强型拖靶，用于为依靠光学瞄准进行目标搜索和跟踪的武器系统提供目视信号增强。拖靶内装有 5 个发烟曳光管，通过指令接收机启动，可以提供 10 km 范围内可见的浓密拉烟；电池组为指令接收机工作提供电源；配置于载机和载舰上或武器阵地附近的指令发射机可以对发烟曳光管点火进行控制；龙伯透镜或八面角反射器用于提供雷达增强信号；头锥进气管为曳光管点火和燃烧提供外部空气；内置拖绳绞盘在拖靶发射后放出拖绳，拖绳释放长度可达 5 000 m；任务完成或击毁目标后发射装置端的拖绳松开。TVX 系列拖靶可配合长剑和海猫导弹系统使用。

图 6-97 为 TGT、TRX 和 TPT 拖靶（从左到右）。

图 6-97　TGT、TRX 和 TPT 拖靶（从左至右）

2. 总体布局与部位安排

拖靶包括一个玻璃纤维机身、热塑尾翼和满足不同任务要求的头锥和尾锥，各种拖靶的机身直径和尾翼翼展相同。带绞盘机的拖靶配备了安装转盘，用于与拖曳绞盘拖绳连接。在采用梅吉特 LTC 发射装置的一次性（不可回收）拖靶内，接近靶身中心位置处装有绞盘和拖绳。

TGT、TGX、TPT 和 TRX 拖靶内部配置见图 6-98。

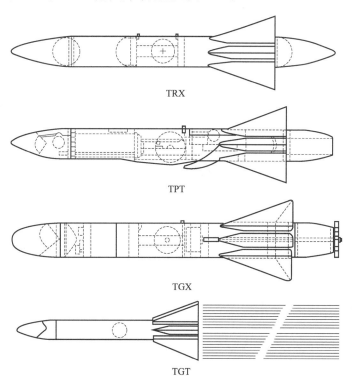

图 6-98　TGT、TGX、TPT 和 TRX 拖靶内部配置图

主要参数

长度

TGT	2.06 m
TGX	2.235 m
TIX	2.32 m
TLX	2.7 m
TPT	2.59 m
TRX	2.51 m

靶身直径	0.228 m
尾翼翼展	0.603 m

标称质量（不包括脱靶量指示器和拖绳）

TGT	28 kg
TGX	30 kg
TIX	29 kg
TLX	34 kg
TPT（包括燃料）	40 kg
TRX	14 kg
TVX	32 kg

3. 飞行控制系统

拖靶可以从梅吉特 LTC 系列发射装置、靶机发射装置完成单向操作，也可以通过各种绞盘机进行双向操作（可回收）。采用不可回收拖靶，子靶标内装有拖曳绞盘，由绞盘制动装置机械控制。拖靶发射后，该装置放出拖绳，任务完成或击毁目标后发射装置端的拖绳松开。通过驾驶舱控制仪表盘"硬连接"向发射装置发出展开和释放指令；拖绳放出、从 LTC 发射装置发射的不可回收拖靶的加速和减速由绞盘装置自动控制。

TLX-1 作为一种低空高度保持的标准掠海拖靶，其高度由自动驾驶仪、雷达高度仪和两个副翼控制，飞行中可以通过射频指挥与控制链路进行控制。借助于高度保持飞行剖面图，拖靶可以真实地模拟在 6~30 m 高度的掠海导弹威胁。飞行过程中可以调整高度设置。

4. 任务有效载荷

关于各型拖靶的有效任务载荷，参见"发展概况"。此外，所有基本型拖靶还可以加装多普勒雷达和声学脱靶量指示器以及梅吉特公司的曳光弹／箔条投放器。

梅吉特公司还生产靶机翼尖红外增强装置吊舱，为缩比靶机提供模拟红外信号特征。用于对付未装战斗部导弹的打靶训练时，吊舱可以使靶机的生存性提高到 90%。

5．发射系统

梅吉特 LTC 系列一次性发射装置可以由任何带标准翼下外挂或挂弹钩的飞机携带。发射装置在运送过程中存放拖靶，并设有拖绳连接接头；内装有拖靶释放和任务后释放拖绳的机构。备有与梅吉特 LTC 发射装置配套的拖绳，长度超过 6 705 m。

6．回收系统

不可回收拖靶与梅吉特 LTC 发射装置配套使用（单向操作），可回收拖靶与绞盘机配套使用（双向操作）。不可回收拖靶适合仅需要少量拖靶，或希望以尽可能低的成本提供拖靶操作的用户使用。在不可回收拖靶上还可加装一个备用绞盘机，以备在打靶训练中拖靶未被摧毁时回收之用。备有与绞盘机配套的拖绳，长度超过 6 705 m。

7．制造商

梅吉特防务系统公司（Meggitt Defense Systems Ltd.）。

IRTT 拖靶

1．发展概况

IRTT（红外拖靶）（见图 6-99）是梅吉特防务系统公司专门为美国陆军导弹司令部（MICOM）研制生产的一种空中发射红外拖靶。拖靶主要用于小榭树（Chaparral）和毒刺（Stinger）导弹发射训练，可以由雷锡恩系统公司的 MQM-107 飞跑者（Streaker）靶机携带飞行。

IRTT 拖靶仍在生产和服役中，主要用户是美国陆军。

图 6-99　IRTT 红外拖靶

2．总体布局与部位安排

拖靶采用全金属轻型、环保、耐用结构；圆柱体机身，其上 4 个尾翼呈 X 形布局；内装单向离心制动的拖曳绞盘以及 183 m 长的高强度非金属拖绳。

拖靶的主要组成部分见图6-100。

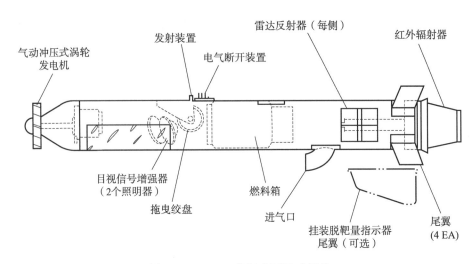

图 6-100　IRTT 拖靶主要组成部分

主要参数

全长	2.13 m
最大机身直径	0.24 m
翼展	0.65 m
空载质量	28.6 kg
发射质量（包括脱靶量指示器）	30.1 kg
发射质量（包括燃料）	34.6 kg

3. 主要性能指标

最大拖曳速度（在2 200 m 高度）	833 km/h（修正表速）
最小释放速度（在2 200 m 高度）	463 km/h（修正表速）

4. 动力装置

拖靶采用一台功率为 283 kW 的 AR741 型转子发动机作为动力装置。

5. 飞行控制系统

MQM-107 靶机接收到"释放拖靶"指令后，拖靶的系统逻辑电路启动系统交流发电机，并打开目视信号增强系统、燃烧室的燃料供油阀和火花塞点火器。燃烧室点火后，内置热开关感应到燃烧室的热量，启动发射装置的"释放拖靶"电路。电路启动发射装置弹射器，将拖靶弹射出去。之后，热开关断开点火系统。如果燃烧室不再产生热量，点火系统就会自动恢复原状态。所有 IRTT 拖靶在弹射出去后均是自动操作，无需遥控信号控制。

6. 任务有效载荷

拖靶尾部有一个电点火丙烷燃烧室，为拖靶连续 45 min 提供红外源；在毒刺导弹主频段，燃烧室可以持续提供 50 W/sr 以上的红外源，从而可以保证在 463~833 km/h 速度、2 200 m 高度、60° 机头方位角、0° 机尾方位角和任何俯仰角时的辐射率大于 100。两个后置反射器为小檞树导弹点火提供无源全向雷达反射信号；一个目视信号增强器用于确定拖靶的准确位置（从正面或两侧看），由两个前向倾斜安装、持续发光的高亮度照明器组成；照明器由安装在机头的气动冲压式涡轮发电机提供电源。拖靶从 MQM-107 靶机弹射出去后，目视信号增强器会自动启动，连续提供照明，在靶机下半球区域内 25° 机头方位角、45° 机尾方位角和任何俯仰角上、斜距 2.2km 范围内可见；提供 D、E、F、G、H、I、J 频段全方位雷达截面。另外，还可以根据用户需求选装一个外挂多普勒雷达脱靶量指示器。

7. 发射系统

拖靶由标准 MQM-107 靶机红外拖靶发射装置携带、发射和拖曳，发射装置装于靶机任一侧或双侧机翼上。与 MQM-107 靶机的发射、飞行和回收性能兼容。在燃烧室点火、开始工作后，拖靶才能从发射装置弹射出去。

8. 回收系统

不可回收。

9. 制造商

梅吉特防务系统公司（Meggitt Defense Systems Ltd.）。

雷达拖靶

1. 发展概况

雷达拖靶是梅吉特防务系统公司研制生产的空中发射系列靶标，RTT-9 是该系列的最新型号。目前仍在生产和服役中。

雷达拖靶有以下三种。

LARTT-9（光增强型雷达拖靶）是为满足反舰武器训练需求而设计的靶标，可以在发射前完成雷达和目视识别；通过装在机头的泛光灯实现目视信号增强。

VARTT-9（目视信号增强型雷达拖靶）是为满足空对空和面对空武器射击训练需求而设计的靶标，可以在发射前完成雷达和目视识别，利用装在后部的套筒实现目视信号增强。

RTT-9（雷达拖靶，见图 6-101）是一种低成本、一次性使用的新型雷达拖靶。拖靶在 LARTT-9/VARTT-9 基础上研制，于 1996 年完成首次飞行试验，之后不久投入生产。

图 6-101　RTT-9 雷达拖靶

2. 总体布局与部位安排

拖靶采用圆柱形主机身，尖拱形头锥。RTT-9 和 VARTT-9 拖靶采用尖拱形尾锥；在 LARTT-9 拖靶上，尾锥改用一个由交流发电机驱动的叶轮，为头部照明器提供不间断机上电源。各机型的 6 个尾翼等距配置。拖靶靶体采用气动稳定设计，使拖靶在各拖曳速度保持稳定的空气动力。标准结构选用轻型玻璃钢（GFRP）材料，LARTT-9 拖靶可选用全金属抗弹击机身。各种拖靶可以是工厂装配状态，也可以以散装件形式装在小型运输集装箱内。

带套筒式增强器的 VARTT-9 拖靶机身见图 6-102，RTT-9 拖靶主要组成部分见图 6-103，LARTT-9 光增强型雷达拖靶可选配置见图 6-104。

主要参数

长度

RTT-9 和 VARTT-9	2.49 m
LARTT-9	2.15 m

最大机身直径　　　　　　　　0.24 m

总高　　　　　　　　　　　　0.56 m

翼展　　　　　　　　　　　　0.65 m

套筒长度（VARTT-9）　　　　9.14 m

套筒直径（VARTT-9）　　　　0.61 m

基本拖靶质量

RTT-9	12.25 kg
LARTT-9（玻璃钢）	24.5 kg
LARTT-9（金属）	27.7 kg
VARTT-9（机身）	13.6 kg
VARTT-9（套筒）	9.1 kg

有效载荷质量

脱靶量指示器	1.4 kg
发烟 / 红外曳光管	8.2~10.4 kg
内装绞盘和凯夫拉拖绳	19.5 kg
内装绞盘和 3 660 m 钢拖绳	30.8 kg

图 6-102　带套筒式增强器的 VARTT-9 拖靶机身

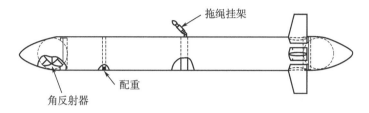

图 6-103　RTT-9 拖靶主要组成部分

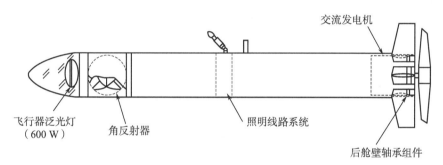

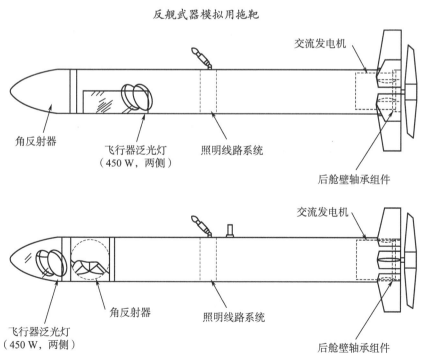

图 6-104　LARTT-9 光增强型雷达拖靶可选配置

3. 主要技术指标

最大系留载飞速度

    RTT-9 和 LARTT-9　　　　　1 018 km/h

    VARTT-9　　　　　　　　　648 km/h

工作速度

    LARTT-9（装有迎面灯）　389~833 km/h（修正表速）

    LARTT-9（装有侧向灯）　426~833 km/h（修正表速）

    VARTT-9　　　　　　　　　741 km/h（修正表速）

目视搜索距离

    LARTT-9（装有迎面灯）　10 km

    LARTT-9（装有侧向灯）　3~6 km

    VARTT-9　　　　　　　　　3 km

4. 任务有效载荷

在 RTT-9 和 VARTT-9 拖靶的头部和尾部、LARTT-9 拖靶头锥内或后面装有 22.2 cm 的角反射器实现无源雷达信号增强。在 LARTT-9 拖靶内，头锥上装有一个 600W 迎面泛光灯；也可以将角反射器与两个 450 W 侧向灯装在一起。在 D、E、F、G、H、I、J、X 波段，各型号雷达横截面积为 3~5 m^2。RTT-9 拖靶的可选设备包括声响或多普勒雷达脱靶量指示器、红外或发烟曳光管、机头灯和目视信号增强器套筒。LARTT-9 和 VARTT-9 拖靶也可配备声响和多普勒雷达脱靶量指示器。

5. 发射系统

拖靶可以从有人驾驶和无人驾驶的全尺寸或缩比飞机上发射。各型号拖靶内可以配备惯性制动的单向操作绞盘，用于将拖靶从缩比靶机上发射；也可采用双向操作绞盘机，从有人驾驶飞机上发射。

6. 回收系统

可使用绞盘机收回拖绳回收拖靶。

7. 制造商

梅吉特防务系统公司（Meggitt Defense Systems Ltd.）。

第7章　亚洲其他国家防空兵器靶标

7.1　印度

——————— 靶眼（Bullseye）靶机 ———————

1. 发展概况

靶眼（Bullseye）靶机为一种可回收式靶机。它是 MKU 公司研发的一种靶机，该公司将此靶机列入生产，并投放市场。

2. 总体布局与部位安排

靶眼靶机采用典型的中单翼轻型飞机布局，并配置固定的后三点式起落架。机体采用巴尔沙木轻质木材（Balsa）和复合材料结构，其外形图见图 7-1。

图 7-1　靶眼靶机外形图

主要参数

机长	2.06 m
翼展	1.80 m
最大起飞质量	7.5 kg

3．主要技术指标

最大平飞速度　　　　　54 km/h
实用升限　　　　　　　1 000 m
使用半径　　　　　　　1.2 km
续航时间　　　　　　　20 min

4．动力装置

靶眼靶机采用1台双缸二冲程活塞式发动机，驱动一副双叶推进式螺旋桨。

5．飞行控制系统

靶眼靶机采用手持式、6通道发射机和数字伺服系统对靶机进行飞行控制。

6．任务有效载荷

通过由缆绳牵引在靶机后面的雷达反射的旗靶。旗靶长 2.72 m，宽 0.8 m，缆绳长约 50 m。

7．发射系统

靶眼靶机采用常规轮式起飞。单人可携带，靶机装于背包内，地面控制站装于手提箱内。

8．回收系统

靶眼靶机采用常规轮式降落。

9．制造商

MKU 公司（MKU Pvt Ltd.）。

标枪 X（Javelin X）靶机

1．发展概况

标枪 X 靶机是一次性多用途靶机。其设计目的是在陆海空战格斗训练演习、武器系统研制与评估中模拟攻击机。靶机可以由靶场等固定地面设施和舰船等移动设施进行操控。它可适用于多种飞行距离，包括：目视距离（VR），1.5 km；在晴朗天气条件下扩大的目视距离（EVR），5 km；超视距（BVR），25 km。

2006 年 3 月 21 日开始标枪 X 靶机的研发工作，第 1 架原型机于 2006 年 8 月 15 日首飞，第 2 架原型机于 2006 年 12 月 12 日首飞。最终定型产品于 2007 年 2 月至 5 月进行了飞行测试。

1 个典型标枪 X 靶机系统包括 3 架飞行器，1 个发射台，1 个手持式地面控制装置，安装双筒光学跟踪器座架，4 名操作手和地面支援设备。此外，标枪 X BVR 型靶机还有 1 个便携式的地面控制站（GCS），它由 1 个基于计算机控制的导航和跟踪站、操控杆和远程无线电上行线组成。

整套靶机易于空运、陆运和海运。其展开时间小于 4 h。

2．总体布局与部位安排

标枪 X 靶机外形为低阻力的模块化设计，采用上单翼和 V 形尾翼，无起落架，结构为全复合材料结构，其外形图见图 7-2。

图 7-2　标枪 X 靶机外形图

主要参数

机长	2.46 m
翼展	3.40 m
螺旋桨直径	0.56 m
任务载荷舱体积	0.004 m^3
空载质量	18.0 kg
最大发射质量	25.0 kg
最大燃料质量	3.5 kg
最大任务载荷质量	5.5 kg

3．主要技术指标

最大平飞速度	222 km/h

最大巡航速度	185 km/h
盘旋速度	74 km/h
高度	
目视距离	10~800 m
超视距	100~1 500 m
使用半径	
数据链距离	25 km
续航时间	1 h 30 min

4. 动力装置

标枪 X 靶机采用 1 台 0.75 kW 功率的单缸二冲程火炬（Torch）90 发动机。双叶螺旋桨。燃料容量为 4 L。

5. 飞行控制系统

标枪 X VR 型和 EVR 型靶机由人工操控，在光学跟踪半径内进行超高频（UHF）无线电控制，BVR 型靶机装载 1 个基于全球定位系统（GPS）的三轴自动驾驶仪和远程数据下行链，可以自主飞行。地面控制站跟踪靶机，并将其遥测、速度、航向和高度数据等位置信息显示在地图上。

6. 任务有效载荷

标枪 X 靶机配置包括雷达散射截面（RCS）增强装置和可选择的红外源。对于红外制导的武器，飞行器可以拖曳 1 个雷达反射面套筒或 1 个带热源的拖曳装置。

7. 发射系统

标枪 X 靶机由操作手控制发射，靶机从压缩空气（氮气）发射器上发射，见图 7-3。

图 7-3　发射架上的标枪 X

8. 回收系统

标枪 X 靶机由操作手控制，在地面或海上腹部着陆。

9. 制造商

卡迪特防务系统公司（Kadet Defence Systems）。

JX-2 靶机

1. 发展概况

JX-2 靶机为可回收式靶机。卡迪特防务系统公司于 2008 年 6 月开始研制，并于同年 12 月进行了首次飞行。JX-2 靶机用于高炮射击、防空和导弹训练，并用于武器系统研发和鉴定。

2010 年 5 月，印度国防部订购了 350 架 JX-2 靶机。卡迪特防务系统公司于 2013 年交付了 70 架。目前 JX-2 靶机仍在印度武装部队服役。

2. 总体布局与部位安排

JX-2 靶机采用常规的航空模拟外形，梯形中单翼配置，水平尾翼置于垂直尾翼上端，没有配置起落架。图 7-4 为在停放架上的 JX-2 靶机。

图 7-4　JX-2 靶机

主要参数

机长	2.60 m
翼展	3.20 m
最大发射质量	20.0 kg

3. 主要技术指标

最大平飞速度	215 km/h
最大使用半径	
目视距	1 km
超视距	20 km
最大续航时间	1 h 30 min

4. 动力装置

JX-2 靶机采用 1 台二冲程活塞式发动机，驱动双叶拉进式螺旋桨。

5. 飞行控制系统

JX-2 靶机采用无线电控制。

6. 任务有效载荷

JX-2 靶机配备无源反射器、红外曳光弹、烟雾器或者拖靶。

7. 发射系统

JX-2 靶机由气压式发射架发射。

8. 回收系统

JX-2 靶机机腹着陆。

9. 制造商

卡迪特防务系统公司（Kadet Defence Systems）。

靶标（Lakshya）靶机

1. 发展概况

靶标（Lakshya，True Aim）靶机为可回收式靶机。1980 年 9 月印度政府拨款给航空发展研究院（Aeronautical Development Establishment（ADE））用于靶标靶机的设计研制，1983 年共研制了 18 架原型机，并开始试飞。1985 年装有印度斯坦航空有限公司（HAL）研制的 PTAE-7 涡喷发动机的原型机进行试验。此后，又安装了印度国防研究与发展组织（DRDO）研制的新型喷气式发动机，并于 2002 年 3 月在昌迪普试验场进行了飞行试验。

2003 年 4 月 27 日，对改进了发动机和子系统的改进型靶机进行了试验。此后，印度斯坦航空有限公司（HAL）进行批量生产。

　　靶机的设计目的是研发为巡航导弹，由于受动力装置和续航方面性能限制影响了它的发展。原使用的 PTAE-7 发动机动力不足，此后生产的大多数靶机改用 TR160-5 微型涡轮发动机。据报道，2006 年 6 月已签订了 200 台小型俄罗斯产涡扇发动机的交付合同，该涡扇发动机是土星科研生产联合体开发的 TRDD-50MT 的改进型，TRDD-50MT 推力为 44.1 kN，这将有可能使此靶机的续航时间增加到数小时。

　　靶机由航空发展研究院（ADE）限量生产；在 1998 年 8 月首批交付印度空军，2000 年开始取代诺斯罗普·格鲁曼公司的石鸡（Chukar）靶机。该靶机的整机生产由印度斯坦航空有限公司进行。

　　靶机有两种类型，即靶标和靶标 -2，其中靶标 -2 是靶标的数字化改型。两者都具有陆地或海上回收能力。该靶机已在陆海空三军服役。

　　一套靶标靶机系统包括 6 架飞行器和 1 套地面控制站（GCS）。

2. 总体布局与部位安排

　　靶机外形采用下单翼配置，机身下部装吊挂式涡喷发动机，机翼和水平尾翼均为切尖三角翼；采用常规的副翼、升降舵和方向舵，见图 7-5。模块化的结构主要以轻质合金为主，玻璃钢则用于尾部装置及机头的整流罩和尾部整流锥。每个机翼下方都有用来吊挂拖靶的挂架装置。靶机无起落架。头部整流罩易碎，为此发动机吊舱下装有减震装置，翼尖端板可重复使用，在着陆时进行回收；尾部整流锥被弹出，以展开降落伞回收。在海上进行回收时，由于前面的设备舱是防水的，靶机能够在水上漂浮超过 4h。靶标靶机的三视图见图 7-6。

图 7-5　靶标靶机外形图

主要参数

机长	5.93 m
机高	1.64 m

机身直径	0.43 m
翼展	3.00 m
平尾翼展	1.66 m
空载质量	330 kg
最大发射质量（包括拖曳装置和助推器）	705 kg
最大燃油质量	190 kg

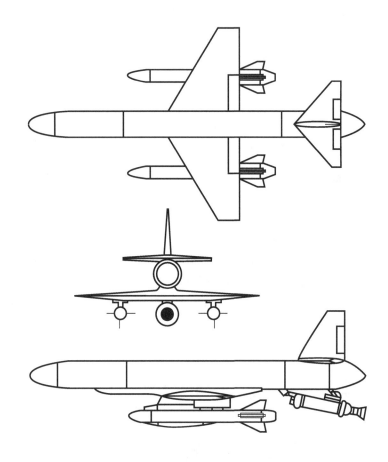

图 7-6　靶标靶机的三视图

3. 主要技术指标

最大爬升率（海平面）	25 m/s
工作高度	
最大	
A（单独靶标）	9 000 m
B（带一个吊挂靶标和一个拖曳状态拖靶）	5 000 m
最小	300 m

最大平飞速度

　　A（单独靶标）　　　　　　　　　　　0.65 Ma

　　B（带一个吊挂靶标和一个拖曳状态拖靶）　0.50 Ma

作战半径　　　　　　　　　　　　　　　100 km

续航时间（0.65 Ma 速度 1 500m 高度）　　50 min

最大使用高度

　　A（单独靶标）　　　　　　　　　　　9 000 m

　　B（带一个吊挂靶标和一个拖曳状态拖靶）　5 000 m

最小使用高度　　　　　　　　　　　　　300 m

机动过载　　　　　　　　　　　　　　　+3 g / +6 g

4. 动力装置

原型靶机安装 1 台推力为 4.22 kN 的微型涡轮发动机公司的 TR1 60-5 涡喷发动机，生产型靶机上用类似等级的印度斯坦航空有限公司的 PTAE-7 涡喷发动机。

5. 飞行控制系统

靶机机载电子设备包括 1 个三轴自动驾驶仪、遥控应答机、编码器/解码器、飞行控制电子装置、传感器、伺服放大器、伺服系统以及 1 个遥控发射器。飞行控制系统可以实现高度保持和航向保持，可编程发射以及紧急回收，并可提供自主和手动两种飞行模式。由 1 台发动机驱动的 70 A 交流发电机和功率调节器供电，并且有 2 个银 - 锌电池备用。定位射频应答机和闪光灯在任务结束后可方便地回收。在某些特定的系统故障状况下，飞行控制系统会自动启动回收。地面控制站可移动并易于部署，它包括遥控、遥测和跟踪系统。遥控使用范围为 100 km。

地面控制站包括控制器和显控台，以及 1 个用于控制训练的模拟器。显示器可实时显示靶机的位置，而飞行参数则显示在另 1 台显示器上。

6. 任务有效载荷

靶机配有不能重复使用的两个拖靶（每个机翼下有 1 个，每个有 1 500 m 长的拖缆），通常拖靶上装有雷达散射截面（RCS）增强设备，另外还可装有一种下列设备：模拟式脱靶量指示器（MDI）和数字式脱靶量指示器，或者红外曳光弹。雷达散射截面增强设备用以满足空对空或地对空作战需求。

7. 发射系统

靶标靶机从地面或船上通过推力为 36.8 kN 的固体火箭助推器从零长发射架上发射，见图 7-7。

图 7-7　靶标靶机从船上发射

8. 回收系统

靶机的两级降落回收系统，通过指令或机载开伞器材开降落伞，下降速度约为 6 m/s。靶机可以在地面或者海上进行回收，可由直升机空运或水面船只取回。

9. 制造商

印度斯坦航空有限公司（Hindustan Aeronautics Ltd. HAL），航空发展研究院（Aeronautical Development Establishment）。

优尔卡（Ulka）靶机

1. 发展概况

优尔卡靶机为不可回收式空中发射靶机，主要用于地空导弹操作人员训练、反舰导弹防御训练，以及防空武器系统的研制试验及结果评定。20 世纪 80 年代中期完成了系统鉴定试验，1990 年开始生产。优尔卡靶机现已完成生产，仍在印度军方服役，见图 7-8。

图 7-8　优尔卡靶机

2. 总体布局与部位安排

优尔卡靶机采用圆柱形机身，锥形头锥后面是全动式鸭式舵舱。后置三角形机翼上带升降副翼及翼尖端板；垂尾在机身下面。模块结构。图 7-9 为优尔卡靶机内部设备安排，图 7-10 为优尔卡靶机机身部件配置图。

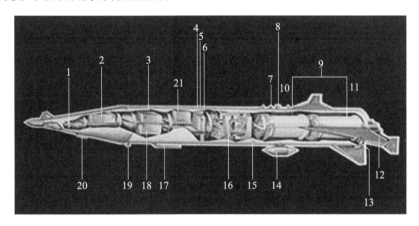

图 7-9　优尔卡靶机内部设备安排

1. 前翼舵机　2. 电池盒　3. 分布式 T1/多点接口　4. 高度传感器　5. 继电器盒　6. 延时器　7. 快速接头　8. 悬挂用凸块　9. 动力装置　10. 主发动机　11. 助推器　12. 副翼　13. 副翼舵机　14. 龙伯透镜吊舱　15. 机身静压孔　16. 加速处理器　17. 分布式 T1 天线　18. 应答机/耦合分配单元　19. 空速管　20. 耦合分配单元天线　21. 备用电池

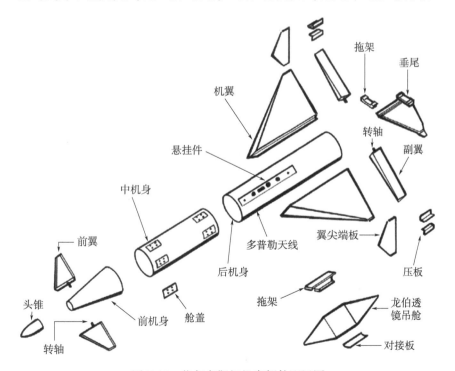

图 7-10　优尔卡靶机机身部件配置图

主要参数

机长	4.02 m
翼展	1.39 m
最大直径	0.41 m
最大发射质量	360 kg
动力装置质量	220 kg

3. 主要技术指标

飞行速度	$0.7\sim1.4\ Ma$
使用高度	50~13 000 m
使用半径	35~70 km
续航时间	
50~500 m 高度	2 min 30 s
500~5 000 m 高度	3 min
大于 5 000 m 高度	5 min

4. 动力装置

优尔卡靶机采用单台固体推进剂火箭发动机。共分两室，一为助推器，一为主发动机。为延长低空飞行航时，也可用加长燃烧室主发动机，以取代助推器。

5. 飞行控制系统

优尔卡靶机由机载双轴（横滚和俯仰）自动飞行控制系统进行控制。机尾下的垂尾和 2 个翼尖端板起航向稳定作用。偏转副翼实现横向滚动控制。用气压传感器及陀螺稳定器进行平飞，若选用雷达高度表，则可以 50 m 高度掠海飞行。航向基准取决于载运飞机，可控制其向左、右转向 10°。为确保靶场安全，靶机上装有自毁系统，若控制人员通过超高频（UHF）发射机向靶机发出自毁信号，当靶机控制面偏向极端位置，实施自毁。

6. 任务有效载荷

优尔卡靶机配有龙伯透镜，有源和无源雷达增强装置，脱靶量指示器（MDI）。

7. 发射系统

优尔卡靶机装载在有人飞机机翼下进行空中发射。典型发射条件为 800 m 高度和 0.7 Ma 的速度。靶机的动力装置在其离机 20 s 后启动，随后靶机被跟踪和截获飞行 100 s 以上。

8. 回收系统

优尔卡靶机不回收。

9. 制造商

印度航空发展研究院（Aeronautical Development Establishment）。

Abhyas 靶机

1. 发展概况

Abhyas 靶机为一种高速不可回收靶机，它由印度从事防御研究和发展的国防研究与发展组织（DRDO）负责研制，用于满足印度武装集团的要求。

2. 总体布局与部位安排

靶机采用置于机身上的三角形机翼，水平尾翼和常规的方向舵，圆柱形机身，没有配置着陆装置，其外形图见图 7-11。其机身设计成能拖曳 Lakshya 拖靶。

图 7-11　Abhyas 靶机外形图

主要参数

机长	2.38 m
机身高度	0.18 m

3. 主要技术指标

使用高度	5 000 m

4. 动力装置

一台微型涡轮喷气发动机。

5. 飞行控制系统

靶机配备一套自动驾驶仪，控制性能包括：飞行航迹、高度控制、速度控制和低空水平机动的控制程序。

6. 任务有效载荷

一套装于头锥内的龙伯透镜和声学脱靶量指示器。

7. 发射系统

机动发射架发射,通过装于靶机尾端两个 168 mm 固体火箭助推器发射。

8. 回收系统

不能回收。

9. 制造商

印度国防研究与发展组织（DRDO）。

7.2　伊朗

──────　萨赫（Saeghe）靶机　──────

1. 发展概况

萨赫（Saeghe）靶机又名闪电（Lightning）,是一种可回收式靶机。它主要用于防空火炮武器射击训练。目前仍在生产和服役。

萨赫靶机有以下两种:

萨赫 1（基本型）也被称为 N-Q-A100,零长发射架发射,它通过简单的无线电指令来控制飞行航迹和机动。

萨赫 2（改进型）,地面控制站（GCS）通过全球定位系统（GPS）导航。机身与萨赫 1 相同。

2. 总体布局与部位安排

萨赫靶机采用低置三角翼,机翼上装有升降翼,机身呈子弹形,带后掠角垂直尾翼和方向舵置于机身上,无水平尾翼和起落架。全复合材料结构。靶机外形见图 7-12。图 7-13 为飞行中的萨赫 2 靶机。

主要参数

总长	2.81 m
机身长	2.66 m
机高	0.70 m

| 翼展 | 2.60 m |
| 最大发射质量 | 60 kg |

图 7-12　萨赫 1 靶机

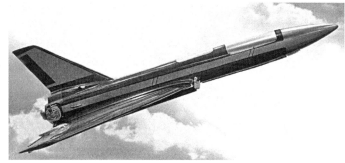

图 7-13　飞行中的萨赫 2 靶机

3. 主要技术指标

最大平飞速度	250 km/h
实用升限	3 355 m
最大使用半径	50 km
续航时间	45 min

4. 动力装置

萨赫靶机采用 1 台功率为 18.6 kW 的双缸活塞式发动机，带动双叶螺旋桨。

5. 飞行控制系统

萨赫 1 通过简单的无线电指令控制飞行航迹和机动，机翼起水平稳定作用。萨赫 2 靶机拥有便携式（或用小车移动）地面控制站，采用基于微处理器的自动驾驶仪控制，在无操作员控制下可以按预编程控制飞行。在视距飞行范围内，采用视距控制，在超视距飞行范围，可基于 GPS 的预编程导航对靶机进行控制并在显示器上显示。

6. 任务有效载荷

萨赫 2 上安装有陀螺稳定的雷达角反射器和 3 个红外曳光弹。

7. 发射系统

萨赫靶机从零长发射器上由助推火箭发射，发射器可以装在小车或者舰船甲板上进行靶机发射，见图 7-14。

图 7-14　发射中的萨赫靶机

8. 回收系统

萨赫靶机在陆地或者水上利用降落伞回收，也可以在陆地上通过滑橇着陆回收。

9. 制造商

伊朗圣城航空工业公司（Qods Aviation Industries）。

7.3　伊拉克

幼狮 -C2 缩比靶机（Kfir-C2 Scale Target）

1. 发展概况

幼狮 -C2 缩比靶机为可回收式靶机，于 1989 年 4 月在伊拉克巴格达军事设备展览会上首次公开展示，主要用于高射炮兵的目标识别和射击训练靶标。

2. 总体布局与部位安排

幼狮 -C2 缩比靶机根据以色列幼狮战斗机／攻击机外形缩比设计，见图 7-15。升降副翼和方向舵可拆卸，复合材料制成。可选用前三点式起落架。

主要参数

机长	2.75 m
翼展	2.00 m

图 7-15　幼狮 -C2 缩比靶机

3．主要技术指标

最大平飞速度	200 km/h
最小平飞速度	80 km/h
起飞 / 着陆滑跑距离	70 m

4．动力装置

幼狮 -C2 缩比靶机采用 1 台功率为 6.3 kW 的双缸二冲程发动机，驱动双叶木质推进式螺旋桨。

5．飞行控制系统

幼狮 -C2 缩比靶机通过无线电指令遥控。

6．任务有效载荷

幼狮 -C2 缩比靶机配有目视、红外和雷达增强设备。

7．发射系统

幼狮 -C2 缩比靶机采用常规轮式起飞，有时用轮式跑车起飞。

8．回收系统

幼狮 -C2 缩比靶机采用常规轮式着陆，或选择降落伞着陆。

9．制造商

伊拉克军用生产局。

7.4　以色列

TM-105 EDO 低速动力靶机

1. 发展概况

TM-105 EDO 低速动力靶机是以色列耐法尔航空技术公司（Nefer Aviation Technology，原来的 Tamnar Aviation Technology）为以色列陆、海、空三军防空部队生产的一种可回收式靶机。该靶机可以模拟多种飞机的攻击模式，用于防空武器训练与鉴定。靶机具有价格低廉、便于操作和使用等特点。

TM-105 EDO 靶机于 1982 年 2 月开始设计，1983 年 9 月首飞。同年 12 月开始批量生产，到 1986 年初已生产 540 架（包括出口），而后又有 800 架订货。该靶机仍在军队服役中。

TM-105 EDO 靶机除用于以色列防空部队外，还向智利、洪都拉斯和委内瑞拉等国家出口。

2. 总体布局与部位安排

TM-105 EDO 靶机采用上单翼布局外形，机翼以桦木层压板为蒙皮，其内充填聚苯乙烯塑料。机身用具有减震性能的玻璃纤维和环氧树脂制造，尾翼也用木材制造。其使用的着陆滑橇为钢材料的标准件，同时它也可采用轮式起落架着陆。TM-105 EDO 靶机外形见图 7-16。

图 7-16　TM-105 EDO 靶机外形

主要参数

机长	2.31 m
翼展	2.50 m

螺旋桨直径

Q-50	0.46 m
Q-82	0.51 m
Q-100	0.56 m

空载质量　　　　　　　　　　　　　　　　12.0 kg

最大有效载荷（包括燃油）质量　　　　　4.5 kg

最大起飞质量　　　　　　　　　　　　　18 kg

3. 主要技术指标

最大平飞速度　　　　　　　　　　　　　300 km/h

最小飞行速度　　　　　　　　　　　　　35 km/h

无线电控制距离　　　　　　　　　　　　6 km

续航时间

标准油量　　　　　　　　　　　　　　90 min

任选油量　　　　　　　　　　　　　　120 min

4. 动力装置

TM-105 EDO 靶机可采用一台 3 kW 的 Quadra Aerrow 公司生产的 Q-50、Q-82 或 7.08 kW 的 Q100 单缸双冲程发动机，双桨叶木质螺旋桨。采用标准油箱，载油量为 4.5 L。为延长航程，也可选用其他油箱。

5. 飞行控制系统

靶机由训练区的操纵员进行无线电遥控，操纵员使用 Kraft 公司的 10 W 发射机，该设备可同时遥控两架靶机。控制指令能保留在整个训练期间，它能保留数秒内初始或重置状态。

6. 任务有效载荷

该靶机配有射击命中计数器，可以记录从目标到射击点 6 m 以内，可以实时地将结果转发到地面控制显示器。如果用作导弹靶标，则可配备红外增强装置。

7. 发射系统

TM-105 EDO 靶机可使用 Tamnar 公司的轨道发射架弹射出去，也可利用轮式起落架（飞起后投弃）起飞。它可以在有 50~80 m 长跑道的公路、小路或草坪上发射，也可以从海上任何一种水面舰艇平台发射。该靶机在发射架上准备发射状态见图 7-17。

图 7-17　准备发射的 TM-105 EDO 靶机

8. 回收系统

TM-105 EDO 靶机可利用机身下部滑橇着陆。海上可用回收网回收。

9. 制造商

以色列耐法尔航空技术公司（Nefer Aviation Technology Ltd.）。

米格 -27 缩比靶机（MiG-27 Scale Target）

1. 发展概况

米格 -27 缩比靶机为模拟米格 -27 战斗机设计的可回收式靶机。1986 年投入生产。该靶机在以色列防空军中服役。

2. 总体布局与部位安排

米格 -27 缩比靶机机体材料采用玻璃纤维增强塑料。外形尺寸同按比例缩小的米格 -27。采用前三点式起落架。

主要参数

机长	3.05 m
翼展	3.30 m
最大发射质量	18 kg

3. 主要技术指标

续航时间
最大任务载荷质量　　　　　　　　　1 h
最大燃油质量　　　　　　　　　　　1 h 30 min

4. 动力装置

米格 -27 缩比靶机采用 1 台 Quadra Aerrow 公司研制的功率为 7.08 kW 的 Q-100 单缸二冲程发动机；双叶木质推进式螺旋桨。

5. 飞行控制系统

米格 -27 缩比靶机视距内采用无线电控制。

6. 发射系统

米格 -27 缩比靶机采用常规轮式起飞。

7. 回收系统

米格 -27 缩比靶机采用常规轮式着陆。

8. 制造商

以色列耐法尔航空技术公司（Nefer Aviation Technology Ltd.）。

麻雀（Sparrow）系列靶弹

1. 发展概况

麻雀系列靶弹是一种空射弹道式飞行靶弹。它可模拟各种弹道导弹的飞行轨迹、再入段机动飞行及雷达散射截面（RCS）特性和温度特性等。用于测试箭（Arrow）等导弹防御系统。

1996 年，应战区导弹防御（TMD）系统的要求，以色列导弹防御组织（MDO）和美国弹道导弹防御组织（BMDO）联合出资，研制一种用来模拟高精度弹道导弹的靶弹，这就是麻雀系列靶弹的第一种型号，名为黑雀（Black Sparrow）靶弹。经过一系列试验与鉴定后，于 2005 年完成研发，随即进入市场。法国国防部武器装备总局（DGA）采购黑雀靶弹，用于法国反导防空系统 Aster 系列 SAMP/T 武器系统的鉴定测试。

此后在黑雀靶弹的基础上研发了蓝雀（Blue Sparrow）空射靶弹。该靶弹可模拟中、远程弹道导弹再入过程，例如以色列空军从 F-15 战斗机上发射模拟流星 -3（Shihab-3）洲际导弹的蓝雀靶弹试验。2009 年和 2010 年法国国防部与美国导弹防御局先后向法国拉斐尔先进防务系统公司采购该型靶弹系统。

与蓝雀靶弹一样，银雀（Silver Sparrow）靶弹也配有可分离的模拟弹道导弹航迹的再入体及热成像与雷达散射截面信号特性。银雀靶弹可模拟以色列流星 -3 弹道导弹，射程可达 1 500~2 000 km。银雀靶弹于 2013 年进行首次试验。

2. 总体布局与部位安排

麻雀靶弹采用锥形头锥，圆柱形机身，4 个尾翼呈 X 形布局，见图 7-18。

图 7-18　麻雀靶弹

主要参数

弹长

黑雀靶弹	4.85 m
蓝雀靶弹	6.51 m
银雀靶弹	8.39 m

弹径

黑雀靶弹	0.53 m
蓝雀靶弹	0.53~0.74 m

最大发射质量

黑雀靶弹	1 275 kg
蓝雀靶弹	1 900 kg
银雀靶弹	3 130 kg

3. 动力装置

黑雀靶弹采用单级固体推进剂火箭发动机；蓝雀靶弹采用固体推进剂火箭发动机；银雀靶弹采用加长型固体推进剂火箭发动机。

4. 飞行控制系统

黑雀靶弹采用全球定位系统 / 惯性导航系统（GPS/INS）进行导航，靶弹能模拟飞毛腿 -B（Scud-B）弹道导弹再入段速度和高度剖面，以及温度特性和雷达散射截面（RCS）信号特性，能提供反导系统、攻击弹道导弹试验时结果评定用。

蓝雀靶弹和银雀靶弹均采用 GPS 和双冗余惯性导航，可用一个三自由度高度控制系统控制飞行。

5. 任务有效载荷

黑雀靶弹能提供模块化设计的战斗部模拟器，它能适应各种战斗部威胁需要，如：高能炸药和高容量化学战斗部造成的杀伤力分析。蓝雀靶弹可根据试验任务选用高容量化学战斗部或高爆战斗部进行配用，双通道和全覆盖的遥测系统，以及一个通用模块的供选用战斗部模拟器舱段。银雀靶弹的战斗部组成部分处于分离的再入体前部，而此分离的再入体是蓝雀与银雀通用的，它连接于固体火箭发动机，银雀的固体发动机长度较蓝雀要长。

6. 发射系统

麻雀靶弹可从地面或空中发射。装有双余度飞行终止系统，以进行导弹拦截测试。

7. 回收系统

麻雀系列靶弹为不可回收的靶弹。

8. 制造商

以色列拉斐尔先进防务系统公司（Rafael Advanced Defense Systems Ltd.）。

7.5　日本

J/AQM-1 靶机

---

1. 发展概况

J/AQM-1 靶机是一种空中发射不可回收的高速靶机。日本富士重工公司为满足日本防卫厅（JDA）和日本航空自卫队（JASDF）对一次性使用的空射靶机的需求，于 1983 年开始研制 J/AQM-1 靶机。其原型样机于 1986 年 3 月试飞成功，1987 财政年度正式投产。1988 年 10 月首批 4 套样机分别交付 JASDF 与 JDA。该系统仍在生产与服役中。

2. 总体布局与部位安排

J/AQM-1 靶机采用中单翼气动布局。机翼为截尖三角翼，左右可以互换。有四个尾翼，按 × 形配置。机身是圆筒形，卵形头部与尾锥，机翼翼端装有发烟管短舱。发动机悬挂于机身后下方的中央吊舱。机体结构除了头锥为玻璃纤维外，其余均为铝合金与钢结构。其外形图见图 7-19，三视图见图 7-20。

图 7-19　J/AQM-1 靶机外形图

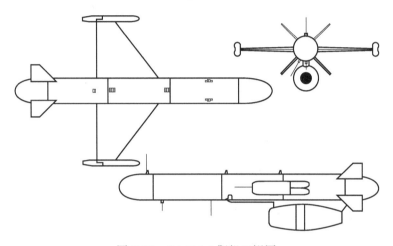

图 7-20　J/AQM-1 靶机三视图

主要参数

机长	3.65 m
机高	0.92 m
机体最大直径	0.35 m
机翼面积	1.20 m²
翼展（包括发烟舱）	2.07 m
尾翼翼展	0.98 m
尾翼面积（4 个尾翼总面积）	0.30 m²
最大发射质量	235.5 kg
最大飞行任务有效载荷	42.4 kg

3. 主要技术指标

最大平飞速度（在 9 150 m 高空）	1 037 km/h
工作高度	610~9 144 m
续航时间（9 150 m 高空 0.9 Ma 速度）	16 min
机动过载	$+5\,g/-2\,g$

4. 动力装置

J/AQM-1 靶机使用一台 1.96 kN 三菱重工公司（Mitsubishi Heavy Industries Ltd., MHI）的 TJM3 涡轮喷气发动机。机身中央安排油箱，载油量 47 L。

5. 飞行控制系统

J/AQM-1 靶机使用 1 个预编程导航系统，但它也可按发射载机或地面站的无线电指令进行航路调整。数字飞行控制系统可控制发动机节流阀。

6. 任务有效载荷

J/AQM-1 靶机机身前、后舱内配有 Ku 波段反射器，翼尖短舱内有发烟器或红外曳光管。机身前段内还装有脱靶量指示器。

7. 发射系统

J/AQM-1 靶机由两侧机翼下空中发射，它能从日本航空自卫队的 F-4EJ 鬼怪（Phantom）战斗机和 F-15J/DJ 鹰（Eagle）战斗机翼下吊舱内发射。

8. 回收系统

J/AQM-1 靶机不回收。

9. 制造商

日本富士重工公司（Fuji Heavy Industries Ltd., Utsunomiya）。

7.6　约旦

箭（Arrow）靶机

1. 发展概况

箭（Arrow）靶机为约旦先进遥控系统公司研制的可回收式靶机。

箭靶机曾在 2004 年展出，它用于近程防空武器系统，特别是便携式防空导弹和防空火炮的操作手培训。

箭靶机系统由 4~8 架飞行器，地面控制站（GCS），弹射发射器和地面保障设备组成。系统也可装于 2 辆卡车，以便用于移动作战，需要 5 名机组人员。

2．总体布局与部位安排

箭靶机采用常规的航模外形，平直的机翼和尾翼，其外形图见图 7-21。

主要参数

机长	3.00 m
机高	0.60 m
翼展	2.20 m
最大发射质量	60 kg
最大任务载荷质量	15 kg

图 7-21　箭靶机外形图

3．主要技术指标

最大平飞速度	
活塞式发动机	350 km/h
转子发动机	450 km/h
使用高度	50~5 000 m
使用半径	
遥控模式	20 km
自主模式	100 km
续航时间	2 h
机动过载	$+8\,g/-3\,g$

4．动力装置

箭靶机采用 1 台功率为 18.6 kW 的标准活塞式发动机，驱动一副双叶推进式螺旋桨；也可用 28.3 kW 的 UELAR731 或 AR741 转子发动机。

5. 飞行控制系统

箭靶机通过数字自动化控制系统进行基于全球定位系统（GPS）的自主导航（预编程）；靶机可根据设置的地图飞行，其任务方案也可以在飞行过程中进行更新。地面控制站可以同时控制 4 架飞行器。

6. 任务有效载荷

模块式有效载荷包括：红外增强器；用于光学跟踪的视觉增强器（连续或频闪的光源，火烟发生器或火烟筒）；4 个火焰跟踪曳光管；4 个红外曳光管；4 个焰火曳光管；有源和无源雷达信号增强器；2 × 7.5 in 龙伯透视或角反射器；抗红外干扰器；有源和无源雷达抗干扰器；试飞结果评定设备（光学或多普勒脱靶量指示器或命中点指示器），其他设备（如敌我识别器）等。

7. 发射系统

箭靶机利用气动弹射器从地面或船上发射；或者是利用固体助推火箭从零长发射器上发射，见图 7-22。

图 7-22　箭靶机从零长发射器上发射

8. 回收系统

箭靶机采用降落伞回收，从地面控制站手动控制或在任务终止以及机载系统发生故障或损坏时自动控制回收。

9. 制造商

约旦先进遥控系统公司（Jordan Advanced Remote Systems）。

7.7 巴基斯坦

阿巴比（Ababeel）靶机

1. 发展概况

阿巴比靶机为可回收靶机，又名雨燕（Swallow），是巴基斯坦航空联合体（PAC）设计，用作小型防空武器和火炮打靶训练的空中靶机。1988年开始在巴基斯坦陆军服役。阿巴比靶机也可作为更大更快的鹰（Baaz）空中靶机操作手的培训设备。

阿巴比靶机最初由巴基斯坦航空联合体研制，据2014年报道，该靶机生产交由巴基斯坦商业航空公司（PBA）负责，PBA的股东Albadeey技术公司研发了大型改进型阿巴比III型空中靶机。2015年巴基斯坦商业航空公司和Albadeey技术公司合并成STS航空公司。所有阿巴比I、阿巴比III、Shahbaz和Shahzore空中靶机均由STS航空公司接管。

目前，阿巴比I靶机和阿巴比III靶机仍在生产，并在巴基斯坦陆军和沙特皇家空军服役。

2. 总体布局与部位安排

阿巴比靶机采用平直上单翼布局，机身为玻璃钢材料，机翼为泡沫塑料和环氧树脂层压结构，襟副翼又是升降舵，没有方向舵。而改进型阿巴比III靶机，增加垂直安定面的面积，靶机无着陆装置。

其外形见图7-24和图7-25。

图 7-24　阿巴比 I 靶机外形图　　　　　图 7-25　阿巴比 I 靶机在测试中

主要参数

	阿巴比 I	阿巴比 III
机长	1.41 m	2.03 m
机高	0.20 m	—
翼展	1.60 m	2.54 m
平尾翼展	0.60 m	—
螺旋桨直径	0.28 m	—
最大起飞质量	2.8 kg	

3．主要技术指标

	阿巴比 I	阿巴比 III
最大平飞速度	175 km/h	256 km/h
使用半径	1 km	
最大续航时间	25 min	90 min

4．动力装置

阿巴比靶机采用 1 台功率为 1.3 kW 的 10 mL 单缸二冲程发动机，驱动一副双叶螺旋桨。燃油容量为 0.38 L。

5．飞行控制系统

阿巴比靶机通过无线电指令（4 通道超高频收发器）控制，其射频输出为 1.5 W。在发射机电源为 9.6 V（1.2 Ah）时接收机电源为 4.8 V，电源为可充电电池。可供使用的地面保障设备包括一台配 2.5 L 燃料的燃料罐、电控发动机启动器、电流表及用于电力设备的 12 V 电池和一套手工工具。

6．任务有效载荷

阿巴比靶机可提供雷达散射面积 2 m^2，可同时携带 4 个红外辐射器。

7．发射系统

阿巴比靶机采用手控发射或轮式起飞。

8．回收系统

任何合适的水平地面均可使用机腹着陆，或者使用轮式着陆。

9．制造商

STS 航空公司。

ABJT 靶机

1. 发展概况

ABJT 靶机为可回收式靶机，用作防空火炮和地面发射或空空导弹实弹射击的高速中程靶机。具有标准型（2 km）、配自动驾驶仪型（5 km）和超视距型（20 km）。ABJT 靶机服役于巴基斯坦陆、海、空三军和也门空军。

2. 总体布局与部位安排

ABJT 靶机采用低置式后掠翼布局，子弹外形机身，双立尾撑上装有梯形尾翼 / 方向舵以及高置连接双立尾的水平尾翼 / 升降舵。可以选用或不用起落架。采用复合材料结构。其外形图 7-26 所示。

图 7-26　ABJT-1 靶机外形图

主要参数

机长	2.39 m
翼展	2.03 m
最大起飞质量	20 kg

3. 主要技术指标

最大平飞速度	450 km/h
使用半径	
常规	2 km

带自动驾驶仪	5 km
超视距	20 km
续航时间	20 min

4. 动力装置

ABJT 靶机采用 1 台推力为 196 N 的涡轮喷气发动机。

5. 飞行控制系统

ABJT 靶机采用遥控控制。

6. 发射系统

ABJT 靶机利用助推火箭从弹射器上发射，或者采用传统的轮式起飞。

7. 回收系统

ABJT 靶机采用机腹或传统的轮式着陆。

8. 制造商

Albadeey 技术公司。

沙赫巴兹（Shahbaz）靶机

1. 发展概况

沙赫巴兹（Shahbaz）靶机又称极光（Aurora）靶机，为一种低成本可回收式靶机，主要用于中型防空火炮和雷达制导导弹部队进行跟踪和实弹射击训练。沙赫巴兹靶机由自动驾驶仪控制飞行，是一种超视距型靶机。该靶机目前仍在生产中，并在巴基斯坦陆军服役。

2. 总体布局与部位安排

沙赫巴兹靶机采用等弦长高置机翼和低置平尾设计的外形布局（见图 7-27），机身截面呈盒形。无起落架。其外形与巴基斯坦航空联合体的鹰（Baaz）靶机相近。

主要参数

机长	2.18 m
机高	0.49 m
翼展	2.44 m
螺旋桨直径	0.56 m

机翼总面积	1.00 m^2
空载质量	17 kg
最大发射质量	22.0 kg

图 7-27　沙赫巴兹靶机

3．主要技术指标

最大巡航速度	200 km/h
使用高度	
最低	100 m
升限	3 000 m
最大巡航速度	200 km/h
使用半径	
常规	3 km
带自动驾驶仪	10 km
超视距	30 km
续航时间	45 min

4．动力装置

沙赫巴兹靶机采用 1 台功率为 8.2 kW 的 100 mL 二冲程活塞式发动机，驱动一副双叶螺旋桨。

5．飞行控制系统

沙赫巴兹靶机采用遥控或由机上自动驾驶仪控制。

6．任务有效载荷

沙赫巴兹靶机配有 4 个红外曳光弹，雷达散射截面 2 m^2。

7．发射系统

沙赫巴兹靶机采用橡筋弹射架发射，见图 7-28。

图 7-28　发射架上的沙赫巴兹靶机

8．回收系统

沙赫巴兹靶机采用伞降回收或机腹着陆。

9．制造商

Albadeey 技术公司。

鹰（Baaz）靶机

1．发展概况

鹰（Baaz）靶机为可回收式靶机，是一种用于小型武器和火炮以及短程空空导弹系统的防空射击训练靶机。靶机配有光电跟踪设备。此外，它也可以作为无人机操作员的初级教练机。据 2015 年报道，该靶机仍在生产，并在巴基斯坦武装部队和沙特皇家空军服役。

2. 总体布局与部位安排

鹰靶机采用简单的上单翼布局，等弦长方形机翼和水平尾翼；机身为玻璃钢材料，机翼为泡沫塑料和环氧树脂层压结构。可以选择有或无起落架。如图 7-29 所示。

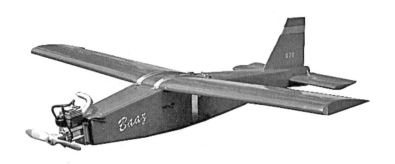

图 7-29　鹰靶机

主要参数

机长	2.10 m
翼展	
鹰 Mk I	2.44 m
鹰 Mk II	3.36 m
最大发射质量	
鹰 Mk I	22 kg
鹰 Mk II	28 kg

3. 主要技术指标

最大平飞速度	180 km/h
使用半径	
目视控制距离	1.5 km
光学控制距离	3 km
续航时间	
鹰 Mk I	30 min
鹰 Mk II	40 min

4. 动力装置

鹰 Mk I 采用 1 台功率为 6.0~7.5 kW 的 100 mL Quadra-Aerrow 国际公司生产的 Q-100B 单缸二冲程发动机，驱动一副双叶螺旋桨。鹰 Mk I 也可以安装 85 mL 的发动机。鹰 Mk II（见图 7-30）采用 125 mL 的发动机。燃料采用汽油 / 石油 20∶1 的混合燃料。

图 7-30　鹰 Mk II

5. 飞行控制系统

鹰靶机通过 7 个通道的甚高频 / 调频（VHF/FM）收发器进行无线电控制。发射器电源为 9.6 V（1.2 Ah），射频输出采用 1 W 的可充电电池。接收机电源为 6 V（1.2 Ah）的可充电电池。收发器有 2 个内置的故障安全装置。如果发射器发生故障，发动机会在 1.5 s 后关闭；如果电源或接收器在任何原因下发生故障，包括遭到投射体攻击，则独立的辅助电源会自动运行到相同的故障安全程序。

6. 任务有效载荷

鹰靶机配备 2 个烟雾发生器或者红外曳光弹。据报道，机上配备具有实时数据和视频传输能力的设备。

7. 发射系统

鹰靶机通常可以选择由弹性动力弹射器发射或是轮式起飞，准备时间为 20 min，往返时间为 5~10 min。

8. 回收系统

鹰 Mk I 靶机直接利用加固的机腹着陆。鹰 Mk II 靶机是由降落回收或者轮式起落架着陆。

9. 制造商

巴基斯坦航空联合体（Pakistan Aeronautical Complex），飞机机械制造厂（Aircraft Manufacturing Factory）。

大黄蜂（Hornet）靶机

1. 发展概况

大黄蜂（Hornet）靶机为可回收式靶机，也可作为无人侦察机使用，由国家发展联合体研制，综合防务系统公司生产。2001 年大黄蜂 Mk V 靶机首次展出，现已完成生产。大黄蜂 Mk II 现在使用之中，主要服役于巴基斯坦军方。

2. 总体布局与部位安排

大黄蜂靶机采用上单翼布局，盒形机身剖面，该机为全复合材料结构，并采用自减震轮式主起落架和尾橇。大黄蜂 Mk II 靶机和大黄蜂 Mk V 靶机分别见图 7-31 和图 7-32。

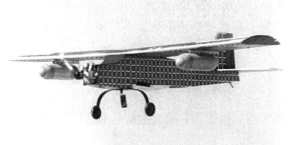

图 7-31　大黄蜂 Mk II 靶机　　　　　　图 7-32　大黄蜂 Mk V 靶机

主要参数

	大黄蜂 Mk II	大黄蜂 Mk V
机长	2.95 m	2.64 m
机高	0.88 m	0.46 m
翼展	3.87 m	2.92 m
机翼面积	3.09 m²	
空载质量	30 kg	35 kg
最大起飞质量	46 kg	60 kg
最大任务载荷质量	20 kg	

3. 主要技术指标

	大黄蜂 Mk II	大黄蜂 Mk V
最大平飞速度	277 km/h	

11~13.2 kW 发动机	288 km/h	
30.9~33.1 kW 发动机	384 km/h	
巡航速度	130 km/h	90 km/h
实用升限	1 525 m	
航程		
光学跟踪	10 km	10 km
GPS/ 自主飞行	20 km	40~50 km
最大续航时间	1 h 30 min	2 h 30 min

4．动力装置

大黄蜂 Mk II 靶机采用 1 台功率为 16.2 kW 的双缸活塞式发动机，双叶螺旋桨。燃油容量为 15 L。

大黄蜂 Mk V 靶机采用 1 台功率为 11~13.2 kW 或 30.9~33.1 kW 的双缸活塞式发动机，双叶螺旋桨。燃油容量为 25 L。

5．飞行控制系统

大黄蜂靶机上装有抗干扰的超高频（UHF）指挥链路；采用具有航向指示和高度锁定功能的 ID-AP4 数字式陀螺自动驾驶仪，ID-TM6 全球定位系统（GPS）和具有软件图形接口的数字测距模块。

6．任务有效载荷

机翼两侧翼下吊舱内可装 4 个烟雾曳光管或 6 个红外曳光管，并可以选择混装不同类型的曳光管，机上还可装声学和多普勒雷达脱靶量指示器。执行侦察任务时，机上能够装备 1 套昼夜光电设备或红外相机和实时成像下行链路设备。

7．发射系统

大黄蜂靶机采用轮式起飞。

8．回收系统

大黄蜂靶机采用轮式着陆，或降落伞回收。

9．制造商

巴基斯坦综合防务系统公司（Integrated Defence Systems）。

尼善（Nishan）靶机

1. 发展概况

尼善（Nishan）靶机为一种可回收的系列高速空中靶机，也可用作防空训练和模拟系统诱饵目标。综合动力系统公司于1997年开始研发，研制出并已大量生产了Mk II靶机和更先进的TJ-1000靶机。尼善靶机在巴基斯坦空军服役。

一套完整的尼善靶机系统包括：10架尼善Mk II或6架尼善TJ-1000，一套便携式GCS 1200地面控制站、ATPS-1200天线跟踪和定位系统、程序和移动地图显示软件等。

2. 总体布局与部位安排

尼善靶机采用鸭式布局，前缘为变后掠的后掠机翼，它位于机身后部，鸭式前翼置于机身中部；机身采用箱形截面；双垂直安定面和方向舵位于机翼中部。该靶机采用复合材料结构，无起落架装置。

尼善靶机有二种类型，Mk II为活塞螺旋型（见图7-33），TJ-1000为微型涡轮喷气型（见图7-34）。

图7-33　尼善Mk II靶机　　　　　　图7-34　尼善TJ-1000靶机

主要参数

机长	3.06 m
机高	0.89 m
翼展	
尼善-Mk II	2.87 m
尼善-TJ-1000	2.20 m
机翼面积	2.42 m^2

空载质量

    尼善 Mk II　　　　　　　　30.0 kg

    尼善 TJ-1000　　　　　　　16.0 kg

最大发射质量

    尼善 Mk II　　　　　　　　60.0 kg

    尼善 TJ-1000　　　　　　　35.0 kg

最大任务载荷质量　　　　　　12.0 kg（Mk II 与 TJ-1000 相同）

3. 主要技术指标

最大巡航速度　　　　　　　　300 km/h

盘旋速度　　　　　　　　　　250 km/h

实用升限　　　　　　　　　　2 000 m

使用半径

    尼善 Mk II　　　　　　　　35 km

    尼善 TJ-1000　　　　　　　30 km

续航时间

    尼善 Mk II　　　　　　　　1 h

    尼善 TJ-1000　　　　　　　30 min

4. 动力装置

尼善 Mk II 动力装置为 1 台功率为 18.4 kW 燃料容量为 240 cm^3（也可以选择 22.1 kW）的双缸二冲程发动机，驱动一副双叶拉进式螺旋桨。燃油容量为 18 L。

尼善 TJ-1000 动力装置为 1 台推力为 267 N 的微型涡轮喷气发动机。燃油容量为 15 L。

5. 飞行控制系统

装有 ID-TM6 全球定位系统（GPS），数据遥测模块以及 ATPS-1200 天线跟踪和定位系统。安装有 AP-5000 数字自动驾驶仪，具有锁定航向和高度功能；尼善 TJ-1000 装有 IFCS-6000 集成飞行控制系统。

6. 任务有效载荷

尼善 MK II 上安装有多达 24 颗烟雾弹或 16 颗红外曳光弹，可以根据需要进行组合；气动加热的头部整流罩可作为红外信号源；靶机还带有箔条抛撒舱；并配有掠海飞行模块；实时摄像头监视模块；声学和多普勒雷达脱靶量指示器（MDI）；被动和主动雷达增强器等。系统的任务载荷可以混合起来使用，并且大多数能够同时进行。

尼善 TJ-1000 上安装有多达 8 颗烟雾弹或红外曳光弹（可以根据需要来进行组合），

雷达高度表模块，监测模块，声学和多普勒雷达脱靶量指示器。任务载荷可以混合起来使用，并且大多数能够同时进行。

7. 发射系统

尼善靶机采用零长发射或气动弹射器发射。

8. 回收系统

尼善靶机采用滑橇着陆或降落伞着陆。

9. 制造商

巴基斯坦综合动力公司（Integrated Dynamics Ltd.）。

沙赫佐尼（Shahzore）靶机

1. 发展概况

沙赫佐尼（Shahzore）靶机为可回收式靶机，可用于地面发射和空中发射导弹的打靶训练，是一种标准的可安装自动驾驶仪和超视距工作的靶机。据 2017 年报道，沙赫佐尼靶机目前正处于生产和服役阶段，用户包括巴基斯坦陆、海、空军和也门空军。

2. 总体布局与部位安排

沙赫佐尼靶机为典型的航空模型外形（见图 7-35）。它采用上单翼，机翼前缘后掠，机身采用箱形截面，它配置有传统的带后掠的水平尾翼和垂直安定面。机身装有后三点轮式固定起落架，靶机采用复合材料结构。

图 7-35　沙赫佐尼靶机

主要参数

机长	2.54 m
翼展	2.54 m
最大发射质量	28.0 kg

3. 主要技术指标

最大平飞速度	275 km/h
使用半径	
正常状态	3 km
带自动驾驶仪	5 km
超视距	20 km
续航时间	1 h 30 min

4. 动力装置

沙赫佐尼靶机采用 1 台 150 mL 的双缸二冲程发动机，驱动一副双叶螺旋桨。

5. 飞行控制系统

沙赫佐尼靶机采用遥控控制系统，同样也可以利用自动驾驶仪控制或超视距模式控制。

6. 任务有效载荷

沙赫佐尼靶机没有专门配置的设备。

7. 发射系统

利用助推火箭从弹射器上发射，或者采用传统的轮式起飞。

8. 回收系统

沙赫佐尼靶机采用机腹着陆或轮式着陆。

9. 制造商

Albabeey 技术公司。

流星（Shooting Star）靶机

1. 发展概况

流星（Shooting Star）靶机是采用喷气动力发动机的可回收式高速靶机。2009年中期开始进入研发阶段。

2. 总体布局与部位安排

流星靶机外形采用后掠机翼，其气动布局为下置机翼配置；圆形截面机身，后机身两侧各带一个喷气发动机；无起落架；机体为全复合材料结构。流星靶机外形见图7-36。

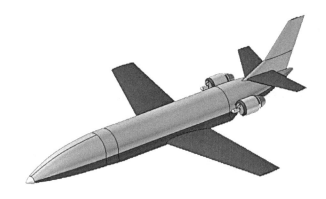

图 7-36　流星靶机外形图

主要参数

机长	2.74 m
翼展	1.07 m
最大发射质量	40 kg

3. 主要技术指标

最大巡航速度	550 km/h
实用升限	5 485 m
使用半径	200 km
续航时间	1 h

4．动力装置

流星靶机采用 2 台推力为 200 N 的涡轮喷气式发动机。

5．飞行控制系统

流星靶机设计采用自主飞行。带 1 个操控台的便携式地面控制系统。

6．任务有效载荷

流星靶机最多可装 8 颗曳光弹，龙伯透镜，脱靶量指示器（MDI）。

7．发射系统

流星靶机采用助推火箭发射。

8．回收系统

流星靶机采用伞降回收。

9．制造商

警戒和无人飞行器靶标公司（SATUMA）。

探戈 II-S（Tango II-S）靶机

1．发展概况

探戈 II-S（Tango II-S）靶机是一种可回收式空中靶机。该靶机由国家发展联合体（National Development Complex）研发，综合防务系统公司（Integrated Defence Systems）生产。目前，探戈 II-S 靶机正在巴基斯坦军队中服役。

2．总体布局与部位安排

探戈 II-S 靶机结构简单，采用上单翼气动布局。机身为全复合材料结构，不配置起落架。其外形图见图 7-37。

主要参数

机长	1.47 m
翼展	1.60 m
空载质量	5.0 kg
最大发射质量	6.5 kg
任务载荷质量	1.0 kg

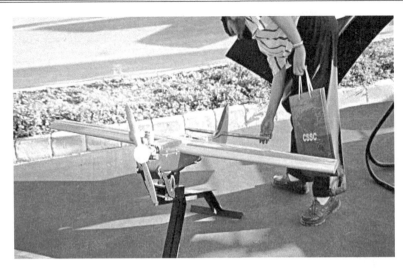

图 7-37　探戈 II-S 靶机

3. 主要技术指标

最大平飞速度　　　　　　　370 km/h
巡航速度　　　　　　　　　103 km/h
航程　　　　　　　　　　　1.5 km
续航时间　　　　　　　　　20 min

4. 动力装置

探戈 II-S 靶机采用 1 台功率为 0.9 kW 单缸活塞式发动机，驱动一副双叶推进式螺旋桨。燃油容量为 0.5 L。

5. 飞行控制系统

探戈 II-S 靶机采用无线电控制。

6. 任务有效载荷

探戈 II-S 靶机配置烟雾发生器或红外曳光弹。

7. 发射系统

探戈 II-S 靶机采用手掷式发射。

8. 回收系统

探戈 II-S 靶机采用机腹着陆回收。

9．制造商

巴基斯坦国家发展联合体（National Development Complex），综合防务系统公司（Integrated Defence Systems）。

<hr/>

旋风（Tornado）靶机

1．发展概况

旋风（Tornado）靶机是一种不可回收的诱饵靶机。该靶机是按照质量轻、速度高的要求设计的。它具有自主导航、发射后不管能力。该靶机于 2008 年开始推出，目前综合动力公司仍在推销该空中靶机。旋风靶机在巴基斯坦空军服役。

旋风靶机系统由 8 个空中靶机、1 个充气的弹射发射装置和 1 个便携式地面控制站组成（见图 7-38）。

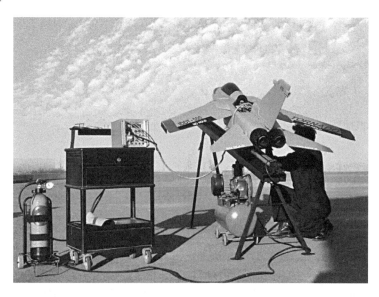

图 7-38　旋风靶机系统

2．总体布局与部位安排

旋风靶机外形尺寸模拟旋风多用途战斗机，但无起落架。机体采用复合材料结构，带可拆卸的碳纤维复合材料的垂直尾翼。其外形图见图 7-39。

图 7-39　旋风靶机外形图

主要参数

机长	2.15 m
机高	0.89 m
翼展	2.36 m
机翼总面积	0.63 m²
空载质量	18.0 kg
最大发射质量	25.0 kg
最大任务载荷质量	5.0 kg

3. 主要技术指标

最大平飞速度	464 km/h
巡航速度	130 km/h
使用半径	100 km
续航时间	20 min

4. 动力装置

旋风靶机采用 2 台推力为 89 N 的微型涡喷发动机。燃油容量为 10 L。

5. 飞行控制系统

旋风靶机带自主导航、跟踪以及高度控制的预编程飞行剖面软件，自主地进行导航和高度控制。其配置的 IFCS-6000 综合飞行控制系统，可同时控制多架旋风靶机。

6. 任务有效载荷

旋风靶机的复合材料机身里装有角反射器和雷达信号反射网。另外根据需要，还配备有照明弹和雷达信号增强设备的组合。每个翼尖都可携带红外曳光弹，以增强信号特征。

7. 发射系统

旋风靶机采用零长弹射发射，发射速度为 38 m/s。

8. 回收系统

采用发射后不管，不具备回收能力。

9. 制造商

巴基斯坦综合动力公司（Integrated Dynamics Ltd.）。

腾德（Tunder）靶机

1. 发展概况

腾德（Tunder）靶机为一种可回收式高速空中靶机。该靶机已应用于便携式防空导弹和防空火炮的训练和研发过程中。腾德靶机已开发为短距离（Tunder SR）和长距离（Tunder LR）两种型号。该靶机在巴基斯坦空军和海军服役。

2. 总体布局与部位安排

腾德靶机采用无尾式低置削尖三角翼布局外形，后掠垂直安定面；采用活塞式发动机；无起落装置；机体采用复合材料结构。其外形图见图 7-40。

图 7-40　腾德靶机外形图

主要参数

机长	2.83 m
翼展	3.05 m
最大发射质量	
腾德 SR	68 kg
腾德 LR	70 kg

3. 主要技术指标

最大平飞速度	300 km/h
使用半径	
光学跟踪	
腾德 SR	10 km
腾德 LR（最大）	40 km
最大续航时间	
基本	1 h
最大	1 h 30 min

4. 动力装置

腾德 LR 靶机采用 1 台功率为 28.3 kW 的双缸二冲程活塞式发动机，燃油量 18 L；腾德 SR 靶机采用 1 台功率为 22.4 kW 的双缸二冲程活塞式发动机；双叶推进式螺旋桨。

5. 飞行控制系统

腾德 SR 靶机利用光学跟踪遥控飞行，采用地面控制站，通过指令数据链实施遥控。

腾德 LR 靶机利用全球定位系统（GPS），TargetTracker 2 软件包通过指令数据链实时自主飞行。

6. 任务有效载荷

腾德靶机可携带高达 16 个烟雾弹和红外增强器。

7. 发射系统

腾德靶机采用弹射器发射。

8. 回收系统

腾德靶机采用伞降回收或者机腹着陆。图 7-41 为腾德靶机的海上回收。

图 7-41　腾德靶机的海上回收

9. 制造商

警戒和无人飞行器靶标公司（SATUMA）。

7.8　韩国

MST（Middle Scale Target）靶机

1. 发展概况

MST（Middle Scale Target）靶机为一种可回收式中型靶机。

2. 总体布局与部位安排

MST 靶机是一种航模外形的小型低速靶机。它采用小后掠角的上单翼配置，盒形剖面的机身，以及梯形垂直尾翼和水平尾翼。其外形见图 7-42。

图 7-42　MST 靶机外形图

主要参数

机长	2.00 m
翼展	2.00 m
最大发射质量	10 kg

3. 主要技术指标

最大平飞速度	220 km/h
续航时间	40 min

4. 动力装置

MST 靶机采用一种 62 mL 的双缸双冲程双翼螺旋桨活塞式发动机。

5. 飞行控制系统

MST 靶机采用自动或雷达控制。

6. 发射系统

MST 靶机通过手控投射或弹射发射。

7. 回收系统

MST 靶机采用机体腹部着陆回收。

8. 制造商

韩国 Uconsystem 有限公司。

7.9 土耳其

可可利克（Keklik）靶机

1. 发展概况

可可利克（Keklik）靶机为一种低成本训练型靶机，由土耳其宇航工业公司（TAI）研制，主要用于高射炮和防空导弹的跟踪瞄准训练，也可用于训练较大型特纳（Turna）靶机的操作员训练。1995 年土耳其国防部启动了可可利克靶机研制计划。期间，对该机进行了包括火力跟踪和发射任务的舰载和地基演示验证试验。1997 年 7 月完成靶机样机制造，1999 年底投产并获得首份生产合同，2001 年 1 月开始交付部队。

该靶机系统由靶机、发射器、地面控制站（GCS）和地面支援设备组成。其主要用户为土耳其陆军。

2. 总体布局与部位安排

可可利克靶机为小型机体，削尖三角形机翼，后掠垂尾，无水平尾、起落架。机体采用复合材料结构。图 7-43 为可可利克靶机外形图；图 7-44 为可可利克靶机三视图。

图 7-43　可可利克靶机

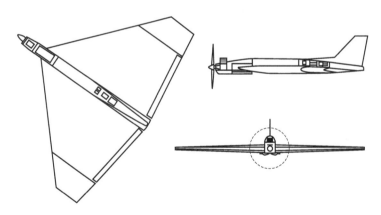

图 7-44　可可利克靶机三视图

主要参数

机长	1.36 m
机高	0.32 m
翼展	1.62 m
展弦比	2.5
机翼面积	1.05 m²
螺旋桨直径	0.33 m
空载质量	7.0 kg
最大发射质量	10.0 kg

3. 主要技术指标

最大巡航速度	150 km/h
失速速度	51 km/h
使用半径	
视距	1 500 m
续航时间	30 min

4. 动力装置

可可利克靶机采用 1 台功率为 2.1 kW 的 OS-MAX 91 Fx 单缸活塞式发动机，驱动一副双叶螺旋桨。

5. 飞行控制系统

可可利克靶机采用视距范围内遥控驾驶，其操控设备与 TAI 研发的特纳无人靶机通用。

6. 任务有效载荷

可可利克靶机采用了此类靶机的典型装置。

7. 发射系统

手动橡筋弹射起飞。

8. 回收系统

从陆上或海上遥控伞降回收。再次起飞准备时间 15 min。

9. 制造商

土耳其宇航工业公司（TAI）。

特纳（Turna）靶机

1. 发展概况

特纳（Turna）靶机是土耳其宇航工业公司（TAI）于 1995 年 8 月开始研制的可回收式靶机，用以满足土耳其空军和陆军对炮兵射击和目标跟踪训练的需求。1997 年特纳原型机试验工作完成。2000 年进入批产。2001 年在土耳其部队服役。特纳无人靶机适用于包括长剑（Rapier）、毒刺（Stinger）导弹，以及口径 7.62~76 mm 管炮系统的打靶训练。这些武器打靶训练时既可直接以特纳靶机为靶子瞄准发射，也可以靶机上拖曳的 1 个装有声学脱靶量指示器（MDI）的袖筒或旗靶为靶子瞄准射击。

该靶机的初始生产型，也即特纳 /S 于 1996 年 9 月首飞。后续型特纳 -101A、特纳 -111B 和特纳 -201C 等则在 2001~2003 年期间先后研制。与早期型别相比，后续型别的改进包括：装有滚转阻尼航电设备、气动组件等，提高了飞行稳定性并大大提高了可靠性。此后，TAI 又推出了新一代特纳 / G 系列。该系列的机型包括特纳 -303C、特纳 -401C、特纳 -411C、特纳 -501D 和特纳 -502D 等。与早期发展型相比，新一代特纳 /G 进一步提高了自主性、可靠性、空气动力学性能、横向和航向稳定性，同时增加了任务载荷舱的容积，有效增加了模块化任务载荷的载量；该靶机还对诸如发动机、螺旋桨和伺服装置等可选部件进行了一体化设计和试验，以根据用户的不同使用需求提供不同的布局方案。与早期型特纳 /S 不同，特纳 /G 具有超视距任务能力。安装土耳其发动机工业公司（TEI）生产的 TEI-TP-1X 涡桨发动机的特纳于 2008 年 4 月 4 日首飞，本项目的目标之一是实现特纳系统的完全本土化研制。2000 年年中，土耳其空军和陆军分别与 TAI 签订了 3 架和 10 架特纳的采购合同。目前，特纳 /S 在服役中，2004 年底 TAI 获得了 8 架特纳 /G 批生产型采购合同，并于 2006 年 7 月开始交付。

特纳靶机系统由 6 架靶机，装可折叠发射器的拖车和地面支援设备组成。该机的再次起飞准备时间为 30 min。特纳靶机的机翼、机身、头锥和机腹滑橇可以拆卸后装在箱中进行空运或者地面运输。

2. 总体布局与部位安排

特纳靶机采用切尖三角翼下单翼布局、圆柱形机身、蛋形头锥、可拆卸 V 形后掠尾翼，推进式发动机，无起落架，见图 7-45。

图 7-45　特纳靶机

主要参数

机长	2.66 m
最大机身宽度	0.30 m

机高	0.57 m
翼展	2.24 m
螺旋桨直径	0.66 m
载荷舱容积	
机头载荷舱容积	9.2 dm^3
总容积	20.0 dm^3
空载质量	50 kg
最大发射质量	70 kg
最大任务载荷质量	
内部	10 kg
外部（拖曳）	8 kg

3. 主要技术指标

最大巡航速度	333 km/h
实用升限	3 660 m
使用半径	50 km
续航时间	1 h 30 min

4. 飞行控制系统

靶机的地面控制站（GCS）装在掩体内，包括双余度遥控、遥测装置和实时视频接收机，高分辨率数字式图像采集设备。在特纳/S 的基础上，特纳/G 的主要改进是采用了数字式自动驾驶仪，包括全球定位系统（GPS）跟踪装置、导航和双余度的遥控和遥测系统。这套由 TAI 设计和制造的飞控系统（FCS）增强了该机的飞行稳定性（包括俯仰、滚转、高度和速度的保持模式）和执行预定航向的性能。机载视距（LOS）数据链设备传递实时的探测器信息到 GCS，并接受地面操作人员的指令。若数据链出现故障，则按预先设定的故障安全程序或者继续巡逻飞行直到重新链接上或者返回。GCS 的操作人员能够通过可选装的机头部摄像机或者一个任务载荷传输的视频图像监控飞机，记录飞行数据并用 1 台 PC 机操控飞机。该 GCS 能同时监控多架靶机，具有数字式移动地图、图像显示器和记录仪。

5. 任务有效载荷

特纳靶机借助于金属油箱和发动机机体增强无源雷达散射截面（RCS）特征。其他选项包括铝条、雷达反射织物、龙伯透镜和角反射器。目视和红外特征通过多达 12 个烟雾弹或者装在一个机腹滑橇上的曳光弹增强。此处，还能装载用于电子对抗模拟的箔条和曳光弹。发动机的热像和可选的热源可用于红外制导武器的跟踪训练。具有冗余特点的飞行控制系统是一个可选项，可选装一个机头相机和视频下行链路，并可拖曳一个袖筒形拖靶，拖曳缆绳长 150 m。MDI 可以安装在飞机上或者袖筒形拖靶上。特纳/G 装备了高分辨率数字式照相机、光电和红外照相机、视频下行链路以及一个激光测距仪时，还能执行战术情报、监视与侦察及目标探测任务。

6. 发射系统

特纳靶机通过安装在地面支援拖车上的橡皮筋弹射器发射。

7. 回收系统

特纳靶机可以降落伞回收，也可利用机腹滑橇在陆地或者海上着陆。

8. 制造商

土耳其宇航工业公司（TAI）。

闪电（Lightning）靶机

1. 发展概况

闪电靶机是一种可回收式喷气式靶机。该靶机是由土耳其宇航工业公司（TAI）根据土耳其陆军的需要研制的。

2. 总体布局与部位安排

闪电靶机采用上单翼布局，蛋形机头的圆柱形机身，采用常规尾翼，无起落架，见图7-46。

图 7-46　发射场上的闪电靶机

主要参数

机长	2.7 m
翼展	1.5 m
空载质量	50 kg
最大发射质量	75 kg

3．主要技术指标

最大平飞速度	741 km/h
巡航速度	370 km/h
使用高度	10~4 570 m
使用半径（任务数据链）	100 km
最大续航时间	1 h

4．动力装置

闪电靶机采用 1 台土耳其发动机工业公司（TEI）制造的 TJ-2X 涡喷发动机。

5．飞行控制系统

闪电靶机在起飞和着陆阶段均能实现全自主飞行。航路点在飞行过程中可以更新和增加。破损安全设计和返回模式能使之自动恢复到预先设定的状态，地面控制站（GCS）可以采用便携式或者固定式。

6．任务有效载荷

闪电靶机配有无源雷达散射截面（RCS）增强装置，红外（IR）曳光器，龙伯透镜，脱靶量指示器（MDI），干扰物投放器和烟雾弹，具有记录和回放功能的可编码数字式飞行数据遥测设备。

7．发射系统

闪电靶机能从地面或者舰船甲板上利用导轨发射。

8．回收系统

闪电靶机采用二级降落伞在陆上或海上回收。

9．制造商

土耳其宇航工业公司（TAI）。

7.10　阿联酋

亚伯汗（Yabhon）-GRN1 / GRN2 靶机

1. 发展概况

亚伯汗靶机为一种先进高性能长航时空中靶机，其中亚伯汗 -GRN1 和亚伯汗 -GRN2 于 2011 年 11 月在迪拜航展上由 Adcom 系统公司进行了展示，其研发目的是作为空对空导弹或地对空导弹系统训练用高性能靶机。其中亚伯汗 -GRN1 为单发型，亚伯汗 -GRN2 为双发型。

2. 总体布局与部位安排

亚伯汗 -GRN1 靶机和亚伯汗 -GRN2 靶机采用前掠外翼的翼身一体化设计，机翼略带上反角，而水平尾翼上反角较大，后掠式垂尾和方向舵，发动机装在机身后部，无起落架，靶机机身材料采用复合结构。

主要参数

机长
　　亚伯汗 -GRN1　　　　　　　3.72 m
　　亚伯汗 -GRN2　　　　　　　5.00 m

机高
　　亚伯汗 -GRN1　　　　　　　0.71 m
　　亚伯汗 -GRN2　　　　　　　1.00 m

翼展
　　亚伯汗 -GRN1　　　　　　　2.31 m
　　亚伯汗 -GRN2　　　　　　　3.30 m

空载质量
　　亚伯汗 -GRN1　　　　　　　80 kg
　　亚伯汗 -GRM2　　　　　　　180 kg

最大发射质量
　　亚伯汗 -GRN1　　　　　　　220 kg
　　亚伯汗 -GRN2　　　　　　　680 kg

任务载荷质量
　　亚伯汗 -GRN1　　　　　　　40 kg
　　亚伯汗 -GRN2　　　　　　　200 kg

3．主要技术指标

最大平飞速度

　亚伯汗 -GRN1　　　　　1 000 km/h

　亚伯汗 -GRN2　　　　　930 km/h

巡航速度

　亚伯汗 -GRN1　　　　　793 km/h

　亚伯汗 -GRN2　　　　　859 km/h

失速速度

　亚伯汗 -GRN1　　　　　163 km/h

　亚伯汗 -GRN2　　　　　210 km/h

实用升限

　亚伯汗 -GRN1　　　　　9 000 m

　亚伯汗 -GRN2　　　　　8 000 m

续航时间

　亚伯汗 -GRN1　　　　　1 h 30 min

　亚伯汗 -GRN2　　　　　2 h

4．动力装置

亚伯汗 -GRN1 装有 1 台涡轮喷气发动机，亚伯汗 -GRN 2 装有 2 台涡轮喷气发动机。亚伯汗 -GRN1 燃油容量为 125 L，亚伯汗 -GRN2 燃油容量为 400 L。

5．飞行控制系统

靶机采用预编程控制系统，配有可编程的数字式自动驾驶仪，自主导航系统，能进行稳定控制和保持航向稳定。

6．任务有效载荷

靶机任务载荷舱容积较大，可装载多种探测器，包括有源和无源雷达特征信号增强装置、龙伯透镜、脱靶量指示器（MDI）、红外曳光弹和烟雾弹舱，低高度飞行设备和应答机。

7．发射系统

靶机能从陆上或舰上斜轨发射架上发射。

8．回收系统

靶机采用降落伞回收。

9. 制造商

Adcom 系统公司。

亚伯汗（Yabhon）-HMD 靶机

1. 发展概况

亚伯汗 -HMD 靶机为 Adcom 系统公司在早期亚伯汗 -HM 靶机基础上设计的高性能、高机动、高空喷气发动机靶机。该靶机作为面对空、空对空导弹和高射炮兵的训练用靶机。亚伯汗 -HMD 靶机在 2009 年巴黎航展与 2013 年 IDEX 航展上展出。

2. 总体布局与部位安排

亚伯汗 -HMD 靶机采用机身后端下单翼布局，两侧翼端处装有后掠的垂直安定面和方向舵。涡轮喷气发动机置于机身后部，无起落架，结构材料采用了碳纤维增强复合材料、玻璃纤维增强复合材料和环氧树脂。机翼可拆卸，便于运输。其外形图见图 7-47。

图 7-47　亚伯汗 -HMD 靶机外形图

主要参数

机长	4.32 m
机高	0.66 m
翼展	3.38 m

空载质量	105 kg
最大发射质量	220 kg
最大任务载荷质量	25 kg

3. 主要技术指标

最大平飞速度	800 km/h
正常巡航速度	646 km/h
失速速度	162 km/h
爬升率（S/L 条件下）	1 800 m/min
升限	8 000 m
续航时间	1 h

4. 动力装置

亚伯汗 -HMD 靶机采用 1 台后置式涡轮喷气发动机。

5. 飞行控制系统

亚伯汗 -HMD 靶机采用预编程控制系统，用可编程的数字式自动驾驶仪进行自主导航飞行，控制飞行稳定和保持航向。

6. 任务有效载荷

亚伯汗 -HMD 靶机机上装载有源和无源雷达特征信号增强装置、龙伯透镜、红外曳光弹或烟雾弹、脱靶量指示器（MDI）、低高度飞行设备和应答机。

7. 发射系统

亚伯汗 -HMD 靶机利用自身动力从陆地或者舰船上弹射发射。

8. 回收系统

亚伯汗 -HMD 靶机利用降落伞回收。

9. 制造商

Adcom 系统公司。

亚伯汗（Yabhon）-N 靶机

1. 发展概况

亚伯汗 -N 靶机为可回收式靶机，是 Adcom 系统公司研制的 SAT-400 靶机的发展型和后继发展机型，阿联酋军方将其用于武器打靶训练。

2. 总体布局与部位安排

亚伯汗 -N 靶机采用后置中单翼气动布局，机翼带有升降舵，两侧翼端装有后掠的垂直安定面和方向舵，采用三角形平面的机身。活塞式发动机，无起落架，采用复合材料结构制造。

主要参数

机长	3.00 m
机高	0.53 m
翼展	2.75 m
机翼面积	2.92 m^2
空载质量	55 kg
最大发射质量	100 kg
最大任务载荷质量	40 kg

3. 动力装置

亚伯汗 -N 靶机装有 1 台功率为 37.3 kW 的活塞式发动机。双叶推进式螺旋桨。燃油容量为 20 L。

4. 飞行控制系统

亚伯汗 -N 靶机采用预编程控制系统，用可编程的数字式自动驾驶仪实现自主导航飞行并能控制稳定飞行和保持航向。

5. 任务有效载荷

亚伯汗 -N 靶机配有有源和无源雷达信号增强设备、龙伯透镜、红外曳光弹和烟雾弹。

6. 发射系统

亚伯汗 -N 靶机采用弹射发射。

7. 回收系统

亚伯汗 -N 靶机采用降落伞回收。

8. 制造商

Adcom 系统公司。

第 8 章　欧洲其他国家防空兵器靶标

8.1　比利时

极端（Ultima）靶机
---

1. 发展概况

极端（Ultima）靶机为可回收式系列靶机，由比利时国防部研发，于 1994 年进行首次试飞。极端靶机可用于旋翼飞行器和防空武器（如火炮、导弹等）的训练或试验。该靶机除了比利时国防部使用外，还在法国陆军第 57 炮兵团进行过实战射击演习。目前，极端靶机由比利时国防部自行生产和使用。

极端系列靶机有以下几种：

极端 1 型靶机为不可回收的靶机，于 1994 年 10 月进行首飞，1995 年供西北风防空导弹在北大西洋公约组织导弹发射基地（NAMFI）训练用，见图 8-1。

极端 2 型靶机为多用途、可回收靶机，可用于防空火炮射击训练，于 1997 年 9 月进行首飞，见图 8-2。

极端 3 型靶机为多用途、可回收靶机，于 2004 年 11 月进行首飞。

2. 总体布局与部位安排

极端靶机采用常规上单翼配置，无起落架。机身底部结构增强，以在着陆地面时起减震作用。

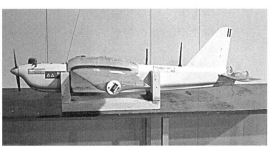

图 8-1　极端 1 型靶机　　　　　　　　　　图 8-2　极端 2 型靶机

主要参数

机长	2.00 m
机高	0.47 m
机身	
最大高度	0.21 m
宽度	0.12 m
翼展	1.90 m
螺旋桨直径	0.42 m
机翼面积	0.8 m^2
尾翼面积	0.16 m^2
空载质量	
极端 1 型，极端 3 型	8.5 kg
极端 2 型	9.3 kg
含燃料质量	
极端 1 型	9.5 kg
极端 2 型	12.5 kg
极端 3 型	10 kg
最大发射质量	15 kg

3. 主要技术指标

最大平飞速度	
极端 1 型，极端 3 型	205 km/h
极端 2 型	175 km/h
巡航速度	120 km/h
失速速度	80 km/h
最大使用高度	1 000 m
最大使用距离	7 km
续航时间	
极端 1 型	15 min
极端 2 型，极端 3 型	20 min

4. 动力装置

极端靶机采用 1 台功率 3.05 kW 单缸活塞式发动机；双叶螺旋桨。燃油容量（90% 的 133 辛烷和 10% 的硝基甲烷）：极端 1 型为 1 L，极端 2 和极端 3 型为 1.5 L。

5. 飞行控制系统

极端靶机采用双操作杆、40 MHz 带宽的地面控制站（MC-24），控制范围 12 km；由极端 2 型获取的脱靶量结果下传到地面控制站用于分析。

6. 任务有效载荷

极端 1 任务有效载荷包括靶机翼尖装有 2 个 30 s 的烟雾产生器和 2 个 60 s 的红外曳光器，以及近炸引信测距所需的外部反射条，雷达反射器。

极端 2 型靶机配有脱靶量指示器（MDI），包括传感器、遥测和无线电下行调制解调器，全球定位系统（GPS）天线、接收机和无线电下行调制解调器以及紧急定位用的烟雾弹。

极端 3 型靶机除增加与 GPS 系统的接线设备外，其他均与极端 1 型相同。

另外，所有的型号都配备了完整的安全系统设备，能确保在比利时领空飞行。

7. 发射系统

极端 1 型和极端 3 型靶机为手抛起飞；极端 2 型靶机由目标与监视无人机航宇合成工程（英国）公司研制的 TML-3 发射架发射。

8. 回收系统

极端靶机采用腹部滑行着陆；极端 2 型当主系统故障或通信中断时，可用降落伞进行紧急回收。

9. 制造商

比利时国防部。

8.2　保加利亚

雀鹰 -2（Yastreb-2）靶机

1. 发展概况

雀鹰 -2（Yastreb-2）靶机是一种可回收式的系列靶机，可用于防空火炮、防空导弹、空对空导弹武器训练。该靶机的前身雀鹰 -1 是在早先研发靶机（RUM-2，M-200，UTRUM-2 和 P-200）基础上于 1972 年开始研制，1981 年雀鹰 -1 系统开始投入生产，1983 年雀鹰 -2 系统开始生产。至 1990 年，已生产 1 500 架左右，除用于本国外，大多数提供华沙公约组织国家，如前民主德国，以及印度、伊拉克等国。

雀鹰 -2 系列靶机有以下几种：

雀鹰 -2 基本型，采用 7.2 kW 的 DB-150SHE 单缸冲程活塞式发动机。

雀鹰 -2MA，改进型。1990 年开始研制，主要改进是航程增加，增加了预编程做控制方法，并可携带更大的有效载荷。目前正在生产。

雀鹰 -2MB，与雀鹰 -2MA 类似，但采用 12.3 kW 的 DB-250 发动机，最大速度可增加到 240 km/h 以上，可完成的任务更广泛。改进了导航和控制系统。目前正在生产。

雀鹰 -2S，电子战型。

雀鹰 -2MV 类似于雀鹰 -2MB 靶机，但发动机改为功率 16.4 kW 的 Limbach L275-E 发动机；最大速度大于 240 km/h；能满足更广泛的潜在任务需求；改进了导航和控制系统。

靶机系统由飞行器、发射架、地面控制站和支援设备组成。

2．总体布局与部位安排

靶机为梯形中单翼机布局，圆形截面机身和 V 形尾翼组成。机身骨架为钢管、硬铝和复合材料蒙皮。无起落架，但为回收需要，加强了下机身结构，以便减震。图 8-3 为雀鹰 -2 靶机，图 8-4 为雀鹰靶机三视图。

图 8-3　雀鹰 -2 靶机

主要参数

机长	2.68 m
机宽	0.28 m
机高	0.53 m
翼展	3.52 m
螺旋桨直径	0.61 m
最大发射质量	62.5 kg
最大任务载荷质量	15.0 kg

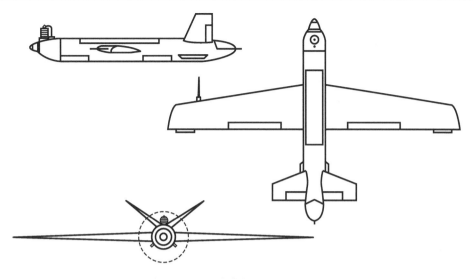

图 8-4　雀鹰靶机三视图

3. 主要技术指标

最大平飞速度
　雀鹰 -2　　　　　　　　　　　190 km/h
　雀鹰 -2MV　　　　　　　　　　240 km/h

最小使用速度
　雀鹰 -2　　　　　　　　　　　140 km/h
　雀鹰 -2MV　　　　　　　　　　130 km/h

使用高度
　雀鹰 -2　　　　　　　　　　　500 m
　雀鹰 -2MV　　　　　　　　　　2 400 m

使用半径
　雀鹰 -2　　　　　　　　　　　15 km
　雀鹰 -2MV　　　　　　　　　　45 km

续航时间　　　　　　　　　　　　1 h
机动过载　　　　　　　　　　　　$+6\,g/-3\,g$

4. 动力装置

雀鹰 -2MV 靶机采用 1 台 16.4 kW Limbach L275-E 双缸二冲程活塞式发动机；双叶复合材料螺旋桨。机身上的燃油箱容量 8 L。

5．飞行控制系统

雀鹰 -2 靶机配有三通道自动驾驶仪，能够控制发动机的油门、副翼和方向 / 升降舵来稳定飞行器的速度、高度和航向。飞行控制是从地面直接遥控或通过自动驾驶仪自主飞行，地面操作人员可直接进行控制。遥测下行数据在地面站以模拟和数字形式显示在电视屏上。雀鹰 -2MA 靶机还可选择预编程控制。

6．任务有效载荷

靶机机身内可装脱靶量指示器、曳光管和雷达反射器。靶机配有可拖曳拖靶或旗靶的外挂架结构。在机翼下可安装红外信号源。

7．发射系统

雀鹰 -2 靶机利用小助推火箭从车载发射架发射，见图 8-5。

图 8-5　发射中的雀鹰 -2 靶机

8．回收系统

着陆前装于机身下气囊的降落伞进行回收，如果控制系统出现故障，降落伞能自动打开进行回收。

9．制造商

航空技术公司（Aviotechnica S.p. Ltd.）。

8.3　德国

━━━━━━━━━━　**FZH 拖靶**　━━━━━━━━━━

1. 发展概况

德国 EMT 公司研制的 FZH 拖靶是一种中高性能、不可回收、低成本、拖曳式系列拖靶，1991 年 8 月由德国联邦航空局（LBA）完成型号鉴定，主要用于进行防空高炮、防空导弹，如便携式空防系统（如毒刺（Stinger）、伊格尔（Igla）和斯特拉（Strela）等）的打靶训练，主要为德国陆军使用。

2. 总体布局与部位安排

FZH 拖靶采用玻璃纤维复合材料，机体结构采用半球形头锥、尖拱形尾锥和圆柱形机身，4 个 X 形配置的长方形尾翼。

主要参数

机长	2.34 m
机身最大直径	0.23 m
最大拖曳缆长	10 000 m
质量	
最小	25 kg
最大	35 kg

3. 主要技术指标

拖曳速度	370~741 km/h

4. 任务有效载荷

FZH 拖靶为德国陆军基本型靶机，机内可根据用户使用需求配装迎头灯及迎头闪光装置、声学传感器、三垂面反射镜、龙伯透镜、角反射器、激光反射器、烟雾弹或红外曳光弹等，见图 8-6。

FZH 拖靶可在机体内装配 40 个低温烟雾曳光弹，通过释放曳光弹增强拖靶目视特性。曳光弹的燃烧时间约 18 s；可在机头加装三垂面反射镜、角反射器和龙伯透镜，在机尾尾锥内加装角反射器，以增强靶机的雷达信号值，使雷达散射截面增加到 5 m^2；可在机头内加装二元反射器，为 Nd YAG 激光器提供增强信号。拖靶可选配反射波长为 800~100 nm、水平面内孔径 +50°/−50°、垂直面内孔径 +20°/−30° 的二元反射器，或配装其他波长和孔径的反射器。并可采用声学传感器和脱靶量指示器（MDI）。

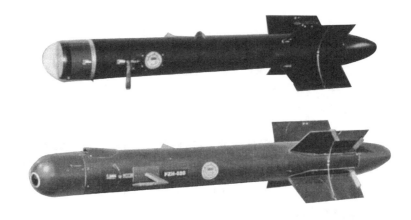

图 8-6　配迎头灯（上图）和配激光反射器、声学传感器
及进气道（下图）的 FZH 拖靶外形图

5. 制造商

EMT 公司（EMT GmbH）。

FZW-TGL-3 拖靶

1. 发展概况

FZW-TGL-3 拖靶是一种拖曳式、可回收的袖筒式拖靶，由利尔喷气（Learjet）35A、以色列宇航工业公司的 1124 西风（Westwind）和皮拉图斯公司的 PC-9B 机作为拖曳载机。1992 年 FZW-TGL-3 拖靶由德国联邦航空局（LBA）完成型号鉴定，主要用户为德国陆军和海军。

2. 总体布局与部位安排

FZW-TGL-3 拖靶采用管状袖筒式机体，机体材料采用致密排列的金属颗粒形成的强力织物制成，可增加被雷达探测的能力。机体中间装配可伸缩的声学传感器。

主要参数

系统总长	6.05 m
袖筒式拖靶长度（包括三脚架）	5.82 m

3．主要技术指标

总质量	5.80 kg
袖筒（包括电子设备）	4.04 kg
最大拖曳速度	741 km/h

4．发射系统

靶机通过 1 个装在载机上的绞盘控制装置释放并实现拖曳。完成任务之后，载机可通过机电式拖曳线缆离合装置使靶机脱离。

5．制造商

EMT 公司（EMT GmbH）。

Do-DT 25 靶机

1．发展概况

Do-DT 25 是一种中速、可回收的涡轮喷气式靶机，是空中客车防务与航天公司（原欧洲宇航防务集团，EADS）研制的系列靶机（Do-DT 25、DT 35、DT 45 和 DT 55）之一，它装有特殊热源，可模拟先进战斗机红外特征，用于地对空、空对空导弹的打靶训练，见图 8-7 至图 8-9。

该靶机系列是与斯图加特大学合作研制，Do-DT 25 在 2001 年 12 月完成概念设计，2002 年 6 月获得审批，2003 年 12 月 3 日在德国空军（GAF）的波罗的海之火（Baltic Fire）演习中成功完成防空训练功能演示。2004 年底，通过机身和发动机改进，形成 Do-DT 25-200 型靶机，其速度可达 540 km/h。

图 8-7　Do-DT 25 靶机展示

图 8-8　Do-DT 25 靶机在发射架上

图 8-9　目前家族中外形最大的装有
双发动机的 Do-DT 25 靶机

2．总体布局与部位安排

靶机采用中单翼的布局，带有卵形头锥、T 型尾翼，2 台喷气式发动机位于机身后方。该靶机是此靶机家族中外形最大、质量最重的靶机。靶机通过特殊的结构设计，将喷气式发动机的废气引导至头锥，对其进行加热，从而使之产生特定的红外特征。该结构被称为"热鼻子"。图 8-10 为 Do-DT 25 靶机鼻锥安装的 IR 增强器。

图 8-10　Do-DT 25 靶机鼻锥安装的 IR 增强器

主要参数

机长	3.0 m
机高	0.8 m
翼展	2.6 m
空载质量	60 kg
最大起飞质量	125 kg
最大任务载荷质量	16 kg

3. 主要技术指标

最大平飞速度	432 km/h
最小平飞速度	114 kg/h
实用升限	7 620 m
续航时间	1 h（50% 最大速度）
机动过载	+5 g

4. 动力装置

2 台推力为 0.16 kN 的涡轮喷气式发动机，燃油质量 40 L。

5. 飞行控制系统

具有固定或移动的地面控制台按自主预编程的全球定位系统（GPS）路标导航，飞行中具有重新定向功能。

6. 任务有效载荷

靶机可装载红外或雷达增强器、激光反射器、可选敌我识别（IFF）系统、SETA-3 脱靶量指示器（MDI）、IFF 应答器、红外对抗（IRCM）投放器、烟雾发生器、箔条投放器、超高频（UHF）数据链系统等。

7. 发射系统

气动弹射器发射。

8. 回收系统

伞降回收。

9. 制造商

空中客车集团（Airbus Group）。

Do-DT 35 靶机

1. 发展概况

Do-DT 35 作为德国地面防空部队选用的标准空中靶标，是一种可回收涡轮喷气式靶机，可模拟高空高速威胁目标，是 Do-DT 系列靶机的第二种型号，是一种掠海飞行的高速靶，用于地对空导弹和空对空导弹的训练，目前仍在生产和使用。该靶机在美国陆军靶机管理办公室（TMO）中速空中靶机（MSAT）系统中被命名为 MQM-175A。

2. 总体布局与部位安排

靶机采用卵形头锥、中单翼、削尖钝形尾锥和 T 形尾翼，2 台喷气式发动机位于垂尾两侧，机身采用复合材料。见图 8-11 和 8-12。

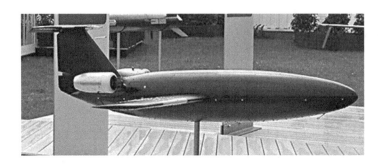

图 8-11　Do-DT 35 靶机侧视图

图 8-12　飞行中的 Do-DT 35 靶机

主要参数

机长	1.8 m
机高	0.6 m
翼展	1.5 m
最大起飞质量	55 kg
最大任务载荷质量	6 kg

3．主要技术指标

飞行速度	666 km/h
实用升限	6 096 m
续航时间	30 min（50% 最大速度）
	1 h（经济巡航速度）

4．动力装置

2 台喷气式发动机，每台可分别提供 0.16 kN 推力（Do-DT 35）和 0.22 kN 推力（Do-DT 35-200）。

5．飞行控制系统

靶机装有全球定位系统（GPS）导航仪和超高频（UHF）数据链系统，可通过无线电信号接受通用靶机控制站（UTCS）的远程控制和操作。靶机飞行模式包括人工控制和自主飞行两种，自主飞行时按预定飞行路径导航。

6．任务有效载荷

烟雾发生器、激光信号增强器或雷达信号应答机和 SETA-3MDI 脱靶量指示器。

7．发射系统

气动弹射器发射。

8．回收系统

伞降回收。

9．制造商

空中客车集团（Airbus Group）。

Do-DT 45 靶机

1．发展概况

Do-DT 45 靶机是空中客车防务与航天公司（原欧洲宇航防务集团，EADS）基于 Do-DT 35-200 发展的一种高速掠海直接杀伤型靶机，可模拟高速、低空飞行（35 英尺）目标靶机，用于地空导弹的训练。此后其性能被复制到 Do-DT 45 上，在美国陆军靶机管理办公室（TMO）中速空中靶机（MSAT）系统中被命名为 MQM-175B。其中的 Do-DT 45R 为标准雷达目标，可装配 3 个雷达中继器——D 波段、E/F 波段、G/I/J 波段。该靶机在德国军方服役。Do-DT 45 靶机见图 8-13 和图 8-14。

图 8-13　Do-DT 45 靶机外形图　　　图 8-14　发射架上的 Do-DT 45 靶机

2．总体布局与部位安排

靶机采用卵形头锥、钝形尾锥和 T 形尾翼，2 台喷气式发动机位于垂尾两侧，机身采用复合材料。

主要参数

翼展	1.8 m
机长	2.1 m
机高	0.6 m
最大起飞质量	75 kg
最大任务载荷质量	8.0 kg

3．主要技术指标

飞行速度	791 km/h
实用升限	6 096 m
续航时间	53 min

4．动力装置

2 台涡轮喷气式发动机，每台可提供 0.22 kN 推力，燃料量 21 L。

5．飞行控制系统

靶机装有全球定位系统（GPS）导航仪和超高频（UHF）数据链系统，可通过无线电信号接受通用靶机控制站（UTCS）的远程控制和操作。靶机飞行模式包括人工控制和自主飞行两种，自主飞行时进行路标导航。

6．任务有效载荷

该靶机装载有效载荷能力较 Do-DT 35 更强，且能装备视觉、激光、雷达和红外增强器等装置，以及脱靶量指示器，它也能装备如敌我识别器、探测雷达等有效载荷。

7．发射系统

气动弹射器发射。

8．回收系统

两级降落伞回收。

9．制造商

空中客车集团（Airbus Group）。

Do-DT 55 靶机

1．发展概况

Do-DT 55 是一种单发动机的靶机，它是空中发射、可回收式靶机，被搭载到目标空域进行发射，可模拟机载防区外武器、反雷达导弹（HARM、ALARM）和巡航导弹，用于地对空、空对空导弹的训练。根据德国空军的要求，空中客车防务与航天公司（原欧洲宇航防务集团，EADS）于 2003 年启动 Do-DT 55 的概念设计。

2．总体布局与部位安排

靶机采用锥形头锥，圆柱形机身，上单翼，机身下方有进气道的布局。其外形图见图 8-15。

图 8-15　Do-DT 55 靶机外形图

主要参数

翼展	0.6 m
机长	1.6 m
机高	0.3 m
最大起飞质量	22 kg

3. 主要技术指标

飞行速度	843 km/h
实用升限	6 096 m
航程（最大飞行速度）	55 km

4. 动力装置

单发涡轮喷气式发动机，推力为 200 N。

5. 飞行控制系统

靶机装有全球定位系统（GPS）导航仪和超高频（UHF）数据链系统。靶机可通过无线电信号接受通用靶机控制站（UTCS）的远程控制和操作。靶机飞行模式包括人工控制和自主飞行两种，自主飞行时进行路径导航。

6. 任务有效载荷

可选任务载荷包括雷达信号放大器和雷达转发器，根据需要在飞行中可进行转换。

7. 发射系统

Do-DT 55 靶机装载在 Do-DT 25 靶机的机身下方，运送到目标区后，根据远程控制启动发动机发射，见图 8-16。

图 8-16 下方垂直挂载 Do-DT 55 的 Do-DT 25 靶机在气动弹射发射器上

8. 回收系统

伞降回收。

9. 制造商

空中客车集团（Airbus Group）。

SETA-3 S1 拖靶

1. 发展概况

SETA-3 S1 拖靶是一种拖曳套筒式靶机，用于低空地空和舰空导弹射击训练。SETA-3 S1 拖靶客户为德国武装部队，该型拖靶目前仍在生产和服役。

2. 总体布局与部位安排

拖靶采用开放式锥形套筒布局。

主要参数

袖套长度	5.79 m
最大直径	0.50 m
最小直径	0.36 m
典型拖链长度	1 500~3 000 m
包括脉冲多普勒 MDI 的质量	6 kg

3. 主要技术指标

最大牵引速度	648 km/h
卷放速度	324 km/h

4. 任务有效载荷.

SETA-3 S1 拖靶可搭载实时脉冲多普勒脱靶量指示器（MDI），并带有内置遥测、遥控装置。

5. 发射系统

该拖靶可适用于利尔喷气（Learjet）35、利尔喷气 36 等飞机的 MTR101 发射舱，或通过北约标准释放装置安装于任何飞机，也适用于皮拉图斯公司 PC-9 飞机的梅吉特 RM-24 绞盘系统。

6. 回收系统

使用后通过 TLM 控制机构抛弃。

7. 制造商

空中客车集团（Airbus Group）。

Do-SK 6 系列拖靶

1. 发展概况

Do-SK 6 系列拖靶是空中客车集团道尼尔公司研制的一种拖曳式系列靶机，主要用于面对空和空对空高炮及短程导弹射击训练，见图 8-17 和图 8-18。目前，Do-SK 6 拖靶仍在生产和使用之中，主要用户为德国、法国、新加坡和瑞典军方。

图 8-17　Do-SK 6 系列拖靶的典型外形　　　图 8-18　利尔喷气机翼下挂装的 Do-SK 6 拖靶和绞盘舱

Do-SK 6 系列靶机包括：

Do-SK 6 一种基本增强型旗靶机，主要用于面对空和空对空武器打靶训练。

Do-SK 6A 用于面空武器打靶训练，具有声学脱靶量指示器（MDI）。

Do-SK 6B 1995 年推出的一种用于标准空空机炮打靶训练的增强型靶机。

Do-SK 6IR 曳光 / 喷焰式靶机，主要用于面空武器打靶训练。

Do-SK 6IRCM 1994 年投入使用的一种具有信号特征和诱饵的靶机，主要用于红外制导的面空和空空近程导弹的打靶训练。

Do-SK 6LL 1995 年试验成功的一种用来模拟掠海反舰导弹的低空靶机。装备有气压高度表，可将飞行高度参数传输给载机上的控制站。该靶机最低使用高度为 15~30 m。

Do-SK 6R 1991 年公开的一种射频（RF）制导的近程面空导弹训练用靶机，已为 400 多枚罗兰特（Roland）导弹充当过靶机。

Do-SK 6S 可装载 SETA 脉冲多普勒雷达记分器，作为德国军方地空和舰空高炮射击训练用标准靶机，以及作为面空导弹打靶训练用靶机。已为德军方罗兰特地空导弹靶机进行了 400 次以上拦截试验。

2．总体布局与部位安排

Do-SK 6 拖靶采用 GFRP 材料制成的圆柱形机体和 X 型布局的 4 翼面尾翼布局。机体采用模块式、刚性设计，分为前、中和后段 3 个部分，前段装有半圆形机头罩。这种结构布局可满足德国军方提出的拖曳缆长 7 500 m、飞行速度达到 648 km/h 的使用需求。Do-SK 6R 拖靶部位安排图见图 8-19。

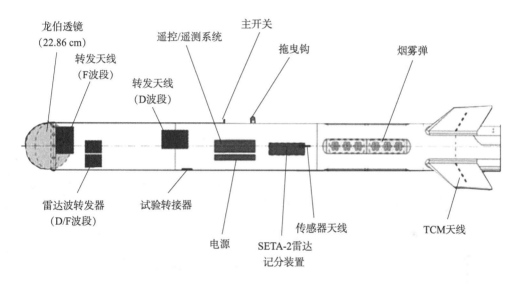

图 8-19　Do-SK 6R 拖靶部位安排图

主要参数

机长

Do-SK 6	2.63 m
Do-SK 6B	2.81 m
Do-SK 6IRCM	2.82 m
Do-SK 6LL，Do-SK 6R	2.66 m

机身直径　　　　　　　　　0.24 m

翼展

Do-SK 6，6B	0.62 m
其他	0.63 m

空载质量

Do-SK 6	20 kg
Do-SK 6B	37 kg

Do-SK 6IRCM	42 kg
Do-SK 6LL	27 kg
Do-SK 6R	40 kg
Do-SK 6S	29 kg
最大任务载荷质量	50 kg

3. 主要技术指标

最大拖曳速度	
无旗靶	0.9 Ma
旗靶释放	463 km/h
旗靶收起	555 km/h

4. 任务有效载荷

Do-SK 6 拖靶适装性较好，在很大程度上可根据用户需求定制。主要任务载荷设备包括：角反射器、激光反射器、龙伯透镜、雷达回波转发器、雷达或声学记分器、RF 诱饵载荷，或最多 36 个烟雾弹、红外跟踪或诱饵曳光弹，见图 8-20 和 8-21。

图 8-20　装于拖靶前部的诱饵曳光弹　　　　　图 8-21　装于拖靶尾部的红外跟踪曳光弹

5. 发射系统

以利尔喷气（Learjet）35/36 作为拖曳载机时，Do-SK 6 系列采用德国马夸特（Marquardt）公司研制的 MTR101 拖曳绞盘系统；以猎鹰 20 作为拖曳载机时，可采用梅吉特防务系统公司研制的 RM 30A 拖曳绞盘系统。

6. 制造商

空中客车集团道尼尔公司（Airbus Group Dornier GmbH）。

Do-SK 10 拖靶

1. 发展概况

Do-SK 10 拖靶是由空中客车集团研制的一种拖曳袖筒式、空对空射击训练用靶机，主要用于高速、大过载的空空射击训练，以训练和考核战斗机机组人员。

Do-SK10 拖靶自 1987 年以来一直在服役，客户以德国等为主，已生产超过 3 000 架，见图 8-22 和 8-23。

 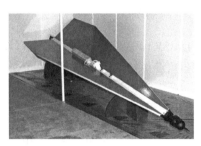

图 8-22　德国空军 F-4 鬼怪战斗机机翼下的 Do-SK 10 拖靶　　图 8-23　Do-SK 10 空空射击训练用拖靶

2. 总体布局与部位安排

Do-SK10 拖靶采用中央大梁加三鳍式翼面结构，该结构核心部分为纸蜂窝。后置式雷达反射器，头部配置平衡及配重、牵引钩等配置。其主要组成部分见图 8-24。

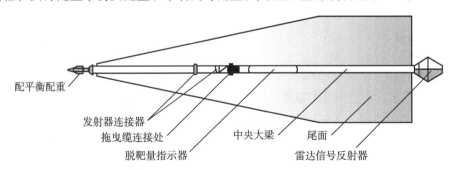

图 8-24　Do-SK 10 拖靶的主要组成部分

主要参数

机长	5.75 m
机宽	1.45 m
质量	80 kg

3. 主要技术指标

最大牵引速度	1.1 *Ma*
实用升限	9 145 m
机动过载	−1 *g* / +5 *g*

4. 任务有效载荷

Do-SK 10 拖靶可搭配 SETA-1 脉冲多普勒雷达记录器使用，即使在快速改变速度和高度条件下，仍然能可靠、实时和精确地提供与战斗机交会结果。SETA-1 的基础配置可记录 1 个半径 8~16 m 的球形区域、2 个或更多撞击监测区域或直接测量距离数据，其采样数据可被实时显示在接收站。

5. 发射系统

Do-SK10 适用于 A/A37-U 15 绞车系统，已通过 A-4、F-4、F-86、F-100 和 F-104 飞机的牵引试验验证。

6. 制造商

空中客车集团（Airbus Group）。

8.4 希腊

翠鸟（Alkyon）靶机

---

1. 发展概况

翠鸟（Alkyon）靶机是一种可回收式靶机。该靶机是为了满足全方位攻击和便携式防空系统的训练需求，由空中客车集团三西格玛公司（STN ATLAS-3 Sigma AE）研制的。它可以在多种配置中使用，如既可用于全方位攻击，也可用于红外、激光或无线电制导的防空导弹打靶训练。

翠鸟靶机的跟踪训练具有很好的可探测性和飞行时间长的优点，有多种飞行能力，并可低速飞行，使用简单，易于维护。该靶机与三西格玛公司其他目标系统契合，费用低廉。

北大西洋公约组织（NATO）武装司令部使用该靶机。

2. 总体布局与部位安排

翠鸟靶机采用低置双三角翼和高置前翼的鸭式气动布局、子弹形机身、活塞式发动机、2 个后掠梯形垂直安定面和方向舵。没有安装轮式起落架，但在机身下方可以连接滑橇舱用于机腹着陆。翠鸟靶机外形图见图 8-25。

图 8-25　翠鸟靶机外形图

主要参数

机长	2.15 m
机宽	0.21 m
机高	0.37 m
翼展	2.06 m
机翼面积	0.83 m^2
机身最大直径	0.21 m
空载质量	22 kg
最大任务载荷质量	14 kg

3．主要技术指标

最大平飞速度	250 km/h
最小飞行速度	70 km/h
使用高度	50~4 000 m
续航时间	90 min

4．动力装置

翠鸟靶机采用一台功率为 8.6 kW 的 3W-120Ib2 双缸二冲程活塞式发动机，驱动一副双叶推进式螺旋桨。燃油容量为 10 L。

5．飞行控制系统

翠鸟靶机采用地面控制站／全球定位系统标准配置；可选用无线电指令遥控系统。

6. 任务有效载荷

翠鸟靶机在空中攻击模式下，配有烟雾弹或烟雾发生器。如采用红外配置，可配有红外照明弹或红外信号增强器；如采用激光配置，可用激光反射器连接在机身侧面，激光透镜位于头部和尾部；如采用雷达配置，可用铝条或射频放大器。其任务有效载荷见表 8-1。

表 8-1 翠鸟靶机任务有效载荷

RCS 增强装置	IR 辐射装置	视觉	其他
射频放大器 角反射器 铝箔	红外曳光弹	烟雾	摄像头 MDI 激光反射器 GFE

上述配置可以组合使用。根据客户的需求可以安装附加的任务载荷。

7. 发射系统

翠鸟靶机由弹性弹射器从地面或舰上发射，见图 8-26。

图 8-26　弹射器上的翠鸟靶机

8. 回收系统

翠鸟靶机采用降落回收系统或者机腹着陆。降落回收系统由机载飞行终止系统或预编程序或操作员指令来启动。

9. 制造商

空中客车集团三西格玛公司（STN ATLAS-3 Sigma AE）。

HAI 缩比（HAI Scale）靶机

1. 发展概况

HAI 缩比（HAI Scale）靶机是一种可回收式靶机。该型靶机由希腊宇航工业公司（Hellenic Aerospace Industry Ltd.）研制生产。1990 年 10 月在希腊雅典防务展览会上首次亮相，已生产并装备希腊武装部队。

2. 总体布局与部位安排

HAI 缩比靶机是缩比尺寸的 F-16 战斗机，还可模拟其他飞机。机身采用金属和复合材料混合结构。

主要参数

机长	3.30 m
机高	0.84 m
翼展	2.54 m
最大起飞质量	72 kg
最大燃油质量	11 kg
标准任务载荷质量	4 kg

3. 主要技术指标

最大平飞速度	294 km/h
经济巡航速度	175 km/h
失速速度	75 km/h
实用升限	3 000 m
航程（典型）	12 km
续航时间（最大燃油）	90 min

4. 动力装置

HAI 缩比靶机采用一台功率为 18.6 kW 的 WAE342 双缸二冲程活塞式发动机，供驱动双叶推进式螺旋桨用。

5. 飞行控制系统

HAI 缩比靶机采用无线电指令上行链路和自动稳定器、光学和 / 或无线电跟踪系统。

6. 任务有效载荷

HAI 缩比靶机采用龙伯透镜、角反射器、红外曳光管和脱靶量指示器（MDI）。

7. 发射系统

HAI 缩比靶机从安装在轻型车辆或海军舰船上的弹射架上弹射起飞。

8. 回收系统

HAI 缩比靶机利用滑橇或降落伞着陆，由操作手控制或利用故障自动保护系统回收。

9. 制造商

希腊宇航工业公司（Hellenic Aerospace Industry Ltd.）。

喷气式鸢尾草（Iris Jet）靶机

1. 发展概况

喷气式鸢尾草（Iris Jet）靶机为可回收式靶机。该型靶机是为了满足用户对速度、机动和续航时间等不断增长的飞行性能要求，由空中客车集团三西格玛公司（STN ATLAS-3 Sigma AE）研制生产的。

喷气式鸢尾草靶机可扩充的任务载荷集成能力使其在单独及多靶机组合中都能满足单个威胁或同时出现的多种威胁作战时战术训练或测试场景的要求。该靶机已经通过认证，并且被用于武器系统的开发和验收测试。它适用于各种远程和中程防空武器系统，为全球多种武器提供训练和测试服务，如爱国者（Patriot）、北约海麻雀（NSSM）、改进型海麻雀（ESSM）、标准 1 型导弹（SM-1）、标准 2 型（SM-2）、霍克（Hawk）以及道尔 -M1（TOR-M1）等。

喷气式鸢尾草靶机仍在生产和服役。用户为北大西洋公约组织（NATO）各成员国防空武器制造商及以色列防御部队。

2. 总体布局与部位安排

喷气式鸢尾草靶机采用下单翼气动布局，翼上带有襟翼；卵形头部加圆柱形机身；倒 Y 形尾翼；机身背部装有一体化设计的发动机进气道。机体采用复合材料结构。无起落架装置。其外形图见图 8-27。

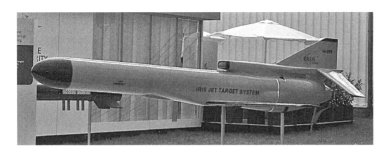

图 8-27　喷气式鸢尾草靶机外形图

主要参数

机长	4.06 m
翼展	2.80 m
机翼面积	1.11 m^2
空载质量	100 kg
最大发射质量	200 kg

3．主要技术指标

最大平飞速度	859 km/h
使用高度	100~12 190 m
续航时间	1 h

4．动力装置

喷气式鸢尾草靶机采用一台推力为 1.07 kN 的变速涡轮发动机，发动机为背部进气。最大燃油容量为 79 L。

5．飞行控制系统

喷气式鸢尾草靶机由以数字微处理器为基础的可预编程自动驾驶仪控制，可装备或不装备遥控装置。为了能够准确导航以及对空中飞行靶机的位置进行监视和控制，靶机上装备有全球定位系统（GPS）终端。

在遥控模式下，由机动地面控制站（GCS）遥控，按照预编程的四维飞行航迹飞行。同时，也可通过半自动模式，或通过人工模式，由操作手通过手持操纵台控制靶机飞行。在执行任务期间，还可允许根据任务变化随时进行模式转换。

6．任务有效载荷

喷气式鸢尾草靶机携带烟雾弹或烟雾发生器。在激光探测模式下，激光反射器连接在两侧，激光镜片安装在需要的边缘部位。在雷达探测模式下，种类繁多的被动或主动式放大器（铝条、龙伯透镜、射频放大器的角反射器）可以集成在一起来放大目标原本很低的雷达散射截面（RCS）。同时，靶机还可以安装多种多样的任务载荷，如敌我识别（IFF）应答器、雷达高度表、箔条、对抗照明弹、脱靶量指示器（MDI）、电子战任务载荷、摄像头以及一些金箔电极设备，既可以独立工作，也可以构成各种组合。

7. 发射系统

喷气式鸢尾草靶机可以通过移动弹簧式弹射器在地面或者舰上发射。

8. 回收系统

喷气式鸢尾草靶机由降落伞回收。回收系统由机载飞行终止系统或预编程序或操作员命令来启动。

9. 制造商

空中客车集团三西格玛公司（STN ATLAS-3 Sigma AE）。

推进式鸢尾草（Iris Prop）靶机

1. 发展概况

推进式鸢尾草（Iris Prop）靶机为可回收式靶机。该靶机由空中客车集团三西格玛公司（STN ATLAS-3 Sigma AE）研制生产，于1994年首次披露，用于对空射击和其他防空武器的训练。现已生产并服役于希腊陆军和空军。

2. 总体布局与部位安排

推进式鸢尾草靶机采用子弹形头部，增强塑料机身，小后掠角下单翼，尾撑由机身尾舱上方伸出，倒Y形尾翼。不配置起落架。其外形图见图8-28。

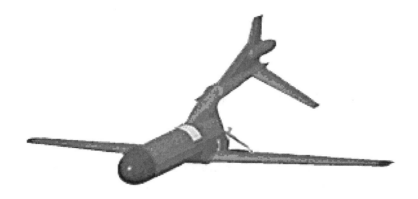

图 8-28　推进式鸢尾草靶机外形图

主要参数

机长	3.35 m
机高	0.88 m
翼展	2.95 m
机翼面积	1.22 m^2
空载质量	55 kg
最大发射质量	100 kg
最大任务载荷质量（带燃油）	45 kg

3. 主要技术指标

最大平飞速度	350 km/h
使用高度	100~4 800 m（使用雷达高度表时为 5~4 800 m）
续航时间	2 h 30 min

4. 动力装置

推进式鸢尾草靶机采用一台功率为 28.3 kW 的转子发动机，驱动双叶螺旋桨，总燃油量 25 L。

5. 飞行控制系统

推进式鸢尾草靶机采用基于微处理器的自动驾驶仪控制的预编程飞行模式，或者采用遥控飞行模式。

6. 地面遥控遥测系统

推进式鸢尾草靶机配置了一台 GPS 终端，可以通过监视和控制飞行中靶机的位置来实现精确的导航。

7. 任务有效载荷

推进式鸢尾草靶机视距探测模式配备烟雾弹或烟雾发生器；红外探测模式配备红外曳光管和红外增强装置；激光探测模式配备装于机身两侧的激光透镜；雷达探测模式，则配备铝条、龙伯透镜或者视频放大器等，以降低靶机的雷达散射截面（RCS）。大部分任务有效载荷，如敌我识别器、干扰条、曳光管、雷达高度表、脱靶量指示器（MDI）、摄像头等均可以装于靶机上。

8. 发射系统

推进式鸢尾草靶机采用地面或舰载机械弹射架上弹射，见图 8-29。

图 8-29　推进式鸢尾草靶机从地面或舰上发射

9．回收系统

推进式鸢尾草靶机采用降落回收或滑橇着陆，也可海上回收，见图 8-30。

图 8-30　海上回收的推进式鸢尾草靶机

10．制造商

空中客车集团三西格玛公司（STN ATLAS-3 Sigma AE）。

佩尔西系列（Perseas Family）靶机

1. 发展概况

佩尔西系列（Perseas Family）靶机为可回收式靶机，用于反红外制导导弹及各种先进武器系统的验证试验。靶机不同配型的主要变化是采用单喷气发动机，或是双喷气发动机，但其使用通用平台和航空电子设备以及可换装动力装置是相同的。

该靶机由空中客车集团三西格玛公司（STN ATLAS-3 Sigma AE）研制生产。除按用户需求用于空对空制导武器系统的验证试验训练外，它还能用作近程地对空和空对空导弹的打靶训练，如毒刺（Stinger）导弹和西北风（Mistral）导弹。主要用户为 NATO 军队。佩尔西系列靶机自 1998 年开始生产和服役。目前该机仍在生产和使用中。

佩尔西系列靶机有三种类型：

（1）佩尔西螺旋桨靶机

适用于长时间复杂的单机战术模式。几乎能够配备所有的任务载荷。用于防空重炮或具有持久续航时间和充足任务载荷能力的导弹试验时，它可以用来模拟喷气式飞机的威胁。

（2）佩尔西 SJ 单发动机靶机

具有中等性能。发动机位于机翼下方，提供红外 / 紫外目标辐射特性；结合改进的飞行特性，使其成为许多武器系统训练用所需的目标类型，这些系统包括毒刺导弹、西北风导弹、山猫近程防空系统（LeFlaSys）、豹猫（Ocelot）、复仇者（Avenger）和先进近程防空系统（ASRAD）。佩尔西 SJ 单发动机靶机见图 8-31。

图 8-31　佩尔西 SJ 单发动机靶机

（3）佩尔西 TJ 双发动机靶机

发动机安装在机身后端两侧，可满足更高的速度和机动性的要求。多种飞行方案使它能够适用于多种武器系统，如毒刺、北约海麻雀（NSSM）、标准 1 型导弹（SM1）、响尾蛇 NG（Crotale NG）、改进型壁虎防空系统（OSA-AKM）以及道尔 -M1（TOR-M1）。佩尔西 TJ 双发动机靶机见图 8-32。

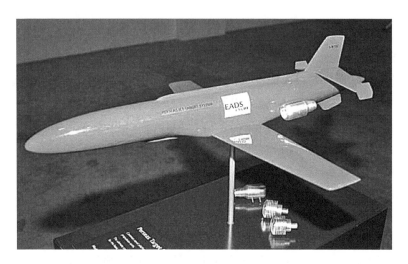

图 8-32　佩尔西 TJ 双发动机靶机

2. 总体布局与部位安排

佩尔西系列靶机的机身采用尖拱形头部圆柱形机身，安装有单个（喷气或螺旋桨）或 2 个（喷气）可通用发动机吊舱；低置小后掠角的机翼；采用传统的后掠尾翼，平尾装有正方形的端板尾翼。没有配置起落架。

主要参数

机长

佩尔西螺旋桨靶机	2.71 m
佩尔西 TJ 和 SJ 靶机	2.98 m

翼展　　　　　　　　　　　　　　　　　2.21 m

机翼面积　　　　　　　　　　　　　　　0.70 m^2

空载质量

佩尔西螺旋桨靶机	50.0 kg
佩尔西 SJ 靶机	49.5 kg
佩尔西 TJ 靶机	53.0 kg

最大起飞质量

佩尔西螺旋桨靶机	70.0 kg
佩尔西 SJ 靶机（带燃油）	85.0 kg

| 佩尔西 TJ 靶机 （带燃油） | 95.0 kg |

最大任务载荷质量

佩尔西螺旋桨靶机	20.0 kg
佩尔西 SJ 靶机	35.5 kg
佩尔西 TJ 靶机	42.0 kg

使用高度

佩尔西螺旋桨靶机	100~4 000 m
佩尔西螺旋桨靶机 （使用雷达高度表）	5~4 000 m
佩尔西 SJ 和 TJ 靶机	100~6 000 m
佩尔西 TJ 靶机 （使用雷达高度表）	5~6 000 m

3. 主要技术指标

最大平飞速度

佩尔西螺旋桨靶机	280 km/h
佩尔西 SJ 靶机	333 km/h
佩尔西 TJ 靶机	444 km/h

续航时间

佩尔西螺旋桨靶机	2 h
佩尔西 SJ 靶机	50 min
佩尔西 TJ 靶机	1 h

4. 动力装置

佩尔西 SJ 靶机采用一台推力为 0.20 kN 的涡轮发动机；佩尔西 TJ 靶机采用二台推力为 0.20 kN 的涡轮发动机；佩尔西螺旋桨靶机采用一台功率为 16.4 kW 的活塞式发动机。最大燃油容量为 30 L。

5. 飞行控制系统

佩尔西系列靶机采用基于微处理器的可预编程自动驾驶仪飞行控制系统。靶机可带或不带遥控装置。全球定位系统（GPS）终端用来导航以及对空中靶机的位置进行监视。

佩尔西系列靶机由远处的地面控制站（GCS）控制，按照预先设定的飞行路径飞行，也可以进行半自主模式下的控制，或者通过手持式控制箱进行手动控制，在执行任务期间允许进行瞬间模式转换。

6. 任务有效载荷

佩尔西系列靶机携带烟雾筒或烟雾发生器增加红外信号特征。在激光器结构中，激光反射器连接在两侧，激光镜片则安装在需要的边缘部位。在雷达的结构中，种类繁多的被动或主动式放大器（铝条、龙伯透镜，射频放大器的角反射器）可以集成在一起来放大目标原本很低的雷达散射截面（RCS）。同时，还可以安装多种多样的任务载荷，如：敌我识别（IFF）应答器、雷达高度表、箔条、干扰照明弹、脱靶量指示器（MDI）、电子战任务载荷、摄像头以及一些金箔电极设备，既可以独立操作，也可以组成各种组合。

7. 发射系统

佩尔西系列靶机可以通过移动弹簧式弹射器在地面或者船上发射（见图 8-33），不需要助推火箭的协助。

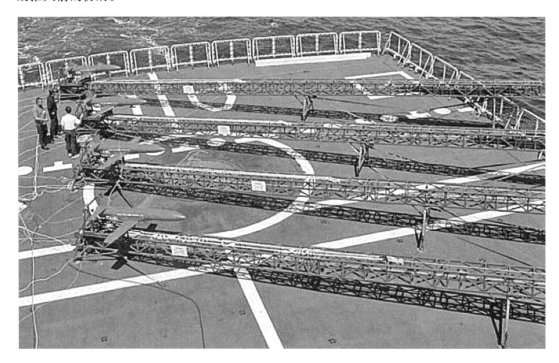

图 8-33　处于舰上发射装置上的佩尔西 TJ 靶机

8. 回收系统

佩尔西系列靶机采用降落回收或者滑橇着陆。降落回收系统由机载飞行终止或预编程序或操作员命令来启动。

9. 制造商

空中客车集团三西格玛公司（STN ATLAS-3 Sigma AE）。

8.5　意大利

米拉奇（Mirach）-70 靶机

1. 发展概况

意大利防空兵器靶标主要是意大利米梯尔公司研制的米拉奇系列靶机，包括有米拉奇 -10、米拉奇 -20、米拉奇 -26、米拉奇 -70、米拉奇 -100、米拉奇 -100/2、米拉奇 -100/4、米拉奇 -100/5 等几种，其中米拉奇 -100、米拉奇 -100/2、米拉奇 -100/4、米拉奇 -100/5 是意大利的主要靶机产品。

米拉奇 -70 靶机为可回收式靶机，于 1980 年中期开始研制，已经大批量生产，并在意大利陆军、海军以及阿根廷和利比亚军队服役。该靶机作为一种螺旋桨小型中低空飞行靶机，主要供军方评估和训练高炮及防空导弹操作手使用。

2. 总体布局与部位安排

米拉奇 -70 靶机采用常规的中单翼，中部为圆柱形，前后机身为锥形，机头装有螺旋桨，未配置起落架。其主要机体结构件采用玻璃纤维增强塑料，以减轻整机重量。米拉奇 -70 靶机外形见图 8-34，三视图见图 8-35。

图 8-34　米拉奇 -70 靶机外形

米拉奇 -70 靶机为基本型，改进型米拉奇 -70/2 靶机增大了发动机功率。

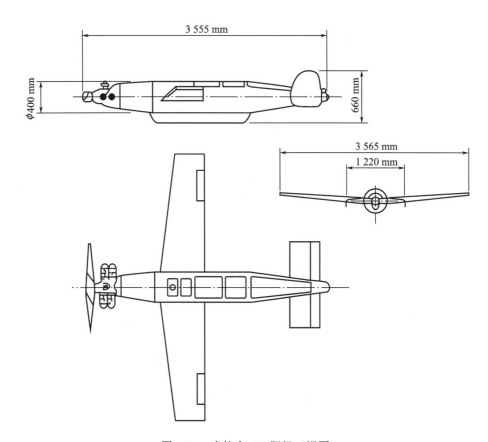

图 8-35　米拉奇 -70 靶机三视图

主要参数

机长	3.56 m
机高	0.66 m
翼展	3.57 m
内装有效载荷质量	20 kg
最大起飞质量	184 kg
燃油质量	25 kg

3. 主要技术指标

最大速度	330 km/h（100 m/s）（53.7 kW 发动机）
	380 km/h（68.6 kW 发动机）
最大飞行高度	5 000 m
最低飞行高度	200 m
最大续航时间	2 h（53.7 kW 发动机）
	1 h 15 min（68.6 kW 发动机）

4．动力装置

米拉奇 -70 靶机采用 1 台功率为 53.7 kW 四缸二冲程发动机；米拉奇 -70/2 靶机采用 68.6kW 发动机。

5．飞行控制系统

米拉奇 -70 靶机由地面操作人员通过控制台进行无线电控制，射击结果由机上实时传输给地面控制台。如执行超视距跟踪时，采用 GPS 便携式地面跟踪和控制站。

6．任务有效载荷

米拉奇 -70 靶机翼尖或机身上可装发烟装置、红外源、雷达有源、无源信号增强器。此外还能携带 2 个小型红外拖靶或者 1 个筒式拖靶等。

7．发射系统

米拉奇 -70 靶机采用固体火箭助推器在零长发射架上发射，也可根据地面 / 舰面配置的气动弹射装置，在地面或舰面弹射起飞。发射后飞行中的米拉奇 -70/2 靶机见图 8-36。

图 8-36　发射后飞行中的米拉奇 -70/2 靶机

8．回收系统

米拉奇 -70 靶机采用靶机上配置的降落伞回收。

9. 制造商

意大利米梯尔公司，2002 年更名为伽利略电子设备公司；2008 年由 Finmeccanica 公司接管，组成传感器电子光学集团，称为 Selex Galileo 公司；2013 年 1 月 Selex Galileo、Elsag 和 Selex Sistemi Integrati 三家公司合并，组成目前的 Selex ES 公司。

米拉奇（Mirach）-100 靶机

1. 发展概况

米拉奇 -100 靶机是原意大利米梯尔公司生产的米拉奇系列靶机中应用最多的靶机，也是米拉奇系列的基准型号。该靶机于 20 世纪 70 年代开始研制，作为亚声速中低空小型靶机，除装备意大利军方外，广泛应用于北约部队海军训练及防空导弹（如霍克、奈基、毒刺、拉姆及阿斯特 30）等打靶试验，还销往法国、德国、希腊、西班牙和英国等国家。

米拉奇 -100 靶机是一种遥控飞行器，既广泛用作靶机，也可作侦察用的遥控飞行器。该系统除了遥控飞行器外，还配套有地面跟踪制导设备、地面发射设备及回收支援设备。

2. 总体布局与部位安排

米拉奇 -100 靶机气动外形采用单翼下机翼型，尾翼为倒 Y 形，正常布局，二通道控制。通过副翼及升降舵进行倾斜 - 转弯飞行操纵，没有方向舵。

米拉奇 -100 靶机外形图见图 8-37。米拉奇 -100 靶机三视图如图 8-38 所示。

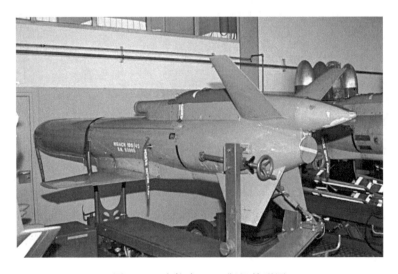

图 8-37　米拉奇 -100 靶机外形图

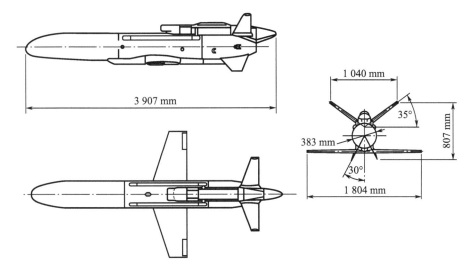

图 8-38　米拉奇 -100 靶机三视图

主要参数

全长	3.907 m
机身直径	0.383 m
翼展	1.804 m
高度	0.807 m
机翼面积	0.819 m^2
起飞质量（不包括助推器）	260 kg
回收质量	205 kg
有效载荷质量	35 kg
载油量	55 kg

3. 主要技术指标

最大飞行高度	9 000 m
最低飞行高度	100 m
爬升率（海平面最大起飞质量时）	32 m/s

不同海拔高度飞行性能见表 8-2。

表 8-2　米拉奇 -100 靶机不同海拔高度飞行性能

海拔高度 （m）	最大飞行速度 （m/s）	最大机动过载 （g）	续航时间 （min）	航程 （km）
0	222	4	25	500
3 000	238	3	30	650
6 000	230	2	42	800
9 000	222	1	62	1 000

图 8-39 为靶机机上设备安排，图 8-40 为米拉奇 -100 靶机飞行包络。

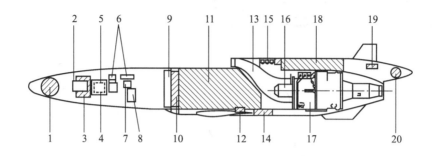

图 8-39　靶机机上设备安排

1．前向雷达反射器　2．垂直陀螺　3．电池　4．自动驾驶仪　5．接收及译码器　6．遥测组合
7．调压器　8．涡喷发动机控制盒　9．发烟油箱　10．减震袋　11．油箱　12．副翼舵机
13．进气道　14．配电盒　15．脱落插座　16．发电 - 电动机　17．涡轮喷气发动机
18．降落伞舱　19．升降舵机　20．后向雷达反射器

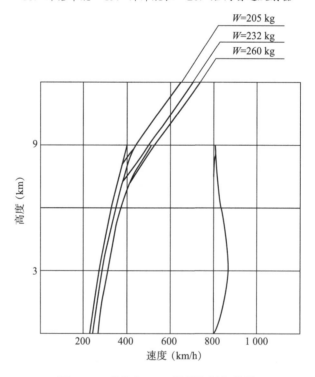

图 8-40　米拉奇 -100 靶机飞行包络图

4．动力装置

米拉奇 -100 靶机采用法国微型涡轮发动机有限公司生产的推力 1.47 kN TRS18-076 微型涡轮喷气发动机，其主要参数如下。

静态海平面最大推力	115 kg
静态耗油比	1.3 kg/h
带尾喷管的发动机质量	41.5 kg
发动机转速	27 000~45 000 r/min
启动峰值电流	28 V，350 A
燃油	JP-1 或 JP-4

5. 飞行控制系统

米拉奇 -100 靶机地面采用阿拉马克（Alamak）靶控站，机上用模拟式双通道飞行控制系统，包括指令接收译码设备、自动高度保持器、自动驾驶仪以及遥测发射机等设备。自动驾驶仪本身包括滚动及俯仰舵机、垂直陀螺仪、发动机控制盒、速度 / 高度传感器等设备。

机上飞行控制电子设备功能方框如图 8-41 所示。

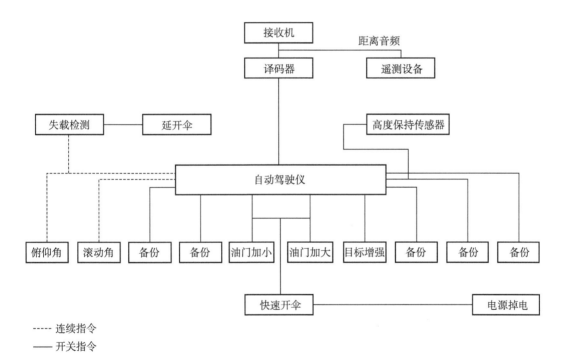

----- 连续指令
—— 开关指令

图 8-41　米拉奇 -100 靶机上飞行控制电子设备功能方框图

指令接收机载频	419 MHz
多路信号传输形式	频分多路传输
遥控指令音频频率范围	7 500~19 600 Hz
译码器通道数	
比例通道（俯仰，滚动）	2 个
开关通道	9 个

俯仰角控制范围	±30°
滚动角控制范围	±75°
遥测发射机射频	1 486.5 MHz
遥测发射机输出功率	2 W
遥测通道数（模拟式）	3 路 +1 路距离通道
遥测调制	FM/FM
遥测副载频	40 kHz，80 kHz

机上供电设备包括直流发电机、镍镉电池、稳压器及配电盒。主电源采用发动机驱动的发电机，电池作为辅助电源。

额定转速时发电机输出电压	28.5 V
发电机额定电流	53 A
电池电压	28 V
电池连续工作时间	4 h

6. 任务有效载荷

米拉奇 -100 靶机任务有效载荷包含以下几项。

（1）无源雷达回波增强器，包括头部及尾部龙伯透镜各 1 个。

（2）机载有源回波增强器，有 L~X 波段，对 X 波段：

等效截面	＜ 10 m²
输出功率	20 dBm
波束宽度（俯仰和方位）	60°

（3）目视发烟装置，用于地面观察及测量。

| 油箱容量 | 9 L |
| 连续发白烟时间 | 30 s |

（4）脱靶量指示器，主要用声学脱靶量指示器 AS-122Z、AS-131SC/4P 等，可记录 20 mm 弹丸的脱靶范围为 25 m。

（5）雷达拖靶，米拉奇 -100 一次飞行可带 2 个拖靶，雷达拖靶可为有源的和无源的，一种有源的 X 波段拖靶的主要性能为：

靶体直径	67 mm
靶体长度	762 mm
质量	5.9 kg
拖绳长	100~200 m
X 波段等效截面	＞ 3 m²

（6）红外拖靶，米拉奇 -100 靶机配有红外拖靶，采用曳光管作为红外辐射源，其主要性能为：

靶体直径	44.5 mm
靶体长度	409 mm
质量	1.36 kg
拖绳长	200 m
曳光管燃烧时间	25~32 s
红外光强度 2~3 μm	500 W/sr
3~4 μm	350 W/sr
4~5 μm	750 W/sr

7. 发射系统

米拉奇-100 靶机可以在地面、船上及空中发射。在地面发射时采用零长发射架起飞，2 台米梯尔公司的 8785 LNS 型助推器装于机身两侧，可产生约 15 g 的加速度，助推器使用后脱落，并可回收再装填使用。

每个助推器性能如下：

平均推力	2 300 kg
长度	0.389 m
直径	0.138 m
质量（带 7 根药柱）	24.6 kg
工作时间	0.7 s
挂架质量	4.25 kg

8. 回收系统

米拉奇-100 靶机可在陆上、水上或空中回收。机上装有降落伞回收系统，包括主伞、引导伞、开伞装置及信标等，以保证靶机能多次回收使用。陆上回收时还装有缓冲装置。如在水上回收，则机上增设浮囊，使靶机在回收前能漂浮在水面不致下沉。机上无线电信标可用于寻找靶机落点。

回收伞参数为：

开始回收速度	150 m/s
垂直着陆速度	7 m/s
主伞直径	9.5 m
主伞面积	42.35 m²
引导伞直径	0.85 m
回收伞总质量	< 10 kg

缓冲装置包括气垫和充气装置等，其主要参数为：

缓冲装置质量	4.2 kg

缓冲气垫体积	121 L
气体压力	20 kPa

9. 制造商

意大利米梯尔公司，2002 年更名为伽利略电子设备公司；2008 年由 Finmeccanica 公司接管，组成传感器电子光学集团，称为 Selex Galileo 公司；2013 年 1 月 Selex Galileo、Elsag 和 Selex Sistemi Integrati 三家公司合并，组成目前的 Selex ES 公司。

米拉奇（Mirach）-100/5 靶机

1. 发展概况

米拉奇 -100/5 靶机为第五代高性能可回收式靶机。该靶机是米梯尔公司根据意大利国防部合同于 1995 年开始研制，1996 年 12 月首次试飞。它与早期的米拉奇 -100 相比，作了很大的改进，其飞行速度和升限有了提高，能够模拟多种敌方空中威胁目标，包括海上掠海导弹目标攻击运动中舰船以及小雷达散射截面和减弱的红外特征信号的目标。

米拉奇 -100/5 靶机后续的发展型米拉奇 -100X 于 2010 年开始研制，更新了发动机，改进了机体的空气动力特性，更换了更先进的机上电子设备。

2. 总体布局与部位安排

米拉奇 -100/5 靶机与早期的米拉奇 -100 相比，其机翼翼展和面积均有扩大，采用了高置机翼的气动布局，具有低的雷达散射截面，可降低红外特征信号，为满足高功率涡轮喷气发动机的要求，采用了二个侧向进气道设计。改进后的尾翼带有 5° 的上反角和高置水平尾翼的布置，带后掠机翼以及后掠外倾 32° 的双腹鳍和鸭式方向舵。米拉奇 -100/5 靶机外形见图 8-42，其三视图见图 8-43。

图 8-42　米拉奇 -100/5 靶机外形图

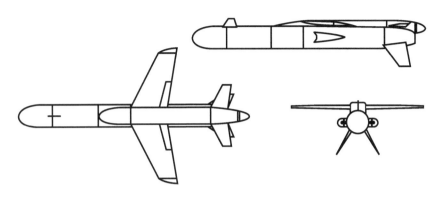

图 8-43　米拉奇 -100/5 靶机三视图

主要参数

机长	4.065 m
机高	0.89 m
直径	0.49 m
翼展	2.30 m
尾翼展	1.06 m
机翼面积（外露面积）	1.10 m²
有效载荷容积（隔间部分）	0.08 m³
最大起飞质量	380 kg
最大有效载荷质量	60 kg

3. 主要技术指标

使用高度	5~12 495 m
最大平飞速度	1 000 km/h
最大机动过载	+6 g
续航时间	90 min

4. 动力装置

米拉奇 -100/5 靶机采用 1 台法国微型喷气发动机（Microturbo）公司生产的 1.47 kN TRS18-1 涡轮喷气发动机。

5. 飞行控制系统

米拉奇 -100/5 靶机采用美国雷锡恩公司数字信号处理器、BAE 系统公司 INS/GPS 导航仪、Alenia 公司的雷达高度表。地面控制系统（GCS）能控制 8 架靶机在高亚声速下编队飞行。

6. 任务有效载荷

米拉奇 -100/5 靶机上有效载荷有：

（1）欧洲 Thales 公司红外干扰装置；

（2）APL 跟踪导引头模拟器；

（3）NAWC AN/DPT-1 雷达模拟器；

（4）南加州公司的发烟装置；

（5）龙伯透镜；

（6）Herley 公司的雷达应答机；

（7）脱靶量指示器（MDI）；

（8）1 台视觉增强装置；

（9）2 个拖曳系统，携带 2 个独立的空中发射的喷气推进的子靶标。

7. 发射系统

米拉奇 -100/5 靶机由 2 个 JATO 助推器发射，能在全天候条件下发射。

图 8-44 为发射米拉奇 -100/5 靶机。靶机在发射架上见图 8-45。

图 8-44　发射米拉奇 -100/5 靶机　　　图 8-45　米拉奇 -100/5 靶机在发射架上

8. 回收系统

米拉奇 -100/5 靶机可在陆上与海上回收。其回收系统与米拉奇 -100 靶机相仿。可在 1~3 小时内空中盘旋后进行回收。

9. 制造商

意大利米梯尔公司，2002 年更名为伽利略电子设备公司；2008 年由 Finmeccanica 公司接管，组成传感器电子光学集团，称为 Selex Galileo 公司；2013 年 1 月 Selex Galileo、Elsag 和 Selex Sistemi Integrati 三家公司合并，组成目前的 Selex ES 公司。

洛卡斯塔（Locusta）靶机

1. 发展概况

洛卡斯塔靶机是一种微型不可回收的靶机或子靶机。它是意大利赛莱克斯·伽利略公司于 2004 年研发作为防空导弹和防空火炮目标用的微型靶机。该靶机作为子靶机，可由米拉奇 -100/5 靶机携带。它也可作为独立靶机由其他类型主机携带发射。在早期应用中，洛卡斯塔靶机作为子靶机装载在米拉奇靶机机翼下。该靶机可模拟来自地对空导弹和空对空导弹的威胁，它也可以作为诱饵和干扰弹使用。2006 年在 Crete 的 NAMFI 发射场成功通过从米拉奇 -100/5 靶机上发射试验后，该靶机获得德国国防部资格证书，允许作为德国空军爱国者地空导弹武器系统战术试验的反辐射导弹模拟器。洛卡斯塔靶机在意大利和德国空军服役。

2. 总体布局与部位安排

洛卡斯塔靶机机体由卵形头部带圆柱形机身组成，机腹下为发动机进气道。靶机采用鸭式 X 形布局，主要结构材料采用碳纤维。挂于米拉奇 -100/5 机翼下的靶机见图 8-46。

图 8-46　挂于米拉奇 -100/5 机翼下的洛卡斯塔靶机

主要参数

机长	1.8 m
翼展	1.0 m
最大发射质量	20 kg

3．主要技术指标

最大水平速度	760 km/h
最低发射高度	500 m
升限	6 000 m
使用半径	60 km
续航时间	5 min

4．动力装置

洛卡斯塔靶机采用1台微型涡轮喷气发动机。

5．飞行控制系统

靶机飞行剖面大体是自主的，但地面控制台可以通过监视器来监视执行任务的情况，如果靶机继续飞行超出任务安全参数范围，则指控台能发出终止任务命令，并且打开降落伞回收。洛卡斯塔靶机地面控制系统能够作为独立功能装备，也可以与米拉奇 -100/5 控制系统结合，同时控制 12 个靶机，由于靶机发射前采用应用硬件选择器，使得其能同时分享所有信息。

6．任务有效载荷

洛卡斯塔靶机上的有效载荷包括：雷达特征信号增强器（S 波段与 Ku 波段），红外信号增强器。

7．发射系统

靶机可从米拉奇 -100/5 靶机上空中发射，也可从其他军用飞机上发射。

8．回收系统

洛卡斯塔靶机设计为一次性使用，但是它也为飞行中出现需要终止任务的情况，或者为了继续使用装备提供了降落伞回收系统。

9．制造商

意大利赛莱克斯·伽利略公司（Selex Galileo），2013 年重组成目前的 Selex ES 公司。

8.6　挪威

三角 MATS-E（Delta MATS-E）靶机

1．发展概况

三角 MATS-E（Delta MATS-E）靶机为可回收式靶机。它是 1992 年设计的小型靶机。三角靶机已生产并在挪威军方服役。

2．总体布局与部位安排

三角靶机采用简单切尖三角形机翼布局，细小机身上带大后掠角的机翼及垂直尾翼，升降副翼装在机翼后缘。没有配置方向舵和起落架。靶机外形及两视图见图 8-47 和图 8-48。

图 8-47　三角靶机的外形图

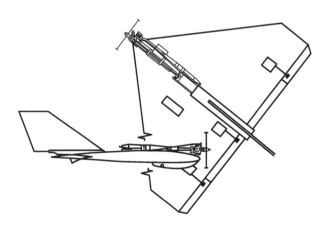

图 8-48　三角靶机的两视图

主要参数

机长	1.55 m
机高	0.45 m
翼展	1.70 m
空载质量	4.5 kg

3．主要技术指标

最大平飞速度	190 km/h
最大巡航速度	165 km/h
失速速度	35 km/h
最大爬升率	11.68 m/s
续航时间（最大巡航速度）	30 min

4．动力装置

三角靶机采用 1 台功率为 1.34 kW 的 10 mL 单缸活塞式发动机。

5．飞行控制系统

三角靶机采用无线电遥控。

6．任务有效载荷

三角靶机带有声学脱靶量指示系统。

7．发射系统

三角靶机采用橡皮筋绳弹射或手掷放飞，见图 8-49。

图 8-49　三角靶机在橡皮筋绳弹射架上准备发射

8. 回收系统

三角靶机采用腹部滑橇着陆。

9. 制造商

CE Stephansen 公司。

海豚（Dolphin）靶机

1. 发展概况

海豚（Dolphin）靶机为可回收式靶机。20 世纪 90 年代初期设计和研制的小型靶机，用作防空武器训练的靶标。海豚靶机现仍在生产并在挪威海军服役。

海豚靶机有以下两种：

MATS-C：基本型（小型空靶系统，MATS）。

MATS-D：尺寸略大，并安装有自动驾驶仪。

2. 总体布局与部位安排

海豚靶机布局采用简单的上单翼，全翼展襟副翼和升降舵。没有配置方向舵和起落架。其外形图及三视图见图 8-50 和图 8-51。

主要参数

机长

MATS-C	1.80 m
MATS-D	2.10 m

机高

MATS-C	0.50 m
MATS-D	0.57 m

翼展

MATS-C	1.80 m
MATS-D	2.00 m

空重

MATS-C	6.0 kg
MATS-D	8.0 kg

最大发射质量

MATS-C	7.2 kg

图 8-50　海豚 MATS-C/D 靶机外形图

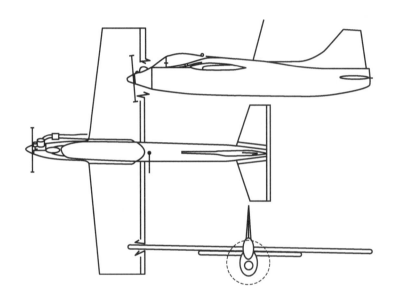

图 8-51　海豚 MATS-C/D 靶机三视图

3. 主要技术指标

最大平飞速度（海平面）

MATS-C	210 km/h
MATS-D	215 km/h

最大巡航速度（75% 功率时）

MATS-C	175 km/h
MATS-D	180 km/h

失速速度

MATS-C	45 km/h
MATS-D	40 km/h

最大爬升率（海平面）

 MATS-C   701 m/min

 MATS-D   762 m/min

续航时间（最大巡航速度）

 MATS-C   40 min

 MATS-D   45 min

4．动力装置

MATS-C 采用 1 台功率为 2.61 kW 的 23 mL 单缸活塞式发动机；MATS-D 采用 1 台功率为 3.06 kW 的 35 mL 单缸活塞式发动机。双叶螺旋桨。

5．飞行控制系统

海豚靶机采用无线电遥控。

6．任务有效载荷

海豚靶机的两种型号均装声学脱靶量指示器（MDI），MATS-D 还装有自动驾驶仪。

7．发射系统

海豚靶机采用手掷式放飞。

8．回收系统

海豚靶机采用伞降回收。

9．制造商

CE Stephansen 公司。

8.7　波兰

SMCP-JU 科马尔（Komar）靶机

1．发展概况

SMCP-JU 科马尔（Komar）靶机为一种可回收式靶机，用于箭 -2M（Strzala-2M）和霹雷（Grom）防空导弹系统以及防空火炮的训练。从 2006 年起，科马尔靶机服役于波兰军队。

一套科马尔靶机系统包含 6 架靶机和 1 辆机动运输车，车上装有发射导轨、载荷和导引舱及目视飞行控制台。

2．总体布局与部位安排

科马尔靶机采用中置的后掠削尖机翼布局；子弹形机身，具有宽弦长的垂直尾翼；无起落架；机体采用全复合材料结构。其外形见图 8-52。

图 8-52　科马尔靶机外形图

主要参数

机长	1.5 m
翼展	2.2 m
最大发射质量	24 kg

3．主要技术指标

最大平飞速度	180 km/h
巡航速度	80 km/h
实用升限	1 000 m
使用半径	3 km
续航时间	1 h

4．动力装置

科马尔靶机采用单缸二冲程活塞式发动机，双叶螺旋桨。

5．飞行控制系统

科马尔靶机采用无线电遥控系统和自动驾驶仪。

6．任务有效载荷

科马尔靶机携带安装在翼尖的红外曳光弹的标准红外发射器，并可选用雷达反射器和光学发射源。

7. 发射系统

科马尔靶机采用弹射发射架发射。

8. 回收系统

科马尔靶机可选择采用降落伞回收。

9. 制造商

波兰空军技术研究所（Instytut Techniczny Wojsk Lotniczych）。

OCPJ-07x 靶机

1. 发展概况

OCPJ-07x 靶机是一种可回收式靶机，也被称为"涡轮科马尔"（Turbo Komar）。它是为防空部队的训练，特别针对自行式地空导弹训练而设计的。2007 年，OCPJ-07x 靶机完成研制。目前，OCPJ-07x 仍在生产和服役。

2. 总体布局与部位安排

OCPJ-07x 靶机为前缘后掠的中单翼布局；机身呈圆锥形；T 字尾翼的水平尾翼安装在垂直尾翼上，两端装有垂直挡板。无起落架。靶机见图 8-53。

图 8-53　滑轨发射器上的 OCPJ-07x 靶机

主要参数

机长	2.25 m
翼展	2.04 m

最大发射质量	21.0 kg
最小雷达散射截面	1.5 m²

3. 主要技术指标

最大巡航速度	360 km/h
最小飞行速度	72 km/h
最大爬升率	20 m/s
使用高度	100~3 000 m
使用半径	20 km
最大续航时间	20 min

4. 动力装置

1 台推力为 160 N 的微型涡喷发动机。

5. 飞行控制系统

自主按预先编制的飞行剖面飞行。

6. 发射系统

在发射架上通过弹射器发射。

7. 回收系统

伞降回收。

8. 制造商

波兰空军技术研究所（Instytut Techniczny Wojsk Lotniczych）。

JET-1 靶机

1. 发展概况

JET-1 靶机是一种可回收靶机，它是波兰空军技术研究所为防空部队训练及火箭射击研制的靶机。该靶机于 2007 年完成研制，已在波兰军队服役。

2014 年 7 月，波兰空军技术研究所又推出了 JET-2 靶机。该靶机飞行速度 500 km/h，飞行高度 1 800 m；最大起飞质量 80 kg。空军技术研究所还准备将进一步提高 JET-2 靶机的性能，使其最大飞行速度 540 km/h，最大作用高度 5 000 m，续航时间 1 h。

2. 总体布局与部位安排

JET-1 靶机机身呈尖拱形圆柱体外形，采用前缘后掠的中单翼布局，T 字尾翼两端装有垂直尾翼，没有轮式着陆系统。

主要参数

机长	2.2 m
翼展	2.8 m
最大起飞质量	39 kg

3. 主要技术指标

最大爬升率	240 m/min
使用高度	200~3 000 m
发射速度	30 m/s
最大平飞速度	360 km/h
使用半径	20 km
最大续航时间	20 min

4. 动力装置

JET-1 靶机采用 1 台 JetCAT160 的涡轮喷气发动机，其推力为 160 N。

5. 飞行控制系统

JET-1 靶机可以自动按照预先装订的飞行剖面飞行，也可以按照地面控制站显示器的飞行数据飞行。

6. 任务有效载荷

JET-1 靶机带有脱靶量指示器、降落伞着陆系统，以及雷达反射体和光学系统。

7. 发射系统

JET-1 靶机采用导轨式的弹射装置发射。

8. 回收系统

JET-1 靶机使用降落伞回收。

9. 制造商

波兰空军技术研究所（Instytut Techniczny Wojsk Lotniczych）。

SMCP-WU 大黄蜂（Szerszen/Hornet）靶机

1. 发展概况

SMCP-WU 大黄蜂（Szerszen/Hornet）靶机是一种可回收靶机，它是为箭 -2M（Strzala-2M）、霹雷（Grom）便携式防空导弹系统以及防空火炮部队的训练而研发。已于 2006 年在波兰军队服役。此后，波兰空军技术研究所还在继续对该靶机进行升级改进。

2. 总体布局与部位安排

大黄蜂靶机为带后掠形的中单翼及翼端带挡板的配置，子弹形机身。没有着陆装置。机体为复合结构。其外形图见图 8-54。

图 8-54　大黄蜂靶机外形图

主要参数

机长	1.73 m
翼展	3.20 m
最大起飞质量	35 kg

3. 主要技术指标

使用高度	1 000 m
最大平飞速度	180 km/h
巡航速度	70 km/h

使用半径	20 km
续航时间	2 h

4. 动力装置

大黄蜂靶机采用双缸二冲程双叶螺旋桨发动机。

5. 飞行控制系统

大黄蜂靶机采用无线电遥控系统和自动驾驶仪控制飞行。

6. 任务有效载荷

大黄蜂靶机标准的载荷是 1 个套筒式拖靶（拖绳长 100 m）；1 个脱靶量指示器；1 个雷达反射器（RCS 3 m^2）；1 个光学成像源。

8. 发射系统

大黄蜂靶机采用弹射发射架发射。

9. 回收系统

大黄蜂靶机使用降落伞回收。

10. 制造商

波兰空军技术研究所（Instytut Techniczny Wojsk Lotniczych）。

8.8　罗马尼亚

ATS 01-01 靶机

1. 发展概况

ATS 01-01 靶机是一种可回收式靶机。由 Straero 公司研制。ATS 01-01 靶机于 1995 年首次披露，目前仍在罗马尼亚军队服役。

2. 总体布局与部位安排

ATS 01-01 靶机采用全玻璃纤维增强塑料的中单翼布局。弹形机身，具有锥形和细长的后尾梁，常规尾翼，固定式后三点起落架。ATS 01-01 靶机如图 8-55 所示。

图 8-55　ATS 01-01 靶机

主要参数

机长　　　　　　　　　　2.20 m

机高　　　　　　　　　　0.70 m

翼展　　　　　　　　　　4.00 m

质量

空载质量　　　　　　　27.5 kg

最大起飞质量　　　　　40.0 kg

标准燃油质量　　　　　3.5 kg

最大任务载荷质量　　　9.0 kg

3. 主要技术指标

最大平飞速度　　　　　　140 km/h

巡航速度　　　　　　　　125 km/h

巡逻速度　　　　　　　　60 km/h

最大爬升率（海平面）　　6.67 m/s

实用升限　　　　　　　　2 000 m

起飞滑跑距离　　　　　　35 m

使用半径

视距控制距离　　　　　5 km

无线控制距离　　　　　50 km

续航时间（标准燃油）　　1 h 30 min

4．动力装置

ATS 01-01 靶机采用 1 台单缸活塞式发动机，双叶螺旋桨。

5．飞行控制系统

ATS 01-01 靶机采用无线电指令和制导；控制律可选择。

6．任务有效载荷

ATS 01-01 靶机可装侦察用照相机。

7．发射系统

ATS 01-01 靶机采用常规轮式起飞（标准）；弹射架弹射（任选）。

8．回收系统

ATS 01-01 靶机采用常规轮式着陆（标准）；降落伞回收（任选）。

9．制造商

Straero 公司。

ATT-01 靶机

1．发展概况

ATT-01 靶机是一种可回收靶机，由罗马尼亚 Electromecanica Ploiesti（Elmec）公司（现在是罗马尼亚国营公司（ROMARM））研发。该靶机可用于空空射击和红外 / 雷达制导导弹训练和发射试验。ATT-01 靶机仍在生产，并在罗马尼亚陆军服役。

2．总体布局与部位安排

ATT-01 靶机采用高置长方形机翼及细长机身，常规配置的削尖尾翼，以及固定式的后置三点起落架。其外形见图 8-56。

主要参数

机长	2.20 m
机高	0.70 m
翼展	3.2 m

质量

    最大起飞质量   20 kg

    最大任务载荷质量   5 kg

图 8-56　ATT-01 遥控靶机

3. 主要技术指标

最大平飞速度   120 km/h

巡航速度   100 km/h

起飞滑跑距离   30~50 m

着陆距离   50 m

实用升限   1 000 m

使用半径

    无线电遥控   10 km

    视距控制   2 km

续航时间   30 min

机动过载 $+2.8\,g$

4. 动力装置

ATT-01 靶机采用一台 3.2 kW 的单缸活塞式发动机，双叶螺旋桨。

5. 飞行控制系统

ATT-01 靶机视线内采用无线电指令控制。

6. 任务有效载荷

ATT-01 靶机配有视觉与红外信号增强器。

7. 发射系统

ATT-01 靶机采用常规的后三点轮式起飞。

8. 回收系统

ATT-01 靶机采用常规的轮式着陆系统。

9. 制造商

罗马尼亚 Electromecanica Ploiesti（Elmec）公司。

RT-3 靶弹

1. 发展概况

RT-3 靶弹是罗马尼亚 Electromecanica Ploiesti（Elmec）公司研制的弹道式靶弹，是作为小型靶场内对空中来袭的红外制导导弹拦击试验用的模拟目标靶弹而研发。该靶弹目前仍在生产，并在罗亚尼亚军队服役。

2. 总体布局与部位安排

RT-3 靶弹气动外形为圆柱形弹身、圆锥形头锥以及四个 X 形配置的尾翼，其外形如图 8-57 所示。

主要参数

弹长	2.35 m
机身直径	0.14 m
翼展	0.40 m
质量	
最大发射质量	43.0 kg
最大任务载荷质量	6.0 kg

3. 主要技术指标

最大使用速度	1 800 km/h
巡航速度	720 km/h
实用升限	4 500~7 000 m
射程	10 km

图 8-57　RT-3 靶弹外形图

4. 动力装置

RT-3 靶弹采用一台火箭发动机。

5. 飞行控制系统

RT-3 靶弹可根据弹道调节。

6. 任务有效载荷

RT-3 靶弹配有红外和可视曳光管。

7. 发射系统

RT-3 靶弹采用火箭发射。

8. 回收系统

RT-3 靶弹不可回收。

9. 制造商

罗马尼亚 Electromecanica Ploiesti（Elmec）公司。

RT-11D 靶弹

1. 发展概况

RT-11D 靶弹是罗马尼亚 Electromecanica Ploiesti（Elmec）公司研制的一种弹道式靶弹，是作为小型试验场内拦截雷达制导地对空导弹训练和发射试验的目标靶弹而研发的。

2. 总体布局与部位安排

RT-11D 靶弹气动外形为圆锥头锥、圆柱形弹身，弹身后部装有固定的十字型条形翼。带四个稳定尾翼的助推器串联于弹身后部。其外形如图 8-58 所示。

主要参数

弹长	11.49 m
弹身宽度	0.65 m
最大发射质量	2 200 kg

图 8-58　带可抛掉助推器的 RT-11D 靶弹

3．主要技术指标

巡航速度	1 800 km/h
使用高度	5 550 m
使用射程	20 km

4．动力装置

RT-11D 靶弹采用火箭发动机。

5．飞行控制系统

RT-11D 靶弹根据弹道调节。

6．任务有效载荷

RT-11D 靶弹没有配置有效载荷。

7．发射系统

RT-11D 靶弹采用火箭发射。

8．回收系统

RT-11D 靶弹不能重复使用。

9．制造商

罗马尼亚 Electromecanica Ploiesti（Elmec）公司。

8.9　塞尔维亚

PRM-200 靶机

1．发展概况

PRM-200 靶机是一种不可回收式靶机。该靶机由塞尔维亚的克鲁西克公司（Krusik）研发，是雷达制导或红外寻的空空导弹、中程地空导弹和雷达瞄准的高射火炮的打靶训练用靶机。1990 年在英国范堡罗航展上首次公开展出。该型靶机在塞尔维亚武装部队服役。

2．总体布局与部位安排

PRM-200 靶机为带半球形头罩圆柱形机身，4 个短翼的 X 形布局，其每个机翼均带有升降副翼。图 8-59 为吊挂于 G4 喷气教练机机翼下的 PRM-200 靶机。图 8-60 给出了 PRM-200 靶机的外形图。

图 8-59　装在 G4 喷气教练机机翼下的 PRM-200 靶机

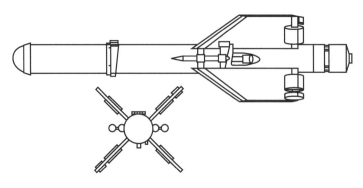

图 8-60　PRM-200 靶机外形图

主要参数

机长

含助推器	2.50 m
不含助推器	2.24 m

翼展	0.80 m
机身直径	0.20 m
最大发射质量	90 kg

3．主要技术指标

最大平飞速度	240 m/s
使用高度	300~7 000 m

使用距离

在 300 m 高度发射	21.5~22.5 km
在 7 000 m 高度发射	46~50 km

4．动力装置

PRM-200 靶机采用小型固体推进剂的火箭助推器（燃烧时间 0.9 s）；随后固体主火箭发动机点燃并燃烧 1 min 40 s。

5．飞行控制系统

PRM-200 靶机采用独立的可编程制导系统，该系统由自动驾驶仪、气压高度表和 2 个自由陀螺等组成。制导指令在将其安装在发射轨道上之前编程写入控制单元。能够输入 2 个预编程俯仰角（上至 ±30°）或转向角（上至 ±33°）。

6．任务有效载荷

PRM-200 靶机携带 2 个光学传感器和 2 个工作时间为 35 s 的红外或烟雾曳光器，用于增强目视和红外特征；雷达特征信号由具有 140° 视场角的龙伯透镜提供。雷达散射截面可在 0.58~6.53 m^2 内变化。

7．发射系统

PRM-200 靶机从教练机或类似飞机的翼下导轨上进行空中发射，发射飞机的速度在 0.5~0.8 Ma。

8．回收系统

PRM-200 靶机不可回收。如果靶机在打靶期间不损坏，程序控制单元将启动自毁机构。

9．制造商

塞尔维亚克鲁西克（Krusik）公司。

M-2M 靶机

1．发展概况

M-2M 靶机是一种可回收式靶机，为 20 mm 口径轻型防空高炮培训用靶机。仍在塞尔维亚武器部队服役。

M-2M 靶机的机翼可以拆卸，整个靶机机身可以装在 2.54 m × 0.54 m × 0.51 m 的箱中运输；另一箱子装载无线电控制装置、备件、工具和附件等。

2．总体布局与部位安排

M-2M 靶机是带小上反角的上单翼机、常规尾翼、后三点起落架，且具有带圆角的矩形截面机身外形的靶机。其外形图见图 8-61。

图 8-61　M-2M 小型防空武器用靶机

主要参数

机长	1.65 m
翼展	2.45 m
最大发射质量	约 5 kg

3．主要技术指标

最大平飞速度	约 108 km/h
最大爬升角度	约 20º
最大俯冲角度	50º
最大升限	500 m
起飞滑跑距离	约 30 m
续航时间	1 h

4．动力装置

M-2M 靶机采用一台 Aero 1000MR-G 单缸活塞式发动机。双叶螺旋桨。

5．飞行控制系统

M-2M 靶机采用 Varioprop 12 型无线电控制系统。

6．任务有效载荷

M-2M 靶机可以拖曳 1 个小型袋式拖靶。

7．发射系统

M-2M 靶机采用常规轮式起飞；可以在直径为 200 m 的圆形区域内起飞，最小起飞区域为直径 100 m 的圆形区域，并且起飞区域内风速不能超过 18 km/h。

8．回收系统

M-2M 靶机采用常规轮式着陆。

9．制造商

塞尔维亚联邦供应和采购理事会（Federal Directorate of Supply and Procurement（SDPR））。

8.10　斯洛文尼亚

RVM01 靶机

1．发展概况

RVM01 靶机为一种可回收式靶机。自 2005 年开始生产和服役。该靶机在斯洛文尼亚部队服役。

2．总体布局与部位安排

RVM01 靶机的机翼和水平尾翼采用高置带后掠的机翼、尾翼。其外形见图 8-62。

图 8-62　RVM01 靶机

主要参数

机长	1.90 m
翼展	2.30 m
最大发射质量	13.5 kg

3．主要技术指标

最大平飞速度	200 km/h
使用半径	
视距内（LOS）	1 km
装有视觉跟踪装置	4 km

4．动力装置

RVM01 靶机采用一台功率为 4.9 kW 的单缸活塞式发动机；双叶螺旋桨。

5．飞行控制系统

RVM01 靶机采用无线电控制，并带有目视跟踪装置。

6．任务有效载荷

RVM01 靶机携带 4 枚红外照明弹。

7．制造商

斯洛文尼亚航空技术有限公司（Aviotech Ltd.）。

8.11　西班牙

阿尔巴（ALBA）靶机

1. 发展概况

阿尔巴（ALBA）靶机是国家宇航技术研究所（INTA）为满足防空系统操作使用而专门设计、由远程遥控系统公司制造的轻型可回收式靶机，常用作重炮和导弹的目标靶。阿尔巴靶机于 1996 年 10 月首次成功进行了西北风（Mistral）导弹的实弹射击试验。从 1999 年起，阿尔巴靶机一直作为西班牙陆军防空系统的训练靶机，目前仍在服役。据报道，大约已经生产了 450 套阿尔巴靶机。

2. 总体布局与部位安排

阿尔巴靶机采用简单的上单翼布局，带 V 形尾翼（角度呈 110°）；无配置起落架。采用模块化构型（机身，尾翼和机翼），以碳纤维为增强体的玻璃纤维增强复合材料（GFRP）结构。阿尔巴靶机及其三视图见图 8-63 和图 8-64。

主要参数

机长	1.80 m
翼展	2.23 m
空载质量	12 kg
最大起飞质量	25 kg
最大任务载荷质量	3 kg

图 8-63　阿尔巴靶机

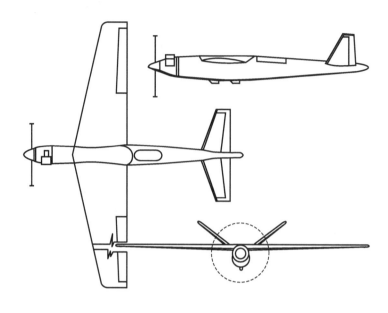

图 8-64　阿尔巴靶机三视图

3．主要技术指标

最大巡航速度　　　　　　　230 km/h
使用半径
　视距控制　　　　　　　　5 km
续航时间　　　　　　　　　60 min

4．动力装置

阿尔巴靶机采用 1 台 75 mL 的 Quadra-Aerrow 国际公司的单缸二冲程发动机（在转速为 7 500 r/min 时功率为 6.0 kW）；双叶螺旋桨。

5．飞行控制系统

阿尔巴靶机与 Scrabl 靶机一样，配备自动驾驶仪和 GPS 导航两个独立的导航系统。自动驾驶仪模式下，当视线出现阻挡，则通过高度与舵向稳定系统保持飞行。一套地面控制站能同时控制 4 套以上靶机，地面站数据链路作用距离可大于 70 km。

6．任务有效载荷

任务有效载荷包括：每个机翼下有 2 个发烟筒，龙伯透镜，脱靶量指示器（MDI），以及用于额外任务载荷或设备的小型内部托架，每个翼尖上有 3 枚红外曳光弹。

7. 发射系统

阿尔巴靶机从弹性可折叠的倾斜发射装置（展开时长 6 m）上发射，由轻型卡车运输。拆装周期大约为 15 min。滑轨上的阿尔巴靶机见图 8-65。

图 8-65　滑轨上的阿尔巴靶机

8. 回收系统

阿尔巴靶机由十字形降落伞回收。

9. 制造商

国家宇航技术研究所（INTA）设计，远程摇控系统公司（SCR）制造。

戴安娜（Diana）靶机

1. 发展概况

戴安娜（Diana）靶机是一种高速可回收掠海飞行的靶机。它是国家宇航技术研究所（INTA）于 2005 年根据戴安娜（Diana）计划研制的，远程遥控系统公司生产的。2006 年 6 月在巴黎举行的欧洲防务展中首次展出。2007 年 1 月，INTA 利用 1 架 1/2 缩比尺寸的验证机进行了飞行试验，2011 年 9 月首架全尺寸靶机进行试验。2014 年 2 月 17 日，INTA 与巴西签署协议，同意转让戴安娜技术，使巴西能够在南美国家生产和出口戴安娜靶机。该靶机具有高机动性，可进行机动规避和掠海飞行。

2. 总体布局与部位安排

戴安娜靶机采用圆柱形机体上装有卵形头部和尾部，2个短翼展机翼安装于机体中部，4个尾翼呈 X 形布局，上面的 2 个尾翼较小，下面 2 个尾翼较大，装控制面。机身中部有1 个悬挂式发动机吊舱。无起落装置。主要材料为碳纤维和环氧树脂结构。靶机见图 8-66。

图 8-66　戴安娜靶机

主要参数

机长	3.47 m
机高	0.68 m
机身最大高度（除去翼尖载荷舱）	0.36 m
翼展	1.84 m
尾翼翼展	0.97 m
空载质量	90 kg
最大起飞质量	160 kg
燃油质量	46 kg
最大任务载荷质量	20 kg

3. 主要技术指标

最大平飞速度	719 km/h
最大飞行距离（无线电控制）	100 km
实用升限	8 000 m
海拔高度	10 m
使用半径	88 km
使用过载	+6 / −3 g
续航时间	1 h

4．飞行控制系统

靶机能够按预装订程序或者无线电遥控飞行。

5．动力装置

戴安娜靶机采用 1 台 0.98 kN 涡轮喷气式发动机，安装在位于机身中部的悬挂式吊舱内。

6．任务有效载荷

戴安娜靶机可装载多种任务载荷，其中包括：内部装有龙伯透镜、脱靶量指示器，外部装有红外曳光管、拖曳靶。机身前部的内部载荷重 10 kg，机身后部的载荷重 15 kg，外部载荷固定于机翼下或翼尖支架。

7．发射系统

戴安娜靶机依靠充气发射架或助推器发射。

8．回收系统

戴安娜靶机通过收藏在机身尾部任务载荷舱内的降落伞回收。

9．制造商

国家宇航技术研究所（INTA）研制，远程遥控系统公司（SCR）生产。

Scrab I 靶机

1．发展概况

Scrab I 靶机为可回收式靶机，是专为导弹武器评估和验收试验以及高射炮防空训练而设计的低成本靶机。2000 年开始研制。2001 年 5 月 30 日，Scrab I 靶机在西班牙南部的 CEDEA 靶场第一次向西班牙国防部进行展示。目前，Scrab I 在西班牙陆军和海军服役。

Scrab I 靶机系统由 5 架飞行器、1 个便携式地面控制站、1 个便携式倾斜发射装置和备用部件等组成。

2．总体布局与部位安排

Scrab I 靶机采用圆柱形机身，中置翼布局；外翼后掠；中部矩形机翼段延伸到机身尾部，并支撑六边形的尾部端板。背置式发动机。无起落架。靶机见图 8-67。

图 8-67　Scrab I 靶机

主要参数

机长	1.95 m
翼展	1.62 m
发射质量	32 kg
最大任务载荷质量	6 kg

3.　主要技术指标

巡航速度	359 km/h
使用半径	
视距	1.0 km
超视距	80 km
续航时间	45 min

4.　动力装置

Scrab I 靶机采用 1 台推力为 0.16 kN 的涡轮喷气式发动机。

5.　飞行控制系统

Scrab I 靶机可以选择两种使用模式：在视距内（LOS）通过遥控进行手动操作，或超视距时（BLOS）根据预先编制的导航点利用自动驾驶仪和全球定位系统（GPS）导航进行自主控制。

6. 任务有效载荷

Scrab I 靶机任务有效载荷，包括 4 个红外曳光管或拉烟管、龙伯透镜、角反射器、激光反射条和脱靶量指示器（MDI），以及低高度飞行所需的高度表。

7. 发射系统

Scrab I 靶机由弹射器发射，见图 8-68。

图 8-68　Scrab I 靶机在弹射器上

8. 回收系统

Scrab I 靶机可由降落伞回收。

9. 制造商

远程遥控系统公司（SCR）。

Scrab II 靶机

1. 发展概况

Scrab II 靶机为采用喷气动力的可回收式靶机。该靶机是 Scrab I 的加强型，动力改用双发动机，拥有更大的尺寸和适应双发动机的气动布局，其设计能够携带更多的任务载荷，拥有更快的飞行速度和更好的自主性。2004 年 6 月，第 1 架原型机进行了首飞。2005 年，Scrab II 开始生产，现在服役于西班牙陆军和海军。2005 年，第 1 套系统（3 架飞行靶机，1 个发射架和 1 个地面控制站）交付西班牙国防部的国家宇航技术研究所（INTA）；第 2 套于 2007 年 3 月交付。西班牙海军订购了 1 套由 4 架飞行靶机组成的系统，该系统于 2007 年交付。西班牙空军在"White Eagle 2013"用 Scrab II 靶机作为 S-300 PMU-1 防空导弹目标进行射击训练。

2. 总体布局与部位安排

Scrab II 靶机除了安装双喷气式发动机外，其他基本和 Scrab I 靶机一样，见图 8-69。

图 8-69　Scrab II 靶机

主要参数

机长	2.94 m
翼展	2.52 m
空载质量	31 kg
最大发射质量	90 kg
最大任务载荷质量	10 kg

3. 主要技术指标

巡航速度	432 km/h
航程	100 km
续航时间	50 min（最大速度）

4. 动力装置

Scrab II 靶机采用 2 台推力为 0.22 kN 的 AMT 涡轮喷气发动机。

5.　飞行控制系统

Scrab II 靶机与 Scrab I 靶机一样，拥有自动驾驶仪和全球定位系统（GPS）导航，可自主飞行。操作手用简单的控制站能同时控制四架以上的空中靶机。

6.　任务有效载荷

Scrab II 靶机可携带的任务载荷，包括 8 个烟雾发生器、8 个红外曳光器、龙伯透镜、角反射器和雷达脱靶量指示器（MDI）系统，以及低高度飞行所需的高度表。

7.　发射系统

Scrab II 靶机采用倾斜导轨弹射发射，见图 8-70。

图 8-70　Scrab II 靶机在发射架上

8.　回收系统

Scrab II 靶机采用降落伞回收。

9.　制造商

远程遥控系统公司（SCR）。

8.12　瑞典

里派（Ripan）靶机

1．发展概况

里派（Ripan）靶机是一款微小型可回收式靶机。该型靶机由瑞典挪拉伯尔（Norabel AB）公司研制生产。1986 年制成样机。

2．总体布局与部位安排

里派靶机采用上单翼布局，普通水平尾翼。它们均采用层压胶合板作蒙皮充填膨化聚苯乙烯塑料制成。副翼和尾翼表面使用 balsa 轻木。机身用胶合板、balsa 轻木和膨化降苯乙烯等材料制作，其生产型则全部采用聚苯乙烯。无起落架。里派高射机枪动力靶的三视图见图 8-71。

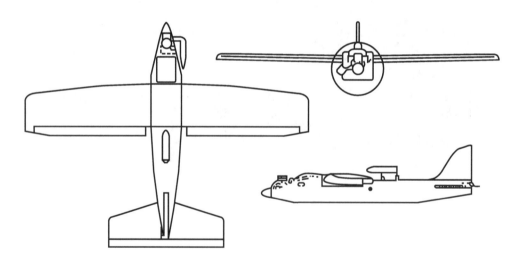

图 8-71　里派靶机三视图

主要参数

机长	1.40 m
翼展	1.77 m
机高	0.15 m
有效载荷质量	1.5 kg
最大发射质量	4 kg

3. 主要技术指标

最大平飞速度	200 km/h
失速速度	40 km/h
飞行距离	1 km
续航时间	10~15 min

4. 动力装置

里派靶机采用一台 1.9 kW 15 ml Super Tigre 活塞型发动机，由它驱动双桨叶推进器。载油量为 0.45 L。

5. 飞行控制系统

里派靶机采用无线电指令制导系统，由方向舵和整片升降舵实施气动控制。

6. 任务有效载荷

机上备有三件装中靶指示系统，其中包括装在背部的声传感器（受音器）、中靶记录器和指示器。受音器预先调定到 7.62 mm 和 5.52 mm 弹丸飞行声音，具有预选的半径为 2~12 m 的 6 个敏感等级，表示不同命中区。弹丸飞越的声音强度按受音器分等，而后由记录器录下经过电子处理的信号。在机身中央设有声传感器的计算机，积累记录不同的命中数目（多达 15 个），便产生"击毁"信号，通过指示器，激发烟火筒产生强烈闪光，在 1 km 外便可看到目标（靶机）"被击毁"情况。中靶记录器由 8.4 V 镍镉电池供电。指示器是内装 10 支烟火筒的可更换储存盒。

7. 发射系统

里派靶机采用手持发射。

8. 回收系统

里派靶机采用机腹擦地回收。

9. 制造商

瑞典挪拉伯尔（Norabel AB）公司。

PM8 拖靶

1. 发展概况

PM8 拖靶是一种小型拖曳式靶机。作为一种小型标枪式拖靶，其布局与梅吉特公司生产的同类靶机类似。该拖靶在瑞典军方服役。

2. 总体布局与部位安排

PM8 拖靶主机身采用酚醛材料，能够在侧面提供良好的雷达反射。头部和尾部整流罩采用 ABS 塑料；尾翼由铝合金制成。拖链连接在拖靶的重心上。图 8-72 为 PM8 拖靶外形图。

图 8-72　PM8 拖靶外形图

主要参数

机长	2.08 m
机身直径	0.225 m
尾翼翼展	0.595 m
总质量	28 kg

3. 主要技术指标

最大拖曳速度　　　　　　　　741 km/h

4. 任务有效载荷

PM8 拖靶装备有 2 个内部圆形雷达信号反射器和 1 个大的前向反射器。用户选装设备包括 1 个内置的雷达脱靶量指示器（MDI）、激光棱镜或激光波束反射胶带，以及用于掠海操作的高度设备。

5．发射与回收系统

与布洛 BTW832 卷轴机兼容，见图 8-73。

图 8-73　布洛 BTW 832 拖靶卷轴机

6．制造商

布洛空中靶机系统公司（Bülow Air Target System AB）。

袖套式（Sleeve）拖靶

1．发展概况

袖套式拖靶为拖曳式靶机，包括拖靶在内的恒压装置型靶机、红外靶机、具有高度报告功能的靶机以及掠海飞行的直升机袖套式拖靶。

该型拖靶由布洛空中靶机系统公司（Bülow Air Target System AB）研制生产。自 1947 年开始生产，产量已经超过了 20 000 架。主要用户国包括：阿根廷、奥地利、比利时、智利、丹麦、芬兰、法国、德国、意大利、荷兰、挪威、新加坡、瑞典、瑞士、英国、美国、苏联和南斯拉夫。

袖套式拖靶有如下改型。

（1）HRL 110

该型号为大型的袖套式拖靶，旨在模拟对机动的鱼雷艇实施快速攻击的目标，也同样适用于海岸火炮和防空火炮的射击训练。用户选用设备包括内置的脱靶量指示器（MDI）、红外辐射仪和高度表。

（2）IR-65-85-600

该型号旨在模仿 1 个正在接近的导弹上散发的红外辐射，软性袖套与雷达角反射器合并在一起；坚固的头部装备有激光棱镜，脱靶量指示器（MDI）发射器支架。图 8-74 所示为 IR 型拖靶的头部。

图 8-74　IR 型靶机的头部构造

（3）KRN 27-45-450

该型号为套筒式雷达拖靶。外部和底部采用网布结构；通过套筒前部的铜制网状圆锥体来增大雷达反射截面。图 8-75 所示为该类型的外形图。

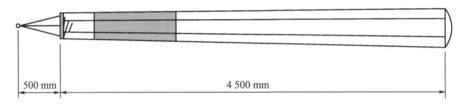

500 mm

4 500 mm

图 8-75　KRN 27-45-450 外形图

（4）KRN 27-60-1000

该型号外形与 KRN27-45-450 类似。其外形如图 8-76 所示。

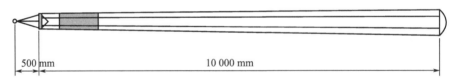

500 mm

10 000 mm

图 8-76　KRN 27-60-1000 外形图

（5）KRZ 27-45-450

该型号属于雷达袖套式拖靶，通过表层部分的雷达反射网来驱动近炸引信火工品。相关尺寸如图 8-77 所示。

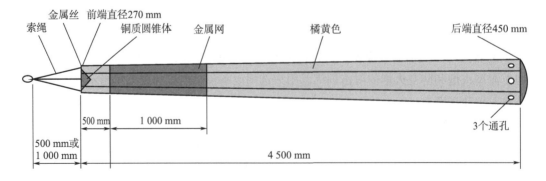

金属丝　前端直径270 mm

索绳　　　铜质圆锥体　　金属网　　　橘黄色　　　后端直径450 mm

500 mm

1 000 mm

3个通孔

500 mm或
1 000 mm

4 500 mm

图 8-77　KRZ 27-45-450 外形图

袖套式拖靶有高速模式和低速模式两种，速度变化范围为 100~350 节。该拖靶可用于地对空、空对空打击试验。适用于袖套前段安装有脱靶量指示器（MDI）的靶标。具有较小雷达散射截面和较好的生存性。

主要参数

长度	4 500 mm
前段直径	270 mm
末端直径	450 mm
拖曳索长度	500 或 1 000 mm
出风口直径	60 mm（3 个）
布条	2 个
质量	2.7 kg

（6）KRZ 34-60-550

该型号外形与 KRZ 27-45-450 类似。相关尺寸如图 8-78 所示。

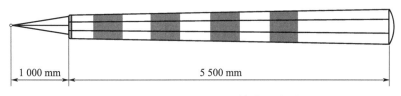

图 8-78　KRZ 34-60-550 简略尺寸图

（7）KRZ 51-95-800

该型号外形与 KRZ 27-45-450 类似，也可以作为导弹的靶机。相关尺寸如图 8-79 所示。

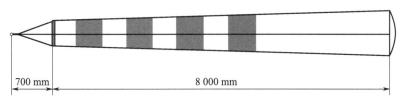

图 8-79　KRZ 51-95-800 简略尺寸图

（8）L 29-45-450

该型号属于激光和雷达反射型袖套式拖靶。玻璃纤维的头部整流罩内安装有激光和雷达反射棱镜（径向反射 0°~360°，轴向反射 0°~270°）。受热面积为 0.1 m²；波段为 8~12 μm。衰减的激光探测范围约为 16 km。其外形如图 8-80 所示。

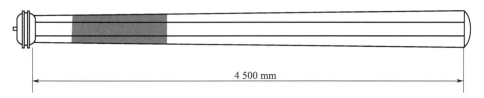

图 8-80　L 29-45-450 外形图

（9）NCP 46-66-600

该型号适用于导弹的高速靶机。通过表层部分的雷达反射网来触发引信弹药。玻璃纤维的头部整流罩内安装有定压调节器，即使多次被击中依然能够保持袖套的外形和稳定。可以选择前方指向的角反射器和激光反射器。

（10）NCP 42-95-800

该型号外形与 NCP46-66-600 类似。

（11）NCP 46-72-800

该型号外形与 NCP46-66-600 类似。

（12）NCP 34-74-1000

该型号外形与 NCP46-66-600 类似。

（13）NCP 46-80-1000

该型号外形与 NCP46-66-600 类似。

（14）NKRZ 34-52-450

该型号属于雷达袖套式拖靶。雷达反射网用于驱动近炸引信的弹药；在头部整流罩中的角反射器用于增强反射。

2. 总体布局与部位安排

袖套式拖靶大部分呈近似锥形形状。在织布外部用 PVC 进行加工，由环形的半球形末端与两个纵向橘色的布条构成。拖靶前段用钢缆来固定 6 条牵索。铜质圆锥体固定在拖靶前段，在袖套中安装有金属网。通过袖套尾端的三个出风口实现靶标飞行过程中的稳定性。针对每个客户的需求，所有的袖套式拖靶都可以按需制造。名称中的数字表示头部直径、尾部直径以及袖套长度，均以 mm 为单位。拖链连接在袖套的尾部。

主要参数

技术数据仅为袖套尺寸，不包括机头和尾锥，如表 8-3 所示。

表 8-3　袖套式拖靶主要参数

型号	前部直径（cm）	后部直径（cm）	袖套长（cm）	质量（kg）
HRL 110	110	140	940	140.0
IR-65-85-600	65	85	599	30.0
KRN 27-45-450	27	45	450	2.7
KRN 27-60-1000	27	60	1 001	7.2
KRZ 27-45-450	27	45	450	2.7
KRZ 34-60-550	34	60	551	5.5
KRZ 51-95-800	51	95	800	10.0
L 29-45-450	29	45	450	4.2

续表

型号	前部直径（cm）	后部直径（cm）	袖套长（cm）	质量（kg）
NCP 46-66-600	46	66	600	20.0
NCP 42-95-800	42	95	800	13.0
NCP 46-72-800	46	72	800	22.0
NCP 34-74-1000	34	74	1 000	12.0
NCP 46-80-1000	46	80	1 000	24.0
NKRZ 34-52-450	34	52	450	4.2

3．主要技术指标

表 8-4　袖套式拖靶主要技术指标

型号	拖曳速度（km/h）	型号	拖曳速度（km/h）
HRL 110	185	L29-45-450	648
IR-65-85-600	333	NCP 46-66-600	833
KRN 27-45-450	648	NCP 42-95-800	741
KRN 27-60-1000	370	NCP 46-72-800	833
KRZ 27-45-450	648	NCP 34-74-1000	741
KRZ 34-60-550	370	NCP 46-80-1000	833
KRZ 51-95-800	370	NKRZ 34-52-450	648

4．任务有效载荷

所有的袖套式拖靶都可以与脱靶量指示器设备相匹配，包括布洛空中靶机系统公司的 BTS900 评估系统。

5．发射与回收系统

所有的袖套式拖靶和脱靶量指示器都可以自主发射，并与布洛 BTW 832 拖靶卷轴机对接。

6．制造商

布洛空中靶机系统公司（Bülow Air Target System AB）。

SM3B 拖靶

1. 发展概况

SM3B 拖靶为红外拖曳式靶机。它与 MQM-107B 靶机兼容，可以在 MQM-107B 靶机的翼尖或翼下挂架上携带多达 4 个。

该型靶机由瑞典国防物资管理局（Enator Miltesl AB）研制生产。据报道，SM3B 靶机正在生产和服役。

2. 总体布局与部位安排

SM3B 拖靶子弹外形的舱体由两部分组成，较小的尾部有 4 个后掠机翼 / 舵。其外形见图 8-81。

图 8-81　SM3B 拖靶外形图

主要参数

机长	0.36 m
最大机身直径	0.15 m
最大拖链长度	50.00 m
基本质量	5 kg

3. 飞行控制系统

由靶机拖着头部。在任务结束时，由遥控指令控制切断拖链。

4．任务有效载荷

尾部携带有 2~4 颗红外曳光弹，1 个 13.3 cm 雷达反射体。

5．发射系统

遥控信号通过烟火装置释放拖靶，同时点燃曳光弹及激活单向惯性卷轴机。

6．回收系统

装有机翼的尾部可回收。正在开发双向卷机，使得该部分在 1 个任务结束之后能够卷绕回可分离舱中。

7．制造商

瑞典国防物资管理局（Enator Miltesl AB）。

SM6 拖靶

1．发展概况

SM6 拖靶是一种红外拖曳式靶机，是一种低成本靶机，主要用于红外制导导弹的训练。

该型拖靶由瑞典国防物资管理局（Enator Miltesl AB）研制生产。20 世纪 80 年代末开始设计，现已发展成为拥有 7 种型号的系列。目前，SM6 正在生产和服役。

（1）SM6B

该型号为基本型号。在翼尖部位有 4 颗曳光弹；安装有角反射器或者 13.3 cm 的龙伯透镜。

（2）SM6B／Rb70

该型号是专门为激光制导的地空导弹设计的一种 SM6B 型。

（3）SM6F

该型号与 SM6B 相比增加了 2 颗干扰曳光弹。

（4）SM6R

该型号在翼尖部位有 4 颗曳光弹；2 个 17.8 cm 的龙伯透镜（在头部和尾部）。

（5）SM6F/R

该型号与 SM6R 相比增加了 2 颗干扰曳光弹。

（6）SM61R

该型号经过特殊设计，用燃烧羽毛状烟云来模拟巡航导弹的红外辐射。

（7）SM6L

该型号与 SM6B 相比，机头部分增装了曳光弹。

SM6 拖靶外形图见图 8-82。

图 8-82　SM6 拖靶外形图

2. 总体布局与部位安排

SM6 拖靶机身呈子弹形，4 个后掠尾翼呈 X 形配置。

主要参数

机长	1.800 m
最大机身直径	0.175 m
雷达散射截面（RCS）	约 1.0 m^2
用于附加载荷的空间	8.0 dm^3
基本质量	27 kg

3. 飞行控制系统

SM6 拖靶由有人驾驶飞机或靶机拖曳。指令信号既可以从靶机上发出，也可以由地面控制站发出。目前靶机配备了 6 通道 35 MHz 的 TKM 1 型指令接收机。后继产品使用 400 MHz 的 TKM 3 型指令接收机。

4. 任务有效载荷

上述 7 种型号可以安装红外、光学或雷达信号特征增强设备，并为附加设备，如脱靶量指示器（MDI）、应答机、遥测装置或聚光灯等留有空间。

5. 发射与回收系统

SM6 拖靶与梅吉特防务系统公司的 MRL-25A 卷轴机兼容，而卷轴机又与 MQM-107B 靶机兼容。

6. 制造商

瑞典国防物资管理局（Enator Miltesl AB）。

SM9A 拖靶

1. 发展概况

SM9A 拖靶为拖曳式靶机，可作为多用途拖靶应用于红外或雷达制导导弹的研发和训练。SM9A 拖靶的模块化设计使得它从一种配置变换成另一种配置更简单易行。

SM9A 拖靶由瑞典国防物资管理局（Enator Miltesl AB）研制生产。目前，SM9A 正在生产并在瑞典武器部队服役。

2. 总体布局与部位安排

SM9A 拖靶机身呈圆柱形，头部和尾部整流罩呈半球形；4 个前掠尾翼呈 X 形配置。其外形见图 8-83。

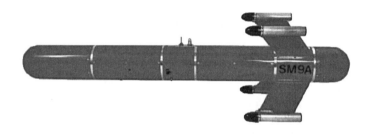

图 8-83   SM9A 拖靶外形图

主要参数

机长	1.97 m
最大机身直径	0.21 m
雷达散射截面（RCS）	
J 波段	约 1.0 m^2
G 波段	约 0.4 m^2
用于附加载荷的空间	12.0 dm^3
基本质量	25 kg
附加载荷质量	10 kg

3. 飞行控制系统

SM9A 拖靶通过 24 通道 400 MHz 的 TKM3 数字指令接收机来控制。指令信号来自靶机，或者来自地面控制站（GCS）。

4. 任务有效载荷

SM9A 拖靶的翼尖位置装有 4~8 颗固定曳光弹。其他配置包括 2 颗外部安装的干扰曳光弹，3 个可覆盖 280° 扇形区域的龙伯透镜，头部整流罩下方安装 2 颗曳光弹，1 个激光波束反射器，或者尾翼后的可抛掉的旗靶，并为附加设备，如脱靶量指示器（MDI）、应答机等预留有安装空间。

5. 发射与回收系统

配有与 MQM-107B 靶机兼容的梅吉特防务系统公司的 MRL-25A 卷轴机。

6. 制造商

瑞典国防物资管理局（Enator Miltesl AB）。

8.13　瑞士

黄玉（Topaz）靶机

1. 发展概况

黄玉（Topaz）靶机是小型靶机 KZD-85 的改进型，是一种用于防空训练的可回收式靶机，它是一种专门为"反飞机训练系统"（Anti-Aircraft Training System，简称 AATS）研制的小型靶机，用于瑞士陆军。黄玉靶机由法纳航空服务瑞士公司（Farner Air Services Swiss S.A）和瑞士联邦飞机工厂（Swiss Federal Aircraft Factory）联合研制生产。机体、发射和地面保障设备由法纳航空服务瑞士公司生产，遥控系统则由两家共同提供。

黄玉靶机系统由飞行平台、发射拖车、地面控制站（GCS）、保障设备和两个机组人员组成。在通常情况下，系统由操作手在 20min 内可准备就绪，且同时操纵两架或多架靶机。黄玉靶机可由跑道、马路或永久性基地发射，可在野外独立工作。靶机分为 A、B 两种型号，仅机体尺寸不同。

2. 总体布局与部位安排

黄玉靶机采用上单翼气动布局，后掠垂尾和方向舵，平直机翼和水平尾翼。盒式机身的构架采用铝合金制造，机翼和尾翼用凯芙拉增强玻璃钢夹芯材料制成。机身下侧粘有泡沫橡胶垫，以减轻着陆时与地面的撞击。无起落架。为便于运输，可拆下机翼和尾翼。其外形见图 8-84。

图 8-84　黄玉靶机外形图

主要参数

	A 型	B 型
机长	2.0 m	2.4 m
机高	0.62 m	0.62 m
翼展	2.50 m	3.50 m
机翼面积	0.875 m^2	—
螺旋桨直径	0.51 m	0.51 m
空载质量	20.9 kg	—
最大发射质量	23 kg	30 kg
燃油量	1.6 kg	—

3. 主要技术指标

	A 型
最大俯冲速度	250 km/h
最大平飞速度	200 km/h
最小飞行速度	80 km/h
最大工作高度	2 500 m
最大控制距离	
视距内	2 km
借助双筒望远镜	4 km
最大续航时间	30 min
机动过载	+7 g

4. 动力装置

黄玉靶机采用一台 100~300 mL 带有电子点火器的二冲程发动机，驱动双叶螺旋桨。燃油容量为 2 L。

5. 任务有效载荷

黄玉靶机生产成本低廉，可以作 5 次反飞机射击训练。在重复使用时，机上装有命中目标指示器，黄玉靶机有源信号发自脱靶量指示器，或者由雷达波束给出无源反射信号。

6. 飞行控制系统

在视距内采用脉冲编码调制（PCM）无线电指令控制转发器（射频输出 1 W），由容量为 1.8 Ah 的可更换电池供电。如果指令线路中断，0.5 s 后发动机自动停机，然后打开降落伞回收。

7. 发射系统

靶机从拖车装载的斜轨（长 6.5 m）上进行弹射，见图 8-85。

图 8-85　发射架上的黄玉靶机

8. 回收系统

靶机用直径为 11 m 的十字形降落伞回收或通过机腹下的橡胶滑橇着陆。

9. 制造商

法纳航空服务瑞士公司和瑞士联邦飞机工厂。

8.14　乌克兰

雨燕 A-11（Swift A-11）靶机

1. 发展概况

雨燕 A-11 靶机是一种由乌克兰科学工业系统有限公司研制的可回收式靶机。该靶机主要用于陆基防空武器，如高射炮和导弹的打靶训练，2008 年开始研制。

雨燕 A-11 靶机用标准的军用越野车或者小型货车运输。

2. 总体布局与部位安排

雨燕 A-11 靶机采用钝形机头设计，圆柱形机身，平直机翼安装在机身后下部，并采用了后掠前翼。脉冲喷气式发动机安装在机背上，中机身下部装有 4 个固定的着陆支撑。其外形见图 8-86。

图 8-86　雨燕 A-11 靶机外形图

主要参数

最大燃油质量	7.5 kg
最大发射质量	30.0 kg
最大任务载荷质量	5.0 kg

3．主要技术指标

最大平飞速度	359 km/h
失速速度	112 km/h
使用高度	100~4 000 m
使用半径	59 km
续航时间	20 min

4．动力装置

雨燕 A-11 靶机采用 1 台功率约 74 N 的脉冲喷气式发动机。

5．任务有效载荷

雨燕 A-11 靶机配备有源或者无源雷达反射装置，热辐射能力为 11 kW。

6．发射系统

雨燕 A-11 靶机由 CGM-6C 滑轨弹射器发射。

7．回收系统

雨燕 A-11 靶机采用常规着陆。

8．制造商

乌克兰科学工业系统有限公司（Scientific & Industrial Systems Ltd.）。

第 9 章 其他洲相关国家防空兵器靶标

9.1 澳大利亚

金迪维克（Jindivik）系列靶机

1. 发展概况

金迪维克（Jindivik）为可回收式中型系列靶机和电子站系统研发用无人机，澳大利亚于 1948 年开始研发。最初是为了满足英国供应部导弹研制中对靶机的需求。金迪维克分为 Mk1、Mk2、Mk2A、Mk2B、Mk3、Mk3A、Mk3B、Mk4A（-700、-800、-900）系列靶机。

该靶机系统由根据任务需求而配置的靶机、可移动式地面控制站、地面支援装备（包括发射车、发动机启动和测试设备）组成。该系列靶机服役于澳大利亚皇家空军 / 武器研究所、澳大利亚皇家海军、英国国防部 / 皇家空军、美国海军及瑞典国防军。从 2004 年 10 月起，澳大利亚、瑞典和美国海军使用的该系列靶机陆续停止服役。

2. 总体布局与部位安排

金迪维克靶机采用中下单翼布局，机身采用模块化设计的单壳式铝制结构，配备三种基本外型：1 型（低空高速型）、2 型（高空长航时型）和 3 型（超高空型）。1 型用于低空飞行，如 Mk4A 靶机设置了 Mk9 翼尖短舱，每个短舱配备有两台摄像机、一台微波反射器和油箱。2 型用于高空飞行，同样配备有以上短舱以及安装在外侧的 1.02 m 长机翼延长板。3 型用于超高空飞行，采用 Mk5 短舱（无油箱），配备有 2.03 m 长的楔形机翼延长板。

金迪维克靶机机翼具有铝合金多梁机翼盒及整体后缘。机身由 3 个可替换模块组成。机头舱配备所有控制设备，飞行控制计算机和遥感测量设备。前机身后段和中机身前段装有飞行任务设备。合成型的进气管道可成为飞行电子设备和飞行任务装备的冲压型进气口。中机身装有主燃油箱和可收回着陆橇。后机身则装有发动机和尾喷管。襟翼为气动式。副翼和升降舵安装有内嵌式齿轮副翼调整片并由双马达伺服机构驱动。垂直尾翼及方向舵为聚氨酯泡沫塑料充填的铝蒙皮结构。中央滑橇在空中由气压作动筒推出，由地面人员通过指令遥控。金迪维克 Mk3A 靶机见图 9-1，金迪维克靶机标准短翼三视图见图 9-2，金迪维克靶机剖视图见图 9-3。

图 9-1　金迪维克 Mk3A 靶机

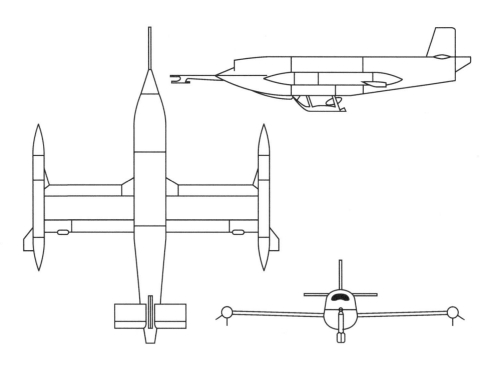

图 9-2　金迪维克靶机标准短翼三视图

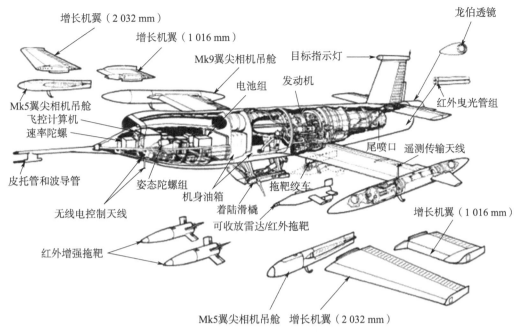

图 9-3　金迪维克靶机剖视图

主要参数

机长

　含机头探棒　　　　　　　　8.08 m

　不含机头探棒　　　　　　　7.11 m

　机高（含着陆橇）　　　　　2.08 m

翼展

　1 型　　　　　　　　　　　6.35 m

　2 型　　　　　　　　　　　7.92 m

　3 型　　　　　　　　　　　9.78 m

翼面积

　1 型　　　　　　　　　　　7.06 m²

　2 型　　　　　　　　　　　9.48 m²

　3 型　　　　　　　　　　　10.68 m²

空载质量　　　　　　　　　　1 315 kg

最大任务载荷质量

　1 型　　　　　　　　　　　249 kg

　2 型和 3 型　　　　　　　　181 kg

最大起飞质量（1 型和 2 型）

　Mk3 靶机　　　　　　　　　1 655 kg

　Mk4 靶机　　　　　　　　　1 905 kg

最大起飞质量（3 型）	1 496 kg

3．主要技术指标

最大平飞速度（1 型）	
Mk3 靶机	981 km/h
Mk4 靶机	1 000 km/h

最小工作高度（1 型）	
Mk3 靶机	15 m
Mk4 靶机	12 m

最大工作高度	
Mk3 靶机	17 375 m
Mk4 靶机	15 850 m

爬升到典型任务高度所需时间	
1 型	11 min
2 型	30 min

起飞距离	1 480 m

最大空中待命续航时间（12 200 m 高度）

1 型	
Mk3 靶机	1 h 35 min
Mk4 靶机	1 h 56 min

2 型	
Mk3 靶机	2 h 5 min
Mk4 靶机	2 h 34 min

4．动力装置

金迪维克 Mk1 靶机采用涡轮喷气发动机；金迪维克 Mk2 靶机采用推力为 8.45 kN 的 Viper ASN.3 发动机；金迪维克 Mk3 靶机及后续靶机配备一台劳斯莱斯 Viper 11 Mk201 或 201C 型涡轮发动机，额定推力为 12.36 kN。在引擎熄火的情况下可实现重新点火功能。油箱为柔性橡胶机身，可容纳 291 L 的燃油，另有两个总容量为 173 L 的整体机翼油箱。针对 Mk4A 型靶机又额外增加了容量为 91 L 的油箱。每个 Mk9 短舱的储油量为 86 L。最后型号的总储油量共计 727 L。

5．飞行控制系统

金迪维克靶机无线电控制设备包含两个超高频接收机和一个辅助控制单元。遥测设备包含澳大利亚航空航天技术公司遥测发射机和数据单元。在自主飞行模式下配备了全球定位系统接收机。Mk4A-900 靶机结合了 PCM 控制系统的数字遥控和遥测链路技术。澳大利亚航空航天科技有限公司利用欧洲卫星公司英国分公司开发的现场可更换单元，把这两种技术设备改良和集成在一起。

6. 任务有效载荷

机上应答机和红外源包括针对主动、半主动或波束导引式导弹的应答机和微波反射器。热源包括安装在机身后部的红外曳光管，可用于提供低频的红外输出。

E/F、G/H 和 I/J 波段应答机适用于目标截获，可使金迪维克靶机在更大的范围内被跟踪。

在靶机的每个机翼下装备了 Tonic 拖靶。该拖靶内部既可以承载主动雷达、飞行中指令控制红外曳光管，也可以安装前视龙伯透镜。拖靶的牵引距离可以达到紧随靶机后的 15~150 m，由安装在机身中部的电绞盘收回。其他种类的拖靶包括牵引距离为 600~2 400 m 的美捷特公司 HUTTS 不可收回靶标、普莱赛公司 SART Mk IV 靶标或电流产生主动电子战诱饵。

广角镜头的摄像机安装在翼尖吊舱内，具有全景摄影能力。与 Mk5 短舱只装载摄像机不同，Mk9 短舱不仅承载摄像机和燃油，还在前后整流罩内安装了微波反射器（即龙伯透镜）。通过安装较低位置的摄像机后视反射镜头，它可在使用拖靶时记录下导弹的性能指标。此外，还安装有不同种类的电视摄像机，用于实现编队飞行中的特殊功能。

附加机上设备的有效载荷能力共计约 180~250 kg，前部设备舱的容积可达 0.17 m³。有效载荷的供电可通过不同的形式：约 1 kW 的连续供电或 2kW 峰值的直流供电，以及 2.6 kW 的交流变频供电。Mk4 靶机配备有中跨度的翼下外挂物。另外，内部机翼结构还具有配套的外挂物或燃油受力点，可以设置在任意机翼位置。

7. 发射系统

金迪维克靶机的起飞由三轮架车实现，飞行转向由架车自动驾驶仪实现。架车在 Maxaret 防滑制动系统的作用下自动刹闸。由喷气动力实现襟翼的收缩，飞机在负攻角状态下和小车一起加速。靶机达到起飞离地速度时襟翼垂下，靶机起飞并抬起前轮。小车解脱系统启动，飞机随之爬升，见图 9-4。

图 9-4　金迪维克靶机从三轮架车上起飞

8. 回收系统

金迪维克靶机接近降落时，襟翼和滑橇放下。触地时襟翼缩回，无线电指令控制停止向机上供油。

9. 制造商

澳大利亚航空航天技术公司（ASTA）。

后续开发及服务由克兰菲尔德航空航天有限公司提供。

赛博鸟（CyBird）靶机

1. 发展概况

赛博鸟（CyBird）靶机为可回收式靶机，也是一种可配备各种有效载荷的可重复使用的靶机。其典型应用为目标跟踪、发射控制系统以及雷达或电子战领域试验的各种有效载荷的研发。最新型靶机为赛博鸟 VX。

2. 总体布局与部位安排

赛博鸟靶机采用下单翼布局，翼尖上翘。机身呈圆柱形，采用背部进气的方式。固定式前三点起落架。采用全复合材料结构。见图 9-5。

图 9-5　赛博鸟靶机

主要参数

机长	3.00 m
翼展	3.00 m
最大载荷质量	10 kg

3．主要技术指标

最大平飞速度	370 km/h
失速速度	121 km/h

4．动力装置

1 台推力为 0.2 kN 的涡喷发动机。燃油容量为 36 L。

5．飞行控制系统

通过无人机导航系统 GCS03 地面控制站和 AP04 自动驾驶仪可实现全自主导航与控制。

6．有效任务载荷

根据客户需要进行配置。

7．发射系统

采用常规的轮式自主起飞系统。

8．回收系统

采用常规的轮式着陆系统。

9．制造商

赛博技术有限公司（Cyber Technology（WA）Pty Ltd.）。

凤凰喷气（Phoenix Jet）靶机

1．发展概况

凤凰喷气（Phoenix Jet）靶机是为满足防空火炮和导弹系统对高性能航空靶标需求而研发的可回收式靶机。它采用喷气式动力系统。2007 年 3 月，凤凰喷气靶机在 Avalon（阿瓦隆）航展上展出后已服役澳大利亚陆军、空军和海军。

2．总体布局与部位安排

凤凰喷气靶机采用中置三角翼；圆形截面机身，装有后掠尾翼。该靶机采用真空成型的玻璃纤维 / 环氧树脂材料结构。无起落架。见图 9-6。

图 9-6　发射架上的凤凰喷气靶机

主要参数

机长	2.20 m
机宽	0.255 m
翼展	2.00 m
空载质量	22 kg
最大发射质量	55 kg

3. 主要技术指标

最大平飞速度	556 km/h
实用升限	6 100 m
续航时间	1 h 30 min

4. 动力装置

凤凰喷气靶机采用 1 台涡轮喷气发动机。燃油容量为 30.4 L。

5. 飞行控制系统

凤凰喷气靶机由无人机导航系统 AP04 双冗余自动驾驶仪进行控制；采用全球定位系统（GPS）导航。

6. 任务有效载荷

有效载荷包括烟雾发生器、曳光器、龙伯透镜、带稳定装置摄像头和脱靶量指示器（MDI）。烟柱可以从 4.4 L 的油箱中连续发射 4 min 或间歇发射 10 min。喷气靶机的排气装置可以提供红外特性。

7. 发射系统

凤凰喷气靶机采用自主弹射起飞。

8. 回收系统

凤凰喷气靶机伞降回收。

9. 制造商

澳大利亚航空事务有限公司（Air Affairs Australia Pty Ltd.）。

9.2　巴西

K1 AM 低速动力靶机

1. 发展概况

K1 AM 靶机是一种由螺旋桨推进器作为发动机的低速动力可回收靶机，由巴西埃尔莫特公司（Aeronaves e Motores SA, 简称 Aeromot）研制。该靶机的设计是以引进的美国诺斯罗普公司 KD2R-5 靶机为基础，装上国产的发动机和其他设备而成。1984 年 12 月开始设计，1985 年 4 月开始样机生产，1987 年初样机首飞成功。有 10 架 K1 AM 靶机服役于巴西海军舰队。

2. 总体布局与部位安排

K1 AM 靶机采用平直形上单翼气动布局，常规尾翼的硬铝合金结构。机身截面呈卵形，油箱在前机身，由不锈钢制作。翼端雷达反射器短舱为环氧树脂增强玻璃纤维。无起落架。其外形如图 9-7 所示。

主要参数

机长	3.84 m
翼展	
无反射器短舱	3.50 m
有反射器短舱	4.02 m
翼面积	1.73 m^2
螺旋桨直径	1.12 m
空载质量	130 kg
燃油质量	33 kg
最大发射质量	163 kg

图 9-7　K1 AM 靶机外形图

3. 主要技术指标

最大速度	444 km/h
海平面上最大平飞速度	360 km/h
失速速度	125 km/h
海平面上最大爬升率	1 000 m/min
最大工作高度	4 000 m
海平面上最大航程	278 km
海平面最大续航时间	50 min

4. 动力装置

K1 AM 靶机使用 1 台 65.6 kW Aeromot AM 11003 双冲程活塞发动机，双桨叶固定桨叶角的木质推进器。

5. 飞行控制系统

K1 AM 靶机采用无线电指令控制系统，指令信号通过机上接收 / 解码器转换成数字自动驾驶仪的飞行控制信号。机上还有垂直陀螺、配电盒、接收计算机、蓄电池、双伺服机构以及连接电缆等机载设备。这些设备都加以水密密封，以防海水渗透。如果发生通信故障，自动驾驶仪仍可借助预编程序继续飞行直到恢复通信联系。如果在指定时间内仍不能恢复，则自动打开降落伞回收。

6. 任务有效载荷

机翼两端翼尖舱内均安装有雷达反射体。

7. 发射系统

K1 AM 靶机使用一个 12.75 kN 推力的固体火箭助推器在平地发射。

8. 回收系统

通常是按地面控制操纵员发来的指令打开装载在 K1 AM 靶机机身后直径为 11.58 m 的降落伞，在通信或发动机出故障时也可自动开伞。陆地或水面均可回收。

9. 制造商

埃尔莫特公司（Aeronaves e Motores SA（Aeromot））。

BQM-1BR 喷气动力靶机

1. 发展概况

BQM-1BR 喷气动力靶机是由巴西 CBT 公司（Companhia Brasileira de Tratores，简称 CBT）航空分部研制的巴西第一种遥控多用途飞行器。它的用途包括打靶训练、战术侦察（带电视摄像机）、战术攻击和民事用途（如播种等）。

2. 总体布局与部位安排

BQM-1BR 喷气动力靶机采用全金属（轻合金）材料，下单翼布局，上反角 3°，安装角 4°，后掠角 33°，在翼根处增至 55°。采用普通的半硬壳机身结构，机身呈圆截面。固定安装角尾翼，上反角 5°，前缘后掠 45°。BQM-1BR 喷气动力靶机三视图见图 9-8。

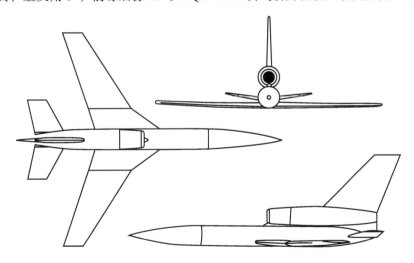

图 9-8　BQM-1BR 喷气动力靶机三视图

主要参数

机长	3.89 m
机身最大直径	0.28 m
机高	1.28 m
翼展	3.18 m
尾翼翼展	1.10 m
最大起飞质量	93 kg

3．主要技术指标

最大平飞速度（6 100 m 高空）	0.7 Ma
最大续航时间	45 min

4．动力装置

BQM-1BR 喷气动力靶机使用一台巴西宇航技术中心（Aerospace Technical Centre，简称 ATC）机器分部开发的 0.30kN PMO/CBT Tiete 型涡轮喷气发动机，装在垂尾之上机身上部的发动机短舱内。

5．飞行控制系统

BQM-1BR 喷气动力靶机采用 6 通道 VHF-FM 无线电指令制导系统，作用距离为 20 km。

6．发射和回收系统

BQM-1BR 喷气动力靶机用三轮起落架起飞，起飞后投弃。

7．制造商

巴西 CBT 公司航空分部。

AM 03089 拖靶

1．发展概况

AM 03089 拖靶是一种可回收的拖曳式靶机，主要用于炮兵训练。其探测方式为目视和雷达两种。目前，AM 03089 拖靶正在巴西武装部队服役。

该拖靶有以下几种：

AM 03089-401 为目视探测型拖靶。其机头透明罩内装有 600 W 强力灯，并与 28V 35A 电源系统相连。

AM 03089-402 为雷达探测型拖靶。其机头用三面雷达反射器替代目测型的强力灯。

AM 03089-403 为 402 型的轻量型。机上取消了电气系统和涡轮机，并缩短了拖曳缆绳的长度。

2. 总体布局与部位安排

AM 03089 拖靶机体采用高强度热塑性材料和铝隔框制造。卵形机头透明罩内可安装目视或雷达探测装置。机尾装有 6 个三角形尾翼。其外形图见图 9-9，图 9-10 展示了后部装有涡轮的 AM 03089-401 拖靶。

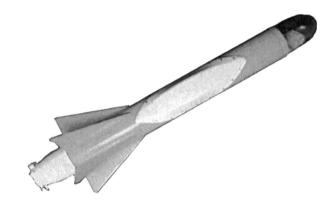

图 9-9　AM 03089 拖靶外形图

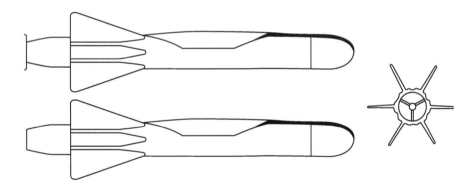

图 9-10　AM 03089-401 拖靶后部装有涡轮

主要参数

机长	2.25 m
机身直径	0.23 m
垂尾翼展	0.60 m
拖曳缆绳长	
401 型，402 型	4.35 m
403 型	3.60 m

质量

401 型，402 型	62 kg
403 型	56 kg

3. 主要技术指标

最大速度（拖曳状态）	648 km/h
最大转弯速度（拖曳状态）	463 km/h

4. 任务有效载荷

AM 03089-401 型在机头透明罩中装有 1 盏 600 W 的强力灯。灯的电源由 1 个装在拖靶后部的 28V 35A 电源提供。拖靶的电气系统在发射时自动启动。AM 03089-402 型和 AM 03089-403 型没有配置机上电气系统和电源，机头的强力灯被 1 个三面雷达反射器替代。

5. 发射系统

AM 03089 拖靶机身中部内装有拖曳绞盘。在飞机驾驶员发布释放拖靶的命令之前，拖靶被锁定在飞机翼下的发射器上。一种用低合金钢制成的刹车系统可以自主控制拖曳缆绳伸缩。

6. 回收系统

AM 03089 拖靶通过拖曳绞盘来回收。

7. 制造商

埃尔莫特公司（Aeronaves e Motores SA（Aeromot））。

9.3 加拿大

黑雁（Black Brant）靶弹

1. 发展概况

黑雁（Black Brant）靶弹为不可回收弹道式靶弹。该靶弹最初由加拿大布里斯托尔宇航公司（Bristol Aerospace Ltd.）作为一种探测火箭研制的，1965 年 6 月在丘吉尔研究基地进行首次飞行试验，此后，该靶弹为世界各地用户共完成过 900 多次试验，发射可靠性达到 98.5%。1990 年，加拿大布里斯托尔宇航公司成为麦哲伦宇航公司（Magellan Aerospace）的一个作战分部。

黑雁靶弹最初的任务是作为威胁防御系统的一种超声速目标，也用来研究环境测量和其他科学研究任务。其火箭系列已从单级 BB5 发展到高性能的 4 级火箭 BB12 系统，其完整的系列有：BB5、BB9、BB9 Mod.1、BB10、BB10 Mod.1、BB11 和 BB12。

加拿大和美国武装力量司令部（包括 NASA）使用该系列靶弹。

2. 总体布局与部位安排

黑雁靶弹具有细长圆柱体机身，尖拱形头部及十字配置的尾翼。所有黑雁靶弹系列均以 BB5 布局为基本型号，以标准组件和模块化进行生产。不同型号的黑雁靶弹通过增加各种军用助推发动机或者选用布里斯托尔宇航公司生产的 Nihka 顶级发动机来满足性能要求。该靶弹所有型号的核心硬件都是通用的，以简化使用维护和提高可靠性。黑雁靶弹系列配置见图 9-11。

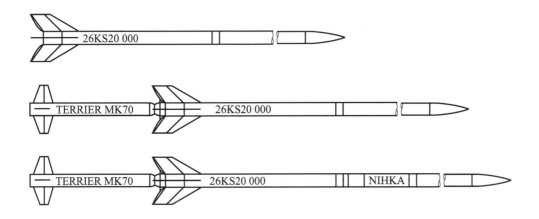

图 9-11　黑雁 BB5、BB9 Mod.1 和 BB10 Mod.1 靶弹配置图（从上到下）

主要参数

机长

BB5	5.64 m
BB9 Mod.1	9.56 m
BB10 Mod.1	11.88 m

最大直径　　　　　　　　　0.44 m（BB5、BB9 Mod.1、BB10 Mod.1）

最大发射质量

BB5	1 273 kg
BB9 Mod.1	2 283 kg
BB10 Mod.1	2 694 kg

有效载荷质量　　　　　　　70~180 kg

3. 主要技术指标

最大再入速度
BB5	5 760 km/h
BB9 Mod.1	8 820 km/h
BB10 Mod.1	14 400 kg/h

最大射程
BB5	560 km
BB9 Mod.1	840 km
BB10 Mod.1	2 100 km

4. 动力装置

黑雁靶弹在 BB5 基本型基础上，可选用军用型的助推器或再组合上 Nihka 顶级发动机，以组成该靶弹的系列配套发动机。

5. 飞行控制系统

黑雁靶弹采用通用的飞行控制和姿态控制系统。

6. 任务有效载荷

黑雁靶弹装载的任务有效载荷可由布里斯托尔宇航公司提供，也可由用户自己提供。

该系统可以满足军用靶弹跟踪和训练要求，它可以满足单个火箭再入，也可以散布的多目标再入；并可通过增加信号来模拟特定的威胁目标；系统还可提供载荷回收系统；可以扩大如空气动力和结构特性需求来增加有效载荷。

7. 发射系统

黑雁靶弹能够和当前许多固定的和机动的发射装置兼容，它已经从世界上 20 多个不同发射场进行发射试验，其中包括白沙靶场和瓦勒普斯岛飞行基地，以及其他在夏威夷、夸贾林环礁和肯尼迪海岸的发射场。该靶弹能够从陆上与海上发射。BB5 靶弹和 BB12 靶弹发射见图 9-12 和图 9-13。

8. 回收系统

靶弹为不可回收系统，但载荷可根据用户需求进行回收。该靶弹还采用了飞行终止系统。

9. 制造商

布里斯托尔宇航公司（Bristol Aerospace Ltd.），现为麦哲伦宇航公司（Magellan Aerospace）。

图 9-12　BB5 靶弹发射　　　　　　　　图 9-13　BB12 靶弹发射

TRAP 靶弹

1. 发展概况

TRAP 靶弹是一种弹道式靶弹。TRAP 为目标雷达增强型靶弹（Target Radar Augmented Projectile）的缩写。该型号由 SNC 技术有限公司（现为通用动力军械与战术系统加拿大公司）于 1983 年开始研发，以满足加拿大海军防空训练的需求。目的是要设计一种高速、炮射的靶弹模拟来自捕鲸叉和飞鱼导弹的威胁。基于海军低成本的考虑，最初研制的是 127 mm 口径的靶弹；1990 年，通用动力军械与战术系统加拿大公司开始研制 76 mm 口径的靶弹；1991 年，加拿大国防部和丹麦皇家海军对该型号进行了分类配置。1995 年，两种不同的 57 mm 靶弹用于博福斯（Bofors）57 mm Mk 2 舰炮，一种基于预制破片榴弹，另一种为高性能增程弹。其他口径包括 155 mm 的靶弹，也已研发。

从飞行特性上看，TRAP 和同级别标准口径炮弹的性能相同，均已达到北大西洋公约组织（NATO）安全性及适应性的要求。该系统的生产前景尚不确定，但据报道，该系统仍在服役。

2. 总体布局

TRAP 靶弹采用典型的炮弹外形。

3. 飞行控制系统

TRAP 靶弹在安全射程内，系统整合了弹道和特性传感器的软件系统。

4. 任务有效载荷

TRAP 靶弹配备典型的任务载荷是 1 个射频反射镜，可以将雷达入射能量反射给发射器，反射线与弹轴成 45°，以此提供等效于 1 个更大的物理目标的雷达反射截面（RCS）。同时，它还可提供红外信号能力。

5. 发射系统

TRAP 靶弹能够以单一或多种模式进行发射，发射装置可以是标准的或改装的舰炮和榴弹炮。

6. 回收系统

TRAP 靶弹不可回收。

7. 制造商

通用动力军械与战术系统加拿大公司（General Dynamics Ordnance and Tactical Systems-Canada Inc）。

亚瑟王神箭（Excalibur）1b 靶弹

1. 发展概况

亚瑟王神箭（Excalibur）1b 靶弹为不可回收的弹道靶弹，最初是为加拿大海军研究的高空超声速靶弹，用来模拟超声速高空和低空俯冲来袭的导弹目标。主要用于目标截获雷达和 SM-2、海麻雀（Sea Sparrow）等防空导弹操作人员的训练。1999 年和 2000 年在美国新墨西哥州进行试验期间，用来执行模拟对方发射来袭的战术弹道导弹（TBM）的任务。该靶弹还能作为战术诱饵。

目前，靶弹主要用户为加拿大海上司令部。2001 年 3 月美国陆军航空兵和导弹司令部也选择亚瑟王神箭靶弹作为爱国者导弹防御系统训练用的活动攻击靶标。根据一个 5 年的协议，公司每年都要向美国陆军航空兵和美国导弹司令部提供亚瑟王神箭靶弹。德国和荷兰部队也采购了此靶弹。

2. 总体布局与部位安排

亚瑟王神箭 1b 靶弹由标枪形前段和火箭段两部分组成（见图 9-14），火箭段采用纤细的、旋转稳定的钢管制成。标枪段尾部装有 4 个钼材料制成的、小展弦比的梯形垂尾，呈 X 形布局。在火箭段尾部则装有 4 个削尖的三角形垂尾。

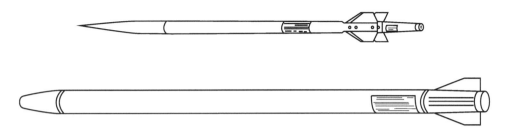

图 9-14　亚瑟王神箭 1b 靶弹外形图

主要参数

标枪段

　长度　　　　　　　　　　　1.44 m

　直径　　　　　　　　　　　0.054 m

　垂尾展长　　　　　　　　　0.157 m

火箭段

　长度　　　　　　　　　　　2.438 m

　直径　　　　　　　　　　　0.114 m

　垂尾展长　　　　　　　　　0.241 m

发射装置

　长度（包括滑轨）　　　　　3.68 m

　宽度　　　　　　　　　　　1.14 m

　高度（发射滑轨平放）　　　1.13 m

质量

　标枪段　　　　　　　　　　8.7 kg

　火箭段　　　　　　　　　　38.0 kg

3.　主要技术指标

最大速度　　　　　　　　　　5 Ma

燃料燃尽速度　　　　　　　　4.8 Ma

弹道高点

　发射角 15°　　　　　　　　3 350 m

　发射角 35°　　　　　　　　12 800 m

　发射角 58°　　　　　　　　47 000 m

　发射角 80°　　　　　　　　112 775 m

分离高度

　发射角 35°　　　　　　　　1 220 m

　发射角 58°　　　　　　　　1 800 m

射程

　　发射角 15°　　　　　　　　　　　33 000 m

　　发射角 35°　　　　　　　　　　　55 000 m

　　发射角 58°　　　　　　　　　　　116 000 m

飞行时间

　　发射角 15°　　　　　　　　　　　54 s

　　发射角 35°　　　　　　　　　　　1 min 45 s

　　发射角 58°　　　　　　　　　　　3 min 20 s

4. 动力装置

亚瑟王神箭 1b 靶弹采用 1 台空间数据公司的威派尔（Viper）IIIA 火箭发动机，带有 26 kg 重的固体推进燃料和级间分离的 1W/1A 点火器；火箭发动机燃烧 2.3 s 之后被投弃。

5. 飞行控制系统

在亚瑟王神箭 1b 靶弹达到大约 2 135 m 高度时，火箭发动机燃烧完成。此时标枪段从火箭段分离，并继续按照惯性弹道飞行。RCS 增强天线与标枪段上 4 个尾翼中的 2 个构成 1 个整体，其中 1 个作为发射天线，另 1 个作为接收天线。当目标进入方位角在 20°~80° 之间变化时，它们能够提供相对恒定的 RCS 值。

通过发射角调整可以确定靶弹飞行的最大高度和弹着点距离。飞行轨迹模拟软件可用来预测标枪段的正常弹着点，同时根据大气数据包括风速和风向、气温和大气压力，确定目标相对高度以及预定的目标轨迹的远地点高度。

6. 任务有效载荷

在亚瑟王神箭 1b 靶弹的标枪段装有波音公司研制的 RF SAS 有源电子雷达增强和可变振幅微波发射机；为了能够模拟敌方不同弹道导弹的雷达反射特征，靶机的雷达反射截面（RCS）可在 G、H、I 和部分 J 波段（4~12 GHz）之间变换。其最小的 RCS 为 0.01 m^2，最大的 RCS 为 1.0 m^2。

7. 发射系统

亚瑟王神箭 1b 靶弹能够以各种角度（20°~85°）发射。发射的角度确定了标枪段的最大高度和着陆点距离。发射器采用一种螺旋发射导轨，在靶机发射过程中能使靶机旋转稳定，并有助于缩小标枪段的弹着散布区。为了便于在舰船上使用，发射导轨的发射角和航向角由控制站的计算机监控，计算机与舰船上的陀螺罗盘和发射导轨上的陀螺相连。计算机监测发射器的高度和舰船的航向，同时，在火箭的发射角和航向都在预先确定的发射范围时，向火箭发动机点火装置发送点火脉冲信号。

8. 回收系统

亚瑟王神箭 1b 靶弹发射后不能回收。

9. 制造商

布里斯托尔宇航公司（Bristol Aerospace Ltd.），现为麦哲伦宇航公司（Magellan Aerospace）。

嚎头 -X（Hokum-X）靶机

1. 发展概况

嚎头 -X（Hokum-X）靶机为可回收式靶机。它是加拿大布里斯托尔宇航公司 1994 年为美国陆军研发的，用于研究和验证基于美国陆军 AH-1 眼镜蛇（Cobras）直升机系统的，模拟卡（Ka）-50（北约代号嚎头）攻击型直升机的全尺寸靶机。其目视 / 红外型靶机于 1997 年 5 月首飞，雷达型靶机于同年 9 月 19 日首飞。1998 年 2 月，第 1 架嚎头 -X 交付部队。该靶机用户主要为美国陆军。

2. 总体布局与部位安排

嚎头 -X 靶机由贝尔公司的 AH-1S 直升机改装，主要是改动了机头部分、发动机外罩、伸长式尾梁以及分叉式排气管，以便在目视、红外及雷达特征上与卡 -50 相类似。其原旋翼系统未改变，但用 1 个波音公司的 RF SAS（有源电子雷达增强和可变振幅微波发射机）来模拟卡 -50 的共轴式双旋翼及无尾桨布局，如果更换该发射机可模拟其他直升机。飞行中的嚎头 -X 靶机见图 9-15。

主要参数

旋翼直径	13.41 m
最大起飞质量	4 082 kg

3. 主要技术指标

最大平飞速度	250 km/h
最小飞行高度	9 m
爬升时间（至 7.5m 高度）	3 s
实用升限	1 520~3 350 m
续航时间	2 h
机动过载	+2 g

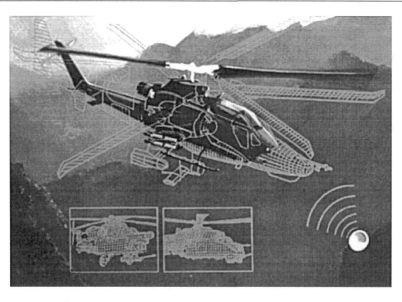

图 9-15　飞行中的噱头 -X 靶机

4. 动力装置

噱头 -X 靶机采用 1 台功率为 962kW 的德事隆系统公司（Textron）莱康明（Lycoming）T53-L-703 涡轮轴发动机。

5. 飞行控制系统

噱头 -X 靶机采用靶机跟踪控制系统或下一代靶机控制系统。

6. 任务有效载荷

噱头 -X 靶机采用带实时信号处理器接口的机载通用靶机控制系统或下一代靶机控制系统。该系统能接收射频脉冲并发射信号；还带有被动射频装置，如吸收器和反射器。

7. 发射和回收系统

噱头 -X 靶机采用常规直升机起飞和着陆。

8. 制造商

布里斯托尔宇航公司（Bristol Aerospace Ltd.），现为麦哲伦宇航公司（Magellan Aerospace）。

弹出式直升机（Pop-up Helicopter）靶机

1. 发展概况

弹出式直升机（Pop-up Helicopter）为一种陆基靶机。该靶机系统是 20 世纪 80 年代由加拿大波音公司设计，以帮助防空火炮操作手学习和掌握击落某些直升机的能力，如前苏联的母鹿 -D（Hind-D）、浩劫（Havoc）和噱头（Hokum）等直升机。此后，该系统被重新设计，可以真实地模拟来袭攻击直升机，对白天或夜间发射的低空防空武器进行训练和评估。使用规范适用于当前的产品型别。截至 2007 年底，弹出式直升机靶机系统仍在生产，并被加拿大军队第 4 防空团使用。2006 年 12 月，弹出式直升机获得英国"联合空中目标服务"（CATS）项目的合同订单，一方面为皇家海军提供陆基防空训练和空中目标服务，另一方面为皇家空军提供空对空武器训练。2008 年 4 月 1 日，英国奎奈蒂克公司宣布两套系统中的 1 套被作为该项目的一部分，并立即生效。至 2014 年，该靶机仍在生产，并在加拿大和英国武装部队服役。

2. 总体布局与部位安排

弹出式直升机靶机飞行器是仿照俄罗斯 Mi-24、母鹿 -D 直升机二分之一尺寸研制的，其机体结构由模压玻璃纤维构成，并由 1 个安装在拖车上的电驱动剪刀式升降梯操作。图 9-16 和图 9-17 分别为靶机停放在升降梯上及在升降梯升起时场景。

图 9-16　靶机在升降梯上

图 9-17　靶机升降梯上升

主要参数

机长	8.32 m
机宽（最大）	1.12 m
机高	1.45 m
旋翼直径	6.60 m
最大起飞质量	170 kg
最大任务载荷质量	55 kg

3. 主要技术指标

最大平飞速度	250 km/h
最小飞行高度	9 m
爬升率（理论）	50.9 m/min
续航时间	2 h
机动过载	2 g

4. 动力装置

弹出式直升机靶机采用剪刀式升降梯装配 1 台内燃机，功率为 35.8 kW 发动机。可携带 100 L 的燃料，能提供 6 kW、208 V 三相交流电。

5. 飞行控制系统

地面控制站（GCS）最多可以对 6 个弹出式直升机靶机进行无线电控制。靶机在不到 15 s 的时间内离地约 12.2 m。尽管每个目标均在 1 个固定的位置，但都可以快速重新安置。飞行器可绕三维坐标旋转，以呈现不同的飞行剖面。靶机采用微系统公司的目标跟踪系统（TTCS）。

6. 任务有效载荷

弹出式直升机靶机飞行器可携带雷达增强器其他增强设备和任务载荷，以模拟各种不同的攻击直升机系统。

7. 发射与回收系统

弹出式直升机靶机飞行器和一个非对称的剪刀式升降梯安装在一辆四轮拖车上。升降平台上的旋转支架为主旋翼旋转提供供电线路和发动机。1 个双动执行机构可允许目标向左或向右旋转，最大可旋转到 90°。

8. 制造商

梅吉特防务系统加拿大公司。

辩护者 II（Vindicator II）靶机

1. 发展概况

辩护者 II（Vindicator II）靶机为可回收式靶机，是加拿大布里斯托尔宇航公司设计作为基本型训练靶机，用于评定和试验 20 mm 和 40 mm 高射炮和低速导弹系统，并训练使用这种武器的人员。此靶机曾用作吹管（Blowpipe）、标枪（Javelin）、阿达茨（ADATS）、海麻雀（Seasparrow）、火神（Vulcan）和复仇者（Avenger）靶标，并用作博福斯（Bofors）40 mm、奥托 - 梅拉腊（OtoMelara）76 mm、空中卫士（Skyguard）35 mm 和 FAADS 20 mm 火炮系统的靶标。它能在舰上和地面操作使用，并能重复或精确飞行路线，满足特殊的武器、传感器和跟踪系统的需要。一种更新的辩护者 III 已于 2001 年研发，主要更换发动机、控制系统及任务载荷，其中包括直升机雷达信号模拟器（HRSS）。1997 年 7 月，Schreiner 靶机服务公司从布里斯托公司获得了该型号靶机，在 2004 年以后，该公司成为梅吉特（Meggitt）公司的一部分。2016 年以后 Qinetiq 公司收购了梅吉特公司。该靶机仍在生产和服役。据统计，截至 2015 年已生产靶机系统 550 套。辩护者 II 靶机用户有加拿大部队、美国海军等。

2. 总体布局与部位安排

辩护者 II 靶机具有子弹外形机身，削尖形后控机翼，下单翼配置，在翼尖两端上装垂直尾翼，采用机腹着陆滑橇。机身全部采用复合材料（玻璃纤维和环氧树脂）结构。该靶机所有部件可以很容易地从机身上拆下，使用维护性好。其整体外形见图 9-18。

图 9-18 辩护者 II 靶机外形图

主要参数

机长	2.67 m
机高	0.51 m
翼展	2.59 m
机翼面积	1.73 m²
空重	68 kg
最大发射质量	77.1 kg
最大任务载荷质量（含燃油）	24.9 kg

3. 主要技术指标

最大平飞速度（1 000 m 高度）	322 km/h
发射速度	105 km/h
最小飞行速度	97 km/h
使用高度	5~4 570 m
空中转弯半径	340 m
作用距离	
视距	10 km
超视距	35 km
续航时间（最大速度下）	2 h
机动过载	+7 g

4. 动力装置

辩护者 II 靶机采用 1 台功率为 26.1 kW 的 UEL AR731 转子发动机和双叶推进式螺旋桨。燃油容量为 23 L。

5. 飞行控制系统

辩护者 II 靶机采用的地面标准控制站为梅吉特公司的通用靶机控制站（UTCS）。该设备在辩护者配备自动驾驶的机载设备时使用。UTCS 接收和记录飞行器的遥控数据。靶机配有全球定位系统（GPS），通过航路点迹进行导航，并控制任务载荷，可允许夜间工作。飞行器的位置显示在动态的地图显示器上。如采用无线电控制，由操作人员手持发射机通过视线控制靶机飞行，无需 UTCS 系统。

靶机配置可编程全数字式自动驾驶仪，能够连续监视指令数据的传输质量。标准型无人机采用 GPS 跟踪，或选用雷达跟踪以便进行超视距飞行，靶机的航向和高度可手动控制或由自主航路点导航系统控制。遥测数据实时下行传输。由飞行系统模块、导航模块、手持编码器和不间断电源组成标准的 UTCS 进行视场外的跟踪。典型飞行剖面，包括低空攻击、穿插飞行、低空飞行急跃升、持续改变高度、闪避或其他组合。配备有源雷达增强装置，靶机能模拟武装直升机的特征信号（包括旋翼桨叶 / 桨毂的多普勒效应和叶片闪现）。

6. 任务有效载荷

辩护者 II 靶机的机身头部、中部和尾舱内可选装有源雷达增强装置、雷达应答器、雷达特征信号模拟装置、雷达高度表、曳光弹、发烟发光装置、多普勒雷达、测空中目标脱靶量指示器、角反射器、带高度锁定的自动稳定器、高度和距离跟踪系统等有效载荷。

7. 发射系统

辩护者 II 靶机采用简便的气动弹射器弹射（弹射行程 4.75 m），方便维护，见图 9-19。

图 9-19　发射装置上准备发射的辩护者 II 靶机

8. 回收系统

手控或自控的常规滑橇着陆或伞降回收，并备有失效安全措施，回收后 30 min 内可再次起飞。

9. 制造商

梅吉特防务系统公司（Meggitt Defense Systems Ltd.）。

机器人 -X（Robot-X）靶机

1. 发展概况

机器人 -X（Robot-X）靶机由加拿大波音公司（Boeing of Canada Ltd.）为加拿大国防研究院（Defence Research Establishment，简称 DRES）设计和生产，最初用于模拟低空反舰导弹或突防飞机。它能训练像海麻雀之类的防空导弹系统，也能用作地面部队的低空射击靶。首次试飞于 1986 年 11 月 4 日。

2. 总体布局与部位安排

机器人 -X 火箭动力靶机的后掠式机翼配置于子弹形机身中后部，正常式气动布局。采用组合式靶机机体结构，全部采用合成材料。没有配置起落架。其三视图见图 9-20。

主要参数

翼展	2.40 m
翼面积	1.25 m²
机长	3.40 m
机身最大直径	0.415 m
最大有效载荷	22.7 kg
最大发射质量	250 kg

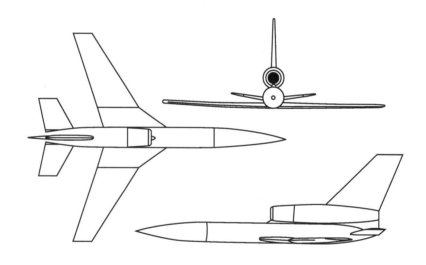

图 9-20　机器人 -X 靶机三视图

3. 主要技术指标

最大飞行速度	0.95 Ma
海平面上最大平飞速度	0.85 Ma
最低工作高度	30 m
最大工作高度	4 575 m
海平面上最大航程	40 km
海平面上续航时间	6 min
最长续航时间	30 min

4．动力装置

机器人 -X 火箭动力靶机使用 19 枚直径为 7 cm 的 CRV-7 型捆绑式火箭发动机，逐个点火工作。

5．飞行控制系统

机器人 -X 火箭动力靶机使用以微处理机为基础的机上三轴数字自动驾驶仪，实施预编程序机动飞行。

6．任务有效载荷

机器人 -X 火箭动力靶机装备脱靶量指示器、金属箔条布撒器、红外曳光弹以及雷达和目视增强装置。机上配备有直流 28 V 蓄电池。

7．发射系统

机器人 -X 火箭动力靶机可用助推火箭在普通地面发射，也可以在空中和舰面发射。

8．回收系统

机器人 -X 火箭动力靶机用降落伞回收。

9．制造商

加拿大波音公司（Boeing of Canada Ltd. ）。

9.4　南非

贼鸥（Skua）靶机

1．发展概况

贼鸥（Skua）靶机是一种高速可回收靶机，它类似于美国研制的石鸡 -3 靶机，但其外形尺寸大于石鸡 -3 靶机。该靶机是南非丹尼尔宇航系统公司研制的用于靶机和侦察机的两用飞行器。

1987 年，该靶机进入发射与回收试验，1990 年完成了全部 18 项验证试验，其后生产了 6 架原型样机，在奥尔博格试验靶场完成了对 V3C A-Darter 空空弹为目标的验证试验，1993 年开始在南非空军服役。该靶机直到 2017 年仍在生产。阿联酋海军、巴西空军和土耳其海军也装备了该靶机。图 9-21 为缩比贼鸥靶机外形图。

图 9-21　缩比贼鸥靶机外形图

2. 总体布局与部位安排

贼鸥靶机采用卵形头部与圆柱体机身，后掠机翼置于机身上部，H 形尾翼具有方向舵功能，涡轮喷气发动机置于机身下部，带有设备的短舱置于机翼翼梢，其三视图见图 9-22，其设备安排见图 9-23。

主要参数

机身	6.00 m
直径	0.5 m
翼展	3.57 m
起飞质量	700 kg（不包括助推器）
最大发射质量	900 kg
有效载荷质量	
内部	70 kg
外部	130 kg

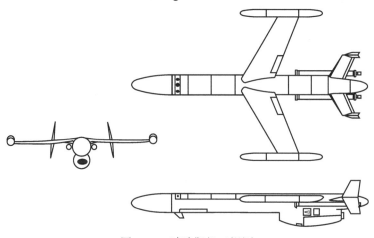

图 9-22　贼鸥靶机三视图

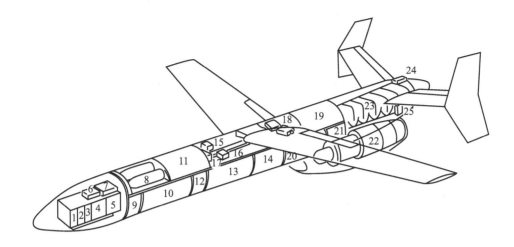

图 9-23 贼鸥靶机设备安排图

1. 飞行控制计算机 2. 指令通信装置 3. 电源控制组合 4. 陀螺组合 5、21. 备份位置 6. 空速及气压传感器 7. GPS 接收机 8. 高压气瓶 9. 维护口盖 10. 有效载荷舱 11、19. 着陆气囊 12、13、14、20. 油箱 15. 磁场计 16. 加速度计 17. 回收控制器 18. 副翼舵机 22. 涡喷发动机 23. 主回收伞 24. 回收伞释放机构 25. 升降舵机

3. 主要技术指标

最大飞行高度	10 700 m
最低飞行高度	10 m（海上）
最大机动过载	6 g
最大平飞速度	920 km/s（在 10 000 m 高度）
续航时间	80 min（在 10 000 m 高度）
使用半径	200 km

4. 动力装置

贼鸥靶机采用一台海平面静态最大推力为 4.5 kN 的涡轮喷气发动机，发动机牌号为 Apex TJ450。在机身尾侧固定有两台用于起飞的固体助推发动机。

5. 飞行控制系统

贼鸥靶机采用可编程或遥控方式进行飞行控制。靶机上配有一台全球定位系统接收机、飞行控制计算机、指令接收通信设备、升降及副翼舵机、陀螺仪、速度及高度传感器、遥测发射机等设备。

贼鸥靶机由机上 GPS 导航系统测出靶机位置、速度等参数发回地面控制站，供实时形成对靶机的控制。

6. 地面控制系统

贼鸥靶机采用 GCS-3 地面控制站对飞行中的靶机进行控制。地面控制站接收靶机上送回的靶机飞行速度及位置信号等,对靶机进行实时跟踪及航迹显示。跟踪距离小于 150 km。地面站采用超高频的遥测遥控链路,可同时跟踪控制两架靶机。

7. 任务有效载荷

贼鸥靶机配有无源雷达信号增强、红外及目视增强装置和脱靶量指示器。靶机可通过一根长 2 400 m 电缆拖曳一架拖靶,用作安装被动式或主动式脱靶量测量设备,其他有效设备可根据用户需求配置。

8. 发射系统

贼鸥靶机采用零长地面发射系统,通过一对固体助推火箭靶机可从 LRN-3 发射装置发射起飞。靶机零长发射见图 9-24。

图 9-24　贼鸥靶机零长发射图

9. 回收系统

贼鸥靶机通过装有两级开伞的降落伞系统打开反向气囊着落回收,也能在水面回收。

10. 制造商

南非丹尼尔宇航系统公司(Denel Aerospace Systems)。

秃鹰（Buzzard）靶机

1. 发展概况

秃鹰（Buzzard）靶机是一种与英国女妖靶机外形相似的低速小型的系列靶机，包括秃鹰 -3B、3E 及微型秃鹰靶机等，秃鹰 -3B 与秃鹰 -3E 靶机性能相同，仅飞行控制系统不同，秃鹰低速空中靶机，用于地空导弹和反飞机高炮训练。

2. 总体布局与部位安排

秃鹰靶机外形采用三角形机翼，无尾气动布局，其机身尾端装有垂直尾翼。微型秃鹰靶机为秃鹰靶机的 60% 缩比。靶机主要总体参数见表 9-1。

表 9-1　秃鹰靶机主要总体参数

参数 ＼ 型号	秃鹰 -3B	秃鹰 -3E	微型秃鹰
翼展（m）	2.10	2.10	1.25
机长（m）	2.30	2.30	1.38
翼面积（m^2）	1.75	1.75	
质量（kg）	50.7	50.7	
载油量（L）	20	20	

3. 主要技术指标

最大飞行高度　　　　3 000 m（3B、3E）

1 000 m（微型）

最大飞行速度　　　　92 m/s（3B、3E）

50 m/s（微型）

续航时间　　　　　　60 min（3B、3E）

30 min（微型）

可控距离　　　　　　10 km（3B）

30 km（3E）

10 km（微型）

4. 动力装置

秃鹰靶机头部装螺旋桨发动机。

5. 地面控制系统

秃鹰靶机地面飞行控制设备分为两种类型，一种是半遥控式地面控制站（SRCS-3），另一种是遥控地面站。

半遥控式地面控制站采用人工光学跟踪和无线电遥控装置，人工光学跟踪靠一架望远镜实现，其作用距离受可视距离限制，最大距离为 10 km。

遥控地面站可对靶机 -3E 进行遥控和跟踪，遥控地面站与贼鸥靶机控制站类似，通过接收机上 GPS 定位装置的信号，在地面站上显示航迹，操作手可对靶机的飞行高度、航向、速度进行控制。

6. 发射系统

秃鹰靶机系列均采用轨道式弹射发射，弹射器长 5.4 m，靶机装在滑动小车上，用电驱动小车，在滑轨终点释放靶机起飞。微型秃鹰靶机亦可用机场滑轨，靠本身发动机推动起飞。

7. 回收系统

秃鹰靶机以机腹着地回收，亦可在水面回收。

8. 制造商

南非丹尼尔宇航系统公司（Denel Aerospace Systems）。

鹰巢（Eyrie）TD110 低速动力靶机

1. 发展概况

鹰巢靶机是一种研究飞行体结构和观察特征的微小型靶机。采用一种 Warren-Young 菱形机翼。这种菱形机翼既稳定又不会失速，而且机动性强，控制面活动不受限制，组装快。靶机用精密铸模生产，可快速打包运送。一个标准靶机系统包括 5~6 架飞行器、一个地面控制站、发射和回收分系统、天线组合、陀螺基准装置、影片处理装置、一辆测试服务篷车、一辆载人及储藏物品的车辆。总共有 5 辆卡车和 5 辆拖车。系统的设计要求是快速部署和转移，具有高使用率，操作方便，维修简便等特点。

鹰巢靶机有 3 型。Mk1 的设计始于 1978 年 5 月，1980 年 4 月试飞了第一批（3 架）样机。1981 年 6 月试飞了 Mk2 型（6 架）样机。1984 年 3 月试飞 Mk3 型（3 架）样机，随后开始批量生产。1984 年 9 月开始试飞生产型。后来南非又生产鹰巢 TD110 基本训练靶机系统和 6A60 微型遥控飞行器。

2. 总体布局与部位安排

鹰巢靶机具有 Warren-Young 菱形机翼气动外形，下单翼布局和水平垂直尾翼。垂直、水平控制面均由电伺服机构驱动。机身为流线型，呈圆截面。整个结构材料使用凯芙拉聚氯乙烯泡沫塑料，玻璃纤维和聚酯树脂。

主要参数

机长	3.81 m
机高	1.07 m
机身直径	0.55 m
翼展	5.03 m
翼面积	3.53 m^2
机头容积	0.212 m^3
推进器直径	1.22 m
空载质量	123 kg
燃油量	40 kg
电气有效载荷质量	36 kg
最大发射质量	200 kg

3. 主要技术指标

最大飞行高度	8 320 m
海平面最大平飞速度	378 km/h
最小飞行速度	87 km/h
海平面上最高爬升率	1 554 m/min
最大载油量时的海平面飞行距离	547 km

4. 动力装置

鹰巢靶机使用一台 82 kW 双缸、四冲程涡轮增压发动机驱动双桨叶推进器，螺桨是用凯芙拉材料制成的，带遥控可变和逆桨距。载油量达 55 L。

5. 飞行控制系统

鹰巢靶机采用无线电指令制导系统。对靶机的控制配有标准的跟踪控制站，也可以不要。指令被机上系统接收后加到自动驾驶仪以控制飞行。可控飞行距离达到 161 km。雷达/应答机指令线可使靶机精确定位。制导系统发射指令到靶机，靶机又将遥测数据发回地面。指令和遥测数据都使用脉冲编码（PPC）。气动控制是由副翼、升降舵和方向舵来实施的。

6. 任务有效载荷

由交流发电机、整流/调压和 28 V 蓄电池组作为机上电源。机上配备频闪灯光、遥控发烟器、回收制导滑橇以及各种抗干扰装置。

7. 发射系统

可从地面或舰艇发射。使用普通的轮式起落架起飞，也可使用零长发射架发射（一枚 JATO 火箭）。

8. 回收系统

可用轮式起落架回收，并辅以反推力制动装置；也可使用在卡车上的备用带状网回收。

低成本空中靶机系统（LOCATS）

1. 发展概况

低成本空中靶机系统（Low Cost Aerial Target System）是一种可回收的靶机，用于对反飞机火炮及防空导弹操作手的培训，现正在生产服役。

2. 总体布局与部位安排

靶机采用下置机翼的气动布局，正常的尾翼配置。机体为玻璃钢模块化结构。超过 30 小时的寿命指标，具有最小的维修性能。停放在支架上的靶机见图 9-25。

图 9-25　LOCATS 靶机在停放支架上

主要参数

机长	2.90 m
机高	0.9 m
翼展	3.20 m
螺旋桨直径	0.6 m
最大发射质量	70 kg
空载质量	48 kg
最大任务载荷质量	22 kg（包括燃油质量）

3. 主要技术指标

最大平飞速度	310 km/h
最大俯冲速度	360 km/h
失速速度	90 km/h
升限	2 200 m
使用半径	
简单型	2.5 km
带光学准器	3~12 km
带雷达跟踪	3~20 km
带 GPS 自动驾驶仪	40 km
最大续航时间	1 h 30 min

4. 动力装置

采用 1 台功率为 17.9 kW 的双缸二冲程螺旋桨发动机。

5. 飞行控制系统

靶机通过一套带高度控制与高度锁定的自动驾驶系统，一套 60 MHz 的 9 通道无线电信道和 GPS 导航系统。作为简单型靶机，它可在视距内飞行，也可以在视距受阻时，按照预先设置的模拟现代化攻击机模式，控制靶机飞行。

6. 系统组成与地面控制系统

靶机系统由 3 架靶机装于牵引拖曳式 4×4 发射架拖车上，混装于集装箱内的支援保障设备也装于拖车上，系统由 1 名飞行控制员和 1~2 名技术员负责远程控制，装备抵达发射场后，可在一小时内准备完毕投入发射。见图 9-26。

7. 任务有效载荷

有效载荷包括遥测系统和传感器；旗靶和袋靶；红外增强与无线电应答机；控烟管、

声学和雷达脱靶量指示器以及评估系统。

图 9-26　系统靶机配置图

8. 发射系统

零长发射、气动弹射，其发射后瞬时的情景见图 9-27。

图 9-27　LOCATS 靶机弹射瞬时

9. 制造商

南非综合系统技术（IST）公司。

9.5　突尼斯

奥叟 Mk I（Aoussou Mk I）
---

1. 发展概况

奥叟 Mk I 靶机为轻型可回收式靶机。从设计到建造完成仅用 8 个月的时间，1997 年 10 月首飞。主要用来进行防空火炮和防空导弹部队打靶训练。已完成研制和生产准备阶段的工作，1998 年交付突尼斯国防部和与其邻近的国家。

2. 总体布局与部位安排

总体布局与俄罗斯的米格 -2TD 攻击机外形相似。机身采用玻璃纤维和碳纤维材料制成，机翼蒙皮由木材与具有膨胀聚苯乙烯芯的玻璃纤维材料制成。原型机装有气动式可伸缩式起落架。在生产型上，伸缩式起落架用装在机腹部的滑橇所替代。

主要参数

机长	2.36 m
翼展	2.25 m
空载质量	15.5 kg
最大发射质量	25.0 kg

3. 动力装置

靶机采用 1 台功率为 3 kW 的 60~120 mL 的单缸活塞式发动机，驱动一副双叶螺旋桨。

4. 飞行控制系统

靶机具有失效保护模式的 Futaba 脉冲调制（PCM）的无线电指令系统和自动驾驶仪。

5. 任务有效载荷

靶机能装备烟雾发生器、曳光器、龙伯透镜和脱靶量指示器（MDI）系统。

6. 发射系统

靶机采用常规轮式起落架起飞或发射架弹射发射。

7. 回收系统

靶机采用降落伞回收，或腹部滑橇回收。

8. 制造商

突尼斯航空技术公司。

第 10 章 靶标机载设备

10.1 概述

靶标机载设备通常包括两部分；一部分是保证靶标本身飞行及回收所必需配备的基本设备，这类设备在靶标飞行中是必不可少的；另一部分是增强靶标功能的设备，称为特种设备（任务有效载荷），这类设备是根据每次靶标飞行的任务要求选择配置的。

基本设备主要包括以下几个系统：

（1）机上飞行控制系统，由机上控制设备、应答机、遥测设备等组成；

（2）动力系统，包括发动机和供油系统等。助推器通常被列入靶标发射装置，不作为动力系统设备；

（3）供电系统，包括蓄电池、变流器和配电设备等；

（4）机上回收系统，包括回收降落伞、回收减震气囊、浮囊和回收信标等。

任务有效载荷主要包括以下几部分：

（1）机上脱靶量指示系统；

（2）拖靶系统和翼尖吊舱；

（3）雷达回波和红外增强系统；

（4）目视增强系统。

本章重点介绍靶标的飞行控制系统、动力系统和回收系统以及机上脱靶量指示系统、拖靶和翼尖吊舱系统及目视增强系统。雷达回波和红外增强系统将在本书第 12 章和第 13 章中专题论述。

10.2 飞行控制系统

10.2.1 功能

飞行控制系统是保证靶标按要求航迹飞行所必需的各种机上设备，世界各国的大多数靶标采用无线电指令遥控。为了保证靶标能够按要求的航迹飞行，必须对靶标进行航迹跟踪，要求在机上测量速度、高度、发动机转速等参数，并把这些参数传输给靶标地面控制站。随着科学技术的发展，近代靶标已多采用全球定位系统（GPS）等导航系统。

10.2.2　组成

飞行控制系统通常包括以下几部分：

（1）飞行参数测量设备，包括测量空速、角度、角速度、位置和高度等的设备。目前，很多靶标上采用了 GPS 接收机来测量靶标的位置；

（2）指令接收和应答设备，用于接收地面站发出的遥控指令，并进行解码、放大，形成控制指令，发回应答和遥测信号；

（3）飞行信号处理设备，通常采用飞行控制微处理器，将接收的遥控指令按靶标的飞行状态进行处理，形成靶标执行机构的控制信号；

（4）飞行控制执行机构，主要包括舵机和发动机油门控制器，用于控制靶标的俯仰、偏航、滚动和速度的变化。

飞行控制系统可分为两类：

（1）两轴飞行控制系统，包括俯仰、滚动两轴控制，并带有速度控制的通道。这类飞行控制系统适用于一些小型靶标，如石鸡、米拉奇靶机等。

（2）三轴飞行控制系统，包括俯仰、偏航和滚动三轴控制，并带有速度发动机油门控制的四通道飞行控制系统。这类飞行控制系统适用于较大型的靶标，如火蜂 -1 靶机等。

典型的四通道飞行控制系统如图 10-1 所示。

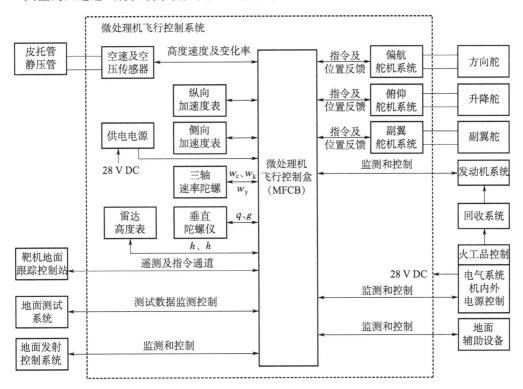

图 10-1　四通道飞行控制系统方框图

10.2.3　飞行参数测量设备

（1）垂直陀螺仪

垂直陀螺仪用于测量靶标的俯仰和滚动相对发射基准的姿态角，这些角度信号用于高度控制。为了保证靶标在空中的俯冲和爬升，俯仰角量程应接近 $\pm 90°$，滚动角量程应接近 $\pm 180°$。

（2）速率陀螺仪

速率陀螺仪用于测量靶标的俯仰、偏航和滚动角速度，提供靶标飞行姿态的稳定信号和阻尼信号。通常 3 个速率陀螺仪装在一个仪器内。俯仰角速度和偏航角速度的测量范围一般不应小于 20°/s，滚动角速度的测量范围一般不应小于 60°/s。

（3）空速表

空速表用于测量靶标相对于空气的速度及速度变化率。通常用空速管（皮托管）测量动压，然后用机上计算机计算飞行速度。

（4）高度表

靶标上一般采用两种高度表，即膜盒式高度表和雷达高度表。它们用于测量靶标飞行高度和高度变化率，控制其飞行高度或上下机动飞行。其中，膜盒式高度表主要用于较高高度，其测量原理是通过测量大气压力获得与其相应的气压高度，而不是相对于当地地面高度。因此，需要对测量值进行必要的修正。其测量误差 ΔH 与高度 H 及当地地面高度起伏 δH 有关，一般可表示为

$$\Delta H = 0.01\, H + \delta H + 6{\sim}8 \text{ m}$$

如高度在 300 m 以下和地面起伏不平度较大时，特别是在 100 m 以下的超低空飞行时，靶标的飞行高度偏差不应超过 ± 10 m，要求高度表的测量误差不超过 ± 5 m。在这种低空条件下，膜盒式高度表的测量精度无法满足要求，因此需要采用雷达高度表。

雷达高度表通常采用脉冲测距体制，其测量的高度为相对于当地地面的高度，测量高度范围为 0~1 500 m，1 500 m 以上高度采用膜盒式高度表测量。雷达高度表的测量误差可表达为（以火蜂 -1 靶机为例）

$$\Delta H = \begin{cases} 0.04H & （当\ 0.04\,H > 1\text{ m 时}） \\ 1\text{m} & （当\ 0.04\,H \leqslant 1\text{ m 时}） \end{cases}$$

其中，H——当地相对高度（m）。

由此可见，当 H 小于 25 m 时，该雷达高度表测量误差不超过 1 m，完全可以满足靶标超低空飞行时的测高要求。但由于价格比较高，在较高高度飞行时一般不采用雷达高度表进行高度测量。

靶标上雷达高度表的收发天线波束方向图要求有一定宽度，以保证靶标在姿态变化范围内的可靠测量。通常，靶标在低空时不允许进行大的机动飞行，天线波束宽度允许在 $\pm 30°$ 左右。

石鸡 -3 靶机采用的雷达高度表的性能参数如下：

尺寸（长 × 宽 × 高）	123 mm × 80 mm × 34 mm
质量	1.36 kg
工作高度范围	0~1 516 m
测量精度	±1.52 m+2%H
响应时间	0.02±0.01 s
允许靶机机动角	俯仰 ±30°
	滚动 ±30°
零位	1.52 m
模拟输出	直流 0~-10 V
射频输出功率	50 W
射频脉冲宽度	65 ± 20 ns
载频	4.3±10 GHz
消耗功率	直流 28 V，25 W

（5）线加速度表

为了提高其飞行控制质量，在一些靶标（如火蜂 -1 靶机）上的俯仰和偏航回路增加了线加速度表。俯仰回路线加速度表的量程为靶标的最大机动加速度，一般不低于 6 g，偏航回路线加速度表的量程较小，一般约 1 g。未加装线加速度表的靶标的飞行控制性能相对会差一些。

（6）GPS 接收机

为了提高定位精度，目前许多靶标上都采用了 GPS 接收机，如 BQM-74 和米拉奇 -100 靶机，其导航传感器组合（NSU）中配置了嵌入式 GPS 接收机。

10.2.4　指令接收和应答设备

一种典型的靶标指令接收和应答设备如图 10-2 所示。

（1）收发天线及天线转换开关

由于机身的屏蔽作用，需要配置至少两个天线，即上部天线和下部天线，按指令或自动进行转换。自动转换前或指令信号丢失 10 ms 时按一定频率，如每秒一周搜索，接到地面询问信号后自动选择天线。典型的 VEGA 685-2 应答机收发天线参数为：

天线类型	1/4 波长振子天线
频带宽	5.4~9.6 GHz
极化形式	垂直极化
阻抗	50 Ω
驻波系数	<2∶1
峰值功率	<1 500 W

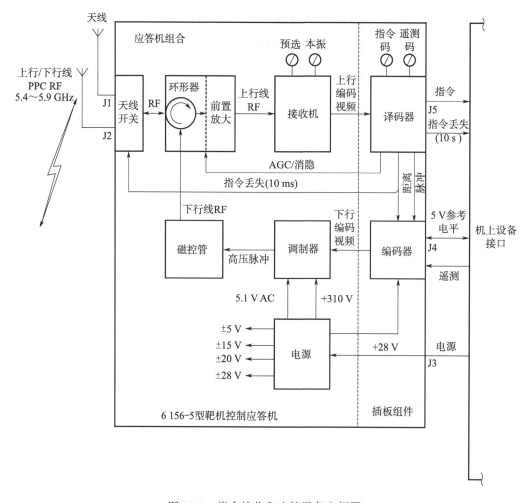

图 10-2　指令接收和应答设备方框图

（2）应答机

接收地面站发送的询问脉冲和控制指令，包括接收机和发射机两部分。典型 VEGA 685-2、VEGA 6156 应答机的参数为：

波段	5.4~5.9 GHz
收发频移	＞ 50 MHz
发射脉宽	0.3 μs
发射脉冲峰值功率	600 W
接收机灵敏度	−80 dBm
接收机带宽	13±5 MHz

（3）编码及译码器

通常采用脉冲位置编码（PPC），可采用不同的编码格式。指令和遥测通道有断续信号和连续信号。断续信号即开关信号中包括靶标一些状态的输出和对地面指令的确认；连续信号主要用于靶标的飞行控制，如升降舵、方向舵、滚动副翼和油门的控制。近年来，由于广泛采用微处理器自动飞行控制系统，地面操作人员只发送各种机动的断续指令，而不发送舵面偏转的连续信号，因此一些译码器无连续指令。表 10-1 为 VEGA 685-1、VEGA 685-2 和 VEGA 6156 应答机编码和译码器的主要参数。

表 10-1　几种编码和译码器的主要参数

	VEGA 685-1	VEGA 685-2	VEGA 6156
断续遥测通道数	39	55	12
连续遥测通道数	16	24	12、10
断续指令数	23	40	24
连续指令数	4、10 位	无	2、8 位

10.2.5　飞行信号处理设备

（1）功能

现代靶标均采用微处理器飞行信号处理系统，地面发送的控制指令不再是舵偏量，而是要求机动等一系列动作的断续指令。微处理器飞行信号处理系统完成一系列信号处理，从而保证这些动作的准确执行，如：

1）靶标的稳定飞行，包括高度稳定、速度稳定、姿态稳定等；

2）加速、减速飞行，包括发动机关机滑行；

3）左右协调转弯机动飞行；

4）爬升或俯冲。

除此之外，微处理器飞行信号处理系统还自动控制回收系统的操作，保证靶标可靠回收。

（2）组成和性能

飞行信号处理设备通常由硬件和软件组成。

1）飞行信号处理硬件

中央处理器（CPU），靶标上采用 INTEL 8086 16 位微处理器（如火蜂 -1 靶机上的微处理器飞行控制组合（MFCB）、石鸡 -3 靶机上的数字式航空电子处理器（DAP）），并配有 8087 协处理器，以增加实时运算速度。随着 CPU 及相应的协处理器技术的不断发展，靶标的飞行信号处理能力已大大提高。

存储器，储存固化软件的 EPROM 和 E^2PROM。

输出、输入接口，包括 A/D、D/A 转换器和串行的同步和异步收发电路，其中 A/D 转换器主要用于高度表等各传感器的输入，D/A 转换器主要用于对机上舵机等执行机构的输出；串行的同步和异步收发电路主要用于与遥测信号电路和地面测试设备的接口。

备份计时电路，用于主机发生故障时提供回收程序指令。

以火蜂-1 靶机的微处理器飞行控制盒为例，其飞行信号处理器的性能如下：

① CPU 运算能力　　每秒 50 000 次，单精度浮点运算

　　　　　　　　　时钟频率 5 MHz

② I/O 能力　　　输入　　40 路 12 位 A/D 通道

　　　　　　　　　　　　4 路 16 位 A/D 通道

　　　　　　　　　　　　40 路直流 28 V 开关通道

　　　　　　　　　　　　22 路 TTL 电平开关通道

　　　　　　　　输出　　8 路 12 位 D/A 通道

　　　　　　　　　　　　8 路直流 28V 和 TTL 电平开关通道

③存储容量　　　2 个静态 RAM，每个为 2 K 的 16 位字，用于存储所有程序的变量，

　　　　　　　　如高度、空速、俯仰和滚动角等

　　　　　　　　4 个 EPROM，每个为 16K 的 16 位字，用于存储所有程序指令

　　　　　　　　1 个 E²PROM，为 2K 的 8 位字，用于飞行后存储数据分析

2）飞行信号处理软件

以典型的火蜂-1 靶机飞行信号处理为例，其软件结构如图 10-3 所示。

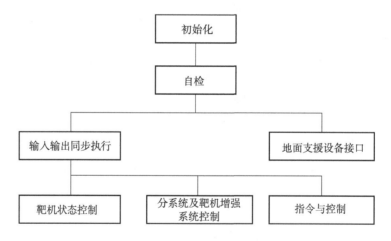

图 10-3　火蜂-1 靶机飞行信号处理软件结构图

初始化模块，主要用于设置微处理器的全部功能，并使靶机各分系统的控制指令处于安全保护状态，使靶机在初始加电和断电过程中得到安全保护、按预定要求完成动作。

自检模块，包括 MFCB 本身的自检及靶机各分系统的监测，检测结果存于 E²PROM 中，用于事后分析。

靶机状态控制模块，该模块是飞行控制的主要模块，包括状态确定逻辑和靶机机动及飞行控制算法。状态确定逻辑向相应的飞行控制模块提供数据。飞行控制传感器的输入给机动模块提供状态数据，以计算靶机的高度、高度变化率、速度以及机动过载系数，经滤波后这些状态数据提供给机动算法。机动算法可以保证两种靶机控制状态，即自动控制和遥控状态。在自动或程序控制状态，靶机完全由微处理器飞行控制系统进行控制。例如，

靶机在空中发射时的离架飞行控制是全自动的；在遥控（手控）状态时，可以在地面操作人员的控制下进行航向保持、转弯、高度、速度和回收的控制。遥控优先于程序控制。

输入输出同步执行模块，用于保证所有控制软件的实时和同步执行。

分系统及靶机增强系统（TAS）控制模块，用于给出靶机各分系统程序供电及各增强设备（如回波增强器）的顺序控制指令。

指令与控制模块，该模块是靶机与地面控制站之间的接口，接收和形成上行的靶机飞行控制指令，包括连续指令和开关指令，采集机上各种需要向地面传输的数据，进行数据格式化后发送给输入输出同步执行模块，然后发送给机上控制应答机。

地面支援设备接口，该接口通过 RS-232 接口与地面测试设备及程序装载设备连接。

10.2.6　飞行控制执行机构

飞行控制执行机构包括舵机和发动机油门控制器。

靶标上采用的舵机大多为电动舵机，电机采用力矩马达。在结构上通常把电机、减速器和舵系统的伺服、反馈等机械和电子线路装在一个组合内，以提高其可靠性。一般分为俯仰（升降）舵机、副翼舵机和偏航（方向）舵机；后者用于三轴飞行控制，三轴控制舵机要求的行程和力矩均不相同。火蜂靶机各舵机的性能参数如表 10-2 所示。

表 10-2　火蜂靶机各舵机的性能参数

通道	行程 （°）	输出力矩 （N·m）	空载速度 （°/s）	自检参数	功耗 （W）	尺寸 （mm）	质量 （kg）
俯仰	+35 −14	189	59	位置反馈 马达电流	28 V 10 A	152 × 199 × 244	7.3
滚动	± 39	46.9	237	位置反馈 马达电流	28 V 10 A	137 × 159 × 235	5.4
偏航	± 19	85.9	130	位置反馈 马达电流	28 V 10 A	64 × 143 × 243	3.6

油门控制器是发动机的一个器件，用于控制发动机的供油，从而控制发动机的转速和靶机的飞行速度，实现靶机第四控制通道的控制。

10.2.7　靶机飞行控制指令和信号框图

下面以火蜂 -1 靶机为例，列出其三轴飞行控制系统纵向（俯仰轴）、横向（滚动轴）、方位（偏航轴）及速度控制通道的信号传递框图。三轴控制既是独立的、又是相互协调的。

（1）纵向控制

纵向控制即俯仰控制，纵向控制信号传递如图 10-4 所示。

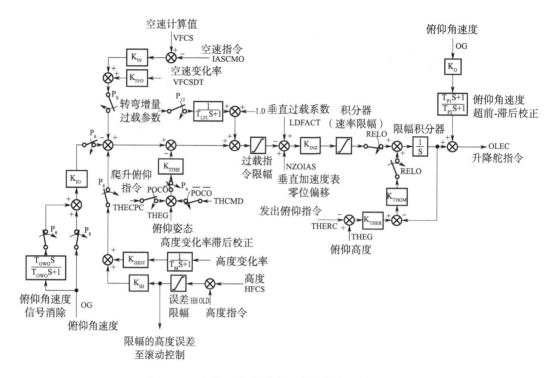

图 10-4　火蜂 -1 靶机纵向飞行控制信号传递框图

纵向控制状态主要是一种法向 "G" 控制状态，不过，在此控制指令刚发出时，使靶机进入带俯仰速率阻尼、带固定偏转角的俯仰姿态保持状态除外。

基本法向 "G" 控制状态包括：

1）水平直线飞行，此时靶机机头下倾约 2°，当发出该指令时靶机保持原有状态。

2）高度保持，包括两种状态：高 "G" 状态和机动 "G" 状态。

在高度保持状态下，靶机一面控制其滚动通道产生一个倾斜角，进行机动转弯，一面控制法向过载矢量使其高度保持不变。

3）低空飞行控制，靶机采用雷达高度表控制其飞行高度，此时靶机的倾斜角限制在 ±45° 范围内。

4）爬升或俯冲控制，此时控制其空速来控制靶机的爬升或俯冲动作，以保证爬升或俯冲飞行的安全；如在爬升阶段，油门控制指令为 +100%。

除此之外，在发动机发生故障时的自动飞行控制，是在自动回收中进行的，主要包括：

1）滑行（当发动机在 4 570 m 以上高度发生故障时）；

2）关机爬升（当发动机在 4 570 m 以下高度发生故障时）。

（2）横向控制

横向控制即滚动控制，横向控制信号传递如图 10-5 所示。

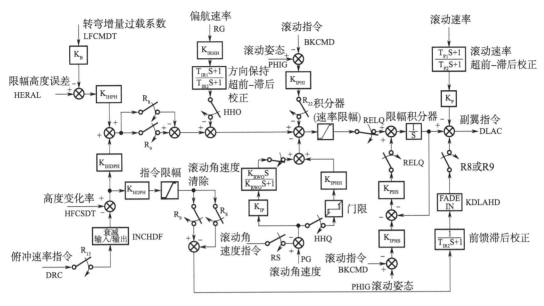

图 10-5　火蜂 -1 靶机横向飞行控制信号传递框图

滚动控制包括：

1）发射状态滚动控制，包括滚动水平稳定和非锁定转弯控制；

2）退出发射状态滚动控制，包括航向保持、航向恒定小角度转弯（倾斜角约为 10°）、正常机动转弯和高"G"和机动"G"控制。

（3）方位控制

方位控制信号传递见图 10-6。

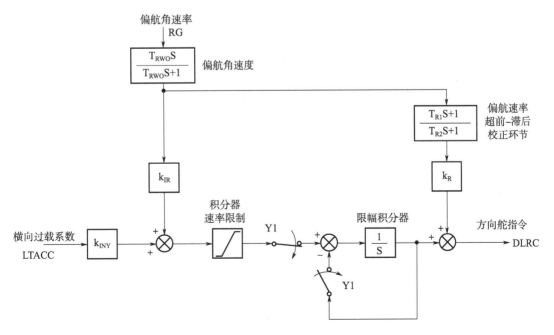

图 10-6　火蜂 -1 靶机方位飞行控制信号传递框图

方位控制包括：

1）全飞行过程中的偏航角速率阻尼；

2）增强的方向保持；

3）发射时协调转弯控制。

（4）速度控制

靶机速度（油门）控制信号传递如图 10-7 所示。

速度控制包括：

1）自动速度控制，由微处理器飞行控制盒根据高度及机动要求自动进行速度控制，有自动速度保持控制和自动速度限制；

2）指令速度控制，由地面站发出加速或减速控制指令。

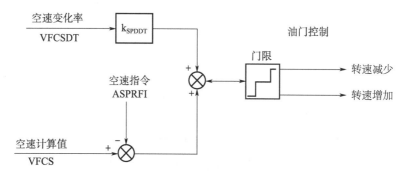

图 10-7　火蜂 -1 靶机速度（油门）控制信号传递框图

近年来，飞行控制技术有了新的发展。美国罗克韦尔·柯林斯公司研制生产的 Athena 111/111 m（见图 10-8 和图 10-9）是一种小型轻便的飞行控制系统，专门用于小型、高性能的固定翼、涵道风扇式或直升机靶机。系统中采用了一整套 INS/GPS 导航解决方案，可以与伺服马达、数据传输设备和有效载荷兼容所需的各种数据输入 / 输出硬件设备，以及加速度表、速率陀螺仪、磁强计、飞行数据传感器 / 压力传感器、攻角（AoA）传感器、侧滑角传感器和 GPS 接收机等，可以完成空速、高度、爬升率、攻角、侧滑、三维自动导航以及自动起飞和着陆控制。

Athena 111/111 m 飞行控制系统的主要技术参数如下：

外形尺寸

　长（包括安装支架）　　　　　99 mm

　宽（包括安装支架）　　　　　40 mm

　深（包括安装支架）　　　　　66 mm

质量　　　　　　　　　　　　　0.2 kg

性能参数

　惯性测量组合（IMU）

　更新率　　　　　　　　　　　50 Hz（100 Hz，可选）

　最大角速率　　　　　　　　　±200°/s

最大机动过载	$\pm 7\,g$
模拟／数字采样分辨率	24 bits
精度	
航向／俯仰／滚动	0.1°（1σ）
最大空速	296 km/h（最大 1 204 km/h，可选）
高度（海平面）	13.7 m
（12 200 m）	< 60.9 m
最大消耗功率（9~18 V 或 18~36 V）	4.5 W

图 10-8　Athena 111/111 m 飞行控制系统（1）　图 10-9　Athena 111/111 m 飞行控制系统（2）

随着无人机技术以及相关技术的不断进步，靶机的飞行控制系统也在不断发展，如中国的长空系列靶机，其飞行控制系统分为模拟式、数／模混合式和数字式。

KJ-9、KJ-9B 和 KJ-9C 模拟式自动驾驶仪主要由机械式程序机构、调零调参控制盒（内装三通道综合回路调整电位计和继电器）、信号传感器（包括陀螺平台、航向陀螺仪、角速度陀螺仪组合、高度差传感器、高度信号器等）、各种放大器和舵机（包括升降舵机、副翼舵机和方向舵机）。其中，机械式程序机构主要用于实现靶机起飞后的 85 s 内姿态角按规律控制，以在靶机爬升过程中限制动压，保证飞行安全；调零调参控制盒用于各回路信号传动比调整和舵回路调零，并按程序或指令实现姿态控制；信号传感器分别用于测量和输出各姿态角及其速率、高度与高度差等信号；放大器用于将传感器输入的信号进行放大，驱动相应的伺服机构；舵机用于操纵舵面并反馈信号。KJ-9C 自动驾驶仪用于大机动靶机。

长空一号超低空靶机采用的 KJ-9E 数／模混合式自动驾驶仪通过机载计算机对输入、输出、开关量和模拟信号进行综合、放大、变换和积分，以实现逻辑控制和多种保护功能，从而对飞行姿态、高度、油门状态等进行优化控制，并具有编程灵活和自适应能力强的特点。

为确保靶机平稳、安全地进入超低空平飞，并保证平飞高度的稳定精度，KJ-9E 自动驾驶仪采用气压式和雷达式两种高度表，分别作为高、低空测高传感器，在 1 500 m 高度自动切换。低空雷达高度表采用毫微秒、脉冲前沿跟踪技术，可以始终测量飞机离地最短距离（垂直距离），且测量精确，电磁兼容性好，可同时获取相对高度 H、高度差 ΔH、高度差变化率等信号，超低空平飞高度稳定精度小于 12%H。超低空进入段的飞行轨迹按指数曲线控制，平飞轨迹即为靶机拉平轨迹的渐进线，退出超低空时俯仰角分级控制，并进行信号软化，保证靶机不至于拉起过缓或超载，从而使靶机具有良好的超低空飞行性能。

KJ-9E 自动驾驶仪的原理框图如图 10-10 所示。

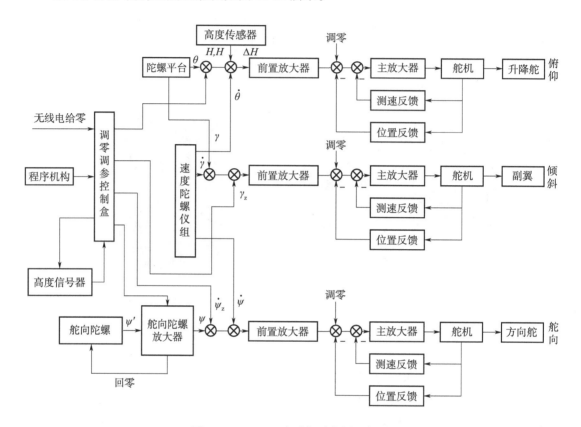

图 10-10　KJ-9E 自动驾驶仪原理框图

自主导航型靶机 CK-1H 采用数字式飞行控制系统，具有自主导航和"安控"功能。系统以高性能 PC104 计算机为核心，具有三种控制方式，即时间程序控制、遥控指令控制和按预先装订的航路实现三维自主飞行控制，以三维自主飞行控制方式为主。数字式飞行控制系统用于实现靶机发射起飞，程序爬升，三维自主或指令操纵安全飞行到预定的航区，并通过遥测信道将靶机飞行参数和飞行控制系统内部参数下传给地面测控站，为地面控制人员提供靶机的有关信息，以控制靶机完成飞行任务。

数字式飞行控制系统由陀螺平台、角速率陀螺仪、磁罗盘、大气数据计算机、空气压力受感器、GPS 接收机、GPS 天线、控制与导航计算机、升降舵机、方向舵机、副翼舵机、电阻盒、电容盒、电门开关盒、机载电缆等。

系统的主要功能包括：自动稳定靶机的俯仰角 θ、滚转角 γ 和偏航角 ψ 的角运动，并具有改变不同姿态角的操纵特性；完成靶机在预定飞行高度上保持定高飞行；按预先装订的飞行任务进行航路规划，自动完成三维空间的自主飞行；接收地面测控站上传的遥控指令（人工引导），自动退出自主飞行，实现人工引导飞行；发射升空段设置 100 s 的时间程序控制的爬高动作，100 s 后自动进入航路 1# 点的自主飞行；对发动机状态实施控制，状态包括大车、修正额定、额定、巡航 1、巡航 2、慢车、停车等；一般采用飞行状态与发动机联动方式进行，也可发指令进行修改；对靶机曳光任务进行管理；把飞行参数按一定的帧结构输送给遥测，并接收遥控终端送来的指令进行编码，操作靶机飞行；具有地面快速检测功能等。

数字式飞行控制系统的组成方框图如图 10-11 所示。

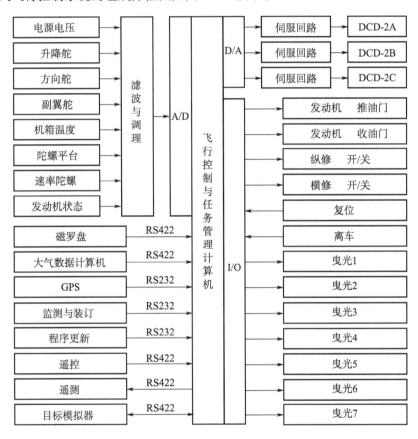

图 10-11　数字式飞行控制系统组成方框图

10.3　动力系统

10.3.1　功能和分类

靶标的动力系统是靶标飞行的动力装置及其辅助设备，按其工作原理可以分为以下几种。

（1）活塞发动机

早期靶标都采用这种发动机，低速小型靶标至今仍在采用这种发动机，因为活塞螺旋桨发动机耗油少，可提供较长的续航时间。不过装备这种发动机的靶标飞行速度一般不超过 150 m/s。

（2）涡轮喷气发动机

涡轮喷气发动机是当今亚声速靶标采用的主要发动机，其速度应用范围较宽，也可以用于超声速靶标，如火蜂 -1 靶机。

（3）火箭发动机

很多超声速靶标均采用火箭发动机，包括液体火箭发动机、固体火箭发动机和固 - 液混合火箭发动机。火箭发动机可以提供较大推力，适应高空飞行。其中固体火箭发动机大多用于飞行时间较短的靶弹或用作靶机起飞的助推器。

10.3.2　活塞发动机

几种靶机的活塞发动机的性能参数如表 10-3 所示。

表 10-3　几种靶机的活塞发动机的性能参数

项目	BTT MQM-33C	BTT-3 女妖	B-2 航模
国家与公司	美国诺斯罗普公司	美国靶机技术有限公司	中国
靶机起飞质量（kg）	200	54.4	53
最大飞行速度（m/s）	100	85	60
发动机型号	O-100-3	NGL WAE 342	HS-280
发动机功率（kW）	26	19	10
发动机类型	四缸二冲程	双缸二冲程	双缸二冲程
汽缸容积（cm³）	1 638	342	280
发动机质量（kg）	35.8		11.5
螺旋桨	双叶 Φ1118	双叶 Φ620	双叶 Φ660

（1）美国 O-100-3 活塞发动机

O-100-3 活塞发动机是一种卧式对置风冷式四缸二冲程发动机，用作诺斯罗普公司基础训练靶机（BTT）的动力装置。

O-100-3 的主要设计特点如下。

汽缸：压铸铝合金；整体缸盖、硬铬镀层缸壁，压缩比为 7.8：1；

活塞：铸铝；渗碳钢活塞销，销上有两个活塞环；

连杆：锻钢；连杆大端上为"自由滚动"镀银轴承，小端上为滚针轴承；

曲轴：安装在 4 个减磨轴承（2 个滚珠轴承、2 个滚针轴承）上的 4 曲柄整体钢锻件，1 个带主轴承开口座圈；

曲轴箱：整体热处理永久铸模铝铸件，后端用铸铝盖堵住，盖上装永磁发电机；

气门传动：通过曲轴驱动的旋转气门和节气门汽缸将可燃混合气体输送入汽缸，从而完成换气和工作冲程；

电磁感应：机械或电气燃油泵，带可调喷嘴的膜片式化油器；

点火系统：电容放电点火型，为便于启动，通过冲击式接合器直接与曲轴连接；全射频屏蔽；

燃油：20∶1 的 100/130 级混合航空发动机燃料和二冲程发动机润滑油。

O-100-3 发动机的主要技术参数如下：

外形尺寸（长 × 宽 × 高）	686 mm × 711 mm × 381 mm
缸径	80.8 mm
干重（不包括螺旋桨毂）	34.9 kg
行程	79.4 mm
汽缸容积	1 639 cm^3
起飞额定功率（转速 4 100 r/min）	62.6 kW
最大起飞功率时的耗油率	126.75 μg/J

（2）英国 AR731 活塞发动机

AR731 活塞发动机是英国无人机发动机公司（UEL）于 1994 年研制的风冷单转子发动机，是一种专门为小型靶机和短寿命无人机研发的短寿命发动机，用于龙（Dragon）、百灵鸟（Lark）、玛鲁拉（Marula）、徘徊者-1（Prowder I）、飞靶（Skeet）、鹬（Snipe）和女妖（Banshee）等靶机。

AR731 发动机的主要设计特点如下。

点火系统：无触点磁电机点火；

燃油：普通车用汽油或航空汽油；

螺旋桨：拉进式或推进式；

启动系统：外部手摇柄或启动电机。

AR731 发动机的可选设备包括化油器高度修正装置和 28 V 900 W 或 1 500 W 发电机。

AR731 发动机的主要技术参数如下：

外形尺寸（长 × 宽 × 高）	600 mm × 328 mm（最大）× 262 mm
总重	9.8 kg
汽缸工作容量	208 cm^3
起飞额定功率（转速 7 800 r/min）	28.3 kW
最大耗油率	96.33 μg/J
巡航耗油率	87.88 μg/J
大修间隔时间	10~50 h

（3）中国小型航空活塞发动机

1）HS 系列小型活塞发动机

中国西北工业大学为配合小型活塞航空靶标的研制，已研发出 HS 系列小型活塞发动机，主要包括以下几型。

① HS-280 活塞发动机（图 10-12）

功率	10 kW
类型	双缸二冲程
汽缸容积	280 mL
质量	10 kg
燃油	92# 汽油
研制时间	1968~1970 年
应用范围	B-2 系列靶机

图 10-12　HS-280 活塞发动机

② HS-350 活塞发动机（图 10-13）

图 10-13　HS-350 活塞发动机

功率	16 kW
类型	双缸二冲程
汽缸容积	345 mL
质量	12 kg
燃油	92# 汽油
研制时间	1984~1986 年
应用范围	B2、B9 靶机，舰载无人机

③HS-510 活塞发动机（图 10-14）

图 10-14　HS-510 活塞发动机

功率	22 kW
类型	四缸二冲程
汽缸容积	510 mL
质量	19 kg
燃油	92# 汽油
研制时间	1978~1982 年
应用范围	B12 靶机，D4、Z5 等无人机

④HS-700 活塞发动机（图 10-15）

功率	38 kW
类型	四缸二冲程
汽缸容积	690 mL
质量	22 kg
燃油	92# 汽油
研制时间	1988~1992 年
应用范围	B7 靶机，T6、T18 等无人机

图 10-15　HS-700 活塞发动机

⑤ HS-990 活塞发动机（图 10-16）

图 10-16　HS-990 活塞发动机

功率	55 kW
类型	四缸二冲程
汽缸容积	990 mL
质量	27 kg
燃油	92# 汽油
研制时间	2004~2009 年
应用范围	中型低速无人机

2）CYS 系列活塞发动机

南京模拟技术研究所针对小型无人机设计了 CYS 系列活塞发动机，主要包括以下几型。

① CYS-40F 活塞发动机（图 10-17）

CYS-40F 活塞发动机是专门针对小型无人机设计的单缸二冲程风冷式航空汽油发动机。该发动机采用膜泵式化油器，提高了动力系统在不同海拔高度的适应能力。发动机可装配前拉式正螺旋桨或后推式反旋螺旋桨，使用方便，操作简单，是一种较为理想的小型航空活塞动力装置。

图 10-17　CYS-40F 活塞发动机

CYS-40F 活塞发动机由进气口、化油器、进气座、机匣、曲轴、活塞、缸体以及磁电机点火系统和电气控制系统等组成。

CYS-40F 活塞发动机的主要技术参数如下：

型式	单缸二冲程风冷式汽油发动机
外形尺寸	170 mm × 180 mm × 200 mm
额定转速	7 500 r/min
额定功率	2.1 kW
耗油率	≤ 0.7 kg/kW·h
排量	41.5 mL
缸径	40 mm
行程	33 mm
压缩比	8.3
点火装置	无触点磁电机
启动方式	拉绳式或外接启动电机
旋转方向	逆时针（从输出端看）
质量	2.1 kg
使用温度	−20 ℃~+50 ℃
使用寿命	> 100 h

② CYS-80F 活塞发动机（图 10-18）

CYS-80F 活塞发动机是专门针对小型无人机设计的双缸对置二冲程风冷式航空汽油发动机。该发动机采用膜泵式化油器，提高了动力系统在不同海拔高度的适应能力。发动机可装配前拉式正螺旋桨或后推式反旋螺旋桨，使用方便，操作简单，是一种较为理想的小型航空活塞动力装置。

图 10-18　CYS-80F 活塞发动机

CYS-80F 活塞发动机由进气口、化油器、进气座、机匣、曲轴、活塞、缸体以及磁电机点火系统和电气控制系统等组成。

CYS-80F 活塞发动机的主要技术参数如下：

型式	双缸对置二冲程风冷式汽油发动机
外形尺寸	257 mm × 192 mm × 95 mm
额定转速	7 200 r/min
额定功率	4.8 kW
耗油率	≤ 0.56 kg/kW·h
排量	80 mL
缸径	40.5 mm
行程	31 mm
压缩比	8.3
点火装置	无触点磁电机
启动方式	外接启动电机
旋转方向	逆时针（从输出端看）
质量	2.9 kg
使用温度	−20 ℃~+50 ℃
使用寿命	> 100 h

③ CYS-350F 活塞发动机（图 10-19）

CYS-350F 活塞发动机是专门针对小型无人机设计的双缸对置二冲程风冷式航空汽油发

动机。该发动机配有无触点磁电机和高效率的交流发电机，可为无人机机载设备提供充足的电源；采用膜泵式化油器，提高了动力系统在不同海拔高度的适应能力。发动机可装配前拉式正螺旋桨或后推式反旋螺旋桨，使用方便，操作简单，是一种较为理想的小型航空活塞动力装置。

图 10-19　CYS-350F 活塞发动机

CYS-350F 活塞发动机由进气口、化油器、进气座、机匣、曲轴、活塞、缸体以及磁电机点火系统、发电系统和电气控制系统等组成。

CYS-350F 活塞发动机的主要技术参数如下：

型式	双缸对置二冲程风冷式汽油发动机
外形尺寸	387 mm×230 mm×250 mm
额定转速	7 000 r/min
额定功率	18.4 kW
耗油率	≤ 0.55 kg/kW·h
排量	342 mL
缸径	66 mm
行程	50 mm
压缩比	10.2
点火装置	无触点磁电机
启动方式	外接启动电机
旋转方向	逆时针（从输出端看）
质量	12.5 kg
使用温度	–20 ℃~+50 ℃
使用寿命	> 100 h

10.3.3　涡轮喷气发动机

靶机采用的涡轮喷气发动机通常具有如下特点：

需要满足一定的推力和靶机质量比。发动机的推力和靶机本身的质量比是衡量靶机性能的重要指标。几种涡轮喷气发动机的推力和靶机质量比如表 10-4 所示。

表 10-4　几种靶机的涡轮喷气发动机推力和靶机质量比

靶机名称	发动机型号	发动机推力（kN）	推力和质量比
火蜂 -1	J69-T-29	7.57	0.79
火蜂 -1	J85-7		1.10
火蜂 -1	J85-17	12.68	1.30
火蜂 -2	YJ69-T-406	8.89	1.31
C-22		3.43	0.7
石鸡 -2	WR-24-7-2	0.78	0.55
石鸡 -3	WR-403	1.07	0.55
米拉奇 -100	TRS18-076	14	0.50
金迪维克		11.12	0.75

　　表 10-4 中的推力和质量比是按发动机的海平面推力和靶机正常起飞质量之比。为了获得高飞行速度，例如要达到高亚声速，此值要求大于 1。

　　成本低。为降低成本，常使用小型有人驾驶飞机用过的发动机，或者设计寿命较短的发动机，一般其工作寿命不超过 50 h。

　　发动机推力小，体积和质量亦较小，特别要求横向尺寸小。这种发动机一般称为微型涡轮喷气发动机，其推力一般不超过 15 kN。

　　（1）美国火蜂 -1 靶机的 J85-17 涡轮喷气发动机

　　这是一种性能较好的典型靶机用涡轮喷气发动机，由美国通用电气公司生产。

　　J85-17 涡轮喷气发动机的特性参数如下：

长度	1 026 m
直径	0.432 m
空载质量	181 kg
海平面推力	12.68 kN
耗油比	0.97 kg/h
空气流量	7 486 kg/s
转子速率（90% 推力）	16 000 r/min
排气温度（90% 推力）	629.5 ℃
压缩机类型	8 级轴流式
涡轮	2 级
燃油	JP-4、JP-5
无大修工作时间	50 h

　　（2）美国石鸡 -2 靶机的 WR24-7-2 涡轮喷气发动机

　　WR24-7-2 发动机系统框图见图 10-20。

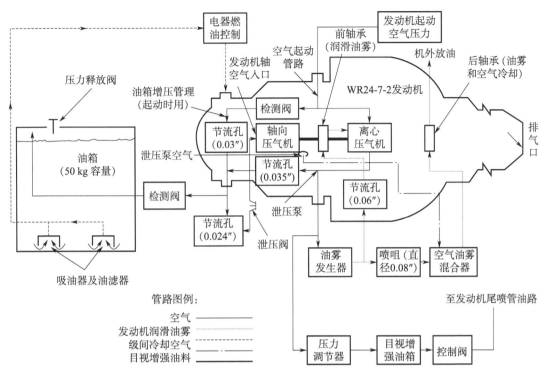

图 10-20 石鸡 -2 靶机的 WR24-7-2 发动机系统框图

如图所示，发动机系统主要由以下几部分组成：

发动机本体，包括进气道、离心 / 轴向两级压缩机、环形燃烧室、单级轴流涡轮、轴承和尾喷管等；

油箱，包括吸油器和油滤器等；

启动器，发动机在靶机地面放飞前用地面压缩空气驱动压缩机启动，并给油箱增压；

燃油控制装置，根据地面指令对油门进行控制；

润滑系统，包括润滑油雾发生器、轴承润滑管路等；

空气冷却系统，用压缩机加压的空气进行级间冷却，并与润滑油雾混合对后轴承进行润滑和冷却；

发烟油料喷射及控制装置，将发烟油料喷射到发动机尾喷管中，以增强目视效果。

发动机空载质量为 20 kg，其地面静态额定推力为 0.782 kN。

（3）意大利米拉奇 -100 靶机的 TRS18-076 发动机

由美国微型涡轮发动机公司研制生产的 TRS18 发动机是一种小型涡轮喷气发动机系列。该发动机专门为滑翔机设计，具有自主启动和爬升能力，经改型后可以配备在超轻型飞机和无人机上，其中 TRS18-076 发动机用于米拉奇 -100 和米拉奇 -150 靶机。

TRS18 发动机的前部由进气口、变速箱、电子调速和保护单元、启动顺序和指示组合组成；后部包括涡轮机匣护板、回流环形燃烧室、排气锥喷管等。

发动机的涡轮机部分包括带扩压器和直叶片的 1 级离心式压气机、由转子和导向器组成的轴流式涡轮，以及承载转子组件上 2 个球形轴承（压气机和涡轮机之间的轴承）的主框架；尾喷管为热电偶型；燃油发动机采用 JP-4/JP-5 和 JP-8 燃油，燃油泵由电力驱动；润滑系统采用 1 个封闭回路将压力传送给转子和齿轮箱轴承；启动 / 点火系统位于机头内，2 个火花塞仅在启动时使用。启动 / 发电机可提供 1500 W 28 V 电源。

TRS18 发动机的主要技术参数如下：

外形尺寸（长 × 宽 × 高）　　　578 mm × 306 mm × 349 mm

干重　　　　　　　　　　　　　37.5 kg

起飞推力　　　　　　　　　　　1.15 kN

耗油率　　　　　　　　　　　　124 kg/（kN·h）

（4）中国小型涡轮喷气发动机

1）CYS 系列小型涡轮喷气发动机

南京模拟技术研究所针对无人机、靶机和小型导弹等飞行器设计了 CYS 系列小型涡轮喷气发动机。

① CYS-40WP 系列涡轮喷气发动机（图 10-21）

图 10-21　CYS-40WP 涡轮喷气发动机

CYS-40WP 是南京模拟技术研究所研制的一种小型单轴涡轮喷气发动机。2002 年，南京模拟技术研究所开始该机型的研制工作，基本型于 2005 年定型。2018 年开始研制 CYS-40WP 的增推型，并于 2019 年 10 月定型。

该发动机结构形式为单级离心压气机 + 直流燃烧室 + 单级径流涡轮。燃油控制系统由 ECU、油泵、传感器等组成。润滑方式为混合油料开式润滑。启动点火系统可用空气启动或火药启动两种方式。

该系列发动机结构简单、稳定可靠，使用维护方便，可为小型无人机、靶机、巡飞弹提供动力。发动机已累计生产 3 000 余台，飞行上万架次。

CYS-40WP 系列发动机主要型号有以下两种。

CYS-40WP：早期基本型。

CYS-40WP-1：增推型，在基本型的基础上发动机最大外径略有放大，重新设计压气机与涡轮，提高空气流量与增压比，提高部件气动效率。润滑系统增加半回收功能，可减小发动机耗油率。

CYS-40WP 系列发动机的主要技术参数如下：

	CYS-40WP	CYS-40WP-1
最大推力（daN）	40	47.5
最大直径（mm）	154	160
长度（mm）	420	420
耗油率［kg/（daN·h）］	1.7	1.4
最大空气流量（kg/s）	0.75	0.85
干质量（kg）	7	6.5
增压比	3.75	4.1
设计转速（r/min）	89 000	87 000

② CYS-80WP 系列涡轮喷气发动机（图 10-22）

图 10-22　CYS-80WP 涡轮喷气发动机

CYS-80WP 是南京模拟技术研究所为满足大机动靶机需求研制的一种小型涡轮喷气发动机。2012 年初制定研制路线，2013 年底发动机首次运转，2014 年 12 月底发动机定型。2017 年开始研制 CYS-80WP 的增推型，并于 2019 年 10 月定型。

该发动机结构形式采用单级离心压气机 + 回流燃烧室 + 单级轴流涡轮的紧凑型布局，具有较强的抗过载能力。燃油系统采用电动齿轮泵供应燃油，并通过调节油泵转速直接控制供油量。滑油系统采用燃滑油一体开式润滑。启动点火方式为空气启动。

该型发动机的装机对象为大机动靶机，也可拓展为小型无人机、巡飞弹的动力。发动机具有结构紧凑、抗过载能力强、抗畸变能力强、使用包线宽等特点。发动机现已总计生产 100 余台，飞行 100 架次以上。

CYS-80WP 系列发动机主要型号有以下两种。

CYS-80WP：早期基本型。

CYS-80WP-1：增推型，在基本型的基础上发动机外径略有增加，重新设计压气机与涡轮，提高空气流量与增压比，提高部件气动效率，燃烧室也做了适应性改动。在发动机进口端配置启动电机，具备一键启动功能。

CYS-80WP 系列发动机的主要技术参数如下：

	CYS-80WP	CYS-80WP-1
最大推力（daN）	80	100
最大直径（mm）	230	238
长度（mm）	670	670
耗油率 [kg/（daN·h）]	1.4	1.3
最大空气流量（kg/s）	1.3	1.55
干质量（kg）	13	14.8
增压比	4.4	4.8
设计转速（r/min）	69 000	62 000

③ CYS-150WP 系列涡轮喷气发动机（图 10-23）

图 10-23　CYS-150WP 涡轮喷气发动机

CYS-150WP 是南京模拟技术研究所研制的一种适用于高亚音速靶机的小型涡轮喷气发动机。2006 年该型发动机启动研发工作，2011 年完成首次飞行试验。为满足不同军种需求，在基本型的基础上衍生出空军型和海军型，并先后于 2017 年与 2018 年定型。

该发动机结构形式为单级离心压气机 + 回流燃烧室 + 单级轴流涡轮。基本型燃油系统采用燃油泵组合伺服阀的方式，可实现燃油精密、稳定的调节。滑油系统为独立闭式润滑，配备单独的滑油箱与滑油泵。启动方式为空气启动。

该发动机具有结构紧凑、可靠性高、使用包线宽等特点。发动机已总计生产 200 余台，累计飞行 300 架次以上。

CYS-150WP 系列发动机主要型号有以下三种。

CYS-150WP：早期基本型；

CYS-150WP-K：空军型。为进一步提升性能与经济性，空军型在基本型的基础上，将润滑方式改为带半回收功能的开式润滑，取消发动机前端的滑油箱，发动机推力与耗油率性能均有不同程度改善。发动机还配备了启动电机，具备一键启动功能。

CYS-150WP-H：海军型。在空军型的基础上，对主轴、轴承等关键件进行防腐设计。发动机还具备免拆卸清洗功能。

CYS-150WP 系列发动机的主要技术参数如下：

	CYS-150WP	CYS-150WP-K/H
最大推力（daN）	145	160
最大直径（mm）	310	310
长度（mm）	650	650
耗油率 [kg/（daN·h）]	1.3	1.2
最大空气流量（kg/s）	2.44	2.58
干质量（kg）	42	36
增压比	4.75	4.9
设计转速（r/min）	48 750	48 750

④ CYS-180WP 涡轮喷气发动机（图 10-24）

图 10-24　CYS-180WP 涡轮喷气发动机

CYS-180WP 是南京模拟技术研究所研制的一种适用于高空、高亚音速靶机的小型涡轮喷气发动机。2016 年启动论证与调研工作，2017 年中旬发动机首次试车成功，2018 年底发动机定型。

该发动机结构形式为单级离心压气机 + 回流燃烧室 + 单级轴流涡轮。为满足高空使用需求（1.2 km），离心压气机采用高压比设计，燃烧室使用离心式喷嘴。燃油系统采用无刷燃油泵搭配精密调节阀的组合形式，通过泵阀切换可实现对发动机转速的精确控制。启动方式为空气启动。发动机 ECU、油泵等附件均集成在发动机进气机匣外侧，大幅提高外场使用、维护的便利性。

该发动机具有单位迎风面积推力高、附件集成度高、结构紧凑、使用维护方便、使用包线宽等特点，主要装机对象为高空、高亚音速靶机与无人飞行器。

CYS-180WP 系列发动机的主要技术参数如下：

最大推力（daN）	185
最大直径（mm）	317
长度（mm）	800
耗油率 [kg/（daN·h）]	1.1

最大空气流量（kg/s）	2.85
干质量（kg）	38
增压比	5.3
设计转速（r/min）	49 000

2）CK 系列靶机发动机

CK 系列靶机发动机由涡喷 -6 发动机改装而成。根据靶机的动力要求和为了调节使用方便，对发动机作了如下改装：拆除了加力系统，液压调节喷口改为固定喷口；为减小推力引起的抬头力矩，将尾喷口与发动机轴线下偏 8°，通过改变转速调节发动机推力；在发动机前机匣上安装油门电机，用于控制发动机的油门开度。发动机可根据需要设置"最大""修正额定""额定""巡航""大巡航""小巡航""巡航 1""巡航 2""巡航 3""慢车""停车"等状态。

CK 系列靶机供油系统由增压 / 输油管路和油箱组成。

增压管是封闭的，利用发动机压气机的压缩空气给油箱增压，通过三通接头和单向活门排除压缩空气，使油箱保持恒定 152 kPa 的压力。增压的目的是使燃油系统在靶机整个飞行过程中具有一定的燃油出口压力，保持正常供油。

CK1、CK1H 和 CK3 靶机的油箱有前、后两个出油口，通过三通接头相连，经断油开关与发动机油泵相通。前出油口装有浮子活门，保证在各种状态下正常供油。

CK1B、CK1C 和 CK1E 靶机配置了副油箱供油系统。为保证左、右副油箱同步供油，通过燃电阀和气电阀控制副油箱仅在平直飞行时供油，靶机倾斜时自动切断，由主油箱供油。

CK1C 大机动靶机的供油系统为保证大机动飞行正常供油，主油箱前部设置了抗过载装置，整体油箱前段隔出密闭的压力供油舱，后段设置了带单向活门和倒飞油箱的储油舱，保证在各种大机动飞行时正常供油。

CK1C 靶机的供油原理图见图 10-25。

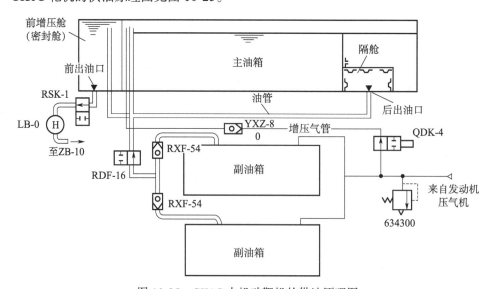

图 10-25　CK1C 大机动靶机的供油原理图

10.3.4　火箭发动机

靶标采用的火箭发动机包括液体火箭发动机、固体火箭发动机和固 - 液混合火箭发动机。表 10-5 列出了两种靶标火箭发动机的主要性能。

表 10-5　两种靶标火箭发动机的主要性能

靶标名称	AQM-37	火弩
发动机型号	AMF LR64	YJ69-T-406
发动机类型	液体火箭发动机	固 - 液冲压发动机
发动机推力（kN）	2 × 2.8	0.53~5.33
燃料	混胺 MAF-4	丁基橡胶 + 有机玻璃
氧化剂	红烟硝酸	红烟硝酸
总冲（kN·s）		707
推力和靶机质量比	3.34	5

火弩靶弹采用的固 - 液火箭发动机的特点是控制氧化剂流量，使其推力可调，并具有较高的地面安全性。可控推力装置内装有无氧化剂的固体燃料，又用作燃烧室。其结构如图 10-26 所示。

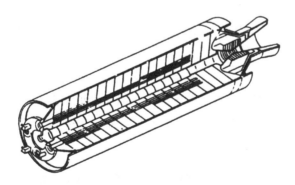

图 10-26　火弩靶弹可控推力发动机的结构图

10.4　回收系统

10.4.1　靶标回收分类

靶标回收可按不同目的、状态和方式等分类。

（1）按降落着陆，一般可分为硬回收和软回收。硬回收通常指不用降落伞减速、着陆时靠靶标机身结构的减震设计来保护靶标。由于这种回收方式易导致靶标损坏，已逐渐被软回收所替代。软回收通常是指降落伞回收，已被大多数靶标采用。在此主要介绍带降落伞的机上回收系统。

（2）按回收程序，一般可分为正常回收和应急回收。正常回收是指根据机上飞行控制计算机或程序器给出的指令自动启动回收程序；应急回收是指在正常开伞回收装置出现故障的情况下启动完全独立的应急开伞装置对靶标进行回收，以保证靶标在有故障情况下不致遭受损失。

（3）按回收地点，一般可分为陆地回收、水上回收和空中回收。陆地回收需要考虑着陆时的缓冲，必要时增加着陆缓冲装置。水上回收需要考虑靶标的水面漂浮，增加浮囊，以便在靶标落到水面上后不会下沉。需要对靶标仪器舱采取密封措施，以避免海上回收时海水对仪器的浸蚀；空中回收是在靶标开伞后的降落过程中，用直升机在空中吊住靶标回收，避免靶标在落地或落海时对其造成损伤。

（4）按飞行高度，可分为高空回收和低空回收。高空回收通常指靶标回收超过一定高度，在此高度上可保证按正常的程序进行回收；低空飞行是指由于飞行高度太低，来不及按正常程序进行回收，需要进行发动机关机爬升，以增加着陆时间、降低飞行速度，并且引导伞和主伞通常一起抛出，以缩短开伞过程。

（5）按回收启动信号来源，可分为指令回收和自动回收。指令回收是指由地面发出回收指令启动回收程序；自动回收则指由靶标按一定条件自动启动回收程序，这些条件包括发动机熄火、电源故障、地面指令和载波信号丢失，即失载回收。

10.4.2　组成

机上降落伞回收系统由主伞、引导伞、开伞装置、吊钩及吊带、伞绳切割器、保护罩、伞套等组成。

降落伞包括主伞和引导伞或多级减速伞。多级减速伞的作用是初步减速，引导伞一方面起减速作用，另一方面把主伞从伞舱内拉出，而主伞承担主要减速功能。为了确保靶标着陆时不受损害，一般垂直着陆速度应不大于5~7 m/s。一些靶标降落伞尺寸与回收质量的关系如表10-6所示。

表 10-6　靶标降落伞尺寸与回收质量的关系

靶标名称	回收质量 （kg）	着陆速度 （m/s）	引导伞直径 （m）	主伞直径 （m）
火蜂-1	700	4.87	1.83	24.87
石鸡-3	150	7	0.76	9.15
米拉奇-100	205	7	0.85	9.5

靶标着陆后，为了防止主伞在风的作用下将靶标拖坏，应启动伞绳切割器，切断降落伞吊绳，使主伞脱开靶标。伞绳切割器一般采用电爆管切割。

10.4.3　回收过程

靶标的回收过程分为正常回收和应急回收两种。正常回收按不同的回收方式启动不同的回收程序，完成一系列动作。图 10-27 显示了一种带减速伞的靶机——美国的 QF4-B 靶机的高空回收过程。

很多靶标的回收过程已经简化，如减速伞和引导伞合为一个伞；有些靶标不用气垫，增加缓冲鳍板等结构。

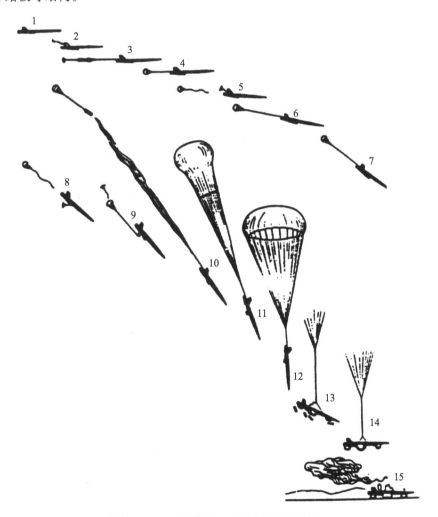

图 10-27　一种带减速伞的靶机回收过程

1. 接收回收指令、启动回收程序、关闭发动机　2. 启动伞舱的电爆管、打开伞舱盖

3. 抛出一级减速伞　4. 靶机减速至一定速压　5. 脱开一级减速伞、抛出二级减速伞

6、7. 经过一段延迟时间减速或靶机降至规定高度　8. 打开主伞舱盖、脱开二级减速伞

9、10. 抛出主伞　11. 主伞展开　12. 主伞完全展开　13. 缓冲垫盖打开　14. 缓冲垫充气

15. 靶机着陆、主伞脱开、启动回收定位信标，便于人员搜索寻找

10.5　脱靶量指示系统

10.5.1　功能

靶标上采用的脱靶量指示器作为脱靶量指示系统的机上部分，与地面接收站组成一个以测量和记录导弹或炮弹对靶标射击时的脱靶参数的系统。这些参数可包括：

（1）导弹或弹丸相对靶标上某一基准点的脱靶距离，即导弹或弹丸在与靶标交会过程中其中心与该基准点的最短距离；

（2）导弹相对靶标的脱靶方位；

（3）导弹相对靶标的相对速度；

（4）导弹与靶标最短接近时间（time of closest approach），即导弹在到达靶机最短距离的时间。

上述四大类测量参数并不是所有脱靶量指示系统都能测量，不同的脱靶量指示系统具有不同的功能。

本节主要叙述脱靶量指示系统在靶标上的一部分，即脱靶量指示器。有关脱靶量指示系统的地面接收及数据处理部分将在"靶标地面设备"一章中介绍。

10.5.2　脱靶量指示系统分类

脱靶量指示系统可按功能、设备安装位置和物理机制等分类。

（1）脱靶量指示系统按功能分类

1）标量脱靶量指示系统，仅用于测量导弹和靶标之间的脱靶距离。这是目前最广泛采用的一种脱靶量指示系统；

2）多天线脱靶测距系统（Multiple antenna ranging system），是一种标量脱靶量指示系统，但可测量导弹相对靶标上多个点的脱靶距离，主要用于对较大和形状较复杂的靶标射击时的脱靶量测量；

3）中靶指示系统（Proximity），这是一种较简单、只记录导弹或弹丸是否落在以靶标上的一个基准点为中心，规定的脱靶量为半径的圆内的记录系统。通常规定的半径在射击前事先装定。这种中靶指示系统多数用于高射炮对靶标的连续射击，记录其命中某个圆内的次数；

4）脱靶象限指示系统（Quadrant），仅用于测量导弹相对靶标的脱靶象限；

5）象限与标量脱靶量指示系统，该系统是上述标量脱靶量指示系统和脱靶象限指示系统的组合；

6）矢量脱靶量指示系统，用于提供导弹相对靶标的脱靶量和脱靶方位角等参数，这是一种功能较全的脱靶量指示系统。

（2）脱靶量指示系统按设备安装位置分类

1）合作式（Cooperative）脱靶量指示系统

合作式脱靶量指示系统不但要求在靶标上安装设备、地面需要设置接收设备，还要求在射击的导弹上安装相应设备，如需要在导弹上安装应答设备以增强回波反射强度。系统的特点是可以获得较强的信号、减少信号波动、提高测量精度等。但为此需要改装导弹，带来很多不便，一般不适于射击使用，因此使用得比较少。

2）非合作式（Non-cooperative）脱靶量指示系统

非合作式脱靶量指示系统只需在靶标上安装所需设备，而不需要在导弹上安装任何设备，大大简化了对导弹的射击要求。但这类指示系统的缺点是，当导弹尺寸大时无线电回波有体目标效应，即不是一点散射而是多点的体目标散射，反射信号幅度起伏较大，多普勒频率亦不是单一的谱线而是一较宽的频谱，因此测量精度要差一些。尽管如此，由于这类脱靶量指示系统使用方便，仍是目前最广泛使用的一种脱靶量指示系统。

（3）脱靶量指示系统（器）按物理机制分类

1）雷达脱靶量指示器

雷达脱靶量指示器是利用靶标上发射的无线电射频信号和导弹的反射回波测量脱靶参数。目前使用的大多数脱靶量指示器属于雷达脱靶量指示器，按其雷达波形又可分为脉冲测距脱靶量指示器、连续波多普勒脱靶量指示器等。

2）光学脱靶量指示器

光学脱靶量指示器利用靶标上发射和导弹上反射的红外或激光信号测量脱靶参数，其原理与激光测距仪大致相同。

3）声学脱靶量指示器

声学脱靶量指示器利用导弹通过靶标时产生的激波测量脱靶参数，通常只适用于以超声速飞行能产生激波的导弹或炮弹。由于其成本较低，这类脱靶量指示器较多用于炮弹的中靶指示系统。

10.5.3　几种典型的脱靶量指示器

（1）AN/DSQ-24A 脉冲测距脱靶量指示器（DIGDOP）

AN/DSQ-24A 是美国卡特怀特公司于 1978 年开始研制的一种非合作式脉冲雷达脱靶量指示器，曾广泛用于 BQM-34A、BQM-102 等多种靶机上，用来测量靶机与导弹或弹丸之间径向距离随时间的变化。

1）性能指标

脱靶量测量范围　　　　　　　＜61 m

测量精度　　　　　　　　　　±0.8 m（3~30 m 时）

　　　　　　　　　　　　　　±1.6 m（30~61 m 时）

相对速度范围　　　　　　　　152~2 440 m/s

弹丸最小雷达截面　　　　　　0.1 m^2

质量（不包括天线）	4 kg
尺寸	Φ149 mm × 305 mm

2）组成

收发共用天线

靶机上通常有两个收发共用天线，装于翼尖上，由地面指令遥控选择其中一个，使达到有效的接收信号。天线带宽为 200 MHz。

射频组合

射频组合发射相干的毫微秒窄脉冲，受时钟开关控制设置多个距离接收波门和不同的衰减量。接收的信号幅度受多普勒频率的调制，可输出辅助的多普勒频率信号。

载波频率	1 775 ± 3 MHz
载波输出功率	20 W
脉冲重复频率	360 kHz
脉冲宽度	10 ± 1 ns
接收机灵敏度	−97 dBm

距离波门组合

距离波门数		29 个
其中		20 个窄波门，距离小于 30 m，波门间隔 1.52 m
		9 个宽波门，距离小于 61 m，波门间隔 3.04 m
输出形式	数字量	5 位 2 进制码
	模拟量	直流 0~5 V（<30 m 时）
		直流 0.5~5 V（30~61 m 时）
	多普勒频率信号	

电源组合

供电电压	直流 28 V（21~32.5 V）
消耗功率	70 W（无加温），85 W（加温）

3）工作原理

采用 L 波段窄脉冲发射和接收，利用距离波门测量导弹和靶机之间的距离。其功能方框图见图 10-28。

（2）RACAL 2700 连续多普勒脱靶量指示器

RACAL 2700 是英国雷卡尔有限公司（Racal Ltd.）于 20 世纪 80 年代研制的一种非合作式小型调频连续波标量脱靶量指示器。其成本较低，曾广泛用于英国的海标枪、海猫、标枪等多种防空导弹的打靶，可装于女妖等靶机的拖靶上。利用靶标与导弹接近过程中多普勒频率的变化测量脱靶参数，包括靶标与导弹或弹丸之间最小脱靶距离、相对速度和最短接近时间。

1）性能指标

脱靶量测量范围	对大 RCS 导弹（海标枪等）	<15 m

	对小 RCS 导弹（标枪、毒刺等）<12 m
	对 100 mm 弹丸　　　　　　　<10 m
	对 76 mm 弹丸　　　　　　　　<8 m

测距精度	0~5 m 时	±0.5 m
	＞5 m 时	±10%

相对速度测量精度	±5%
最短接近时间测量精度	1 ms
相对速度范围	160~1 285 m/s
	（0.5~4.0 Ma）
最大记录速率	12 发/分
质量（包括主机、遥测组合、电池、天线）	5 kg
尺寸	350 mm×150 mm×180 mm
平均故障间隔时间（MTBF）	500 h

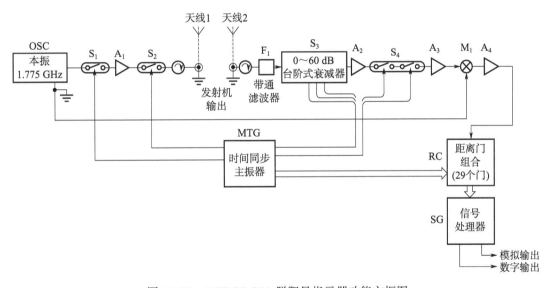

图 10-28　AN/DSQ-24A 脱靶量指示器功能方框图

2）组成

RACAL 2700 脱靶量指示器机上设备主要包括：

雷达天线

天线数	接收和发射各 4 个，装于靶机上下左右 4 个方向，保证在靶标 360° 方位上可靠接收信号
天线类型	偶极子型
增益	+5 dB
收发隔离度	>35 dB

雷达收发主机

载波频率	1 382.5 ± 1.1 MHz
载波输出功率	+ 33 dB
正弦调制频率	1.25 MHz
接收机带宽	10 MHz

遥测组合

载波频率	404.75 MHz
调制形式	窄带连续波调频
信号带宽	< 100 kHz

供电电源

电池电压	直流 26.4 V（25~32 V）
整机消耗电流	900 mA

3）工作原理

RACAL 2700 脱靶量指示器功能方框图见图 10-29。

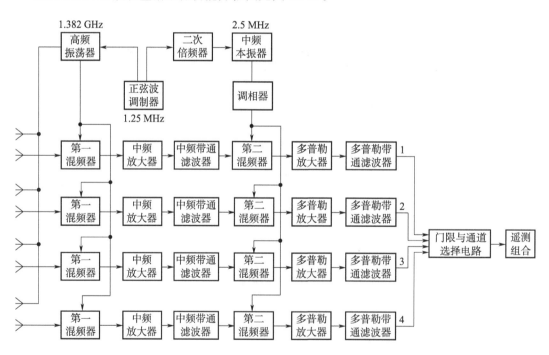

图 10-29　RACAL 2700 脱靶量指示器功能方框图

发射机发射正弦调频的连续波载波信号，回波信号与一小部分发射信号进行一次混频，其差频信号中含有正弦调频频率的各次谐波。用正弦调频频率二次倍频在二次混频器中和一次混频信号再次差频就可以获得所需的多普勒频率信号。4 路多普勒频率信号均输入到门限与波道选择电路。该电路从 4 路信号中选择一路幅值最大的信号，并与门限值比较。如果超过门限值，则输出给机上遥测调制器并发回地面。选择适当门限值可以控制干扰的输出。

有关从多普勒频率的变化中获得脱靶参数的原理将在本书第十一章 11.5.3 节 "2700 脱靶量指示系统地面站" 中叙述。

（3）AN/DSQ-37 脉冲多普勒脱靶量指示器

AN/DSQ-37 是美国摩托罗拉公司 20 世纪 80 年代研制的新一代非合作式窄脉冲多普勒标量脱靶量指示器。已用于美国毒刺、法国海响尾蛇、罗兰特等多种防空导弹的打靶，并且可装于石鸡等靶标上。AN/DSQ-37 和 RACAL 2700 类似，是利用靶标与导弹接近过程中多普勒频率的变化来测量脱靶参数；不同的是，AN/DSQ-37 采用脉冲多普勒体制，有距离截止功能，可抑制截止距离外的干扰和噪声。因此，这种脱靶量指示器具有更好的抗杂波干扰能力。

1）性能指标

测量距离范围	23 m
弹丸最小口径	76 mm
相对速度范围	60~1 500 m/s
脱靶量测量精度（对截面为 $0.1 m^2$ 弹丸）	±0.3 m
质量	4.9 kg
尺寸	45 mm × 155 mm × 282 mm
平均故障间隔时间（MTBF） 民品	635 h
军品	5 675 h

2）组成

AN/DSQ-37 脱靶量指示器包括以下几部分：

雷达天线

收发天线有收发共用和收发分开两种形式。共用时需要加装环形隔离器，近年来大多改用收发分开形式，即接收天线和发射天线各一个。

雷达收发主机

载波频率	1 775 ± 5.0 MHz
发射功率	3~5 W
脉冲宽度	90~110 ns
脉冲重复频率	504 kHz
接收机灵敏度（S/N=6 dB）	−94 dBm
接收机距离门	30 ± 10 ns
输出多普勒频率范围	200 Hz~20 kHz

遥测组合

载波频率	1 527.5 MHz ± 0.003%

调制形式	调频 / 调频
副载波频率	165 kHz
遥测发射功率	> 2 W

供电电源

电池电压	直流 28±4 V
整机消耗电流	<1.875 A

3）工作原理

AN/DSQ-37 脱靶量指示器功能方框图见图 10-30。

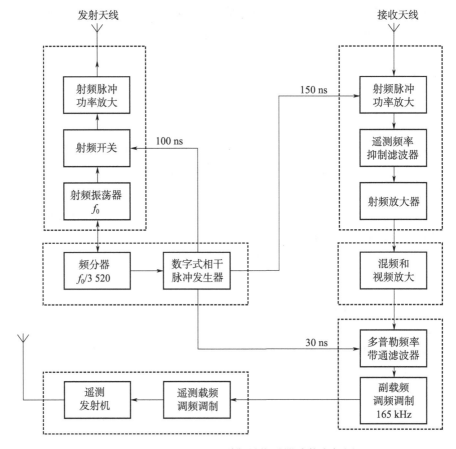

图 10-30　AN/DSQ-37 脱靶量指示器功能方框图

（4）AN/DSQ-41A 脱靶量指示器

AN/DSQ-41A 是美国卡特怀特公司于 20 世纪 70 年代研制的一种小型自带遥测设备的非合作式多普勒雷达脱靶量指示器，可装在美国 MQM-34D、MQM-107、MQM-74 等靶机所带的各类红外和雷达拖靶上。既用作弹丸中靶记录器，记录弹丸中靶次数，也可以配合地面接收站进行多普勒频率的处理，测量导弹对拖靶的脱靶参数。其特点是遥测和雷达采用同一频率，用时间进行分隔，简化了设备，因此质量和体积较小。

1）性能指标

测量范围

　　最大中靶圆半径（20 mm 弹丸）　　10 m、12 m、15 m（3 种，可调）

　　最大脱靶距离（导弹）　　　　　　24 m

相对速度范围　　　　　　　　　　　61~1 524 m/s

弹丸最大射击速率　　　　　　　　　7 200 发 / 分

中靶记录精度　　　　　　　　　　　＞ 90%

脱靶量分辨率（对导弹 0.1 m^2）　　± 0.3 m

质量　　　　　　　　　　　　　　　1.9 kg

尺寸　　　　　　　　　　　　　　　102 mm × 490 mm × 363 mm

2）组成

AN/DSQ-41A 脱靶量指示器包括以下几部分：

雷达天线及收发开关，天线通过环形隔离器收发共用。

雷达收发主机

载波频率　　　　　　　　　　　　　1 775 ± 10 MHz

峰值发射功率　　　　　　　　　　　0.8 W

脉冲宽度　　　　　　　　　　　　　30~60 ns

脉冲重复频率　　　　　　　　　　　250 ± 20 kHz

接收机灵敏度　　　　　　　　　　　–125 dBm

遥测组合

载波频率　　　　　　　　　　　　　1 775 ± 10 MHz（与雷达相同）

遥测发射功率（带放大器）　　　　　＞ 2 W

供电电源

电池电压　　　　　　　　　　　　　直流 28 ± 4 V

整机消耗电流　　　　　　　　　　　＜ 1.875 A

3）工作原理

AN/DSQ-41A 脱靶量指示器功能方框图见图 10-31。

1.775 GHz 射频振荡器输出连续射频信号，该信号放大后经时钟脉冲发生器进行时间开关控制，其中 90% 的时间用于雷达发射和接收，10% 的时间用于遥测信号发射。当导弹或弹丸通过雷达作用范围时，回波信号与射频振荡信号差频产生多普勒频率信号。此多普勒频率信号经压控振荡器（VCO）对射频振荡器进行调频，然后放大。再经时钟脉冲发生器进行时间开关控制，在 10% 的时间内发出带多普勒频率的宽脉冲遥测信号。地面接收站对这个多普勒频率信号进行处理后即可得到中靶记录和脱靶参数。

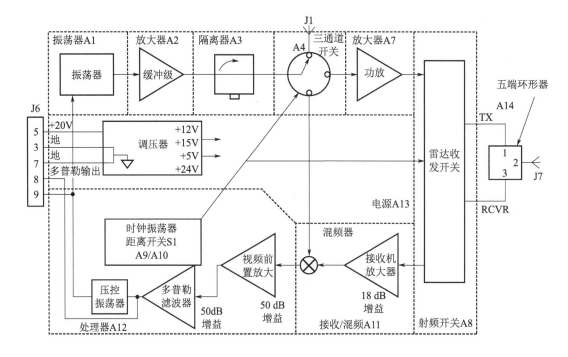

图 10-31　AN/DSQ-41A 脱靶量指示器功能方框图

10.5.4　声学脱靶量指示器

这是一种用于石鸡靶机及其拖靶上的声学脱靶量指示器，具有成本低的特点，其功能方框图如图 10-32 所示。

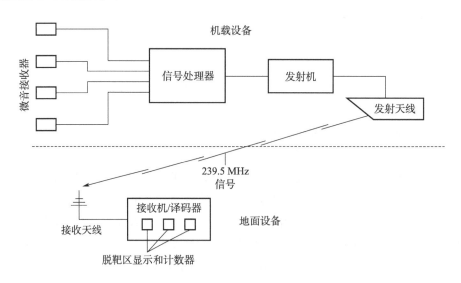

图 10-32　一种声学脱靶量指示器功能方框图

声学脱靶量指示器的机上设备包括 4 个微音接收器、信号处理器和遥测发射机。微音接收器分别安装在靶机吊舱或拖靶的 4 个方位。当导弹或弹丸经过靶机附近时，微音接收器接收其激波压力跳跃，测量激波峰值就可以获得脱靶量。该脱靶量指示器的主要性能为：

最大量程	15 m
弹丸最小速度	超声速
最大记录速度	
探测率为 95% 时	50 发 /s
探测率为 100% 时	25 发 /s
遥测载频	239.5 MHz

对不同的导弹和弹丸事先进行标定，如对典型弹丸的不同脱靶距离给出不同的脱靶区，见表 10-7。

表 10-7　典型防空武器的脱靶区测量范围

防空武器	1 区	2 区	3 区
20 mm、40 mm 弹丸	0~3 m	3~6 m	6~9 m
响尾蛇（Crotale）	0~5 m	5~10 m	10~15 m
沙以纳（Shahine）			
罗兰特（Roland）			
阿斯派特（Aspide）			

10.6　拖靶、吊舱及其他设备

10.6.1　功能

拖靶和吊舱装置是靶机外部吊挂或拖曳的靶标，是飞行靶标的替代物，其用途是使射击武器可以瞄准拖靶进行射击，命中时仅毁伤成本较低的拖靶，不会损伤价格昂贵的靶机。

10.6.2　对拖靶和吊舱装置的要求

（1）拖曳拖靶或吊挂吊舱时，会稍微降低靶机的飞行性能，如速度、机动等。因此，拖靶或吊舱的截面尺寸不能很大。

（2）拖靶或吊舱可模拟射击目标的雷达散射或红外辐射特性，因此需要在其上面安装雷达回波增强装置或红外增强装置。雷达回波增强有不同波段，通常包括 S、X、Ku 等波段；红外辐射应覆盖 2~3 μm 和 4~5 μm。

（3）拖靶拖绳的长度应保证射击武器的雷达或导引头可以分别对拖靶和靶机进行分辨，不致误跟踪靶机。一般模拟红外目标的拖靶拖绳长度为 50~100 m，这样可以在 5 km 以内分辨 1°~2° 红外视场内的目标；模拟雷达散射目标的拖靶拖绳要长一些，为了分辨在 10~20 km 处的目标，雷达对目标的安全分辨能力波束设为 1°，则要求拖绳长度不少于 200~400 m。如果距离可以缩短，拖绳长度也可以缩短，最长的雷达拖靶拖绳可达 2 500 m 以上。

（4）拖靶上要有遥控装置，接受曳光管、脱靶量指示器等设备的开关指令控制。

（5）由于拖靶一般不能在陆上回收，因此其结构必须简单，成本必须低，例如，采用结构简单、价格低的脱靶量指示器。若在水上回收，要求壳体部分密封，落水后不致下沉。

10.6.3　拖靶

按模拟目标的类别或使用目的，拖靶可以分为雷达拖靶、红外拖靶、多用途拖靶和炮射拖靶。其中，多用途拖靶同时具有雷达回波和红外辐射增强功能，便于多种导弹的射击或具有雷达制导红外引信导弹发射试验。炮射拖靶是一种专供火炮射击用的靶标。

（1）雷达拖靶

雷达拖靶分为有源和无源回波增强雷达拖靶。典型的有源回波增强雷达拖靶如图 10-33 所示。

无源回波雷达拖靶装有龙伯透镜，并要求对跟踪雷达和无线电引信都具有增强能力。一种用于米拉奇 -100 靶机的简易无源回波增强雷达拖靶如图 10-34 所示。

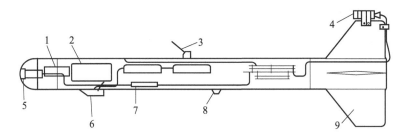

图 10-33　典型的有源雷达拖靶部位安排

1. 声学脱靶量指示器　2. 电池　3. 拖绳　4. 回波增强接收天线　5. 回波增强发射天线
6. 脱靶量指示器遥测天线　7. 回波增强放大器　8. 发射吊挂　9. 稳定尾翼

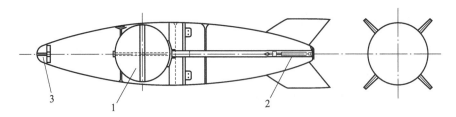

图 10-34　米拉奇 -100 靶机无源雷达拖靶

1. 龙伯透镜　2. 拖绳缓冲装置　3. 配重

（2）红外拖靶

红外拖靶也分为两类：曳光管红外拖靶和喷灯式红外拖靶。米拉奇 -100 靶机采用的曳光管红外拖靶如图 10-35 所示。石鸡 -3 靶机采用的红外喷灯式拖靶结构如图 10-36 所示。喷灯燃料为 JP-5 煤油，红外波段 4~5 μm 内的辐射功率为 200 W。

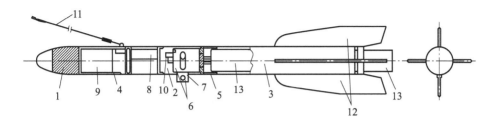

图 10-35　米拉奇 -100 靶机曳光管红外拖靶

1. 前舱　2. 中舱　3. 后舱　4. 1 号框　5. 2 号框　6. 吊挂　7. 安全销孔　8. 定时装置　9. 电池　10. 微动开关　11. 钢拖绳　12. 尾翼　13. 曳光管

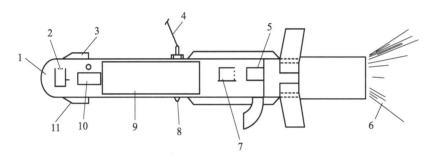

图 10-36　石鸡 -3 靶机喷灯式红外拖靶

1. X/Ku 波段龙伯透镜　2. 电池组　3. 脱靶量指示器（MDI）遥测天线
4. 拖绳　5. 喷灯燃油控制器　6. 红外尾焰　7. 指令接收装置　8. 靶机连接吊挂
9. 增压油箱　10. 声学脱靶量指示器　11. 指令接收天线

（3）多用途拖靶

多用途拖靶是一种挂于翼尖的模块式拖靶，曾用于法国罗兰特、响尾蛇等近程防空导弹的射击，是一种设备较为完善的拖靶。罗兰特导弹射击用的拖靶设备包括：

1）12 V 电池组；

2）Ku 波段回波增强器，用于雷达跟踪；

3）2~4 个红外曳光管，用于地面光学测量，每次进入点燃一个，可提供 4 次打靶进入；

4）S 波段回波增强器，用于导弹引信；

5）声学脱靶量指示器带遥测发射装置，可记录 3 个脱靶区（0~5 m、5~10 m、10~15 m）；

6）指令接收装置，用于接收地面曳光管点火等控制指令；

7）海上漂浮装置，可以额外提供 11.3 kg 的浮力。

拖靶总重为 13 kg，中心舱体为密封舱，可在水上打靶时回收。

10.6.4　拖靶释放控制设备

除拖靶本身外，靶机上还配有一套拖靶释放控制装置。石鸡 -3 靶机上的程控拖靶释放控制装置是一种可以按要求程序控制拖绳长度的设备。

10.6.5　翼尖吊舱

翼尖吊舱通常为红外型，也有雷达型翼尖吊舱，但主要是为靶机雷达回波增强设置的。红外翼尖吊舱也分为两类：曳光管式和喷灯式。前者的曳光管可以固定在吊舱上，亦可用拖绳释放；后者可以为靶机提供更好的保护。不过射击拖曳的曳光管只能用于检验导弹的射击精度。火蜂 -1 靶机曳光管式红外翼尖吊舱如图 10-37 所示。

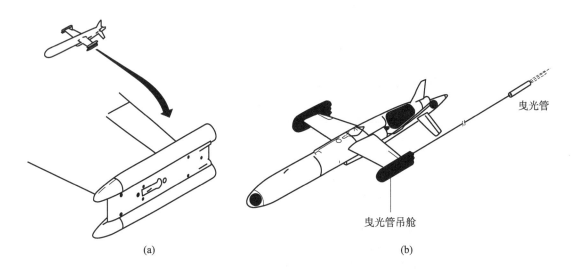

(a)   (b)

图 10-37　曳光管式红外翼尖吊舱

固定式红外翼尖吊舱可带两个以上曳光管，每次点燃一个。每个拖曳式红外翼尖吊舱带 3 个曳光管，拖绳长度约 15 m。每次进入释放一个，一个起飞架次可提供 6 次进入的射击机会，因此是一种效费比较高的靶标。

喷灯式翼尖吊舱可提供更合适的红外源，图 10-38 示出的是火蜂 -1 靶机的连续红外喷灯式（CIR）翼尖吊舱外形及内部设备，它在红外波段、辐射方向、喷焰尺寸等方面更接近真实目标。

红外翼尖吊舱的主要参数为：

吊舱长度	2.324 m
直径	0.228 m
质量	25 kg
燃料	丙烷
适用高度范围	0~9 100 m

辐射温度　　　　　　　　　　1 150 ℃

红外辐射强度

　　波段 3.9~5.2 μm　　　　　400 W/sr

　　波段 1.8~2.7 μm　　　　　560 W/sr

燃烧时间　　　　　　　　　　35 min

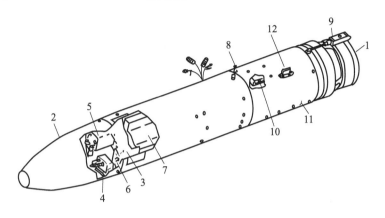

图 10-38　连续红外喷灯式翼尖吊舱

　1. 喷灯组合　2. 头锥　3. 仪器组合　4. 配电盒和安全装置　5. 燃料控制组合　6. 点火组合
7. 油箱组合　8. Kiel 探头　9. 温度监测器　10. 放大器　11. 金属板　12. 脱靶量指示器天线

　　火蜂 -1 靶机带单个红外翼尖吊舱的红外辐射特性如图 10-39 所示。测量高度为 6 km。

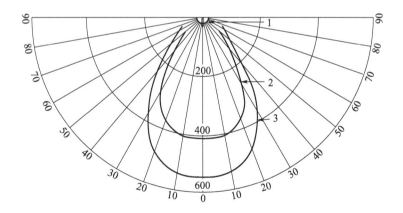

图 10-39　带红外翼尖吊舱的火蜂 -1 靶机的红外辐射特性

　　1. BQM-34/A 靶机本身红外辐射（95%）3.9~5.2 μm 波段

　　2. 红外吊舱 + BQM-34/A 靶机红外辐射 3.9~5.2 μm 波段

　　3. 红外吊舱 + BQM-34/A 靶机红外辐射 1.8~2.7 μm 波段

　　图中对吊舱和靶机本身的红外辐射作了对比。数据是在空中测量获得的，机上带单个红外吊舱，红外吊舱的红外辐射源温度为 1 150 ℃，高度为 6 100 m。

10.6.6　发烟目视增强装置

发烟目视增强装置是为在白天低空打靶时使操作人员易于目视发现目标、地面测量跟踪设备捕获目标而设计的一种发烟装置。

在需要发烟时，由地面发出指令控制阀门打开，发烟油注入发动机尾喷管，就能在发动机尾焰中生成白烟。拉烟一般是断续的，延续时间大约 1 min。如果天气晴朗，可以在 10~15 km 的距离外看到发出的白烟。

第 11 章　靶标地面设备

11.1　概述

　　靶标地面设备通常包括靶标发射及其控制设备、靶标跟踪和控制设备、支援维护设备、脱靶量地面接收处理设备等。

　　靶标的使用和维护过程可分为系统准备、发射飞行和飞行后处理三个阶段，而靶标系统的地面设备是在上述三个阶段中保证靶标正常起飞、飞行控制、数据遥测、靶标回收、结果处理及地面维护等所必需的各种设备。

　　靶标的准备、发射、飞行和回收工作流程如图 11-1 所示。

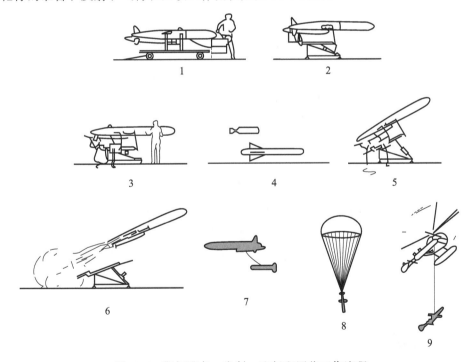

图 11-1　靶标准备、发射、飞行和回收工作流程

　　1. 发射前准备和加油　2. 靶标上架　3. 发射前综合测试　4. 助推器、吊舱等外挂设备吊装
　5. 发动机启动　6. 助推器点火、靶标发射　7. 靶标飞行跟踪和控制　8. 靶标开伞回收　9. 靶机回收

　　（1）系统准备阶段

　　靶标从维护基地开箱起就进入准备阶段，准备阶段结束后转入发射阵地。

（2）发射飞行阶段

如图 11-1 所示，靶标发射飞行阶段主要包括发动机启动、助推器点火、靶标发射飞行以及靶标飞行跟踪和控制等工作，主要在外场进行。

（3）飞行后处理阶段

在靶标正常回收并未受严重损坏情况下，其飞行后处理阶段的工作流程如图 11-2 所示。

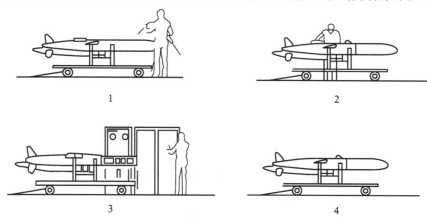

图 11-2　靶标系统飞行后处理阶段工作流程

1. 清洗　2. 发动机维护处理　3. 飞行后修理和装配　4. 飞行后电子设备检测及结果处理

用于上述三个阶段的靶标系统地面设备包括以下几部分：

1）发射及其控制设备，包括发射装置（地面发射架）、助推器、发动机启动设备和发射控制设备；

2）跟踪和控制设备，包括靶标跟踪雷达、遥控指令形成和发射设备、靶标飞行参数遥测接收设备等；

3）支援维护设备，这是一类地面测试设备和辅助设备，包括各种地面供电设备，机上设备测试、设备支承和维修等设备，地面回收所需的运输吊装、清洗等设备；

4）脱靶量地面接收处理设备，这是一类脱靶量指示系统专用的地面站，包括脱靶量遥测信号接收和处理两部分。与机上脱靶量指示器组成一套完整的脱靶量指示系统。

11.2　靶标发射及其控制设备

11.2.1　靶标发射装置

靶标发射装置根据发射方式而定。靶标发射方式主要包括以下几种。

（1）轨道弹射发射

早期靶标和低速轻型靶标采用这种发射方式，其特点是设备简单、发射可靠。靶标弹射装置可包括以下几种：

1）皮带式弹射器，如美国早期 OQ-2A、OQ-2B 等靶机使用的 Montpelier 弹射器。

　　皮带式弹射器借助一组橡胶带的拉力将带滑车的靶标从滑轨上弹射出去。这种发射装置的发射质量最大不超过 70 kg。英国的女妖靶机现在仍采用这种弹射器。其轨道长 8 m，装在可移动车辆上，弹射皮带用电机拉伸，用其发射，70 kg 靶机的起飞速度可达到 27 m/s。

　　2）火箭弹射器，如美国 1950 年以后的 OQ 系列中的 MQM-33A 等靶机采用的 A-7 滑轨弹射器就属于一种火箭弹射器。

　　弹射器采用一个小型火箭发动机，推动靶机和滑车沿滑轨滑行。A-7 弹射器可使 OQ-19A 靶机的起飞速度达到 38 m/s。

　　3）压缩空气弹射器，1949 年美国海军采用此类弹射器发射靶机；荷兰使用的 BTT 靶机也采用这种发射装置。

　　弹射器包括一个高压储气罐、发射阀门、作动筒、牵引绳、轨道和滑车等。当阀门打开时，高压气体推动活塞使滑车加速。采用 AT-1 弹射器曾使 159 kg 靶机的起飞速度达到 33 m/s。

　　（2）零长发射

　　零长发射是借助火箭助推器使靶标从很短的发射架，即所谓的"零长发射架"上起飞发射。其发射设备简单，起飞加速度较大，且适用于不同规格尺寸的靶标，因此是靶标的主要发射方式之一。如火蜂 -1、石鸡系列、米拉奇 -100、俄罗斯贡品等靶机均采用这种发射方式。石鸡系列中的 MQM-74A 靶机采用的 ZL-5 零长发射架如图 11-3 所示。

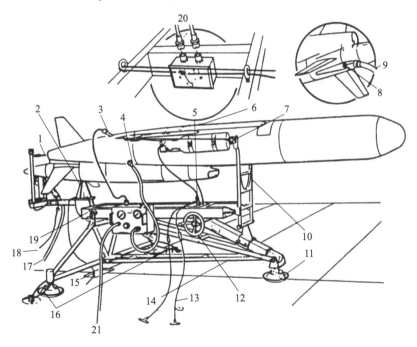

图 11-3　带靶机和助推器的 ZL-5 零长发射架

1. 排气温度传感器　2. 后发射支架　3. 点火器插孔　4. 发动机启动器进气口　5. 助推器保险开关
6. 接地柱　7. 水平测量点（2）8. 脱落插头　9. 脱落插头电缆　10. 前发射支架　11. 紧固螺栓
12. 发射架起竖手轮　13. 保险拉索　14. 解除保险拉索　15. 接地桩　16. 发射架系紧链　17. 脐带电缆
18. 点火电缆　19. 发射角指示器　20. 接助推器　21. 通往发动机操纵台的空气管路

ZL-5 零长发射架有前后两个支架，通过操作手轮可将靶机置于不同的发射角。助推器点火后达到一定推力时切断支架上的剪切销，靶机起飞。

米拉奇 -100 靶机采用的零长发射架装在拖车上，由发射控制车牵引，更便于移动和发射。

（3）起飞车发射

起飞车发射在机场跑道进行。将靶机装在指令控制前轮起飞车的活动臂上，在靶机发动机推力作用下起飞车开始滑行；当载有靶机的起飞车滑行速度达到一定值时（例如澳大利亚的金迪维克靶机采用的起飞车滑行速度为 64 m/s），靶机将自动离开起飞车，进入平稳的爬升姿态。此时，起飞车自动刹车。

金迪维克靶机采用的起飞车及其在跑道上起飞和控制示意图如图 11-4 所示。

起飞车发射的特点是不需要助推火箭，但需要跑道和可控制的起飞车，起飞需要有人控制，纠正起飞车的行进方向，要求较高的控制技术。

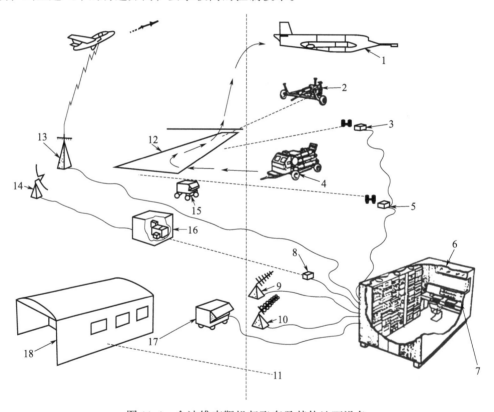

图 11-4　金迪维克靶机起飞车及其他地面设备

1. 靶机及机载设备　2. 起飞车　3. 光学操纵设备　4. 发动机启动车　5. 光学操纵设备
6. 地面控制站　7. 操作台　8. 操纵设备　9. 指令控制　10. 遥测接收　11. 设备和备件系统存入和试验
12. 跑道　13. 通信　14. 雷达　15. 辅助电源　16. 标图　17. 供电设备　18. 测试、存放厂房

中国长空一号靶机亦采用这种发射方式。起飞车由 4 部分组成，即车身、自动控制系统、无线电遥控系统和冷气系统。车身包括车架、前三点车轮、导轨、推力销座、附件箱

和阻力伞箱；自动控制系统包括航向陀螺、角速度陀螺仪、放大器、舵机和速度传感器；无线电遥控系统主要由指令接收机、天线等组成；冷气系统由释放机构、点刹和死刹机构、开伞和抛伞机构等组成。靶机通过 3 个滑块（机翼下 2 个、进气道下部 1 个）架装于起飞车的 3 个滑轨上，车上的推力销插入发动机下方的推力销座上。靶机在起飞车上的姿态角可调。

长空一号靶机 - 起飞车组合如图 11-5 所示。

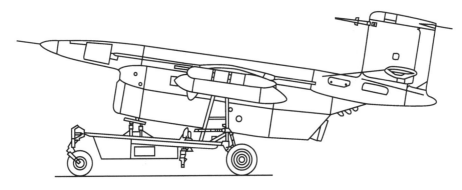

图 11-5　长空一号靶机 - 起飞车组合（待飞状态）

（4）空中投放

空中投放通常是空军放飞靶机的一种形式，其特点是利用载机的飞行速度，不需助推器起始加速。国外很多靶机如火蜂 -1、石鸡系列、米拉奇 -100 等均可从空中投放。

11.2.2　发射助推装置

发射助推装置是靶机零长发射的加速装置，一般包括 1~2 个固体火箭发动机（JATO）及其适配器。适配器是用来固定助推器的装置，在助推器完成工作后连同它一起抛掉。有的助推器可多次使用，如米拉奇 -100 靶机的 8785LNS 助推器，但大部分助推器只设计为一次性使用。国外几种靶机助推器的性能参数如表 11-1 所示。

表 11-1　国外几种靶机助推器的性能参数

靶机代号	火蜂 -1	石鸡 -3	米拉奇 -100
助推器型号	MK 23-II	MK 91-0	8785 LNS
助推器数量	1	2	2
装药	单根双基药柱		7 根双基药柱
单台推力（kN）	49	10.42	11.25
单台助推器质量（kg）		12.2	12.3
工作时间（s）	2.2	1.01	0.7
直径（mm）	327	137	138
长度（mm）	2 370	544	389
单台总冲（kN·s）		10.52	14.70
靶机标称质量（kg）	1 500	199	260

典型的助推器结构如图 11-6 所示。

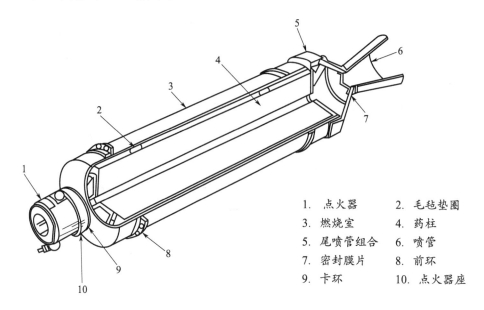

1. 点火器   2. 毛毡垫圈
3. 燃烧室   4. 药柱
5. 尾喷管组合   6. 喷管
7. 密封膜片   8. 前环
9. 卡环   10. 点火器座

图 11-6 MK 23-II 助推器结构剖视图

11.2.3 靶标发射控制设备

靶标发射控制设备通常具有如下功能：

（1）地面电源的供电和配电；

（2）发动机启动和点火控制；

（3）脱落插头的插拔控制；

（4）检测监视；

（5）电缆连接及接口。

靶标发射控制设备依不同靶标系统而异。以石鸡 -3 靶机为例，除发射架外，还包括以下设备：

（1）助推器点火控制盒

用于控制助推器点火，包括两个串联的点火开关，并配有电发火管电桥的检测电路。

（2）发射控制台

用于发射前靶机工作状态的校验。

（3）发动机启动和控制台

用于控制启动发动机压缩空气的流量，并提供发动机点火电压。

（4）发电机

采用交流发电机作为地面一次电源，供各仪器设备用电，电压为 115 V 和 220 V 两档，可调。

（5）靶机供电控制台

用于靶机电源启动前向靶机各设备的直流稳压电源供电。

（6）空气压缩机

可为靶机发动机启动等提供所需的压缩空气。

11.2.4　靶标发射场的配置

地面靶标发射场通常分为固定发射场和活动发射场。固定发射场配有较完整、固定的地面发射、维护、跟踪、测试等设备；简易的活动发射场通常配置车载式或便携式上述部分设备。固定发射场的配置根据发射方式而定，如起飞车发射需要配备跑道，一般利用已有的飞机场跑道，而零长发射的发射场则只需配备发射平台。

（1）固定发射场的配置

下面以石鸡 -3 靶机系统为例介绍固定发射场的配置。石鸡 -3 靶机的发射场包括发射场区、飞行控制塔、维修厂房和其他辅助设施。

1）发射场区

可同时发射 2 架靶机的小型发射场配置如图 11-7 所示。

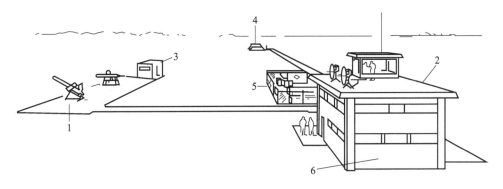

图 11-7　小型靶机发射场配置

1. 发射场坪（可供 2 架靶机及其发射架展开，备有固定发射架的地基）
2. 发射控制间（带安全防护）　3. 人员掩体　4. 助推器与火工品掩体　5. 储存间　6. 靶机维修间

在发射场区内必须设计有一个发射危险区，以防助推器爆炸和发射后助推器落地等意外危险。石鸡 -3 靶机发射时的发射危险区如图 11-8 所示。

2）飞行控制塔

飞行控制塔必须具有一定高度，以扩大视野。塔顶装有飞行控制站的天线和通信天线，工作间内装有飞行控制设备。

3）维修厂房

图 11-9 示出了靶机维修厂房的一种平面布置方案。在维修厂房内可同时对 3~7 个靶机进行维护维修，厂房内部净高约 5 m。

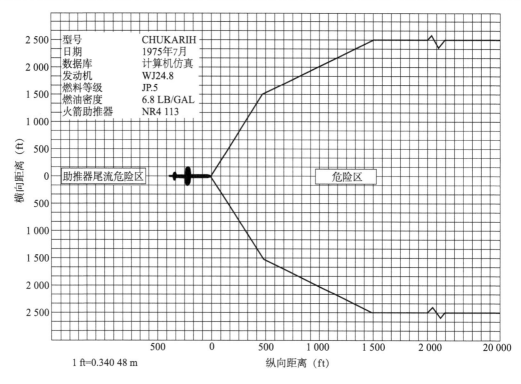

图 11-8　石鸡 -3 靶机的发射危险区

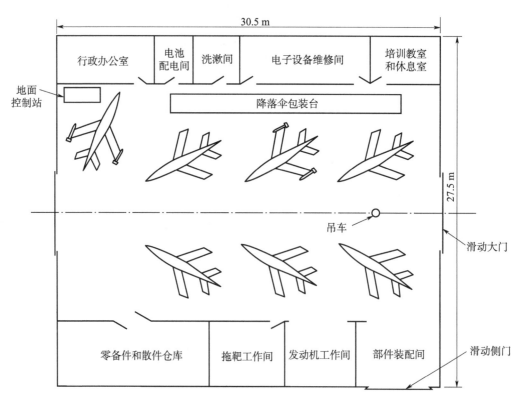

图 11-9　维修厂房平面布置图

4）其他辅助设施，包括：发动机试车台；助推器与火工品仓库；燃料库；发电机房；靶机清洗场。

（2）活动发射场的配置

下面以石鸡 -3 靶机系统为例介绍活动发射场的配置。活动发射场包括发射平台、飞行控制车、简易测试棚及其他辅助设施，如图 11-10 所示。

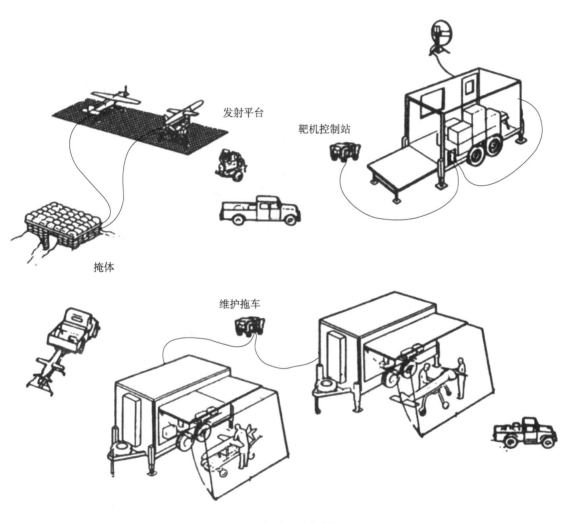

图 11-10　简易活动发射场配置

靶机简易测试棚的组成如图 11-11 所示。

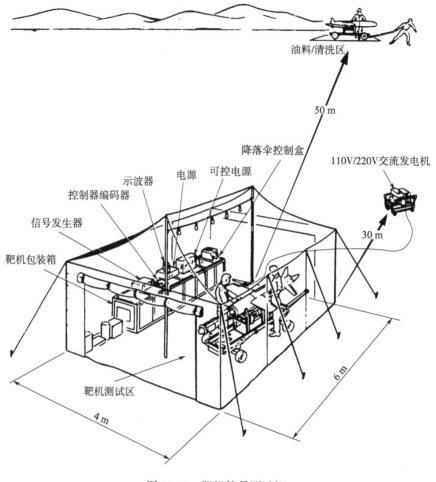

图 11-11　靶机简易测试棚

11.2.5　舰上发射设施

从舰上发射靶标需要配备特定的发射平台，如火蜂 -1 等较大型靶机需要配备舰载直升机起飞降落用的平台。

发射方向需保证起飞助推器尾流对准舰船的两侧，以保护舰面设备不受影响。发射控制与飞行控制点应设在视野较宽的舰面高处。石鸡 -3 等小型靶机在舰上发射的要求比较简单，只需要配备一定面积的甲板，不需要专门的平台。

11.3　靶标跟踪和控制设备（亦称靶控站）

11.3.1　靶控站的功能与组成

（1）靶控站的功能

1）发送靶标遥控指令，控制靶标飞行和执行回收、释放拖靶等各种动作；

2）接收来自靶标的遥测信号，进行解码解调，测量靶标飞行速度、高度、发动机转速等参数；

3）跟踪靶标飞行轨迹，测量其方位及斜距等坐标。

早期的靶控站，如 1962 年美国的靶控站只具有上述第一种或第一和第二两种功能，靶标的遥测由单独的遥测站完成，靶标的跟踪则由单独的雷达站完成，如图 11-12 所示。

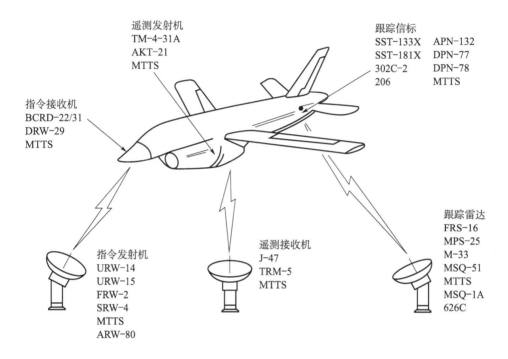

图 11-12　美国早期指令、遥测和跟踪分立靶控设备

这种靶控站体制带来了发射频率太高、系统复杂、使用不便等问题。而现代的靶控站均具有上述三种功能，这种具有多种功能的靶控站亦称为综合靶标控制系统（ITCS）。

（2）靶控站的组成

1）天线高频装置，用于发送无线电指令和接收遥测应答高频载波，通常天线自动跟踪目标；

2）无线电接收机，用于接收天线送来的信号；

3）遥测信号解调装置；

4）控制指令形成、编码装置；

5）高频指令发送装置；

6）靶标轨迹绘图和记录设备；

7）飞行控制操作台；

8）电源及配电设备。

上述设备的配置取决于不同的靶控站，大体上可分为固定式、车载式和便携式。固定靶控站设置在大型靶场，作为固定设施装在固定的建筑物内，设备较庞大、作用距离远，控制测量精度高。车载靶控站通常装在自行式车辆或拖车上，便于转移。便携式靶控站设备轻、体积小，便于野外或舰上移动使用。几种靶控站的工作性能和主要特点如下所述。

11.3.2　VEGA 系列地面靶控站

VEGA 系列地面靶控站是美国 VEGA 精密实验室研制的多种靶机飞行控制设备，主要包括 VEGA 6104 地面靶控站和 VEGA 6157 便携式靶控站。

（1）VEGA 6104 地面靶控站

VEGA 实验室在 20 世纪 70 年代研制的一种集靶机跟踪、遥测和指令遥控功能为一体的较大型靶机控制系统，可以测量靶机的方位和距离，遥测靶机飞行参数，自动或人工发出靶机控制指令。靶控站可装在可移动的方舱内，其天线（带天线罩）装在舱顶上或固定建筑物内作为靶场的固定设施。它与机上 VEGA 685-2 无线电应答机等机载设备一起控制火蜂 -1 BQM-34 等靶机的飞行。

1）系统组成

装于方舱内和轮式车辆上的 VEGA 6104 靶控站的外形如图 11-13 所示，功能方框图如图 11-14 所示。

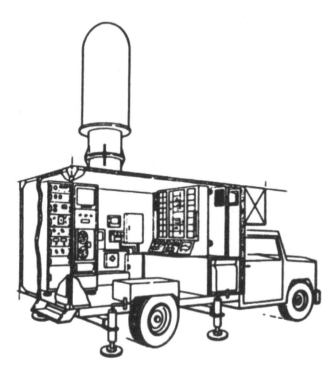

图 11-13　VEGA 6104 靶控站外形图

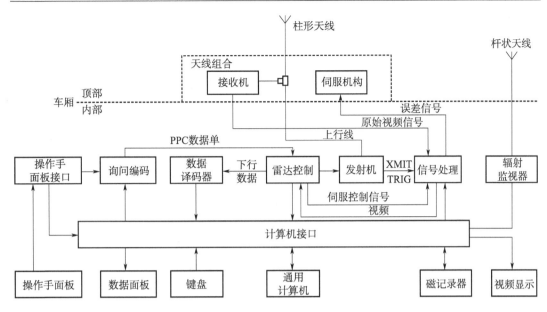

图 11-14 VEGA 6104 靶控站功能方框图

VEGA 6104 靶控站地面设备包括以下 3 部分：

①天线组合

天线组合包括方位转动天线、天线基座和接收机。采用抛物柱面天线，在垂直面内具有很宽的接近余割的平方形方向图，在方位上带两个发射器，用于靶机方位定位。

基座上装有天线随动装置、测速电机、角编码器、高频旋转关节、汇流环以及接收机电路。

接收机电路由参量放大器、本机振荡器和混频放大器、中频放大器、视频放大器和自动增益控制（AGC）电路组成。参量放大器和本机振荡器由信号处理机柜控制。

②雷达功能机柜

雷达功能机柜由发射机、信号处理器、雷达控制组合、数字计算机及其键盘和显示器、编码器、译码器、各种模拟信号监视器等组成。

③数据显示组合

数据显示组合由 X-Y-Z 绘图仪、数据显示台、指令控制台等组成。

2）性能参数

跟踪精度

方位	±1 mrad
距离	±9 m

跟踪空域

方位	360°
俯仰	−10°~+85°
距离	27 m~230 km

跟踪角速度　　　　　　　30°/s

跟踪速度　　　　　　　　4.57 km/s

发射机参数

　射频频率　　　　　　　5.4~5.9±4 GHz

　最大峰值输出功率　　　3.5 kW

　脉宽　　　　　　　　　0.35 µs

　脉冲重复频率　　　　　500 脉冲组（四联）/ 秒

接收机参数

　接收机灵敏度　　　　　−87 dBm

　接收机射频通带　　　　50~150 MHz

指令通道

　指令编码形式　　　　　时分多通道脉冲位置调制

　帧频率　　　　　　　　500 帧 / 秒

　连续指令通道数　　　　8

　连续指令精度　　　　　刻度的 0.5%，10 位二进制分辨率

　断续指令数　　　　　　64 开关指令

遥测通道

　编码形式　　　　　　　时分多通道脉冲位置调制

　连续信号通道数　　　　64

　连续信号精度　　　　　满刻度的 0.5%，10 位二进制分辨率

　断续信号数　　　　　　1 个连续通道 =4 个断续信号

　速变通道数　　　　　　1

　速变通道精度　　　　　满刻度的 0.5%，10 位二进制分辨率

（2）VEGA 6157 便携式靶控站

VEGA 实验室在 20 世纪 80 年代研制的 VEGA 6157 便携式雷达跟踪和控制系统（PRTCS）是一种合作式小型靶控站，可以对靶机进行方位和距离两维跟踪，飞行参数遥测和发射控制指令，适用于石鸡 -3 等靶机的飞行控制。

1）系统组成和功能

靶控站的系统组成和功能框图如图 11-15 和图 11-16 所示。

靶控站由 5 台设备组成，均装在轻便的活动机架上，包括：

①雷达控制组合

雷达控制组合由前操作面板、隐式面板、27 插板组合和电源等组成。

②天线组合

天线组合包括天线罩、柱形天线、天线机架、转接盒和高频电子线路机柜。

③目标位置显示组合

目标位置显示组合是一个 X-Y 绘图仪，可以对靶机航迹绘图显示。

④数据显示组合

数据显示组合用于显示靶机的遥测参数，包括空速、发动机转速、高度、靶机滚动角和俯仰角等 5 个参数，显示为模拟指针式。

⑤指令组合

由操作手给出控制目标的指令，靶机的俯仰和滚动两个通道连续控制指令和断续开关指令。

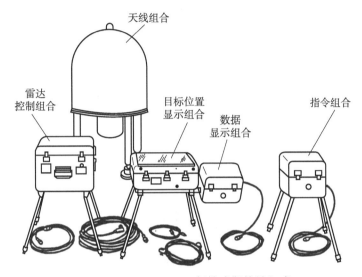

图 11-15　VEGA 6157 便携式靶控站组成

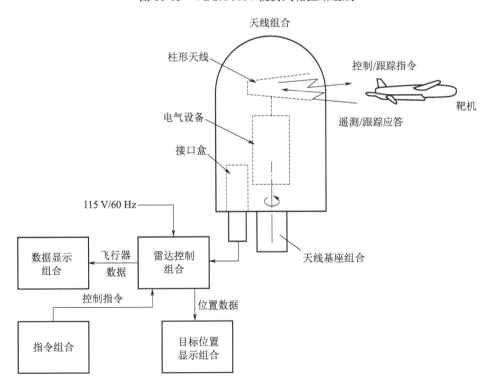

图 11-16　VEGA 6157 便携式靶控站功能框图

2）性能参数

方位精度	1 mrad
斜距精度	±30 m
跟踪角速度	20°/s
跟踪角加速度	20°/s^2
方位角跟踪范围	360°连续
俯仰角覆盖范围	−10°~+80°
跟踪和控制斜距	27 m~135 km
发射频率	5.4~5.9 GHz
发射脉冲峰值功率	1 200 W
发射脉冲宽度	0.3 µs
接收机灵敏度	−85 dBm
接收机通带	11 MHz
连续指令数	2 个通道，精度 0.5%
断续指令数	24 个开关指令
指令编码格式	5 联脉冲位置编码（与 VEGA 6104 靶控站类似，只将通道脉冲与距离脉冲分开）
最大遥测连续信号数	12，精度 0.5%
最大遥测断续信号数	1 个连续信号 = 4 个断续信号
遥测信号编码格式	4 联脉冲位置编码（与 VEGA 6104 靶控站相同）
电源	交流 117 V，单相，60 Hz 5A

11.3.3　阿拉马克（ALAMAK）地面靶控站

阿拉马克地面靶控站由意大利米梯尔公司研制，可以用于控制米拉奇系列靶机，分为标准型和便携式。下面主要介绍标准型阿拉马克地面靶控站。

（1）系统组成和功能

标准型阿拉马克地面靶控站是意大利米梯尔公司于 20 世纪 70 年代研制的一种用于靶机跟踪、遥测及指令遥控的车载型靶机控制系统。与 VEGA 6104 靶控站不同，阿拉马克地面靶控站采用模拟指令和信号遥测体制。该靶控站装在车载方舱内，可以单独放在地面，也可以装于载重车上，其天线装在舱顶上。

标准型阿拉马克靶控站地面设备包括控制台、跟踪和遥测天线、指令天线、天线支座、传感器机柜、通信机柜、X-Y 绘图仪、电源机柜、空调、车厢、通信天线等。阿拉马克靶控站功能方框图如图 11-17 所示。

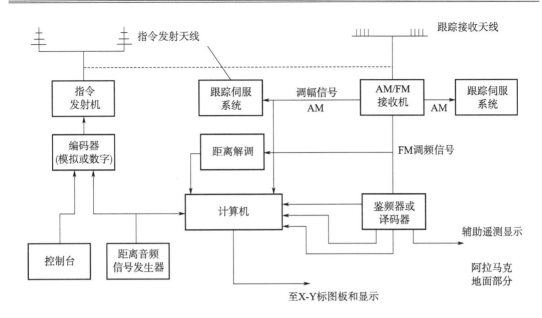

图 11-17　阿拉马克靶控站功能方框图

（2）性能参数

靶机截获距离	<250 km
测量精度	
方位（1σ）	±0.14°
距离（1σ）（0~150 km）	±30 m
高度（1σ）（H = 12 000 km）	50 m
速度（1σ）（0~700 m/s）	±15 m/s
空域	
方位	360°
俯仰	−10°~+85°
距离	<150 km
跟踪角速度	55°/s
跟踪通道参数	
射频频率	1.486 GHz
天线增益	18 dB
跟踪接收机灵敏度	−96 dBm
测距音频	1 kHz
跟踪调制方式	调幅
遥测通道参数	
射频频率	L 波段
遥测接收机灵敏度	−101 dBm

遥测调制方式	调频
遥测信号传输方式	频分多路传输
遥测通道数	
连续调频	距离通道 1 000 Hz 音频调制
	11 通道 7 500 Hz
	14 通道 22 kHz
	15 通道 30 kHz
数字调制	30 个开关通道，24 个比例通道
指令通道	
指令射频频段	超高频 400~450 MHz
天线增益	10 dB
指令传输方式	频分多路传输
指令编码形式	调频
模拟编码指令通道数	
2 个比例通道	俯仰和滚动指令
9 个开关指令通道	高度保持，加大或减小风门，有效载荷启动
阿拉马克靶控站质量	3 500 kg
阿拉马克靶控站车厢尺寸	4.3 m × 2.35 m × 2.35 m

11.3.4　摩托罗拉综合靶标控制系统（ITCS）

美国摩托罗拉公司研制的 ITCS　AN/TSW-10（V）是一种可控制多架靶机的大型综合靶标控制系统；将多个 AN/TSW-10（V）靶控站相连又可以构成一个靶场的测控网，如图 11-18 所示。

采用该靶控站控制的靶机包括火蜂（BQM-34S/T）、石鸡（BQM/MQM-74C）、QF-86F、火弩（AQM-81N）、新型超声速低空靶机（AQM-127）等。

（1）系统功能与特点

AN/TSW-10（V）靶控站可分为固定式和移动式两种。

一台 AN/TSW-10（V）靶控站由以下几部分组成：

1）跟踪接收天线，是一种直径为 2.4 m 的抛物面单脉冲卡塞格伦天线，在方位和俯仰上跟踪目标；

2）发射接收机，与机上接收应答机（如 AN/DKW-2A、AN/DKW-3A）等配合上行和下行无线电通信线路；

3）天线随动控制设备；

4）译码器；

5）计算机；

6）显示与操作控制台。

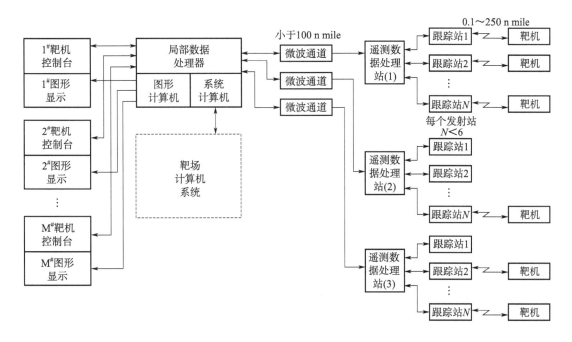

图 11-18 多个 AN/TSW-10（V）靶控站联网方框图

AN/TSW-10（V）靶控站具有以下特点：

1）集指令控制、遥测和跟踪功能于一体，指令和遥测采用同一天线；

2）可以同时控制 1~6 个靶机，可对编队靶机进行飞行控制；

3）靶机跟踪设备可以通过微波通道进行遥控；

4）采用数字程序控制，并由绘图仪机械标图改为阴极射线管（CRT）屏幕显示；

5）多个靶控站可同步联网工作；

6）指令和遥测码速率可以满足超声速靶机控制要求；

7）大空域，最大作用距离为 463 km；

8）较高的测量精度；

9）可同时传输数字信号和模拟信号；

10）实时 X-Y 航迹绘图。

（2）性能参数

1）天线和发射参数

射频频段	4.4~4.8 GHz
发射功率	800 W
天线增益	35.5 dB
调制形式	调频
测距频率	102.6 kHz（相干）
波束宽度	2°

2）跟踪通道参数

跟踪精度

  方位 $< 1\ \text{mrad}$

  俯仰 $< 2\ \text{mrad}$

  距离 $< 60\ \text{m}$

跟踪空域

  方位 $360°$

  俯仰 $-7° \sim +85°$

  距离 $0.37\ \text{m} \sim 463\ \text{km}$

接收机灵敏度 $-112\ \text{dBm}$

接收机频偏 $200\ \text{MHz}$

3）指令通道

指令形式   时分多通道连续波宽脉冲

帧频率   90 帧 / 秒

每帧字数   17 字 ×10 位，共 170 位

码速率   25.65 kbps

指令频率   15 或 45 次 / 秒

连续指令数   5（包括升降舵、副翼、方向舵控制，左、右发动机油门控制，左、右发动机制动等）

断续指令数   74

4）遥测通道

遥测副载频   102.6 kHz

数据率   51.3 kbps

调制形式   脉冲调制

通道数 连续信号 14（包括空速，左、右发动机转速，左、右发动机油门油量，膜盒高度表指示，雷达高度表指示，航向、俯仰、滚动角，纵向、法向加速度等信号）

      断续信号 19

5）图形显示

显示器   50 cm，阴极射线管

靶场地图存储量   2 幅

地图显示比例   9 档，可选

显示数据   目标轨迹、跟踪过程、跟踪状态、地图状态参数

11.3.5　便携式靶控站（PCS）

为了便于在舰上和陆上移动控制靶机飞行，摩托罗拉公司还研制了一种便携式靶控

站，对靶机进行方位和距离两维跟踪。主要由两部分组成：控制显示组合和跟踪组合，其组成如图 11-19 所示。

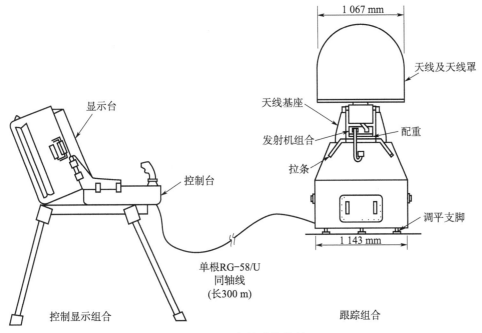

图 11-19　便携式靶控站

便携式靶控站的性能参数如下。

（1）天线和发射参数

射频频段	4.4~4.8 GHz
发射功率	100 W
天线增益	27 dB
调制形式	调频
波束宽度	2°

（2）跟踪通道参数

跟踪精度	
方位	< 9 mrad（rms）
距离	< 60 m
跟踪空域	
方位	360°
俯仰	−3°~ +45°
距离	0.05~185 km
方位转速	< 40°/s
接收机灵敏度	−111 dBm
接收机频偏	200 MHz

（3）图形显示

显示设备面板如图 11-20 所示。

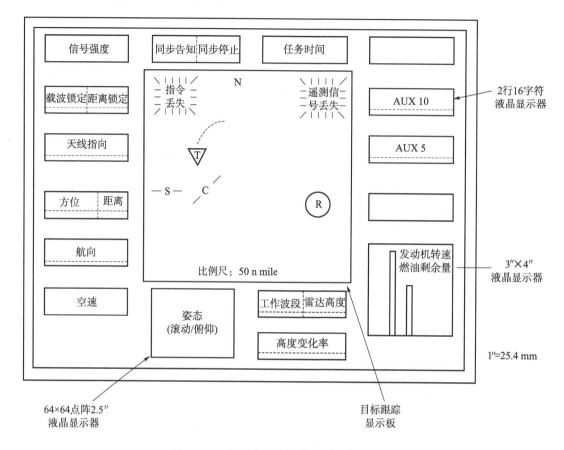

图 11-20　便携式靶控站的显示面板示意图

显示设备采用 22 cm × 22 cm 平面显示器以及各种液晶显示。

靶控站的指令和遥测通道基本与 AN/TSW-10（Ⅴ）靶控站的相同。

11.3.6　CYS-DMB9A 测控站

（1）概况

CYS-DMB9A 测控站是一种可控制多型、多架靶机的地面站，可用于控制 Ⅱ-70、Ⅱ-150、Ⅱ-150Y、Ⅱ-250、Ⅱ-200J、Ⅱ-300J 等多种型号靶机。

南京模拟技术研究所从 2014 年开始研制 CYS-DMB9A 测控站，2018 年完成批量生产并使用。到目前为止，CYS-DMB9A 测控站已经累计保障靶机执行飞行任务千余架次。

（2）功能与组成

CYS-DMB9A 型测控站采用 C-UHF 双波段测控链路配置。

便携式测控站主要由测控箱、计算机、操纵器、馈线、天线等组成，如图 11-21 所示。便携式测控站具有体积小、重量轻、使用便捷、运输方便的特点。可选择手动或自动程控两种方式远程操纵靶机执行飞行任务，可以实现靶机飞行遥测数据实时监测和存储分析，内置直流电源提高了供电可靠性。

图 11-21　便携式测控站的主要设备

　　方舱式测控站主要将测控设备集成于方舱内，可根据不同用户需求选择单套或多套测控设备集成（见图 11-22）。且舱内还配置空调、燃油加热器、发电机组及多媒体设备（包括电话、网络、监控、图显）等，具有野外作业生存能力强、人机交互性好等特点。另外，可选配各类越野载车底盘，机动性强、部署快捷。

方舱式测控站外观　　　　　　　　　　　　　　方舱式测控站内部

图 11-22　方舱式测控站

（3）主要技术指标

可控靶机数量　　　　　　　　　　9 架

最大测控半径　　　　　　　　　　100 km

工作温度	
便携式	−10 ℃～50 ℃
方舱式	−30 ℃～55 ℃
控制方式	单机或多机
工作频段	4.4-5.0 GHz/750-805 MHz
调制体制	DQPSK
发射功率	≥ 41 dBm
接收灵敏度	≤ −97 dBm
数据波特率	115 200 bps

11.3.7　B2 系列靶控站

（1）概况

中国 B2 系列靶控站是一种可控制多架靶机的一体化机动地面站系统，用于控制 B-7、B-7Y、B-12、Y-17 等多种型号靶机和无人机。

（2）功能与组成

靶控站由飞行监视与指挥设备、载车方舱、电源系统、起飞发射设备等组成。系统结构框图如图 11-23 所示。

靶控站指挥控制方舱如图 11-24 所示。

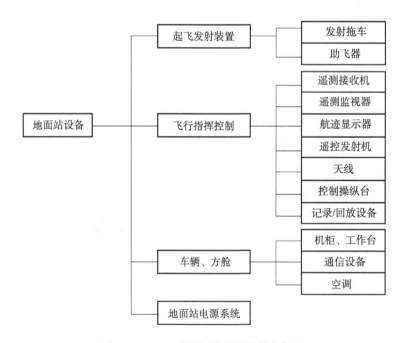

图 11-23　B2 系列靶控站系统结构框图

图 11-24　B2 系列靶控站指挥控制方舱

1）跟踪天线，由一组 L 波段螺旋天线阵组成，在俯仰和方位上跟踪和控制目标；

2）发射 / 接收机，它与机载发射 / 接收机组成上行和下行数据通信链路；

3）天线随动控制设备；

4）数据处理计算机；

5）显示与操作控制台。

6）指挥控制方舱

指挥控制方舱由车载无线电系统、GPS 定位系统、控制监测系统、电源系统、通信系统、工作方舱、载车等组成。

7）车载无线电系统

车载无线电系统安装在测控车上，分为车内设备和车外设备。车内部分的测控终端设置在一个机柜内，测控电源装在另外一个机柜内。车外部分的天线、转台和射频前端安装在车内升降平台上，使用时升起伸出车外。天线设计为上下两层，这样可以减少整个系统的横向尺寸，减小转动惯量。

8）控制监测系统

控制监测系统由控制台、参数和航迹显示器、数据处理计算机、电源等设备组成。上述设备安装在 2 个机柜内，与无线电设备机柜一起共 3 个机柜安装在方舱内。

9）电源系统

靶控站可采用市电和发电机两种供电方式。

市电供电方式：220 V 交流电通过孔门进入配电盘，然后通过走线槽分配给各电源分机。电源分机采用模块化 AD-DC 和 DC-DC 电源，为靶控站各设备提供所需电源。

发电机供电方式：采用 2 000 W 汽油发电机。

10）通信系统

通信系统由车载 400 MHz 电台和两个对讲机组成，用于指挥控制方舱和地面机组人员之间的语音通信。

11）工作方舱

工作方舱的工作间采用大板式标准军用方舱，车内空间为 4 080 mm×2 280 mm×1 930 mm。方舱内配备有 1.5 匹双制式空调；配有 5 把座椅；方舱内安装有照明设备。

12）载车

载车采用 EQ-2801E 越野车底盘。

（3）主要特点

1）集指令控制、遥测和跟踪功能于一体，上行和下行采用同一天线；

2）可同时控制多架靶机，可实现多架靶机编队控制飞行；

3）遥测与控制界面数据、任务载荷数据实时显示，航路规划与飞行航迹显示；

4）测量精度高。

（4）主要技术指标

1）测控靶机数　　　　　　　　1~6 架

2）测控作用距离　　　　　　　40 km

3）无线电测距精度　　　　　　< 300 m

4）上行链路

码速率　　　　　　　　　　　12.8 kb/s（对 6 架飞机）

调制方式　　　　　　　　　　DS-BPSK

传输误码率　　　　　　　　　$\leqslant 10^{-5}$

5）下行链路

码速率　　　　　　　　　　　12.8 kb/s（遥测参数）

调制方式　　　　　　　　　　2 CPFSK

传输误码率　　　　　　　　　$\leqslant 10^{-5}$

工作频点　　　　　　　　　　12

6）显示记录

彩色屏幕显示遥测参数、飞行航迹、任务载荷参数和图像数据（包括飞行参数、测距、定位等信息），并可根据需要进行记录。

7）环境条件

工作温度　　　　　　　　　　–20 ℃~+50 ℃

相对湿度　　　　　　　　　　95±3%（+30 ℃）

11.4　支援维护设备

靶标的支援维护设备涉及种类很广，主要包括靶标及其任务有效载荷的测试及飞行任务参数装定设备、靶标撤收和清洗设备、地面维护支承设备，以及其他靶标飞行、回收、跟踪等辅助设备。火蜂 -1 和石鸡 -3 靶机支援维护设备的功能特点和概况如下所述。

11.4.1　靶标测试及飞行参数装定设备

靶标测试设备通常分为综合测试设备和单元测试设备。综合测试设备用于对全靶机进行主要项目的测试；单元测试设备用于对机上某个主要设备进行测试。

（1）综合测试设备

综合测试设备用于靶标总装出厂前及在发射基地飞行前的系统综合测试。测试台的主要功能包括：靶标供电系统各种电压测试；机上传感器的功能测试；机上飞行控制系统的综合测试；回收系统的综合测试。

火蜂 -1 靶机综合测试台的外形如图 11-25 所示。

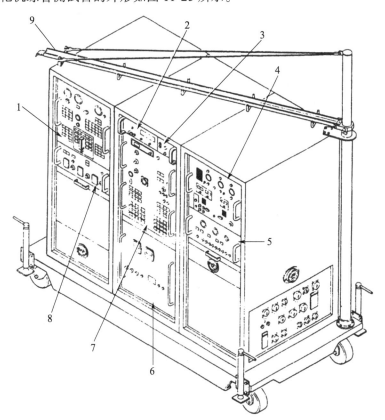

图 11-25　火蜂 -1 靶机综合测试台

1. 直接控制面板　2. 数字电压表　3. 插入式模块　4. 气压模拟器　5. 配电板
6. 电源组合　7. 导航和飞行控制系统测试板　8. 信号调节器　9. 电缆支杆

测试台采用 3 相 208 V 交流电源，产生 28 V 直流电供给靶机。靶机的测试主要由测试人员直接在控制面板以及导航和飞行控制系统测试板上手动操作，不过信号激励加入和响应的测量是半自动的。气压模拟器用来产生模拟靶机飞行空速表和膜盒式高度表的气压；信号调节器用来产生模拟的遥控指令。

（2）单元测试设备

单元测试设备主要包括机上飞行控制设备、火工品及任务有效载荷的测试设备，这些测试设备依不同靶机差别很大。火蜂 -1 靶机单元测试设备的组成如下。

1）机上无线电接收和应答系统测试仪（ASTS）

该测试仪用于给机上接收和应答系统提供遥控指令，接收来自机上的遥测信号，进行信号处理，以及检测无线电上行和下行通信链路的工作状态；

2）微处理器飞行控制组合（MFCB）测试设备

MFCB 是火蜂 -1 靶机机上飞行控制的大脑，其测试设备包括一台飞行任务装定和校验仪以及一台输入 / 输出信号模拟器。测试设备配置如图 11-26 所示。

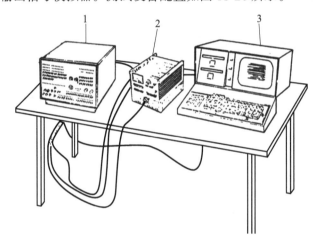

图 11-26　火蜂 -1 靶机的 MFCB 测试设备

1. 输入 / 输出信号模拟器　2. 微处理器飞行控制组合（MFCB）　3. 飞行任务装定和校验仪

飞行任务装定和校验仪用于向 MFCB 装定模拟或实际飞行用的任务参数，校验装定的软件，并打印飞行任务参数。可以用一台通用微机来完成，配有与 MFCB 的串行接口和输入 / 输出设备。早期采用 Z-80 处理器作为微机的 CPU 就可以满足要求，但随着计算机和飞行控制技术的发展，需要不断进行更新，所配软件采用专用的 HOL 语言。

输入 / 输出信号模拟器是一种专用的 MFCB 测试设备，提供测试时需要的电源及模拟和数字输入信号，监测 MFCB 输出的模拟和数字信号。

3）移动式发动机试车台

未装机发动机的单元试车可采用移动式发动机试车台进行。

试车台上装有发动机启动油泵、润滑油冷却器、进气道钟形罩、测试控制台等设备。移动式发动机试车台便于在维修基地进行靶机涡轮喷气发动机试车。

4）红外 / 雷达吊舱或拖靶测试设备

红外 / 雷达吊舱或拖靶测试设备由多部分组成。以火蜂 -1 靶机为例，其红外吊舱包括电气测试台、燃料流量和压力测试台、红外辐射温度标定设备、进气模拟设备、燃料加注设备等，这些设备大多是通用的测试仪表和通用设备，不过部分需要配专用设备。

5）脱靶量指示器测试仪

脱靶量指示器测试仪用于检测发射前机上脱靶量指示器的敏感头及遥测通道的主要参数，如摩托罗拉公司 AN/DSQ-37 脱靶量指示器的 MOTEST 测试仪。它是一种手提式测试仪，具有两种工作状态。

装前单元测试状态：装前测试仪用于测试敏感头和遥测通道的发射频率和功率、灵敏度、多普勒频率的响应范围、遥测副载频频率、调制指数和消耗功率等；

装后空中无线检测状态：装后测试仪用于产生带模拟多普勒频移的射频信号，模拟对打靶导弹空中的反射信号衰减和延迟，接收脱靶量指示器发射的遥测信号，对副载频解调和信号初步处理，这样可以在靶机起飞前对脱靶量指示器起到地面接收站的作用。

11.4.2　靶标撤收和清洗设备

靶标撤收设备是指靶标落地或落水后对其进行搜寻并回收至维护站的设备，有时亦称为回收设备。不过，为了与机上降落伞等回收设备区分开来，在此称为撤收设备。撤收设备分为车载撤收、水上撤收和直升机撤收三类。通常采用通用车辆、船只、直升机及吊装设备完成撤收任务。

（1）车载撤收

靶标陆上车载撤收设备通常包括一辆带吊车的牵引车和一辆用于装载回收靶标的拖车。对车载撤收设备的主要要求是吊装和牵引能力应满足靶标质量和尺寸的要求。如对于较大型的火蜂 -1 靶机，其车载撤收设备的牵引车底盘为 4×4，载重量为 2.5t，配有起吊能力为 1.36t 的车载吊车，其拖车具有 1.83 m（宽）× 5.5 m（长）的车厢用于装载靶机。对于小型靶机通常不使用吊车，直接人工装载。

（2）水上撤收

在水上打靶和撤收时，需要使用专用船只进行撤收。撤收用的船上要配备吊车以及足够的甲板面积供靶机停放。

（3）直升机撤收

直升机撤收可用于陆上和水上的靶机回收，是一种快速撤收方法，特别适合于水上撤收，以防止靶机在水面长期漂浮，减少靶机的损坏率，增加其使用次数。直升机撤收时用吊绳直接吊在降落伞挂钩上。

为了保证直升机撤收飞行时靶机的稳定，如石鸡 -3 靶机上就配有一个小阻力伞，这样可以使撤收直升机的飞行速度达到 185 km/h。

（4）靶标回收后的清洗

需要对撤收回来的靶标进行清洗，特别是从海上回收的靶标，需要清除海水对靶标的污染，以保证机身、发动机等不受腐蚀。靶标清洗设备主要包括冲洗机、压缩空气吹风干燥机等，这些均可以采用通用的设备。

11.4.3　地面维护支承设备

地面维护支承设备用于在靶标维修和设备装配中的支承、起吊、对接、运输等，其种类繁多，如工作台、各类支架、对接运输小车等设备。火蜂 -1 靶机的一些地面维护支承、对接设备如图 11-27 所示。

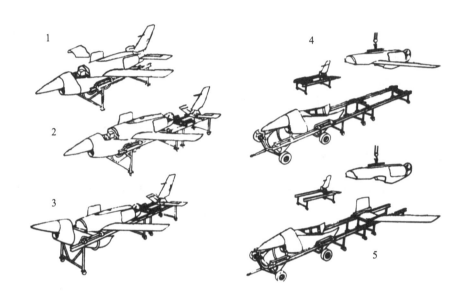

图 11-27　火蜂 -1 靶机机身支承对接设备

1. 野外陆上回收支架　2. 尾翼分解车　3. 机身内部设备分解车　4. 发动机吊舱分解车　5. 机翼分解车

11.4.4　其他辅助设备

除了上述支援维护辅助设备外，靶标专用辅助设备还可以包括各类机上设备安装工艺设备、密封检测和封装设备、保护罩、安全销及接地装置等。下面列举其中几种典型的设备。

（1）回收伞包装设备

靶标回收伞的包装需要配备专门的回收伞压缩设备，以保证回收系统可以可靠工作，同时减小包装体积。

（2）机舱气密检测设备

火蜂 -1、石鸡 -3 等靶机的设备舱在装配好后均有密封要求，机舱气密检测设备用于在飞行前检测靶机仪器舱的防水密封性。

气密检测设备包括一个控制台和一台真空泵。检测时先对仪器舱抽真空，使其内部达到一定的真空度，保持 30 min 后检查舱内气压。

（3）安全保护装置

靶标发射助推器、回收系统等的火工品在发射前均需采取安全保护。安全保护装置一般包括：

1）回收系统主伞、引导伞和吊绳分离器电爆管接地装置；

2）回收系统火工品点火安全销；

3）助推器固定销，用于在运输过程中锁紧固定助推器。

上述这些安全保护装置在靶标发射时均需去除；为了醒目、不致被操作人员遗忘，这些装置上都应有红色绸带或标志。

11.5　脱靶量地面接收处理设备

根据不同的脱靶量测量原理配置不同的脱靶量测量地面站。下面将介绍几种典型的脱靶量测量地面站。

11.5.1　AN/DSQ-24A 脱靶量测量地面站

AN/DSQ-24A 脱靶量测量地面站与数字脉冲多普勒脱靶量指示器等配套使用，由美国卡特怀特公司研制，用于火蜂等靶机脱靶量的测量、接收和处理从机上发回的脱靶量信号。地面站包括 CTR-1L/T 遥测接收机和 CRS-5 地面信号处理站两部分。

（1）CTR-1L/T 遥测接收机

CTR-1L/T 遥测接收机用于接收 AN/DSQ-24A 脱靶量指示器发回的调频遥测信号，包括多普勒频率、模拟和数字 3 种形式的信号，其主要性能参数如下：

遥测载波频率	$1\ 775 \pm 10$ MHz
灵敏度	-80 dBm
最大输出电平	$> \pm 4$ V（直流）
模拟距离信号门	30 个
数字距离信号位数	5
耗电	直流 $+28$ V 250 mA

（2）CRS-5 地面信号处理站

CRS-5 地面信号处理站将接收机接收到的信号按 3 种形式进行解码、显示和记录。其功能方框图如图 11-28 所示，主要性能参数如下：

微处理器类型	INTEL8086、8087
操作系统	INTEL，实时多任务软件操作系统 IRMX
语言	PL/M-86，宏汇编语言 MCS-48
处理脱靶精度	0.3 m 或 2%
显示	显示一次通过目标时弹目距离随时间的变化

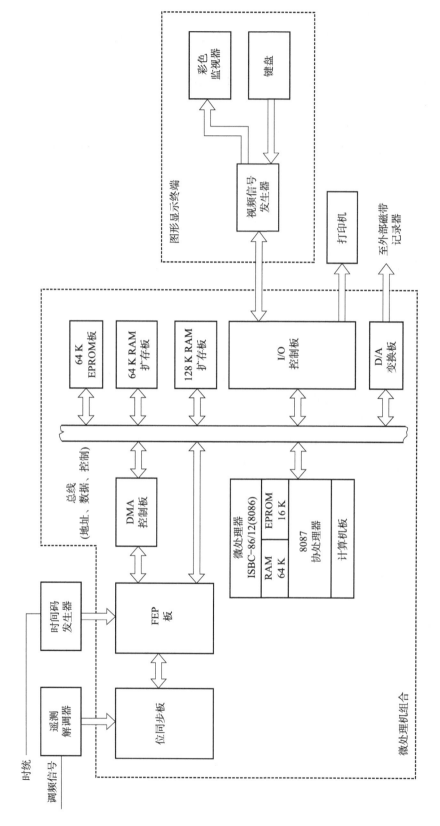

图 11-28 CRS-5 地面信号处理站功能方框图

图 11-29 示出了导弹接近和远离靶机时的距离变化曲线，按最短的距离统计处理获得脱靶距离，并给出脱靶参数处理结果，包括脱靶距离、相对速度、遭遇时间、引信起爆点距离等。

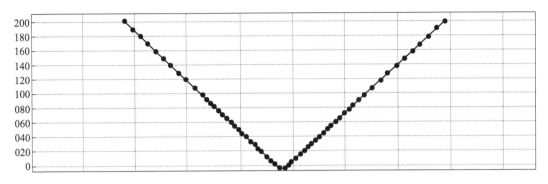

图 11-29　CRS-5 地面信号处理站脱靶数据显示

进入段统计

距离	003.0 ft
速度	00200 ft/s
引爆点	007.5 ft
1 ft	0.3048 m

退出段统计

距离	003.0 ft
速度	00200 ft/s
引爆点	007.5 ft
1 ft	0.3048 m/s

11.5.2　GRS-1L 脱靶量指示系统地面站

GRS-1L 脱靶量指示系统地面站与 AN/DSQ-41A 脉冲多普勒脱靶量指示器等配套使用，由美国卡特怀特公司研制，用于小型靶机和拖靶的中靶计数和脱靶量测量、接收和处理从机上发回的多普勒频率信号。地面站包括接收天线、CTR-1L 遥测接收机、CSP-1L 信号处理器和 CPI-1 可编程显示器。

（1）CTR-1L 遥测接收机

CTR-1L 遥测接收机用于接收脉冲调频载波 PM-FM-FM 信号，其工作原理和性能参数与 AN/DSQ-24A 脱靶量指示系统地面站使用的 CTR-1L/T 遥测接收机基本相同。CTR-1L 遥测接收机的功能方框图如图 11-30 所示。

（2）CSP-1L 信号处理器

CSP-1L 信号处理器采用 INTEL8085 作为 CPU，用于完成多普勒频率滤波、数字采样和采用微处理器进行信号数字处理。信号处理器具有以下两种工作状态：

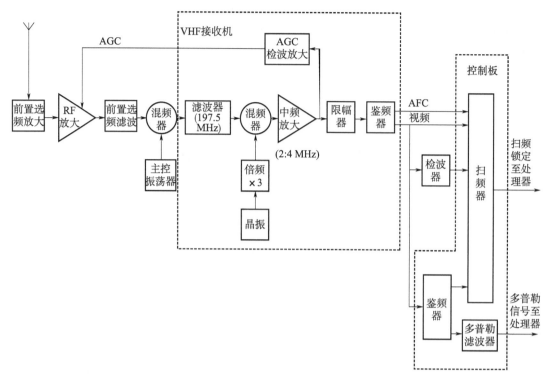

图 11-30　CTR-1L 遥测接收机功能方框图

1）信号锁定状态，当信号幅度超过一定门限时可进入锁定状态，此时信号处理器可以进行多普勒频率信号处理，经处理后可以获得脱靶量参数；

2）非锁定状态，此时信号处理器不对多普勒频率信号进行处理，只是按信号幅值是否超过一定门限来确定是否中靶以及进行计数。

CSP-1L 信号处理器的功能方框图如图 11-31 所示。

（3）CPI-1 可编程显示器

CPI-1 可编程显示器从 CSP-1L 信号处理器输入命中计数和同步信号，显示弹丸通过数、命中数、脱靶数、AGG 电平、信号锁定状态指示等。CPI-1 可编程显示器功能方框图如图 11-32 所示。

11.5.3　2700 脱靶量指示系统地面站

（1）设备概述

2700 脱靶量指示系统地面站与 2700 连续波多普勒脱靶量指示器配套使用，由英国雷卡尔有限公司研制，用于小型靶机和拖靶的脱靶量测量、接收和处理从机上发回的多普勒频率信号。地面站包括接收天线、遥测接收机、多普勒频率滤波器、多普勒信号过零检测器、信号处理计算机和显示打印设备等。地面站的特点是设备简单，可组成便携式单个设备，处理速度快，成本较低。2700 脱靶量指示系统地面站功能方框图如图 11-33 所示。

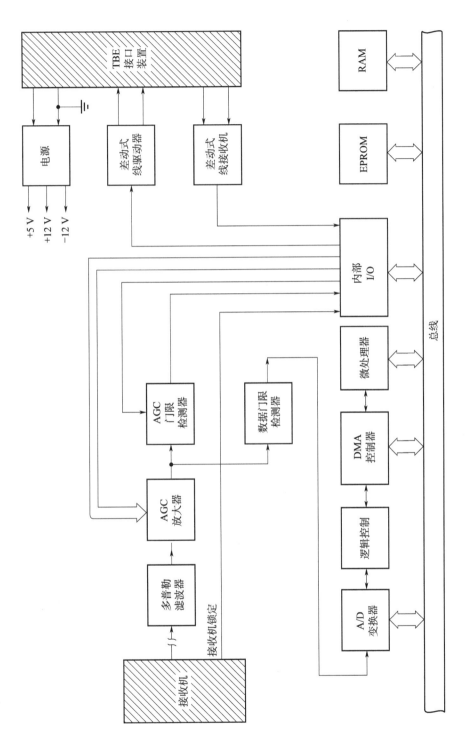

图 11-31　CSP-1L 信号处理器功能方框图

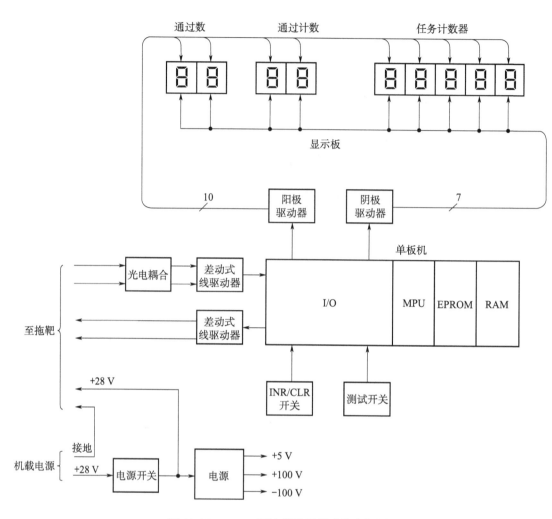

图 11-32　CPI-1 可编程显示器功能方框图

2700 脱靶量指示系统地面站的主要性能参数如下：

遥测载波频率　　　　　　　　　404.75 MHz

接收距离　　　　　　　　　　　＞ 30 km

多普勒频率通带　　　　　　　　100 kHz

相对速度范围　　　　　　　　　160~1 285 m/s

计算机　　　　　　　　　　　　PDP11/23

处理一个多普勒频率曲线速度　　＜ 10 s

指示误差　　　　　　　　　　　0.5 m 或 10%

电源　　　交流　　　　　　　　110~250 V，50~60 Hz

　　　　　直流　　　　　　　　11~30 V，5~10 A

质量　　　　　　　　　　　　　30 kg

外形尺寸　　　　　　　　　　　570 mm × 540 mm × 320 mm

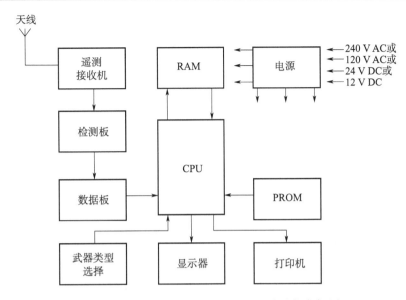

图 11-33 2700 脱靶量指示系统地面站功能方框图

（2）脱靶参数处理原理

当导弹以相对速度 V 接近装有脱靶量指示器的靶机时，连续波脱靶量指示器获得频率 $f_d(t)$ 随时间变化的关系如下

$$f_d(t) = \frac{2V\cos\theta}{\lambda} = \frac{2V^2(t_0 - t)}{\lambda\sqrt{\rho^2 + V^2(t_0 - t)^2}} \tag{11-1}$$

式中， λ——载波波长；

ρ——脱靶量；

t——以某一基准点起的时间；

t_0——以某一基准点起到遭遇点的时间（$t = t_0$ 时导弹与目标之间的距离最短，即处于脱靶点位置，此时 $f_d(t_0) = 0$）；

θ——相对速度矢量与导弹靶机连线的夹角。

对不同的脱靶量 ρ，$f_d(t)$ 的变化规律不同，脱靶量越小，$f_d(t)$ 在 $t = 0$ 附近的变化越快，如图 11-34 所示。

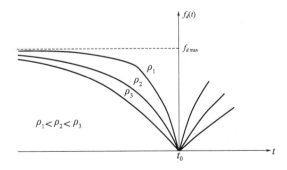

图 11-34 对不同脱靶量 ρ 多普勒频率随时间的变化 $f_d(t)$

式（11-1）可改写为

$$\frac{1}{(t_0 - t)^2} = \frac{4}{\lambda^2} \times \frac{V^4}{\rho^2} \times \frac{1}{f_d^2} \qquad (11\text{-}2)$$

设 $\dfrac{1}{(t_0 - t)^2} = Y$，$\dfrac{1}{f_d^2} = X$

则从式（11-2）可获得直线方程式

$$Y = mX + c \qquad (11\text{-}3)$$

式中，m、c 为与 t 无关的常数，其中 m 为直线斜率，c 为直线在 Y 轴上的斜距，且有

$$m = \frac{4V^4}{\lambda^2 \rho^2}，\quad c = -\frac{V^2}{\rho^2}$$

为了作拟合曲线，必须先假定一 t_0 值。对于不同时刻 t，可以测得不同的多普勒频率 f_d。用上述形式的最佳直线方程来拟合数据时，为了得到正确的数据，可用迭代法确定 t_0 值，即使按各测量数据 f_d、t 偏离作出的拟合曲线的均方误差最小。最后，再按拟合好直线的 m、c 值可求得脱靶参数。

相对速度

$$V = \frac{\lambda}{2} \times \frac{-m}{\sqrt{c}} \qquad (11\text{-}4)$$

脱靶量

$$\rho = \frac{-V^2}{\sqrt{c}} \qquad (11\text{-}5)$$

11.5.4 ASATS 自动脱靶量指示系统地面站

（1）设备概述

ASATS 自动脱靶量指示系统地面站与 AN/DSQ-37A 脉冲多普勒脱靶量指示器等配套使用，由美国摩托罗拉公司研制，用于各种靶机和拖靶的脱靶量测量、接收和处理从机上发回的多普勒频率信号。地面站分为固定式和野外便携式两种。ASATS 地面站功能方框图如图 11-35 所示。

ASATS 脱靶量指示系统地面站由以下设备组成：

1）跟踪接收天线，装在天线转架上，配有前置放大器。可适用于两种波段：UHF 波段和 L 波段。天线在方位上可以对靶机进行跟踪。天线增益在 UHF 波段为 6 dB，在 L 波段为 22 dB。

2）遥测接收机，亦有 UHF 波段和 L 波段接收机，主要采用的是国际遥测标准 L 波段，此时采用副载频调制和解调；

3）数据处理计算机，是系统的核心；

4）屏幕显示设备；

5）数据存储与输出设备，包括磁盘存储器和打印机。

ASATS 地面站的工作原理与 2700 脱靶量指示系统地面站类似，不同的是本地面站采用了脉冲多普勒原理，具有距离截止功能，提高了系统的抗干扰能力。

（2）ASATS 脱靶量指示系统地面站的主要性能参数

遥测载波频率	UHF
波段	319.8 MHz
L 波段	1 527.5 MHz
副载频	165 kHz
最大接收距离	160 km

（实际受地面可视距离限制）

多普勒频率通带	200 Hz~20 kHz
相对速度范围	60~1 524 m/s
指示误差	0.3 m

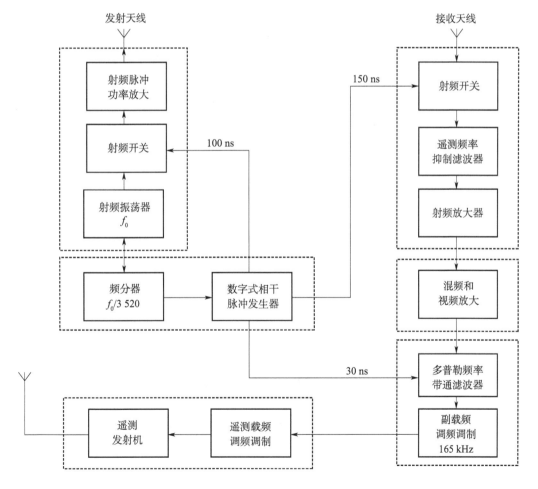

图 11-35　ASATS 脱靶量指示系统地面站功能方框图

（3）脱靶参数处理

ASATS 脱靶量指示系统地面站的信号处理包括如下步骤：

（1）中靶信号的定位

首先，从大量录取的噪声和多普勒频率信号中选出一段中靶信号，用快速傅立叶变换（FFT）方法对有用信号定位。从遥测信号加噪声中用 FFT 获得的主频信号随时间的变化曲线，如图 11-36 所示。

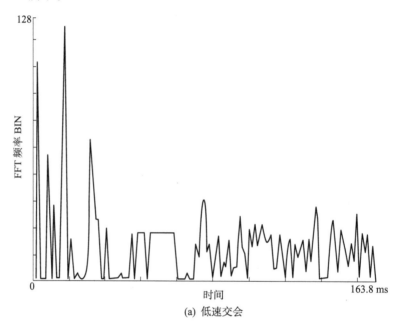

(a) 低速交会

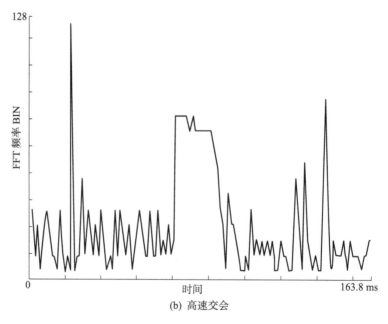

(b) 高速交会

图 11-36　用 FFT 获得的主频信号随时间的变化曲线

图中采用了滑窗式 128 点的 FFT，因此每个滑窗的频率亦分为 128 个值，图中纵坐标作出主频在 128 点中的取值。从图中可看出，当出现中靶的多普勒频率信号时，FFT 曲线出现一个小台阶，如图中曲线的中间部分，其余部分均为噪声。这是由于在遭遇段多普勒频率最初变化不大，因此出现一个平台，只有在到达最接近点时多普勒频率才急剧下降，FFT 曲线这一显著的特点表明了中靶信号的位置。对于 ASATS 地面站，连续从 9 个滑窗中有 5 个落入 20 个频率点的窗口，就可以以 99% 的概率判定为中靶信号的存在。

（2）多普勒频率的相关检测

采用自回归频谱分析法（Auto regressive spectral analysis），从选出的一段有用信号中获得多普勒频率 $f_d(t)$ 的分量。在处理实际脱靶量参数时，由于弹丸不是一点目标，测量的多普勒频率不是单一谱线，即多普勒频率具有一定的谱带，所以关键是从谱带中选出其中的主频线随时间的变化曲线。

回归频谱分析法是在已选出的一段信号时间内用相交叉覆盖的时间窗口对多普勒频率进行滤波递推。这种方法比 FFT 法更能有效地从宽带噪声中选出窄带多普勒频率信号。

（3）脱靶参数的计算机动态拟合

对多普勒频率 $f_d(t)$ 变化曲线，用计算机生成的脱靶弹道参数拟合算法来确定脱靶参数，包括脱靶距离、相对速度、到达最近点时间、置信度等，必要时需加入人工判断。

11.5.5　脱靶参数辨识法

脱靶参数辨识法是我国自行开发的一种脱靶参数处理方法，已用于国内的脱靶量指示地面处理系统中。实际应用证明此方法有效，能达到较高精度。

从带有随机干扰的测量数据中辨识出未知参数的参数辨识法已广泛用于各类工程中。利用测得的多普勒信号周期数 N_i 及其对应的时间 t_i 采用参数辨识原理可以获得较高精度的脱靶参数。

采用脱靶参数辨识法的关键是需要获得一组相对辨识参数的线性方程。而多普勒频率方程（11-2）相对要辨识的 ρ、V、t_0 是一个非线性方程，因此需要进行线性变换处理，即先将多普勒频率积分变换成周期数 $N(t)$，然后再进行变量变换获得线性方程。

多普勒周期数随时间变化 $N(t)$ 可以表示为

$$N(t) = \int_0^i f_d(t)\,\mathrm{d}t \tag{11-6}$$

经积分后得

$$N(t) = 2[\sqrt{\rho^2 + (Vt_0)^2} - \sqrt{\rho^2 + V^2(t_2 - t_0)^2}]/\lambda \tag{11-7}$$

取采样点 $N_i = 1$，2，3，……n 个整周期，并采用下列变量变换使上述方程线性化

$$R_i = N_i \lambda / 2$$

$$R_0 = \sqrt{\rho^2 + (Vt_0)^2}$$

$$a = 2R_0$$

$$b = -2\ V^2 t_0$$

$$c = V^2$$

$$y_i = R_i^2$$

由此得到方程

$$y_i = R_i a + t_i b + t_i^2 c \qquad\qquad (11\text{-}8)$$

$$i = 1,\ 2,\ 3,\ \cdots\cdots n$$

方程（11-8）中，R_i、t_i、$t_i^2 c$ 均为可测的多普勒周期和采样时间的采样周期，而 a、b、c 为需要辨识的与脱靶量有关的参数，y_i 为输出量。经过这种变换获得的相对 a、b、c 未知量的方程（11-8）已是线性方程，我们就可以用下面的矩阵形式表示

$$y_i = \varphi_i \theta \qquad\qquad (11\text{-}9)$$

式中，

$$\varphi_i = \begin{bmatrix} R_i \\ t_i \\ t_i^2 \end{bmatrix},\ \theta = \begin{bmatrix} a \\ b \\ c \end{bmatrix} \qquad\qquad (11\text{-}10)$$

$$i = 1,\ 2,\ 3,\ \cdots\cdots n$$

φ_i 为 i 次测量向量，θ 为需辨识参数的向量；式（11-9）为测量方程。用 n 个测量方程对参数向量 θ 求其最小二乘法递推估计值 θ_n

$$\theta_{n+1} = \theta_n + K_{n+1}(y_{n+1} - \varphi_{n+1}\theta_n) \qquad\qquad (11\text{-}11)$$

式中，y_{n+1} 为 $n+1$ 次测量得到的标量，按 $y_i = R_i^2$ 计算。

K_{n+1} 是一个时变增益矩阵，满足

$$K_{n+1} = \frac{P_n \varphi_{n+1}^T}{1 + \varphi_{n+1} P_n \varphi_{n+1}^T} \qquad\qquad (11\text{-}12)$$

其中，P_n 为 3×3 矩阵，可用递推法进行计算

$$P_{n+1} = \left[I - P_n \frac{\varphi_{n+1}^T \varphi_{n+1}}{1 + \varphi_{n+1} P_n \varphi_{n+1}^T} \right] P_n \qquad\qquad (11\text{-}13)$$

其中，I 为 3×3 单位矩阵。

按式（11-11）中递推法求 θ_{n+1} 需要先求出 P_n，θ_n 的起始值。因为 θ 是 1×3 的向量，所以只需要 3 个测量方程（11-9）就可以求得起始值 θ_3，P_3。已知估计值 θ_n 就可以求出 n 个测量值后的脱靶参数估计值。

相对速度估计值为

$$V = \sqrt{c_n} \qquad\qquad (11\text{-}14)$$

距遭遇点时间的估计值为

$$t_0 = -b_n / (2c_n) \tag{11-15}$$

脱靶量估计值为

$$\rho = \sqrt{a_n^2 - b_n^2 / c_n} \tag{11-16}$$

其中，a_n、b_n、c_n 为 n 步递推后的辨识参数向量 θ_n 的元素。

用参数辨识法计算脱靶参数的流程图如图 11-37 所示。

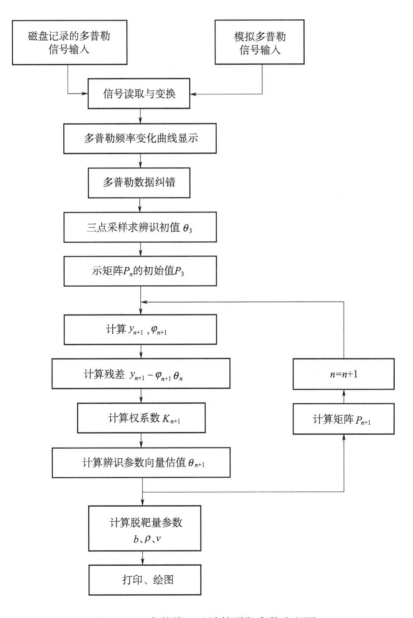

图 11-37　参数辨识法计算脱靶参数流程图

第 12 章　靶标雷达目标散射特性增强和减缩技术

12.1　概述

防空兵器靶标是导弹攻击目标或战术训练的替代物或模拟装置。靶标是检验武器系统探测、截获、跟踪、识别和射击能力的行之有效的方法。靶标试验用来检验武器系统的作战能力，确定武器系统满足、超过或不满足其技术特征和使用特征的程度。战术导弹系统是一种造价高、技术复杂的作战装备，靶标试验同样是不可缺少的环节，制造方常常通过不断的靶标试验检验武器系统性能指标，并当作重要研制过程，贯穿在武器试验、鉴定、定型等各个环节。军方则将靶标试验作为验收武器系统的重要步骤和依据，因此靶标具有不可替代性、通用性、可重复性、高逼真度和仲裁性等五个方面的特征。

任何一种武器系统都是在特定的环境中攻击特定的目标，不可能针对所有的目标，与其他靶标一样，防空兵器的靶标不可能在形态、尺寸大小、外形结构等和真实目标完全一致，但要求靶标的主要性能与对付的来袭目标基本一致，其性能不仅包括目标飞行性能，还必须包括目标特性等性能，就是说，防空靶标应该是真实来袭目标散射特性的物理复现。

本章从雷达目标散射特性的基本概念出发，介绍了雷达目标散射特性和靶标的关系、雷达目标特征控制以及靶标雷达目标散射特性复现等。

12.1.1　雷达目标散射特性靶构成

防空兵器雷达靶包括靶（载）体和雷达目标特性物理复现（模拟）系统两部分。靶体是安装和运载目标特性模拟系统的平台，雷达目标特性模拟系统可安装在靶体（飞行器）上。

常用的靶体包括动力靶和无动力靶两种。动力靶又包括导弹、火箭弹和无人飞机等；无动力靶体有无人机牵引平台、降落伞或气球吊挂平台等。

12.1.2　雷达目标散射特性靶的类型

从目标种类分：雷达目标特性模拟系统靶包括点目标特性靶和扩展目标散射特性靶。点目标散射特性指目标 RCS 的幅度值特性，包括 RCS 幅度各向同性（平均值）和 RCS 幅度各向异性。而扩展目标散射特性靶不仅包括 RCS 的幅度值，还包括强散射中心 RCS 大小和位置分布等。

从技术途径分：包括无源和有源模拟。无源靶是通过调节无源单元的散射大小、方向图来模拟目标 RCS 均值、起伏特性、散射中心幅度值以及位置分布。有源靶是用调节有源单元的散射大小、方向图模拟目标上述特性。

12.2　雷达目标散射特性与靶标

雷达目标分为点目标和扩展目标。

点目标：它只与距离有关，与目标尺寸无关，但是点目标是被理想化的目标，实际上军用目标很少属于点目标情况，人们常常提到或认为的点目标，其实并不是严格物理意义上的点目标，这是由以下两种情况造成：一是探测器的分辨率不够，因此把无法分辨的目标统统按点目标去理解或处理；二是探测距离比较远，于是把凡探测距离满足远场条件 R 处的目标都近似称为点目标。即

$$R \geqslant 2\pi D^2/\lambda \text{（其中 } D \text{ 为目标的线尺寸，} \lambda \text{ 为波长）}$$

扩展目标：辐射波和散射波具有多辐射源或多散射中心特征的目标称扩展目标。它包括有数十个贡献比较大的散射源和无数个贡献较小的散射源，如接缝、窗口、铆钉等，扩展目标是存在多数目标元的目标。

12.2.1　雷达目标特征物理量

在靶标设计中，雷达目标特征物理量是考核评价靶标性能的重要参数和量化指标。

军用目标的雷达目标特性有两个物理量：目标的雷达散射截面和角闪烁。

（1）目标的雷达散射截面

1）目标的雷达散射截面基本定义

目标的雷达散射截面（Radar Cross Section，缩写 RCS）是表征雷达目标对于照射电磁波散射能力的一个物理量，是目标散射特性的基本参数。

雷达散射截面定义为 4π 乘以单位立体角内目标朝接收方向远区散射功率和从给定方向入射到该目标单位面积平面波功率密度之比，常用符号 σ 表示，以平方米为度量单位。传统"雷达截面"仅指后向散射，这里所说的"雷达散射截面"则包括所有散射方向，包括后向散射和前向散射。雷达散射截面可从以下两个方面定义。

①从电磁场理论定义的雷达散射截面

$$\sigma(\theta,\varphi,\theta',\varphi') = \lim_{r\to\infty} 4\pi r^2 \frac{\left|E^s(\theta',\varphi')\right|^2}{\left|E^i(\theta,\varphi)\right|^2} \tag{12-1}$$

式中，$\theta,\varphi,\theta',\varphi'$ 分别表示发射、接收方向的角向位置，r 为到观察点的距离，由于要求 r 无穷大，实际将入射波和散射波均看成是平面波，即远场区，因为雷达的应用多数处于远场。

②从雷达方程出发定义的雷达散射截面

由雷达方程得出接收功率的表达式

$$P_r = \frac{P_t G_t}{L_t} \frac{1}{4\pi r_t^2 L_{mt}} \sigma \frac{1}{4\pi r_r^2 L_{mr}} \frac{G_r \lambda_0^2}{4\pi L_r} \qquad (12\text{-}2)$$

上式中，P_r 为接收机输入端功率；P_t 为发射机功率；G_t、G_r 分别为发射和接收天线增益；L_t、L_{mt} 分别为发射机内馈线与发射天线到目标传输途径的损耗；r_t、r_r 分别为发射天线到目标和目标到接收天线的距离，雷达单站工作时 $r_t = r_r$；λ_0 为雷达波长；σ 为雷达目标散射截面（RCS）。

当忽略所有损耗时

$$\sigma = \frac{P_r (4\pi)^3 R_r^2 R_t^2}{P_t G_r G_t \lambda_0^2} \qquad (12\text{-}3)$$

单站时收发同一地点 $r_t = r_r$

$$\sigma = \frac{P_r (4\pi)^3 R^4}{P_t G^2 \lambda_0^2} \qquad (12\text{-}4)$$

目标的雷达散射截面取决于以下因素：目标物理特性（即电磁参数）；介电常数 ε、电导率 σ 和导磁率 μ 等；目标几何外形和姿态；入射波的波长；极化；波阵面和雷达工作布站。

2）雷达目标的 RCS 表达形式

RCS 表达形式与入射波形式有关，因为入射波频谱包括点频和宽带两种。上面介绍的只是点频 RCS 的定义，RCS 还有其他表达形式，主要包括四方面：

①入射波不同频谱的 RCS

点频 RCS 的定义如上所述，宽带 RCS 却在频域上综合了目标对频谱的响应；在时域上综合了沿目标方向上散射功率强度的分布。

在常规雷达中，目标散射回波的频率和发射频率相同，在宽带雷达中照射波不再是单色波而是发射很宽的频谱，因此目标对照射波频谱内各频率分量的响应各不相同，其散射波有很大的不同，为了描述目标宽带散射特性，引入了与时间有关的目标冲激响应的概念，此时宽带散射截面定义为

$$\sigma = \lim_{r \to \infty} 4\pi r^2 \frac{\left| E^s(t) \right|^2}{\left| E^i(t) \right|^2} \qquad (12\text{-}5)$$

上式中，$E^i(t)$，$E^s(t)$ 分别为时域照射场和时域散射场。

②扩展目标 RCS

如上所述，目标常常分为点目标和扩展目标，上面定义的散射截面只对点目标而言，而扩展目标的散射截面引入散射中心的概念，此时扩展目标散射截面定义为

$$\sigma = \left| \sum_{i=1}^{N} \sqrt{\sigma_i} e^{j\phi_i} \right|^2 \tag{12-6}$$

上式中，σ_i 为第 i 散射中心的 RCS 幅度；ϕ_i 为第 i 散射中心的相位。

③雷达单站和双站的 RCS

雷达布站常常分为单站和双站，单站是指收发在同一位置；双站是收发不在同一位置。因此 RCS 相对也分单站散射截面（后向散射）和双站散射截面（非后向散射）。单站 RCS 和双站 RCS 关系，对于表面足够光滑的良导体，而且在波长很小的特殊情况下，Crispin 等提出单站 / 双站等效定理：双站 RCS 等于收发方向夹角对角线方向的单站 RCS 数值。在一般情况下双站 RCS 经验公式

$$\sigma = \sigma_0 \left[1 + \exp\left(k|a| - 2.4k - 1 \right) \right] \tag{12-7}$$

其中 $k = \dfrac{\ln\left[4\pi A^2 / \left(\lambda^2 \sigma_0 \right) \right]}{\pi - 2.4}$，$a$ 为垂直雷达波束方向上投影的目标面积，σ_0 为单站雷达截面。

④目标远场 RCS 和近场 RCS

区分远场和近场的主要依据是远场条件，当目标中心到目标长度边缘的口面相前相差 $\pi/8$ 时，其所造成 RCS 的测量误差在 0.1 dB 时，当距离确定为远场条件

$$R = \frac{2\left(D + d \right)^2}{\lambda} \tag{12-8}$$

式中，R 为目标到测量位置距离，D 为目标长度尺寸，d 为测试天线尺寸。

当距离大于 R 时其 RCS 数值为远场 RCS，当距离小于 R 时 RCS 数值为近场 RCS。

3）雷达散射截面含义

雷达散射截面不是目标真正面积，目标的雷达散射截面不是固定不变的量，目标在不同的姿态角下有不同的雷达散射截面。图 12-1 给出了典型飞机 RCS 姿态角变化极坐标图。

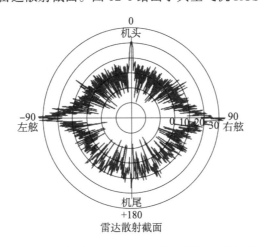

图 12-1　典型飞机空间 RCS 起伏特性极坐标变化图

（2）角闪烁

角闪烁是目标特性另一个物理量。角闪烁的概念是雷达目标为扩展目标的情况。由于扩展目标的辐射波和散射波不再是球面波，因此凡目标尺度能与波长相当，具有两个或两个以上等效散射中心的任何扩展目标都会产生角闪烁。目标角闪烁物理机理是由散射子的相位干涉与波前畸变所引起，其大小采用离目标几何中心的线偏差值来表征，该线偏差值与观察它的雷达距离无关，对远程雷达来说，角闪烁噪声所造成的雷达角跟踪误差很小，可是对导弹的导引头来说，由于雷达与目标距离近，因此角闪烁对跟踪雷达特别对导弹的导引头来说，将是寻的（或半寻的）制导的主要误差源，尽管如此，角闪烁作为目标特性的一个重要特征信息，也非常有应用价值，如将角闪烁用于扩展目标的识别，增强突防能力或加强隐身效果等。

产生角闪烁机理可从两个方面解释：波前曲变和能流倾斜。

1）波前曲变：从波传播波阵面看，在点目标时散射波是单个元的球面波，而扩展目标是多个散射中心，其散射波是由多个散射中心元构成，不再是球面波，其波前面产生了曲变，于是在接收天线口面上，波前产生了法线倾斜而造成角闪烁误差。

2）能流倾斜：从能流概念看，对扩展目标，回波信号坡印亭矢量存在与传播方向的正交分量，与径向有一定倾斜角，因此角闪烁是目标回波信号能流传播方向倾斜造成的。用能流坡印亭矢量来定义角闪烁其概念比较清楚，计算方法简单。图 12-2 是描述典型飞机产生角闪烁方位偏差随方位角的变化图。

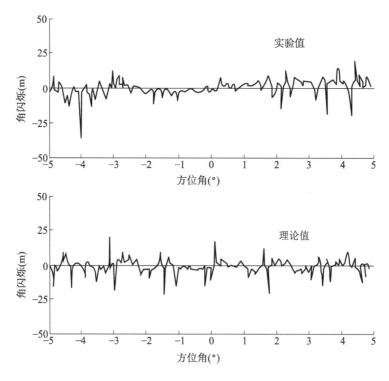

图 12-2 飞机产生角闪烁方位偏差变化图

从概念上讲，角闪烁反映了扩展目标的一种尺度特征，它可用来估计和识别目标外形结构。

（3）RCS 和角闪烁关系

在所有 RCS 范围内，RCS 和角闪烁负相关不存在普遍性；但当 RCS 很小时，RCS 和角闪烁存在负相关，且具有普遍性，牢记这一点对用角闪烁特性设计隐身目标的研究是很有用的。

12.2.2　雷达目标散射特性

目标特性是目标固有的和可测量的属性或性质。目标特性既是武器系统的效能指标，也是武器系统的数量指标。

电磁波从导弹武器到目标的传递路径中，要经过吸收、再辐射、反射、散射以及波谱的重新分布等过程。目标特性是描述整个过程中强度、方向、极化和波谱变化情况。这些变化将直接影响防空武器对目标探测、截获、识别、跟踪和射击精度。

（1）雷达目标散射特性产生的物理机理

1）从物理光学出发比较直观的理解雷达目标散射特性产生的物理机理

从物理光学方面看，当雷达波照射到目标时，目标受激产生感应电流或电子振动，电磁流的流动产生电磁波，电磁波产生二次辐射，即出现目标特性。图 12-3 是飞机感应电流二次辐射示意图，粗箭头为入射电磁波，黑线为飞机上产生感应电流，箭头为飞机产生辐射。

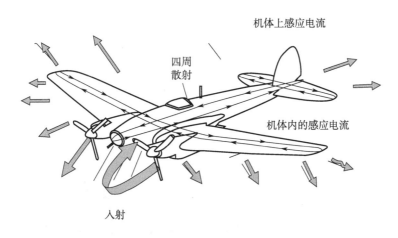

图 12-3　飞机感应电流二次辐射示意图

2）从几何光学可以更直观解释雷达目标散射特性产生的物理机理

从几何光学解释散射现象比较直观，波在不均匀介质中、介质不连续处、几何间断微分不连续处产生的再辐射现象。其中目标散射主要包含了目标反射及其他形式辐射。反射波是到达两种不同介质的界面处改变方向返回原介质的现象，反射波传播方向遵守反射定律。

（2）雷达目标散射特性

雷达目标散射特性是靶标目标特性设计的基础，雷达目标散射特性主要包括：

1）雷达目标 RCS 各向同性散射特性（均值）

由于飞行体随飞行姿态角变化决定了 RCS 必须变化，除球体外，其他雷达目标散射的 RCS 不存在各向同性，而且有的区域变化会很大，如姿态角 90°±5° 时 B-52 的 RCS 可达到 1 000 m^2，尽管如此，为设计需要，首先了解来袭目标 RCS 均值，对初步确定靶标尺寸十分必要。同时 RCS 均值本身可以做成一种初级靶。

另外，鼻锥 ±45° 区域代表了来袭目标的主要方向和关心的方位，因此国内外把鼻锥 ±45° 区域内 RCS 均值作为评价飞机 RCS 性能的主要指标。

2）雷达目标 RCS 起伏特性

RCS 起伏特性是指由复杂目标各组成的散射子矢量和引起的回波信号幅度的起伏变化。按其产生的机理，这种起伏由于刚体目标飞行、非刚体目标颤动和目标中活动部件等 3 类所产生，刚体目标，例如弹道导弹的弹头、小型巡航导弹等，虽然复杂但相对波长来说可认为刚体。它在受控状态下作随机偏航、俯仰与横滚活动，另外，目标运动相当于雷达视线在目标坐标系中的慢变化，这些运动和变化都引起回波幅度的起伏；非刚体目标颤动，如典型大型民航客机，其伸展的翼长尖端可有 ±10 cm 以上的颤动，其颤动频率较低，约为 0.2~0.4 Hz；非刚体颤动是一种非正弦弹性运动，其幅度与频率除了与目标形体、材料与力矩有关外，大气层内运动时还与大气密度有关；含活动部件的目标，如典型喷气发动机排气道内腔的叶片调制（所谓 JEM）、螺旋桨飞机的螺旋桨调制，以及直升飞机的旋翼和尾桨调制。这些附加噪声频谱中的尖峰决定于调制频率的基波成分，其频率决定于转速和叶片数的乘积。由于是非正弦调制，因此还有各高次谐波分量，其频谱可平滑地分布于几千赫兹范围内。

图 12-4 为典型飞机 RCS 随方位角起伏的直角坐标图，横坐标为姿态角，纵坐标是 RCS 数值。

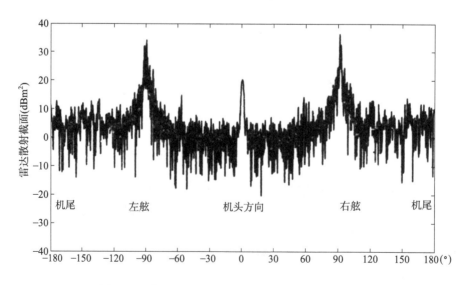

图 12-4　典型飞机 RCS 随方位角起伏的直角坐标图

导弹 RCS 随方位角起伏变化也非常大，例如巡航导弹 RCS 起伏大约 30 dBm² ；反辐射导弹 RCS 起伏大约 40 dBm² 左右。图 12-5 是典型空地导弹 RCS 随方位角起伏变化图。

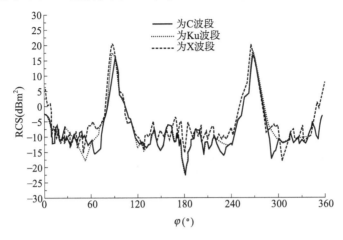

图 12-5　典型空地导弹 RCS 随方位角起伏变化的曲线

舰艇 RCS 随方位角起伏变化也很大，图 12-6 是潜艇模型 RCS 极坐标变化图，图 12-7 是典型航空母舰缩比模型 RCS 随方位角变化曲线，图中可见 RCS 起伏相差 35 dBm² ，可见多数军用目标 RCS 随方位角变化不是完全一样，因此靶标设计时也应该充分考虑实际攻击目标存在的起伏特性。

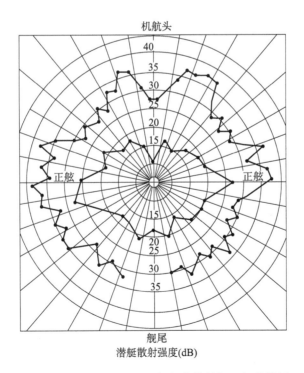

图 12-6　潜艇模型 RCS 空间起伏特性极坐标曲线图

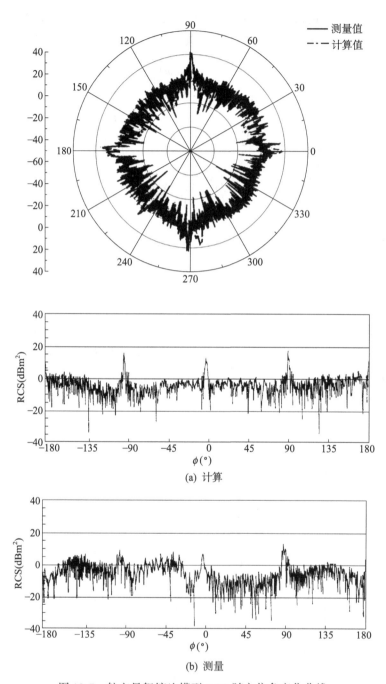

图 12-7　航空母舰缩比模型 RCS 随方位角变化曲线

3）雷达目标 RCS 频率特性

从雷达散射截面定义中可以看出，波长（频率）是雷达散射截面的重要参数，目标散射呈现频率特性。从宏观上看 RCS 和频率关系可以分三个区描述：瑞利区、谐振区和光学区。

瑞利区：当波长比目标尺寸大得多，如目标尺寸为 a，k 为波数，一般 $ka<0.5$ 时为瑞利区，其散射与目标总的形状和目标尺寸相关联，RCS 大体上正比于目标尺寸，实际工作中，常用的雷达波长不超过 3 m，大多数情况波长会小于目标尺寸，因此，实际存在瑞利散射情况并不多，仅仅发生在雷达波照射炮口、通风口、其他突出部分等情况。

谐振区：当波长接近目标尺寸，一般指 $0.5 \leqslant ka \leqslant 20$，这时的雷达散射截面比较难以预测，因为入射波的相位沿目标长度方向多次改变，目标形状每部分相互影响，镜面反射与爬行波之间产生谐振，雷达散射截面与姿态角有关，而且变化很大。

光学区：当波长比目标尺寸小得多。即 $20 \leqslant ka$ 时雷达散射截面由形状和粗糙度决定，如外形不连续会导致 RCS 增大。

目标瑞利、谐振、谐振散射属于不同频段，因为在全部电磁波谱中，表征目标特征信息总是存在所谓"优势频段"，如瑞利散射可以显示目标体积；高频散射反映目标主曲率半径，精细结构；谐振散射则载有目标的形体和尺寸的原本信息。

在不同频率上，导弹 RCS 随方位角的变化不同，导弹 RCS 具有频率特性，如在 C/S 波段、Ku/X 波段方位角上 RCS 有 7~15 dBm² 变化。表 12-1 列举飞机 RCS 均值与频率关系。

表 12-1　两种飞机（鼻锥 45°）RCS 均值与频率关系

单位 m²

	VHF	UHF	L	S	C	X	Ku
非隐身飞机	6~40	4~5	0.1~1.2	0.4	0.4	0.4	4.4~0.8
隐身飞机	7~75	1~7	0.1~1	0.02~0.1	0.02	0.02	0.02~0.1

同样，飞机 RCS 具有频率特性。

在反隐身技术和目标识别中，目标频率特性如毫米波、米波目标散射特性、谐波散射特性或非线性散射特性得到了广泛应用。

4）雷达目标 RCS 极化特性

从雷达参数描述中知道目标的极化表示电场矢量方向，包括线极化、圆极化和椭圆极化。

雷达目标极化特性指的就是目标对各种极化波存在的同极化和退极化作用。绝大部分目标在任意姿态角下，对不同入射极化波，其散射场的极化不同于入射场的极化。与入射场相同的极化分量名称同极化，与入射波正交的分量是交叉极化。当目标受特定极化状态的入射波照射时，其散射波取决于入射波的强度、极化状态等。

例如在不同极化状态下导弹的 RCS 随方位角的变化比较大，巡航导弹 RCS 在水平和垂直极化变化在 5~10 dBm²；反辐射导弹 RCS 变化在 10 dBm² 以上。图 12-8 是典型歼击机在同频率或（12~17 GHz）不同频率下，同极化（黑色实线 $\phi_i=0°$）和交叉极化（虚线 $\phi_i=45°$）的 RCS 是不同。从该图可以看出，目标不仅存在极化特性，同时存在频率特性。

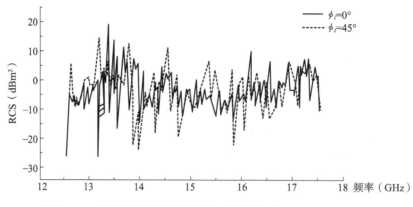

图 12-8　典型歼击机在同频率或不同频率（12~17GHz）下，
同极化（黑色实线）和交叉极化（虚线）RCS 变化曲线

5）雷达目标 RCS 局部散射特性

关于 RCS 局部散射特性，常用散射中心来描述。

散射中心：当目标尺寸远大于照射波的波长时，目标的总散射场等效为一些局部部件散射场的矢量和，通常将这些部件散射源视为散射中心。从电磁学观点来看，散射源不仅是曲率处与表面不连续处，还包括雷达波在目标上引起的镜面反射、爬行波、行波等，这样散射中心概念就被大大扩大了。

散射中心最初是为理论分析提出一个概念，但是随着微波成像技术的进步，散射中心已经不再是一种概念，而是成为一种清晰的影像实体，见图 12-9。

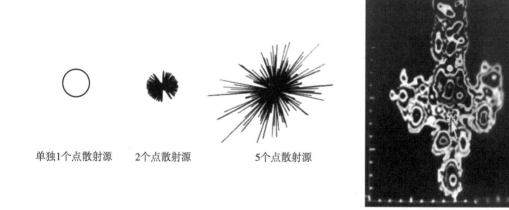

单独1个点散射源　　　　2个点散射源　　　　　5个点散射源

图 12-9　典型飞机强散射中心图

众所周知，一般战机的外形和功能比较复杂，总有许多部分能够强烈反射雷达波，像机翼、弹体、发动机的进气道、尾喷口等，凡飞机上的凸出件和外挂物、飞机各部件的边缘和尖端体，都能产生雷达镜面反射。下面介绍主要部件的散射形式。

①雷达目标镜面散射

当一种光滑的表面被电磁波照射时，若入射方向与表面法向的方向一致，则产生镜面反射。在大多数情况下，镜面反射点并不是一个固定的"点"，而是随入射的方位不同而滑动的。镜面反射点通常仅在某一有限的方位角范围内起作用。

②雷达目标边缘（棱线）散射

波在通过障碍物和介质不连续体的传播时，该波的传播路线不同于几何光学所显示的路线而产生传播方向偏离的现象。尖劈的边缘、锥柱的底部边缘等都是属于这一类型的散射中心。

③雷达目标尖顶散射

尖锥或喇叭形目标的尖顶散射都属于这一类情况。除非锥角很大，否则这种散射中心的散射场都比较小。

④雷达目标凹腔体散射

这类散射中心包括各种飞行器喷口、进气道、开口的波导以及角反射器等复杂的多次反射形成散射。

⑤雷达目标行波的散射

雷达目标行波是在目标边界处产生，沿着目标表面不断传播、能量不断衰减、又不断辐射的波。当电磁波沿轴向入射到细长目标时，若入射电磁场有一个平行于轴的分量，则会产生一种类似于行波的散射场，这种散射场仅当目标又细又长时才会产生一定的影响。

⑥雷达目标蠕动波的散射

蠕动波又称为阴影散射波，就是入射波绕过目标的后部（即未被照射到的阴影部分），然后又传播到前面而形成的散射。

⑦雷达目标天线散射

天线散射和加载散射体的散射实际上是同一问题的两种不同提法。天线型散射也是一类复杂的散射问题。

例如：一种锥柱裙导弹大约有多个散射中心，其散射主要包括：导弹尖端衍射，导弹底部、圆柱体表面镜面反射，导弹边缘衍射（如尖劈的边缘或锥、柱的底部边缘等）。

6）飞机双站 RCS 特性

如上所述，单站 RCS 与双站 RCS 有很大不同，隐身飞机虽然在头部鼻锥方向获得 0.02 dBm^2 隐身效果，但不反映在所有方向都有隐身效果，如用外形技术，像三角形机身，头部鼻锥单站 RCS 很小，但侧面 RCS 却很大，如对隐身飞机用双站观测侧面（在后掠角边的垂直方向）或顶部、底部，隐身飞机 RCS 可以高出一两个量级，甚至 RCS 可以高达 30 dBm^2 以上。实际上所谓隐身就是把散射能量由原来的前向转移到其他方向，双站测量是反隐身的重要技术途径之一。

12.2.3 雷达目标散射特性的应用

雷达目标特征信号主要是对雷达目标诊断、识别、特征信号控制在靶标设计等方面的应用。

（1）目标散射特性诊断

通过高分辨图显示目标局部散射特性：

1）显示散射中心

寻找强辐射源、强回波亮点或强散射中心的位置、大小、变化规律等；

2）原始和新设计目标的目标特性诊断；

3）目标使用后的易损程度和部位诊断。

通过测量原始和使用后的目标特性指标分析，判断目标使用后的易损程度。

（2）目标散射特性在目标识别的应用

利用特定探测器和技术，提取目标信息特征，对目标的类别、真假和属性作出自动判定的过程。目标识别技术的关键：

1）通过测量和理论计算建立目标（特征）识别数据库，为目标识别提供目标特征先验知识。

2）物理标志和数学标志的特征提取。

物理标志包括图像、固有物理特征、突发特征等，它可以通过特征测量设备获得。

数学标志指用特征概率分布、参数描述法和广义谱分析法等，通过数学中的特征空间变换获得。

（3）目标特征控制

雷达目标特征信号控制实际是对目标两个特征物理量的控制，雷达目标特征信号控制技术包括特征增强和特征减弱两大方面。

1）目标特征增强技术：使目标散射截面或辐射强度等目标特性增强的综合技术。

RCS 特征增强技术主要应用于靶标、伪装、突防、目标模拟器等目标的设计。

2）目标特征减弱技术：使目标的雷达散射截面或辐射强度等目标特征减弱，从而降低可探测性、可识别性的技术。

RCS 减弱技术主要用于突防、隐身目标、靶标设计中。

（4）在靶标设计中的应用

目标特性是靶标设计重要组成部分，从 19 世纪 30 年代开始到今天，世界发达国家相继研制和生产各种靶标包括防空靶标，其中包括美国、英国、法国、意大利、加拿大等几十个国家、数百家公司生产的靶标，其种类繁多，产量很大，如美国的火蜂产量超万架。它们不仅包括飞行性能同时具备目标特性性能。但是过去的靶标目标特性方面往往只注意雷达目标截面增强，因为增强目标的雷达截面（RCS）就容易提高武器命中精度，而忽视目标其他起伏、极化、频率等固有特性的重要性。今天的防空武器雷达制导面临新的挑战，防空导弹需要对付包括多种体制、多样工作模式、目标隐身的来袭目标。如隐身飞机和非隐身飞机相比，制导雷达的作用距离将缩减到原来的三分之一，隐身无人机的作用距离要缩减到原来的五分之一。在这种情况下要用更加逼真的靶标来检验武器系统，不仅只是对 RCS 量级提出要求，而且靶标要能全面反映目标在不同波段、不同极化、不同姿态角情况甚至要求单 / 双站情况下目标特性等。

12.3　雷达目标散射特性靶的复现

雷达目标散射特性靶的复现主要指对攻击目标 RCS 的复现。

12.3.1　雷达目标散射特性靶的主要技术参数

（1）靶体的技术参数

靶体仅仅是一种载体，由于靶体几何尺寸大，具有很强的散射特征，因此在靶标设计中必须考虑靶体的 RCS 在整个靶机中 RCS 的贡献。为了设计靶标整机 RCS 简单起见，在同姿态角下，靶体的 RCS 大小应比雷达目标特性模拟系统 RCS 低；而且尽可能保持 RCS 数值不变。

（2）靶标雷达目标特性复现系统的参数

雷达靶标目标特性复现系统主要技术指标包括：

1）雷达工作频率；

2）雷达极化形式（水平极化、垂直极化、左圆极化、右圆极化）；

3）RCS 的统计值（均值、中值、方差）；

4）RCS 起伏特性图；

5）高分辨特性图（多散射中心特性）；

6）角闪烁特性（方位线偏差、仰角线偏差）和模拟的角度范围。

12.3.2　靶标雷达目标散射特性复现的方法

来袭目标（被模拟目标）是武器系统设计的作战目标，也是靶标雷达目标特性复现的主要对象和基础。大体上其步骤包括：

（1）建立被模拟目标的几何模型

所建立的几何模型必须符合真实目标的几何外形和尺寸要求，包括整机外形和产生强散射的部件以及外挂件等。同时几何模型与被模拟目标的物理性能相同，如电导率和介电常数等电气参数相一致。

（2）建立被模拟目标雷达散射特性的数学模型

根据目标的几何模型，用电磁场理论或测量数据建立目标雷达散射特性的数学模型，包括统计性散射目标模型或确定性散射目标模型。目标模型包括：

1）点目标散射模型：相对目标重心为各向同性的模型。

2）经验目标散射模型：由经验得到点散射 / 辐射模型，随姿态角呈现慢变化的特征。

3）统计散射目标模型：将目标特性当作一种随机过程，对实测数据或理论计算数据作统计处理，用概率分布函数拟合，从而建立以概率密度函数表征的模型。早期统计模型主要是经典的斯怀林 1-4，随着研究深入发展，出现更加逼真的统计模型，目前有对数正态模型、CHI- 平方分布模型、赖斯分布以及最新研究的非参数统计模型等。

4）确定性目标散射模型：在对目标体几何形体和物理参数模化的基础上，根据目标的运动航迹，应用散射理论建立起的目标散射模型。确定性散射模型应具有很高的准确度，要求在主要姿态角范围内，如鼻锥（±45°）方向其 RCS 均值误差应控制在 ±2 dB；由理论计算建立的目标雷达散射特性数学模型最终必须经过测量数据进行校模后才能确定。

目标散射模型中点目标散射模型、经验目标散射模型在过去用的比较多，随着科技发展需要，目标统计性散射模型和目标散射确定性模型已经成为目前常用的模型。

（3）靶体和复现装置单元选择

（4）靶标雷达散射特性的物理模型设计

根据被模拟目标散射特性的数学模型，所选择靶标单元和靶体，组合成靶标整机的物理模型。

（5）靶标雷达散射特性物理模型的数学仿真

靶标雷达散射特性物理模型设计完成后，应对所设计的物理模型进行数学仿真，并与第二步骤中所建立的被模拟目标数学模型进行对照，检验靶标雷达散射特性物理模型满足和不满足要求，不合格时，重新设计靶标的物理模型。

（6）靶标静态和动态测量 RCS 测试

靶标的雷达散射特性测试是靶标设计过程中的关键程序。

测试内容包括：

1）靶标设计前，应首先对武器系统被模拟目标进行目标特性测试，最好是真目标，若无法获得真目标，则应对该目标模型的雷达散射特性进行测量；

2）靶标设计前，应先对所选靶体的雷达散射特性进行测量；

3）靶标设计及生产过程中，对所选各种单元的 RCS 进行阶段性测量，检验单元的选择和配置是否合理；

4）靶标雷达目标特性复现装置整机完成后，测量该装置散射特性，并与理论数据进行比较，如果测量不合格，应重新设计；

5）靶标目标散射特性复现装置与靶体（载体）组装后，测量组合体的 RCS，检验靶标整机 RCS 是否达到要求，以及组合是否匹配。

测试方式：靶标静态测量和靶标动态测量

1）靶标静态测量 RCS 测试

靶标静态测量是在室外专门设计室外场地或室内实验室对靶标进行测量。

2）靶标动态测量 RCS 测试

用绝对标定法或相对标定法在靶场对靶标 RCS 进行动态飞行测量，检验飞行过程中靶标 RCS 是否满足要求。

12.4　雷达散射截面增强技术（RCSA）以及在靶标中的应用

雷达 RCS 增强技术（RCS Augmentation Techniques）是用无源／有源技术使目标散

射截面增大的综合技术。目前国内外应用的靶标尺寸都比较小，其雷达截面比真实的目标小，甚至小几个量级，往往要在小尺寸的靶体上进行改装或安装无源/有源反射装置，从而复现真实目标的雷达散射特性。

要实现 RCS 增强，其设计必须满足以下的基本原则：

（1）对入射波能有效激励；

（2）在接收方向集中的再辐射能量；

（3）满足所要求覆盖区域；

（4）能反映真实目标特性要求，包括显示散射中心和高分辨特性等。

12.4.1　RCS 无源增强技术

首先选好基本单元和组合单元是靶标设计基础。

（1）无源 RCS 增强器常用的基本单元

基本单元应该相对选择形体、结构简单，RCS 大的反射体。

无源 RCS 增强的基本单元包括：标准反射体或无源天线反射阵。

1）标准反射体单元

标准体是应用最多的单元，因为它的形体、结构简单，RCS 比较大，无源 RCS 增强器的标准体单元如表 12-2。

表 12-2　无源 RCS 增强器标准体单元

名称	形状	RCS_{max}	半功率点宽度	波瓣数	全姿态均 RCS	优点	缺点
平板		$4\pi b^2 a^2 / \lambda^2$	λ/L	$8b/\lambda$			两轴镜面反射
圆柱体		$8\pi a^2 b^2 / \lambda^2$	$\lambda/4$	$8b/\lambda$	沿径向无方向性		沿一轴有方向性
两面角反射器		$8\pi a^2 b^2 / \lambda^2$	$25°$	4	$0.7b^4 / \lambda^2$	定区域 RCS	沿一轴有方向性
正方形角反射器		$12\pi a^4 / \lambda^2$	$32°$	4	$0.47b^4 / \lambda^2$	一定面积大小 RCS	不能用于交叉极化测量
扇形角反射器		$0.507\pi^3 a^4 / \lambda^2$	$40°$	4	$0.47b^4 / \lambda^2$	一定面积大小 RCS	不能用于交叉极化测量
三角形角反射器		$4\pi a^4 / \lambda^2$	$46°$	4	$0.17b^4 / \lambda^2$	一定面积大小 RCS	不能用于交叉极化测量

续表

名称	形状	RCS_{max}	半功率点宽度	波瓣数	全姿态均RCS	优点	缺点
布安特角反射器		$2\pi ab^2 / \lambda \cos^3 \varphi$				低 RCS	沿一轴中等方向性
顶盖帽角反射器		$2\pi ab^2 / \lambda \cos^3 \varphi$	π^3			旋转扫描大小 RCS	旋转波束不同
龙伯球反射器		$\rho(4\pi^3 a^4 / \lambda^2)$	π	1	$\approx 2b^4 / \lambda^2$	大 RCS方向性宽可控	

在上表无源RCS基本单元中，应用最多的是角反射器和龙伯透镜。因为它们结构简单、方向图比较好控制、而且加工组装方便。

角反射器实际相当于三块相互垂直的平面镜。当有一条电波射线入射到立方体时，经相互垂直的三块平面镜反射后，沿反方向反射回去。由此，在想象空间中沿任意方向射向角反射器的电波射线均可产生两次或三次反射，最终将沿原来的入射方向的反方向反射。如图12-10。

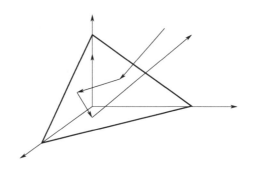

图 12-10　三面角反射器的电波射线图

角反射器的种类很多，常见分类有以下几种。

按面板的形状分：有方形、三角形、扇形、混合形等角反射器。

按面板的材料分：有金属板、金属网、镀金属薄膜等角反射器。

按结构形式分：有永固式、折叠式、装配式、混合式、充气式等角反射器。

按象限数目分：有单角、4角、8角角反射器。

从图12-11可以看到，各种三角板形角反射器经过三次反射能量明显增强。

三种常用无源单元RCS方向图平均值见表12-3。

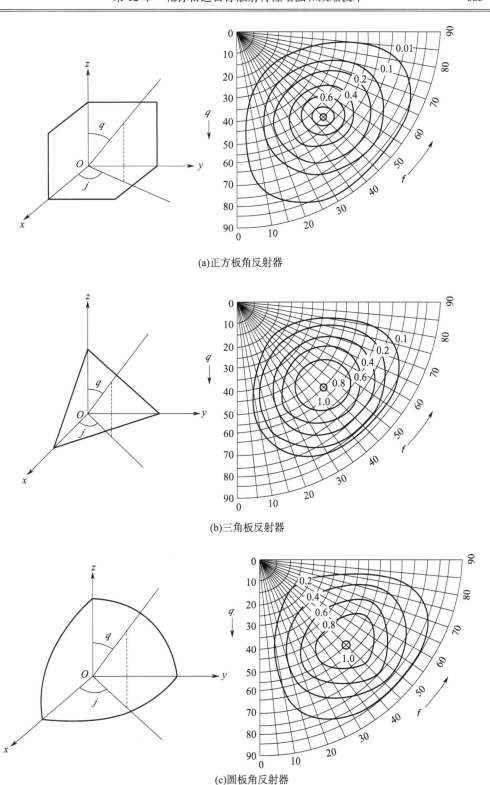

(a)正方板角反射器

(b)三角板反射器

(c)圆板角反射器

图 12-11　各种三角板形角反射器 RCS 方向图曲线

表 12-3　三种常用无源单元 RCS 方向图平均值

常用角反射器	RCS 方向图
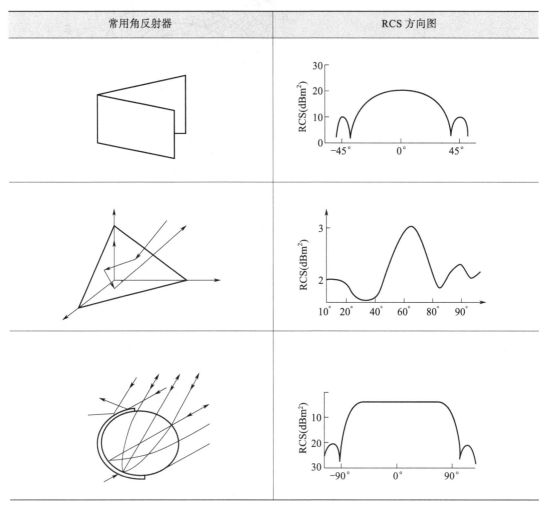	

典型三面角反射器在水平／垂直两种极化姿态下 RCS 随方位角的起伏变化，其水平极化 RCS 比垂直极化波束宽，如图 12-12 所示。

另一种龙伯透镜反射器，又称龙伯球，它是一种分层的介质球，其外层的相对介电常数与空气相同或接近，越向球心介电常数越大，这样构成的龙伯透镜对入射的平面波有较强的聚焦作用，当平面波入射到透镜上时，经透镜而被聚焦到与此平面波前垂直的直径的另一端。如果在焦点或焦平面处放置反射装置即组成龙伯反射器，如图 12-13，可以看到龙伯反射器能够实现对平面波的能量反射，从而得到较强的对电磁波散射。龙伯透镜是球形透镜，其折射系数 n 是球体中心至球面距离 r 的函数：球体尺寸、介质属性、层数、反射板形状、尺寸和位置等都会影响龙伯反射器的散射。其中反射板的作用是将球体汇聚的电磁能量向一定方向反射。不同角度反射板形成不同的聚焦方向和波瓣宽度，如 12-13 图中有 90° 和 180° 反射板所形成的反射线和波瓣宽度完全不同。

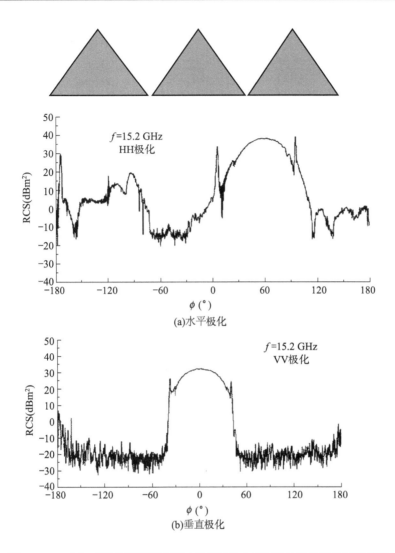

图 12-12　三个三面角反射器水平／垂直极化 RCS 随方位角变化测量曲线

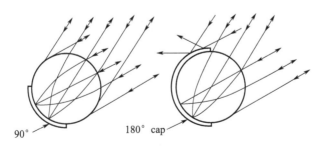

图 12-13　龙伯透镜反射器散射示意图

2）万 - 阿塔无源天线阵列（应答器）

万 - 阿塔无源天线阵列也可以作为增强基本单元，如图 12-14 所示。

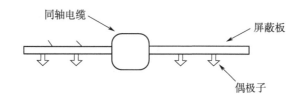

图 12-14　万 - 阿塔无源天线阵列示意图

其散射截面

$$\sigma = \pi n \lambda^2 / 4 \qquad (12-9)$$

n——偶极子数目

（2）无源组合单元

因为一个单元无法获得满意效果，可以采用单个单元进行组合，无源单元组合可以采用同一种或几种无源增强器单元按集中方式或一定的分布规律排成阵列，也可以用单个反射体增加旋转机构获得全方向散射图，达到模拟真实目标 RCS 的幅度值。

有时将上面单个无源单元叠加在一起，或者放在载体同一部位实现相应方向 RCS 增强。组合体本身也可形成独立单元初级靶，又可以将单元组合成高级靶标，如图 12-12 所示，三个三面角反射器水平排列 RCS 随方位角变化可见明显变宽，而且强度增加 10 dBm^2。

标准体组合有多种形式，图 12-15 是用多个标准体组合成的无源点靶示意图。

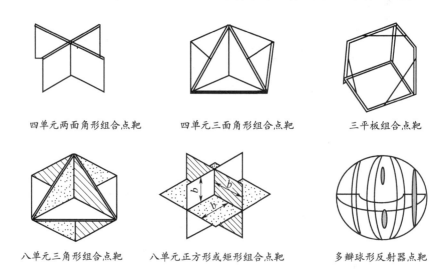

　四单元两面角形组合点靶　　　　四单元三面角形组合点靶　　　　　三平板组合点靶

　八单元三角形组合点靶　　　八单元正方形或矩形组合点靶　　　多瓣球形反射器点靶

图 12-15　无源组合单元几何形状图

可以采用龙伯球与标准反射器组合设计锥形无源增强器，其 RCS 与给定目标 RCS 相当吻合，实现物理复现。龙伯透镜与标准反射器组合的无源靶标结构如图 12-16 所示，其飞机机头鼻锥方向的 RCS 与给定目标 RCS 相当吻合，误差 ±2 dB 以内。另外泡沫锥还具有气动外形，整流罩与透镜之间协调作用，并且有双站 RCS 特性。

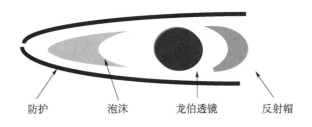

图 12-16　简单组合无源靶标示意图

12.4.2　靶标 RCS 有源增强技术

有源增强器是用有源散射体模拟雷达目标散射特性的装置。它在国外商业性产品中得到了应用，如火蜂 -1 上安装有源增强系统，尤其在一些仿真靶标研究中得到更多的应用，它代表了未来靶标发展方向。无源／有源靶标各有优缺点，表 12-4 列出了无源／有源靶标比较。

表 12-4　无源／有源靶标比较

类型	频带	价格	可控性	干扰	改造	模拟精度
无源	宽	低	差	小	复杂	中
有源	窄	高	较好	大	简单，紧凑	高

一般来说，无源靶标的最大好处是对不同频率（不同极化例外）都可以用，可以一靶多用，而有源靶标则不同，因为在不同频率、不同极化其目标特性不同。

（1）有源增强器基本单元

1）有源金属天线

有源靶相当于一种主动式应答机，有源增强器最简单的基本单元是一种有源天线，电路图如图 12-17 所示，靶标全向接收天线接收到武器系统信号后经带通滤波器选择要处理的信号频带，信号进入高增益射频放大器将频带内信号放大后，经定向耦合器耦合到全向发射天线，发射与真实目标等效 RCS 的功率。天线单元采用偶极子天线或其他天线形式。

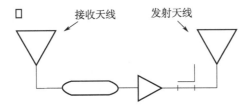

图 12-17　有源天线单元示意图

2）介质天线

介质天线方向图（见图 12-18）比较尖锐，波瓣不宽，通过改变阻抗可以作为其他用途。

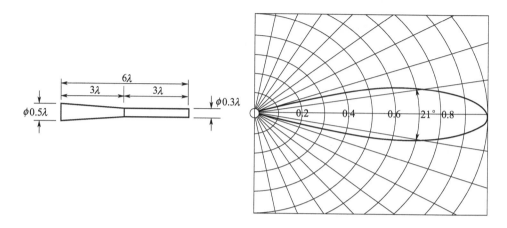

图 12-18　介质天线单元方向图

（2）有源增强器组合单元

有源增强器组合单元是用多个相同或不同的有源天线基本单元组合成天线阵，从而实现 RCS 的有源增强。

12.4.3　雷达 RCS 增强技术在靶标设计中的应用

（1）无源 RCS 增强技术在靶标设计中的应用

无源增强系统是用无源散射体模拟雷达目标散射特性的装置。纵观美国、英国、法国、俄罗斯、意大利、加拿大等国家数十种靶标都安装了无源散射体模拟系统，一是因为结构简单、对整机改动小；二是比较经济，RCS 增强效果好。而且又以龙伯透镜使用居多。

1）无源各向同性 RCS 靶（全向或一定方位）

首先根据理论预估或用缩比模型测量数据确定的目标 RCS 均值，初步选择满足目标 RCS 均值的靶标形式。

其次，选择满足目标 RCS 均值的无源基本单元，将它们集中的安装在靶体适当的位置上。当用一个标准反射体单元可以完成目标特性模拟时，尽可能选择一种标准反射体。如果选择一个或一种单元无法达到目标的 RCS 均值（或特定方位 RCS 值）时，可以采用多个相同或不同基本单元，或用组合单元来完成。组合单元方法在国外靶标中得到广泛采用。例如美国石鸡 -3 雷达散射截面为 0.1 m²，为增强雷达散射截面在头部和尾部安装龙伯透镜，使得在 Ku/X 波段鼻锥方向的 RCS 增加到 3~4 m²。意大利的米拉奇 -100 多用途拖靶为增强雷达回波，在腹部安装龙伯透镜。另外，在国内一些初级靶标改装中，同样采用龙伯透镜放在靶机适当位置，原有的方位上 RCS 均值可增强 1~3 dBm²。

其三，对于要模拟大 RCS 各向同性靶标，可以简单将反射器单元叠加形成多层反射器组合形式，如每层选择多个角反射器单元，均匀分层排列在一个圆形水平基座上，上下保持一定间距，对应错开一定角度，该方法在舰艇靶标中应用十分广泛，效果也比较理想。

其四，可以选择 RCS 在特定方向比较大的反射器单元，在单元相应位置配置旋转机构，由地面遥控控制，通过 360° 快速旋转获得各向同性的全向 RCS。

2）无源 RCS 起伏特性靶

如上所述，实际目标的 RCS 具有起伏特性，因此单一的各向同性靶并不符合真实目标特性，应用中还需要反映真实目标 RCS 起伏特性，可以根据被复现目标的 RCS 起伏特性图，将不同 RCS 基本单元或组合单元放置在靶体相应的位置上，模拟目标该方位上对应的 RCS 值，通过对各单元姿态角、RCS 幅度、相对位置（路程差）的调整，获得与目标相应方位上的靶标 RCS 起伏特性。

与 RCS 起伏特性靶相似，多散射中心靶的设计主要按照被模拟目标的多散射中心模型和高分辨图，将单元放置在真实目标相对应散射中心位置上，模拟散射中心的横向或纵向分布。通过单元 RCS 幅度、位置分布或辐射功率的调整，获得散射中心的横向或纵向分布及 RCS 的幅值特性。实现合成的 RCS 集合与被模拟的目标在散射方向／波瓣宽度／幅度相一致，在理论上说，实现无源多散射中心靶仿真是有可能的。

（2）有源 RCS 增强技术在靶标设计中应用

有源 RCS 增强组合单元是用多部有源天线组成的有源增强器，集中或按一定分布排列成阵列，通过调节天线的方向图和辐射功率，获得真实目标 RCS 的幅度值，为减少重量和体积，有源天线多采用微带型天线。它的方向图处在俯仰平面上；当接收天线接收信号合成后，经过高增益放大器，再经功率分配器，反馈给天线单元，根据模拟目标姿态的 RCS 模型分配功率大小，实现靶标与被模拟目标散射功率在散射方向／波瓣宽度／幅度相匹配。

与无源靶标设计类似，首先以被模拟目标 RCS 的统计性散射模型为依据，确定靶标 RCS 数值基本大小。

1）有源各向同性（点）靶

首先，可以选择有源天线基本单元，当采用一个有源天线单元不能满足 RCS 大小时，可采用多个天线或天线阵列合成来完成，在小功率情况下，有源天线单元尽可能采用微带天线，以减轻靶标重量；其次也可以在一部有源天线单元下面增加旋转机构，控制旋转实现全向覆盖。

2）有源 RCS 起伏特性靶

与无源 RCS 起伏特性靶一样，根据被模拟目标统计性散射模型的 RCS 起伏特性图，将不同功率天线基本单元（或天线阵列组合）放置在与被模拟目标 RCS 相对应姿态角位置上，通过对各单元方向图调整确保在姿态角、辐射强度和相对位置（路程差）上，获得与目标相应的 RCS 起伏特性。

图 12-19 是典型有源增强器电路原理图，有源增强器用安装在机身以及尾部接收天线接收地面信号，信号经功率分配器、高通滤波器滤波、行波管组合放大，经耦合器分两路

馈送左、右翼的发射天线，以及头部的天线发射到空间，通过头、尾多部发射天线的辐射产生比原来靶机增强的 RCS。

该靶标与点目标靶相比，RCS 具有一定空间起伏特性；没有逼真的实现一种真实目标 RCS 起伏特性。

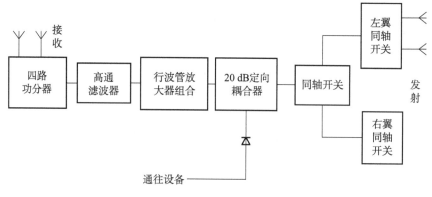

图 12-19 有源增强器电路图

图 12-20 示出了典型靶机有源增强器天线的位置，工作频段、极化以及用途。

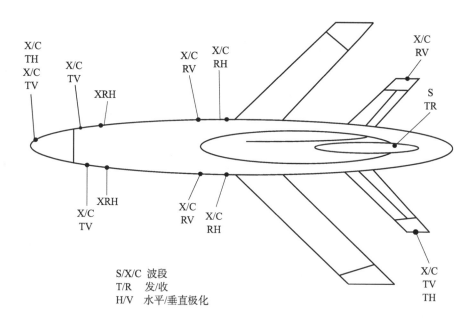

图 12-20 典型有源增强器天线的位置配置图

3）有源多散射中心靶模拟可能性

真正模拟有源多散射中心靶要使用不等功率分配器、移相器、衰减器，根据实际被模拟目标散射中心 RCS 的幅度和相位，通过移相器、衰减器、不等功率分配器等器件的调整，实现有源多散射中心靶。

图 12-21 为模拟有源多散射中心靶电路配置示意图。

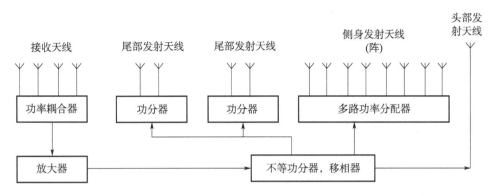

图 12-21　有源面靶散射中心电路配置示意图

（3）有源与无源相结合 RCS 增强技术在靶标设计中应用

如上所述，为了模拟真实目标特性，采用有源技术与无源技术相结合，结构简单并能充分发挥两种技术优点。

1）有源单元与无源单元结合应用点目标靶

为模拟点目标 RCS，或有一定起伏特性的靶机，采用有源与无源单元结合，其结构简单、费用少、雷达散射截面增强效果好。为增强雷达散射截面，在头部安装无源龙伯透镜，同时还安装有源天线行波管放大器等有源装置，从而使 RCS 增大到 10~100 m^2，在增加有源增强器以后，在前向 RCS 达到 20 m^2。

根据需求，通过角反射器/龙伯透镜和有源雷达增强装置的调整，产生可变的雷达散射截面，并且覆盖弹道导弹的 RCS 范围，还可得到单站和双站，线极化和圆极化的雷达回波。而在无源增强装置可得到与频率无关的精确 RCS。

2）有源与无源相结合是复现大 RCS 靶标的最好途径

如果目标尺寸过大，如重型轰炸机、预警机、航母等，靶标为保证与实际目标（航母、大型轰炸机等）实现相同的空间相位差，必须将无源单元分别放置头部和尾部，势必说靶标长度必须与真实目标相同，而靶标实际尺寸远小于被模拟目标。若采用无源单元和有源单元相结合是一种合理的技术途径。

采用无源/有源相结合复现靶标散射中心，可以用无源来模拟（大 RCS）飞机机身、舰桥等散射中心；在相距比较远的两端点（头、尾）的散射中心用有源，通过对接收的信号进行距离延迟或移相器、衰减器控制，模拟目标运动时头、尾产生的空间相位（时间）变化，从理论上讲是可以实现的。

12.5　靶标雷达截面减缩技术（RCSR）以及在靶标中的应用

特征减缩技术的核心是降低目标的雷达散射截面（RCS）。隐身技术是使目标不易被敌方发现、跟踪和攻击的专门技术。雷达散射截面减缩的应用可以增强作战平台的突防能力、生存能力和作战效能。因此这种降低可探测性技术属于 RCS 减缩的典型应用。

RCS 减缩（RCSR）技术基本原则：

（1）改变飞行器感应电流的大小和分布；

（2）消除强散射中心；

（3）变强散射为弱散射；

（4）转移散射方位，变后向为非后向；

（5）减小强散射角的宽度。

12.5.1　RCS 无源减缩技术

RCS 无源减缩技术主要包括四个方面：赋形技术、雷达吸波材料技术（RAM 技术）和对消技术及等离子体技术。

赋形技术、雷达吸波材料技术（RAM 技术）和对消技术是最早使用的技术，等离子体技术是近年才开始发展并使用的新兴隐身技术，该技术是在飞行器表面形成等离子体包层，利用等离子体对雷达波的吸收、耗损来达到减小目标 RCS。各项技术相比，赋形技术降低 RCS 属于一项基本技术。据报道最新的隐身设计借鉴了早期的很多技术与经验，对机头 RCS 分析和计算，采用整机计算机模拟（综合了进气道、吸波材料/结构等的影响），要比分段模拟后合成更先进、全面和精确，同时可以保证机体表面连续曲面设计。该机的头向方向 RCS 大约降低两个数量级。同时武器采用内挂方式，不会引起 RCS 增大，隐身优势将更明显。

（1）赋形技术

飞行器赋形的目的在于通过修整飞行器的形状轮廓、边缘与表面，使其在雷达主要威胁方向上获得比较小的后向散射。对那些确定威胁姿态角区域的飞行器来说，赋形是最好的方法。图 12-22 对比了各种机翼散射特征。

赋形对减缩某一方向上的尖锐 RCS 峰值有突出作用。在其主要威胁方向上飞行器避免使用大的或多次镜面反射的部件。这样在有限指向范围内 RCS 实现比较大的减缩成为可能。赋形技术包括：

1）消除镜面反射

消除镜面反射是赋形技术的基本点，它的主要途径尽可能避免使用大而平的垂直面设计；以曲面平面代替平直平面。当雷达电波入射到两个互相垂直面中的任一平面时，由于"镜面反射"效应，就会形成二次"反射"，最后又与入射波束相同的方向反射到雷达站，增强了接收方向散射。而采用机身融合的构型及平滑的曲面外形，消除"镜面反射"，机身基本上是由平面机翼组成的角锥形体，消除镜面反射如采用独特三角形飞翼多面体技术应用于机身，以及 V 字尾翼。从而有效的消除镜面反射效应。

2）降低边缘散射的多面体

边缘散射是产生鼻锥方向和尾部方向散射的主要原因，一般飞机机翼散射方向图的峰值是采取后掠翼的 2 倍，因此选择后掠翼将前缘波从鼻锥区移开，以翼尖圆滑最为理想。

如后掠角为 67° 或 48°，有的不仅是前缘后掠、呈弧状，后缘为大锯齿形，降低边缘散射，减少机身和尾翼散射。

3）抑制凹腔体结构产生的角反射器效应

飞机发动机进气道、尾喷管、排气口等都可看作凹状结构，它们会产生很强的多次反射，目前采用抑制的方法：一是遮蔽法，避免雷达的探测，将发动机进气口设在机身顶上或机翼上方的机身两侧，由机身或机翼挡住进气口，或在进气口上装金属丝网进行遮蔽，抑制长波雷达探测，采用网状格栅遮蔽进气口；二是改变进气道外形，使用"之"形、螺旋形、内侧式；三是采用背负式，消除进气道内部散射，或内部开孔、放介质、金属栅。

4）减小外露设备、天线、天线罩的散射

赋形技术比较多的应用在隐身战斗机。据报道赋形技术主要包括平面和空间的三维融合，如机翼平面和翼身的三维融合通过对机身截面形状进行合理设计，使其侧向的镜面散射变为劈形边缘绕反射，从而可以大大降低飞行器的侧向 RCS。如战略轰炸机，该机独特的飞翼式全融合结构使它的前向 RCS 得到大幅度的降低。其发动机进气道布置在机体上方，没有外挂物突出在机体外面。

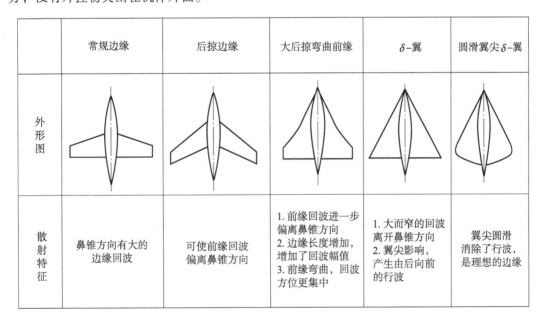

	常规边缘	后掠边缘	大后掠弯曲前缘	δ-翼	圆滑翼尖 δ-翼
外形图					
散射特征	鼻锥方向有大的边缘回波	可使前缘回波偏离鼻锥方向	1. 前缘回波进一步偏离鼻锥方向 2. 边缘长度增加，增加了回波幅值 3. 前缘弯曲，回波方位更集中	1. 大而窄的回波离开鼻锥方向 2. 翼尖影响，产生由后向前的行波	翼尖圆滑消除了行波，是理想的边缘

图 12-22　不同飞机外形的散射特征

（2）无源复合材料

飞行器的部件应用复合材料，复合材料是由一些非金属材料（如碳）和绝缘材料（如环氧树脂）组成，可提供高强度、高硬度、重量轻、耐爆震、低雷达散射与低磁场讯迹之特点。可使飞机机体更轻更坚固，其导电率要比金属材料低得多。因此，当雷达发射的电磁波碰到复合材料飞行器时，难以生成感应电流，从而减少向雷达的二次辐射。通过内部来回反射还会大量吸收和抵消掉电磁波。为了吸收雷达波，通常包括一个能透波的复合材料层，在它的下面有一个金属层，用它减弱散射波。复合材料多种多样，典型的复合材料

（雷达吸收波材料）是一种多层结构形成的材料。它至少有三层，最外层是透波层；中间层（蜂窝芯或泡沫芯）是电磁波损耗层；最内层是基板，具有反射抵消雷达波的作用。当雷达波辐射到此材料上时，就会被大量吸收和抵消掉。常用的复合材料有聚氨基甲酸酯泡沫芯和环氧树脂蒙皮、聚苯乙烯泡沫芯和胶合板（尼龙）蒙皮或碳纤维蒙皮、玻璃纤维蜂窝芯和石墨复合蒙皮。

（3）无源吸波材料（RAM）

由于受到空气动力学的限制，外形设计无法在球形立体角全面降低 RCS，吸波材料作为另外一种手段起到了补充作用，其使用方便，吸波性能好。

RAM 机理：一是吸收衰减入射的电磁波；二是将其电磁能转换为热能而耗散掉；三是使电磁波因干涉而消失。

RAM 可分为干涉型和吸收型，具体形式有：谐振型和宽带型，如介电型、铁氧体型、磁性材料型、电路模拟型形式：寄生形和结构形。目前其吸收性能超过 20 dB，频率 4~100 GHz。

根据文献报道，新的吸波机理的研制，开发新的 RAM 正日益受到世界各国的高度重视，纳米材料、手性材料、智能材料、多频谱 RAM 等新型 RAM 的研究已在世界范围内展开，并已初见成效。

纳米材料：纳米材料是指材料组分的特征尺寸处于纳米量级（1~100 nm）的材料，结构独特使其具有量子尺寸效应、宏观量子隧道效应和界面效应，从而呈现出奇特的电磁等特性。

手性材料：手性是指物体与其镜像不存在几何对称性，而且不能使用任何方法使物体与镜像相重合。目前的研究表明，手性材料能够减少入射电磁波的反射并能吸收电磁波。与其他 RAM 相比，手性材料具有两个优势：一是介电常数和磁导率调整更容易；二是手性材料的频率敏感性比介电常数和磁导率小，频带宽。

智能材料：智能 RAM 是一种同时具备感知功能、信息处理功能、自我指令并对信号最佳响应功能的材料系统 / 结构。同时，它根据外界环境变化调节自身结构和性能，并对环境做出最佳响应的特点。

多频谱 RAM：集吸收米波、厘米波、毫米波以及红外、激光等多波段电磁波于一体的多频谱 RAM。

（4）频率表面选择应用的机载隐身雷达

典型机载雷达天线是一种强反射物，在大型轰炸机采用的"共形相控阵天线"被认为是隐身雷达，"共形相控阵天线"罩采用频率表面选择元件，能产生对无线电波的滤波作用，即只允许雷达向外发射和接收某一种频率无线电波，而将不需要的其他频率无线电波反射出去或吸收掉。该技术已经在轰炸机上应用。

（5）无源对消（无源阻抗加载）

无源阻抗加载的目的是改变飞行器表面的电流分布，减小给定方向的后向散射。无源对消技术就是在目标表面引进另一个回波源，例如在表面开槽或开孔，并接谐振腔、周期结构的无源天线阵或并接集中的阻抗参数器件，如图 12-23 无源装置通过改变阻抗参数，使其产生的散射场和原散射场相抵消。这种方法不破坏目标原有外形，不增加自重，结构简单，制造容易，经济性好，但这种方法仅仅对简单目标形体比较容易实现，同时由于谐振只能对应特定频率，频带窄，因此，对有众多散射中心的复杂目标，目标尺寸相当于数百个波长，若要覆盖整个目标尺寸，需要对每一个反射源设计一个无源对消装置，实现起来还是比较麻烦。但从理论上讲是可以实现的，国外正开展许多预先研究工作。

由于早期的无源对消技术不可能覆盖所有频率，后来出现一种宽带无源阻抗加载装置，可以大大减少无源阻抗加载装置数目。这种装置类似同轴电缆，在电缆中不均匀地放置形状相同、直径不等的谐振散射单元，不同单元响应不同应答频率，从而实现宽带无源阻抗加载。它类似对数周期天线原理，无源阻抗加载原理如图 12-23 所示。

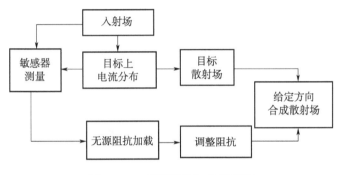

图 12-23　无源阻抗加载原理图

12.5.2　目标 RCS 有源减缩技术

目前人们所说 RCS 减缩技术通常是指无源（被动）技术，即通过对武器装备的外形、结构进行巧妙设计和采用吸波、透波材料等一系列措施，减少对电波、红外波、声波、可见光等能量的反射或辐射，从而降低目标的信号特征。近二十多年来，无源技术尽管发展迅速，应用范围不断扩大，但也存在许多弊端。如外形设计在一定程度上对飞行器的气动性能和对弹药的装载量有所限制；吸波涂层使飞行器的重量增加，影响飞行器的高飞行速度和机动性。

在这种情况下，近年来有源技术越来越受到专家们的注意。相对无源技术来说，有源隐身技术效果更好，成本更低。综合国内外有关报道 RCS 有源减缩技术有以下几种。

（1）有源吸波材料（RAM）

以往吸波材料厚度受波长限制，大约每波长厚度可降 2 dB，且频带窄，于是出现有源吸波材料，其基本原理是在反射面与 N 涂层间注入 P 涂层，形成 PN 半导体结。当向 PN结两侧注入控制电压时，层之间的电特性迅速斜坡式变化。使用时高频段不通电，低频段通电，实现宽频带，据报道可降低 RCS 大约 40 dB。

（2）有源智能蒙皮

据最近提出的智能蒙皮概念，即含有嵌入式相控阵的蒙皮进行探测和通信，这种相控阵由很小的有源发射相控阵天线阵列组成，配置信号处理系统，这种智能蒙皮还可以将飞机的表观雷达特征信号与地面杂波吻合，飞机下侧相控阵天线阵列可以模拟正在飞越的地型杂波，将使飞机消失在地面杂波中。

（3）有源对消（有源阻抗加载）

与无源阻抗加载原理相同，有源阻抗加载是一种自适应有源阻抗加载，如图 12-24 与图 12-25 所示。通过有源方法改变装置阻抗参数，实现有源阻抗加载。

有源对消技术是建立在逆散射基础上，必须预知来袭目标的电磁散射特性，然后发射一种幅度与之相等、相位与之相反的电磁波，与来袭目标本身的散射场相对消。要实现对消就要求设计一套先进的系统，该系统应具有多种功能，响应速度快，以便调整本机信号源的幅度和相位。其技术难题是本机上传感器必须能迅速测出被对消信号的频率、波形、强度、方向，软件包含各种姿态角、频率、极化下 RCS，作为一种有应用前景的技术，需要开展前期工作。

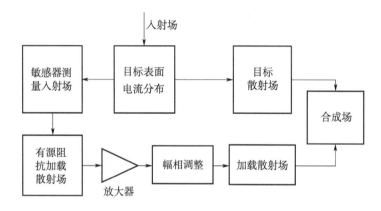

图 12-24　有源阻抗加载原理图

图 12-25　有源阻抗加载电路图

（4）信号相干方法

有源对消法使目标散射场和人为引入的辐射场在敌方雷达探测方向相干抵消，使敌方雷达接收机始终位于合成方向图的零点，从而抑制雷达对目标反射波的接收。美国的 B-2 隐身轰炸机所载的 ZSR-63 电子战设备就是一种有源对消系统，它主动发射电磁波来消除照射在其机体上的雷达能量。

（5）电子欺骗和干扰

电子欺骗和干扰利用干扰机，主要原理：用先进计算机鉴别战斗机可能遭到威胁的雷达工作频率，用这种频率发射脉冲，使敌方雷达屏幕上出现虚假信号；在兵器上安装干扰机，不断发射干扰信号；采用先进的诱饵系统，这种诱饵能辨认敌方雷达或红外探测信号，并能快速产生对抗信号，使敌方误认为诱饵是真目标。美军十分重视在战斗机上加装干扰机，大部分战斗机都装有干扰机。美国正在研究一种新型诱饵，它能发射甚高频（VHF）、特高频（UHF）和微波信号，甚至可以模仿隐身飞机目标。可使作战飞机的生存能力提高 40% 以上。

（6）使用低截获概率雷达

使用低截获概率雷达在保证完成任务的情况下，尽量减少机载电子设备电磁信号被截获的机会，如自动管理发射功率，雷达一旦捕获到目标，立即自动将辐射能量降低到跟踪目标所需能量的最小值；在时间、空间和频谱方面控制雷达的发射，并快速改变其发射频率等。

根据国外预测，在未来 15 年内，有源（主动）射频隐身技术可能取代降低雷达特征信号技术，武器系统将装备"一体化欺骗装备"，并且采用有源技术实现卫星隐身（即卫星伪装）。伪装卫星将采用纳米智能薄膜，这种薄膜能够检测照射在卫星上的能量，并能改变自身的结构以吸收这部分能量，使卫星不易被发现。

（7）等离子体技术

等离子体隐身技术不需要改变飞行器的外形结构便可大幅度降低飞行器的 RCS 值，使被发现的概率几乎为 0。其隐身的基本原理是：利用等离子体发生器、发生片或放射性同位素在飞行器表面形成一层等离子云，控制等离子体的能量、电离度、震荡频率等特征参数，使照射到等离子体云上的雷达波在遇到等离子体的带电离子后，两者发生相互作用，电磁波的一部分能量传给带电粒子，被带电粒子吸收，而自身能量逐渐衰减，另一部分电磁波受一系列物理作用的影响而绕过等离子体或产生折射改变传播方向，因而返回到雷达接收机的能量很小，使雷达难以探测。等离子体还能通过改变反射信号的频率，使敌雷达测出错误的飞行器位置和速度数据以实现隐身。弹道导弹可采用等离子体包进行隐身，即在弹头外包一个密封的气包，气包内充满等离子体。还可以在弹道导弹的弹头和飞机关键部位采用等离子体涂料隐身。

俄罗斯已开发研制出第二代等离子体隐身产品。其第一代等离子体隐身技术产品是厚度为 0.5~0.7 mm、电压几千伏、电流零点几毫安的等离子发生片。该发生片可贴在飞行器的强散射部位，以减弱电磁波，改变信号长度。其第二代等离子体隐身技术产品为等离子体发生器，在等离子发生器里加入了易电离的气体。它除具备第一代隐身系统的功能外，还能向敌人发出假信号，使敌人判断错误。这两代等离子体隐身技术产品已进行了成功实验，并获准出口。目前俄罗斯正在研制第三代等离子体隐身系统。据预测，该隐身系统可能利用飞行器周围的静电能量来减小飞行器的雷达散射面积。此外值得一提的是等离子体隐身技术的研制和装备费用都十分低廉，可以降低研制和装备费用。

12.5.3　雷达散射截面减缩技术在靶标中的应用

雷达散射截面减缩技术（RCSR）在靶标中用得最多的是以小 RCS 飞行器模拟隐身靶标。

隐身技术是通过减小或改变目标的各种被探测特征，使敌方探测设备难于发现或使其探测能力降低的综合技术。这里我们所说隐身包含两重含义：一是变异目标特性、转移、四不象；二是降低目标特性，两者都能达到"难于发现或降低目标探测能力"的目的，因此我们与有些文章对隐身定义有所不同。

（1）武器系统也需要用小 RCS 靶标考核

隐身目标 RCS 减缩主要是作用距离减缩，从雷达方程可知，对跟踪雷达而言

$$\frac{R_0}{R_1} = \left(\frac{\sigma_0}{\sigma_1}\right)^{0.25} \tag{12-10}$$

式中，R_0 为未减缩参数，R_1 为减缩参数。

对搜索雷达而言

$$\frac{R_0}{R_2} = \left(\frac{\sigma_2}{\sigma_0}\right)^{0.5} \tag{12-11}$$

对机载或搜索空间的雷达而言

$$\frac{R_3}{R_0} = \left(\frac{\sigma_3}{\sigma_0}\right)^{0.75} \tag{12-12}$$

表 12-5 说明雷达散射截面减缩后将直接影响雷达作用距离、搜索面积和搜索空间体积。隐身飞机和非隐身飞机差别很大，因此武器系统考核包括隐身靶标系列是必要的。

表 12-5　飞机隐身前后参数对比表

	无隐身飞行器 RCS(m²)	隐身飞行器 RCS(m²)	RCS 减缩后跟踪雷达距离影响	RCS 减缩后搜索面积影响	RCS 减缩后搜索空间体积影响
轰炸机	100	0.1	0.56	0.32	0.18
战斗机	2	0.01	0.32	0.1	0.03
无人机	2	0.001	0.18	0.03	0.006

（2）现有销售的靶标 RCS 过大，不能当作隐身靶标应用

现有靶标最小长度一般在 3 m 以上，RCS 大约在 5 m² 甚至 100 m²，个别小的也超过 1 m²，它比隐身目标 0.02 m² 高出两个量级，因此，用现有靶标来替代具有隐身能力的飞行器是完全不能满足作战要求的。

（3）小 RCS 靶标三种途径

目前任何隐身目标的隐身区域多指鼻锥 ±45° 范围内，RCS 降低也只是指后向区域 RCS，对于隐身靶标也主要模拟隐身点靶或隐身起伏特性靶，同样也是模拟鼻锥 ±45° 区域内 RCS，与所对付的隐身目标的 RCS 相似。

小 RCS 靶标大致有三种情况：全新设计型、改装型、简易型。

1）全新设计靶标

设计新型靶标针对攻击目标，其途径可按照上面介绍的雷达散射截面减缩技术（RCSR）进行。

靶机和无人机都属于小型机，目前各国无人机已经大量使用隐身技术，因此隐身靶机可以借鉴隐身无人机的设计经验，以应用不导电材料设计为基础，配合外形设计、吸波材料等技术，如无人机通常全部采用复合材料，RCS 达到 $0.001\ \mathrm{m^2}$。

在满足飞行特性的前提下，机身及其他结构部件使用不反射电磁波的复合材料或塑料，当雷达发射的电磁波碰到复合材料飞行器时，难以生成感应电流，从而减少向雷达的二次辐射，同时复合材料机身可以消除镜面反射和行波，因此复合材料部件既消除镜面反射又消除边缘散射，则可采用如下措施在靶机设计上实现：机身设计成扁平；发动机排气口安装在背部机身上；使用低散射天线罩降低天线散射等。

根据要被模拟的目标 RCS 特性，在采用复合材料点目标靶标的基础上，也可在靶标有关部位局部应用无源 / 有源导电技术获得模拟目标相同的空间 RCS 起伏特性。

2）把现有靶标改装成小 RCS 靶

所谓改装型是在现有靶标上进行改造，因为基本外形已经确定，只能做局部改装。如把原机型上的强散射金属部件替换成复合材料部件，或涂高性能吸波材料；在原机型应用阻抗加载和有源对消技术，确保前方鼻锥 ±45° 区域的 RCS 降低。

3）训练用的简易小 RCS 靶标

根据国内外报道，简易型虽然不能逼真模拟隐身目标，基本途径可以通过一种拖靶载体，拖动一个在表面涂覆吸波材料的龙伯球、三面角反射器之类的小目标。如对一种 RCS 大约 $1{\sim}2\ \mathrm{m^2}$ 三角面反射器，模拟隐身目标 RCS 显得有点大，当应用 20 dB 以上吸收率的吸波材料进行涂覆处理后其 RCS 相当于一种隐身飞行器水平。

12.6　雷达目标散射特性（RCS）的静态测量

如上所述，防空靶标雷达散射特性测量是靶标设计的重要步骤，靶机要在武器装备实验室指导下进行研制，靶标研制离不开测试基地。因此，所有雷达散射特性测量手段同样可以用于防空靶标雷达散射特性测量。

研究雷达目标特征信号研究的手段主要包括：理论预估、全尺寸目标静态测量、缩比目标测量和动态目标测量等四种，称之为研究雷达目标特征的四大支柱。由于飞行目标外形复杂，尤其当今隐身飞行器大部分已用非金属材料构成，理论计算非常困难，目标电磁散射辐射特性数据的获取主要依靠测量。

测量的目的如下：

（1）获得被模拟目标和靶标散射现象；

（2）获得被模拟目标和靶标散射特征数据；

（3）评估靶标能否模拟目标性能。

靶标测量需具备以下条件：

（1）测量设备，需具备数字录取、存储和处理能力，具备高分辨率二维成像能力；

（2）高精度并能承受各种重量的目标转台；

（3）有安装目标的低散射目标支架；

（4）满足测量要求的低背景电平测试场地；

（5）高精度标准体和标定技术。

12.6.1　雷达目标散射特性测量的基本条件

与其他目标一样，靶标雷达目标散射截面（RCS）测量包括静态和动态测量，静态是在地面试验场所用模拟手段或场地对靶标进行雷达目标特性测量，动态是在靶场对飞行中靶标进行雷达目标特性测量。静态和动态测量有三个共同问题。首先，如何标定，就是说要在 RCS 与雷达测得的功率（或电压）之间建立严格的数学关系，方法又分为相对标定和绝对标定两种；其次对不同测量要求如何选择测量系统；其三控制并减少环境和设备对测量的影响，即背景控制问题。

（1）定标体

在散射特性测量中，为了简化测量，常常要选择理论上已知的标准体作为散射特性测量的定标体，因为那些标准体形体比较简单，它们的 RCS 可以通过理论计算获得，用它们计算数值当作"砝码"去度量被测目标的 RCS 相对简单。

1）RCS 测量定标体

定标体有很多种类，不同测量需要选择不同标准体，一是为保证测量精度，需要选择不同量程定标体，二是测量不同的物理量选择不同形状的定标体，三是根据放置位置，如对地面或空中选择方便安装定标体。表 12-6 为一般测量常用的定标体。

表 12-6　典型定标体

名称	形状	RCS_{max}	全姿态平均 RCS	标定内容
球体		πa^2		靶标 RCS 测量标定
平板		$4\pi b^2 a^2 / \lambda^2$		材料反射率标定
两面角反射器		$8\pi a^2 b^2 / \lambda^2$	$0.7 b^4 / \lambda^2$	RCS 相位极化标定、角闪烁标定
三角形角反射器		$4\pi a^2 b^2 / \lambda^2$		靶标 RCS，杂波测量标定
龙伯球反射器		$\rho(4\pi^3 b^4 / \lambda^2)$	$\approx 2 b^4 / \lambda^2$	大 RCS、杂波测量标定

图 12-26 为高分辨目标测量所用标准体阵列。

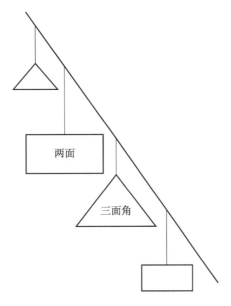

图 12-26　标准体阵列

2）球体 RCS 幅度和相位理论计算曲线

球体是应用最多的定标体，因为球体 RCS 幅度和相位从理论上可以精确计算，使用时球体 RCS 可以应用如下计算公式

$$\sigma = \lambda^2 / \pi \left| \sum_{n=1}^{\infty} (n+0.5)(b_n - a_n) \right|^2 \qquad (12\text{-}13)$$

式中，a——球体半径；

$\quad\quad\lambda$——雷达工作波长；

$\quad\quad a_n = \dfrac{j_n(ka)}{h_n^{(1)}(ka)}$;

$\quad\quad b_n = \dfrac{kaj_{n-1}(ka) - nj_n(ka)}{kah_{n-1}^{(1)}(ka) - nh_n^{(1)}(ka)}$;

$\quad\quad k = \dfrac{2\pi}{\lambda}$ 波数；

$\quad\quad h_n^{(1)}(ka)$ 为第一类球汉克函数；

$\quad\quad j_n(ka)$ 为第二类球贝塞尔函数。

无量纲的 RCS 表示为 NRCS

$$\text{NRCS} = \sigma / \pi a^2 = (2 / ka^2) \left| \sum_{n=1}^{\infty} (-1)^n (n+0.5)(b_n - a_n) \right|^2 \qquad (12\text{-}14)$$

图 12-27（a）为球体 RCS 幅度理论计算曲线，横坐标是相对不同直径值 $k=2\pi/\lambda$，a 表示

半径，图 12-27（b）为球体相位理论计算曲线。使用时可按照不同工作频率和球体半径大小，从曲线查得对应球体的 RCS 理论计算数值。

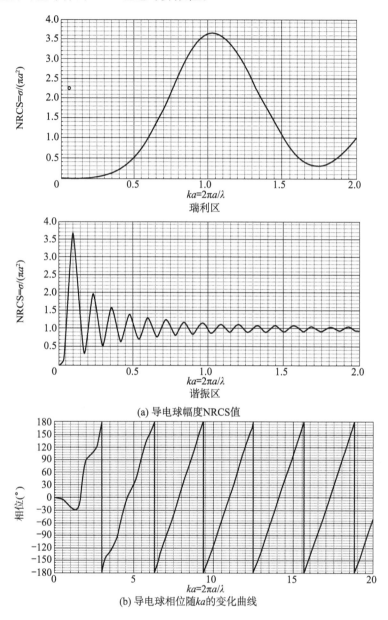

(a) 导电球幅度NRCS值

(b) 导电球相位随ka的变化曲线

图 12-27　球体 RCS 幅度和相位理论计算曲线

（2）低散射背景控制

隐身飞行器的设计和探测迫使人们更加注重对低 RCS 目标的测量。除了应极大改善测量系统的灵敏度、频率和相位稳定度之外，还应在降低测量场地的背景电平、完善 RCS 测量技术和提高入射平面波的质量等方面给予充分的关注。为了精确测量低 RCS 的目标，特别是尽可能地降低背景反射电平，确保背景反射电平比被测目标 RCS 低 20 dB，这就是所谓的低散射背景技术。低散射背景技术主要包括采用低散射目标支架、矢量场相减技术、软件距离门和硬件选通门技术。

1）低散射目标支架

测量 RCS 一般采用泡沫塑料支架和覆盖吸波材料的金属支架。

自 20 世纪 60 年代中期以来，泡沫塑料支架广泛用于目标 RCS 的测量。实用的泡沫塑料的介电常数为 1.02，其反射系数比相同尺寸的金属结构低 46 dB。功率反射系数还与支架的表面形状和表面面积有关，因此通常将泡沫支架制成具有一定锥度的圆台状，使电波入射方向与支架的表面不垂直，大大降低了支架的后向散射。锥角越小，后向散射越小，测量精度越高。

由于测量时支架与目标一起转动，支架的非圆对称造成支架回波的起伏，采用背景抵消技术能进行部分补偿，但残余部分的影响在低 RCS 测量时不能忽略。同时，安装目标后，支架的变形减小了背景抵消技术的效果。泡沫塑料强度较小，大目标的支架必须做得很粗，但俯仰大于 20° 时，泡沫支架一般很难承受。

用特殊形状的金属支架支撑目标是一个突破性的进展。1977 年，世界上第一个金属支架问世。目前国外很多测试场都配置了一个或多个金属支架。

金属支架内有一转子支撑目标，并使目标旋转。支架的金属外壳呈橄榄形（Ogive），前缘和后缘制成很尖的锐角，支架朝入射波方向倾斜，以减小后向散射电磁波。前倾角增加，后向散射减小。实际结构的倾角应考虑支架强度和电磁性能两个因素。另外还采用了其他措施减小后向散射波，如在支架前缘涂覆电波吸收材料，在支架的侧面涂覆磁性吸波材料，前者为降低垂直极化的前缘后向散射，后者为减小水平极化的后缘表面波。据测试，覆盖了吸波材料的支架，RCS 减小了 7~15 dB。

2）矢量场相减技术

在暗室中测量目标的 RCS 时，由暗室的后墙、侧墙、目标支架等引起的反射回波，统称为背景回波。背景回波与目标散射场一起进入接收机，影响测量精度。但考虑到目标环境基本是不变的，绝大部分回波稳定地重复出现，即测量结果中含有稳定的背景回波的值，它可以用矢量场相减技术减小或消除它。

现以点频 RCS 测量为例说明矢量场相减技术。首先测量定标体（如定标球或金属板）的反射回波 E_0，取走定标体，测量暗室和支架的反射回波 E_1，最后测量放置目标后的散射波 E_t，则目标的 RCS(σ_t) 为

$$\sigma_t = 20\lg \frac{\left| E_t - E_1 \right|}{\left| E_0 - E_1 \right|} + \sigma_0 (\mathrm{dBm}^2) \qquad （12\text{-}15）$$

上式中，$\sigma_0(\mathrm{dBm}^2)$ 为定标体的 RCS 的理论值。由测量过程可见，由于目标回波和定标体回波中均包含背景回波，利用计算机程序把背景回波作为一个复数从目标回波和定标体回波中减去。

3）软件距离门和硬件选通门技术

软件距离门技术是扫频测量过程中，利用软件功能在目标区范围内加距离选通门，以屏蔽目标区域以外的杂波干扰。

对扫频测量获得的 RCS 数据进行傅里叶变换可以得到散射源在纵向距离上的分布，使目标回波与背景回波在距离上分开。利用测量程序可以只录取目标区域的 RCS 数据，消除背景回波的干扰。软件距离门技术不能消除在距离分辨 ΔR 以内出现的背景回波。

硬件选通门技术是指脉冲 RCS 测量系统的发射机发射脉冲串，接收机加选通门。仅当目标反射信号到达接收机时选通门打开，目标反射信号进入接收机。与目标反射信号在时间上有差异的其他干扰信号到达时选通门关闭，排除了干扰信号对测量的影响，在目标信号的选通门内到达的干扰信号对测量的影响仍然存在。

（3）地面静态 RCS 测量

靶标地面测量可以在室外全尺寸目标静态测量场、目标缩比微波暗室或安装紧缩场的实验室进行，由于距离是固定的，一般采用相对标定法比较方便。

相对标定法是通过对定标体与待测目标所测得的功率（或电压）比来推算目标 RCS 值，可根据雷达方程

$$R^4 = \frac{P_t G^2 \lambda^2 \sigma}{(4\pi)^3 P_r (S/N) L} \tag{12-16}$$

上式中，R 为作用距离；P_t 为雷达发射峰值功率；P_r 为接收机灵敏度；(S/N) 为信噪比；G 为天线增益；L 为大气和传输系统损耗；$P_r(S/N)$ 为接收机输入端信号功率；σ 为雷达截面；根据（12-16）分别求出 σ_1 和 σ_0。

σ_0 定标体雷达截面应用相对标定后 RCS 表达式

$$\sigma_1 = \frac{(S/N)_1}{(S/N)_0} \frac{(PGC)_0}{(PGC)_1} \left(\frac{R_1}{R_0}\right)^4 \sigma_0 \tag{12-17}$$

PGC 为程序增益控制。考虑测试距离相同，取

$$(\text{dBm}) = (S/N)_1 (\text{dB}) - (S/N)_0 (\text{dB}) + (PGC)(\text{dB})_0 - (PGC)_1 (\text{dB}) - 10\lg\sigma_0 \tag{12-18}$$

对于相同测量范围，当定标体 RCS 大小和目标处在同一量级时，可以给出更简单的表达式。

定标球的雷达截面

$$\sigma_0 = \frac{\left(\frac{S}{N}\right) P_{r0} (4\pi)^3 L}{P_t \lambda^2 G^2} \tag{12-19}$$

目标的雷达截面

$$\sigma_1 = \frac{(S/N) P_{rt} (4\pi)^3 L}{P_t \lambda^2 G^2} \tag{12-20}$$

两式相比：$\sigma_1/\sigma_0 = P_{r1}/P_{r0}$

$$\sigma_1 = P_{r1}/P_{r0} \times \sigma_0$$

$$\sigma_1(\mathrm{dBm}^2) = P_{r1}(\mathrm{dB}) - P_{r0}(\mathrm{dB}) - \lg(\sigma_0) \qquad (12\text{-}21)$$

因为目标和定标体用的是同一套测量系统，测量距离相同，雷达方程中测量系统的其他参数相消，因此只需要分别测量目标和定标球的接收功率（电压）就可以求出目标雷达截面，其中定标体作为测量基准的散射体，其 RCS 是精确知道的。

当被测目标 RCS 比较大时，因为定标球 RCS 小，定标体可以选择角反射器或龙伯透镜。

测量步骤如下：

（1）根据测量对象：点靶、起伏特性靶、高分辨靶分别选择相应测量系统；

（2）选择测量场地、实验室；

（3）选择安装靶标支撑机构，确保测量场地背景电平达到测试要求为止；

（4）根据 RCS 大小选择定标体，一般选择球体，靶标 RCS 大时选择龙伯球反射器；

（5）测量定标体散射功率或电压，记录并保存；

（6）测量靶标散射功率或电压，记录并保存；

（7）重新用定标体检查测量系统的稳定度；

（8）将定标体和靶标测量散射数值代入软件进行计算。

12.6.2　室外全尺寸目标散射静态测量及测试场

室外全尺寸目标静态散射测量场特点：目标为全尺寸，测量频率用实际工作频率。采用专门设计的场地和支撑设施，模拟类似天空环境的背景条件，具备对导弹、飞机、战车、包括靶标等大型全尺寸目标的后向和非后向（即双基地）散射特性静态测量能力。由于室外全尺寸目标散射特性静态测量场为大中型目标的特性研究提供了逼真的试验场和简单实用的测量方法，因而在目标特性及隐身/反隐身、散射靶标、伪装等研究测量中，发挥着支柱的作用。

与动态测量相比，室外全尺寸目标静态散射测量场测量不需要跟踪目标，大大降低了设备的造价和测量费用；由于目标中心自始至终保持静止不动从而提高了测量精度，可以方便开展全方位测量；还能进行多次重复测量。为适应武器发展需要，室外全尺寸静态目标散射测量场发展很快，如美国室外全尺寸静态目标散射测量场有 10 多个。美、英、法等都建有国家级测试场。

室外全尺寸静态目标散射测量场主要包括场地，大型目标转台、目标支架及测量处理设备，为满足远场条件，室外全尺寸静态目标散射测量场要求测试距离远；为测试真实全尺寸目标，转台载重能力大；为测低散射截面目标，目标支架及测量设备具有低的背景电平。根据对地面反射波的不同处理，室外全尺寸静态目标散射测量场形式分为利用地面反射波的地面平面场和消除地面反射波的自由空间场。但应用比较多的是地面平面场。

（1）地面平面场

地面平面场是控制和利用地面反射波的一种场地设施，如图 12-28 所示。

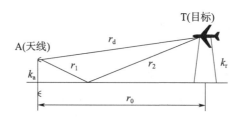

图 12-28　地面平面场配置示意图

地面平面场优点是充分利用地面效应，由于地面反射波的相干作用，在目标区入射波和地面反射波同相叠加，目标处场强增大，接收功率是自由空间 16 倍，相当系统灵敏度提高 12 dB，由于场强瓣形结构使得接近地面的照射场强很小，从而抑制地面回波，降低背景电平，实现目标测量。

美国新墨西哥州霍罗门空军基地所属雷达目标散射分部（RATSCAT）测试场便是地面平面场。该测试场拥有 9 个场地，最长距离 7 500 英尺，承重能力达到数十吨的大型目标转台，工作频率低端 30 MHz，高端 95 GHz。

（2）地面自由空间场

地面自由空间场与地面平面场比较，二者相同之处是都采用支撑式支架把目标支撑离地面，不同之处在于前者消除了地面的影响。方法是沿电波传播的纵向构筑"∧"形脊道，形成倒 V 场或在横向设置多道雷达反射屏，把投向地面的波反射到别的方向，从而在目标区形成自由空间场。地面自由空间场的优点是，目标区铅垂面场强分布窗口较宽，目标在铅垂面内的照射均匀，并且天线高度和目标高度不必随频率的变化而调整，因而特别适合于宽频带的测试系统。

地面自由空间场要求天线必须架设在"∧"形脊道或用雷达反射屏的对称平面内，从而失去了在水平面内横向移动的"自由"，因此它不如地面平面场那样易于实现多波段同时测量和非后向散射测量。

12.6.3　缩比模型（RCS）测量及微波暗室

理想的 RCS 测量应在无反射杂波干扰的环境中进行，照射目标的入射场不受周围环境的影响，微波暗室是一种经过专门设计的封闭室，壁面贴敷吸波材料，随着吸波材料性能不断提高和设计方法的完善，静区纯洁度有了很大提高，微波暗室形状有矩形、锥形、喇叭形等对某一频率范围的微波能充分吸收而将反射下降到最小程度，达到模拟自由空间的目的。与室外测试场相比，室内测试场的优点在于场地价格低、与气候无关、保密性强、使用方便、外界干扰可控；缺点在于暗室价格高、暗室设计复杂、目标尺寸受到限制、工作频段有限。

（1）导电目标的电磁缩比关系

在室内散射测量中，由于暗室尺寸的限制，绝大多数暗室只能用作缩比目标模型测量，表 12-7 给出了理想导电全尺寸目标与缩比目标模型的电磁缩比关系，其中 s 是缩比模型相对于全尺寸模型的缩比因子。

表 12-7　目标的电磁缩比关系表

参数	全尺寸	缩比模型
长度	l	$l' = l/s$
时间	t	$t' = t$
频率	f	$f' = f$
波长	λ	$\lambda' = \lambda/s$
导电率	σ_c	$\sigma_c' = \sigma_c/s$
电阻	R	$R' = R$
介电常数	ε	$\varepsilon' = \varepsilon$
导磁率	μ	$\mu' = \mu$
天线增益	g	$g' = g$
雷达截面	σ	$\sigma' = \sigma/s^2$

上表是理论上要求的关系，实际材料的参数是随频率而变化的。

$1:s$ 缩比模型的 RCS（σ'）与折算成 $1:1$ 真实尺寸时目标的 RCS（σ）有如下关系

$$\sigma = \sigma' + 20 \lg s \, (\mathrm{dB_{sm}}) \tag{12-22}$$

缩比模型的测试频率 f' 应为实际目标测试频率 f 的 s 倍。

（2）微波暗室的评价指标

微波暗室是指内壁用雷达吸波材料（RAM）覆盖的房间，用它模拟没有杂波干扰的自由空间的测试环境，它是天线和目标特性实验研究的重要场所。微波暗室中有一个最重要的区域，称为静区。静区的大小决定了最大可测目标尺寸，即满足近似平面波条件的目标区最大横向尺寸。微波暗室的主要性能是静区内杂散电平的大小，常用反射率 R 和固有雷达散射截面 σ_0 两个参数作为微波暗室的评价指标。这两个参数决定了目标最小可测雷达散射截面，即在给定精度要求下测试场的保精度最小可测量的目标 RCS。图 12-29 为 RCS 测量缩比实验室示意图。

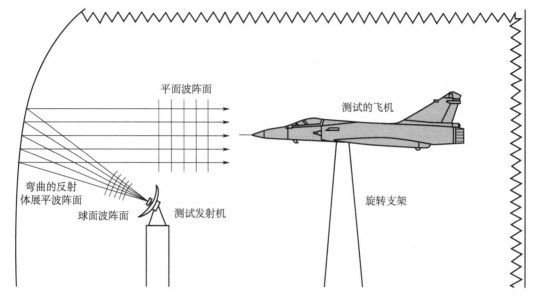

图 12-29　RCS 测量缩比实验室示意图

目前，世界上先进暗室的固有雷达散射截面可小到 -80 dBm^2。国内也有固有雷达散射截面的类似暗室，靶标测量应选择固有雷达散射截面小的暗室进行测量。

12.6.4　紧缩场（RCS）测量及测量实验室

紧缩场是应用近场聚焦原理，在测试雷达天线近场区形成准平面波的目标区，又叫静区。紧缩场缩短了目标与天线之间的距离，提高了工作频率，它可以测量比较大的缩比目标模型，大紧缩场还可以测量全尺寸目标。

为了模拟自由空间的目标特性，要求被测目标受照射的电磁波为平面波。在紧缩场问世之前，入射到目标上的球面波只能近似看成平面波，这时，目标与信号源的距离必须满足远场条件，即

$$R \geqslant 2d^2/\lambda \qquad\qquad (12\text{-}23)$$

式中，d 为目标的最大横向尺寸，λ 为波长。如果被测目标横向尺寸为 2 m，雷达工作波长为 8 mm，则目标与信号源的距离应大于 1 km，这在原来微波暗室是不可能实现的。如随着测量设备水平的提高，可以在很宽的频率范围内进行扫频测量，则固定在某一位置上的目标 RCS 的测量精度是不一样的，这是因为，频率不同，照射到目标上的入射场偏离平面波的程度不同。又如，提高工作频率，必须增加目标与信号源的距离，目标可能被移到暗室的最佳工作区以外（每个暗室都有最佳工作区）。同时，散射测量时接收机的输入功率与距离的四次方成反比，距离增加，接收机输入信噪比减小，导致测量精度下降和最低可测电平提高。安装在室内紧缩场方便解决这个困难。

紧缩场的尺寸从 2 m 到 22 m，工作区从 1 m 到 15 m，工作频率从几百 MHz 到上百GHz，被测目标从部件的模型到整机、整弹。大多数紧缩场安装在室内，个别安装在室外

大紧缩场可以测量全尺寸目标。

目前安装在室内已有的紧缩场主要有三种类型：

（1）偏馈单反射面型紧缩场

偏馈单反射面型紧缩场是将馈源置于抛物反射面的焦点上，根据几何光学原理，反射面将馈源辐射的球面波转换成平面波。

（2）赋形卡塞格伦型紧缩场

赋形卡塞格伦型紧缩场的原理和赋形卡塞格伦天线相同，由馈源、次反射面和主反射面组成。

（3）双柱面型紧缩场

双柱面型紧缩场由馈源和两个抛物柱面组成。

12.6.5　RCS 测量系统

与其他武器系统测量一样，目前国内外可供靶标 RCS 测量的有五大系统，测量时根据不同测量参数或不同测量靶标对象，选择不同的测量系统。

测量系统总体指标要求有：

（1）灵敏度要求高

为了达到最佳灵敏度，接收机必须波形匹配，波形选择取决于分辨率的要求，特定波形确定后设计接收机，确保信噪比（S/N）最大。

（2）距离分辨率高

波形选择主要考虑距离分辨率，决定距离分辨率的基本关系式为

$$\delta_y = \frac{c}{2B} \qquad (12\text{-}24)$$

式中 B 是雷达发射和接收信号的带宽，c 是光速。

分辨率是信号固有特性，它仅取决于信号带宽，为达到高的距离分辨率和高的灵敏度要求宽带波形和相匹配滤波器接收机。

（3）动态范围大

接收机动态范围取决于目标 RCS 的变化范围，为了保证接收机动态范围，必须抑制杂散回波尽可能避免模糊。

（4）模糊度低

当对连续信号采样时会产生一定失真，这种失真称为混叠误差，混叠误差会引起模糊响应，处理中采样系统混叠误差很敏感，因此必须避免模糊。

下面概括介绍五大测量系统，它们包括五种不同雷达体制：连续波体制（CW）、脉冲波体制、阶跃变频连续波体制、线性调频连续波（FM-CW）体制、阶跃变频脉冲体制。其简单原理方框图如图 12-30 所示。表 12-8 比较了这五大系统的优缺点。

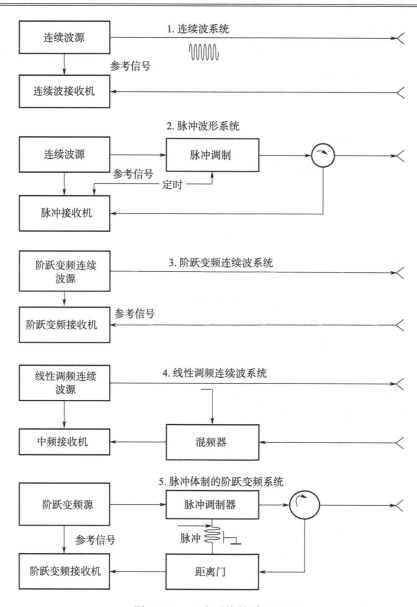

图 12-30　五大系统简单原理图

表 12-8　五大系统优缺点比较表

系统类型	灵敏度（相对滤波器损耗）	距离分辨率	距离模糊	动态范围	峰值功率	测量对象
连续波	0 dB	无	无	有（检波前）	低	点靶、起伏特性靶
脉冲波	0 dB	中	有	有（检波前）	高	点靶、起伏特性靶
阶跃变频连续波	0 dB	高	无	无	低	点靶、起伏特性靶、多散射中心
线性调频波	20 dB	高	有	有（检波前）	低	点靶、起伏特性靶、多散射中心
阶跃变频脉冲	20 dB 随距离平方增大	高	有	有（检波前）	中	点靶、起伏特性靶、多散射中心

12.7　RCS 的动态测量和效果评估

从实际需求出发，靶标的目标特性评估不可缺少，因为制造商往往将其作为武器指标检验的重要过程，而军方则将其作为验收的重要手段。它的目的有：

（1）评估导弹的目标特性效能和指标；

（2）确定导弹目标特性是否满足、超过或不能满足其技术特征和使用特征的程度；

（3）为军方和制造商提供检验评估手段。

分析评估的常用方法是解析法和统计法。解析法并不要求系统的存在为前提，而依据目标特性指标和给定条件的函数关系，建立数学模型，通过理论计算得到效能指标的估值；统计法评估有参数估计、假设检验、回归分析和相关分析等。

下面介绍绝对标定法和相对标定法。

12.7.1　靶标 RCS 测量绝对标定法

根据测量雷达方程各项参数（也可转移成校正塔参数）直接标定，然后按雷达方程算出目标 RCS 值。测量时可在离导弹系统几公里处设立校正塔，利用校正塔接收到的由雷达发射功率及雷达接收校正塔上发射的标准功率之间的替代关系来求得待测靶标的 RCS 值。

雷达方程可以转换成

$$P_r \left(S / N \right)_0 = A_r \frac{P_H G_H}{4\pi R_B^2} \cdot \frac{1}{L} \qquad (12\text{-}25)$$

经过一系列推导

$$\sigma = \left(\frac{G_H A_H}{R_B^4} \right) \left(\frac{P_{t0}}{P_t} \right) \frac{S/N}{(S/N)_0} \left(\frac{P_H}{P_B} \right) R^4 \qquad (12\text{-}26)$$

上式中，A_H 为校正塔天线有效面积；P_B 为校正塔接收到的功率（功率计测量）；P_H 为校正塔发射功率；G_H 为校正塔天线增益；R_B 为校正塔距雷达直线距离；P_t 为雷达发射峰值功率；P_{t0} 为标定期间雷达发射峰值功率；R 为靶标距雷达距离；S/N、$(S/N)_0$ 分别为雷达接收端测量目标信噪比和接收校正塔端的信噪比。

取对数后可得

$$\sigma = \lg A_H + G_H - 40\lg R_B + \lg P_{t0} - \lg P_t + \lg \left(S/N \right) - \lg \left(S/N \right)_0 + \lg P_H - \lg P_B + 40\lg R \quad (12\text{-}27)$$

测量步骤：

（1）连接 A 和 B，雷达发射功率，功率计测量记录 P_B；

（2）连接 A 和 C，发射功率 P_H，雷达记录电压求 $(S/N)_0$；

（3）求 S/N；

（4）测量空中靶标，记录 $P_t R_i$ 等经已知校正曲线转换成的 $(S/N)_i$；

（5）按上面公式求得 σ。

动态测量校正塔组成如图 12-31 所示。

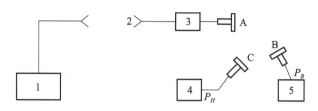

图 12-31　动态测量校正塔组成图

1. 雷达　2. 天线　3. 衰减器　4. 信号发生器　5. 功率计

12.7.2　动态 RCS 测量的相对标定法

如上所述，在静态测量中主要用相对标定法，而在动态测量中也可以用相对标定法，两者有以下不同之处：

（1）静态测量时定标体是安装在地面上，而动态测量时定标体由空中的气球携带，

（2）在计算时，动态处理中，（12-26）中定标体雷达截面 σ_0 和（12-27）靶标雷达截面 σ_1 表达式中，定标体和靶标只是距离 R 各不相同，定标体和靶标表达式其他参数相同。可以对消，其测量和处理过程比用绝对标定法更简单。参考前面公式

$$\sigma_1 = \frac{(S/N)_1}{(S/N)_0} \frac{(PGC)_0}{(PGC)_1} \left(\frac{R_1}{R_0}\right)^4 \sigma_0 \qquad （12-28）$$

为程序增益控制。对（12-28）取对数得到：

$$\sigma_1(\mathrm{dBm}) = (PGC)(\mathrm{dB})_0 - (PGC)_1(\mathrm{dB}) + 40\lg R_1 - 40\lg R_0 - 10\lg\sigma_0 \qquad （12-29）$$

12.8　RCS 理论预估方法

靶标设计前，对靶标 RCS 数值常常采用的理论预估方法，约定 RCS 大小和基本形状尺寸等等，预估基本方法有三种：精确方法，近似方法和数值计算。

精确方法用公式描述边值问题，并利用满足合适的精确边界条件的波动方程的精确解来获得问题的答案。

实际感兴趣的问题很少能用精确方法求解，这是因为精确方法仅适用于具有符合坐标系使得波动方程可以分离的一类几何结构的散射问题。于是，人们提出了大量近似而准确的方法进行求解。

（1）几何光学法

几何光学（Geometrical Optics，GO）法是一种高频（或零波长）近似，它用经典的射线管来说明散射机理和能量传播，因此，又被称为射线光学法。

当目标受窄波束雷达发射的电磁波照射时，如果目标的尺寸与雷达波长相比足够大，那么雷达回波似乎来自目标上的一些特殊点。这些点（有时称为反射点）是波经镜面反射

（即入射角等于反射角）的点，可以看成是散射中心。在这种近似下，我们不必考虑整个目标的贡献，只需对这些散射中心进行适当组合就足以描述在给定方向上的散射。 在 GO 近似中，将空间区域划分成照明区和阴影区，因此该方法不考虑任何绕射效应，且与波长和极化无关。

（2）物理光学法

在所有的散射表述中，一个基本问题是确定目标上的感应电磁流，只要求得感应电磁流，散射场和其他的量就可以用标准的方法进行计算。物理光学（Physical Optics，PO）法是一种高频方法，它用充当散射场的激励源的感应表面电磁流来代替目标。物理光学法不能考虑目标上存在的不连续性，不能预估简单散射体的单站散射退极化效应。

（3）几何绕射理论

几何绕射理论克服 GO 近似存在的缺陷，从考虑直劈对电磁波的散射出发，推导了几何绕射理论（Geometrical Theory of Diffraction，GTD）的公式用于计算绕射和极化效应，按照反射和传输类推的方式，Keller 引入了绕射系数和绕射线，通过将近似场与在对直劈的精确 Sommerfeld 解中绕射积分做渐近计算之后获得的场相比较，获得了绕射系数的直观的表达式。

GTD 结果与 PO 的结果相比，无论是数值还是高分辨图像，均与实验吻合得很好，是一种简洁、直观的理论分析工具，尽管 GTD 成功地用于许多实际感兴趣的问题，但它还是有一些局限性。

（4）物理绕射理论

另一种不用边缘绕射系数或一致性渐近展开的用于求解与散射计算有关的边缘不连续问题的方法，导体表面上的表面总电流等于下面两种电流之和：物理光学电流，边缘电流或由某些形式的不连续性导致的电流的非一致性部分。一旦求得这两部分可以得到更精确的表面总电流。

（5）部件分解法

在计算复杂目标的散射场时，把复杂目标分解成若干部件，先计算每个部件的散射场，然后依据矢量相加，把部件散射场合成复杂目标的总散射场。其前提是入射波波长远小于目标尺寸。作为例子 R.Mittra 将 BQM-34A 靶机分解成 12 个部件，分别用近形状模拟，计算在 S 波段 RCS。

（6）数值计算方法——矩量法

人们常常用未知场的积分方程来求解电磁场散射问题，矩量法（Method of Moments，MOM）是建立在这个基础上的最常用的方法之一。MOM 实质上是将积分方程转化为一组代数方程，也就是能用标准的矩阵求逆算法求解的矩阵方程。

（7）混合法

上面介绍求解电磁场散射问题的高频近似解方法和数值解方法都有其应用范围及优缺点，混合法（HM，Hybrid Method）通常是把几种方法结合起来应用，从而有效确定问题解，例如 MOM 常常计算电尺寸不太大的目标，而 GTD 可用于计算比 1 个波长大得多的目标，如果将两者结合应用便可用来计算中等电尺寸、谐振区或超过谐振区的目标散射问题。

可是，由于涉及到矩阵求逆的要求，现有的计算机能力严重地限制了可处理问题的尺寸。一般认为，单纯的 MOM 最多只能提供具有几个至数十个波长尺寸的目标的散射解。为拓展 MOM 处理电大尺寸目标散射问题的能力，可以考虑将 MOM 与其他一些快速算法结合起来使用，如多层快速多极子算法。

第13章　靶标的红外辐射特性和模拟技术

13.1　概述

防空兵器主要作战对象是各种军用飞机（战斗机、轰炸机、预警机、直升机和无人机）和导弹（包括飞航导弹和弹道导弹），而将来重要的作战对象应包括高度约在 30~50 km 的高超声速和机动飞行的临近空间飞行器。

军用飞机和飞航导弹的红外辐射包括飞行器表面的红外辐射和发动机的红外辐射，飞行器表面红外辐射是因飞行器飞行时气动加热所产生的表面温度红外辐射，而发动机红外辐射又包括了发动机喷口红外辐射和发动机喷焰红外辐射。

弹道导弹的全弹道红外辐射分成：助推段的发动机红外辐射、中段飞行时弹头表面温度红外辐射和再入大气层时的再入段红外辐射。

靶机/靶弹红外辐射特性测量方法包括：静态靶机/靶弹红外特性测量方法和动态靶机/靶弹红外特性测量方法。静态靶机/靶弹红外特性测量主要用于测量靶机/靶弹静态下发动机红外辐射特性。各种靶机/靶弹的红外辐射特性主要由红外特性跟踪测量系统，在外场对飞行的靶机/靶弹进行测量研究提供。

靶机/靶弹红外辐射特性的理论分析计算主要是分析计算靶机/靶弹在不同高度/速度下的表面温度的红外辐射，以及分析计算发动机的喷口和喷焰的红外辐射。对于弹道导弹发动机喷焰红外辐射，尤其弹道导弹再入段红外辐射的理论计算，目前理论分析计算误差还较大。

13.2　飞机和导弹的红外辐射特性

在 1997 年出版的《防空兵器靶标》有关"靶标红外特性"部分中，由于当时国内研究条件和水平限制，对防空兵器靶标要模拟的飞机和导弹的红外特性叙述，是基于对美国一些资料分析和国内对静态的飞机和靶机的发动机红外辐射的测量数据而编写的，缺少动态飞行的飞机/导弹的红外特性测量数据。因此，利用本书对防空兵器靶标要模拟的飞机和导弹的红外特性进行了叙述。

13.2.1　飞机红外辐射特性

据有关资料提供的地面红外特性跟踪测量系统对飞机测量的红外辐射温度分布图像（简称热像）见图 13-1。

图 13-1　飞机红外热像

图 13-2 是非加力状态下飞机发动机喷焰的红外辐射光谱，图 13-3 是加力状态下飞机发动机喷焰的红外辐射光谱。根据物质红外辐射原理：随着物质温度提高，物质辐射的能量向短波转移，即短波能量所占的百分比增大。

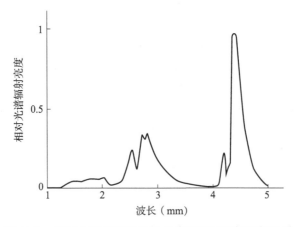

图 13-2　非加力状态下飞机发动机喷焰的红外辐射光谱

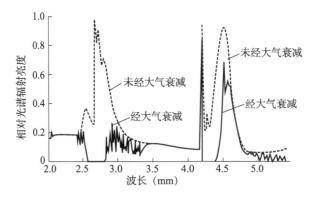

图 13-3　加力状态下飞机发动机喷焰的红外辐射光谱

由于飞机发动机喷焰红外辐射是由喷焰中水蒸汽和二氧化碳产生的，其辐射能量主要在 2.7 μm 和 4.3 μm 两个大气吸收波段，因而飞机喷焰红外辐射在大气中衰减很大，对距离飞机几公里远的地对空和海对空的红外 3~5 μm、8~12 μm 系统，飞机喷焰红外辐射的贡献是可以忽略不计的。

按静态目标光学特性测量要求，对静态飞机发动机红外 3~5 μm 辐射强度进行测量研究，提供了静态飞机发动机喷焰红外 3~5 μm 辐射强度随方位角变化的分布图（简称红外辐射强度方向图）。图 13-4 是静态飞机的非加力发动机红外 3~5 μm 辐射强度方向图，图 13-5 是静态飞机的加力发动机红外 3~5 μm 辐射强度方向图。从静态飞机发动机红外辐射强度方向图看到：非加力发动机红外辐射主要来源于发动机尾喷口红外辐射；而在发动机加力时发动机红外辐射除了发动机尾喷口红外辐射外，还包括发动机喷焰红外辐射，由于发动机喷焰红外辐射在大气中严重衰减，所以在较远距离是可以忽略的。

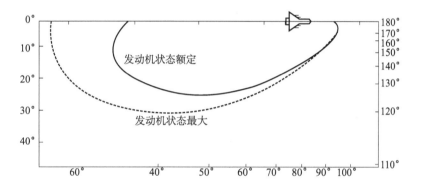

图 13-4　静态飞机非加力发动机红外 3~5 μm 辐射强度方向图

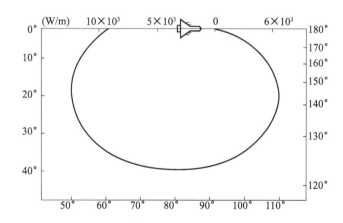

图 13-5　静态飞机加力发动机红外 3~5 μm 辐射强度方向图

现在的隐身飞机（如美国 F-22 和 F-35、俄罗斯 T-50 等）主要是雷达隐身，F-22 飞机因发动机采用了双元（矩形）尾喷口，对发动机的喷口和喷焰的红外辐射有减少隐身作用。但飞机表面红外辐射是同飞机表面温度和表面材料红外发射率有关，由若干光滑平面组成的隐身飞机形状同以前流线形飞机形状相比较，在同样的高度 / 速度和飞机迎风面积下，表面温度是难以降低的，另外隐身飞机表面材料为了雷达隐身，通常采用非金属复合材料或者表面涂覆吸波材料，而这些表面材料的红外发射率都较高。因此隐身飞机表面材料既要对雷达波有强的吸收率、同时又有低的红外发射率，还有待于飞机隐身技术进一步的研究发展。

13.2.2　飞航导弹红外辐射特性

反舰导弹和巡航导弹的红外辐射包括弹体表面温度的红外辐射和发动机的喷口和喷焰的红外辐射。目前正在服役的反舰导弹和巡航导弹，为了突防目的贴近地 / 海面飞行，飞行速度约 0.8 Ma，发动机为涡扇发动机。

13.2.3　弹道导弹红外辐射特性

从 20 世纪 50 年代起至今，弹道导弹特性研究伴随的武器装备发展，一直是世界大国或强国的研究发展重点。弹道导弹全弹道红外辐射特性包括：助推段发动机喷焰红外辐射特性、中段飞行时弹头和诱饵的红外辐射特性和弹头再入大气层时的红外辐射特性。

（1）导弹助推段红外辐射特性

弹道导弹助推段发动机红外辐射特性是研制同步轨道红外预警卫星和研制弹道导弹助推段红外跟踪拦截技术的基础。国内外主要利用导弹发动机地面试验机会，用红外热像仪和红外光谱仪在近距离分别测量静态导弹发动机喷焰的红外辐射温度图像和红外光谱分布。

从弹道导弹发动机喷焰红外光谱分布看到：发动机喷焰红外辐射在红外 2.7 mm 和 4.3 mm 有两个峰值辐射，而发动机喷焰红外 8~12 mm 光谱分布近似为灰体分布。从卫星高度观测地球 / 大气背景红外光谱辐射，地球 / 大气背景在 2.7 mm 和 4.3 mm 的红外辐射要比附近大气窗口的红外辐射低一个量级多。

导弹助推段喷焰红外辐射现象是较为复杂的物理现象，它同导弹发动机推力、发动机高度、导弹喷焰辐射方向（视向角）和发动机燃料成分有关。由于导弹发动机喷焰形状随高度膨胀，喷焰辐射温度随喷焰膨胀而降低，因而带来导弹助推段较长红外波段（如红外 8~12 mm）辐射强度随高度增加的现象。

（2）导弹中段弹头红外辐射特性

不同射程的导弹发动机关机高度是不同的，500~600 km 射程导弹的发动机关机高度约 30~40 km，约 1 000~3 000 km 射程中导弹的发动机关机高度约 50~60 km，而远程和洲际导弹发动机关机高度更高，可达 200~300 km。导弹发动机关机后，导弹弹头进入中段自由飞行阶段。由于导弹所在的地理位置、季节和天气的不同，发射前导弹弹头表面初始温度也不同。导弹发射后，导弹弹头因助推段加速飞行时的气动加热，使导弹弹头在助推段结束后的表面温度升高，在中段弹头自由飞行期间，影响弹头表面温度是白天的太阳辐射和昼夜的地球 / 大气背景的辐射。理论可计算中段弹头在白天和夜间飞行时，弹头表面温度与中段飞行时间关系。由于弹头热容量大，所以导弹弹头在中段飞行时表面温度变化是有限的。

（3）导弹再入段红外辐射特性

导弹高速再入大气层时，由于高速飞行的气动加热，先引起弹头表面温度迅速升高，随着高度降低产生复杂再入辐射现象，在弹头周围覆盖着高温电离的激波层，在弹头后面拖着长长的辐射尾迹。

测量研究表明：在弹道导弹中段、再入段，短波红外辐射强度、长波红外辐射强度有明显区别和特点，所以对弹道导弹的红外跟踪制导在不同段，有不同的波段选择。

（4）临近空间高超声速飞行器

目前世界军事大国在研的高度约 30~50 km 临近空间飞行器将对现有防空系统的预警、跟踪和拦截构成新的威胁。这些飞行器特点是：第一是高超声速飞行，在高度 30 km 飞行马赫数达到 5~6 Ma，在更高的高度飞行马赫数更大；第二是利用在临近空间飞行的微气动力（或小型发动机）实现机动飞行；第三是飞行器的隐身降低了雷达等对飞行器的探测距离。

但由于临近空间高超声速飞行器的表面温度要比目前在对流层超声速飞行的飞机表面温度高，以及航空发动机喷焰的红外辐射，因此利用高度约 20~30 km 的红外成像系统，可以全天候和远距离的跟踪临近空间高速飞行器。

13.3　靶标红外辐射特性测量方法

由于要求靶标应能模拟各种军用目标的特性，包括运动特性（如高度和速度等），尤其包括电、光、声的散射和辐射特性。靶机／靶弹红外辐射特性的测量方法同飞机／导弹的红外辐射特性测量方法一样，分为静态红外特性测量和动态红外特性测量。静态主要测量静态目标／靶标的发动机、曳光弹和红外干扰弹的红外特性，而真实可靠的目标／靶标红外特性主要依靠对动态飞行目标／靶标红外特性的跟踪测量研究。

美国是世界上最早开始军用目标红外特性研究，研究经费投入最大和总体研究水平最先进的国家。在 20 世纪 50 年代，美国在利用光学经纬仪测量导弹弹道特性时，就利用已知星等的恒星对光学经纬仪进行相对辐射定标测量，提供远距离导弹等效的可见光星等（即表观可见光照度）。

我国在 20 世纪 60 年代开始了导弹和飞机红外特性测量研究，现已建立了用于对各种目标／靶标的红外特性进行测量研究的先进测量设备，尤其是对动态飞行目标／靶标的红外特性进行跟踪测量研究的地基红外特性跟踪测量系统和机载红外特性跟踪测量系统。

13.3.1　静态靶标红外辐射特性测量方法

静态靶标红外辐射特性主要用于靶标发动机红外辐射特性测量，这种测量方法不仅可以测出靶标发动机的红外辐射强度、红外辐射光谱分布和辐射温度分布，而且能够测定发动机在工作状态下的多种参数，如发动机的涡轮后的温度和压力、喷焰的温度和组份等。

靶标静态红外辐射特性测试有两种形式：发动机台架试车时的发动机红外辐射特性测量；靶机在机场，对静态靶机发动机红外辐射特性的测量。

图 13-6 为在机场对静态靶机发动机进行红外辐射特性测试时，红外测量仪器与靶机的相对位置关系的示意图，红外测量仪器与靶机位于同一平面内。

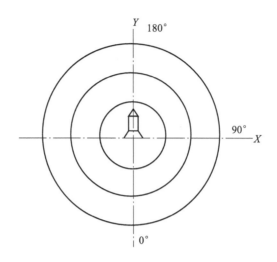

图 13-6　靶机静态红外辐射特性测试坐标图

在用红外仪器测量靶机红外辐射特性时，假定靶机红外辐射尺寸为 L（m），红外测量仪器视场角为 W（rad），要求红外测量仪器与靶机的测量距离 R（m）应满足下列关系：

（1）对测量靶机发动机红外辐射强度的红外辐射计和测量靶机发动机红外光谱辐射强度的光谱辐射计，要求靶机发动机喷焰尺寸对红外测量仪器所张视角小于这些仪器视场角的一半，即

$$\frac{L}{R} \leqslant \frac{1}{2}W \tag{13-1}$$

（2）对测量靶机发动机喷焰红外辐射温度分布的热像仪，要求靶机发动机喷焰尺寸对热像仪所张的视场角为热像仪视场角的三分之二，即

$$\frac{L}{R} \approx \frac{2}{3}W \tag{13-2}$$

参考美军飞机静态红外辐射特性测量要求，对发动机尾喷口方向为 0° 下，测量在水平面内 0°、5°、10°、15°、20°、30°、40°、60°、80°、90°、110°、135°、150°、170°、180° 等不同方位角的红外辐射强度，得到方向图。

为了提高静态发动机红外辐射特性测量数据可信度，通常要求在晴天夜间和有风天气（风力 3~4 级）下测量静态发动机红外辐射特性，并且所有红外测量仪器都位于风向的上方，这样既降低红外测量仪器视场中背景红外辐射，又克服了发动机工作时排出的烟气对红外辐射测量的严重衰减，提高静态发动机红外辐射特性测量精度。

13.3.2　动态靶标红外辐射特性测量方法

由于靶机表面温度是靶机飞行的高度和速度的函数，而靶机发动机的喷口和喷焰的红外辐射也同靶机的飞行高度和速度有关，因此动态靶机外场跟踪测量是获取靶机红外辐射特性的最主要技术途径。

美空军 Eglin 基地和美海军空战中心等从 20 世纪 70 年代至今研制了一系列的地基红外辐射特性跟踪测量系统和机载红外辐射特性跟踪测量系统，用于测量飞机、直升机、助推器、靶机、拖靶和红外干扰弹的红外辐射特性。我国从 20 世纪 80 年代起至今，也研制运行了用于测量飞机、直升机、导弹、靶标、干扰弹等的红外辐射特性的地基跟踪测量系统和机载跟踪测量系统。

（1）动态靶标红外辐射特性的地基跟踪测量方法

图 13-7 是用于测量飞行目标 / 靶标红外辐射特性的地基跟踪测量系统的组成框图。

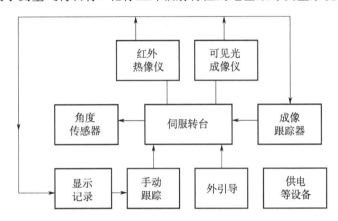

图 13-7　目标 / 靶标红外辐射特性地基跟踪测量系统组成框图

测量目标 / 靶标红外辐射特性的双波段（3~5 mm、8~12 mm）红外热像仪和可见光成像仪，安装在跟踪转台上，利用实时输出的目标图像，由成像自动跟踪器和人工半自动跟踪，完成对目标的截获和跟踪，由显示记录设备显示和记录目标红外图像和可见光图像、跟踪转台的俯仰角和方位角和跟踪测量的 GPS 信息。

由于飞机 / 靶机的红外辐射特性同飞机 / 靶机的飞行高度 / 速度有关，所以在地基跟踪测量飞机 / 靶机红外辐射特性时，飞机 / 靶机是以不同的高度 / 速度组合作直线飞行的。

（2）动态靶标红外辐射特性的机载跟踪测量方法

为了测量飞机 / 靶机等在不同高度 / 速度下，在被测目标坐标系中的两个平面（水平面和子午面）不同方向的红外辐射特性，美军从 20 世纪 50 年代起开始了利用机载红外测量设备测量飞机 / 靶机等的红外辐射特性，从 20 世纪 80 年代至今美军研制的机载红外跟踪测量系统构形主要是外挂在战机（早期 F-4/D、现今 F-15D）机翼下的机载红外跟踪测量吊舱，见图 13-8。

安装在三轴稳定跟踪平台上的三波段（短波、中波、长波）红外热像仪和可见光成像仪，飞机 / 靶机的红外和可见光图像，由成像自动跟踪器完成对飞机 / 靶机的截获和跟踪，显示记录设备显示和记录：目标红外图像和可见光图像、跟踪转台的俯仰角和方位角和机载跟踪测量系统的 GPS 信息。

为了测量被测飞机 / 靶机在不同高度 / 速度飞行状态下，对在水平面和子午面内的不同方向的飞机 / 靶机红外辐射特性测量，美军采用外挂红外跟踪测量吊舱的测量飞机与被测飞机/靶机编队飞行方式，完成对被测飞机/靶机在水平面内和子午面内的不同方向的红外辐射特性测量，见图 13-9。

　　美军要求在水平面内不同方位角 $\angle XOA = \varphi$ 的测量要求是 0°～180°，而在子午面内不同俯仰角 $\angle XOB = \theta$ 的测量要求是 0°～360°。

图 13-8　美军 F-15D 机载红外跟踪测量吊舱

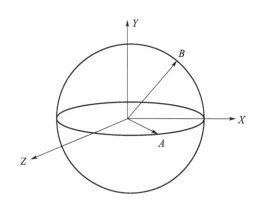

图 13-9　美军动态飞机/靶机在水平面内和子午面内飞行测量示意图

　　美国是世界上最先利用机载红外测量设备测试各种目标/靶标红外辐射特性的国家。经几十年测量飞机红外辐射特性的美军认为：机载红外设备是目前能精确测量飞机飞行过程中红外辐射特性的唯一方法。

13.4　靶标红外辐射特性测量设备

　　从 20 世纪 60 年代至今用于测量目标/靶标红外辐射特性的测量仪器有红外辐射计、红外光谱仪、红外热像仪和红外光谱成像仪。

13.4.1　红外辐射计

　　红外辐射计主要用于在地面测量强辐射源（飞机/靶机的发动机、导弹发动机、曳光弹和红外干扰弹）的红外 1~3 μm、3~5 μm、8~12 μm 的辐射强度。图 13-10 是带参考黑体的红外辐射计的原理图，红外望远镜把目标成像到探测器上，参考黑体由凹面镜和调制盘背面反射后，也成像于探测器上，调制盘转动形成了交替的目标信号和参考黑体信号。

　　商用红外辐射计，通常采用红外波段内光谱响应的热电或热阻的探测器，而军用红外辐射计为了对目标 / 靶标红外辐射特性测量有较远的作用距离和较快的信号采样频率，采用的探测器是：1~3 μm 为硫化铅（PbS）、3~5 μm 为锑化铟（InSb）和 8~12 μm 为锑镉汞（HgCdTe）。

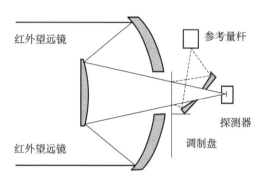

图 13-10　红外辐射计的原理图

　　利用图 13-11 所示的黑体对红外辐射计定标得到的定标曲线，由红外辐射计测量目标 / 靶标的输出信号 N_t，得到被测目标 / 靶标的表观辐射照度 E_{ta}。

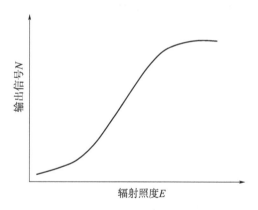

图 13-11　红外辐射计的辐射定标曲线

　　由红外辐射计对目标 / 靶标的测量的距离 R 和红外辐射计到目标 / 靶标之间大气的红外透过率 τ_a，得到被测目标 / 靶标的红外辐射强度 I_t 为

$$I_t = \frac{E_{ta}}{R^2 \cdot \tau_a} \qquad (13-3)$$

式中，

I_t——目标 / 靶标的红外辐射强度（$W \cdot sr^{-1}$）；

E_{ta}——红外辐射计测量的目标 / 靶标表观辐射照度（$W \cdot m^{-2}$）；

R——目标 / 靶标的距离（m）；

τ_a——红外辐射计到目标 / 靶标之间大气的红外透过率。

13.4.2　红外光谱仪

红外光谱仪用于测量目标和背景的红外光谱特性，对充满红外光谱仪视场的目标和背景，测量得到的是目标和背景的红外光谱辐射亮度（$W \cdot m^{-2} \cdot sr^{-1} \cdot \mu m^{-1}$）；而对红外光谱仪视场中的强辐射源（发动机、曳光弹和红外干扰弹等）测量时，得到的是强辐射源的红外光谱辐射强度 $I(\lambda)$。

目前用于测量目标或背景的红外光谱特性的红外光谱仪有渐变滤光片（CVF）光谱仪以及光谱分辨率和光谱灵敏度较高的红外干涉光谱仪（傅立叶红外光谱仪）。

图 13-12 是红外干涉光谱仪构成框图，其工作原理是：红外望远镜将被测目标或背景成像于视场光阑处，调节视场光阑大小可以改变红外光谱仪视场，视场中的目标或背景的红外辐射经红外镜头形成平行光束，该平行光束经红外分色镜形成两束光强相等的平行光束，两平行光束分别由扫描反射镜和反射镜反射后，再由聚光镜聚焦于红外探测器上，红外探测器输出的两光束干涉信号经记录和分析处理后，得到被测目标或背景的红外光谱特性。

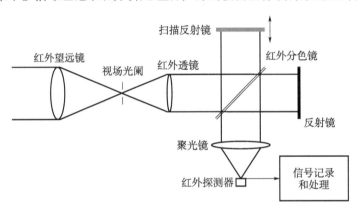

图 13-12　红外干涉光谱仪工作原理图

（1）目标或背景的红外光谱辐射亮度测量

利用尺寸大于红外光谱仪望远镜孔径的黑体贴近红外光谱仪镜头方法，对红外光谱仪进行辐射定标，得到图 13-13 所示的红外光谱仪输出信号 $N(\lambda)$ 与定标黑体光谱辐射亮度 $L(\lambda)$ 关系，又称红外光谱仪的光谱辐射亮度定标曲线。

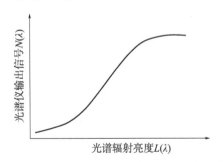

图 13-13　红外光谱仪的光谱辐射亮度定标曲线

　　对充满红外光谱仪视场的目标或背景进行红外光谱辐射亮度测量时，若红外光谱仪输出信号 $N(\lambda)$，由红外光谱仪的光谱辐射亮度定标曲线得到对应的目标或背景的表观红外光谱辐射亮度 $L(\lambda)$，则被测目标或背景的红外光谱辐射亮度 $L_t(\lambda)$ 为

$$L_t(\lambda) = \frac{L(\lambda) - L_p(\lambda)}{\tau_a(\lambda)} \tag{13-4}$$

式中，

$L_t(\lambda)$ ——目标或背景的红外光谱辐射亮度（$W \cdot m^{-2} \cdot sr^{-1} \cdot \mu m^{-1}$）；

$L(\lambda)$ ——目标或背景的表观红外光谱辐射亮度；

$\tau_a(\lambda)$ ——红外光谱仪到目标或背景之间大气红外光谱透过率；

$L_p(\lambda)$ ——红外光谱仪到目标或背景之间大气红外光谱程辐射（$W \cdot m^{-2} \cdot sr^{-1} \cdot \mu m^{-1}$）。

（2）目标 / 靶标的红外光谱辐射强度测量

　　为了测量红外光谱仪视场中强辐射源（发动机、曳光弹和红外干扰弹等）的红外光谱辐射强度，需利用大尺寸黑体贴近红外光谱仪镜头方法，对红外光谱仪进行辐射定标，得到红外光谱仪光谱辐照度的定标曲线，见图 13-14。

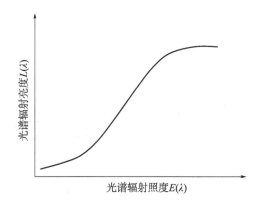

图 13-14　红外光谱仪的光谱辐射照度定标曲线

　　在测量强辐射源红外辐射前，先用红外光谱仪测量背景输出的背景信号 $N_b(\lambda)$，然后测量强辐射源的红外光谱仪输出的信号 $N_t(\lambda)$，由红外光谱仪的光谱辐射照度定标曲线，得到背景信号 $N_b(\lambda)$ 和强辐射源信号 $N_t(\lambda)$ 相应的背景光谱辐射照度 $E_b(\lambda)$ 和强辐射源光谱辐射照度 $E_t(\lambda)$，被测强辐射源的红外光谱辐射强度 I_t 为

$$I_t(\lambda) = \frac{[E_t(\lambda) - E_b(\lambda)] \cdot R^2}{\tau_a(\lambda)} \tag{13-5}$$

式中，

$I_t(\lambda)$ ——强辐射源的红外光谱辐射强度（$W \cdot sr^{-1} \cdot \mu m^{-1}$）；

$E_t(\lambda)$ ——光谱仪测量的辐射源光谱辐照度（$W \cdot m^2 \cdot \mu m^{-1}$）；

$E_b(\lambda)$ ——光谱仪测量的背景光谱辐照度（$W \cdot m^{-2} \cdot \mu m^{-1}$）；

R——强辐射源的测量距离（m）；

$\tau_a(\lambda)$——光谱仪到强辐射源之间大气红外光谱透过率。

在用红外光谱仪测量视场中强辐射源的红外光谱辐射强度时，通常要求辐射源光谱辐照度 $E_t(\lambda)$ 要比背景光谱辐照度 $E_b(\lambda)$ 大 3~5 倍，以提高对强辐射源光谱辐射强度的测量精度。

13.4.3　红外热像仪

由于红外成像技术广泛应用于军事侦察、预警、跟踪和制导的武器装备中，因此利用能定量测量目标/靶标在武器装备工作波段中红外辐射特性的热像仪成为重要的红外测量仪器。图 13-15 是目前广泛用于测量目标/靶标红外辐射特性的红外热像仪的组成框图。

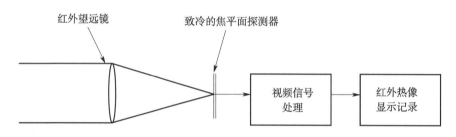

图 13-15　焦平面红外热像仪的简要组成框图

用红外热像仪对远距离目标获取的热像和对近距离飞机获取的热像分别见图 13-16 和图 13-17。

图 13-16　远距离目标的红外热像

图 13-17　近距离飞机红外热像

从红外热像仪工作原理，应说红外热像仪在外场对不同军用目标获取的目标/背景的红外热像，尤其经综合分析处理得到的目标红外辐射特征将是军用红外成像侦察、预警、跟踪和制导等武器装备研制发展的基础和关键。

据报道，美军到 20 世纪末，在外场用红外热像仪测量战术导弹红外辐射特性时，谈到红外热像仪获取的导弹热像中包含部分背景红外辐射，对此提出一种修正的方法：即红外热像仪外场对导弹的跟踪测量后，再次沿导弹飞行轨迹获取没有导弹的背景红外热像，借此进行有导弹的红外热像与没有导弹的红外热像的相减处理后，得到被测战术导弹的红外辐射特性，显然这只有在红外热像仪视场中导弹红外辐射远大于中背景红外辐射才适用；另外是美空军到 2000 年左右，在利用 F-15D 红外跟踪测量吊舱测量 F-22 飞机表面辐射温度时，可能是因高速飞行时引起的机载吊舱红外窗口温度升高（也可能是分析处理方法问题），使热像仪测量的 F-22 飞机表面辐射温度数据引起人们疑问，对此在被测的 F-22 表面上涂覆发射率已知黑漆，用热电偶测量表面温度，以便同机载吊舱热像仪测量的 F-22 表面辐射温度进行比较分析。总之，用红外热像仪在外场测量目标（尤其远距离弱小目标红外辐射特性），还是有待进一步研究发展的科学技术课题。

下面叙述红外热像仪测量目标红外辐射特性的理论方程、红外热像仪的辐射定标和热像仪测量目标的定量分析处理方法。

（1）红外热像仪测量目标红外辐射特性的理论方程

热像仪测量目标 / 靶标红外辐射特性方程为

$$L_t = \frac{L_{ti}}{\tau_a} \tag{13-6}$$

$$I_t = \frac{L_{ti}}{\tau_a} A_t \tag{13-7}$$

式中，

L_t——目标红外辐射亮度（$W \cdot m^{-2} \cdot sr^{-1}$）；

I_t——目标红外辐射强度（W/sr）；

L_{ti}——目标像的辐射亮度（$W \cdot m^{-2} \cdot sr^{-1}$）；

A_t——目标辐射面积（投影面积）（m^2）；

τ_a——热像仪到目标之间的大气红外透过率。

上述公式仅适用于：目标是成像目标（即由目标像可看清目标形状），并且目标像辐射亮度远大于从热像仪到目标之间的大气辐射亮度（大气程辐射）。

（2）红外热像仪辐射定标

通常用于测量飞行目标弹道特性的跟踪测量成像设备（可见光成像仪和红外成像仪等），由于被测目标 / 背景的辐射亮度变化很大，所以通过对光成像仪的自动曝光时间和自动电子增益，来获取清晰的目标 / 背景的可见光图像和红外图像，但这样研制的目标光成像系统获取的目标 / 背景数字图像虽然清晰，却不能用于定量测量目标 / 靶标的光辐射特性。

通过利用大尺寸黑体贴近红外热像仪镜头方法，对可定量测量目标 / 背景红外辐射特性的热像仪进行辐射定标，得到图 13-18 所示的红外热像仪辐射定标曲线，用指数函数表示红外热像仪辐射定标曲线，并建立红外热像仪的光电响应函数，这样的红外热像仪的辐射定标方法技术，具有精度高、适用性广、便于用户自行定标，而建立的红外热像仪光电响应函数是研制红外成像场景仿真软件的关键技术之一。

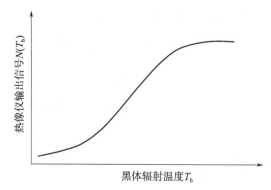

图 13-18　红外热像仪的黑体定标曲线

用指数函数表示图 13-18 红外热像仪定标曲线为

$$N_i = \frac{A}{C \cdot e^{\frac{B}{T_i}} - 1} \tag{13-8}$$

式中，

T_i ——黑体对热像仪辐射定标的温度（K）；

N_i ——对应黑体温度 T_i 热像仪输出的数字信号；

A、B、C——热成像仪定标函数的三个系数。

（3）目标红外热像的定量分析处理

为了对红外热像仪测量的目标热像（辐射温度图像），进行目标红外辐射特性分析处理，必须研制用于对目标红外热像进行定量分析处理的专用软件，将图 13-19 的目标红外辐射温度图像转换成图 13-20 的目标红外辐射亮度图像，并用不同形状和大小的图像分割波门，对目标红外辐射温度图像进行分析处理，提供目标像的平均辐射亮度 L_{ti}、目标像大小所占的像元数 N 和目标周围背景像的平均辐射亮度 L_{bi}。

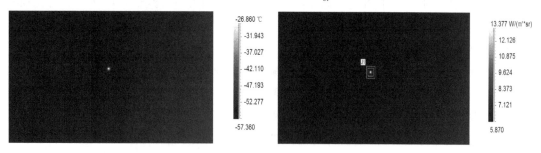

图 13-19　热像仪远距离测量的目标红外辐射温度图像　　图 13-20　热像仪远距离测量的目标红外辐射亮度图像

（4）目标的距离和姿态角的测量

由于在外场红外热像仪测量的运动目标的红外辐射特性同目标高度、速度和距离有关，尤其同被测目标的姿态角（或视向角）也有关，下面简要介绍对外场运动目标的距离和姿态角的测量方法。

利用在时间 t，由 GPS 提供的被测目标的纬度 N_t、经度 E_t 和高度 H_t，以及测量系统的纬度 N_0、经度 E_0 和高度 H_0，可以计算测量系统高度、被测目标高度和距离。对于导弹目标是分析计算测量方向与导弹轴线的夹角（视向角）。

由不同时间的测量方向在被测目标坐标系的姿态角，可以由被测目标构形（或缩比模型）分析计算被测目标对测量方向的投影面积 A_t。

（5）大气红外传输计算

由于目标光辐射通过地球大气受到大气传输衰减，为了得到被测目标红外辐射特性，必须分析计算从测量系统到目标之间大气的红外透过率 τ_a 和红外辐射亮度（程辐射）。

图 13-21 表示红外测量系统对目标红外特性测量时的几何关系，A 为测量系统，B 为被测目标，O 为地球中心（即大地坐标系原点），AC 是 OA 延长线，AB 为目标距离，$\angle CAB$ 为天顶角，大气红外传输计算是计算 A 到 B 大气的红外透过率 τ_a 和红外程辐射 L_p，而天顶角 $\angle CAB$ 是用于计算测量方向的背景红外辐射亮度。目前国际上普遍利用美国大气传输软件 MODTRAN 计算大气红外传输特性和背景红外辐射。

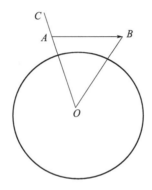

图 13-21　红外跟踪测量系统对飞行目标跟踪测量时的几何关系

表 13-1 是在标准大气条件下，地基红外热像仪测量对高度 15 km 飞机进行红外 8~12 mm 辐射特性跟踪测量时，不同飞机距离对应的大气红外 8~12 mm 的透过率 τ_a 和程辐射 L_p。

表 13-1　地基热像仪测量飞机红外 8~12 mm 辐射特性时大气红外传输特性

地基系统高度 （km）	飞机高度 （km）	飞机距离 （km）	大气透过率	大气程辐射 （ $W \cdot m^{-2} \cdot sr^{-1}$ ）
0	15	50	0.553 9	10.91
0	15	100	0.369 6	16.63
0	15	150	0.250 4	20.74
0	15	200	0.165 3	23.92
0	15	250	0.102 8	26.46
0	15	300	0.0581	28.47

13.4.4　红外光谱成像仪

21 世纪初美国、以色列研制的红外光谱成像仪是目标 / 环境红外特性测量研究最先进的红外测量仪器，它对被测量的目标 / 背景可以同时获取红外图像特性和红外光谱特性。其工作原理是将致冷的焦平面红外探测器代替红外干涉光谱仪单个红外探测器，形成有 $M \times N$ 个红外干涉光谱仪在对目标 / 背景进行光谱和成像的数据获取。

目前红外光谱成像仪主要用于对陆地、海洋和天体等的红外光谱成像特性测量研究，对飞行目标的红外光谱成像特性测量研究还须进一步的研究开发。

利用红外光谱成像仪在外场测量飞行目标的红外光谱辐射特性（红外光谱辐射亮度和红外光谱辐射强度）的测量方法和技术，在原理和技术上是同红外热像仪测量飞行目标红外辐射特性（红外辐射亮度和红外辐射强度）类似。

13.5　靶机 / 靶弹红外辐射特性理论计算方法

利用退役的飞机 / 飞航导弹改装的靶机 / 靶弹，通过减少载荷不仅能较好地模拟敌方飞机 / 飞航导弹的飞行高度 / 速度特性、而且便于模拟敌方飞机 / 飞航导弹的红外辐射特性和雷达散射特性，同时也可以利用飞机 / 飞航导弹红外辐射特性理论计算方法，对该类靶机 / 靶弹的红外特性进行理论分析计算，本节将由飞机 / 飞航导弹改装的靶机 / 靶弹统称为靶机，并在下面叙述该类靶机红外辐射特性理论计算方法。

13.5.1　靶机表面温度计算

在对流层飞行的靶机，靶机表面温度是同靶机的飞行高度和速度（马赫数 Ma）有关，靶机表面温度计算公式为

$$T = T_0(1 + k\frac{\gamma - 1}{2}Ma^2) \qquad (13\text{-}9)$$

式中，

T——靶机表面温度（K）；

T_0——飞行高度的大气温度（K）；

k——恢复系数，通常在 0.8~0.94，在计算中取典型值 k=0.86；

γ——空气的定压热容量和定容热容量之比，γ=1.4；

Ma——靶机飞行马赫数。

表 13-2 给出五种高度 / 速度状态的靶机表面温度。

表 13-2　不同高度 / 速度状态的靶机表面温度 (K)

高度（km）	速度（马赫数 *Ma*）	靶机表面温度（K）
9	0.8	255
10	1.0	261.7
10	1.5	309.7
15	1.5	300.4
15	2.0	365.5

13.5.2　靶机表面红外辐射亮度

表面温度为 T(K) 靶机，靶机表面红外辐射亮度 $L(T)$ 计算公式为

$$L(T) = \varepsilon \cdot L_b(T) \tag{13-10}$$

式中，

$L(T)$ ——靶机表面红外辐射亮度（ $\mathrm{W \cdot m^{-2} \cdot sr^{-1}}$ ）；

$L_b(T)$ ——温度为 T(K) 的黑体红外辐射亮度（ $\mathrm{W \cdot m^{-2} \cdot sr^{-1}}$ ）；

ε ——靶机表面材料的红外发射率。

表 13-3 是一些物质材料的红外发射率。

表 13-3　一些物质材料的红外发射率

物质材料	温度（℃）	红外发射率（ε）
抛光金	100	0.02
抛光银	100	0.03
氧化铝	500	0.42
氧化钢	200	0.79
镀锌钢	20	0.24
喷漆	38~93	0.80~0.95
玻璃	20	0.94
棉布	25~30	0.92~0.96

为了计算靶机表面的红外 3~5 mm 、8~10 mm 辐射亮度，利用表 13-2 不同高度 / 速度状态的靶机表面温度，并取靶机表面材料的红外 3~5 mm 发射率为 0.8，红外 8~10 mm 发射率为 0.9，经计算得到表 13-4 所示的不同高度 / 速度的靶机表面红外辐射亮度。

表 13-4　不同高度 / 速度的靶机表面红外辐射亮度（ $W \cdot m^{-2} \cdot sr^{-1}$ ）

高度	速度 Ma	红外 3~5 mm	红外 8~10 mm
9	0.8	0.224 8	6.832
10	1.0	0.307 8	8.022
10	1.5	2.101	20.75
15	1.5	1.515	17.67
15	2.0	10.77	46.11

13.5.3　靶机表面红外辐射强度

靶机表面红外辐射强度 I_t 为

$$I_t = L_t \cdot A_t(\theta, \varphi) \tag{13-11}$$

式中，

I_t ——靶机红外辐射强度（W/sr）；

L_t ——靶机红外辐射亮度（ $W \cdot m^{-2} \cdot sr^{-1}$ ）；

$A_t(\theta, \varphi)$ ——靶机对探测方向的辐射面积（ m^2 ）。

13.5.4　靶机发动机尾喷口红外辐射

靶机发动机尾喷口红外辐射计算方法和飞机尾喷口红外辐射计算方法一样，在波段 $\lambda_1 \sim \lambda_2$ ，发动机尾喷口红外辐射强度 $I(\theta)$ 为

$$I(\theta) = A \cdot \varepsilon \cdot \cos\theta \cdot \int_{\lambda_2}^{\lambda_1} L(\lambda, T) \mathrm{d}\lambda \tag{13-12}$$

式中，

$I(\theta)$ ——发动机尾喷口红外辐射强度（ $W \cdot sr^{-1}$ ）；

A ——发动机尾喷口面积（ m^2 ）；

ε ——尾喷口红外发射率；

θ ——探测方向与尾喷口轴线夹角（°）；

$L(\lambda, T)$ ——黑体光谱辐射亮度（即普朗克函数）（ $W \cdot m^{-2} \cdot sr^{-1} \cdot \mu m^{-1}$ ）。

$\int_{\lambda_2}^{\lambda_1} L(\lambda, T) \mathrm{d}\lambda$ ——为黑体辐射亮度（ $W \cdot m^{-2} \cdot sr^{-1}$ ），可由黑体辐射亮度计算软件计算。

13.5.5　靶机发动机喷焰红外辐射

靶机发动机喷焰红外辐射和飞机发动机喷焰红外辐射一样，是由燃烧产物水汽和二氧

化碳引起的红外辐射，所以发动机喷焰辐射能量集中在 2.7 mm 和 4.3 mm，而 2.7 mm 和 4.3 mm 又是大气的强吸收带，因而地基红外系统在距离靶机几千米远地方，喷焰红外辐射同靶机表面红外辐射和靶机发动机喷口红外辐射相比是可以忽略不计。所以靶机发动机喷焰红外辐射对于较远距离的红外跟踪制导系统的探测跟踪影响是很小的，也不会影响红外焦平面成像系统在近距离对靶机的成像跟踪性能。

13.6　靶标红外特性的模拟技术

靶标是战场真实军用目标的模拟装置，其作用是代替真实目标承受武器系统对它的探测、跟踪和实弹攻击，以检验武器系统的战术技术性能指标。靶标作为一种模拟装置，一方面要求它能较好地模拟真实目标的运动特性、红外特性和雷达特性，另一方面是研制使用的经济性，使武器系统在定型试验中和部队类实战演习中可以较经济地使用它。

当然也存在下列情况，利用靶标代替真实目标对红外系统进行试验的目的，仅仅是为了得到红外系统对真实目标的作用距离，在这种情况下对靶标特性要求可以大大降低，只要知道靶标红外辐射特性与真实目标红外辐射特性，就可以由红外系统对靶标的作用距离，分析提供红外系统对真实目标的作用距离。

13.6.1　靶机红外特性的模拟技术

靶机要模拟的军用飞机主要是固定翼飞机，利用退役战机模拟在役的先进战机红外辐射特性，首先是实现无人驾驶飞行操控，并通过去除原战机的武器装备和减少燃油装载量，使靶机模拟先进战机在不同高度/速度下的表面温度和红外辐射特性；因靶机发动机与在役战机发动机不同，由靶机喷口直径和对飞行靶机喷口温度测量，可由前面公式（13-12）计算靶机发动机喷口的红外辐射。

由于军用无人机在军事上的快速发展和应用，所以利用低成本的无人机模拟在役的军用无人机红外辐射特性，应是靶机红外辐射特性模拟技术发展方向之一。

13.6.2　靶弹红外特性的模拟技术

为了模拟弹道导弹在助推段发动机红外辐射，利用战术弹道导弹发射机会，测试弹道导弹助推段在不同高度/速度下的红外辐射特性，将为导弹助推段的红外预警、跟踪和制导系统的研制，提供重要技术支撑作用。利用同真实导弹发动机燃料相同的小型靶弹发射，可为助推段的红外跟踪、制导和拦截试验提供所需的靶弹。

13.6.3　靶箭红外特性的模拟技术

远程火箭武器发展，使火箭炮射程和命中精度接近了近程战术弹道导弹的技战性能和技术指标，因而远程火箭的跟踪拦截成为防空武器的重要对象之一。因火箭炮相对飞机和导弹的造价低得多，所以可以利用火箭炮发射机会，提供反火箭防空武器的跟踪和拦截对象。

13.6.4　无人机红外拖靶

无人机在军事上的快速发展和应用，为我们利用图 13-22 所示的无人机红外拖靶模拟许多空中飞行目标（飞机、直升机、飞航导弹等）的红外辐射特性。

图 13-22　无人机红外拖靶示意图

无人机红外拖靶可以模拟空中目标（飞机、直升机、飞航导弹、巡航导弹等）的飞行高度／速度下的红外 8~12 mm 辐射强度。无人机拖曳的红外辐射源为了在无人机拖带下飞行稳定性，可以设计成带水平翼的航模外形。产生红外 8~12 mm 辐射强度的辐射源是触发点燃的弹道导弹发动机用的固体燃料。通过控制固体燃料棒的直径和燃烧速度，可以提供不同的红外 8~12 mm 辐射强度。图 13-23 是国内外弹道导弹发动机固体燃料在燃烧时的红外光谱辐射特性，其红外 8~12 mm 光谱辐射特性是类似灰体辐射光谱分布，这是良好地模拟了飞行器表面和发动机喷口的红外光谱辐射特性。

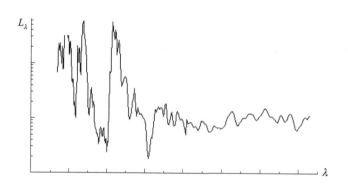

图 13-23　导弹发动机固体燃料燃烧时的红外光谱辐射亮度

13.6.5　红外成像系统对目标／靶标的作用距离

由于靶标红外辐射特性和真实目标红外特性不可能完全相同，为了由红外成像系统对靶标的探测跟踪距离，计算该红外成像系统对真实目标的探测跟踪距离，提供了红外成像系统对目标／靶标探测的信噪比和信杂比的普适方程。

（1）红外成像系统输出信噪比

红外成像系统对目标探测的信噪比普适公式为

$$\frac{S}{N} = \frac{(L_t \tau_a + L_p - L_b) A_t}{n R^2 \theta^2 NEL} \tag{13-13}$$

在对远距离目标探测中，若大气程辐射 L_p 近似等于背景辐射亮度 L_b（如在地面系统和空载系统对高空目标和空间目标探测时），信噪比公式为

$$\frac{S}{N} = \frac{L_t A_t \tau_a}{nR^2 \theta^2 NEL} \tag{13-14}$$

利用 $I_t = I_t A_t$，公式（13-14）还可写成

$$\frac{S}{N} = \frac{I_t \tau_a}{nR^2 NEI} \tag{13-15}$$

在对目标进行成像测量时，因 $A_t = nR^2 \theta^2$，信噪比公式为

$$\frac{S}{N} = \frac{L_t \tau_a + L_p - L_b}{NEL} \tag{13-16}$$

式中，

$\dfrac{S}{N}$——红外成像系统对目标探测的信噪比；

L_t——目标红外辐射亮度（ $W \cdot m^{-2} \cdot sr^{-1}$ ）；

I_t——目标红外辐射强度（ $W \cdot sr^{-1}$ ）；

R——目标距离（m）；

n——目标成像大小（像素数），即使点目标 $n \geqslant 4$ ；

τ_a——大气透过率；

L_p——大气程辐射（ $W \cdot m^{-2} \cdot sr^{-1}$ ）；

L_b——背景红外辐射亮度（ $W \cdot m^{-2} \cdot sr^{-1}$ ）；

A_t——目标在探测方向的投影面积（ m^2 ）；

θ——红外成像系统的瞬时视场（rad）；

$nR^2 \theta^2$——目标像的面积（ m^2 ）；

NEL——红外成像系统噪声等效辐射亮度（ $W \cdot m^{-2} \cdot sr^{-1}$ ）；

NEI——光成像系统噪声等效辐照度（ $W \cdot m^{-2}$ ）。

$$NEI = NEL \cdot \theta^2 \tag{13-17}$$

（2）红外成像系统输出信杂比（对比度）

红外成像系统对目标探测的信杂比（对比度）的普适公式为

$$C = \frac{(L_t \tau_a + L_p - L_b)A_t}{nR^2 \theta^2 L_b} \tag{13-18}$$

在对远距离目标探测中，若大气程辐射 L_p 近似等于背景辐射 L_b，信杂比（对比度）为

$$C = \frac{L_t A_t \tau_a}{n R^2 \theta^2 L_b} \qquad (13\text{-}19)$$

公式（13-19）还可写成

$$C = \frac{I_t \tau_a}{n R^2 \theta^2 L_b} \qquad (13\text{-}20)$$

在对成像目标进行成像测量时，因 $A_t = n R^2 \theta^2$，信杂比（对比度）公式为

$$C = \frac{L_t \tau_a + L_p - L_b}{L_b} \qquad (13\text{-}21)$$